四川盆地天然气地球化学与成藏机制

谢增业 李 剑 李志生 谢武仁 金 惠 杨春龙 等著

石油工业出版社

内 容 提 要

本书是有关四川盆地前震旦系—侏罗系烃源岩地球化学、常规—非常规天然气地球化学与成藏综合研究较全面、系统的一部专著，主要内容包括天然气成藏组合与气藏分布，生储盖层特征，天然气组成、碳氢同位素、轻烃及储层沥青总述，重点层系天然气地球化学特征与成藏模式等。

本书可供从事油气地球化学与成藏研究人员、天然气勘探工作者及大专院校相关专业师生参考。

图书在版编目（CIP）数据

四川盆地天然气地球化学与成藏机制 / 谢增业，李剑等著 . — 北京：石油工业出版社，2024.6
ISBN 978-7-5183-5729-1

Ⅰ.① 四… Ⅱ.① 谢… ② 李… Ⅲ.① 四川盆地 – 天然气 – 油气藏形成 – 研究 Ⅳ.① P618.130.2

中国版本图书馆 CIP 数据核字（2022）第 200731 号

出版发行：石油工业出版社
（北京安定门外安华里 2 区 1 号　　100011）
网　　址：www.petropub.com
编辑部：（010）64253017　　图书营销中心：（010）64523633
经　　销：全国新华书店
印　　刷：北京中石油彩色印刷有限责任公司

2024 年 6 月第 1 版　2024 年 6 月第 1 次印刷
787×1092 毫米　开本：1/16　印张：31.25
字数：800 千字

定价：300.00 元
（如出现印装质量问题，我社图书营销中心负责调换）

　　四川盆地（川渝地区）是中国乃至世界上最早利用天然气的地区之一，历经六大构造演化旋回，形成桐湾期、海西期两个时期的多个隆坳相间构造格局，是发育12套常规—非常规油气成藏组合的超级油气盆地，迄今已在10个层系24个层组的32个层段中发现油气。截至2020年底，累计探明天然气（含页岩气）地质储量$62237 \times 10^8 m^3$，累计至少生产天然气$7013 \times 10^8 m^3$，占全国天然气产量的34.8%，其中2020年产量为$543 \times 10^8 m^3$（页岩气为$200.55 \times 10^8 m^3$），是我国累计生产天然气最多的天然气工业生产基地。

　　四川盆地从元古宇到侏罗系发育海相和陆相两大类五套主要烃源岩，烃源岩类型多样性、热演化程度多阶性、构造演化多旋回性，造成不同成藏组合天然气成因来源判识的复杂性和成藏机制的差异性。以上"五性"表征了四川盆地天然气地球化学与成藏的天然深奥优越的内涵，为研究成书提供了绝好的基础。以谢增业、李剑为代表的一批年富力强中青年天然气研究团队，"十五"以来，依托国家科技重大专项、国家"973"计划、中国石油及西南油气田公司等项目，针对四川盆地烃源岩高演化、天然气重烃组分痕量的特点，开发了干气中痕量组分富集与检测、高温高压天然气运聚可视化物理模拟等新技术，新建了干酪根与原油裂解气、聚集型与分散型裂解气鉴别等指标与图版，丰富了高—过成熟天然气成因鉴别理论，创新了古老碳酸盐岩大气田成藏理论及低生气强度区"小压差驱动、相对大孔径富集"的致密砂岩大气田成藏机制，巧用盆地天然优越的内涵，以创新技术和方法，完成《四川盆地天然气地球化学与成藏机制》力著。

　　《四川盆地天然气地球化学与成藏机制》是研究团队20余年积累的大量第一手资料，系统总结了四川盆地及周缘新元古界南华系—中生界侏罗系烃源岩的展布、有机质丰度、类型及生烃演化特点；从天然气组分、碳同位素、氢同位素、轻烃组成、储层沥青有机岩石学及有机地球化学特征等角度，分析了重点层段天然气成因、来源与成藏机制，是一部基于实践，立足理论，重于应用，较全面、系统总结四川盆地及周缘前震旦系—侏罗系烃源岩及常规—非常规天然气地球化学、成藏综合研究的专著。该书内容丰富、资料详实，对发展四川富气盆地天然气成因与成藏理论有重要价值，同时对大型叠合盆地油气勘探也具有一定的借鉴作用。

《四川盆地天然气地球化学与成藏机制》是以谢增业、李剑为代表的中青年学者向科学进军征途上的创新基石、辛勤研究的智慧结晶，值得大家阅读，并能受益匪浅！

中国科学院院士

2024 年 6 月

前　言

　　四川盆地是在上扬子克拉通基础上发展起来的大型叠合盆地，面积约 $18 \times 10^4 km^2$。盆地基底为前震旦系变质岩，历经扬子、加里东、海西、印支、燕山和喜马拉雅构造旋回，发育震旦系—中三叠统海相和上三叠统—新生界陆相沉积盖层，沉积盖层厚度达 $6000 \sim 12000m$。在四川盆地内部及盆缘发育桐湾期、海西期两个时期的 6 个大型古裂陷，桐湾期、加里东期和印支期 3 个时期的 11 个大型古隆起，桐湾期、加里东期、海西期和印支早期 4 个时期的 5 个大型古侵蚀面。纵向上发育海相和陆相两大类 5 套主要烃源岩和 10 余套次要或潜在烃源岩。迄今已在 10 个层系 24 个层组的 32 个层段中发现油气，并且有 29 个层段为工业油气层。四川盆地内发育 12 套成藏组合，其中海相层系 8 套，陆相层系致密油气 4 套。不同成藏组合的天然气地球化学特征和成藏机制存在显著差异。

　　据全国第四次油气资源评价结果，四川盆地天然气地质资源量为 $38.11 \times 10^{12} m^3$，其中常规气地质资源量为 $12.47 \times 10^{12} m^3$，致密气地质资源量为 $3.98 \times 10^{12} m^3$，页岩气地质资源量为 $21.66 \times 10^{12} m^3$。近年评价的震旦系—寒武系天然气地质资源量达 $(5 \sim 6) \times 10^{12} m^3$，侏罗系致密气资源量也有较大增长，勘探潜力大。截至 2020 年底，四川盆地常规气和致密气探明地质储量为 $4.22 \times 10^{12} m^3$，页岩气探明地质储量为 $2.00 \times 10^{12} m^3$，天然气累计产量为 $7013 \times 10^8 m^3$，占全国天然气产量的 34.8%，其中 2020 年产量为 $543 \times 10^8 m^3$（页岩气产量为 $200.55 \times 10^8 m^3$），是我国累计生产天然气最多的天然气工业生产基地。

　　2000 年以来，笔者有幸承接国家"十五"至"十三五"国家科技重大专项"大型油气田及煤层气开发"07 项目，国家重点基础研究发展计划（"973"

计划），中国科学院战略性先导科技专项（A 类）"智能导钻专项"01 项目，中国石油集团科技管理部、中国石油集团油气和新能源分公司、中国石油西南油气田分公司有关四川盆地科研生产相关项目等，重点围绕四川盆地天然气地球化学与成藏机制，持续开展了长达 20 余年的攻关研究，先后对不同层系天然气地球化学、储层、盖层及成藏相关基础地质问题进行了深入细致的研究，取得了一系列重要进展，提出了川中古隆起核部与斜坡区差异聚集古油藏裂解气、以古油藏裂解气为核心的古老碳酸盐岩大气田"四古"控藏理论，在上三叠统须家河组低生气强度区致密砂岩"小压差驱动、相对大孔径富集"的大气田成藏机制等方面取得了创新性成果。本书集中反映了研究团队 20 余年来有关四川盆地天然气地球化学与成藏机制方面的最新研究成果。

全书共十三章，由谢增业、李剑确定框架与提纲并组织撰写，各章撰写工作分工如下：前言由谢增业、李剑撰写；第一章由谢增业、李剑、张光武、施振生撰写；第二章由谢增业、魏国齐、王志宏、董才源、郝翠果、杨春龙、张璐、郭泽清、刘丹、常健撰写；第三章由谢武仁、魏国齐、杨威、马石玉、金惠、李德江、施振生撰写；第四章由张璐、李剑、国建英、郭泽清、史集建撰写；第五章由谢增业、李剑、李志生、王晓波、李谨、国建英撰写；第六章由谢增业、李志生、李剑、李谨、国建英、杨春龙撰写；第七章由谢增业、杨春龙、张璐、董才源、张光武、伍大茂、方家虎撰写；第八章由谢增业、魏国齐、李剑、杨春龙、张璐、李谨、李志生、郭泽清、王志宏、刘一峰撰写；第九章由李剑、施振生、王晓波撰写；第十章由谢增业、董才源、李德江、杨春龙、张璐、戴鑫撰写；第十一章由武赛军、杨威、王明磊、莫午零撰写；第十二章由金惠、郝翠果、王小丹撰写；第十三章由谢增业、金惠、李剑、杨春龙、张璐、郝翠果、宋海敬撰写；最后由谢增业和李剑统稿、定稿。

感谢国家发展和改革委员会、科学技术部、财政部、国家能源局、中国石油集团科技管理部、中国石油集团油气和新能源分公司、中国石油勘探开发研究院、中国石油西南油气田分公司、中国科学院、中国石化石油勘探开发研究院等单位给予的大力支持；感谢戴金星院士、赵文智院士、金之钧院士、郝芳院士、彭平安院士、邹才能院士、张水昌院士等知名专家在研究过程中的悉心指导和帮助；感谢中国石油集团天然气成藏与开发重点实验室的全体科研人员在取样和样品分析测试方面给予的大力支持；感谢侯艳红、苏婍、杜秀平、李雪莹、苟川、王秀萍、龚艳、贾丽等在本书出版过程中所付出的努力。

本书是有关四川盆地前震旦系—侏罗系烃源岩地球化学、常规—非常规天然气地球化学与成藏综合研究较全面、系统的一部专著，对发展我国叠合复合盆地天然气成因与成藏理论有重要科学价值与实践指导意义，书中主要观点对大型叠合盆地油气勘探也具有一定的借鉴作用。本书可供从事油气地球化学与成藏研究的科研人员、天然气勘探工作者、科研院所研究人员和相关院校师生参考。此书的出版如能给读者一点启示或帮助是笔者最大的欣慰。

由于笔者水平有限，书中难免存在不妥或错漏之处，敬请读者批评指正！

目录

第一章 油气成藏地质背景与天然气藏分布

　　四川盆地在形成演化过程中，历经扬子、加里东、海西、印支、燕山和喜马拉雅六大构造旋回，形成德阳—安岳克拉通内裂陷、万源—达州克拉通内裂陷、龙门山克拉通边缘裂陷、鄂西—城口克拉通内裂陷、开江—梁平克拉通内裂陷、蓬溪—武胜台洼等6个大型古裂陷；形成桐湾期高石梯—磨溪、威远—资阳、重庆—万州，加里东期乐山—龙女寺，印支期泸州、开江、大邑—彭州、孝泉—丰谷，燕山期邛崃—新津、绵竹—盐亭、江油—九龙山等11个不同规模古隆起；纵向上发育12套成藏组合，形成岩性、构造、地层及其复合型等多类型气藏共存的格局，奠定了29个油气产层纵向叠置、横向连片的地质基础，成为常规—非常规油气规模富集的超级气盆地（戴金星等，2021）。

第一节　盆地形成演化与古构造格局

　　四川盆地太古宇—古元古界结晶基底和褶皱基底形成之后，历经六大构造旋回（杨雨等，2022），形成不同时期隆坳相间的古地貌格局，为油气的生成、运移、储集和保存创造了有利条件。

　　四川盆地处于上扬子地块的西北一侧，具有多旋回演化的特点，基底形成后，历经六大构造旋回（图 1-1-1）。

一、扬子构造旋回

　　扬子构造旋回包括晋宁运动、澄江运动和桐湾运动。经历这一构造旋回后，四川盆地基底最终定型、形成南华纪堑—垒结构裂谷体系及陡山沱组沉积期、灯影组沉积期隆坳相间的古地貌格局，形成了 3 期（AnZ—Z、Z_2dn_2—Z_2dn_3、Z_2dn_4—$\in_1$）重要的地层不整合界面（魏国齐等，2019a）。

　　大约在距今 1700Ma，新太古代—古元古代发育的康定群经中条运动形成了扬子地台的结晶基底（邢凤存等，2015）。结晶基底之上主要是中元古界盐边群、火地垭群、峨边群等和新元古界板溪群经晋宁运动形成的扬子地台统一褶皱基底（张健等，2012）。

　　受罗迪尼亚超大陆裂解的影响，在 820—635Ma，扬子地区发生了强烈的岩浆活动和裂谷作用（储雪蕾等，2005；Zhao and Cawood，2012）。此期间沉积的裂谷层序在不同地区有不同的划分方案，但一般将晚青白口世（820—780Ma）形成的地层称为板溪群或丹洲群等。有关扬子地区裂谷发育的研究大多在露头区，虽在四川盆地深部尚无钻井钻遇，但近几年高精度的地震勘探揭示在四川盆地内部前震旦系也存在明显的裂谷体系。这些裂谷大多呈北东走向，裂谷内部受一系列与裂谷走向平行的正断层影响，控制堑—垒结

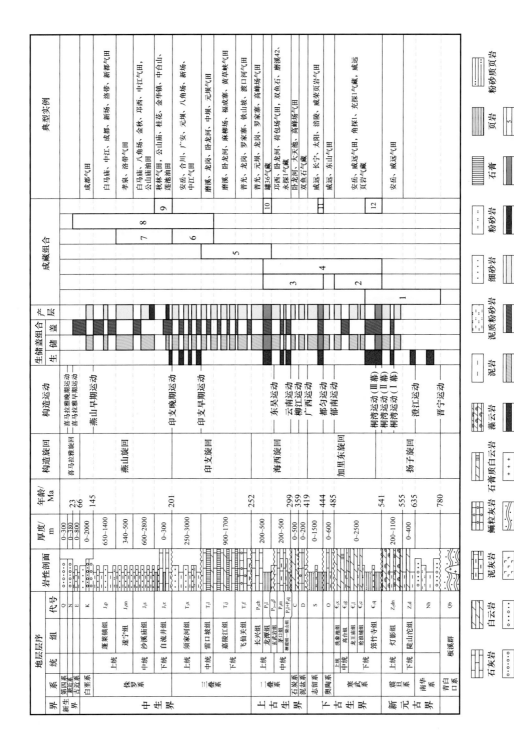

图 1-1-1 四川盆地地层及油气产层综合柱状图

构发育。在四川盆地东南缘的贵州松桃、重庆秀山等南华纪裂谷内发育间冰期大塘坡组优质烃源岩（谢增业等，2017），推测在四川盆地内部裂谷发育区域的地堑内可能发育大塘坡组烃源岩，地堑部位上覆陡山沱组处于相对低洼的环境，也是陡山沱组烃源岩发育的有利环境；地垒则控制上覆层系高部位颗粒滩和岩溶储集体的发育（魏国齐等，2018）。

经历南华纪末期的澄江运动后，地壳逐渐稳定下来，沉积的震旦系（陡山沱组和灯影组）在四川盆地各地的岩性、厚度比较稳定，成为扬子古板块形成后第一套区域性分布的沉积盖层，震旦系与下伏南华系裂谷层系之间呈平行不整合或小角度不整合关系（魏国齐等，2019a）。陡山沱组沉积期，四川盆地范围呈现隆凹相间格局，其中绵阳—成都—遂宁、长宁—重庆—万州，以及达州—通江地区为凹陷区（杨跃明等，2016；Xiao et al.，2021），凹陷区地层厚度一般为50～200m，由高石梯—磨溪地区向北斜坡陡山沱组沉积厚度增大，预测在凹陷区发育陡山沱组烃源岩。

震旦系灯影组沉积期—寒武系筇竹寺组沉积期，四川盆地发生了三幕运动（汪泽成等，2014a），分别为震旦系灯二段沉积末期的桐湾Ⅰ幕运动、灯四段沉积末期的桐湾Ⅱ幕运动和寒武系麦地坪组沉积末期的桐湾Ⅲ幕运动，形成"两坳三隆"的古地理格局，即德阳—安岳（也称为绵竹—长宁）克拉通内裂陷、万源—达州克拉通内裂陷（桐湾期古裂陷），以及克拉通内裂陷两侧的威远—资阳、高石梯—磨溪、重庆—万州3个古地貌相对高部位（桐湾期古隆起；赵文智等，2017；魏国齐等，2019a）。在四川盆地西北部和东北部分别发育龙门山克拉通边缘裂陷和城口—鄂西克拉通内裂陷（马新华等，2019a）。德阳—安岳、万源—达州克拉通内裂陷的形成与南华纪裂谷具有一定的继承性，但两者的裂陷规模和发育时期不同，前者规模大，主要形成于晚震旦世—早寒武世；后者规模小，主要形成并消亡于震旦纪（魏国齐等，2019a）。

经历桐湾运动后，在四川盆地内和周缘形成震旦系灯三段与灯二段之间和下寒武统与震旦系灯影组之间两个重要的平行不整合（局部为超覆不整合）古侵蚀面。克拉通内裂陷控制优质烃源岩发育，古隆起控制震旦系和寒武系规模储层发育的有利相带，古侵蚀面则为碳酸盐岩优质缝洞型储层的形成创造了风化淋滤、溶蚀的有利条件。勘探实践已证实德阳—安岳克拉通内裂陷、高石梯—磨溪古隆起对安岳气田的形成起到至关重要的作用，成为古老碳酸盐岩成藏理论的核心内容，古裂陷是下寒武统优质烃源岩的生烃中心；高石梯—磨溪古隆起控制了震旦系灯四段、灯二段和寒武系沧浪铺组、龙王庙组、洗象池组优质储层的形成与展布；长期继承性发育的巨型圈闭始终是油气运移聚集的有利区。

二、加里东构造旋回

加里东构造旋回涵盖晚寒武世—志留纪发生的构造运动，主要包括寒武纪末期的郁南运动、奥陶纪末期的都匀运动和志留纪末期的广西运动等。在此期间，巨型的加里东古隆起最终定型，形成了两期重要的地层不整合界面，对四川盆地油气成藏产生了重要影响。

早寒武世中晚期，桐湾期古裂陷经历麦地坪组和筇竹寺组填平补齐后，裂陷内部与周缘水体深度趋于一致，裂陷基本上萎缩消亡，地貌相对平坦，为一向东南倾斜的斜坡，这一古地貌格局一直持续到奥陶纪。

晚寒武世的郁南运动，一是形成了乐山—龙女寺古隆起鼻状构造，对川中地区的沉积具有明显控制作用；另一是导致川中地区存在隆升剥蚀（李伟等，2014）。

中奥陶世—晚志留世，四川盆地主体区域属于华南前陆盆地的隆后盆地（万方等，2003），上奥陶统五峰组沉积期—下志留统龙马溪组沉积期在隆后盆地沉积厚数米至数百米的黑色碳质页岩，含有丰富的笔石，是扬子地区重要的烃源岩。在早奥陶世为超覆沉积，在安平店地区存在明显的向西北上超现象，晚奥陶世的构造运动被称为都匀运动，为加里东构造旋回中期的构造运动。此时期加里东古隆起区也是沉积与隆升剥蚀并存，奥陶系沉积后，因强烈隆升构造运动，安平店及其西北地区存在明显的削蚀不整合（李伟等，2014）。

志留纪末期的构造运动被称为广西运动，属加里东构造旋回晚期的构造运动。志留纪末期，川中加里东古隆起区整体发生强烈的隆升剥蚀，剥蚀强度自东向西加强，出露层位由新变老，乐山古隆起与龙女寺古隆起联合形成了统一的巨型古隆起。从地震剖面上可见安平店东南地区志留系超覆于奥陶系之上，志留系之上没有沉积泥盆系与石炭系（李伟等，2014）。此外，在川西北地区的天井山古隆起（早寒武世晚期已隆升为陆），经历奥陶纪末期、志留纪末期的构造运动后，古隆起最终定型，并与乐山—龙女寺古隆起连为一体，成为加里东期四川巨型古隆起的北分支（李国辉等，2018）。

总之，加里东构造旋回期间，在现今四川盆地区域发生了3次重要的构造运动，发育上奥陶统五峰组—下志留统龙马溪组优质烃源岩；形成上寒武统顶面、奥陶系顶面、志留系顶面等3个区域不整合面，为该区多层系岩溶储层的发育创造了有利条件；形成了著名的乐山—龙女寺古隆起，是油气聚集的重要场所。

三、海西构造旋回

海西构造旋回涵盖泥盆纪—二叠纪发生的构造运动，主要包括泥盆纪末期的柳江运动、石炭纪末期的云南运动和二叠系茅口组沉积末期的东吴运动等，属于峨眉地裂旋回的早期（罗志立等，2013）。海西构造旋回对四川盆地上古生界的油气成藏产生了重要影响。

柳江运动是根据广西下石炭统燕子组与上泥盆统间的不整合所确定的构造运动。受加里东运动的影响，川西北广元—剑阁—绵阳地区加里东古隆起形态表现为北东向的西翼低陡和东翼高缓、由南向北逐渐倾伏的大型似箱状隆起。该隆起核部宽缓，以寒武系为主，往西南方向缓慢抬升，向北北东倾伏方向和古构造两翼梯次过渡至奥陶系、下志留统、中志留统和上志留统（沈浩等，2016）。泥盆纪末期，受柳江运动的抬升剥蚀影响，川西地区泥盆系主要保存中泥盆统及更老地层，中泥盆统自南西向北东超覆于加里东古隆起之上，在不同区域分别与志留系、奥陶系和寒武系呈不整合接触关系，与上覆石炭系总长沟组呈不整合接触。不整合面为储层发生表生溶蚀作用创造了条件，极大地改善了储层的储渗性能；中泥盆统直接覆盖于寒武系之上，为寒武系烃源岩生成的油气在中泥盆统储层中聚集创造了更加便利的条件。

石炭纪末期的云南运动，四川盆地再次整体抬升，以隆升剥蚀为主，在川东地区中部的开江—梁平一带发育北东向延伸的隆起带，石炭系被剥蚀殆尽（路中侃等，1993）。四川盆地范围内，川中加里东古隆起区缺失石炭系，石炭系残余厚度在川东、川东北地区为0～50m，川北、川西北地区为0～40m。四川盆地外围，川西北地区残存厚度为0～80m的总长沟组和黄龙组，与上覆中二叠统梁山组呈假整合接触。

二叠纪，四川盆地以整体沉降、海侵并接受沉积为特征。中二叠统梁山组沉积期，扬子板块整体下降，前期的隆起和剥蚀区全部被淹没，造成梁山组直接覆盖在石炭系、志留系、奥陶系和寒武系之上，为海陆交互相碎屑岩含煤沉积，盆内厚度较小，一般为5～15m（黄涵宇等，2017）。中二叠统栖霞组—茅口组为海相沉积，岩性以石灰岩为主，含少量泥质灰岩、生物灰岩、泥晶灰岩和硅质岩等，残余地层厚度为200～500m。茅口组沉积末期，峨眉山大火成岩省的喷发造成盆地西南部发生轻微抬升剥蚀（He et al.，2009）。中二叠世末期的东吴运动，在开江—梁平地区形成东西向的隆起，隆起核部已剥蚀至中二叠统栖霞组下段。上二叠统龙潭组沉积期，四川盆地整体呈西南部为陆，东部、北部为海的构造格局，海侵主要来自东部和北部，海陆交互作用沉积以碎屑岩为主的含煤地层称为龙潭组，海相沉积以碳酸盐岩为主夹泥页岩的地层称为吴家坪组，龙潭组（吴家坪组）厚度为20～160m。上二叠统长兴组沉积期的四川盆地格局仍然是西南高、东北低，盆地西南部雅安—自贡—泸州—古蔺一带为陆相沉积，盆地内其他地区为海相沉积，其中发育开江—梁平克拉通内裂陷和蓬溪—武胜台洼（魏国齐等，2019a）。

总之，海西构造旋回期间，在现今四川盆地区域发生了柳江、云南和东吴等3次重要的构造运动，以及峨眉山大火成岩省的喷发，形成了石炭系与下伏志留系、二叠系与下伏前二叠系（包括震旦系、寒武系、奥陶系、志留系和石炭系等）等两个区域不整合面；发育梁山组煤系烃源岩、龙潭组泥质烃源岩和栖霞组、茅口组泥灰岩烃源岩；发育石炭系岩溶，栖霞组—茅口组台缘滩、台内滩，长兴组生物礁、生屑滩，玄武岩组火山岩等多套储层；开江古隆起已具雏形，是油气形成与富集的重要场所。

四、印支构造旋回

印支构造旋回涵盖三叠纪发生的构造运动，主要包括印支早期运动和印支晚期运动，形成上三叠统须家河组与下伏中—下三叠统之间、侏罗系与下伏上三叠统须家河组之间的两个角度不整合面（魏国齐等，2019a），对四川盆地三叠系的油气成藏产生了重要影响。

早—中三叠世，自下而上沉积飞仙关组、嘉陵江组和雷口坡组，地层总厚度为900～1700m。飞仙关组沉积期，上扬子地区基本延续了晚二叠世的构造格局，整体呈现西高东低的构造格局。嘉陵江组在上扬子地区广泛分布，厚度、岩性比较稳定。雷口坡组在四川盆地内以含膏碳酸盐岩沉积为特征，与嘉陵江组呈整合接触，地层厚度变化较大。

中三叠世末期的印支运动早幕，四川盆地发生隆升和剥蚀，在华蓥山构造带南、北两端形成两个古隆起，即北端的开江古隆起和南端的泸州古隆起。开江古隆起由东吴运动形成的东西向转变为北北东向，北与大巴山古隆起、南与泸州古隆起以鞍部相接。泸州古隆起顶部在泸州一带，地层剥蚀到下三叠统嘉陵江组三段，上覆依次为嘉四段、嘉五段、中三叠统雷口坡组，最大剥蚀厚度达千米以上，在近 $2.2 \times 10^4 km^2$ 范围内，雷口坡组全部缺失（李晓清等，2001）。泸州古隆起、开江古隆起对油气富集起到了重要作用。

印支运动早幕，除了在四川盆地内形成大型的泸州古隆起、开江古隆起外，在川西龙门山前缘带也发育北东向及东西向古隆起，北东向古隆起主要分布在大邑—彭州、郫县—马井—新场等地区；东西向古隆起主要分布在孝泉—新场—丰谷区域内（袁晓宇等，2020）；在川西北部形成东西向的剑阁古隆起（孙衍鹏等，2013；王鼐等，2016）。

五、燕山构造旋回

燕山构造旋回涵盖侏罗纪—白垩纪发生的构造运动，主要是侏罗纪末期的燕山早期运动，形成侏罗系与白垩系之间的平行不整合（魏国齐等，2019a），在龙门山前缘发育两个燕山期古隆起，即江油—绵竹古隆起和大兴古隆起（李晓清等，2001），李书兵等（2005）将燕山期古隆起划分为三个隆起带，即邛崃—新津隆起带、绵竹—盐亭隆起带和江油—九龙山隆起带。这些隆起带对川西坳陷天然气藏的形成起重要的控制作用。

六、喜马拉雅构造旋回

喜马拉雅构造旋回涵盖白垩纪—第四纪发生的构造运动，主要是古近纪末期的喜马拉雅早期运动和新近纪末期的喜马拉雅晚期运动。喜马拉雅运动对现今四川盆地"一隆、两坳、两褶皱带"（图1-1-2）、四周为褶皱山系环绕的构造格局最终定型，以及已聚集成藏的烃类发生再分配、转移和调整产生重要影响。

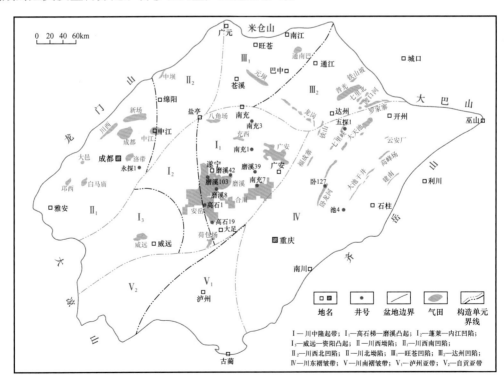

图1-1-2　四川盆地构造单元划分及主要气田分布图（构造单元划分据魏国齐等，2019a）

第二节　沉积地层与成藏组合

一、盆地沉积地层

四川盆地地层具有基底和沉积盖层二元结构。盆地基底主要由新元古界中部的岩浆岩和变质岩，以及南华系裂谷沉积地层组成。四川盆地内沉积盖层主要指震旦系及上覆的沉积地层，总厚度达 6000～12000m；其中，震旦系—中三叠统以海相碳酸盐岩为主，夹海相碎屑岩，总厚度为 4000～7000m；中三叠统上覆碎屑岩，总厚度为 2000～5000m（图 1-1-1）。

1. 盆地基底

四川盆地及周缘的结晶基底以酸性岩浆岩为主，基性岩浆岩分布较少（魏国齐等，2019a）。盆地周缘出露新元古界南华系，自下而上可分为莲沱组、古城组、大塘坡组和南沱组；其中，莲沱组、古城组和南沱组为冰碛岩，大塘坡组为间冰期沉积的产物，岩性以细粒泥岩为主，是一套较好的烃源岩（谢增业等，2017）。四川盆地内虽尚无井钻揭南华系，但许多学者通过地震资料预测盆地内发育南华纪裂谷，裂谷内充填的层序为南华系（汪泽成等，2014b；谷志东等，2014；魏国齐等，2018；赵文智等，2020a）。

2. 震旦系

震旦系为四川盆地及周缘基底之上的第一套沉积盖层，自下而上可分为下震旦统陡山沱组和上震旦统灯影组。

陡山沱组在四川盆地周缘广泛分布，厚度为 40～300m，在川东北城口、湖北宜昌秭归等地区，自下而上可分为四个岩性段，第一段、第三段主要为碳酸盐岩；第二段、第四段为黑色页岩，是优质烃源岩。四川盆地内钻遇陡山沱组的井很少，钻揭的厚度也仅几米到十余米，岩性以石灰岩、白云岩、砂岩和泥岩为主；地震预测陡山沱组厚度为 20～200m（杨跃明等，2016；Xiao et al.，2021）。

灯影组在四川盆地及周缘区域性分布，厚度一般为 400～1000m。自下而上可分为灯一段、灯二段、灯三段和灯四段等 4 个岩性段，其中，灯一段以泥粉晶白云岩为主；灯二段以具葡萄、花边构造特征的菌藻类白云岩为主；灯三段以碎屑岩为主；灯四段以含硅质条带或燧石团块的白云岩为主，同时也含有较多菌藻类。灯二段、灯四段是川中古隆起安岳、威远等大气田的主力储层，探明天然气地质储量为 $6252 \times 10^8 m^3$。

3. 寒武系

寒武系在四川盆地及周缘广泛分布，自下而上可分为下寒武统麦地坪组、筇竹寺组、沧浪铺组、龙王庙组，中寒武统高台组和上寒武统洗象池组。

麦地坪组分布相对局限，主要沿宜宾、自贡、资阳、江油和剑阁等地呈南北向带状分布，厚度从几米至200m左右，以泥质白云岩、硅磷质白云岩和硅质页岩为主，其中，在高石 17、资 4 井等沉积厚度中心处已证实黑色硅质页岩是优质烃源岩。

筇竹寺组除川西地区因加里东期的抬升使地层剥蚀外，四川盆地其他地区均有分布，厚度为 50～600m，岩性主要为黑色泥页岩、粉砂质泥岩及泥质粉砂岩等，已证实是四川盆地震旦系—中二叠统气藏的优质烃源岩，也是四川盆地主要的页岩气藏之一。

沧浪铺组俗称"下红层"，四川盆地内沧浪铺组厚度为 40～260m，自下至上可分为沧一段、沧二段两段。沧一段与下伏筇竹寺组整合接触，碳酸盐岩较为发育，以石灰岩、白云岩夹部分碎屑岩为主要特征；沧二段顶部与上覆龙王庙组整合接触，以泥岩、砂岩、泥质砂岩等碎屑岩为主（乐宏等，2020）。盆内已钻井揭示，沧一段普遍见油气显示，并在角探 1 井测试获得日产气 $51.62 \times 10^4 m^3$ 的高产工业气流，是一套重要的储层。

龙王庙组在四川盆地内厚度一般为 20～200m，其岩性主要为灰色—深灰色泥质、砂质白云岩，局部夹鲕粒云岩、膏质云岩等，向下陆源碎屑增多，与下伏沧浪铺组为整合接触，已证实是安岳气田的一套优质储层，探明天然气地质储量为 $4515 \times 10^8 m^3$。

高台组俗称"上红层"，与下伏龙王庙组之间为假整合接触（魏国齐等，2019a），为一套陆源碎屑和碳酸盐岩的混积沉积物，盆内厚度为 0～260m，岩性主要为绿灰色、紫红色、棕红色的泥质白云岩、白云质泥岩、云质砂岩及暗色页岩不等厚互层，局部含石膏，是龙王庙组及下伏层系气藏的重要封盖层。

洗象池组与下伏高台组之间为整合接触，在盆内厚度为 0～800m，主要是大套中厚层—块状碳酸盐岩，以灰色泥粉晶白云岩为主，夹薄层粉砂岩、云质砂岩和砂砾屑白云岩，是四川盆地重要的储层之一，在威远气田探明天然气地质储量为 $11 \times 10^8 m^3$。

4. 奥陶系

受加里东期抬升剥蚀的影响，奥陶系仅分布于乐山—龙女寺古隆起核部边缘及外围地区，古隆起核部缺失奥陶系，整体厚度为 0～700m，自下而上可分为下奥陶统桐梓组、红花园组、湄潭组，中奥陶统十字铺组、宝塔组，上奥陶统临湘组和五峰组。整体上，奥陶系除五峰组为黑色碳质页岩，湄潭组下部以灰绿色、黄绿色页岩为主外，其他均以石灰岩为主。五峰组页岩一般厚 10～20m，是优质烃源岩及页岩气产层；在桐梓组、红花园组发育鲕粒灰岩，在湄潭组上部、十字铺组、宝塔组发育生物碎屑灰岩，是良好的储层，已在东山气田宝塔组和威远气田桐梓组分别探明天然气地质储量 $0.55 \times 10^8 m^3$ 和 $1.66 \times 10^8 m^3$。

5. 志留系

受加里东期抬升剥蚀的影响，乐山—龙女寺古隆起核部缺失志留系，盆内志留系整体厚度为 0～1000m，自下而上可分为下志留统龙马溪组、小河坝组（石牛栏组系小河坝组同期异相沉积）和中志留统韩家店组。龙马溪组岩性以黑色、深灰色页岩和碳质页岩为主，富含笔石，是四川盆地的一套优质烃源岩，也是页岩气的重要产层，已在涪陵、威远、长宁、太阳、威荣、永川等页岩气田探明页岩气地质储量 $20018 \times 10^8 m^3$。小河坝组以粉砂岩、泥质粉砂岩为主，主要分布在川东和川东南地区，是储层发育段，川东五科 1 井中途测试在小河坝组获日产气 $1.09 \times 10^4 m^3$。石牛栏组以石灰岩为主，夹灰绿色页岩；韩家店组以灰绿色页岩、粉砂岩为主，夹泥质生物碎屑灰岩。

6. 泥盆系

泥盆系仅分布于川西北龙门山地区，四川盆地内部大面积缺失。据泥盆系露头出露情况来看，自下而上可将其划分为下泥盆统平驿铺组、甘溪组、养马坝组，中泥盆统金宝石组、观雾山组，上泥盆统沙窝子组、茅坝组（谢增业等，2018）。下泥盆统及中泥盆统的金宝石组岩性以碎屑岩为主，是储层发育段，并且在龙门山地区许多露头剖面中发现了平驿铺组古油藏遭破坏后形成的油砂；观雾山组及上泥盆统岩性以白云岩和石灰岩为主，已在川西北地区双鱼石构造的双探 3 井、双探 7 井等观雾山组白云岩储层中获高产工业气流。

7. 石炭系

石炭系仅残存上石炭统黄龙组，分布于川东和川北地区，不整合超覆在中志留统韩家店组之上，顶部被中二叠统梁山组煤系地层超覆，厚度较薄，一般为 0～50m，岩性主要为灰白色、浅灰色厚层—块状白云岩、角砾状白云岩夹生物灰岩、泥质灰岩等，是川东地区的重要产层，已探明天然气地质储量为 $2699 \times 10^8 m^3$。

8. 二叠系

二叠系自下而上可分为中二叠统梁山组、栖霞组、茅口组，中—上二叠统玄武岩组、上二叠统龙潭组（吴家坪组系龙潭组同期异相沉积）、长兴组（大隆组系长兴组同期异相沉积）。

梁山组在四川盆地及周缘广泛发育，以含煤碎屑岩为主，为海侵初期由陆到海转换的产物（张启明等，2012），与下伏古生界甚至新元古界呈角度不整合或平行不整合接触，在盆地内部从东向西超覆地层逐渐变老（魏国齐等，2019a），岩性以铝土质泥岩、页岩为主，夹砂岩、粉砂岩及碳酸盐岩等，盆地内厚度一般为 5～15m，盆地东部厚度相对较大，可达 20m 左右（黄涵宇等，2017），是下伏石炭系气藏的一套区域性盖层；同时，薄层的黑色、灰黑色页岩也具有一定的生烃能力。

栖霞组沉积期，沉积环境已由梁山组沉积期的碎屑岩沉积环境转变为碳酸盐岩台地沉积环境，栖霞组在盆地内厚度一般为 100～200m，自北西向南东方向逐渐增厚。栖霞组自下而上可划分为两段，栖一段主要为深灰色、灰黑色块状泥晶—微晶灰岩和生物碎屑灰岩，部分地区栖一段底部含硅质灰岩和含泥灰岩、泥灰岩，具有一定的生烃能力（谢增业等，2020a）；栖二段主要为浅灰色—灰白色厚层状亮晶生物碎屑灰岩、藻灰岩及砂屑灰岩，川西地区广泛发育中—粗晶白云岩、细晶白云岩，是川西北双鱼石构造、川中古隆起区等栖霞组气藏的主要储层。

茅口组沉积期继承了栖霞组沉积期西南高、东北低的沉积古地理格局。绵阳—安岳—泸州以西地区属于浅缓坡台地沉积，岩性以亮晶生屑灰岩、亮晶藻屑灰岩及泥晶生屑灰岩为主，发育高能颗粒滩；广元—广安—重庆以西地区为中缓坡台地沉积，岩性以中等能量的生屑灰岩为主，局部发育亮晶生屑灰岩；广元—广安—重庆以东地区为深缓坡台地沉积，岩性以生屑泥晶灰岩和泥灰岩为主（汪泽成等，2018）。茅口组厚度为100～340m，厚度中心在川西南部和川东南部地区，自下而上可分为茅一段、茅二段、茅三段和茅四段。茅一段多发育灰黑色中—薄层生屑泥晶灰岩、泥质泥晶灰岩、钙质泥岩和页岩，具有一定的生烃能力（黄士鹏等，2016；汪泽成等，2018；谢增业等，2020；胡东风等，2020）；茅二段以石灰岩为主，夹白云岩和燧石层；茅三段主要为生物灰岩，局部地区见白云岩；茅四段主要为泥晶灰岩。受东吴运动影响，茅口组遭受不同程度的剥蚀，盆地西南部的江油—成都—宜宾一带和盆地东部石柱一带缺失茅四段，盆地东北部的广元—旺苍—宣汉—巫溪一带缺失茅三段（汪泽成等，2018）。茅口组颗粒滩叠加侵蚀古地貌高地段上斜坡形成的岩溶储层为茅口组天然气富集高产奠定了良好基础。

受东吴运动的影响，四川盆地及其邻区在中—晚二叠世发生过强烈的受峨眉地幔柱控制的板内火山喷发事件，形成了巨厚的"峨眉山玄武岩"，面积为 $11×10^4km^2$ ，主要发育于川西地区二叠系中上部，为一套穿时的火山岩地层，底部与中二叠统茅口组呈不整合接触，顶部与上二叠统龙潭组呈不整合接触，厚度介于30～400m，平面上具有西南厚、东北薄的特点（马新华等，2019b）。川西南部地区永探1井等钻探揭示喷溢相火山角砾熔岩、含凝灰角砾熔岩等是有利储集岩类型。

东吴运动之后，四川盆地西部地区上升为陆地，海水向东退却，形成西南高、东北低的"西陆东海"的古地理格局，因而上二叠统龙潭组沉积期自西向东呈现明显的由陆到海的相变，成都—南充一线以南及华蓥山以西为河流冲积相夹滨海沼泽相沉积区，以煤、碳质泥岩和泥岩频繁交替为特征；在盆地东部、北部地区主要为同期异相的吴家坪组开阔台地、海湾潟湖和盆地沉积区，下部和上部多为黑色泥岩、碳质泥岩夹薄层泥质粉砂岩、泥质灰岩，中部多为生屑灰岩（梁狄刚等，2009；陈建平等，2018）。龙潭组（吴家坪组）厚度一般为100～300m，是二叠系优质烃源岩的主要发育层段。

长兴组在四川盆地内广泛发育，厚度一般为50～150m，盆地东北部为厚度中心，最厚可达350m。下部为薄—中厚层泥晶灰岩、生屑灰岩、藻灰岩夹少量钙质页岩，中、上部为灰色、灰白色的中—厚层含燧石结核、条带灰岩与白云质灰岩，顶部为青灰色薄层泥晶灰岩、白云质灰岩与黏土岩不等厚互层夹硅质层及燧石条带（魏国齐等，2019a）。长兴组生物礁、生屑滩是上二叠统的主要产气层，大隆组与长兴组同期异相，主要为深水沉积，其岩性以黑色、黑灰色灰泥岩和泥岩为主，是上二叠统的一套优质烃源岩。

9. 三叠系

三叠系自下而上可分为下三叠统飞仙关组、嘉陵江组，中三叠统雷口坡组和上三叠统须家河组。

飞仙关组沉积期，受康滇古陆的影响，在四川盆地内自西向东由以陆源碎屑为主的沉积逐渐演变为以碳酸盐岩为主。飞仙关组自下而上可分为4个岩性段，其中飞一段、飞三段以碳酸盐岩为主，岩性主要是中—厚层状鲕粒灰岩、砂屑灰岩、生屑灰岩及泥晶灰岩，是重要的产气层段；飞二段、飞四段以泥质沉积为主，岩性主要是页岩、泥灰岩及膏泥岩等，可作为局部盖层。飞仙关组厚度一般为200~800m，整体具有由西南向东北增厚的趋势，剑阁—达州一带厚度最大。

嘉陵江组以含膏盐碳酸盐岩为主，自下而上可分为5个岩性段，嘉一段以灰色中—薄层泥晶灰岩为主；嘉二段主要是石灰岩、白云岩、膏质云岩、泥质云岩及石膏等；嘉三段主要为泥晶灰岩、微晶灰岩、微晶砂屑及生屑灰岩，局部地区夹石膏及白云岩；嘉四段下部主要为泥—粉晶云岩、砂屑云岩及生屑云岩，中部包括泥—粉晶灰岩、砂屑云岩或针孔云岩，上部以膏盐岩为主夹薄层云岩或膏质云岩、盐岩；嘉五段主要为白云岩、白云质灰岩、膏岩和岩溶角砾岩。嘉陵江组整体厚度一般为300~1050m，由西南向东北增厚，最厚处在达州—梁平一带。发育多个有利储层段，包括嘉一段—嘉二$_1$亚段、嘉二段、嘉三段—嘉四$_1$亚段、嘉四$_3$亚段、嘉五$_1$亚段等，各储层间发育的膏盐岩是优质封盖层，已探明磨溪嘉二段大气田、卧龙河嘉五$_1$亚段中型气田及系列小微型气田等。

雷口坡组主要发育一套碳酸盐岩夹碎屑岩及膏盐岩，受印支期泸州—开江古隆起影响，四川盆地内雷口坡组厚度在古隆起区为100~400m，古隆起西部为400~1000m。自下而上可分为四个岩性段（黄东等，2011），雷一段下部为大段石膏、膏质云岩与细粉晶云岩互层，间夹盐岩、杂卤石等，其中的粉细晶针孔云岩、灰质云岩及云质灰岩段为区域性油气产层，为磨溪雷口坡组气藏的主力产层，雷一段上部为泥质泥晶云岩、泥质泥晶灰岩与石膏互层。雷二段为厚层块状石膏、白云质石膏和泥—粉晶云岩、膏质云岩、灰质云岩互层，间夹泥晶灰岩。雷三段下部为大段含生屑泥晶灰岩，中部为大段石膏、盐岩、泥—粉晶云岩夹泥晶灰岩，白云岩常含膏质、灰质，上部为针孔白云岩、砂屑白云岩、块状灰岩夹薄层白云岩等，是中坝气田雷口坡组气藏的重要产层。雷四段下部为泥晶灰岩与泥—粉晶云岩互层，间夹薄层石膏，雷四段中部为厚层状石膏、盐岩、泥—粉晶云岩、泥晶灰岩互层，雷四段上部主要为角砾状白云岩、角砾状灰岩，是川西气田雷口坡组气藏的重要产层。

须家河组是四川盆地由海相转变为陆相的一套沉积地层，除须一段沉积期在川西地区沉积了一套海相的小塘子组碳酸盐岩外，其余为冲积扇、河流三角洲、沼泽、浅湖沉积，沉积厚度一般为300~3000m，由东向西逐渐增厚，沉积、沉降中心在成都—绵阳一带。纵向上可细分为6个岩性段，自下而上依次为须一段、须二段、须三段、须四段、须五段和须六段，其中，须一段、须三段和须五段以煤系泥岩为主，是主要的烃源层；须二段、须四段和须六段以砂岩为主，是主要的储层，已探明安岳、合川、广安、新场、八角场等大中型气田，各层段内砂岩层间的少量薄煤层（煤线）或碳质泥岩也可成为烃源层。烃源层和储层的交替发育构成了须家河组独特的源储交互叠置的"三明治"结构。

10. 侏罗系

侏罗系在四川盆地广泛分布，为一套陆源冲积扇、河流和湖泊沉积，厚度为1000~5000m，自西南往东北方向逐渐增厚，自下而上可分为下侏罗统自流井组（包括珍珠冲段、东岳庙段、马鞍山段、大安寨段）、凉高山组，中侏罗统沙溪庙组和上侏罗统遂宁组、蓬莱镇组。

白流井组总体为湖相泥岩与介壳灰岩不等厚互层。大安寨段深灰、灰黑色泥页岩是优质烃源岩，介壳灰岩为储层，已在川中地区探明公山庙、桂花、金华镇、莲池和中台山等 5 个油田，探明石油地质储量为 $7339 \times 10^4 t$；在川北元坝、川东涪陵等地区大安寨段页岩中也见到良好油气显示，压裂后日产气量超万立方米（周德华等，2020）。浅湖—半深湖沉积的凉高山组泥页岩也具有一定的生烃潜力（李军等，2010）。

沙溪庙组为陆相浅水三角洲—湖泊沉积体系、三角洲前缘与滨湖滩坝沉积，砂质规模发育。自下而上可分为两段，沙一段以紫红色、暗紫红色、灰绿色泥岩和粉砂质泥岩为主，次为浅灰色和灰绿色泥质粉砂岩、粉砂岩及浅灰色细砂岩（关口砂岩），自下而上砂岩有粒度变细的趋势；沙二段为紫红色、暗紫红色泥岩和粉砂质泥岩夹灰绿色、浅灰色和紫灰色泥质粉砂岩、粉砂岩及浅灰色细砂岩，中部砂岩较少（肖富森等，2019）。沙溪庙组是中江、金秋等气田的重要储层，已成为四川盆地寻找浅层致密气的重要领域。

遂宁组主要分布在川西坳陷，岩性为一套棕红色、棕褐色泥岩和粉砂质泥岩夹细砂岩、粉砂岩，主要为以浅水湖泊为背景的低能缓坡型三角洲沉积，是洛带、新都气田遂宁组气藏的主要产气层。

蓬莱镇组主要分布在川西坳陷，岩性主要为细砂岩、粉砂岩、泥岩含少量砾岩等，为浅湖—三角洲前缘沉积，有利储层沉积微相主要为水下分流河道和河口坝，已探明新都、洛带、白马庙等蓬莱镇组气藏。

11. 白垩系—新生界

白垩系—新生界主要分布在四川盆地西部、北部及西南部，西部及北部厚度为 0～1000m，西南部厚度为 0～500m。

白垩系以冲积扇、辫状河和湖泊沉积为主，岩性为砾岩、砂岩、粉砂岩和泥岩，下白垩统仅局限在盆地西北部的邛崃—绵阳—剑阁一线，上白垩统沉积、沉降中心迁移至雅安—自贡—泸州一线。目前仅在成都气田探明天然气地质储量 $1.25 \times 10^8 m^3$。

新生界仅局限在四川盆地的西南部，分布范围小，主要是一些陆相碎屑沉积。

二、成藏组合及其划分

成藏组合主要指在某一地层段内具有共同油气生成、运移和聚集历史及成因联系的系列油气藏或远景圈闭。根据成藏要素的空间配置及天然气地球化学特征差异性，纵向上，将四川盆地划分为 12 套成藏组合（图 1-1-1，表 1-2-1），其中常规＋致密气共 8 套成藏组合，页岩气 4 套；根据气藏储层岩性，可划分为 5 套海相碳酸盐岩气藏组合、3 套陆相致密油气藏组合和 4 套页岩气藏组合。

1. 海相碳酸盐岩常规气藏组合

5 套海相碳酸盐岩气藏成藏组合中，发育 5 套烃源岩，分别是震旦系（陡山沱组、灯三段）、下寒武统筇竹寺组、下志留统龙马溪组、中二叠统（梁山组、栖霞组、茅口组）和上二叠统龙潭组。其中，第 1 套组合为震旦系灯影组气藏的下生上储和旁生侧储成藏模式，已探明安岳、威远气田灯影组气藏，探明地质储量为 $6252 \times 10^8 m^3$；第 2 套组合为寒武系沧浪铺组、龙王庙组、洗象池组气藏的下生上储成藏模式，已探明安岳气田龙王庙组气藏和威远气田洗象池组气藏，探明地质储量为 $4526×10^8 m^3$；第 3 套组合为石炭系黄龙组、中二叠统栖霞组和茅口组气藏的下生上储成藏模式，已探明川东石炭系黄龙组气藏，川东、川南栖霞组和茅口组气藏，探明地质储量为 $3625×10^8 m^3$；第 4 套组合为泥盆系观雾山组、中二叠统栖霞组和茅口组气藏的下生上储成藏模式，已发现川西北观雾山组气藏、栖霞组气藏，川中栖霞组和茅口组气藏；第 5 套组合为长兴组—飞仙关组、嘉陵江组—雷口坡组气藏的下生上储成藏模式，已探明普光、元坝和罗家寨等长兴组—飞仙关组气藏，以及彭州、磨溪、元坝、中坝、卧龙河和通南巴等嘉陵江组—雷口坡组气藏，探明地质储量为 $12924×10^8 m^3$。

表 1-2-1　四川盆地天然气成藏组合划分与典型实例

类型	序号	成藏组合			主要分布区域及实例
		烃源岩	储层	盖层	
海相碳酸盐岩气藏	1	震旦系泥页岩、筇竹寺组泥页岩	灯二段、灯四段	灯三段泥页岩、下寒武统泥页岩	川中古隆起安岳气田灯二段、灯四段气藏
	2	筇竹寺组泥页岩	沧浪铺组、龙王庙组、洗象池组白云岩	高台组、中二叠统	川中古隆起沧浪铺组、龙王庙组、洗象池组气藏
	3	龙马溪组泥页岩	石炭系黄龙组白云岩、中二叠统栖霞组白云岩、茅口组石灰岩	龙潭组泥页岩	川东石炭系、中二叠统气藏，川南中二叠统气藏
	4	筇竹寺组、中二叠统（梁山组页岩和栖霞组、茅口组泥灰岩）	泥盆系白云岩、栖霞组白云岩、茅口组石灰岩	龙潭组泥页岩	川西北泥盆系气藏，川西北栖霞组、茅口组气藏，川中古隆起栖霞组、茅口组气藏
	5	龙潭组泥页岩	上二叠统长兴组，下三叠统飞仙关组，嘉陵江组，中三叠统雷口坡组	嘉陵江组、雷口坡组膏盐岩	川东、川东北长兴组—飞仙关组气藏，川中、川东、川南嘉陵江组—雷口坡组气藏
陆相致密气藏	6	须家河组泥页岩	须家河组二段、四段、六段	须家河组内部泥岩、侏罗系砂泥岩	川中、川西、川东北须家河组气藏
	7	大安寨段泥页岩	大安寨段介壳灰岩	中—上侏罗统砂泥岩	川中大安寨段石灰岩气藏
	8	须家河组、大安寨段泥页岩	沙溪庙组、遂宁组、蓬莱镇组砂岩	中—上侏罗统砂泥岩	川中八角场、金秋气藏，川西白马庙、邛西、中江气藏
页岩气藏	9	龙潭组泥页岩	龙潭组泥页岩	龙潭组泥页岩	川东罐 36 气藏
	10	龙马溪组泥页岩	龙马溪组泥页岩	龙马溪组泥页岩	威远、长宁、太阳、涪陵、威荣、永川气藏
	11	筇竹寺组泥页岩	筇竹寺组泥页岩	筇竹寺组泥页岩	威远气藏
	12	侏罗系泥页岩	侏罗系泥页岩	侏罗系泥页岩	川中侏罗系页岩气藏

2. 陆相致密油气藏组合

3 套陆相致密油气藏成藏组合中，发育 2 套烃源岩，分别是须家河组和大安寨段。其中，第 1 套组合为须家河组气藏的自生自储成藏模式，已探明安岳、合川、广安、八角场、新场和元坝等须家河组气藏，探明地质储量为 $9925 \times 10^8 m^3$；第 2 套组合为下侏罗统自流井组大安寨段介壳灰岩气藏的自生自储成藏模式（杨跃明等，2019a）；第 3 套组合为沙溪庙组、遂宁组和蓬莱镇组气藏的下生上储成藏模式，已探明成都、新场、中江、洛带、白马庙和金秋等气藏，探明地质储量为 $4947 \times 10^8 m^3$。

3. 海相页岩气藏组合

迄今已在四川盆地下寒武统筇竹寺组、上奥陶统五峰组—下志留统龙马溪组和上二叠统龙潭组等 3 套海相烃源岩中发现 3 套页岩气藏成藏组合，其中，勘探成效最显著的是五峰组—龙马溪组页岩气藏成藏组合，已探明涪陵、长宁、威远、太阳、威荣和永川等 6 个页岩气田，探明地质储量为 $20018 \times 10^8 m^3$；此外，在威远发现筇竹寺组页岩气藏，在川东发现龙潭组页岩气藏。

4. 陆相页岩油气藏组合

迄今陆相页岩油气藏组合主要是下侏罗统自流井组珍珠冲段、东岳庙段、大安寨段和凉高山组页岩油气藏成藏组合（杨跃明等，2021），主要分布在川中地区，初步评价遂宁—南充地区为页岩油有利勘探区，南充—仪陇地区为页岩油气有利勘探区，仪陇—平昌地区为页岩气有利勘探区（杨跃明等，2019b）。

第三节 天然气藏分布与特征

多期构造运动的叠合导致四川盆地形成岩性、构造、地层及复合型等多类型气藏共存的格局。已探明天然气藏以常压和高压气藏为主，以特低—中等储量丰度为主，含气饱和度常规碳酸盐岩气藏以大于 75% 为主，非常规致密砂岩气、页岩气藏以小于 65% 为主。

一、天然气藏分类

根据不同研究目的和需求，可对天然气藏类型进行相应划分，如根据圈闭类型可分为构造气藏、岩性气藏和地层气藏等；根据储渗空间可分为孔隙型、裂缝—孔隙型、裂缝—孔洞型、孔隙—裂缝型和裂缝型等；根据原始地层压力可分为低压气藏、常压气藏、高压气藏和超高压气藏等。四川盆地天然气藏类型多样，总体以岩性、裂缝—孔隙型、高压气藏为主。

按照圈闭成因及形态可将四川盆地已发现气藏分为岩性、构造、地层及复合型四大类十亚类（表 1-3-1），从目前已探明的储量分析，与岩性圈闭相关的各类气藏是四川盆地天然气藏的主体，主要分布于震旦系、寒武系、长兴组、飞仙关组、须家河组、侏罗系，这也是今后勘探的方向。

表 1-3-1　四川盆地不同层段天然气藏分类表

类	亚类	典型气藏	气藏示例	储量占比/%
岩性	岩性	安岳（T_3x_2）、合川（T_3x_2）、元坝（P_3ch）	元坝27　元坝204　元坝29	22.1
构造	背斜	威远（Z_2dn）、磨溪（T_2l）、中坝（T_3x）、八角场（T_3x）、九龙山（T_3x）	川22　中31	5.4
构造	断层、断背斜及断鼻	邛西（T_3x_2）、大池干井（C_2hl）、大天池（C_2hl）、铁山（T_1f）、磨溪（T_2l）	磨10井　磨21井　磨20井　磨19井	3.9
构造	裂缝、缝洞	邛西（P_2q）、自流井（P_2m）	自6　自2　自4　自1　自3　自7	3.3
地层	地层	大天池（C_2hl）、张家场（T_1j）、雷音铺（T_1j）、建南（C_2hl）	建45　建13　建42	0.2
复合	构造—岩性	安岳（ϵ_1l）、广安（T_3x_4）、充西（T_3x_4）、中江（J_2s）、磨溪（T_1j）、元坝（T_2l）	磨溪47　磨溪201　磨溪9　磨溪13　磨溪203　磨溪17　磨溪204　磨溪11　磨溪107　磨溪29　磨溪206　磨溪41　磨溪23	36.1
复合	岩性—构造	苟西（C_2hl）、高峰场（P_3ch）、元坝（P_3ch）、渡口河（T_1f）	渡4　渡3　渡1　渡6	8.4

类	亚类	典型气藏	气藏示例	储量占比/%
复合	地层—构造	大天池（C₂hl）、罗家寨（C₂hl）、七里峡（C₂hl）、龙岗（T₂l）	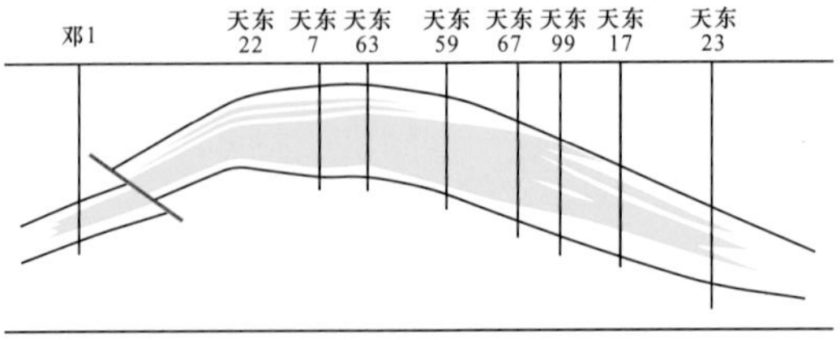	1.7
	构造—地层	安岳（Z₂dn₄）、邻北（C₂hl）、川西（T₂l）	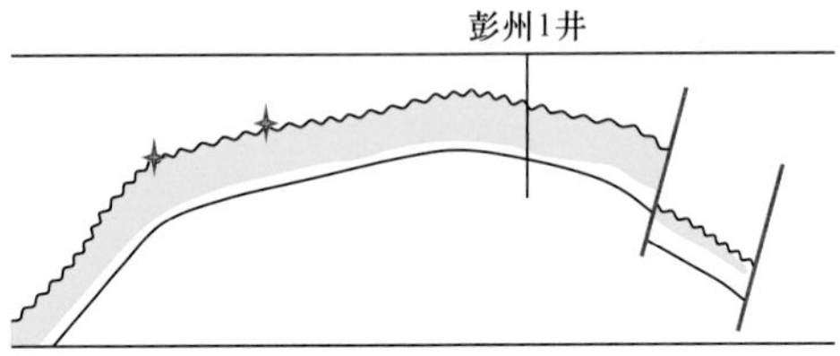	11.8
	岩性—地层	安岳（Z₂dn₄）	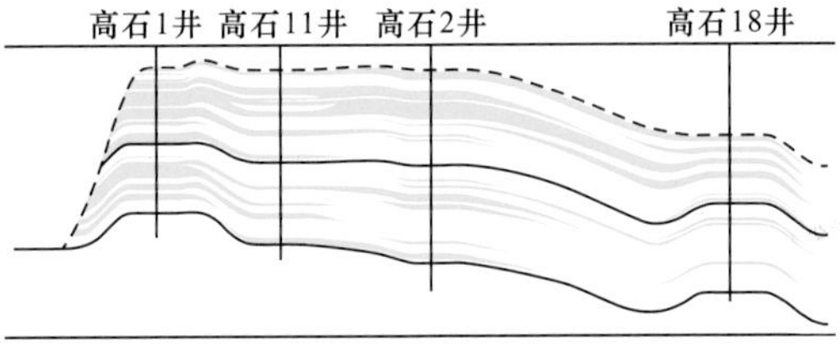	7.1

1. 以岩性控制为主的气藏

此类气藏主要包括岩性和构造—岩性气藏两个亚类，此类气藏是四川盆地已探明天然气地质储量的主体，约占总探明天然气地质储量的 58.2%。

1）岩性气藏

由于原始沉积条件的变化或受后期成岩作用影响，使得储层在纵、横向上渐变成非渗透性岩层，形成岩性圈闭，若其中聚集天然气则形成岩性气藏。根据四川盆地的具体地质特点，又可进一步划分为储集岩上倾尖灭气藏、储集岩透镜体气藏和生物礁气藏。如在须家河组、侏罗系砂泥岩沉积层系中，常见许多薄层砂岩互相参差交错，有的砂岩体顶、底均为渗透性差的泥岩所限，砂岩体呈楔状尖灭于泥岩中，形成砂岩上倾尖灭圈闭，该类圈闭是目前已发现的主要圈闭类型，在大川中地区广泛发育，安岳气田须二段气藏、合川气田须二段气藏、荷包场气田须二段和须四段气藏等均属此类圈闭；有的砂岩体呈透镜状，周围均被非渗透层所限，形成砂岩透镜体圈闭，中江气田部分沙溪庙组气藏、洛带气田沙溪庙组和遂宁组气藏、渡口河气田沙溪庙组气藏等属于此类。在海相层系碳酸盐岩地层中，由于成岩阶段的差异溶蚀和后期的次生作用，导致岩层的孔渗性发生改变，使渗透性岩层渐变为非渗透性岩层，或使非渗透性岩层渐变为渗透性岩层，从而形成岩性圈闭，元坝气田雷口坡组气藏、大天池气田巫山坎飞仙关组气藏等属此类圈闭。生物礁圈闭是碳酸盐岩地层中的一种特殊的岩性圈闭，它是礁组合中具有良好孔隙性和渗透性的储集岩体被周围非渗透性岩层和下伏水体联合封闭而形成的圈闭，普光、元坝、龙岗、铁山、罗家寨、铜锣峡等长兴组生物礁气藏，得胜茅口组气藏，转龙场茅口组气藏等即属于此类圈闭。岩性气藏迄今已探明天然气地质储量为 $9253 \times 10^8 m^3$，占四川盆地总探明天然气地质储量的22.1%。

2）构造—岩性气藏

构造—岩性气藏是一种复合圈闭气藏，受岩性和构造双重因素控制，以岩性因素控制为主。其主要特征是气藏具有一定的构造背景，但不完全受构造圈闭控制，含气高度多超出圈闭的闭合高度，平面上天然气分布主要受储层发育程度控制，构造高部位气水分异较充分。构造—岩性气藏是四川盆地探明天然气地质储量（ $15098 \times 10^8 m^3$ ）最多的类型，约占总探明天然气地质储量的36.1%，典型气藏包括安岳气田龙王庙组气藏、普光气田长兴组—飞仙关组气藏、渡口河飞仙关组气藏、七里北飞仙关组气藏、广安气田须家河组气藏、新场气田须家河组和侏罗系气藏、白马庙气田侏罗系气藏、中江气田侏罗系气藏等。

2. 以构造控制为主的气藏

此类气藏主要包括背斜、断层/断背斜/断鼻、裂缝/缝洞、岩性—构造和地层—构造气藏等5个亚类。此类气藏约占四川盆地总探明天然气地质储量的22.8%。

1）背斜气藏

背斜圈闭是由于构造应力作用使地层发生弯曲变形，储层和盖层形成向周围倾伏的背斜构造而形成的。背斜气藏在静水条件下，气水界面与构造等高线平行，含气面积在背斜圈闭范围内，气柱高度小于圈闭闭合高度。典型气藏包括威远震旦系气藏、大天池石炭系气藏、七里峡石炭系气藏、板东石炭系气藏、罗家寨飞仙关组气藏、卧龙河嘉陵江组气藏、磨溪雷口坡组气藏、中坝雷口坡组气藏、八角场须家河组气藏、九龙山侏罗系气藏等。背斜气藏已探明天然气地质储量为 $2257 \times 10^8 m^3$，约占总探明天然气地质储量的5.4%。

2）断层、断背斜及断鼻气藏

与断层相关的圈闭主要包括断层圈闭、断背斜圈闭和断鼻圈闭等，它们的共同特点就是在储层上倾方向均为断层所封闭。由断层对储层上倾方向或各个方向的封闭作用而形成的圈闭为断层圈闭，如大天池石炭系气藏、罗家寨石炭系气藏、邛西须家河组气藏等；由断层与背斜构造组合共同形成的圈闭则为断背斜圈闭，如福成寨石炭系气藏、相国寺石炭系气藏、七里峡石炭系气藏、云和寨石炭系气藏、自流井茅口组和嘉陵江组气藏、邓井关嘉陵江组气藏、龙市镇茅口组气藏、邛西平落坝须家河组气藏等；如储层具有鼻状构造形态，上倾方向由封闭性断层遮挡则形成断鼻圈闭，如大天池肖家沟石炭系气藏、大天池明月北石炭系气藏等。该类气藏已探明天然气地质储量为 $1631 \times 10^8 m^3$，约占总探明天然气地质储量的3.9%。

3）裂缝、缝洞气藏

裂缝/缝洞气藏是天然气储集空间和渗滤通道主要靠裂缝或溶孔、溶洞的气藏。此类气藏圈闭的形成主要是由于喜马拉雅期强烈的断褶运动，各类构造缝的大量发育，使储层产生了大量的大小不同的缝连缝、缝连洞的缝洞网络，油气进行再分配，遇圈闭而聚集成藏。背斜地区通常是断层和构造裂缝最发育的地区，缝洞网络也大，气也最富集。但缝洞发育有其不规则性，在构造的各个部位都可以存在，可以连通，也可不连通，圈闭更不受构造等高线所限，独立性特强。因此，该类气藏多与背斜和断层有关，并且多以碳酸盐岩储层气藏为主。在钻井过程中经常发生钻具放空、井漏及井喷等现象。四川盆地早期勘探发现的二叠系茅口组、三叠系嘉陵江组气藏多属此类，如老翁场茅口组气藏、观音场茅口组气藏、宋家场茅口组气藏、白节滩茅口组气藏、付家庙嘉陵江组气藏、庙高寺嘉陵江组气藏、卧龙河嘉陵江组气藏、东溪嘉陵江组气藏、铁山嘉陵江组气藏和福成寨嘉陵江组气藏等。近年也发现一些裂缝性气藏，如邛西茅口组、栖霞组气藏等。该类气藏已探明气藏数量多，探明天然气地质储量为 $1398 \times 10^8 m^3$，约占总探明天然气地质储量的 3.3%。

4）岩性—构造气藏

岩性—构造气藏是一种复合圈闭气藏，受岩性和构造双重因素控制，以构造因素控制为主。典型气藏主要包括元坝长兴组气藏、高峰场长兴组气藏、大天池长兴组气藏、苟西石炭系气藏、罗家寨飞仙关组气藏、渡口河飞仙关组气藏、建南飞仙关组气藏、大天池飞仙关组气藏、磨溪嘉陵江组气藏、麻柳场嘉陵江组气藏、新场须家河组气藏、通南巴须家河组气藏和大塔场侏罗系气藏等。岩性—构造气藏已探明天然气地质储量为 $3500 \times 10^8 m^3$，约占总探明天然气地质储量的 8.4%。

5）地层—构造气藏

地层—构造气藏是一种复合圈闭气藏，受地层和构造双重因素控制，以构造因素控制为主。典型气藏包括大天池石炭系气藏、罗家寨石炭系气藏、七里峡石炭系气藏、相国寺石炭系气藏、建南石炭系气藏和九龙山须家河组气藏等。地层—构造气藏已探明天然气地质储量为 $778 \times 10^8 m^3$，约占总探明天然气地质储量的 1.7%。

3. 以地层控制作用为主的气藏

此类气藏主要包括地层、构造—地层和岩性—地层气藏等 3 个亚类。此类气藏约占四川盆地总探明天然气地质储量的 19.1%。

1）地层气藏

地层圈闭（也称不整合圈闭）是由于不整合作用导致的储层纵向连续性中断而形成的圈闭。根据储层与不整合面的位置关系，可分为两类，一类是储层位于不整合面之下，被称为地层不整合遮挡圈闭；另一类是储层位于不整合面之上，被称为地层超覆圈闭。与地层圈闭相对应的则有地层不整合气藏和地层超覆气藏。典型气藏包括大天池石炭系气藏、张家场长兴组和嘉陵江组气藏、沙罐坪长兴组和嘉陵江组气藏、亭子铺长兴组气藏、雷音铺嘉陵江组气藏等。地层气藏已探明天然气地质储量为 $98 \times 10^8 m^3$，约占总探明天然气地质储量的 0.2%。

2）构造—地层气藏

构造—地层气藏是一种复合圈闭气藏，受地层和构造双重因素控制，以地层因素控制为主。典型气藏包括安岳气田高石19区块、磨溪22区块和磨溪109区灯四段上亚段气藏，川西雷口坡组气藏、邻北石炭系气藏等。构造—地层气藏已发现气藏个数少，但探明天然气地质储量较大，为 $4932×10^8m^3$，约占总探明天然气地质储量的11.8%。

3）岩性—地层气藏

岩性—地层气藏是一种复合圈闭气藏，受地层和岩性双重因素控制，以地层因素控制为主。典型气藏是安岳气田高石1区块灯四段上亚段、灯四段下亚段气藏，探明天然气地质储量为 $2970×10^8m^3$，约占总探明天然气地质储量的7.1%。

二、天然气藏温压特征

四川盆地已探明天然气藏以常压气藏和高压气藏为主，总体上随产层时代由老变新，气藏由常压气藏变为超压气藏，部分三叠系—侏罗系为超高压气藏，主要受构造演化旋回、区域性分布优质盖层、断裂系统和成藏体系等因素控制。

1. 天然气藏地层压力特征

1）天然气藏的地层压力系数分类

中华人民共和国国家标准《天然气藏分类》（GB/T 26979—2011）中明确了天然气藏地层压力系数的计算方法和划分标准。地层压力系数计算见式（1-3-1）：

$$PK=P_i/（CD）\tag{1-3-1}$$

式中　PK——地层压力系数；

　　　P_i——气藏中部深度原始地层压力的数值，MPa；

　　　D——气藏中部深度的数值，m；

　　　C——静水柱压力梯度的数值，$C=0.00980665$MPa/m。

按地层压力系数的气藏分类见表1-3-2。

表1-3-2　气藏按地层压力系数分类（GB/T 26979—2011）

气藏类型	低压气藏	常压气藏	高压气藏	超高压气藏
地层压力系数	<0.9	0.9～1.3	1.3～1.8	≥1.8

四川盆地已探明天然气藏的地层压力系数分布在0.86～2.27之间，主峰区间为0.9～1.3，占48.18%；其次是1.3～1.8，占38.94%；大于1.8和小于0.9的分别占9.24%和3.64%，表明以常压气藏和高压气藏为主。

2）地层压力系数随产层时代分布特征

四川盆地不同层系已探明天然气藏的地层压力系数总体上随产层时代由老变新呈现出周期性变化规律（图1-3-1）。如震旦系—下古生界气藏地层压力系数变化大，灯影组和中—下奥陶统气藏为常压气藏，寒武系和上奥陶统五峰组—下志留统龙马溪组气藏为常压—超压气藏,超压的形成可能与筇竹寺组页岩和五峰组—龙马溪组页岩具强生烃能力有关;上古生界泥盆系—二叠系气藏压力系数变化小,泥盆系气藏地层压力系数为1.47,石炭系气藏地层压力系数平均值为1.23,栖霞组、茅口组和长兴组气藏地层压力系数分布范围基本相当,平均值则逐渐减小,分别为1.33、1.26和1.16;中生界三叠系—侏罗系除雷口坡组气藏的相对较低(均值1.26)外,其他气藏均以高压、超高压为主。

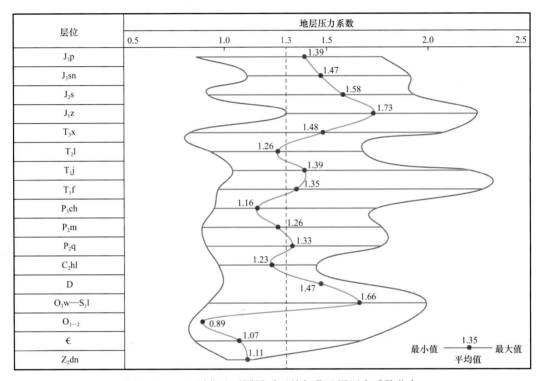

图 1-3-1 四川盆地不同层系天然气藏地层压力系数分布

3)地层压力系数随产层深度分布特征

图 1-3-2 展示了天然气藏地层压力系数与埋藏深度之间的关系。埋深大于 800m时,可以形成高压气藏;埋深大于 5000m 时,以常压气藏为主;高压气藏主要分布在800～5000m 之间;超高压气藏则主要分布在 2000～5000m 之间。

2. 天然气藏温度特征

天然气藏地层温度和埋藏深度之间具有较好的正相关关系,随埋深增加,地层温度升高(图 1-3-3)。从不同时代的地温梯度演化特征来看,由震旦纪至侏罗纪,地温场经历了多次高、低转变的演化过程(图 1-3-4),总体上受构造演化旋回控制。

1)震旦纪—志留纪为相对高地温期

震旦系—下古生界气藏平均地层温度分布在 71.8～164℃之间,其中,震旦系灯影组平均地层温度为 143.7～163.6℃,寒武系龙王庙组平均地层温度为 137.5～147.1℃,奥陶系五峰组—志留系龙马溪组平均地层温度为 71.8～133.9℃。按四川盆地地表

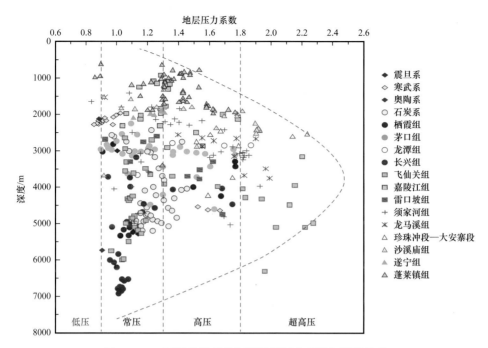

图 1-3-2　四川盆地天然气藏地层压力系数与深度关系

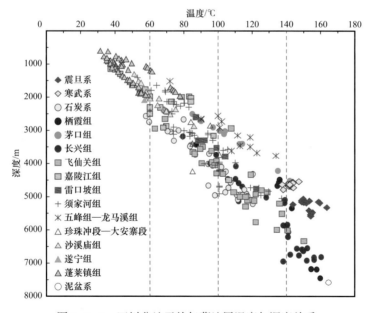

图 1-3-3　四川盆地天然气藏地层温度与深度关系

年平均温度 17℃计算，则这一地质时期以相对高地温场为主，平均地温梯度介于 2.60～2.96℃/100m，呈现出随地层时代变新、地温梯度增高的趋势。

2）泥盆纪—石炭纪为相对低地温期

志留纪—泥盆纪，地温梯度急剧降低，泥盆系、石炭系气藏平均地温梯度在各层系气藏中是相对最低的，分别为 1.95℃/100m 和 1.94℃/100m。

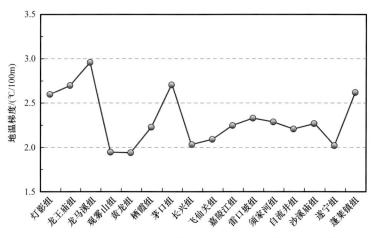

图 1-3-4　四川盆地不同时代气藏平均地温梯度变化趋势图

3）中二叠统栖霞组—茅口组沉积期为相对高地温期

石炭纪之后，中二叠世开始，地温梯度逐渐增高，栖霞组、茅口组气藏平均地温梯度分别为 2.23℃/100m 和 2.71℃/100m，这可能与扬子地区二叠纪火山喷发有关。

4）晚二叠世—中三叠世为逐渐增温期

茅口组沉积期后，地温梯度出现第二次急剧降低现象，长兴组气藏平均地温梯度仅为 2.04℃/100m。上二叠统长兴组沉积期—中三叠统雷口坡组沉积期，地温梯度逐渐增高，由飞仙关组气藏的 2.09℃/100m 增高至嘉陵江组气藏的 2.25℃/100m，再增至雷口坡组气藏的 2.33℃/100m。

5）上三叠统—上侏罗统遂宁组沉积期为逐渐降温期

中三叠世后，上三叠统须家河组沉积期至中侏罗统沙溪庙组沉积期，地温梯度略微降低，但总体变化不大，须家河组、自流井组和沙溪庙组气藏平均地温梯度分别为 2.29℃/100m、2.21℃/100m 和 2.27℃/100m；晚侏罗世，地温梯度出现第三次较大幅度降低现象，遂宁组气藏平均地温梯度为 2.02℃/100m。

6）上侏罗统蓬莱镇组沉积期为增温期

上侏罗统遂宁组沉积期至蓬莱镇组沉积期，地温梯度再次升高，由遂宁组气藏的 2.02℃/100m 升高至蓬莱镇组气藏的 2.62℃/100m。

三、天然气储量丰度与含气饱和度

截至 2020 年底，四川盆地累计探明天然气田 131 个，探明可采储量大于 $25 \times 10^8 m^3$ 的大中型气田个数仅为 63 个，储量却占总探明可采储量的 93.5%，以特低—中丰度气藏为主（图 1-3-5）；含气饱和度在碳酸盐岩气藏以大于 75% 为主，在致密砂岩气藏以小于 65% 为主。探明页岩气田 7 个，探明可采储量为 $4717 \times 10^8 m^3$，含气饱和度主要小于 65%。

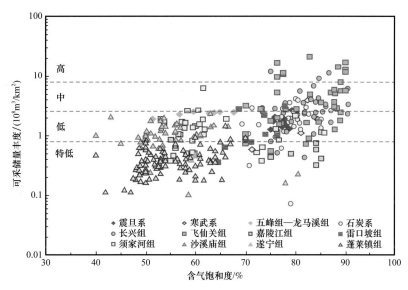

图 1-3-5　四川盆地大中型气田各气藏含气饱和度与可采储量丰度关系

1. 天然气藏储量丰度

油气田是受单一局部构造单元所控制的同一面积内的油藏、气藏和油气藏的总和。一个气田可以包括一个或若干个不同类型、不同储层时代的气藏。四川盆地大中型气田均由众多不同储量规模的气藏组成。单位面积内控制的天然气储量即天然气储量丰度。《天然气藏分类》（GB/T 26979—2011）的气藏分类标准中，将可采储量丰度小于 $0.8×10^8m^3/km^2$ 的定义为特低丰度气藏，可采储量丰度为（0.8~2.5）$×10^8m^3/km^2$ 的为低丰度气藏，可采储量丰度为（2.5~8）$×10^8m^3/km^2$ 和大于 $8×10^8m^3/km^2$ 的分别是中丰度和高丰度气藏。如图 1-3-5 所示，常规碳酸盐岩气藏可采储量丰度为（0.07~21.22）$×10^8m^3/km^2$，以低—中丰度气藏为主，同时也有高丰度和特低丰度的气藏。非常规页岩气藏可采储量丰度为（1.42~2.54）$×10^8m^3/km^2$，为低丰度气藏；致密砂岩气藏可采储量丰度为（0.10~6.22）$×10^8m^3/km^2$，除个别相对较高外，主要为特低—低丰度气藏。总体上，可采储量丰度与含气饱和度之间具有一定的正相关性，页岩气藏以可采储量丰度小于 $2.5×10^8m^3/km^2$、含气饱和度小于 65% 为主；常规气藏以可采储量丰度大于 $0.8×10^8m^3/km^2$、含气饱和度大于 75% 为主。

2. 天然气藏含气饱和度分布

含气饱和度主要指在原始状态下，储层内天然气体积占连通体积的百分数。如图 1-3-5 所示，常规碳酸盐岩气藏和非常规页岩气藏、致密砂岩气藏的含气饱和度有显著差别，碳酸盐岩气藏含气饱和度以大于 70% 为主，主要为 75%~90%；非常规气藏含气饱和度以小于 70% 为主，其中，页岩气藏含气饱和度为 51.4%~67.7%，致密砂岩气藏分布范围大，含气饱和度主要为 45%~65%。大中型气田可采储量与含气饱和度之间，总体上有随含气饱和度增高、气藏储量规模增大的趋势，但相关性不太明显，同一层系不同级别规模的气藏含气饱和度变化不大。

第二章　烃源岩特征及生烃演化

四川盆地及周缘地区经历多旋回的沉积演化，发育海相和陆相两大类 5 套主要烃源岩和 10 余套次要或潜在烃源岩，包括泥页岩、煤和泥质碳酸盐岩等类型。海相烃源岩有机质类型以腐泥型、腐殖—腐泥型为主，处于过成熟阶段；陆相烃源岩有机质类型以腐殖型、腐泥—腐殖型为主，处于成熟—高成熟阶段，局部处于过成熟阶段；煤主要发育在须家河组、龙潭组和梁山组。

第一节　烃源岩展布特征

四川盆地及周缘经历漫长的地质历史演化时期，伴随着全球冰期、间冰期的气候演化，经历了多期次的海进、海退旋回，每期大的海侵过程，均发育了不同规模的烃源岩，形成多层系烃源岩纵向叠置、横向差异发育的格局。

一、新元古界烃源岩展布

四川盆地及邻区新元古界主要发育南华系大塘坡组页岩和震旦系陡山沱组页岩、灯影组泥质碳酸盐岩、灯影组三段页岩等烃源岩。

1. 南华系大塘坡组烃源岩

四川盆地及周缘地区前震旦系主要为南华系和青白口系（板溪群），不同区域地层名称有别。南华系自下而上包括莲沱组、古城组、大塘坡组和南沱组。大塘坡组为古城组沉积期和南沱组沉积期两个冰期之间的间冰期沉积物，为受拉张构造控制的盆地充填序列（周琦等，2016），含有明显代表温暖气候的含锰碳酸盐岩和黑色碳质页岩，主要为一套陆源碎屑沉积组合。垂向上，大塘坡组自下而上可进一步划分为三个岩性段，大塘坡组一段岩性以黑色碳质页岩为主夹数层菱锰矿，为局限浅海陆架盆地沉积，厚度薄（介于 5～20m），局部厚达 50m，代表海侵体系域沉积序列的凝缩层，是优质烃源岩发育段；大塘坡组二段岩性主要为灰色—深灰色粉砂质页岩，局部夹砂岩，含少量含砾粉砂质黏土岩等，为陆架边缘盆地沉积，厚度介于 70～300m，具有一定的生烃潜力；大塘坡组三段代表海平面处于缓慢脉动式下降阶段，属陆棚边缘盆地相纹层状粉砂质页岩、厚层粉砂质黏土岩序列（张健等，2015），生烃条件较差。区域上，大塘坡组黑色页岩厚度变化大，厚度中心分布在渝东南地区（图 2-1-1；谢增业等，2017），其中，贵州松桃西溪堡地区大塘坡组一段黑色、灰黑色含锰碳质页岩厚度为 3～77m；松桃大塘坡地区万家堰、铁矿坪一带黑色碳质页岩厚度为 15～34m；贵州铜仁地区大塘坡组黑色碳质页岩、粉砂质页岩厚度在 100m 左右；重庆秀山小茶园地区，大塘坡组总厚度为 105m，黑色碳质页岩厚约 30m；秀山膏田千子门地区黑色碳质页岩厚约 10m；湖南古丈茅坪剖面大塘坡组厚度仅为 16m。

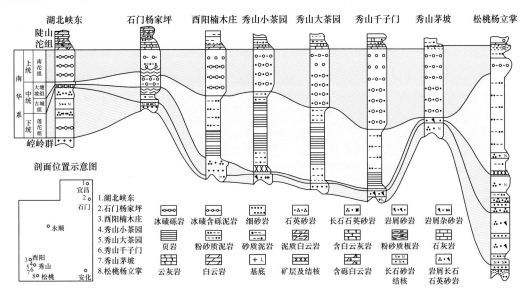

图 2-1-1　四川盆地以东地区大塘坡组页岩分布对比图（据张健等，2015；谢增业等，2017）

2. 震旦系陡山沱组烃源岩

四川盆地及邻区震旦纪沉积格局受控于新元古代中期罗迪尼亚（Rodinia）超大陆裂解大背景，南沱冰期后的大规模海侵影响使其表现为开阔陆表海与浅水碳酸盐岩台地沉积之间的旋回变化，共同形成了震旦纪古地理的关键特征。该时期主要发育三套不同岩性的烃源岩，即陡山沱组泥质烃源岩、灯影组三段泥质烃源岩和灯影组泥质碳酸盐岩烃源岩。

下震旦统陡山沱组沉积期沉积作用受地貌影响显著，沉积经历了海侵—高位—海退的一个完整的沉积旋回，发育滨岸—陆棚—深水盆地沉积及碳酸盐岩台地沉积，自下而上可划分为四个岩性段，分别为陡一段、陡二段、陡三段和陡四段；其中，陡一段和陡三段以发育碳酸盐岩台地或缓坡沉积为特征，陡二段和陡四段主要为滨岸—陆棚—深水海盆沉积（汪泽成等，2019），发育黑色页岩优质烃源岩。陡山沱组优质烃源岩主要分布在四川盆地的周缘地区，川东北城口地区一般厚 20～200m，盆地东缘、南缘一般厚 20～150m，盆地西缘一般厚 10～100m；盆地内尚未钻揭陡山沱组优质烃源岩，预测厚度一般为 10～20m（图 2-1-2）。

3. 震旦系灯影组烃源岩

灯影组是晚震旦世海侵规模最大的沉积产物，四川盆地内表现为相对稳定的台地沉积，进入灯影组沉积期后，扬子板块碳酸盐岩占主导地位代替了陆源碎屑沉积，形成了从开阔陆表海向浅水碳酸盐岩台地沉积的旋回性变化，全盆地普遍沉积以大套富含藻白云岩为主的碳酸盐岩。该套白云岩内藻类及微古植物极为丰富，具有较好的生烃能力，可作为有效烃源岩（魏国齐等，2017）。富藻的泥质白云岩在四川盆地内广泛发育，其厚度一般为 50～250m（图 2-1-3），厚度中心分布在高石梯—磨溪—阆中—宁强一带，呈南北向展布。

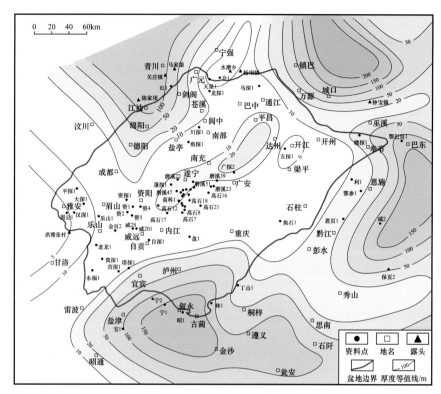

图 2-1-2　四川盆地及周缘震旦系陡山沱组烃源岩厚度图

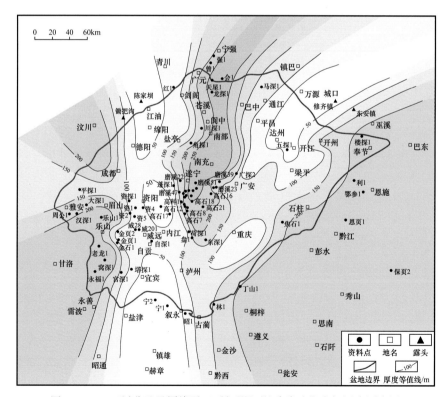

图 2-1-3　四川盆地及周缘震旦系灯影组泥质碳酸盐岩烃源岩厚度图

受桐湾Ⅰ幕运动的影响，灯二段沉积末期发生一次抬升剥蚀作用，在德阳—安岳克拉通古裂陷槽东侧出现了小型的断裂，发育小型裂陷槽。随后灯三段沉积期短暂海侵，使得灯三段沉积一套分布较广且颜色较深的薄层泥岩。受物源供给及古裂陷发育影响，该套泥岩在盆内发育较为局限，高石1井钻井揭示厚度为35.5m，但高石梯—磨溪地区厚度多为5～10m；盆内广大区域的厚度多小于5m；盆地西北部及东北缘厚度相对较大，分别为20～30m 和5～20m（图2-1-4）。

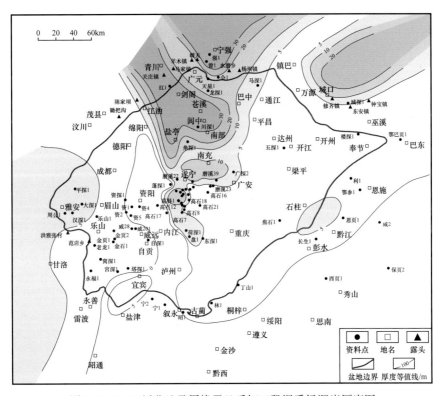

图 2-1-4　四川盆地及周缘震旦系灯三段泥质烃源岩厚度图

二、下古生界烃源岩展布

四川盆地及周缘下古生界主要发育下寒武统麦地坪组—筇竹寺组和上奥陶统五峰组—下志留统龙马溪组两套优质烃源岩。此外，局部区域的下寒武统沧浪铺组和下奥陶统湄潭组也发育厚度不等的灰黑色、深灰色页岩等，具有一定的生烃潜力。

1. 下寒武统麦地坪组—筇竹寺组烃源岩

下寒武统麦地坪组沉积期为德阳—安岳克拉通内裂陷发育的"鼎盛时期"，此时拉张运动和沉降作用达到高潮，沉积水体最深，裂陷内主要沉积黑色硅质页岩、含磷硅质岩和泥质白云岩等，裂陷边缘及以外地区主要为白云岩。受桐湾Ⅲ幕构造运动影响，地层隆升幅度大，高部位沉积的麦地坪组遭受剥蚀，导致麦地坪组在四川盆地内分布局限，暗色泥岩主要分布在裂陷范围内，厚度为5～100m。

筇竹寺组是在浅水—深水陆棚环境下沉积的一套黑色泥岩、页岩和灰色粉砂质泥岩，纵向上可划分为三个岩性段，筇竹寺组一段主要发育在裂陷区，是优质烃源岩发育部位；筇竹寺组二段、三段则在四川盆地内广泛发育，虽缺乏优质烃源岩层段，但也发育有效烃源岩。整体上，德阳—安岳裂陷区烃源岩厚度大，一般为200～450m；川东北城口地区及川东南秀山地区的厚度也达150～250m；川中古隆起核部的高石梯—磨溪地区及盆地东部地区厚度较薄，以小于50m为主（图2-1-5）。

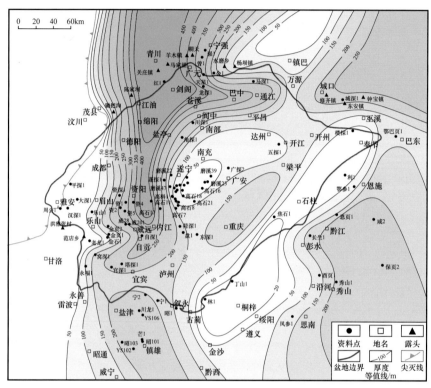

图2-1-5　四川盆地及周缘下寒武统筇竹寺组（含麦地坪组）烃源岩厚度图

2.上奥陶统五峰组—下志留统龙马溪组烃源岩

受加里东运动影响，乐山—龙女寺古隆起核部的志留系已被全部剥蚀。烃源岩主要为深水陆棚环境下沉积的上奥陶统五峰组—下志留统龙马溪组富有机质的黑色页岩和深灰色泥岩，厚度一般为20～500m；其中，烃源岩厚度中心分别在四川盆地南部和东部（图2-1-6），而广安—达州—巴中一带区域的烃源岩厚度一般小于50m。

除上述优质烃源岩外，下古生界还发育沧浪铺组和湄潭组两套局部性的烃源岩。如在高石梯—磨溪、荷深2、合探1、中江2及蓬探1等井区，沧浪铺组灰黑色、深灰色页岩厚度一般为10～30m。湄潭组灰黑色、深灰色页岩则主要分布在高石梯—荷包场—合川一带，厚度一般为30～60m，在五探1井区厚约30m，在南充1井区厚度小于20m，磨溪地区则不发育。

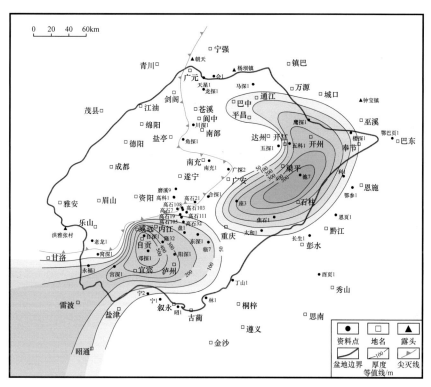

图 2-1-6　四川盆地上奥陶统五峰组—下志留统龙马溪组烃源岩厚度图

三、上古生界烃源岩展布

晚古生代频繁的地壳振荡运动和海水进退，导致四川盆地晚古生代发育多套烃源岩，其中最重要的是上二叠统龙潭组（吴家坪组）页岩及煤，其次是中二叠统栖霞组和茅口组泥灰岩；中二叠统梁山组页岩厚度虽薄，但在四川盆地内大面积分布；上二叠统大隆组页岩主要发育在川北地区的广元—旺苍—开江海槽或盆地内；盆地西缘野外露头揭示泥盆系泥岩及暗色生物碎屑灰岩也具有一定的生烃潜力。

1. 泥盆系烃源岩

受志留纪末期加里东运动的影响，四川盆地内泥盆系已被完全剥蚀，而在川西地区却保存着完整的下泥盆统（平驿铺组、甘溪组）、中泥盆统（养马坝组、金宝石组、观雾山组）和上泥盆统（沙窝子组、茅坝组）地层层序。泥盆纪沉积环境演化经历了3个主要沉积旋回，即平驿铺组陆源砂质滨岸沉积旋回、甘溪组—观雾山组陆源碎屑和碳酸盐岩混合沉积旋回、沙窝子组—茅坝组碳酸盐岩台地沉积旋回（庞艳君等，2010）。甘溪组、养马坝组和金宝石组的深灰色、灰黑色泥岩及观雾山组灰黑色泥灰岩、深灰色生物碎屑灰岩等有机质相对富集，为有效烃源岩。不同层段的烃源岩厚度有差异，甘溪组厚度为3～18m，养马坝组厚度为15～32m，金宝石组泥岩较薄，一般厚4～8m；观雾山组厚度为9～20m。

2. 中二叠统烃源岩

中二叠统烃源岩主要包括梁山组页岩、栖霞组和茅口组泥灰岩。中二叠世梁山组沉积期，四川盆地沉积了一套海陆交互相（主要是潮坪相、滨海沼泽相）含煤碎屑岩，其岩性主要为灰色、灰黄色铝土质泥岩，深灰色、灰黑色、黑色页岩和碳质页岩，以及灰色粉砂岩夹少量石灰岩，局部发育薄煤层，地层总厚度一般为5~20m（黄涵宇等，2017），烃源岩厚度主要为2~12m（图2-1-7），川东地区相对较厚，多大于5m。

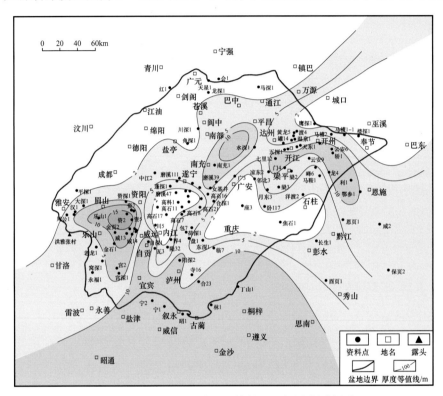

图 2-1-7　四川盆地中二叠统梁山组烃源岩厚度图

中二叠统栖霞组和茅口组沉积期，四川盆地总体为开阔碳酸盐台地或开阔内缓坡沉积，局部为台内滩亚相（黄涵宇等，2017；陈建平等，2018）。其中，栖一段的泥质灰岩、茅一段和茅二段的泥质灰岩及生物灰岩富含有机质，是烃源岩主要发育层段（汪泽成等，2018）。

栖霞组泥灰岩厚度一般为10~40m，其中，川东、川北地区相对较厚，川中、川南地区相对较薄（图2-1-8）。

茅一段和茅二段泥灰岩厚度为40~200m，川北、川东和川西南地区较厚，大于100m；川西和川南地区相对较薄，主要厚度为40~80m（图2-1-9）。此外，川西南地区茅四段也发育烃源岩段，厚度为30~200m（汪泽成等，2018）。

3. 上二叠统烃源岩

上二叠统烃源岩包括龙潭组页岩和煤、吴家坪组（与龙潭组同时异相）和大隆组（与长兴组同时异相）泥页岩。

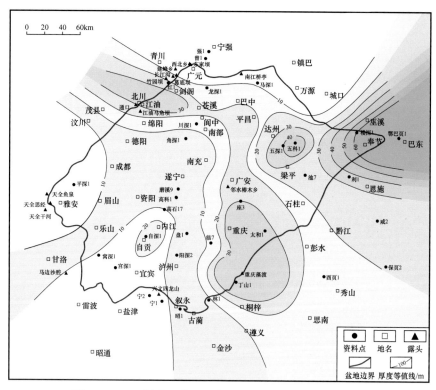

图 2-1-8　四川盆地中二叠统栖霞组泥灰岩烃源岩厚度图

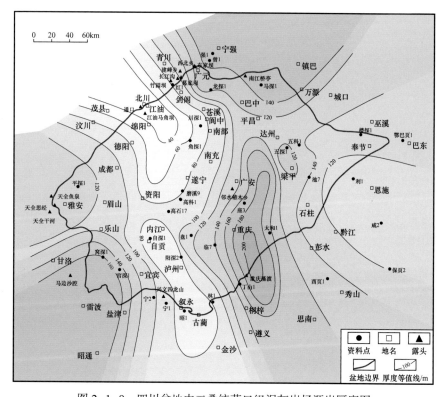

图 2-1-9　四川盆地中二叠统茅口组泥灰岩烃源岩厚度图

四川盆地上二叠统发育海陆过渡相—海相泥质烃源岩和煤，是一套区域性含煤地层，盆地中部至南部发育龙潭组煤系烃源岩，盆地北部发育吴家坪组和大隆组海相泥质烃源岩。暗色泥质烃源岩厚度多大于20m，最大厚度达170m，存在两个厚度中心，一是在成都—遂宁—重庆一带，主要为80～130m；另一个是在巴中—开江—云阳一带，主要为80～160m，其他区域一般为40～60m（图2-1-10）。煤层厚度变化在0～23m之间，厚度中心在遂宁—重庆—綦江一带，一般为5～20m，盆地内其他区域煤层厚度一般小于5m（图2-1-11）。

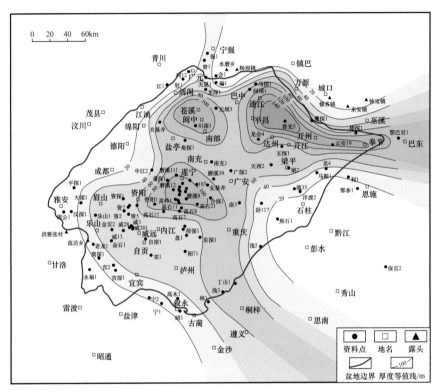

图2-1-10　四川盆地上二叠统龙潭组（吴家坪组）烃源岩厚度图

晚二叠世，即长兴组沉积期，四川盆地主体为开阔台地沉积环境；而在川北地区，尤其是在广元—旺苍—开江一带区域则为海槽或盆地相深水沉积，即大隆组，其岩性主要是硅质灰岩、硅质页岩及黑色泥岩，也是一套优质烃源岩，厚度一般为10～30m（陈建平等，2018）。

四、中生界烃源岩展布

中生界烃源岩主要是上三叠统须家河组暗色泥岩和煤、下侏罗统自流井组和凉高山组暗色泥岩，局部发育的下三叠统飞仙关组泥灰岩和中三叠统雷口坡组泥灰岩、泥岩也具有一定的生烃潜力。

1. 三叠系烃源岩

四川盆地三叠系除局部地区外，大部分区域与二叠系之间为连续沉积。早三叠世海

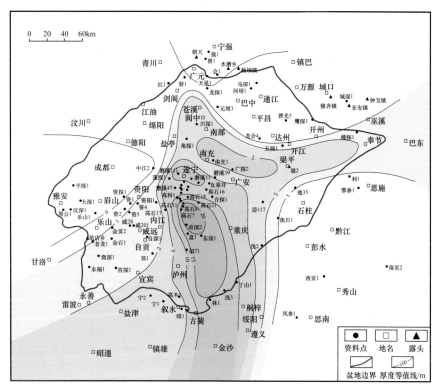

图 2-1-11　四川盆地上二叠统龙潭组煤层厚度图

侵继承了晚二叠世海侵格局，海水主要来自盆地东南方向，另一支则由西向东通过龙门山古岛链侵入（邹春艳等，2009）。烃源岩的发育受沉积旋回的控制，一般发育于每次沉积旋回的持续沉降阶段，因为在盆地稳定下沉的海侵阶段，易于形成安静还原的环境，有利于生物的繁殖、生长，以及有机质的富集和保存。已有研究表明，有机质丰度较高的飞仙关组烃源岩主要发育于飞仙关组一段的薄层泥灰岩中，如在川西北剑阁县上寺剖面中发现了累计厚度达 15～20m 的薄层状飞仙关组泥灰岩烃源岩（谢增业等，2005）；盆地东部飞仙关组一段和二段部分泥质含量高的碳酸盐岩也具有一定的生烃能力，厚度为 100～300m（邹春艳等，2009）。

　　中三叠世，四川盆地的沉积格局发生反转，变为东高西低，海水主要从西南部的康滇古陆和西部的龙门山古岛链之间侵入四川海盆，雷三段沉积期为最大海侵时期，海平面上升到最高后，海水开始退出（汪华等，2009）。雷口坡组主要为局限台地沉积，部分地区为开阔台地和蒸发台地相，主要亚相为潟湖和潮坪，岩性主要为白云岩、石灰岩、石膏及泥页岩的组合，其中的暗色泥质碳酸盐岩、含泥膏岩及薄层黑色页岩富含有机质，有一定的生烃潜力（黄仁春，2014；谢刚平，2015；李书兵等，2016），川西大为雷口坡组石膏矿场剖面 37 个新鲜样品的分析结果表明，岩性为灰黑色泥质膏岩、含膏泥岩及薄层黑色页岩，总有机碳含量为 0.48%～8.63%，平均为 1.86%，累计厚度大于 30m。川西地区雷口坡组碳酸盐岩烃源岩厚度达 200～300m（谢刚平，2015）。

　　上三叠统须家河组是一套以陆相沉积为主的含煤建造，纵向上可细分为 6 个岩性段，自下而上依次为须一段、须二段、须三段、须四段、须五段和须六段，其中，须一段、须三段和须五段以煤系泥岩为主，是主要的烃源岩层；须二段、须四段和须六段以砂岩为主，是主要的储层，各层段内砂岩层间的少量薄煤层（煤线）或碳质泥岩也可成为烃源岩层。须家河组泥质烃源岩总厚度为 50～800m，具有从东向西逐渐增大的分布特征。在四川盆地的东部、南部和北部，泥质烃源岩厚度相对较薄，一般小于 100m；在川中地区，泥质烃源岩厚度分布在 100～300m 之间；在川西坳陷的大部分地区，泥质烃源岩厚度大，分布在 300～800m 之间；在川西坳陷的中段，泥质烃源岩的厚度最大（杜金虎等，2011）。

须家河组煤层在龙门山山前带最发育，一般厚 10m 以上，具有多层分布特点，单层厚度大者为 1m 左右，累计厚度最大可达 20m 以上；四川盆地中、北部地区须家河组煤层也较为发育，一般厚 5m 以上，营山地区煤层累计厚度达 18m 以上；川东及川南地区煤层厚度相对较薄，累计厚度多小于 2m，局部仅见煤线，或无煤层分布（杜金虎等，2011）。

2. 侏罗系烃源岩

侏罗系烃源岩主要发育于下侏罗统自流井组东岳庙段、马鞍山段、大安寨段暗色页岩和凉高山组。

四川盆地下侏罗统自流井组自下而上可分为珍珠冲段、东岳庙段、马鞍山段和大安寨段。早侏罗世，四川盆地北部广泛发育浅湖—半深湖沉积，在不同区域的多个层段沉积了暗色页岩，如元坝地区东岳庙段泥页岩厚度达 50～150m（郭彤楼等，2011），川东地区东岳庙段碳质页岩、介壳页岩和泥岩厚度为 25～40m（李世临等，2021）。元坝地区马鞍山段泥页岩厚度为 60～80m（郭彤楼等，2011），大安寨段黑色页岩一般厚 10～70m，其厚度中心分布在公山庙—营山—龙岗—达州一带，中心处厚 50～70m；涪陵—石柱一带为次中心，厚 30～50m（孙莎莎等，2021）。凉高山组暗色泥岩厚度在川东北地区可达 40～150m，厚度中心分布在巴中、达州和渡口河地区（李军等，2010），在川东地区厚度为 5～36m（邹娟等，2018），涪陵地区泰页 1 井凉高山组暗色泥岩和页岩厚度达 51m（胡东风等，2021）。

第二节　烃源岩地球化学特征

在系统总结全盆地不同层段烃源岩丰度、类型及热演化程度的基础上，主要介绍南华系大塘坡组、震旦系—寒武系、泥盆系、中二叠统和下三叠统等烃源岩的地球化学特征。

一、烃源岩地球化学总体特征

1. 烃源岩有机质丰度

总有机碳含量（TOC）、氯仿沥青"A"含量、总烃含量和生烃潜量（S_1+S_2）等是评价烃源岩有机质丰度最常用的指标。虽然各项指标均有随烃源岩热演化程度增高而降低的趋势，但总有机碳含量的变化相对较小，是评价有机质丰度最有效且最常用的指标。氯仿沥青"A"含量、总烃含量和生烃潜量等参数对低成熟烃源岩而言一般能反映其真实的原始生烃潜力，但随着烃源岩热演化生烃和排烃作用的不断进行，残留在烃源岩中的有机质含量越来越低，则难以真实客观地反映烃源岩的原始生烃潜力。

根据我国煤系烃源岩TOC含量评价标准，TOC＜6%为泥（页）岩，TOC介于6%～40%为碳质泥（页）岩，TOC＞40%为煤。四川盆地及周缘烃源岩岩石类型包括泥（页）岩、碳质泥（页）岩、煤和碳酸盐岩，其中，最主要的是泥（页）岩烃源岩，其次是碳质泥（页）岩烃源岩，煤及碳酸盐岩烃源岩仅在个别层段中发育。

1）泥（页）岩TOC含量

四川盆地及周缘南华系—侏罗系泥（页）岩烃源岩主要发育在7个系16个组（段）中，但不同层段烃源岩TOC含量却有较大差异。从TOC＞0.5%的样品统计结果看（图2-2-1、图2-2-2），根据TOC均值将这些烃源岩分为四个级别。

第一级，TOC均值大于3.00%的是南华系大塘坡组页岩，均值为3.62%，其中TOC含量介于1.61%～5.92%，并且TOC＞2.00%的占比为88.89%。

第二级，TOC均值介于2.00%～3.00%的包括陡山沱组、筇竹寺组、龙马溪组、龙潭组和大隆组，其中，陡山沱组TOC含量介于0.50%～5.99%，均值为2.48%，TOC＞2.00%的占比为60.53%；筇竹寺组TOC含量介于0.50%～6.00%，均值为2.27%，TOC＞2.00%的占比为50.00%；龙马溪组TOC含量介于0.50%～5.53%，均值为2.17%，TOC＞2.00%的占比为44.72%；龙潭组TOC含量介于0.51%～5.98%，均值为2.73%，TOC＞2.00%的占比为65.32%；大隆组TOC含量介于0.58%～5.98%，均值为2.98%，TOC＞2.00%的占比为68.42%。筇竹寺组、龙马溪组、龙潭组和大隆组四套高有机质丰度烃源岩已证实是四川盆地海相地层天然气的主要贡献者。

第三级，TOC均值介于1.50%～2.00%的包括泥盆系、梁山组、雷口坡组和须家河组，其中，泥盆系TOC含量介于0.53%～5.37%，均值为1.91%，TOC＞2.00%的占比为25.13%；梁山组TOC含量介于0.50%～5.65%，均值为1.53%，TOC＞2.00%的占比为23.64%；雷口坡组TOC含量介于0.52%～5.48%，均值为1.71%，TOC＞2.00%的占比为30.56%；须家河组TOC含量介于0.52%～5.97%，均值为1.78%，TOC＞2.00%的占比为29.00%。须家河组烃源岩是须家河组气藏的主要贡献者，同时在局部区域也对侏罗系和雷口坡组气藏有一定的贡献。

第四级，TOC均值小于1.50%的包括灯影组三段、沧浪铺组、栖霞组、茅口组、自流井组和凉高山组，其中，灯影组三段TOC含量介于0.50%～4.82%，均值为1.23%，TOC＞2.00%的占比为13.87%；沧浪铺组TOC含量介于0.50%～2.86%，均值为1.16%，TOC＞2.00%的占比为13.21%；栖霞组TOC含量介于0.55%～3.08%，均值为1.35%，TOC＞2.00%的占比为14.71%；茅口组TOC含量介于0.54%～4.45%，均值为1.39%，TOC＞2.00%的占比为14.55%；自流井组TOC含量介于0.51%～3.45%，均值为1.41%，TOC＞2.00%的占比为13.82%；凉高山组TOC含量介于0.51%～3.30%，均值为1.42%，TOC＞2.00%的占比为18.06%。

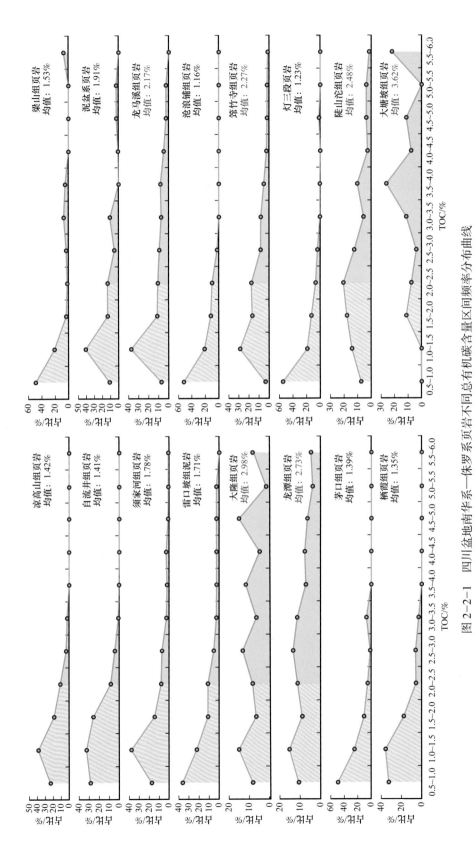

图 2-2-1 四川盆地南华系—侏罗系页岩不同总有机碳含量区间频率分布曲线

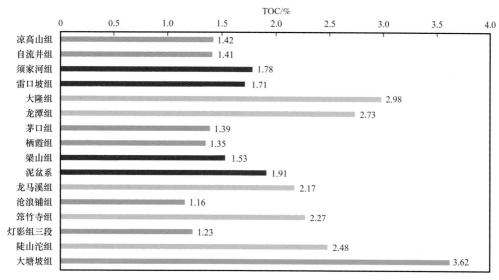

图 2-2-2　四川盆地南华系—侏罗系页岩总有机碳含量平均值

2）碳质泥（页）岩 TOC 含量

四川盆地及周缘碳质泥（页）岩烃源岩主要发育在大塘坡组、陡山沱组、筇竹寺组、龙潭组、大隆组和须家河组中。大塘坡组碳质泥岩样品仅 8 个，TOC 含量介于6.03%～15.86%，均值为 10.13%。其他层系中，根据 TOC 均值将其分为两个级别。

第一级，TOC 均值大于 15.00% 的是震旦系陡山沱组和上三叠统须家河组（图 2-2-3）。陡山沱组 TOC 含量介于 6.12%～37.10%，均值为 15.59%，TOC＞15.00% 的占比为35.00%；须家河组 TOC 含量介于 6.03%～23.38%，均值为 15.19%，TOC＞15.00% 的占比为 35.51%。

第二级，TOC 均值小于 15.00% 的包括下寒武统筇竹寺组、上二叠统龙潭组和大隆组（图 2-2-3）。筇竹寺组 TOC 含量介于 6.11%～36.63%，均值为 12.22%，TOC＞15.00% 的占比为 24.60%；龙潭组 TOC 含量介于 6.10%～35.45%，均值为 11.57%，TOC＞15.00%的占比为 24.14%；大隆组 TOC 含量介于 6.10%～24.31%，均值为 10.28%，TOC＞15.00% 的占比为 7.50%。

3）煤 TOC 含量

四川盆地及周缘煤主要发育在上二叠统龙潭组、上三叠统须家河组，中二叠统梁山组局部也发育煤。从 TOC 值分布可见，龙潭组和须家河组煤的 TOC 值分布特征有明显差异（图 2-2-4），龙潭组以高 TOC 含量为主，TOC 大于 55.00% 占比为 93.33%，均值为 69.93%；须家河组以低 TOC 含量为主，TOC 大于 55.00% 占比为 29.41%，均值为54.77%；梁山组煤分布局限，从川西北广元车家坝剖面的测试结果看，也表现为高 TOC（79.90%）含量特征。

4）碳酸盐岩 TOC 含量

四川盆地及周缘碳酸盐岩广泛分布，而 TOC 含量相对较高的主要是泥质含量高的碳

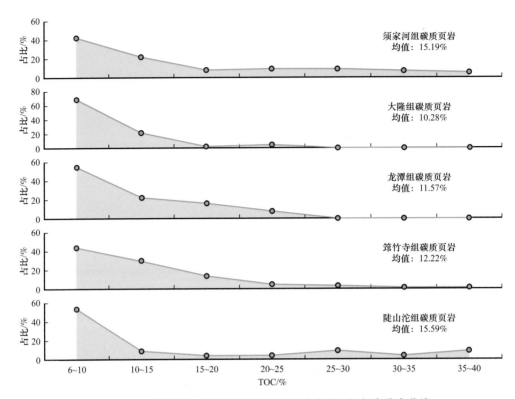

图 2-2-3　四川盆地碳质页岩不同总有机碳含量区间频率分布曲线

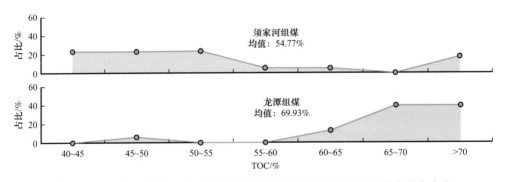

图 2-2-4　四川盆地须家河组和龙潭组煤不同总有机碳含量区间频率分布曲线

酸盐岩，包括上震旦统灯影组泥质白云岩、中二叠统栖霞组和茅口组泥灰岩、中三叠统雷口坡组泥灰岩等（图 2-2-5）。这些碳酸盐岩的共同特点是 TOC 含量相对低，其中，灯影组泥质白云岩 TOC 含量介于 0.21%～2.80%，均值为 0.69%，TOC＞1.00% 的占比为 17.76%；栖霞组泥灰岩 TOC 含量介于 0.20%～2.95%，均值为 0.83%，TOC＞1.00% 的占比为 28.08%；茅口组泥灰岩 TOC 含量介于 0.21%～2.99%，均值为 0.84%，TOC＞1.00% 的占比为 29.11%；川西地区雷口坡组碳酸盐岩总有机碳含量为 0.40%～0.60%。

2. 有机质类型

烃源岩生烃潜能的大小，不仅取决于有机质的丰富程度，还与其原始母质的品质即有机质类型密切相关。烃源岩在生烃演化过程中，随热演化程度增高，干酪根不断热降

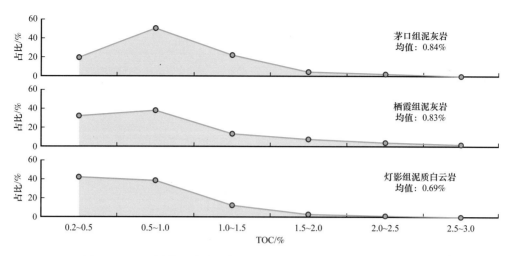

图 2-2-5 四川盆地碳酸盐岩不同总有机碳含量区间频率分布曲线

解成烃，不断脱氢和脱氧，使碳不断富集。因此，一些确定母质类型的常规地球化学指标（元素分析、热解分析参数等）已经趋同，难以区分不同烃源岩的母质类型，而模拟实验表明，在生烃演化过程中干酪根的碳同位素组成变重不超过 2‰～3‰（熊永强等，2004），因而成为判识有机质类型普遍采用的指标。基于大量分析测试数据，提出四川盆地不同层系烃源岩干酪根碳同位素（$\delta^{13}C$）的四分划分方案，即 $\delta^{13}C \leq -30‰$ 为 I 型，$-30‰ < \delta^{13}C \leq -27.5‰$ 为 II$_1$ 型，$-27.5‰ < \delta^{13}C \leq -25‰$ 为 II$_2$ 型，$\delta^{13}C > -25‰$ 为 III 型。

朱扬明等（2017）总结了四川盆地海、陆相主要层系 500 余个烃源岩干酪根碳同位素组成的分布，其变化特征是碳同位素平均值有随时代变新而变重的趋势。本章基于大量的分析测试和文献资料数据，系统总结了四川盆地及周缘地区南华系—侏罗系各层系烃源岩干酪根碳同位素分布，随烃源岩时代变新，干酪根碳同位素具有"螺旋式"逐渐变重的特征（图 2-2-6），与其生源构成有关。

新元古界烃源岩干酪根 $\delta^{13}C$ 值整体较轻，并呈现出由轻变重再变轻的小旋回，干酪根类型主要为腐泥型（I 型）。南华系大塘坡组黑色页岩样品源于贵州松桃地区，其 $\delta^{13}C$ 值为 $-33.7‰～-31.5‰$，均值为 $-32.6‰$，在所有层系中相对偏轻。下震旦统陡山沱组黑色页岩样品源于川西南部先锋剖面、川西绵竹清平、贵州遵义、湖北宜昌、重庆城口等地区，其 $\delta^{13}C$ 值为 $-37.9‰～-28.7‰$，均值为 $-31.1‰$。上震旦统灯影组泥质碳酸盐岩源于盆内钻井及盆缘露头剖面，其 $\delta^{13}C$ 值为 $-37.5‰～-23.8‰$，均值为 $-29.4‰$。值得注意的是，$\delta^{13}C$ 值明显偏重的样品，可能与其干酪根处理过程中未将碳酸盐矿物完全处理干净有关，不能反映其真实的 $\delta^{13}C$ 值特征。上震旦统灯影组三段页岩源于盆内高科 1、盘 1、威 117 等钻井和先锋、南江杨坝等露头剖面，其 $\delta^{13}C$ 值为 $-35.4‰～-28.3‰$，均值为 $-31.8‰$。从生物演化的历史看，中—新元古代是以真核生物为主的疑源类和海洋微体浮游植物繁盛时期（Meng et al.，2003），显然其原始生烃母质类型应为腐泥型，上述各时代干酪根 $\delta^{13}C$ 值反映了这一地质时期的生源构成特点。

下古生界烃源岩干酪根 $\delta^{13}C$ 值较轻，并呈现出由轻变重的趋势。下寒武统筇竹寺组黑色页岩干酪根 $\delta^{13}C$ 值在所有层系最轻，其 $\delta^{13}C$ 值为 $-37.6‰～-29.8‰$，均值

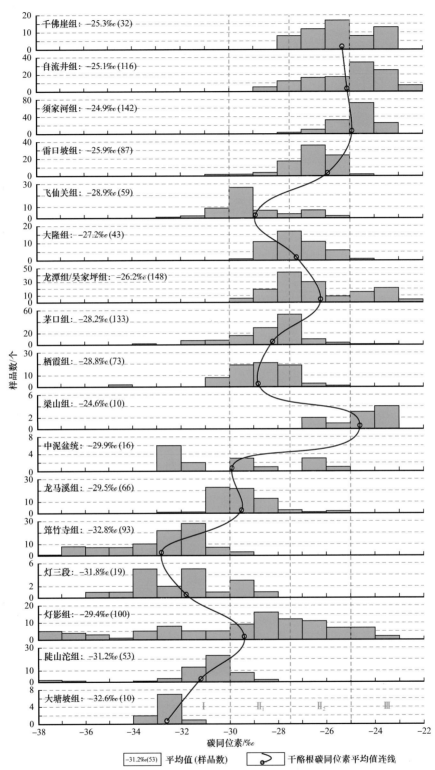

图 2-2-6　四川盆地及周缘主要层系烃源岩干酪根碳同位素频率分布直方图

（除本书数据外，还引自梁狄刚等，2009；邹春艳等，2009；郭彤楼，2013；孙腾蛟，2014；朱扬明等，2017；李婷婷等，2021；吴小奇等，2017，2020；张道亮等，2019）

为 −32.8‰；页岩显微组分以腐泥型为主（占95%以上），有机质为无定形体（95%），母质为低等水生生物，干酪根为絮状体（黄金亮等，2012），属于典型的 I 型干酪根。下志留统龙马溪组黑色页岩，δ¹³C 值为 −32.0‰～−25.0‰，均值为 −29.5‰；龙马溪组烃源岩显微组成主要由无定形腐泥体组成，反映出原始生烃母质为以藻类和浮游水生生物为主的海相有机质，有机质类型为 I—II₁ 型。

晚古生代泥盆纪—二叠纪母质生源的多样性，导致不同时期烃源岩干酪根 δ¹³C 值发生轻—重—轻—重的多旋回变化（图2-2-6）。四川盆地泥盆系主要分布在川西地区，烃源岩主要发育于中泥盆统养马坝组、金宝石组泥岩及观雾山组生物碎屑灰岩，干酪根 δ¹³C 值为 −32.9‰～−25.5‰，均值为 −29.9‰。泥岩、石灰岩的有机显微组分均以腐泥组为主，无定形、絮状腐泥体占绝对优势（均大于85%），表明原始母质生源主要为低等水生生物，有机质类型主要为 I—II₁ 型，少量为 II₂ 型。中二叠统梁山组为中二叠世海侵初期由陆到海转换期沉积的一套含煤碎屑沉积（张启明等，2012），烃源岩主要为暗色页岩、碳质页岩及煤，因此其干酪根 δ¹³C 值明显偏重，为 −26.7‰～−23.6‰，均值为 −24.6‰，出现了由泥盆系至梁山组 δ¹³C 值显著变重的现象，有机质类型为 II₂—III 型。栖霞组和茅口组以石灰岩、泥灰岩为主，夹少量泥岩，具备生烃能力的主要是泥岩和泥灰岩。栖霞组干酪根 δ¹³C 值为 −34.2‰～−25.8‰，均值为 −28.8‰；茅口组干酪根 δ¹³C 值为 −33.1‰～−23.6‰，均值为 −28.2‰。栖霞组、茅口组干酪根显微组成均以镜质组为主，其次是壳质组和腐泥组，综合判定其有机质类型以 II₁—II₂ 型为主，少量为 I 型。

中二叠统沉积后，受东吴运动的影响，海水向东退却，使四川盆地西部地区上升成为陆地，形成西南高、东北低的"西陆东海"古地理格局，因而上二叠统龙潭组沉积自西向东呈现明显的由陆到海的相变，主要是成都—南充一线以南及华蓥山以西为陆相、海陆交互相沉积区，煤、碳质泥岩和泥岩频繁交替，而盆地东北部为海湾潟湖沉积环境，沉积深灰色、灰黑色泥岩及泥灰岩（梁狄刚等，2009），这两种相带之外的区域则为灰泥台坪、浅水陆棚沉积环境，在四川盆地东部、北部主要为沉积海相碳酸盐岩的同时异相吴家坪组相区，岩石组合主要为灰色泥晶灰岩和微晶灰岩夹泥岩（朱扬明等，2012）。沉积环境的差异，导致其干酪根 δ¹³C 值由中二叠统向上二叠统变重。龙潭组/吴家坪组干酪根 δ¹³C 值为 −29.5‰～−23.8‰，均值为 −26.2‰，有机质类型为 II₁、II₂ 和 III 型均有分布。朱扬明等（2012）利用芳香烃分子指标、干酪根碳同位素及 N、S 元素组成等资料，揭示四川盆地东南部近海湖沼相龙潭组烃源岩有机质以陆源输入为主，属于 III 型有机质；盆地东北部地区海湾潟湖相烃源岩有机质生源中水生生物占优势，有机质类型以 II₁ 型为主；川东渝东地区的有机质类型则以 II₂ 型为主。上二叠统长兴组沉积期，四川盆地主体表现为开阔台地沉积环境，而盆地北部的开江—广元地区则为海槽或盆地相深水沉积，相变为大隆组，岩性以黑色泥岩、硅质岩和暗色泥晶灰岩为主，富硅质、泥质，底栖生物不发育，主要为营游泳、浮游的硅质放射虫、骨针、微体有孔虫和薄壳菊石等表层水生物（夏茂龙等，2010）。大隆组干酪根 δ¹³C 值为 −28.9‰～−26.8‰，均值为 −27.2‰，有机质类型为 II₁ 和 II₂ 型。

早三叠世海侵继承了晚二叠世海侵格局，海水主要来自四川盆地东南，另一支则由西向东通过龙门山古岛链侵入；在盆地中西部地区飞仙关组以泥页岩及粉砂岩为主，夹薄层鲕状灰岩，盆地东部区域则以碳酸盐岩为主，具有一定的生烃潜力（邹春艳等，2009）。由下三叠统至上三叠统，烃源岩干酪根 $\delta^{13}C$ 值由轻变重（图 2-2-6）。飞仙关组干酪根 $\delta^{13}C$ 值为 $-32.5‰\sim-25.5‰$，均值为 $-28.9‰$，有机质类型主要为 II_1 和 II_2 型。谢增业等（2005）对川西剑阁县上寺剖面飞仙关组薄层状泥灰岩的干酪根显微组分鉴定结果表明，有机组分含量主要为矿物沥青基质，同时有少量的陆源碎屑，有机质类型指数介于 $70\sim80$，热解氢指数为 $523mg/g$，干酪根的 H/C 原子比值为 1.25，O/C 原子比值为 0.06，干酪根 $\delta^{13}C$ 值为 $-27.5‰$。中三叠统雷口坡组是一套局限蒸发台地相膏岩和碳酸盐岩，碳酸盐岩干酪根 $\delta^{13}C$ 值为 $-30.9‰\sim-25.2‰$，均值为 $-25.9‰$；干酪根有机显微组成以腐泥质无定形体为主，部分样品以腐殖质无定形体或结构镜质体为主（吴小奇等，2020），有机质类型以 II_2 型为主。上三叠统须家河组烃源岩主要发育于湖泊与沼泽沉积环境，干酪根 $\delta^{13}C$ 值为 $-27.6‰\sim-23.1‰$，均值为 $-24.9‰$，有机质类型为 II_2—III 型。杜金虎等（2011）通过对烃源岩生物标志物组合和天然气氢同位素组成等的研究，认为须家河组腐殖煤中菌藻类微生物贡献较大，沼泽环境来源的有机质经历了咸化水体条件的强烈改造过程，使得有机质类型除以 III 型干酪根为主外，还有 II_2 型。

四川盆地侏罗系主要是一套以碎屑岩为主夹石灰岩的陆相沉积组合，烃源岩主要发育于下侏罗统自流井组、凉高山组和中侏罗统千佛崖组，下侏罗统烃源岩主要分布于川中—川北地区，中侏罗统烃源岩则主要分布于川西地区。下侏罗统与中侏罗统干酪根 $\delta^{13}C$ 值大体相当，如自流井组干酪根 $\delta^{13}C$ 值为 $-28.6‰\sim-22.8‰$，均值为 $-25.1‰$；千佛崖组干酪根 $\delta^{13}C$ 值为 $-27.7‰\sim-23.3‰$，均值为 $-25.3‰$，有机质类型以 II_2—III 型为主（郭彤楼，2013）。

综上所述，海相层系有机质类型划分中，大塘坡组、陡山沱组、灯三段和筇竹寺组烃源岩以 I 型为主；龙马溪组、中泥盆统烃源岩以 I—II_1 型为主；栖霞组、茅口组、大隆组、飞仙关组和雷口坡组烃源岩以 II_1—II_2 型为主；龙潭组/吴家坪组烃源岩为 II_1、II_2 和 III 型；梁山组烃源岩以 II_2—III 型为主。陆相层系有机质类型划分中，须家河组烃源岩以 III 型为主，少量为 II_2 型；自流井组和千佛崖组烃源岩以 II_2—III 型为主。

3. 有机质热演化程度

对一个地区或盆地的油气生成条件进行评价，除了成烃的物质基础即有机质丰度和成烃母质的品质即干酪根类型外，有机质的成熟状态及其演化历程显然也是一个重要的问题。镜质组反射率是衡量烃源岩有机质热成熟度最常用的指标，但缺乏镜质体的高成熟—过成熟海相烃源岩，用何种替代指标反映烃源岩的成熟度是学者们一直在探讨的问题。目前来看，主要包括沥青反射率（丰国秀等，1988；Jacob，1989；肖贤明等，1995）、镜状体反射率（王飞宇等，2010）、微粒体反射率（肖贤明等，1995）和动物壳屑体反射率（肖贤明等，1995）等指标，而应用最为普遍的是沥青反射率，并大多采用丰国秀等（1988）提出的换算关系式（$R_o' =0.6569R_b+0.3364$）将测得的沥青反射率（R_b）换算成等效镜质组反射率（R_o'）。谢增业等（2016）对川西地区含有镜质体组成的飞仙关组低成熟泥灰岩开展了生烃模拟实验（详细实验过程见本书第七章）。鉴于模拟实验采用的泥灰岩既有镜质体，又有由烃源岩经高温作用生成的液态烃裂解后产生的沥青，因此，在同一实验温度下，可同时测得镜质组反射率（R_o）和沥青反射率（R_b），从而建立了镜质组反射率和沥青反射率之间的关系，其关系式为 $R_o=0.7121R_b+0.2177$，相关系数平方值为 0.9672。测得的沥青反射率通过上述两公式换算得到的等效镜质组反射率基本相当。

将四川盆地不同层系烃源岩的镜质组反射率或等效镜质组反射率汇编于图 2-2-7 中，其中，中—下侏罗统、上三叠统、上二叠统和中二叠统的页岩和煤样数值均为镜质组反射率，其他层段的数值均为等效镜质组反射率。为便于横向比较，将各层系数据按图 1-1-2 的构造单元划分方案分为 5 个区域。如图 2-2-7 所示，镜质组反射率随烃源岩时代变老而逐渐增大。总体上，中生界侏罗系—三叠系烃源岩 R_o 或 R_o' 小于 2.0% 为主，主要处于成熟—高成熟阶段；新元古界—下古生界烃源岩 R_o' 以大于 2.0% 为主，主要处

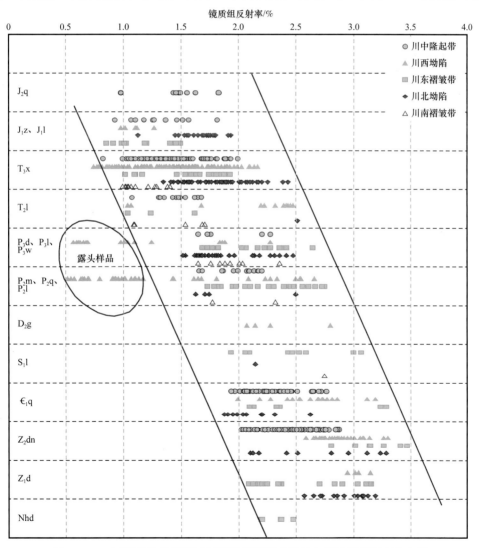

图 2-2-7　四川盆地及周缘不同层系烃源岩（等效）镜质组反射率分布图
（部分数据引自夏茂龙等，2010；郭彤楼，2013；吴小奇等，2020）

于过成熟阶段；上古生界烃源岩 R_o 或 R_o' 介于上述两者，成熟、高成熟或过成熟均大量分布，而且川西地区二叠系露头剖面样品的 R_o 或 R_o' 普遍较低，主要小于 1.2%，可能与其抬升较早有关。

二、主要层系烃源岩地球化学特征

按照突出重点、兼顾新层系的原则，本部分既包括四川盆地及周缘研究程度相对较高的重要烃源岩，如下震旦统陡山沱组页岩、下寒武统筇竹寺组页岩、中二叠统栖霞组—茅口组泥灰岩等，也涉及大家比较关注的南华系大塘坡组页岩、上震旦统灯影组三段页岩和灯影组泥质碳酸盐岩、中泥盆统养马坝组页岩和观雾山组泥灰岩、下三叠统飞仙关组泥灰岩等。

1. 南华系大塘坡组烃源岩

1）矿物组成

重庆秀山地区小茶园、膏田千子门和贵州松桃寨英等剖面样品分析结果表明，大塘坡组页岩的矿物组成包括黏土矿物、碎屑石英、碳质、自生石英、长石、岩屑、白云母、方解石和黄铁矿等，其中黏土矿物含量占 57%～86%，呈泥状，粒径小于 0.01mm，主要为伊利石和绿泥石。秀山千子门剖面页岩黏土矿物含量最高，可达 83%～86%；碎屑石英占 5%～22%，粒径为 0.01～0.03mm，呈次棱角状，大体均匀分布；长石占 1%～2%，粒径为 0.02～0.05mm，次棱角状；碳质为无定形状，分散于黏土矿物中，占 3%～10%，粒径小于 0.01mm；白云母呈细鳞片状，占 1%～4%，粒径为 0.02～0.1mm，多褪色风化成水云母；岩屑呈尖棱角—次滚圆状，以石英岩屑为主，占 3%～4%，粒径为 0.05～0.15mm；自生石英为微粒集合体，多呈扁平体平行层面分布，占 2%～5%，粒径为 0.01～0.1mm；方解石呈微粒状，见于脉体中，约占 1%，粒径在 0.01～0.03mm 之间；黄铁矿呈微粒状，分散分布，约占 1%，粒径为 0.02～0.03mm。岩石结构构造大体上为粉砂—泥状结构，显微褶皱构造。陆源碎屑主要为细粉砂级石英，少量岩屑粒度较粗且磨圆较差。岩石呈微层状，后期构造影响层理褶皱显著弯曲，形成较多构造裂缝，多与层理方向平行。岩石孔缝较发育，均未被充填。

2）有机质丰度

25 个样品的分析结果表明，大塘坡组页岩具有残余总有机碳（TOC）含量高、生烃潜量（S_1+S_2）低的特点（表 2-2-1）。TOC 含量为 0.25%～8.50%，平均为 3.71%，残余 S_1+S_2 值为 0.001～0.051mg/g，平均为 0.015mg/g。这种高 TOC、低 S_1+S_2 的特点与烃源岩已经历高演化阶段有关，主要是因为随烃源岩热演化程度增高，有机质大量生烃，导致残余 S_1+S_2 值逐渐降低。图 2-2-8 展示了南华系大塘坡组、震旦系陡山沱组和灯影组、寒武系筇竹寺组烃源岩残余 TOC 与 S_1+S_2 的关系。这几套烃源岩具有相似的 TOC 含量，但 S_1+S_2 却表现出较大的差别，成熟程度相对较低的筇竹寺组烃源岩，其 S_1+S_2 相对较高，以 0.1～1mg/g 为主；大塘坡组烃源岩 S_1+S_2 最低，基本上小于 0.05mg/g；成熟程度介于筇竹寺组和大塘坡组的陡山沱组、灯影组烃源岩，其 S_1+S_2 则介于它们。因此，虽然大塘坡组页岩的残余 S_1+S_2 低，但较高的残余 TOC 含量表明其在大量生排烃之前属于优质烃源岩。

表 2-2-1 南华系大塘坡组页岩总有机碳含量与生烃潜量数据表

剖面位置	样品编号	TOC/%	S_1/（mg/g）	S_2/（mg/g）	S_1+S_2/（mg/g）	T_{max}/℃
贵州松桃寨英	ST33	3.47	0.0050	0	0.0050	
	ST34	3.86	0.0010	0	0.0010	
	ST34	3.96	0.0016	0	0.0016	
	ST36	3.82	0.0008	0	0.0080	
	ST37	5.92	0.0053	0.0011	0.0064	541
	ST38	3.71	0.0029	0	0.0029	
	ST39	6.03	0.0024	0	0.0024	
	ST40	6.29	0.0035	0	0.0035	
	ST41	3.64	0.0139	0.0039	0.0178	497
	ST42	4.81	0.0014	0	0.0014	
	ST43	3.33	0.0433	0.0073	0.0506	489
	ST44	3.05	0.0218	0.0081	0.0299	542
	ST45	4.21	0.0433	0.0073	0.0506	489
重庆秀山膏田千子门	XSQZM-6	1.79	0.0092	0.0106	0.0198	527
	XSQZM-7	2.07	0.0046	0.0034	0.0080	523
	XSQZM-8	2.33	0.0132	0.0016	0.0148	540
	XSQZM-11	0.43	0.0092	0.0013	0.0105	338
	XSQZM-12	0.49	0.0043	0.0008	0.0051	540
	XSQZM-13	3.68	0.0040	0.0078	0.0118	508
	XSQZM-14	4.47	0.0023	0.0177	0.0200	492
	XSQZM-15	1.61	0.0055	0.0233	0.0288	507
	XSQZM-16	2.85	0.0053	0.0004	0.0057	360
重庆秀山小茶园	XSXCY-1	4.54	0.0030	0.0429	0.0459	529
	XSXCY-2	3.98	0.0197	0.0012	0.0209	357
	XSXCY-3	8.50	0.0209	0.0005	0.0214	540
	XSXCY-5	3.47	0.0050	0	0.0050	
	XSXCY-6	3.86	0.0010	0	0.0010	
	XSXCY-7	3.96	0.0016	0	0.0016	

注：ST—松桃；XSQZM—秀山千子门；XSXCY—秀山小茶园。

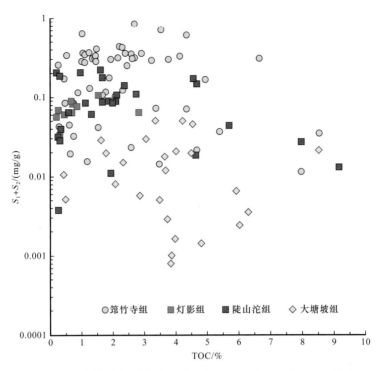

图 2-2-8　四川盆地新元古界—下古生界烃源岩 TOC 与 S_1+S_2 关系图

3）有机质类型

从生物演化的历史看，中—新元古代是以真核生物为主的疑源类和海洋微体浮游植物的繁盛时期（Meng et al.，2003），显然其原始生烃母质类型应为腐泥型。镜下鉴定结果也表明，大塘坡组页岩的显微组成主要是由原始无定形体等腐泥组分经热演化形成的沥青（表 2-2-2），同时含有一定量的黄铁矿及其他矿物。

表 2-2-2　大塘坡组页岩显微组成、干酪根同位素及反射率数据

样品编号	岩性	显微组成相对含量 /%			$\delta^{13}C_{干酪根}$ /‰	R_b/%	$R_o{}'$/%
		黄铁矿	其他矿物	沥青			
ST36	黑色碳质页岩	56.7	10.3	33	−32.7	3.08	2.36
ST37	黑色碳质页岩	3.2	24.5	72.3	−32.4	3.25	2.47
ST38	黑色碳质页岩	12.2	27.1	60.7	−32.7	—	—
ST39	黑色碳质页岩	8.3	21.3	70.4	−32.9	2.82	2.19
XSQZM−13	黑色碳质页岩	—	—	—	—	2.84	2.20
XSXCY−1	含粉砂碳质页岩	—	—	—	—	3.09	2.37

注："—"表示未测；ST—松桃；XSQZM—秀山千子门；XSXCY—秀山小茶园。

不同类型的干酪根碳同位素（$\delta^{13}C_{干酪根}$）组成有明显差别，腐泥型干酪根由于富含脂类化合物，以贫 ^{13}C 为特征；而腐殖型干酪根富含腐殖质、木质素和纤维素等，以富

^{13}C 为特征。在干酪根成烃降解过程中，$\delta^{13}C_{干酪根}$组成受热演化影响而发生的同位素分馏效应小，因此，对高演化烃源岩而言，在其他判识类型的参数已失去划分意义的情况下，$\delta^{13}C_{干酪根}$仍具有较好的分类效果。贵州松桃寨英剖面 4 个大塘坡组页岩的 $\delta^{13}C_{干酪根}$值为 $-32.9‰～-32.4‰$（表 2-2-2）。松桃杨立掌剖面 6 个大塘坡组页岩的 $\delta^{13}C_{干酪根}$值为 $-33.7‰～-31.5‰$，均值为 $-32.5‰$（李婷婷等，2021）。周其伟（2016）通过干酪根薄片偏光显微镜、全岩光片油浸反射光及扫描电镜观察，认为松桃地区大塘坡组页岩有机质主要来自藻类等海洋低等生物，显微组分为腐泥组。上述参数表明大塘坡组页岩有机质类型属于腐泥型。

4）有机质成熟度

从所测 5 个样品的结果看，大塘坡组页岩沥青反射率为 2.82%～3.25%，等效镜质组反射率为 2.19%～2.47%（表 2-2-2），表明烃源岩现今已处于过成熟阶段。

5）生物标志化合物组成

对 3 个大塘坡组样品进行了氯仿沥青"A"抽提，分离出饱和烃和芳香烃组分，并对饱和烃组分进行了色谱（GC）、色谱质谱（GC—MS）分析，对芳香烃组分进行了色谱质谱分析。虽然样品经历了很高的热演化程度，但仍检测出一定量的正构烷烃、类异戊二烯烃、甾烷及藿烷系列化合物。

饱和烃气相色谱分析表明，大塘坡组页岩有机质中正构烷烃有两种分布特征（图 2-2-9），一是以 ST35 和 ST46 样品为代表的具低碳数正构烷烃特征，另一是以 ST45 样品为代表的具双主峰正构烷烃特征。类异戊二烯烃分布中，总体表现出植烷优势的特点，姥鲛烷（Pr）/植烷（Ph）比值为 0.32～0.83，主要分布在 0.31～0.53 之间，姥鲛烷和植烷主要由可进行光合作用生物（高等植物、大部分藻类、藻青菌和光合细菌等）中叶绿素的植基侧链生成，在沉积物缺氧条件下，植基侧链断裂而产生植醇，植醇被还原为二氢植醇，然后再被还原成植烷；在氧化条件下，植醇被氧化成植酸，植酸脱羧为姥鲛烯，然后还原为姥鲛烷（李美俊等，2007）。Pr/Ph 比值是常用来判断母源沉积时的氧化还原条件的地球化学参数，低 Pr/Ph 值反映了大塘坡组沉积期的强还原沉积环境。

生物标志物（Biomarker）是存在于地壳和大气圈中，分子结构与特定天然产物之间具有明确联系，或与特定生物类别的分子结构之间具有相关性的天然有机化合物。甾烷和萜烷是最为常用的生物标志化合物指标。从大塘坡组页岩的分析结果看，三个样品的重排甾烷、C_{27}—C_{29} 甾烷分布特征存在差别，与正构烷烃分布特征相似，ST35 和 ST46 样品 C_{27} 甾烷＞C_{29} 甾烷，C_{27} 甾烷/C_{29} 甾烷比值为 1.22～1.43，重排甾烷也比较丰富（图 2-2-10）；相反，ST45 样品 C_{27} 甾烷＜C_{29} 甾烷，C_{27} 甾烷/C_{29} 甾烷比值为 0.69，重排甾烷含量低。这反映了它们的母质生源构成不完全一致。一般认为，C_{27} 甾烷优势主要与低等水生生物和藻类有机质的输入有关，而 C_{29} 甾烷优势除了陆生高等植物占主导外，还与蓝绿藻等浮游植物来源有关（曾凡刚等，1998；密文天等，2009），具体到南华系大塘坡组沉积期尚未出现陆生高等植物的地质背景，C_{29} 甾烷的优势应该是蓝绿藻的贡献。孟凡巍等（2006）通过 C_{27} 甾烷、C_{29} 甾烷和有机碳同位素对我国前寒武纪—早古生代海

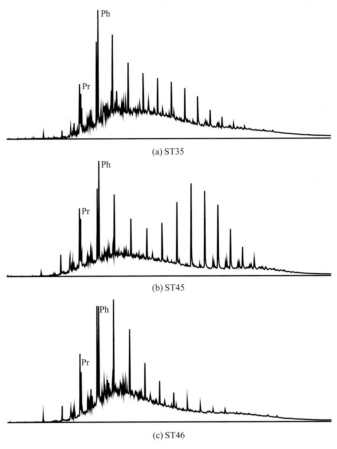

图 2-2-9　贵州松桃地区大塘坡组页岩有机质中正构烷烃和类异戊二烯烃分布特征

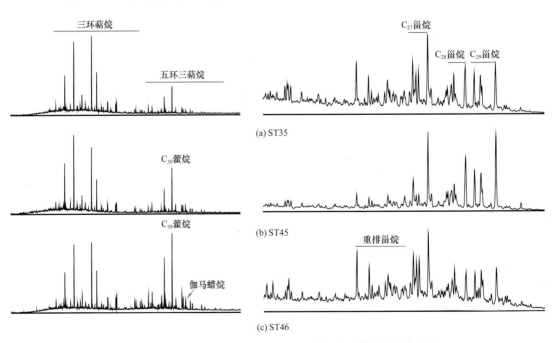

图 2-2-10　贵州松桃地区大塘坡组页岩甾烷、萜烷特征分布图

相原油和烃源岩中的 C_{27} 甾烷、C_{29} 甾烷来源进行了细化研究，认为寒武纪的 C_{27} 甾烷优势很可能是来源于与现代的沟鞭藻有亲缘关系的带刺疑源类，而 C_{29} 甾烷优势很可能是来源于与现代的浮游绿藻有亲缘关系的光球疑源类。C_{27} 甾烷 /C_{29} 甾烷＞1，$\delta^{13}C$＜-30‰，代表以浅海甲藻输入为主，C_{27} 甾烷 /C_{29} 甾烷＜1，$\delta^{13}C$＜-30‰，代表以河口或远岸深水浮游绿藻输入为主。

重排甾烷是广泛应用于有机地球化学研究中的一类生物标志物。它是由甾醇在成岩作用早期阶段形成的甾烯在黏土矿物酸性催化作用下发生碳骨架重排转变而来，因而在泥质岩及泥灰岩中含量较高而在石灰岩中较少；随着成熟度增高，重排甾烷含量也相应增多；高盐环境中重排甾烷含量一般较低（朱扬明等，1997）。伽马蜡烷是高盐度强还原环境的特征生物标志物（曾凡刚等，1998），大塘坡组页岩样品的伽马蜡烷丰度总体不高，其中 ST35、ST46 两个样品的伽马蜡烷丰度（伽马蜡烷 /C_{30} 藿烷）为 0.17～0.18，略低于 ST45 样品的伽马蜡烷丰度（0.21），反映当时的海水盐度并不高。这与笔者通过烃源岩微量元素（B、K 等）得到的松桃寨英大塘坡组页岩的古盐度较低（6.9‰～17‰）是比较吻合的。因此，从伽马蜡烷丰度来看，大塘坡组页岩重排甾烷含量的差异可能受沉积环境盐度的细微差异控制。

长链三环萜烷系列是地质体中常见的生物标志物，没有特殊的前身物，大多认为主要来源于细菌等微生物或藻类，具有较高的热稳定性和抗生物降解能力（曾凡刚等，1998；密文天等，2009）。3 个大塘坡组页岩样品的三环萜烷均很丰富（图 2-2-10），同时含有较丰富的五环三萜烷化合物，包括藿烷类和非藿烷类，三环萜烷 / 五环三萜烷比值为 0.93～2.48。藿烷类化合物被认为主要来源于原核生物或细菌，细菌藿四醇是藿烷类化合物的前身。可见，大塘坡组样品中大量三环萜类和五环三萜类化合物的存在是细菌对沉积有机质的贡献。

芳香烃色质的分析表明，大塘坡组页岩样品均检测到菲、萘、二苯并噻吩、芴、三芳甾烷等系列化合物（表 2-2-3）。菲系列、萘系列、烷基二苯并噻吩系列等化合物相对丰度是常用的成熟度评价参数（罗健等，2001；王传远等，2007），如甲基菲中 α 位的 9- 和 1- 取代基热稳定性不如 β 位的 3- 和 2- 取代基，随着成熟度增加，发生甲基重排作用，这使得 9- 和 1- 甲基丰度减少，3- 和 2- 甲基丰度增加；甲基萘中甲基重排作用使具有相对稳定的 β 位甲基的 2- 甲基萘（2-MN）的含量明显高于 α 位甲基的 1- 甲基萘（1-MN），2-/1-MN 比值随成熟度增高而增大；烷基二苯并噻吩中 4- 甲基二苯并噻吩（4-MDBT）的稳定性相对较好，而 1- 甲基二苯并噻吩（1-MDBT）的稳定性相对较差，从而导致 4- /1- MDBT 比值随成熟度增加而增大。含硫芳香烃化合物则可以指示烃源岩的沉积环境，如高丰度的含硫芳香烃一般可作为膏盐及海相碳酸盐沉积环境的特征产物。三芴系列化合物（芴、氧芴、硫芴）可能来源于相同的先质，在弱氧化和弱还原的环境中氧芴含量可能较高；在正常还原环境中，芴系列较为丰富；在强还原环境中则以硫芴占优势（王传远等，2007）。3 个样品均以硫芴和芴占优势，表明烃源岩沉积时沉积介质的还原性强，与 Pr/Ph 值所反映的强还原环境的沉积特征吻合。

表 2-2-3 大塘坡组页岩芳香烃化合物相对丰度数据表

化合物		相对含量 /%		
		ST35	ST45	ST46
菲系列		40.97	37.17	55.85
萘系列		9.54	12.57	9.51
二苯并噻吩系列		14.06	7.32	4.17
三芳甾烷系列		8.89	16.19	3.64
苊系列		7.99	5.66	5.45
苯并呋喃系列		2.80	3.65	2.53
联苯系列		1.73	1.67	0.73
䓛系列		1.90	1.09	1.84
其他		12.12	14.68	16.28
三芴系列化合物相对比例	芴	32.15	34.03	44.86
	硫芴	56.58	44.02	34.32
	氧芴	11.27	21.95	20.82

2. 震旦系—寒武系烃源岩

四川盆地及周缘震旦系—寒武系主要发育筇竹寺组（麦地坪组烃源岩因仅分布在德阳—安岳古裂陷内，未单列，包含在筇竹寺组中）、陡山沱组和灯三段等 3 套页岩烃源岩和灯影组 1 套泥质碳酸盐岩烃源岩，各层系烃源岩的地球化学特征见表 2-2-4。

表 2-2-4 四川盆地及周缘震旦系—寒武系烃源岩地球化学特征数据表

层系		岩性	TOC/%	$\delta^{13}C_{干酪根}$ /‰	等效 R_o/%
寒武系	筇竹寺组	页岩	0.50～6.00/2.27（698）	−37.6～−29.8/−32.8（93）	1.87～3.28/2.41（51）
		碳质页岩	6.11～36.63/12.22（65）		
震旦系	灯三段	页岩	0.50～4.82/1.23（137）	−35.4～−28.3/−31.8（19）	2.02～3.46/2.57（141）
	灯影组	泥质碳酸盐	0.21～2.80/0.69（304）	−37.5～−23.8/−29.4（100）	
	陡山沱组	页岩	0.50～5.99/2.48（190）	−37.9～−28.7/−31.2（53）	2.08～3.18/2.60（56）
		碳质页岩	6.12～37.10/15.59（20）		

注：表中数值格式为最小值～最大值 / 平均值（样品数）。

1）震旦系

震旦系发育陡山沱组页岩、灯三段页岩和灯影组暗色泥质白云岩等 3 套烃源岩。

陡山沱组页岩是扬子地区一套重要的优质烃源岩，四川盆地东北缘、东南缘及南缘的烃源岩厚度一般可达 150～200m，但陡山沱组沉积期，四川盆地中部地区属于古隆起部位，预测陡山沱组烃源岩厚度一般小于 10m。迄今虽尚未在盆地内钻揭陡山沱组烃源岩，但野外露头剖面的分析结果表明，陡山沱组页岩有机质丰度高，有机质类型为腐泥型，目前处于过成熟阶段。如贵州遵义松林六井剖面陡山沱组页岩 TOC 含量为 0.11%～4.64%，平均为 1.51%（图 2-2-11）；松林大石墩剖面陡山沱组页岩 TOC 含量为 0.62%～3.33%，平均为 1.92%；川西绵竹清平剖面陡山沱组页岩 TOC 含量为 1.07%～14.17%，平均为 6.36%；重庆城口中安村、瓦厂堡等剖面陡山沱组页岩 TOC 含量为 0.21%～37.10%，平均为 4.18%；湖北宜昌罗家村剖面陡山沱组页岩 TOC 含量为 0.20%～8.25%，平均为 1.99%。陡山沱组页岩 $\delta^{13}C_{干酪根}$ 均值为 -31.2‰，干酪根显微组成以无定形体为主，表明其生烃母质类型为腐泥型。等效镜质组反射率均值为 2.60%，处于过成熟阶段。

灯三段岩性主要为灰黑色粉砂质页岩，零星夹薄层灰色云质泥岩，有机质丰度相对较高，TOC 含量为 0.50%～4.82%，平均为 1.23%；其中，四川盆地内高科 1、高石 1、威 117 等井的 TOC 含量为 0.50%～4.73%，平均为 0.89%；绵竹小木岭、旺苍水磨、南江杨坝和城口高观镇等野外露头剖面的 TOC 含量为 0.51%～4.82%，平均为 1.51%。灯三段页岩 $\delta^{13}C_{干酪根}$ 均值为 -31.8‰，有机质类型为腐泥型。等效镜质组反射率均大于 2.0%，处于过成熟阶段。

灯影组泥质碳酸盐岩也具有一定的生烃潜力，TOC 含量为 0.20%～2.80%，平均为 0.69%，其中，以高石梯—磨溪地区和威远地区为代表的井下样品虽也以低 TOC 含量为主，但部分层段有机质也具有较高的丰度（图 2-2-12），TOC 含量为 0.20%～2.80%，平均为 0.61%；野外露头剖面的 TOC 含量为 0.21～0.58%，平均为 0.30%。灯影组泥质碳酸盐岩 $\delta^{13}C_{干酪根}$ 均值为 -29.4‰，有机质类型主要为腐泥型。等效镜质组反射率均大于 2.0%。将藻类发育的碳酸盐岩进行藻类富集，并对富集的藻类进行了生气热模拟实验，结果表明其最大总产气率为 3.471m³/t（藻）；而对富藻白云岩的热模拟结果显示，总产气率为 0.371m³/t（岩石），可见，过成熟富藻白云岩中仍然具有一定的生烃潜力。此外，利用反射光薄片分析方法，可见泥质碳酸盐岩中存在大量原生沥青，表明泥质碳酸盐岩具备生烃潜力。

2）寒武系

寒武系自下而上发育麦地坪组、筇竹寺组及沧浪铺组等 3 套泥质岩，其中筇竹寺组泥岩厚度大，是最主要的烃源岩，岩性主要为黑色、灰黑色泥页岩和碳质泥岩，局部夹粉砂质泥岩和粉砂岩。麦地坪组烃源岩主要为硅质页岩、碳质泥岩等，四川盆地内仅分布在德阳—安岳古裂陷内，因此在讨论地球化学特征时将其合并至筇竹寺组烃源岩中。筇竹寺组烃源岩有机质丰度高，页岩 TOC 含量为 0.50%～6.00%，平均为 2.27%；碳质页岩 TOC 含量为 6.11%～36.63%，平均为 12.22%（表 2-2-4）。平面上，有机质发育存在较大的非均质性，如德阳—安岳古裂陷内高石 17、蓬探 1、中江 2、资 4 等钻井揭示的筇竹寺组烃源岩 TOC 含量为 0.5%～6.61%，平均为 2.07%；川西绵阳高川乡锄把沟露头剖面筇竹寺组烃源岩 TOC 含量为 4.6%～36.63%，平均为 15.38%。裂陷外高石 1、高科 1、磨溪 9 等钻井揭示的筇竹寺组烃源岩 TOC 含量为 0.52%～6.74%，平均为 2.03%。

纵向上，有机质丰度高值区主要发育在筇竹寺组下部层段，如高石 17 井 TOC 含量大于 1.0% 的主要发育在 4950m 以深层段中（图 2-2-13）。干酪根显微组分以絮状的无定形腐泥组分为主（占 95% 以上），表明原始有机物主要为低等水生生物；干酪根 $\delta^{13}C_{\text{干酪根}}$ 值为 $-37.6‰ \sim -29.8‰$，均值为 $-32.8‰$，具有典型腐泥型干酪根的同位素特征。等效镜质组反射率除个别小于 2.0% 外，绝大部分大于 2.0%，均值为 2.41%，处于过成熟阶段。

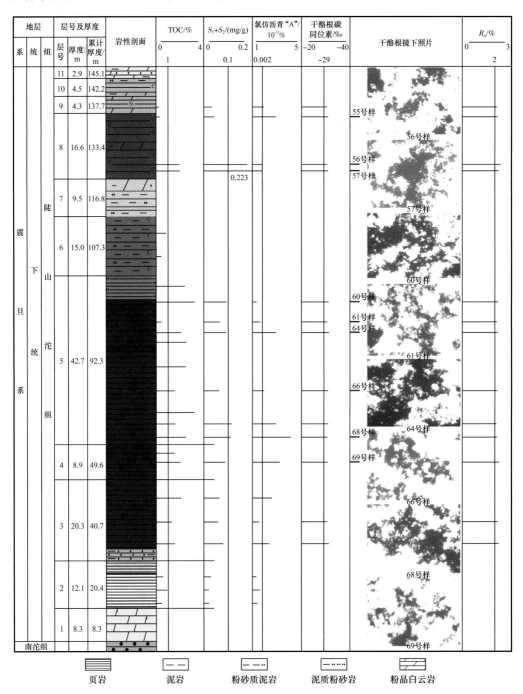

图 2-2-11　贵州遵义松林六井剖面震旦系陡山沱组烃源岩地球化学综合剖面图

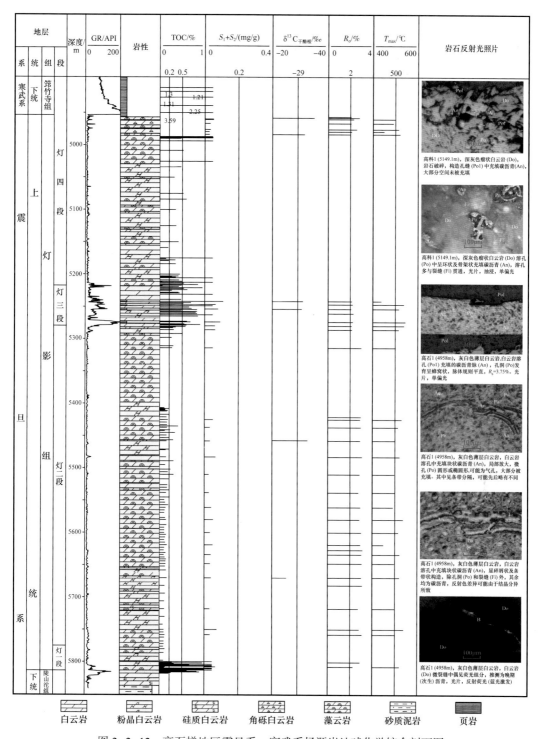

图 2-2-12　高石梯地区震旦系—寒武系烃源岩地球化学综合剖面图

图例：白云岩　粉晶白云岩　硅质白云岩　角砾白云岩　藻云岩　砂质泥岩　页岩

　　除筇竹寺组外，高石梯—磨溪地区沧浪铺组也发育灰黑色泥岩，106 个样品的 TOC 值分布在 0.50%～2.86% 之间，平均值为 1.16%，具有较好的生烃能力，但其厚度较薄，分布较为局限。

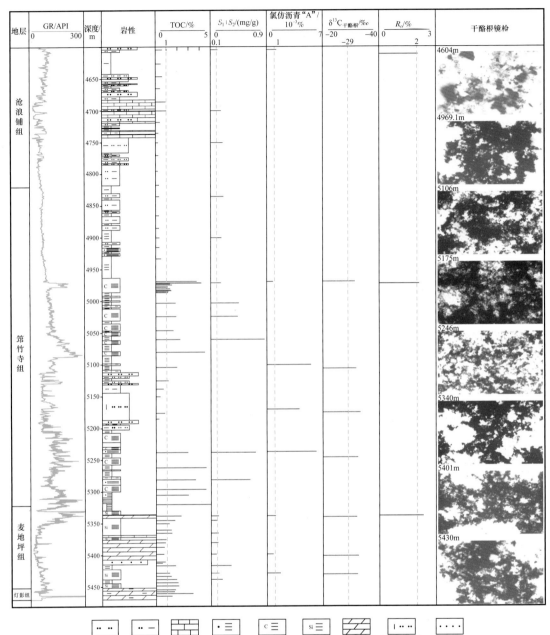

地层	GR/API 0　　300	深度/m	岩性	TOC/% 0　5	S_1|S_2/(mg/g) 0.1　0.9	氯仿沥青"A"/ 10^{-3}% 1　7	$\delta^{13}C_{干酪根}$/‰ -20　-40 -29	R_o/% 0　3 2	干酪根镜检

图 2-2-13　高石 17 井寒武系烃源岩地球化学综合剖面图

图例说明：粉砂岩　粉砂质泥岩　石灰岩　砂质泥岩　碳质泥岩　硅质泥岩　白云岩　灰质粉砂岩　细砂岩

3. 泥盆系烃源岩

泥盆系主要分布在四川盆地西北部及其外围区域，分布范围局限，并且以往关注重点是泥盆系油砂及其成因问题，对泥盆系是否发育烃源岩，其成源环境、生源构成等并未引起大家的重视。本节综合应用烃源岩有机地球化学、有机岩石学和微量元素等研究方法，探讨了川西北地区泥盆系烃源岩地球化学特征。

1）有机质丰度

对川西北地区桂溪养马坝组（D$_2$y）页岩、朝天清风峡观雾山组（D$_2$g）生屑灰岩和泥灰岩、毛坝子观雾山组泥灰岩和页岩、江油雁门坝泥灰岩和页岩等44个样品进行了分析测试。结果表明，TOC含量大于0.50%的有37个，TOC值介于0.53%～5.87%，平均为1.91%。其中，桂溪剖面6个页岩样品TOC值为0.88%～5.37%，平均为3.04%，S$_1$+S$_2$值为0.05～0.37mg/g，平均为0.19mg/g；朝天剖面7个样品TOC值为1.16%～3.43%，平均为2.12%，S$_1$+S$_2$值为0.79～4.22mg/g，平均为2.24mg/g；毛坝子剖面17个样品TOC值为0.54%～2.37%，平均为1.31%，5个样品S$_1$+S$_2$值为0.12～0.38mg/g，平均为0.23mg/g。1个碳质页岩的TOC值为18.22%（表2-2-5）。

表2-2-5 川西北地区主要剖面泥盆系烃源岩总有机碳含量和生烃潜量数据

剖面位置	样品编号	岩性	TOC/%	S_1/mg/g	S_2/mg/g	S_1+S_2/mg/g	T_{max}/℃
桂溪	GX-6	页岩	2.51	0.05	0.22	0.27	581
	GX-46	页岩	0.88	0.07	0.08	0.15	370
	GX-48	页岩	5.37	0.01	0.04	0.05	581
	GX-58	页岩	2.08	0.03	0.06	0.09	371
	GX-65	页岩	4.71	0.06	0.17	0.23	581
	GX-66	页岩	2.70	0.08	0.29	0.37	428
	GX-44	碳质页岩	18.22	0.04	0.16	0.20	580
朝天	CT-26	生屑灰岩	3.25	0.47	3.75	4.22	450
	CT-27	生屑灰岩	1.16	0.52	0.90	1.42	448
	CT-28	生屑灰岩	1.37	0.12	0.87	0.99	457
	CT-29	生屑灰岩	1.73	0.77	2.02	2.79	450
	CT-30	泥灰岩	2.15	1.07	2.23	3.30	450
	CT-31	泥灰岩	3.43	0.06	0.73	0.79	455
	CT-32	生屑灰岩	1.73	0.81	1.37	2.18	448
毛坝子	MBZ-5	泥灰岩	1.44				
	MBZ-6	泥灰岩	1.40				
	MBZ-9	泥灰岩	1.24	0.04	0.29	0.33	483
	MBZ-10	泥灰岩	1.21				
	MBZ-11	泥灰岩	1.52				
	MBZ-13	泥灰岩	1.38				
	MBZ-15	泥灰岩	1.50	0.02	0.36	0.38	489

剖面位置	样品编号	岩性	TOC/%	S_1/mg/g	S_2/mg/g	S_1+S_2/mg/g	T_{max}/℃
毛坝子	MBZ-16	泥岩	2.37				
	MBZ-18	泥岩	1.28				
	MBZ-20	泥岩	1.20				
	MBZ-21	泥岩	1.70	0.02	0.15	0.17	574
	MBZ-22	泥岩	1.30				
	MBZ-23	泥岩	1.31				
	MBZ-24	泥岩	1.71				
	MBZ-27	泥岩	0.81	0.01	0.13	0.14	574
	MBZ-29	泥岩	0.54				
	MBZ-30	泥岩	0.89				
	MBZ-31	泥岩	0.81	0.03	0.09	0.12	533

注：GX—桂溪；CT—朝天；MBZ—毛坝子。

2）有机质类型

主要应用干酪根碳同位素、干酪根镜检及干酪根元素资料对泥盆系烃源岩进行有机质类型的确定。

川西北地区泥盆系烃源岩 $\delta^{13}C_{干酪根}$ 值主要分布在 -32.9‰～-25.5‰之间（表2-2-6），均值为 -29.8‰；其中，桂溪剖面 $\delta^{13}C_{干酪根}$ 均值为 -30.8‰；朝天剖面 $\delta^{13}C_{干酪根}$ 均值为 -29.3‰；毛坝子剖面 $\delta^{13}C_{干酪根}$ 均值为 -26.1‰。总体上，泥盆系烃源岩有机质类型以 Ⅰ 型为主，部分为 Ⅱ₂ 型。

表2-2-6 川西北地区泥盆系烃源岩干酪根碳同位素及元素分析数据表

剖面位置	样品编号	$\delta^{13}C$/‰	C/%	H/%	O/%	H/C 原子比
桂溪	GX-21	-29.4	37.74	1.83	2.14	0.58
	GX-22	-29.8	46.11	2.29	1.48	0.59
	GX-37	-32.2	13.58	0.73	2.14	0.65
	GX-40	-31.9	40.01	1.75	4.16	0.52
	GX-41	-32.3	28.65	1.40	2.16	0.59
	GX-45	-32.0	67.88	2.81	2.18	0.50
	GX-46	-31.6	23.25	1.05	0.96	0.54
	GX-48	-32.2	45.37	1.99	1.95	0.53

剖面位置	样品编号	$\delta^{13}C$/‰	C/%	H/%	O/%	H/C 原子比
桂溪	GX-55	-29.3	22.66	1.04	0.63	0.55
	GX-56	—	10.08	0.52	3.48	0.62
	GX-6-1	-32.2	63.27	2.68	1.88	0.51
	GX-6-2	-32.9	74.21	3.72	1.21	0.60
	GX-65	-28.0	56.04	2.36	2.50	0.51
朝天	CT-26	-29.5	65.34	4.31	3.55	0.79
	CT-29	-29.3	60.73	4.22	2.22	0.83
	CT-30	-28.8	42.71	2.90	3.53	0.82
	CT-32	-29.7	30.32	3.29	4.25	0.91
毛坝子	MBZ-14	-26.2	—	—	—	—
	MBZ-17	-25.5	—	—	—	—
	MBZ-38	-26.5	—	—	—	—

注：GX—桂溪；CT—朝天；MBZ—毛坝子。

泥盆系烃源岩有机显微组成以腐泥组分为主，其中，朝天剖面泥灰岩与生屑灰岩的有机显微组分以腐泥组为主，腐泥组含量为90%～93.7%，含有少量镜质组、壳质组和惰性组，均含有少量黄铁矿。显微镜下腐泥质体碎屑显示絮状结构，碎屑壳质体显微粒状，无定型有机质占优势（均大于85%），显示出腐泥型干酪根特征，表明原始有机物主要为低等水生生物；桂溪剖面泥岩、泥灰岩有机显微组分中絮状腐泥体占优势，也见均质腐泥质体碎屑，腐泥组含量为85.1%～92.2%（表2-2-7），基本不含壳质组、镜质组和惰质组，显示良好的有机质类型，成烃生物可能为藻类。泥灰岩干酪根、碎屑及粉末均无荧光显示，黑色不透明，反映演化程度较高。

川西北地区桂溪、朝天剖面泥盆系干酪根元素分析结果见表2-2-6。氢碳原子比（H/C）多在1.0以下，氧碳原子比（O/C）分布在0.50～0.91之间。由于泥盆系经历了漫长的地质历史过程，其中的有机质受强烈的热力作用而发生较大的变化，随着热演化程度增高，干酪根不断热降解成烃，不断脱氢和脱氧，从而使碳元素不断富集，整体表现为贫氢特征；此外，岩石样品长期暴露在地表，也会使H/C原子比降低。因此，元素分析结果不能反映烃源岩有机质类型的真实面貌。

3）有机质成熟度

从朝天剖面泥盆系烃源岩所测沥青反射率结果看，沥青反射率为1.07%～1.20%，等效镜质组反射率 R_o' 为1.04%～1.12%（表2-2-8），处于大量生油的高峰阶段。桂溪剖面的泥盆系成熟度相对朝天地区较高，显微镜下基本不发荧光。川西北双鱼石构造双探3井泥盆系储层沥青反射率为2.64%～2.74%，等效镜质组反射率 R_o' 为2.07%～2.14%，表明深埋地下的泥盆系目前已处于过成熟生气阶段。

表 2-2-7　川西北地区泥盆系烃源岩显微组成

剖面	岩性	有机显微组成						黄铁矿/%
		腐泥组/%	微粒体/%	笔石体/%	壳质组/%	镜质组/%	惰质组/%	
朝天	灰色生屑灰岩	91.7	—	—	2.4	3.6	2.3	12.2
		90.7	—	—	1	5.1	3.2	14
	灰黑色泥灰岩	93.7	—	—	0.7	3.6	2	17.3
		90	—	—	1.2	5.8	3	15.7
桂溪	黑色泥岩	88.8	2.2	—	—	4.4	0.7	—
		86.4	2.6	5.2	—	5.5	0.3	—
		88.2	2.2	9.6	—	—	—	60
		79.8	2	3.7	—	—	—	52
	灰黑色泥灰岩	92.2	3.2	4.6	—	—	—	70
		90.9	2.3	6.8	—	—	—	50
		87.8	2.5	8	—	—	—	
		89.1	2.7	8.2	—	—	—	
		90.3	3	6.7	—	—	—	
		90.5	2	7.5	—	—	—	27
		91	2.8	6.2	—	—	—	55
		91.4	1.5	7.1	—	—	—	
		85.1	1.3	13.6	—	—	—	

表 2-2-8　川西北地区泥盆系有机质成熟度数据表

样品编号	岩性	沥青反射率 R_b/%	通过沥青换算的等效镜质组反射率 $R_o{'}$/%	通过甲基菲指数换算的等效镜质组反射率 R_c/%	通过二苯并噻吩指数换算的等效镜质组反射率	
					$R_o(K_4, 6)$/%	$R_o(K_2, 4)$/%
CT—26	灰色生屑灰岩	1.07	1.04	0.97	1.08	0.98
CT—30	灰黑色泥灰岩	1.18	1.11	0.92	1.39	1.00
CT—29	灰色生屑灰岩	1.20	1.12	0.93	1.20	0.99
CT—32	灰色生屑灰岩	1.17	1.10	0.98	1.26	1.21
ST3—18	白云岩（含沥青）	2.64	2.07			
ST3—26	白云岩（含沥青）	2.74	2.14			

注：CT—朝天；ST—双探。

　　表征烃源岩成熟度的指标除了镜质组反射率、沥青反射率等，常用的指标还有芳香烃的甲基菲指数、二苯并噻吩指数等。不同的沉积环境下，不论烃源岩有机质类型偏腐泥型还是偏腐殖型，甲基菲比值（*MPR*）与等效镜质组反射率（R_c）之间均具有很好的线性正相关关系：

$$MPR = \frac{3 - MP + 2 - MP}{9 - MP + 1 - MP} \quad （2-2-1）$$

$$R_c = 0.5946\ln（MPR）+0.9728（R_o \leq 1.8\%）\quad （2-2-2）$$

Santamaria 等（1998）的研究显示，在成熟—高成熟阶段，4，6-二甲基二苯并噻吩、2，4-二甲基二苯并噻吩、1，4-二甲基二苯并噻吩系列化合物随热演化变化而发生规律性的变化：

$$K_{4,6} = \frac{\left[4, 6-二甲基二苯并噻吩\right]}{\left[1, 4-二甲基二苯并噻吩\right]} \quad （2-2-3）$$

$$K_{2,4} = \frac{\left[2, 4-二甲基二苯并噻吩\right]}{\left[1, 4-二甲基二苯并噻吩\right]} \quad （2-2-4）$$

$$R_o（K_{4,6}）=0.14K_{4,6}+0.57 \quad （2-2-5）$$

$$R_o（K_{2,4}）=0.35K_{2,4}+0.46 \quad （2-2-6）$$

根据上述计算公式及参数可计算出各烃源岩样品相应的 R_c、$K_{4,6}$、$K_{2,4}$ 值（表2-2-8）。根据芳香烃参数计算得到的烃源岩成熟程度与利用沥青反射率测得的结果是比较相似的，尤其是二苯并噻吩指数换算的等效镜质组反射率与沥青反射率反映的结果更加接近。表明在川西北地区烷基二苯并噻吩参数用作成熟度判识指标有效可行，并从多参数角度相互印证了朝天剖面泥盆系烃源岩样品目前的热演化程度处于成熟阶段。

4）分子地球化学特征

对泥盆系典型剖面烃源岩样品进行了氯仿沥青"A"抽提，分离出饱和烃和芳香烃组分，并对饱和烃组分进行了色谱（GC）、色谱质谱（GC—MS）分析，对芳香烃组分进行了色谱质谱分析。

（1）正构烷烃。

饱和烃气相色谱分析表明，泥盆系烃源岩样品正构烷烃碳数主要分布在 $nC_{14}\sim nC_{28}$ 之间，多呈前高后低的单峰型，无明显的奇偶碳数优势；主峰碳数集中在 nC_{18} 或 nC_{20}，低碳数正构烷烃的相对丰度较高，具中等分子量正构烷烃的相对优势（图2-2-14），表明母质来源以低等水生生物为主。

（2）类异戊二烯烷烃。

姥鲛烷（Pr）/植烷（Ph）比值常用于指示氧化还原环境，低 Pr/Ph 值（<1）反映了典型的海相沉积环境。泥盆系泥灰岩样品 Pr/Ph 值为 0.56～0.99（表2-2-9），主要分布在 0.91～0.99 之间，低 Pr/Ph 值且小于1，为典型的还原性水体沉积环境。此外，对8个样品也进行了古盐度实验测试分析，通过硼当量计算了古盐度，范围在 12.1‰～56.4‰ 之间（表2-2-10），反映了大部分样品为半咸水沉积环境。

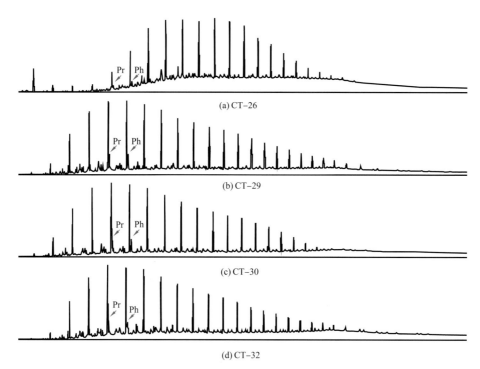

(a) CT-26

(b) CT-29

(c) CT-30

(d) CT-32

图 2-2-14　川西北地区泥盆系烃源岩有机质中正构烷烃和类异戊二烯烃分布特征

表 2-2-9　川西北地区朝天剖面泥盆系烃源岩类异戊二烯烷烃参数

剖面位置	样品编号	岩性	Pr/Ph	Pr/nC$_{17}$	Ph/nC$_{18}$	OEP
朝天	CT-26	灰色生屑灰岩	0.56	0.26	0.22	1.01
	CT-29	灰黑色泥灰岩	0.91	0.29	0.30	1.00
	CT-30	灰色生屑灰岩	0.90	0.25	0.27	0.98
	CT-32	灰色生屑灰岩	0.99	0.27	0.25	0.98

表 2-2-10　川西北地区泥盆系样品元素分析及古盐度参数

剖面位置	样品编号	B/（μg/g）	K$_2$O/（μg/g）	B 当量	古盐度 /‰
朝天	CT-27	19.69	0.72	233.5	15.8
	CT-28	2.82	0.08	298.5	22.1
	CT-30	13.35	0.44	258.1	18.2
	CT-31	1.74	0.04	413.8	33.4
桂溪	GX-45	1.80	0.07	214.6	13.9
	GX-48	58.73	2.54	196.4	12.1
	GX-55	162.84	2.46	563.0	48.0
	GX-62	159.45	2.09	649.4	56.4

（3）芳香烃。

芳香烃色质的分析结果显示，泥盆系样品检测到菲、萘、二苯并噻吩等系列化合物，其中以菲系列和二苯并噻吩系列化合物为主（表 2-2-11）。菲系列化合物含量介于 33.22%～45.31%，二苯并噻吩系列化合物含量介于 18.78%～53.39%。菲系列、烷基二苯并噻吩系列等化合物相对丰度是常用的成熟度评价参数。三芴系列化合物（芴、氧芴、硫芴）可能源于相同的先质，在弱氧化和弱还原的环境中氧芴含量可能较高，在正常还原环境中，芴系列较为丰富，在强还原环境中则以硫芴占优势。朝天剖面 4 个泥盆系烃源岩样品三芴系列化合物中均以硫芴占绝对优势，同时芴的含量也较高，反映了强还原性的沉积介质，与上文 Pr/Ph 参数所反映的强还原性沉积环境特征一致。

表 2-2-11　泥盆系烃源岩芳香烃化合物相对丰度数据表

化合物含量	CT-26	CT-29	CT-30	CT-32
菲系列 /%	35.01	45.31	33.22	42.55
萘系列 /%	0.25	2.97	14.01	1.56
二苯并噻吩系列（硫芴）/%	53.39	26.74	18.78	33.87
芴系列（芴）/%	2.84	7.01	4.93	3.38
苯并呋喃系列（氧芴）/%	0.92	1.98	2.69	1.51
联苯系列 /%	0.32	6.72	15.38	3.96
其他 /%	7.27	9.27	10.99	13.17

4. 中二叠统烃源岩

中二叠统烃源岩包括泥质岩和碳酸盐岩两大类。碳酸盐岩烃源岩主要发育于栖霞组和茅口组，属海相碳酸盐台地沉积，岩性主要为泥灰岩，有机质丰度高，露头样品 TOC 含量大于 1%。如长江沟剖面中二叠统泥灰岩烃源岩主要发育于栖霞组一段和茅口组一段，厚度分别为 12m 和 90m，22 个样品的残余 TOC 含量为 0.05%～9.82%，平均为 1.30%。长江沟剖面还发育薄层的中二叠统泥岩烃源岩，仅厚 5m 左右，TOC 含量为 0.41%～1.57%，平均为 0.94%，为一套局部发育的烃源岩（图 2-2-15）。北川通口剖面中二叠统泥灰岩烃源岩主要发育于栖一段底部和栖二段，厚度达 70m，有机质丰度较高，15 个样品的 TOC 含量为 0.4%～2.68%，平均为 1.06%（图 2-2-16）。朝天清风峡剖面中二叠统泥灰岩烃源岩主要发育于栖一段和茅一段，16 个样品的 TOC 含量为 0.14%～3.93%，平均为 0.9%（图 2-2-17）。四川盆地梁山组页岩厚度虽较薄，但其有机质丰度较高，57 个样品 TOC 含量为 0.50%～6.44%，平均为 1.70%，其中，TOC 含量为 0.50%～1.50% 的占比为 70%。

干酪根 $\delta^{13}C$ 分析结果表明，中二叠统栖霞组和茅口组干酪根类型主要为 II_1 和 II_2 型，梁山组主要为 III 型，其中，栖霞组 $\delta^{13}C_{干酪根}$ 为 $-34.5‰$～$-25.8‰$，平均为 $-29.3‰$；茅口组 $\delta^{13}C_{干酪根}$ 为 $-33.1‰$～$-23.6‰$，平均为 $-28.6‰$；梁山组 $\delta^{13}C_{干酪根}$ 为 $-26.7‰$～$-23.6‰$，平均为 $-24.6‰$。

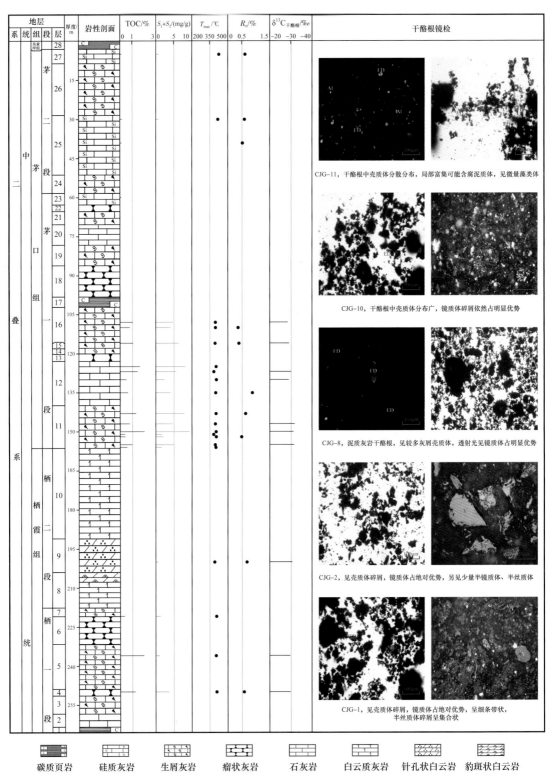

图 2-2-15　长江沟剖面中二叠统烃源岩地球化学综合图

ED—碎屑壳质体；V—镜质体；SF—半丝质体；Py—黄铁矿

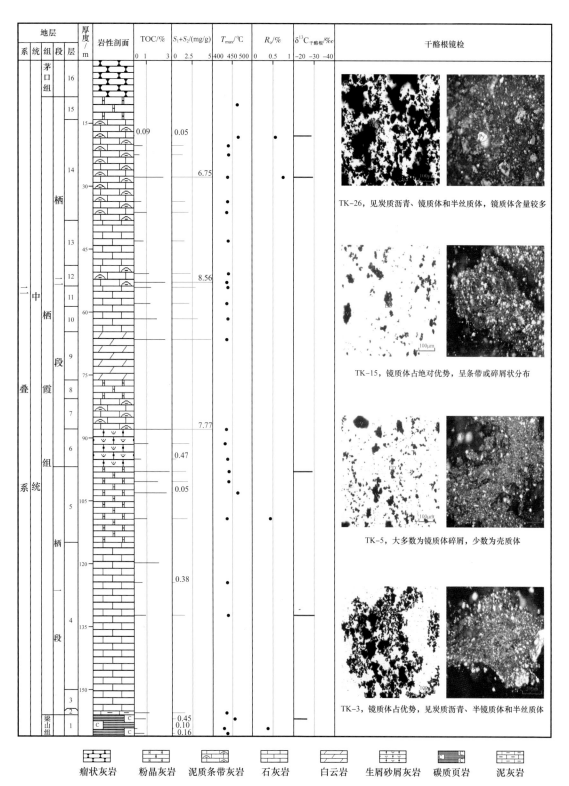

图 2-2-16 北川通口剖面中二叠统烃源岩地球化学综合图

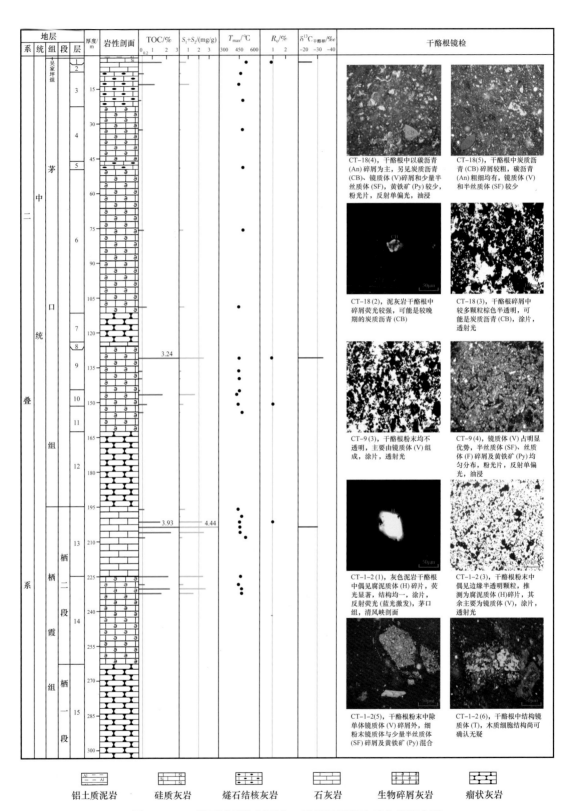

图 2-2-17　朝天清风峡剖面中二叠统烃源岩地球化学综合图

干酪根镜检结果表明，茅口组和栖霞组的干酪根显微组成均以镜质组为主，其次为壳质组和腐泥组，有机质类型主要为Ⅱ₂型，少量为Ⅰ型、Ⅱ₁型和Ⅲ型。其中，茅口组干酪根显微组成中镜质体占明显优势（图2-2-18a），还可见较多碎屑壳质体（图2-2-18b、c）。碎屑壳质体虽较多但透明度差，与镜质体碎屑边界不清（图2-2-18d）。反射荧光下可见茅一段灰黑色泥灰岩干酪根中含有少量藻类体（图2-2-18e），茅三段泥灰岩干酪根中见形体较大的腐泥体碎片（图2-2-18f）。

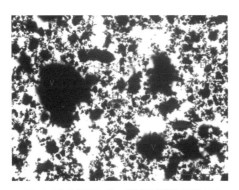

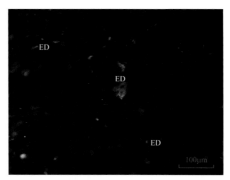

(a) CJG-8，长江沟剖面茅一段，干酪根中的碎屑壳质体 (ED)，镜质体 (V) 占明显优势，透射光

(b) CJG-8，长江沟剖面茅一段，泥质灰岩干酪根中见较多碎屑壳质体 (ED)，反射荧光

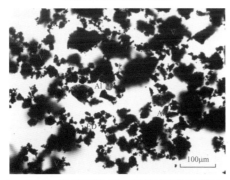

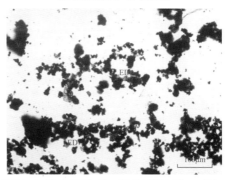

(c) CJG-33，长江沟剖面茅三段，干酪根中镜质体 (V) 碎屑占明显优势，藻类体 (Al) 和碎屑壳质体 (ED) 也易见，透射光

(d) CJG-18，长江沟剖面茅一段，干酪根中碎屑壳质体 (ED) 较多，但透明度差，与镜质体 (V) 碎屑边界不清，透射光

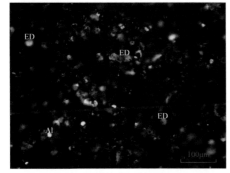

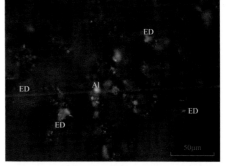

(e) CJG-18，长江沟剖面茅一段，灰黑色泥灰岩干酪根中含较多碎屑壳质体 (ED)，也见少量藻屑体 (Al)，反射荧光

(f) CJG-33，长江沟剖面茅三段，泥灰岩干酪根中的碎屑壳质体 (ED) 和藻屑体 (Al) 颗粒见形体较大的腐泥质体 (H) 碎片，反射荧光

图2-2-18　四川盆地中二叠统茅口组干酪根镜检照片

　　栖霞组灰黑色泥灰岩干酪根显微组成中绝大多数为不透明的镜质体碎屑（图2-2-19a、b），也见少量半透明且形态各异的碎屑壳质体（图2-2-19c）。栖一段干酪根粉光片

中可见少量半丝质体碎屑和黄铁矿（图2-2-19d）。通口恒泰剖面栖霞组灰黑色泥灰岩干酪根可见边缘呈棕褐色且半透明的腐泥体碎屑（图2-2-19e）。

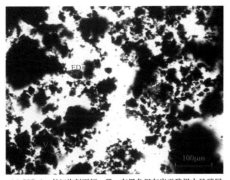

(a) CJG-1，长江沟剖面栖一段，灰黑色泥灰岩干酪根中见碎屑壳质体（ED），半透明，形态各异，镜质体（V）占绝对优势，不透明，透射光

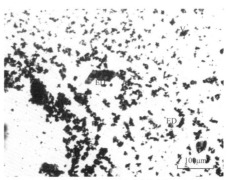

(b) TK-5，通口剖面栖一段，干酪根中绝大多数为不透明和镜质体（V）碎屑，也见少量碎屑壳质体（ED），透射光

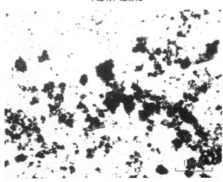

(c) TK-15，通口剖面栖二段，干酪根中以镜质体（V）碎屑为主，碎屑壳质体（ED）也较易见，透射光

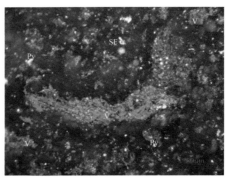

(d) CJG-1，长江沟剖面栖一段，干酪根粉光片，镜质体（V）碎屑或分散或聚集，占绝对优势，见少量半丝质体（SF）碎屑和黄铁矿（Py）等矿物

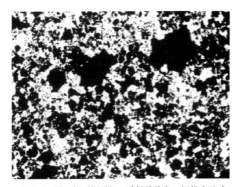

(e) HT-5，通口剖面栖霞组，透射单偏光，细粉末及碎屑边缘棕褐色，半透明，绝大多数为腐泥质体（H）碎屑

(f) HT-6-2(3)，通口剖面栖霞组，腐泥质体（H）碎屑与黄铁矿（Py）及黏土矿物（Cl）团粒均匀混合，另见少量微粒体（Mi）

图2-2-19　四川盆地中二叠统栖霞组干酪根镜检照片

中二叠统烃源岩等效镜质组反射率（R_o'）除川西北地区长江沟、通口等部分露头剖面有相对低值（0.54%～1.16%）外，其他区域和所有井下样品R_o'主要介于1.60%～2.74%，处于高成熟—过成熟阶段。

5. 下三叠统烃源岩

四川盆地是一个多套烃源层叠置的含油气盆地，但对飞仙关组能否生烃一直存在不同的认识，主要问题是尚未发现高有机质丰度的富集层段。邹春艳等（2009）曾系统分析了四川盆地飞仙关组447个碳酸盐岩样品，但其TOC含量低，均值为0.14%，并且TOC＞0.20%的样品数仅占总量的12.17%。笔者在川西北剑阁县上寺剖面下三叠统飞仙关组一段底部发现有机质相对富集的薄层状泥灰岩，累计厚度可达15～20m，是一套潜在烃源岩。采自该剖面飞一段的样品分析测试结果表明，飞仙关组泥灰岩具有丰度高、类型好、热演化程度低等特点（表2-2-12）。

表2-2-12　川西北地区下三叠统飞仙关组泥灰岩样品地球化学参数表

样号	TOC/ %	S_1+S_2/ mg/g	氢指数 / mg/g	T_{max}/ ℃	R_o/ %	H/C 原子比	O/C 原子比	氯仿沥青 "A" /%	$\delta^{13}C_{干酪根}$/ ‰
CXB-1	1.94	10.29	523	427	0.48	1.25	0.06	0.0771	-27.5
CXB-2	3.57	9.55	250	437					
CXB-3	6.36	16.66	247	435					
CXB-4	4.82	10.65	213	438					

注：CXB—川西北。

1）有机质丰度及产气潜力

飞仙关组泥灰岩具有有机质丰度高、生烃潜量大、可溶烃含量高的特点。TOC含量为1.94%～6.36%，热解游离烃S_1为0.15～0.92mg/g，热解烃S_2为8.92～15.47mg/g，生烃潜量S_1+S_2为9.55～16.66mg/g，氢指数为213～523mg/g；可溶烃组分中，氯仿沥青"A"含量为0.0771%。

2）有机质类型

薄片鉴定结果表明，泥灰岩的矿物组成由隐晶—微晶方解石（44%）、黏土矿物（23%）、矿物—沥青基质（12%）、亮晶方解石（10%）、自生石英（5%）、黄铁矿（3%）、白云石（2%）和碎屑有机质（1%）组成。显微组成中，矿物沥青基质（图2-2-20a）占92%，属于腐泥类有机组分，由细粒且分散的腐泥质与黏土矿物均匀混合而成；此外，含少量壳质组、镜质组和惰质组碎屑体，分别占2.5%、3.5%和2.0%，计算的类型指数达89，属于腐泥型有机质。这类烃源岩用普通透射光或反射光作镜下鉴定时很容易被忽视，但用反射荧光显微镜观察光片就一目了然，因为这种矿物沥青基质具有很强的荧光效应（图2-2-20b）。有机元素分析结果计算的H/C原子比值为1.25，O/C原子比值为0.54，干酪根$\delta^{13}C$值为-27.5‰。通过上述参数综合确定飞仙关组有机质类型为Ⅰ—Ⅱ$_1$型。

3）有机质成熟度

飞仙关组泥灰岩样品测得的镜质组反射率为0.48%，4个样品的热解T_{max}值为427～438℃，饱和烃色谱—质谱的C_{29}甾烷的成熟度指标$C_{29}\alpha\alpha\alpha20S/（20S+20R）$值为0.24。这些参数均表明泥灰岩的热演化程度低，仍然处于未成熟阶段。

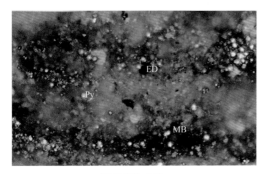 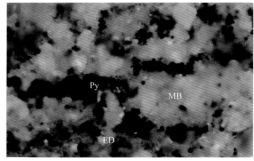

(a) 单偏光，300×　　　　　　　　　　(b) 荧光，蓝光激发，500×

图 2-2-20　川西北地区飞仙关组泥灰岩显微镜下特征

ED—碎屑壳质体；MB—矿物沥青基质；Py—黄铁矿

4）生物标志物组成

在川西北上寺采石场新鲜的飞仙关组地层剖面中，发现与薄层状泥灰岩呈互层状的灰岩溶孔中有轻质原油外溢（图 2-2-21）。经原油和烃源岩的地球化学对比分析，证实了溶孔中的原油与飞仙关组薄层状泥灰岩有密切的关系。

(a) 薄层状泥灰岩　　　　　　　　　　(b) 溶洞中原油

图 2-2-21　川西北上寺剖面飞仙关组原油与薄层状泥灰岩示意图

饱和烃气相色谱的分析结果表明（图 2-2-22），泥灰岩的 Pr/Ph 比值为 0.57，表现出其母质的沉积环境以还原环境为主的特点，而原油的 Pr/Ph 比值为 0.73，两者较为相似。

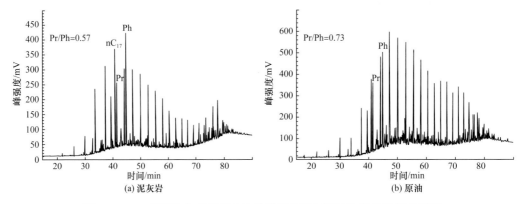

(a) 泥灰岩　　　　　　　　　　　　　(b) 原油

图 2-2-22　川西北上寺剖面飞仙关组泥灰岩与原油饱和烃气相色谱图

烃源岩和原油饱和烃色谱—质谱的分析结果则更有力地证实了它们之间的亲缘关系。图 2-2-23（a）和（c）是它们的规则甾烷分布图，原油和泥灰岩均表现出 $C_{29}>C_{27}>C_{28}$ 的分布特点。$C_{29}\alpha\alpha\alpha S$ 构型的化合物丰度远低于 $C_{29}\alpha\alpha\alpha R$ 构型的丰度，表明其成熟程度不高，而原油 $\alpha\beta\beta$ 构型的化合物丰度低则表明没有经过长距离的运移。在萜烷分布图（图 2-2-23b、d）中，泥灰岩与原油均以 C_{30} 藿烷（$C_{30}H$）为主峰，并且高碳数藿烷（$C_{31}H$—$C_{35}H$）丰度也较高，Ts<Tm，含有较高的伽马蜡烷。

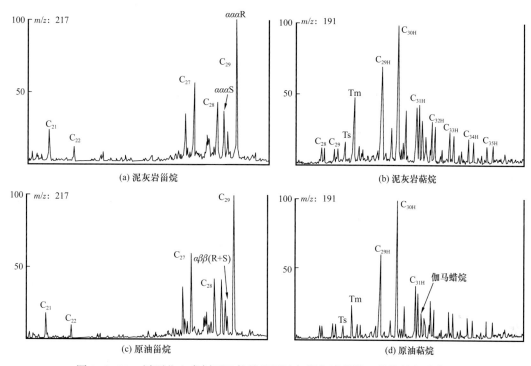

图 2-2-23　川西北上寺剖面飞仙关组原油与泥灰岩甾烷、萜烷特征分布图

第三节　烃源岩生烃演化

镜质组反射率或等效镜质组反射率等参数揭示四川盆地及周缘烃源岩热演化程度自下而上呈降低趋势，震旦系—中三叠统以高成熟—过成熟阶段为主，上三叠统和侏罗系以成熟—高成熟阶段为主。不同地区受构造演化差异控制，热演化过程存在一定的差异。本节采用盆地模拟方法，利用 PetroMod 三维盆地模拟软件，以下寒武统烃源岩为例，揭示其生烃演化史。

烃源岩的生烃演化明显受构造演化的控制。下寒武统烃源岩在经历了加里东期、海西期、印支早期、印支晚期、燕山期及喜马拉雅期的构造运动之后，形成了四川盆地下寒武统烃源岩现今处于过成熟干气生成阶段的格局。

一、志留纪末期下寒武统烃源岩总体上处于低成熟阶段

志留纪末期，乐山—龙女寺古隆起形成，而古隆起的演化对烃源岩的演化具有很大

的影响。在古隆起的顶部地区，由于埋深较浅，热演化程度相对较低，镜质组反射率 R_o 值一般小于 0.7%（图 2-3-1a—d），处于未成熟—低成熟期。古隆起斜坡及凹陷区，R_o 值达到 0.9% 左右（图 2-3-1e、f），进入低成熟期，有机质已开始生成液态烃。

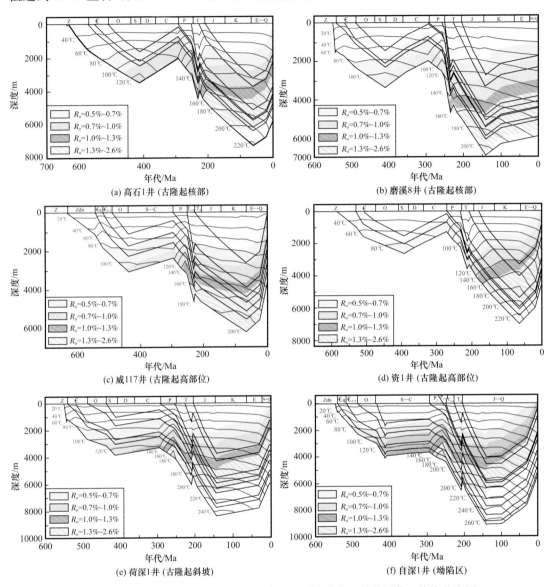

图 2-3-1　四川盆地乐山—龙女寺古隆起不同构造位置单井埋藏—热演化史图

二、泥盆纪—石炭纪下寒武统烃源岩的生烃演化基本处于停滞状态

由于加里东运动的抬升作用，下寒武统烃源岩埋深变浅，有些地方甚至遭受剥蚀，致使在泥盆纪—石炭纪，下寒武统烃源岩的演化进程基本处于停滞状态。

三、印支期下寒武统烃源岩处于生、排烃高峰期

从二叠纪开始，四川盆地下寒武统烃源岩再次开始生烃。至二叠纪末期，四川盆地

下寒武统烃源岩除古隆起顶部处于低成熟阶段（R_o 值小于 1.0%）外，斜坡部位及凹陷区域处于生油高峰阶段（R_o 值主要介于 1.0%～1.4%；图 2-3-2）。

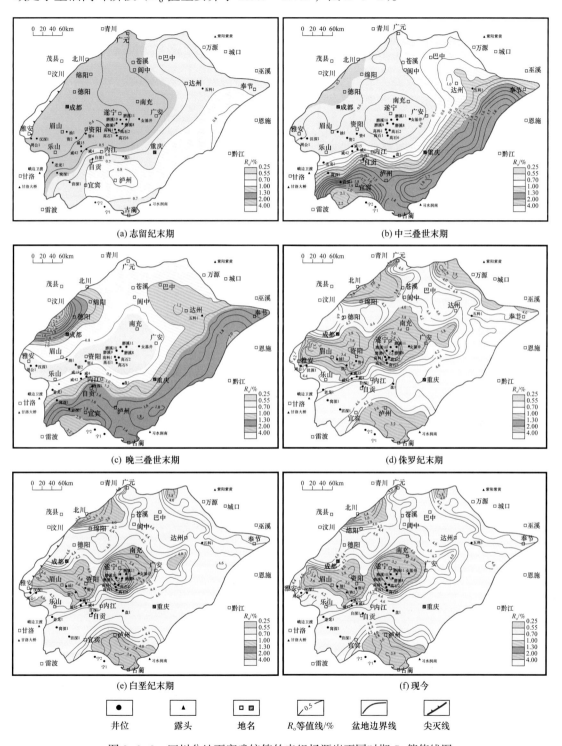

图 2-3-2　四川盆地下寒武统筇竹寺组烃源岩不同时期 R_o 等值线图

中三叠世末期的印支早期运动之后，古隆起顶部区域的热演化程度增幅小大，仍然处于低成熟—成熟阶段，而斜坡及凹陷区域则主要处于高成熟期（R_o值主要介于1.2%～1.8%；图2-3-2）。

四、燕山期后下寒武统烃源岩主要处于过成熟的干气生成阶段

侏罗纪末期，除古隆起顶部的局部区域处于高成熟阶段（R_o值介于1.5%～2.0%）外，盆地的其他区域皆进入过成熟的干气生成阶段（图2-3-2）。喜马拉雅期，四川盆地下寒武统烃源岩全部进入干气生成阶段（图2-3-2）。

可见，下寒武统烃源岩的生烃演化可划分为3个明显的阶段，即志留纪末期之前的低成熟—成熟阶段、二叠纪—三叠纪的生烃高峰阶段和燕山—喜马拉雅期的过成熟干气生成阶段。震旦系烃源岩的生烃演化趋势与下寒武统烃源岩大体一致，只是略早于下寒武统烃源岩。

总体来看，四川盆地烃源岩的生烃高峰由于受多期构造运动和早期地温梯度较低（图2-3-3）的影响而普遍滞后，晚古生代古地温的快速升高和晚三叠世—侏罗纪的快速深埋，加速了震旦系—寒武系烃源岩快速进入生油和生气高峰期，生气高峰期主要是晚三叠世—早白垩世，印支期古隆起控制了油气的早期运移聚集，有利于油藏的形成与分布。四川盆地天然气主要是由海相烃源岩生成的油型裂解气，而古生界海相烃源岩除下寒武统烃源岩外，均是在侏罗纪—白垩纪进入高成熟—过成熟阶段。各套烃源岩的热演化程度在区域上变化较大，在隆起带，烃源岩的热演化程度相对较低，而在坳陷内，烃源岩的热演化程度往往较高。

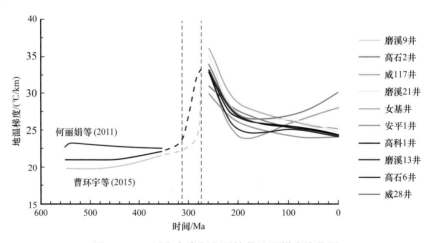

图2-3-3　川中古隆起主要钻井地温梯度演化图

第三章　储层特征及储集性能

四川盆地在漫长的地质历史中经历了多期构造运动，发育多期沉积旋回，经历从海相碳酸盐岩到陆相碎屑岩两个阶段。震旦系—中三叠统主要为碳酸盐岩，上三叠统须家河组主要为陆相三角洲沉积，发育多套大面积分布的优质规模储集体，形成灯影组台缘相、龙王庙组台内滩相岩溶白云岩储层，长兴组—飞仙关组礁滩储层和须家河组砂岩储层等。

第一节　储层发育的沉积相带及展布

四川盆地从震旦纪至中三叠世为克拉通盆地演化阶段，主要发育一套巨厚海相沉积，从晚三叠世至新生代，为前陆盆地发育阶段，发育陆相沉积；海相、陆相两种主要沉积体系包括陆棚、碳酸盐岩台地和三角洲等主要沉积相带（表 3-1-1），其中碳酸盐岩台地边缘、台内滩和三角洲水上河道为主要储集体发育的相带。

表 3-1-1　四川盆地主要沉积相类型及发育层位

沉积相区	沉积相、亚相、微相	发育层段
镶边台地	局限台地、开阔台地、台地边缘	灯四段、灯二段、龙王庙组、洗象池组、长兴组、飞仙关组
缓坡台地	内缓坡、中缓坡、外缓坡	沧浪铺组
陆棚相	深水陆棚、浅水陆棚、砂泥质陆棚	筇竹寺组、龙潭组、陡山沱组
碎屑滨岸—三角洲	滨岸、水下河道、水上河道、河口坝	须家河组、侏罗系

一、震旦系—寒武系沉积相类型及展布

1. 震旦系

1）晚震旦世—早寒武世发育德阳—安岳克拉通内裂陷

四川盆地震旦系灯影组为碳酸盐岩台地沉积，发育台地边缘、局限台地、斜坡—陆棚等相带，其中台地边缘分布受晚震旦世—早寒武世形成的德阳—安岳克拉通裂陷控制。

地震和钻井岩心资料显示，德阳—安岳裂陷为南北向展布，贯穿盆地南北，沉积与沉降中心位于绵竹—乐至—隆昌—长宁一带，裂陷两侧地层厚度大，发育台地边缘相带（图 3-1-1、图 3-1-2）。裂陷沉降中心位于高石 17 井区，其东边界总体较陡，相对

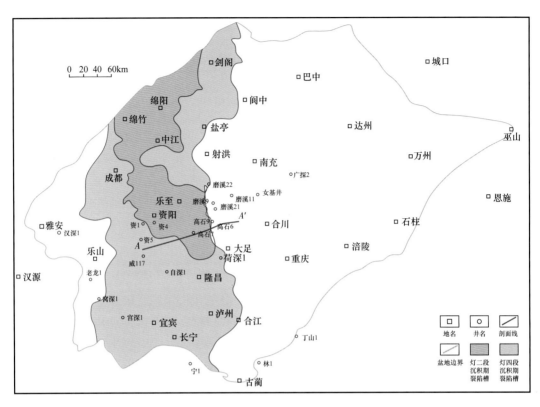

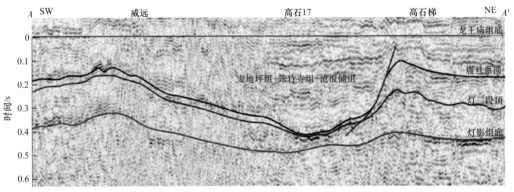

图 3-1-1 四川盆地震旦系灯二段沉积末期和灯四段沉积末期裂陷分布范围

稳定发育，西边界较缓且不同时期发育位置不同，因此不同时期裂陷的性质、发育特征与展布范围不同（谢武仁等，2022）。震旦系陡山沱组沉积期裂陷就已具雏形，在川西北地区沉积厚层泥质烃源岩，但是往盆内延伸范围相对局限。震旦系灯一段、灯二段沉积期表现为向北开口的坳陷形态特征，北段宽（100km），向南至荷深 1 井附近消失，南北长 180～270km，分布面积约 $2 \times 10^4 \mathrm{km}^2$；灯三段、灯四段沉积期表现为受东边界断层与高石梯—磨溪断层控制的东陡西缓的箕状断陷形态特征，南北贯穿整个四川盆地，长400～600km，北段宽度为 200～300km，中、南段宽 150km，分布范围达 $8 \times 10^4 \mathrm{km}^2$。裂陷内震旦系灯影组沉积厚度薄，以暗色泥质岩和泥晶白云岩为主，具欠补偿沉积特征，

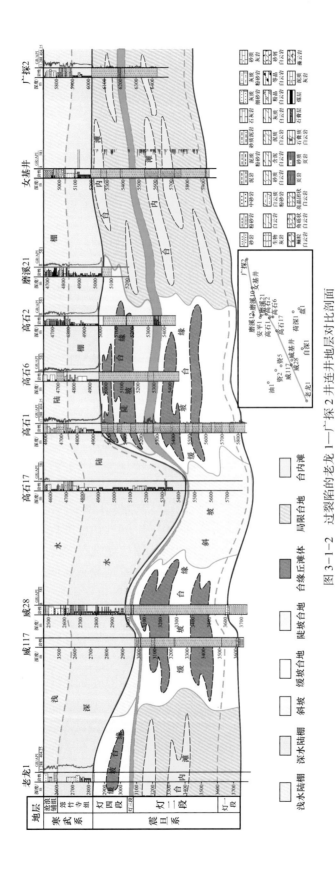

图 3-1-2 过裂陷的老龙 1—广探 2 井连井地层对比剖面

裂陷两侧灯影组沉积巨厚碳酸盐岩，发育台缘丘滩体。裂陷内，下寒武统麦地坪组—筇竹寺组主要为深水陆棚相黑色碳质页岩和泥质粉砂岩等，沧浪铺组和龙王庙组分别为混积陆棚相细碎屑岩—碳酸盐岩和相对低能颗粒滩相白云岩。

2）四川盆地灯影组沉积期发育大型碳酸盐岩台地沉积体系，裂陷两侧台缘带发育大型丘滩体

四川盆地灯影组岩相古地理格局为一发育台盆的镶边碳酸盐岩台地，被德阳—安岳裂陷一分为二，裂陷内主要发育斜坡—陆棚相，沉积薄层泥质白云岩和泥晶白云岩；裂陷东、西两侧为台地边缘沉积，由于灯二段和灯四段沉积期裂陷分布存在差别，因此台地边缘分布也有区别（图3-1-3），台内主要发育藻云坪和藻砂屑滩。

灯二段东侧台缘分布与灯四段差别不大，位于高石梯—剑阁一带，岩性为藻凝块白云岩、藻叠层白云岩、藻砂屑白云岩和核形石白云岩，岩心上观察到大量溶蚀孔洞，为典型的台地边缘丘滩体沉积特征；裂陷西侧灯二段台地边缘位于威远、资阳等地区，为厚层藻砂屑白云岩、叠层石白云岩和凝块石白云岩，溶蚀孔洞发育，为藻丘滩体边缘相。裂陷外围灯二段和灯四段为局限台地沉积，发育台内滩和云坪，岩性为藻砂屑白云岩和凝块石白云岩。裂陷地区由于海水连通循环不好，因而裂陷内的高石17井区沉积典型下斜坡亚相瘤状泥质泥晶白云岩。灯四段东侧台缘带分布在泸州—高石梯—剑阁一带，地震剖面上显示加积特征，同相轴呈杂乱反射，地层向裂陷内部突然变薄，为台缘坡折带现象，东侧灯四段岩性为藻砂屑白云岩、泥粉晶白云岩、藻叠层白云岩和核形石白云岩；西侧台缘带分布在乐山、峨眉、荥经等地区，该地区先锋剖面灯四段厚210m，岩性主要为藻纹层白云岩、泥粉晶白云岩和硅质白云岩。

台缘带丘滩相包括藻丘微相及颗粒滩微相。藻丘微相以浅灰色和灰色叠层石白云岩、凝块石白云岩、富藻白云岩为主，颗粒滩微相以含藻颗粒白云岩为主。岩心上单个颗粒滩厚度为5~20cm，单个藻丘稍厚些，厚度为10~30cm。两种沉积微相互相叠置，形成台缘丘滩体。台缘带丘滩复合体岩相组合以丘状及波状叠层石白云岩、颗粒白云岩和含藻颗粒白云岩为主，夹少量泥晶白云岩（图3-1-4）。丘滩复合体厚度大，经历同生期及表生期岩溶作用，是形成岩溶型孔隙储层的最有利微相。

台内丘滩复合体岩相组合以叠层石白云岩、凝块石白云岩和富藻颗粒白云岩为主，夹少量泥质白云岩，以高石21井第4~6筒取心为代表（图3-1-5），该筒取心5256.4~5272m揭示该岩相组合：底部岩性为深灰色块状泥质白云岩，向上逐渐过渡为富藻颗粒白云岩和叠层石白云岩组合的台内丘滩复合体，构成高频沉积旋回；向上，旋回中泥晶白云岩发育明显减少，富藻颗粒白云岩和叠层石白云岩组合的台内丘滩复合体厚度明显增加；层序顶部发育约6m厚的富藻颗粒白云岩和叠层石白云岩。该岩相组合整体上构成了一个向上变浅的沉积相序，深灰色泥质白云岩指示小规模海侵和沉积水体加深背景下在浪基面以下形成的低能静水沉积，为台地边缘丘间海；发育在其之上的富藻颗粒白云岩和叠层石白云岩组合的台内丘滩复合体代表着台地边缘浪基面附近及其之上的浅水中、低能沉积，为台地边缘丘滩复合体。

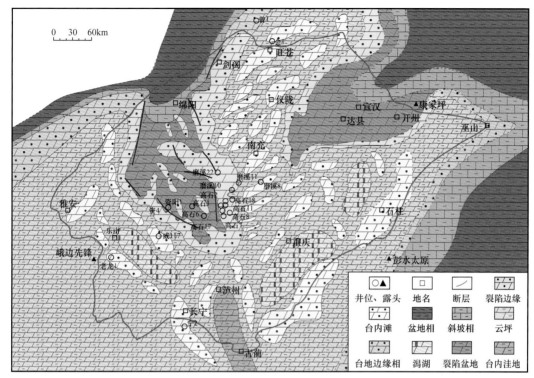

(a) 灯二段

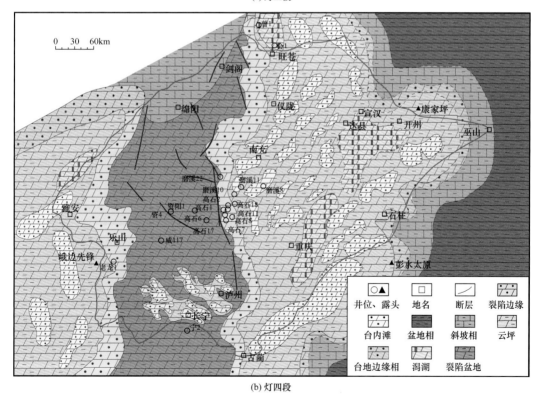

(b) 灯四段

图 3-1-3　四川盆地震旦系灯二段和灯四段岩相古地理图

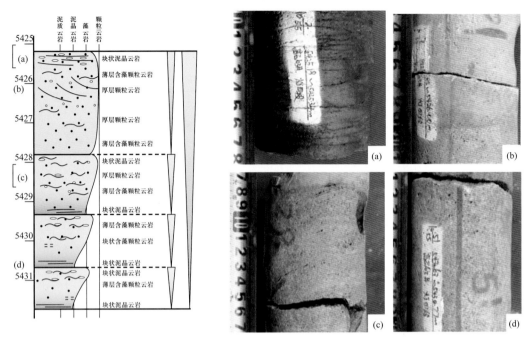

图 3-1-4　台缘丘滩复合体岩相组合（高石 103 井第 10 次取心）

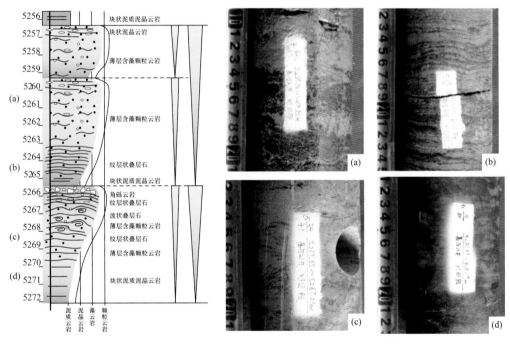

图 3-1-5　台内丘滩复合体岩相组合（高石 21 井第 4～6 次取心）

2. 寒武系龙王庙组

1）寒武系龙王庙组沉积期发育碳酸盐岩镶边台地沉积模式

四川盆地龙王庙组主要发育潮坪、局限台地、开阔台地、镶边台地、斜坡陆棚沉积

（图3-1-6）。下寒武统龙王庙组沉积期，四川盆地及周缘主要受川西边缘海盆、松潘—泸定—康滇古陆与南秦岭被动陆缘、湘桂被动陆缘联合控制。四川盆地整体表现为西高东低的古地貌格局，西部发育古陆、川中发育高石梯—磨溪古隆起，川东地区发育台内洼地；在沧浪铺组碎屑岩陆棚或混积陆棚（缓坡）沉积的基础之上，形成镶边碳酸盐岩台地沉积，从西到东发育混积潮坪—局限台地—开阔台地—镶边台地—斜坡—盆地相，其中局限台地相区发育大面积分布的颗粒滩相。通过四川盆地已钻井资料，结合成像测井、地震等资料，并参考盆地周缘露头及盆地邻区深层老井钻探资料，建立了四川盆地龙王庙组镶边台地沉积模式。

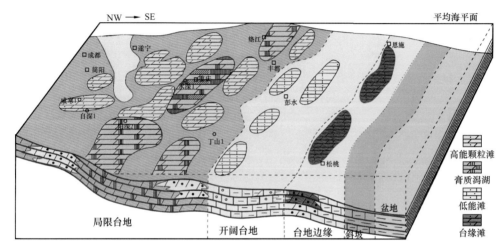

图3-1-6 四川盆地下寒武统龙王庙组沉积模式图

2）寒武系龙王庙组相带类型及分布

（1）龙王庙组沉积相类型及展布。

四川盆地龙王庙组地层呈北东—南西向展布，资阳以西龙王庙组被剥蚀殆尽。龙王庙组沉积期较早期沧浪铺组和筇竹寺组沉积格局发生显著变化，由陆棚碎屑沉积过渡为海相碳酸盐岩台地沉积。四川盆地西北缘由于受陆源影响，发育以碳酸盐岩与细粒碎屑岩混积为特征的混积潮坪沉积，川中地区发育以白云岩为主的局限台地沉积，往川东盆地边缘，利川地区逐渐变为台地边缘，到盆地外缘酉阳、城口等地区变为斜坡—盆地相（图3-1-7）。

通过对龙王庙组岩心精细描述和地震相研究，认为川中地区龙王庙组为局限台地沉积，包括颗粒滩、云坪和滩间海等3个亚相，川中以东地区发育潟湖沉积。颗粒滩亚相以砂屑白云岩为主，包含少量鲕粒及生屑白云岩，地震上颗粒滩亚相呈现杂乱断续反射特征（图3-1-8）。颗粒滩按其物质组分和发育位置可分为滩主体和滩边缘（图3-1-9）。滩主体微相由中—粗晶砂屑白云岩组成，颗粒及晶粒粒度较粗，原始粒间孔隙较大，有利于后期大气淡水和酸性水沿构造缝及微裂缝的溶蚀扩大，形成溶蚀孔洞及针孔状白云岩。滩主体微相储层厚度较大，一般为5～20m，以大孔、大洞为特征，孔隙度为4%～12%。滩边缘微相由粉—细晶砂屑白云岩夹少量泥晶白云岩组成，见递变层理和交错层理，经历溶蚀作用后多形成针孔状白云岩，孔隙度为 1%～7%，发育微裂缝和小型垂直缝，储层较薄，厚度一般为 0.3～5m。

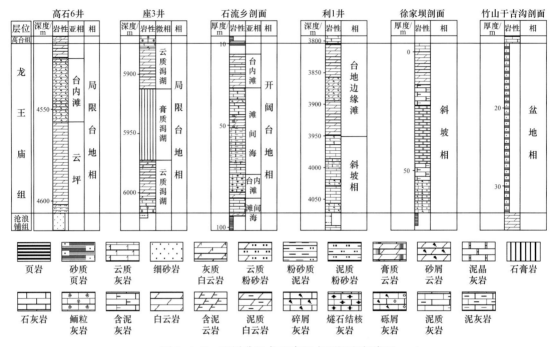

图 3-1-7　四川盆地龙王庙组主要沉积相类型

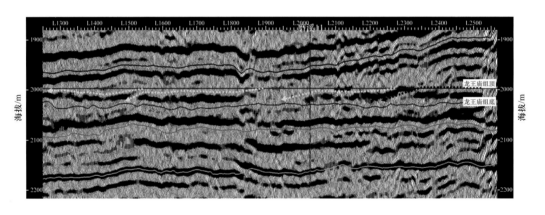

图 3-1-8　安岳气田磨溪 8 井区北西—南东向地震相特征（龙王庙组顶界拉平）

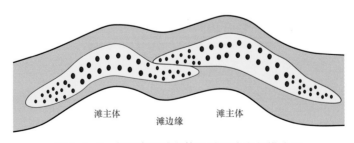

图 3-1-9　龙王庙组滩主体及滩边缘微相模式图

潟湖亚相处于局限海台地内的低洼地带，沉积时期水体能量低，以静水沉积为主。岩石类型以灰色和灰褐色泥粉晶白云岩、含泥质条带泥晶白云岩为主。由于潟湖亚相岩石类型差异，可以细分为泥质潟湖、云质潟湖、泥云质潟湖、膏质潟湖和膏云质潟湖等多种沉积微相类型（图3-1-10）。

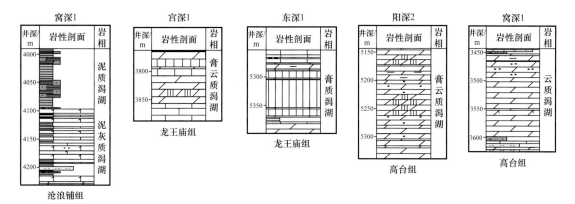

图3-1-10　四川盆地龙王庙组潟湖亚相沉积序列

（2）龙王庙组岩相古地理分布。

川中古隆起是一个自震旦纪开始长期发育的继承性古隆起，龙王庙组沉积期，该古隆起为水下隆起，具有宽缓的沉积背景，有助于形成连续性好且颇具规模的颗粒滩（图3-1-11）。由于川中古隆起为水下大型古隆起，沉积水体较浅，往东侧水体加深，通

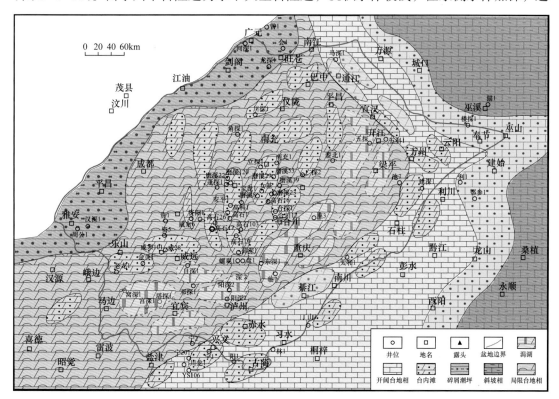

图3-1-11　四川盆地寒武系龙王庙组岩相古地理图

过水道与开阔台地相区和广海相连，同时波浪和潮汐作用的能量通过水道到达古隆起，形成相对高能区，堆积大量的颗粒沉积物。随着海平面频繁升降，古隆起上高能相区不断迁移，颗粒沉积物大面积分布，形成了单层厚度相对较小、叠合面积较大的颗粒滩沉积。从地震剖面上可发现，颗粒滩具有向古隆起方向不断上超的特征，更加说明川中古隆起控制了局限台地相台内滩沉积。因此，古隆起与裂陷的发育控制川中地区龙王庙组古构造格局，控制了川中地区龙王庙组颗粒滩发育。龙王庙组沉积期，德阳—安岳克拉通内裂陷经历麦地坪组、筇竹寺组和沧浪铺组的填平补齐，但是裂陷内沉积古地貌仍然较低，控制该时期地层沉积，裂陷内部地层相对两侧厚，水体深，裂陷两侧滩体厚度大，溶蚀孔洞发育（图3-1-12）。川中古隆起地区龙王庙组滩体厚度为20～70m，一般为45m左右，溶蚀孔洞发育，单层滩体最厚可达40m。川中古隆起地区沉积时期水体浅，颗粒滩粒度粗，见细粉晶结构，部分为中粗晶，呈灰白色，发育大的孔洞；储层厚度大，物性较好，如磨溪12井龙王庙组储层厚60.9m，全直径孔隙度平均可达6.71%，说明该地区沉积时期水动力强，为高能颗粒滩。裂陷内水体相对深，发育低能滩，如高石17井颗粒滩粒度细，呈深褐灰色，储层单层厚度小。

(a) 裂陷东侧高能滩，磨溪204井，4685.64m，　　　　(b) 裂陷内部低能滩，高石17井，4484.66m，
砂屑白云岩，大型溶蚀孔洞　　　　　　　　　　砂屑白云岩，针状溶蚀孔洞

图3-1-12　裂陷两侧与内部颗粒滩溶蚀孔洞差异

二、中二叠统沉积相类型及展布

四川盆地中二叠统栖霞组—茅口组主要为碳酸盐岩台地沉积体系，发育碳酸盐岩台地和台地前缘斜坡沉积。台地相细分为半局限台地、中缓坡及台地边缘三个亚相带。

二叠纪初期，地壳开始全面下沉，除北侧大巴山古陆、西北侧龙门山古陆，西侧康滇古陆和东侧江南古陆呈岛链或孤岛露出水面以外，上扬子地台全被淹没，广泛海侵使中二叠统覆盖在石炭系等不同时代地层之上。最早沉积梁山组，下部为厚度不大的浅灰色铝土质泥岩，属大陆风化残积产物；向上过渡为黑色碳质页岩夹煤线的滨海沼泽沉积，局部出现含海洋生物的细—粉砂岩或薄层泥灰岩的滨海沉积。随后，大规模的海侵到来，四川盆地主要发育正常浅海碳酸盐岩台地沉积。

四川盆地栖霞组沉积期发育缓坡型碳酸盐岩台地沉积体系（图3-1-13a），主要发育斜坡相、台地边缘滩相和缓坡相。台地边缘滩带在川西地区大面积分布，发现和钻遇的颗粒滩厚度最大可达90多米（松盖坝剖面），主要分布在30～50m之间（矿2井44m、

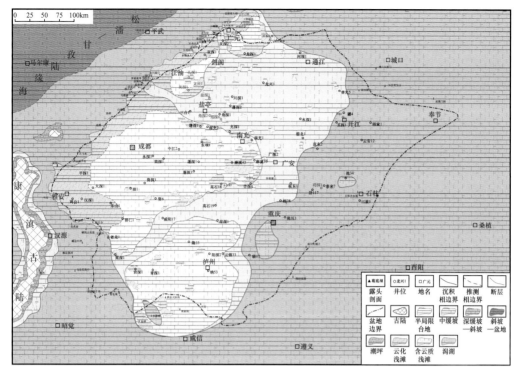

(a) 栖二段

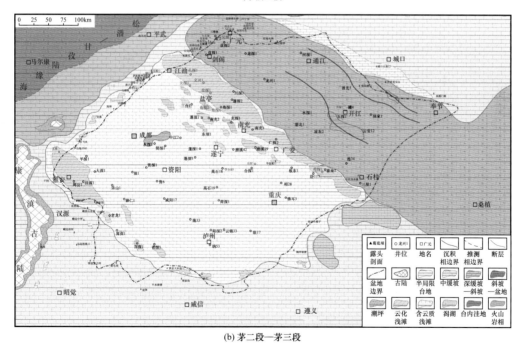

(b) 茅二段—茅三段

图 3-1-13　四川盆地中二叠统栖二段与茅二段—茅三段沉积相图

长江沟剖面 27m、杨家岩剖面 31m、汉 1 井 42.5m、周公 1 井 50.5m）。台地边缘滩以晶粒白云岩、豹斑云质灰岩和生物碎屑灰岩为主。四川盆地中部主要发育半局限台地，岩性主要为灰色和深灰色生屑灰岩、含生屑泥晶灰岩及细—中晶白云岩、灰质灰岩，薄层至块状，局部具眼球状构造。中缓坡分布最广，以浅灰色、灰色、灰褐色泥—细粉晶灰岩为主，生物含量较高，但总体以低能的灰泥支撑为主。盆地范围内深缓坡主要分布在川东南地区。

茅口组继承栖霞组沉积格局，以碳酸盐岩台地沉积为主，海侵方向主要来自东南方向，即由黔北和鄂西向西北方向侵入，其次由秦岭地槽经川北侵入，再次由西向东通过龙门山古岛链侵入。盆地内部发育浅缓坡，岩性为灰色、深灰色泥晶藻虫灰岩及生屑灰岩，薄层至块状，下部地层具眼球状构造；含有孔虫、绿藻、蜓类、珊瑚及腕足类等生物，茅口组沉积晚期川北地区发育台地边缘相带。茅一段沉积期沉积水体最深，在重庆以东局部发育较深水缓坡沉积；而台内浅滩除川西北部及川西南部的继承性发育外，主要集中在川东地区。茅二段沉积期川中—川南地区发育浅缓坡沉积，川西地区在栖霞组沉积的基础上继承性发育台缘滩，但规模明显变小，川北—川东地区大面积发育中缓坡和深缓坡及硅质岩相，岩性主要为硅质岩、硅质泥岩夹薄层碳酸盐岩。这是由于该地区发生沉积分异作用，受拉张活动和幔源硅镁物质上涌所致。台内洼地边缘盐亭北—广安地区形成台缘滩，主要岩性为生屑灰岩及白云岩（图3-1-13b）。茅三段沉积期沉积水体最浅，台内滩及台缘滩最为发育，台内洼地继承性发展。茅四段沉积期沉积水体加深，滩体发育规模减小，川中及川西等地区后期遭受剥蚀，仅在川南地区可见台内滩的发育。其中茅口组沉积晚期随着硅质沉积物沉积范围的变化，盐亭北—广安地区的台缘滩已经东移至剑阁—龙岗地区。

三、长兴组—飞仙关组沉积相类型及展布

根据野外实测剖面、井下岩心和录井资料观察分析，四川盆地长兴组—飞仙关组主要发育蒸发台地、局限台地、开阔台地、台地边缘礁滩、斜坡和盆地等共六类沉积相。

四川盆地上二叠统长兴组—下三叠统飞仙关组碳酸盐岩台地发育，呈现"两隆三洼"沉积格局，其中台缘礁滩带围绕城口—鄂西海槽、开江—梁平海槽及蓬溪—武胜台洼呈带状分布。开江—梁平海槽以东地区，台缘礁滩带在诺水河—坡西—普光—铁山坡—渡口河—罗家寨等地区发育。开江—梁平海槽以西地区，台缘礁滩带在剑阁—元坝—龙岗—龙会场—石宝寨等地区发育，长兴组生物礁滩沿台缘带呈窄条状分布，单层厚度较小，飞仙关组鲕粒滩体呈大面积分布。城口—鄂西海槽西侧台缘礁滩带在万源—云阳—奉节—利川一带发育，在盘龙洞、羊鼓洞、见天坝等露头上均有发现，礁滩体分布较宽，单层厚度大。

长兴组—飞仙关组沉积演化揭示，长兴组为海侵过程，受断裂控制，形成台地边缘礁滩沉积；飞仙关组整体呈现海退过程，鲕粒滩广泛发育（图3-1-14）。

长一段沉积期，海侵进一步扩大，首先在鄂西一带开始形成生物建隆，如红花礁、盘龙洞礁等；开江—梁平海槽此时已经开始断陷沉降，在地貌变化较大的海槽西侧和东侧北段，生物礁逐渐开始发育，如龙岗礁、铁山礁、梁平礁和普光礁等。长二段沉积期，随着开江—梁平海槽断陷扩张，海槽东侧斜坡带的黄龙场、五百梯等生物礁开始发育；川中台内出现隆洼分异，发育台内洼地，沿台洼边缘发育带状生屑滩体，主要分布在广

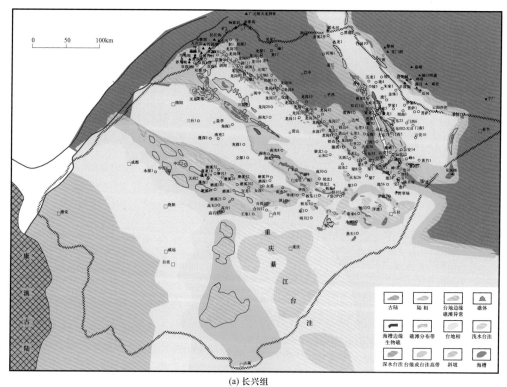

(a) 长兴组

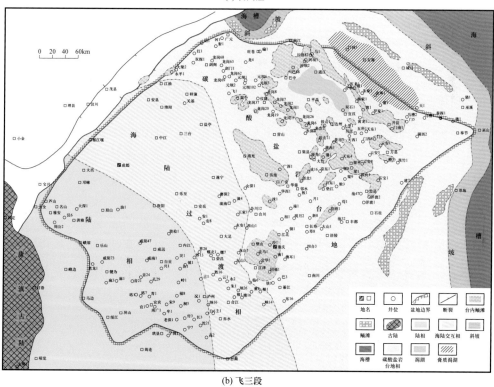

(b) 飞三段

图 3-1-14　四川盆地长兴组与飞三段岩相古地理图

安—邻水、卧新双等区域。长三段沉积期，海水再次侵入，在长兴组沉积晚期程度达到最大，至此开江—梁平海槽边缘带特征明显并且礁滩发育。台内鲕粒滩礁、广安礁等礁体则逐渐开始发育，并且华蓥山一带逐渐形成了多个点礁，分布在蓬溪—武胜白洼两侧。

下三叠统飞仙关组沉积期继承了上二叠统长兴组沉积期的古地貌，均属台地沉积，自南西向北东方向依次发育陆相、海陆过渡相、局限台地、开阔台地、台地边缘、台地斜坡及盆地相。飞一段沉积期基本继承了早期长兴组沉积期以碳酸盐岩为主的清水台地沉积环境，总体具有由西南向北东方向，水体逐渐变深趋势；陆相范围扩大到邛崃—宜宾一线，海陆过渡带比较窄，大范围仍是碳酸盐岩台地相。开江—梁平海槽形态依旧，台缘礁滩相区继承性发育高能鲕粒滩。川东北地区，台地已演化为孤立蒸发台地，表现为高能鲕粒滩环绕台地外缘，台地内部为蒸发潮坪环境。川中地区，陆相沉积物的影响范围较大。飞二段沉积期由于区内西北部龙门山断裂的重新活跃，龙门山岛链开始逐步形成，向区内提供了大量细粒碎屑物，沉积环境由早期碳酸盐岩清水台地转变为碳酸盐岩和碎屑岩均有的混积台地；海陆交互相界限向海推进，以江油—营山—邻水一线为界；界限以东为台地相，在川东的梁平、万州和忠县周缘形成了数个鲕粒滩体。原台缘地区鲕粒滩仍然发育，在达州地区西部的天东、铁山地区局部已经演化为蒸发环境。飞三段—飞四段沉积期盆地普遍潮坪化，陆相在大邑—资阳—内江一线以西，其他地区基本上为混积潮坪沉积，仅在达州—开江区域残存台地潟湖，鲕粒滩、鲕粒坝也围绕这个低能环境发育。在台内仅岳池—合川附近发育有鲕粒滩，台地外至城口—鄂西一线的范围内也有两处较大的鲕粒坝。

四、须家河组沉积相类型及展布

1. 沉积相类型及模式

四川盆地须家河组主要发育冲积扇相、三角洲相、湖泊相和潮坪相等四大类沉积相。冲积扇沉积体系在研究区分布比较局限，仅见于西北部剑阁—平溪一线以北地区，靠近龙门山北部山前地带。研究区三角洲相分布十分广泛，根据沉积环境和沉积特征，三角洲相可分为三角洲平原和三角洲前缘2个亚相。其中，三角洲平原亚相可进一步划分为水上分流河道、天然堤和决口扇、河漫沼泽3个微相，三角洲前缘亚相可划分为水下分流河道、支流间湾、河口沙坝、远端沙坝4个微相。研究区须家河组湖泊相可细分为滨湖和浅湖2个亚相，滨湖亚相可识别出滨湖沼泽、滨湖泥和滨湖沙坝3个微相；浅湖亚相可识别出浅湖泥和浅湖沙坝2个微相。

2. 沉积相展布

晚三叠世，四川盆地地势平缓，沉积水体浅，西南部存在出口，与西昌盆地相连，发育多个大型三角洲沉积体系。盆地内大川中地区斜坡面积大、地形坡降小且水体进退频繁，造成盆地内大型三角洲砂体多期叠置，砂体大面积分布。须二段、须四段和须六段全盆发育的砂体和须一段、须三段及须五段局部发育的砂体在纵向上互相叠置，形成

遍及全盆地 $18×10^4km^2$ 的砂体分布。

　　四川盆地须家河组主要发育三角洲沉积，在盆地周缘发育冲积扇，盆地中心发育湖泊相（魏国齐等，2014a）。须一段沉积期，龙门山北段和康滇古陆向盆地提供物源，形成两个小型三角洲砂体。盆内其他地区以沼泽和潮坪沉积为主，沼泽相形成于岸线附近，潮坪相位于盆地西部，向西与松潘—甘孜海相连。该时期地层分布面积较小，沉积中心位于川西中部。须二段沉积期，四川盆地存在四大物源区，发育4个大型三角洲砂体，沉积中心向南迁移，盆地西部存在出水口。物源区位于川西北部、川东北部、江南古陆和康滇古陆，三角洲前缘水下分流河道发育。江南古陆由于地形平坦，多支水下分流河道发育，砂体规模较大。四川盆地中部以三角洲前缘河口坝—席状砂沉积为主，占全盆地总面积的80%以上。湖泊沉积体系以浅湖亚相为主，仅分布于盆地西部和西南部。须四段沉积期，由于周缘板块构造活动强烈，物源区沉积物供应充分，砂体规模较大，沉积中心位于盆地西南部。该时期物源区主要位于川西北部、川东北部和江南古陆，发育6个大型三角洲砂体；三角洲分布面积占总面积的80%以上，物源区前方以水下分流河道沉积为主，而盆地内部则以河口坝—席状砂沉积为主。湖泊沉积体系分布于川南，以浅湖亚相为主，向西南开口，面积较小。须五段沉积期，周缘板块构造活动减弱，物源供给减少，湖泊—沼泽沉积范围扩大。该时期物源区位于川西北部、川东北部和江南古陆，形成4个大型三角洲砂体；在三角洲砂体之间，沼泽沉积发育，而盆地中部则以浅湖沉积为主，占总沉积面积的50%以上。该时期沉积中心进一步向西南部迁移。须六段沉积期，物源区构造活动增强，盆内冲积扇和三角洲沉积体系分布广泛，占盆内总面积的80%。湖泊沉积体系仍分布于川南，以浅湖亚相为主，向西南开口。各沉积体系相带稳定、厚度均一。

第二节　储层特征及性能

　　四川盆地发育海相碳酸盐岩储层与陆相碎屑岩储层（表3-2-1），大面积分布，控制了油气的富集。其中海相碳酸盐岩发育震旦系—寒武系丘滩相白云岩，中二叠统石灰岩、白云岩岩溶缝洞，长兴组—飞仙关组礁滩和石炭系白云岩等四类优质储集体，这四类碳酸盐岩储层探明地质储量占整个四川盆地探明地质储量的66.5%；陆相碎屑岩发育须家河组致密砂岩储层。目前大型、特大型气田主要分布于震旦系、寒武系、石炭系、二叠系长兴组和三叠系飞仙关组、须家河组。下面主要阐述关键层系储层特征。

表 3-2-1　四川盆地储层分类简表

储层类型	主要储层岩性	主要储集空间类型	主控因素	发育层位
碳酸盐岩	藻（微生物）白云岩（藻叠层白云岩、藻纹层白云岩、藻粘结白云岩、藻凝块白云岩、藻砂屑白云岩等）	格架孔、粒间孔、裂缝	沉积相、古环境	灯影组二段、灯影组四段、雷口坡组

储层类型	主要储层岩性	主要储集空间类型	主控因素	发育层位
碳酸盐岩	颗粒（晶粒）白云岩 （生物—生屑白云岩、砂砾屑白云岩、鲕粒白云岩、具有原始颗粒结构的晶粒白云岩）	粒内孔、粒间孔、裂缝	沉积相、层序界面、古地貌	龙王庙组、洗象池组、观雾山组、黄龙组、栖霞组、长兴组、飞仙关组
	含膏质白云岩	膏溶孔洞、晶间孔	沉积相、古气候	嘉陵江组、雷口坡组
	角砾状白云岩、泥微晶灰岩、泥微晶白云岩、颗粒灰岩、颗粒白云岩、微生物白云岩、葡萄花边构造白云岩等	溶孔、溶洞、裂缝	构造应力、岩溶作用、古地貌	灯影组、黄龙组、茅口组、雷口坡组
碎屑岩	砂岩	粒间孔、粒间溶孔、晶间孔	构造应力、古地貌	须家河组

一、震旦系—寒武系储层特征

1. 震旦系

1）岩石学特征

四川盆地灯影组沉积于隐生宙与显生宙之交，当时菌藻类极为繁茂，形成了一套大范围以厚层藻白云岩为主的岩层（图 3-2-1）。通过对 12 口单井岩心薄片分析发现，灯影组白云岩主要包含泥粉晶白云岩、藻砂屑白云岩、层纹石白云岩、凝块石白云岩和雪花状白云岩等 5 种类型。泥粉晶白云岩主要是由蓝藻参与白云岩沉积作用而形成的菌藻微生物白云岩（图 3-2-2c）。藻砂屑白云岩内的碎屑成分主要为泥晶、微晶白云岩或菌藻类，微晶白云岩呈次圆状、菱角状，形态不规则（图 3-2-2a）；岩石中藻和颗粒的含量均不确定，常见藻将形态各异的颗粒粘连在一起形成葡萄石或团块，这些团块或凝块一般无固定形态，大致顺层分布，其间为世代胶结物充填，有时可见由非叠层系藻粘结白云石充填。层纹石白云岩为一套富含菌藻席遗迹的白云岩，具有水平纹层或波浪纹层（图 3-2-2b、d、f），主要位于浅水潮坪和灰泥丘的丘顶；野外露头和钻井岩心上表现为灰色，由平坦或微波状的暗色藻席与浅色白云质纹层间互组成；镜下可见细菌席由球形、丝状、杆状细菌密集分布并粘结少量白云石泥组成，厚 0.2～1.2mm；白云质纹层由泥级、粉屑级白云石组成，一般厚 1～3mm，有的厚达 8mm。凝块石白云岩为一种完全不同于叠层石的微生物岩，由中型凝块结构构成宏观凝块石，这些中型凝块结构由难以区分的、以钙化球状蓝细菌为主的、不连续的微生物群组成。凝块石颜色较暗，有机质含量不高时，内部呈球粒结构，发育小型溶孔；有机质含量高时，内部窗格孔发育（图 3-3-2f）。雪花状白云岩属于层纹石的一种，当藻席生长不均匀或呈大小不等的斑块状分布时，岩石断面呈雪花状的斑点，该"雪花"实际是藻席分解后体腔孔内充填的同期或后期的白云岩。

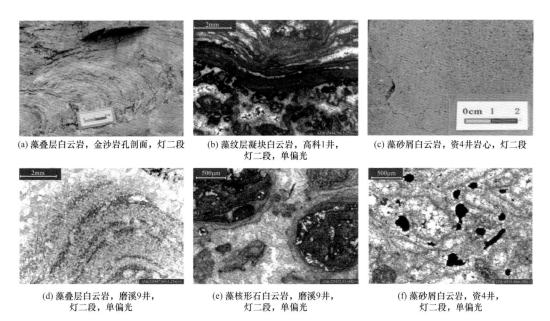

(a) 藻叠层白云岩，金沙岩孔剖面，灯二段

(b) 藻纹层凝块白云岩，高科1井，灯二段，单偏光

(c) 藻砂屑白云岩，资4井岩心，灯二段

(d) 藻叠层白云岩，磨溪9井，灯二段，单偏光

(e) 藻核形石白云岩，磨溪9井，灯二段，单偏光

(f) 藻砂屑白云岩，资4井，灯二段，单偏光

图 3-2-1　藻（微生物）白云岩宏观微观特征

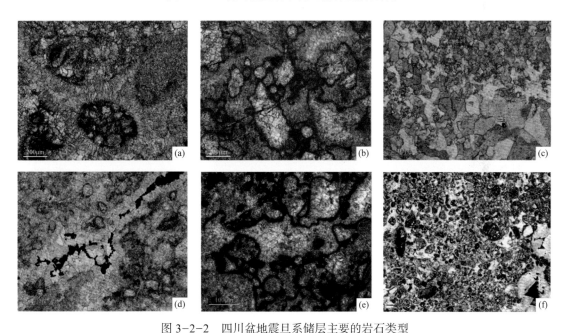

图 3-2-2　四川盆地震旦系储层主要的岩石类型

（a）高石1井，灯二段，5298m，亮晶藻团块白云岩；（b）高石1井，灯二段，5369m，泡沫状绵层白云岩；（c）高石1井，灯四段，4972.8m，粉晶白云岩；（d）威117井，灯二段，3044.8m，泡沫状绵层白云岩；（e）高科1井，灯二段，5209m，泡沫状绵层白云岩；（f）磨溪8井，凝块白云岩，灯四段，5106.93m

2）储层物性特征

震旦系灯影组主要储集空间为溶洞、溶孔和溶缝，储层具有低孔低渗的特征，局部存在高孔段，全直径孔隙度平均为3.10%，水平渗透率较高，平均为6.24mD，平均垂直渗透率为0.81mD（图3-2-3）。高科1井孔隙度为4.9%～8.8%，平均为6.2%（6个

全直径样）；高石 1 井灯四段孔隙度为 0.97%～8.02%，平均为 4.28%（28 个全直径样），渗透率为 0.001～6.32mD，平均为 1.49mD（14 个全直径样）；磨溪 8 井灯四段孔隙度为 0.95%～7.89%，平均为 2.02%（24 个全直径样），渗透率为 0.001～9.32mD，平均为 0.63mD（18 个全直径样）；盘 1 井灯二段孔隙度为 2.7%～5.51%，平均为 3.8%（6 个全直径样）。

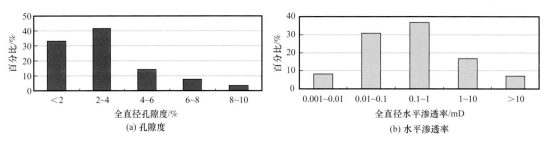

图 3-2-3　四川盆地灯影组储层物性直方图

3）储集空间特征

震旦系灯影组储集空间类型多样，原生孔隙大多被破坏，以次生作用形成的孔、洞和缝体系为主。震旦系灯影组储集空间包括残余针孔、孔洞、溶洞和燕山期—喜马拉雅期的裂缝，最主要的储集空间为孔洞（图 3-2-4），表现为裂缝—孔洞型储层。灯影组不同层段岩性具有一定的差别，形成的储集空间也有一定区别。灯四段储层主要岩性是蓝细菌叠层石白云岩、蓝细菌层纹石白云岩和蓝细菌凝块石白云岩，主要储集空间是残余粒间孔洞、残余岩溶缝洞和洞穴。灯二段储层主要岩性是蓝细菌丘滩白云岩和颗粒白云岩，主要储集空间是残余岩溶缝洞，大致顺层分布。

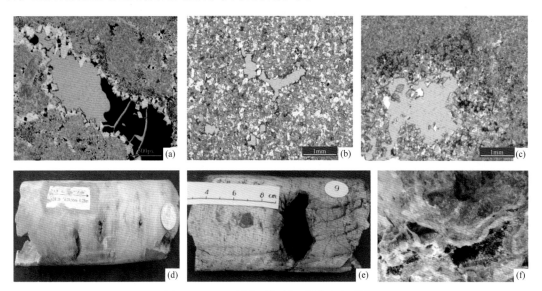

图 3-2-4　四川盆地灯影组储集空间特征

（a）高石 1 井，灯四段，4984.9m，粉晶白云岩，溶蚀孔洞，见沥青；（b）高石 7 井，灯四段，5282.6m，粒间孔；（c）荣经剖面，灯二段，溶蚀粒间孔；（d）盘 1 井，5628.6m，溶孔白云岩；（e）资 1 井，溶洞，粉晶白云岩；（f）遵义松林，灯二段，溶蚀孔洞充填沥青

2. 寒武系龙王庙组

1）储层岩石类型

龙王庙组优质储层岩石类型以砂屑白云岩、细—粗晶白云岩为主，包括中—粗晶白云岩、含砂屑粉晶白云岩、泥粉晶含砂屑白云岩和鲕粒白云岩。砂屑白云岩的砂屑颗粒分选好，岩心观察中多发育中小溶洞及针孔（图3-2-5d）。细晶白云岩的晶粒白云石呈嵌晶状发育，晶粒粒径在0.1～0.25mm之间，磨溪地区细晶白云岩发育中小溶孔（图3-2-5a、e）。中粗晶白云岩的晶粒粒径在0.25～1mm之间，磨溪地区中—粗晶白云岩发育大中溶孔（图3-2-5f）。其中中—粗晶白云岩，包括粗晶白云岩，皆具有颗粒幻影，岩石原始组构是颗粒，后期经历成岩作用，形成中晶、细晶、粗晶白云岩。含砂屑粉晶白云岩的砂屑含量为25%～50%，砂屑颗粒间多为粉晶白云石充填，岩心上发育溶蚀针孔。鲕粒白云岩多以薄层形式夹于砂屑白云岩中，粒间常可见第一期亮晶胶结物，晚期胶结多被溶解，因而鲕粒白云岩中的粒间（溶）孔极发育（图3-2-5c）。

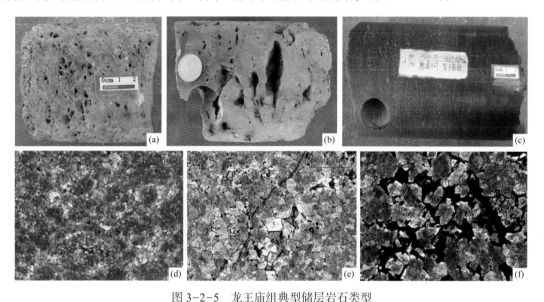

图3-2-5 龙王庙组典型储层岩石类型

（a）磨溪13井，4607.68m，细晶白云岩；（b）磨溪204井，4667.27m，中—粗晶白云岩；（c）磨溪21井，4660.25m，鲕粒白云岩；（d）磨溪17井，4623.24m，砂屑白云岩；（e）高石10井，4624.2m，细晶白云岩；（f）磨溪202井，4660.3m，中—粗晶白云岩

2）储集空间

（1）溶蚀孔洞特征。

龙王庙组储集空间为溶洞、粒间溶孔、晶间溶孔及晶间孔，其中溶洞在取心井均可见到。

① 溶洞：以中小洞为主，为龙王庙组储层主要储集空间。龙王庙组溶洞包括两类：一类为基质溶孔（通常为粒间孔）继续溶蚀扩大而成，受地表暴露作用明显，溶洞主要发育在砂屑白云岩中；另一类为沿裂缝局部溶蚀扩大而成，多与抬升期构造缝有关，溶洞呈串珠状分布，不受原岩影响。磨溪地区12口取心井均发育溶洞储层段

（图 3-2-6），其中大洞（≥10mm）、中洞（5～10mm）和小洞（2～5mm）分别占总洞数的 3.47%、9.96%、86.57%。岩心溶洞发育段平均洞密度为 23～215 个 /m，磨溪 204 井岩心见 40.22m 溶洞发育段，发育 7400 个溶洞，洞密度达 183 个 /m。

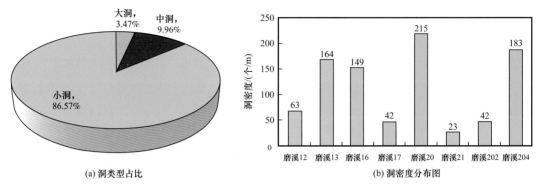

(a) 洞类型占比　　　　　　　　　　(b) 洞密度分布图

图 3-2-6　磨溪地区龙王庙组取心段洞类型和洞密度分布图

② 孔隙（粒间溶孔、晶间溶孔、晶间孔）：粒间溶孔主要发育于砂屑白云岩和残余砂屑白云岩中，是在高能环境下淘洗干净的粒间孔隙经历成岩期溶蚀改造叠合形成，镜下见到白云石胶结物溶蚀，孔隙内常被晚期白云石和沥青半充填；晶间溶孔发育于重结晶强烈、原岩组构遭到严重破坏的细晶及中—粗晶白云岩中，为晶间孔隙部分发生溶蚀形成，常见沥青充填；晶间孔多出现在早成岩期形成的花斑状白云岩中，部分发育在溶洞内充填的晶粒白云岩中（图 3-2-7）。

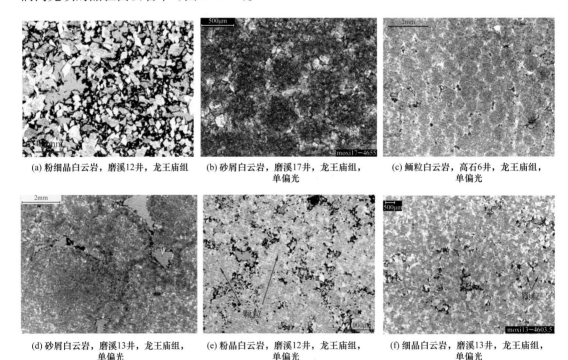

(a) 粉细晶白云岩，磨溪12井，龙王庙组

(b) 砂屑白云岩，磨溪17井，龙王庙组，单偏光

(c) 鲕粒白云岩，高石6井，龙王庙组，单偏光

(d) 砂屑白云岩，磨溪13井，龙王庙组，单偏光

(e) 粉晶白云岩，磨溪12井，龙王庙组，单偏光

(f) 细晶白云岩，磨溪13井，龙王庙组，单偏光

图 3-2-7　龙王庙组储层孔隙特征

（2）储层裂缝。

磨溪地区龙王庙组发育缝合线、成岩缝和构造缝等3种裂缝。缝合线形成于沉积成岩期的压实—压溶作用，后期溶蚀扩大，局部见黄铁矿、沥青半充填（图3-2-8a）。成岩缝是白云岩化过程中，方解石向白云石的晶格转化，体积变化，导致不规则的微裂缝产生，后期溶蚀扩大，沥青半充填（图3-2-8b）。构造缝一般比较平直，多以直立构造缝出现，显微构造下缝壁不平直且呈港湾状，甚至有溶洞串接。构造缝包括高角度、低角度和水平缝等，在磨溪12井、磨溪13井和磨溪204井等井区发育，缝密度为0.6～1.2条/m。磨溪地区高角度构造缝包括两类：一是形成于加里东末期的高角度构造缝，岩石破碎，角砾化，部分充填粉末状泥晶白云岩、碳质泥岩及煤屑（图3-2-8c）；二是形成于喜马拉雅期的高角度构造缝，形成时期最晚，切割其他类型裂缝，规模大，一般无充填（图3-2-8d、e）。水平构造缝主要形成于印支期，与大规模扩溶孔相伴生，沿裂缝溶孔、溶洞呈"串珠"状分布（图3-2-8f）。

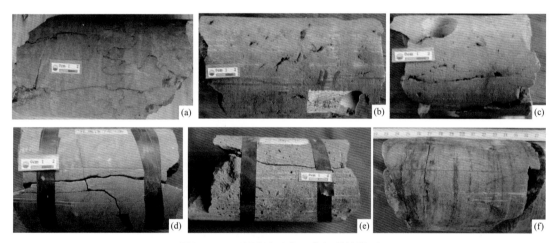

图3-2-8　磨溪地区龙王庙组裂缝类型

（a）磨溪12井，1-36/107，高角度缝切穿缝合线，缝合线半充填；（b）磨溪12井，2-46/96，溶洞分布与成岩缝扩溶；（c）磨溪12井，1-14/96，高角度缝切低角度缝，裂缝扩溶，溶洞沿裂缝分布；（d）磨溪17井，4-33/39，一组高角度缝；（e）磨溪204井，发育垂直缝；（f）磨溪13井，4631.03～4631.16m，水平微裂缝发育

3）储层物性

磨溪地区龙王庙组储层孔隙度相对较低，基质渗透率差，储层孔隙度在2.00%～18.48%之间，平均为4.27%（小柱样）；基质渗透率分布在0.001～1mD（占71.6%）之间，大于0.1mD的占34.5%，平均为1.59mD。储层段岩心全直径孔隙（平均孔隙度为4.81%）明显大于小样孔隙度。储层段全直径样品统计分析结果表明（图3-2-9），其中孔隙度为2.0%～4.0%的样品占总样品的25.5%，孔隙度为4.0%～6.0%的样品占总样品的42.8%，孔隙度大于6.0%的样品占总样品的24.5%。岩心储层段全直径样品分析渗透率在0.0101～78.5mD之间，单井平均渗透率在0.534～17.73mD之间，平均渗透率为1.39mD（图3-2-9）。

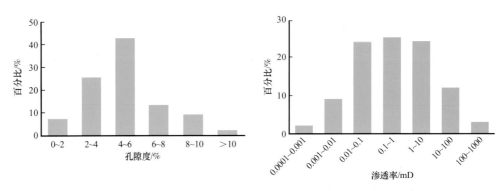

图 3-2-9　龙王庙组储层岩心（全直径）孔隙度和渗透率频率分布直方图

二、中二叠统储层特征

1. 储层岩石类型

1）岩溶储层岩石类型

含生物屑泥晶—粉晶灰岩似层状分布，主要由泥晶—粉晶方解石组成，局部重结晶为细晶—中晶，含量为 75%～90%；内含有孔虫、藻屑、砂屑、海百合、三叶虫、瓣鳃类和抱球虫等生物碎屑（图 3-2-10a—c），含量为 10%～25%。该类岩石溶蚀作用不太发育，局部有弱溶蚀形成的粒内溶孔。

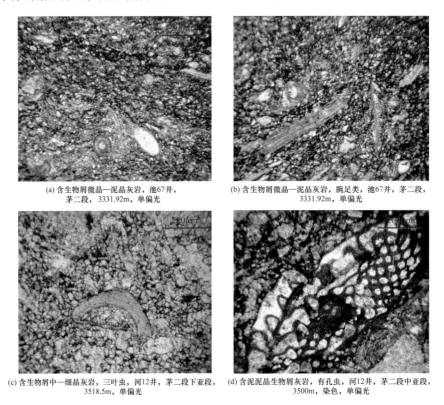

(a) 含生物屑微晶—泥晶灰岩，池67井，
茅二段，3331.92m，单偏光

(b) 含生物屑微晶—泥晶灰岩，腕足类，池67井，茅二段，
3331.92m，单偏光

(c) 含生物屑中—细晶灰岩，三叶虫，河12井，茅二段下亚段，
3518.5m，单偏光

(d) 含泥泥晶生物屑灰岩，有孔虫，河12井，茅二段中亚段，
3500m，染色，单偏光

图 3-2-10　中二叠统主要岩溶储层岩石类型

颗粒灰岩的颗粒成分为各种生物或生物碎屑，如有孔虫、红绿藻、藻屑、砂屑、棘皮类、海百合、腕足类、瓣鳃类、抱球虫和藻团粒等（图 3-2-10d），偶尔见到珊瑚、海绵等生物，但未大规模形成生物礁岩，含量一般大于 50%。

2）白云岩储层岩石类型

晶粒白云岩主要分布于栖霞组二段和茅口组二段、三段，其他层位偶见。岩石由 0.1~0.25mm 及 0.25~0.50mm 粒径的细—中晶白云石组成（图 3-2-11a），局部晶粒达到粗晶（0.5~1.0mm），白云石晶形以半自形—自形晶为主，少数为他形晶，白云石含量和粗细不等。此类白云岩类型中，少量粗晶白云石晶体具有马鞍状结构特征和波状消光现象（图 3-2-11b），常伴有自生石英、菱铁矿、萤石、黄铁矿和天青石等矿物，属于热液交代作用产物。晶粒白云岩发育非常好的晶间孔和晶间溶孔，局部沿晶间溶孔发育形成超大溶洞，通常在晶间孔内可见到碳质沥青，晶间溶孔中有成岩自生白云石和方解石充填，而局部溶孔内呈半充填，该类岩石具极好的储集空间，是有利储集岩石类型。

(a) 细—中晶白云岩，矿2井，栖霞组，铸体薄片，单偏光　　(b) 粗晶白云岩，长江沟剖面，栖霞组，铸体薄片，单偏光

图 3-2-11　中二叠统晶粒白云岩类

（残余）颗粒白云岩/云质灰岩/灰质白云岩主要类型有残余藻砂屑白云岩/灰质白云岩/云质灰岩、残余生物屑白云岩/灰质白云岩/云质灰岩等（图 3-2-12），其总体特征是白云岩化后保存不明显的结构和形态特征，颗粒一般由粉—细晶白云石组成，胶结物由粉晶白云石及细晶白云石组成。

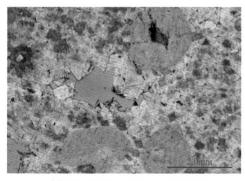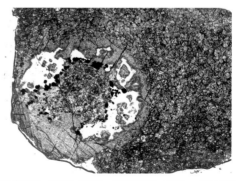

(a) 广探2井，茅二段，4705.2m，中晶白云岩　　(b) 池12井，茅二段上亚段，细晶白云岩，3370m，生屑幻影

图 3-2-12　中二叠统（残余）颗粒白云岩类

豹斑状灰质白云岩或白云岩由微晶方解石和粉—细晶白云石组成，是成岩过程中不均匀白云岩化和重结晶形成的花斑状或豹斑状结构（图3-2-13）。在此类岩石中，一般粉—细晶白云石呈花斑状集合体分布，集合体内晶间孔较发育，易遭受溶解改造产生去云化现象，局部于粉—细晶白云石斑块中发育超大溶孔，晶间孔内和晶间溶孔内往往充填方解石。

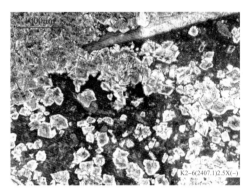

(a) 豹斑状灰质白云岩，长江沟剖面，栖霞组　　　　(b) 豹斑状灰质白云岩，长江沟剖面，栖霞组，染色薄片，单偏光

图 3-2-13　中二叠统豹斑状白云岩类

2. 储层孔隙特征

四川盆地中二叠统不同岩石类型物性具有明显差异，如果不考虑石灰岩中大型溶孔溶洞的话，白云岩储层物性明显优于基质孔不太发育的石灰岩。栖霞组发育孔隙型白云岩储层，茅口组主要发育岩溶储层和白云岩储层。四川盆地栖霞组储层主要有晶粒白云岩及豹斑状灰质白云岩，储集空间为孔隙、溶洞和裂缝（图3-2-14）；其中储层物性最好的为中—粗晶白云岩，平均孔隙度为5.38%，最大可达15.64%，平均渗透率为1.46mD，最大渗透率为630mD；其次是细晶白云岩和颗粒白云岩，平均孔隙度分别为3.43%和2.84%，平均渗透率分别为1.40mD和1.565mD；孔隙度最低的是豹斑状灰质白云岩，只见少量晶间孔和晶间溶孔，其平均孔隙度一般小于1%，但渗透率较高，平均为3.05mD。栖霞组白云岩层段纵向上主要发育在栖霞组二段，厚度为5～40m，平面上主要分布在川西广元—江油、雅安—乐山一带和川中盐亭—南充—资阳一带。川西地区栖霞组白云岩厚度一般为20～40m，个别野外露头白云岩储层厚度可达70m以上（何家梁剖面），川中地区白云岩厚度一般不超过10m。

四川盆地茅口组常规储层主要有晶粒白云岩和岩溶缝洞型石灰岩。其中岩溶缝洞型石灰岩是20世纪60年代以来，茅口组最主要的勘探类型，而晶粒白云岩是近年来有新突破的一种储层类型。茅口组岩溶储层主要在蜀南地区发育，孔隙度为0.3%～12.55%，平均孔隙度为0.88%；渗透率分布范围为0～4300mD，平均渗透率为7.95mD，储层分布主要与岩溶古地貌和断裂相关；茅口组白云岩储层主要分布在茅二段，如川中地区储层沿15号基底断裂呈北西—南东向带状展布，厚5～30m，由断裂中心向两侧储层厚度逐渐减薄。

(a) 矿2井，栖霞组，2448.36m，晶白云岩，
发育晶间孔，铸体薄片，单偏光

(b) 金真村剖面，栖霞组，晶粒白云岩，
发育晶间孔，铸体薄片，单偏光

(c) 何家梁剖面，HJL-P2q-76-B4，栖霞组，晶粒白云岩，
发育晶间孔，铸体薄片，单偏光

(d) 双探9井，栖霞组，7729.12m，晶粒白云岩，
见雾心亮边现象，发育晶间孔，普通薄片，单偏光

图 3-2-14　栖霞组储层孔隙发育特征

三、长兴组—飞仙关组储层特征

1. 储层岩石类型及储集空间

1）长兴组储层岩石类型

长兴组储层岩石类型主要包括残余生屑白云岩、残余海绵骨架白云岩和晶粒白云岩，少量海绵骨架灰岩和生屑云质灰岩（图3-2-15）。

残余生屑白云岩是长兴组礁滩储层主要储集岩之一，主要分布于台缘带长二段—长三段，其原岩为礁滩复合体内的滩相生屑灰岩，经强烈白云岩化作用，生物内部特征部分消失，能辨别的生物（屑）主要包括非蜓有孔虫、蜓和海百合茎，少量的腕足类、腹足类，其原岩为生屑灰岩。残余海绵骨架白云岩是由礁核相海绵骨架灰岩经强烈白云岩化作用形成，可识别的造礁生物主要有串管海绵、纤维海绵和硬海绵，偶见水螅和珊瑚，有时含少量苔藓虫、管壳石、古石孔藻、蓝绿藻等包壳联结—粘结生物。格架间充填棘屑、有孔虫、蜓、腕足类、瓣鳃类、腹足类和藻屑等附礁生物。晶粒白云岩是长兴组最主要的储集岩，是礁滩复合体内生屑滩或礁核经白云岩化和重结晶作用强烈改造形成的，岩石多呈半自形—自形细、中晶结构，局部含少量粉晶白云石。

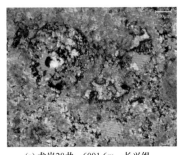  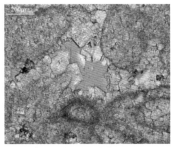

(a) 龙岗28井，6001.6m，长兴组，　　　(b) 细晶白云岩，广3井，长兴组　　　(c) 残余生屑白云岩，龙岗2井，长兴组
　　残余生屑白云岩，体腔孔发育

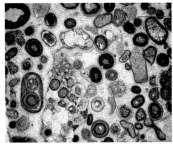  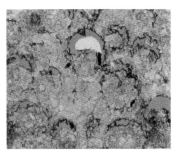

(d) 鲕粒白云岩，河坝2井，飞仙关组，　　(e) 罗家9井，飞仙关组，3166.48m，　　(f) 残余鲕粒白云岩，渡4井，飞仙关组
　　单偏光　　　　　　　　　　　　　粒间溶孔，残余鲕粒白云岩，单偏光

图 3-2-15　长兴组—飞仙关组储层孔隙发育特征

2）飞仙关组储层岩石类型

飞仙关组储层岩石类型主要包括残余鲕粒白云岩、残余鲕粒中—细晶白云岩和鲕粒灰岩。其中台缘带储集岩以各类白云岩为主，台内主要为鲕粒灰岩。

残余鲕粒白云岩储层主要分布于台缘带的飞一段—飞二段，是台缘带最主要的储集岩。由于白云岩化作用强烈，鲕粒和胶结物均被白云石交代；由泥晶白云石交代的鲕粒其残余结构较明显，以发育鲕内溶孔、鲕模孔为特征，主要发育在滩体顶部。残余鲕粒晶粒白云岩也是主要分布于台缘带的飞一段—飞二段，是台缘带的重要储集岩之一；主体为晶粒结构，可见残余鲕粒。白云石晶体大小一般为 0.15～0.40mm，以自形—半自形为主。鲕粒灰岩储层在台地广泛分布，台缘带局部地区也有分布，纵向上从飞一段到飞三段均有分布。鲕粒灰岩储集岩以发育粒内溶孔和铸模孔为特色，局部还发育粒间溶孔。

3）长兴组—飞仙关组储集空间

通过岩心薄片观察，长兴组—飞仙关组储层储集空间类型丰富，发育原生孔隙、溶蚀孔洞、各种裂缝及喉道（图 3-2-15）。以晶间溶孔和粒间溶孔为主，其次为晶间孔、粒内溶孔和溶洞，少量为生物的铸模孔，裂缝是重要的渗滤通道。

2. 储层物性特征

四川盆地长兴组—飞仙关组不同岩性、不同相带储层物性表现出明显的差异，白云岩物性好于石灰岩，台缘带储层物性好于台内，优质储层主要沿台缘带发育，以龙岗地区为例。

长兴组岩心物性统计结果表明（图 3-2-16），岩心储层段孔隙度在 2.0%～20.5% 之间，单井岩心储层段平均孔隙度在 4.7%～9.1% 之间，平均为 6.4%。产层段岩心样品统计结果表明，岩心产层段孔隙度在 2.3%～20.5% 之间，单井岩心产层段平均孔隙度为 4.7%～9.1%，平均为 6.5%，其中孔隙度为 2.0%～6.0% 的样品占总样品数量的 50.42%，孔隙度为 6.0%～12.0% 的样品占总样品数量的 45.80%，孔隙度大于 12.0% 的样品占总样品数量的 3.78%，孔隙度主要分布在 3.0%～9.0% 之间（占样品总数的 80.25%）。岩心储层段渗透率在 0.0003～414mD 之间，单井平均渗透率在 1.641～19.525mD 之间，平均渗透率为 7.346mD。产层段渗透率分布在 0.0003～414mD 之间，单井平均渗透率在 1.641～19.525mD 之间，平均渗透率为 8.678mD。

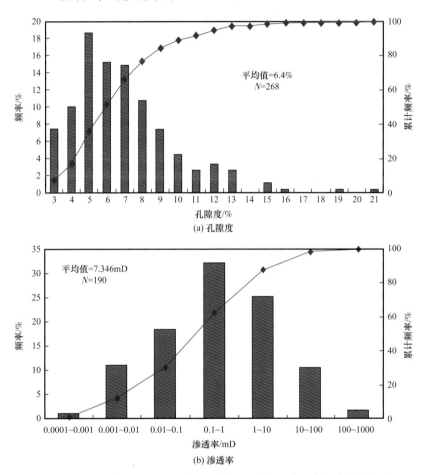

图 3-2-16　龙岗气田长兴组上储层段储层孔隙度和渗透率频率分布直方图

飞仙关组储层段岩心实测物性统计结果表明（图 3-2-17），岩心储层段孔隙度在 2.00%～19.98% 之间，单井岩心储层段平均孔隙度在 2.13%～10.94% 之间，平均为 7.61%。其中孔隙度为 2%～6% 的样品占总样品数量的 14.73%，孔隙度为 6%～12% 的样品占总样品数量的 50.39%，孔隙度大于 12% 的样品占总样品数量的 34.88%，主要孔隙度范围在 6.0%～17.0% 之间。岩心储层段渗透率为 0.0004～1036mD，单井平均渗透率在 0.12～50.6mD 之间，平均渗透率为 20.78mD。

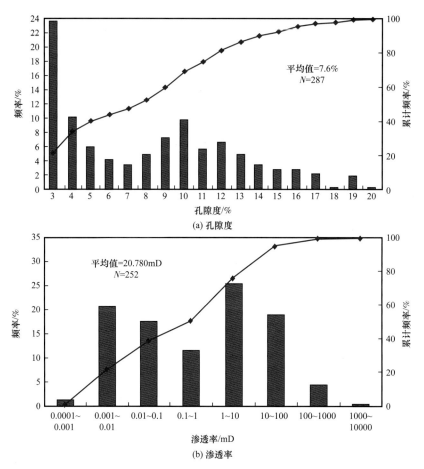

图 3-2-17　龙岗气田飞仙关组储层孔隙度和渗透率频率分布直方图

四、须家河组储层特征

须家河组主要岩石类型为长石石英砂岩、长石岩屑砂岩和岩屑石英砂岩，总体上储层物性较差，属低孔低渗和特低孔特低渗储层。通过镜下薄片观察，储层孔隙主要是残余原生粒间孔和次生溶蚀孔，原生孔隙比例较大，次生孔隙发育。储层经历的成岩作用主要有溶蚀作用、破裂作用、压实作用和胶结作用等。

1. 储层岩石类型

须家河组储层以须二段、须四段和须六段砂岩为主，须一段、须三段和须五段也有储层发育，根据全盆地13000多个薄片资料分析，须家河组主要岩石类型为长石石英砂岩、长石岩屑砂岩和岩屑石英砂岩，次要岩石类型为岩屑砂岩、岩屑长石砂岩。

须家河组发育原生残余粒间孔、次生粒间溶蚀孔、粒内溶孔、铸模孔、晶间孔和微裂缝等（图3-2-18）。孔隙以原生残余粒间孔、次生粒间孔和粒内溶孔为主，当孔隙度大于7%时，以粒间孔为主；当孔隙度小于7%时，以粒内溶孔为主。

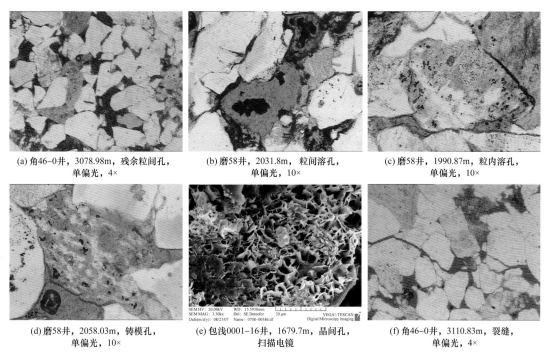

(a) 角46-0井，3078.98m，残余粒间孔，
单偏光，4×

(b) 磨58井，2031.8m，粒间溶孔，
单偏光，10×

(c) 磨58井，1990.87m，粒内溶孔，
单偏光，10×

(d) 磨58井，2058.03m，铸模孔，
单偏光，10×

(e) 包浅0001-16井，1679.7m，晶间孔，
扫描电镜

(f) 角46-0井，3110.83m，裂缝，
单偏光，4×

图 3-2-18　川中地区须家河组储层孔隙类型

2. 储层物性

根据全盆地上三叠统须家河组砂岩 36372 个样品物性数据统计，砂岩平均孔隙度为 5.9%，孔隙度主要分布在 5%～10% 的范围内；砂岩平均渗透率为 0.45mD，渗透率主要分布在 0.01～1mD 的范围内，总体上表现为储层物性较差，属低孔低渗致密储层，局部发育少量中孔低渗型储层（图 3-2-19）。

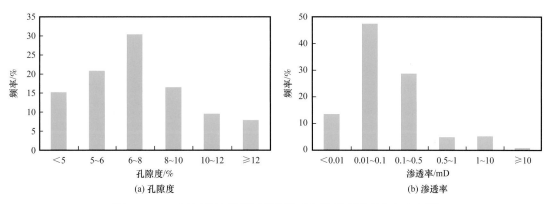

图 3-2-19　四川盆地须家河组孔隙度和渗透率频率分布直方图

须家河组各个层段的储层物性是有差异性的，相比之下，孔隙度须四段最高，须二段次之，须六段最差；须一段、须三段和须五段数据点比较少，整体孔隙度较低。渗透率须四段最高，须六段次之，须二段最差；须一段、须三段和须五段渗透率相对较差，如须三段平均渗透率为 0.15mD，须五段平均渗透率为 0.13mD。

第三节　有利储集体分布预测

四川盆地储层分布受原始沉积相带、不整合面和断裂系统共同控制，形成震旦系—寒武系、长兴组—飞仙关组、中二叠统与须家河组多套优质储层大面积分布。

一、震旦系—寒武系有利储层分布

1. 灯影组有利储层展布

四川盆地灯影组受桐湾运动影响发育灯四段和灯二段两套储层，这两套储层横向上分布较稳定，纵向上互相叠置，大面积分布（图3-3-1）。灯二段储层以受多旋回层间岩溶面控制的溶孔为主，与葡萄花边构造伴生的溶孔、格架孔发育，具有顺层发育、纵向叠置的特点。储层单层厚度大，溶孔、溶洞发育，孔洞顺层排列，储层延伸远、叠置连片，钻遇储层厚度为28～340m，平均厚度为93.36m。灯四段储层经历桐湾Ⅱ、Ⅲ幕两期强烈的风化岩溶作用，岩溶储层孔洞发育，多期溶蚀和构造运动形成缝洞系统，薄片下见溶蚀孔洞及少量裂缝，常见沥青充填，储层厚度为47.75～148.23m，平均厚度为88.54m。

灯影组优质岩溶储层主要在台内裂陷两侧发育，裂陷两侧的高石梯—磨溪地区和资阳—威远地区发育台地边缘相（图3-3-2），沉积时该地区水体相对较浅，水动力较强，沉积了大套厚层藻砂屑白云岩、藻凝块白云岩和藻纹层白云岩，这些菌藻类所建造或参与建造的凝块石藻丘滩体在沉积过程中保留了大量的基质原生孔，后期受桐湾Ⅲ幕运动影响，震旦系灯影组抬升剥蚀，溶蚀作用强烈，形成具有大量溶蚀孔洞和洞穴的储层。裂陷两侧灯二段储层厚度大，如高石1井钻遇储层厚149.7m、资1井钻遇储层厚175m，磨溪8井钻遇储层厚334m，磨溪10井钻遇储层厚65m。裂陷两侧灯四段高石1井钻遇储层厚109.8m，高石2井钻遇储层厚108.1m，高科1井钻遇储层厚56.4m，磨溪10井钻遇储层厚57.5m，磨溪13井钻遇储层厚56m，磨溪8井钻遇储层厚41.3m。灯影组有利储层面积约$5 \times 10^4 km^2$，Ⅰ类储层主要分布在威远、高石梯、磨溪、蓬莱和荷包场等地区，显示灯影组风化壳岩溶储层具有广阔的勘探前景。

2. 龙王庙组有利储层展布

龙王庙组颗粒滩相叠加表生顺层岩溶型储层为优质储层，主要受控于有利颗粒滩的展布，其次集中在加里东运动形成的龙王庙组剥蚀线附近。北部磨溪地区云坪带和滩核带、中部高石梯地区云坪带发育Ⅰ类储层，以密集、顺层的溶洞为主；中北部滩核带和少数滩翼带、中部滩核带（高科1井、高石3井、高石12井、高石2井）、中部靠东高石21井滩核带附近、南部滩核带和东北部滩核带发育Ⅱ类储层，以小溶洞及针状孔为主；东北部、西部和南部滩翼带广泛分布Ⅱ类储层；西南部滩翼带、东南部滩翼带及少数滩间洼地带分布Ⅲ类储层；西部滩间洼地及滩翼带、东南部滩间洼地及潟湖

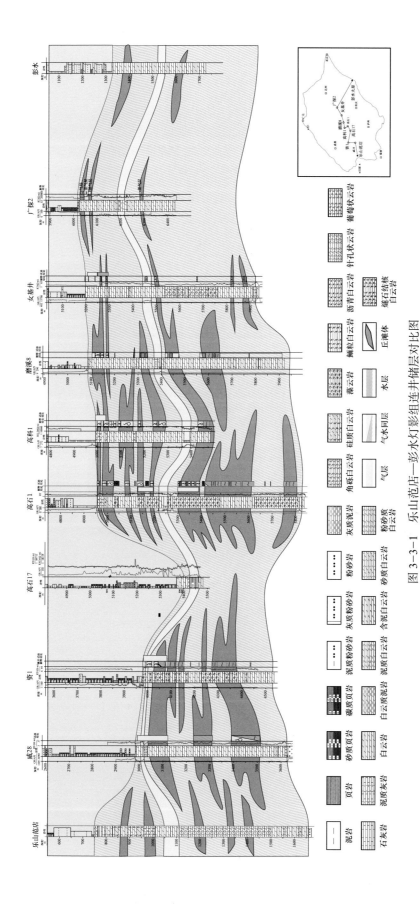

图 3-3-1 乐山范店—彭水灯影组连井储层对比图

带储层不好，为差储层—非储层。盆地东部与南部滩相储层不发育，储层质量相对较差（图 3-3-3）。

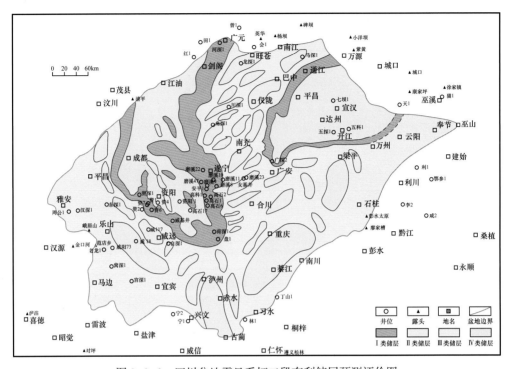

图 3-3-2 四川盆地震旦系灯二段有利储层预测评价图

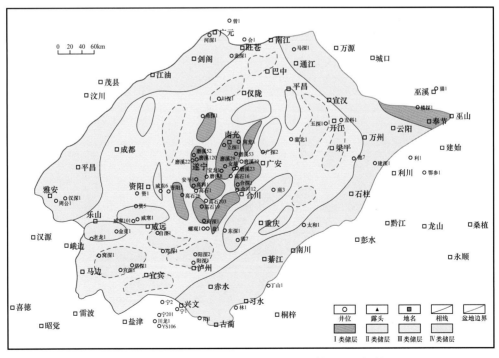

图 3-3-3 四川盆地寒武系龙王庙组有利储层预测评价图

二、中二叠统有利储层平面分布

中二叠统最主要发育台缘滩和台内滩两类储集体,台缘滩储集体主要分布在雅安—绵竹和剑阁—广元等区带;台内滩储集体主要分布在川中高石梯—磨溪区块、威远—自贡区块。早期的颗粒滩叠加后期东吴岩溶作用,最终形成缝洞型石灰岩储层及滩相白云岩储层。从有利储层分布来看,发育区域主要有四个地区(图 3-3-4)。一是川东地区茅口组,台内颗粒滩相在川东地区大面积发育,受东吴运动地壳抬升影响,沉积后遭受较强烈剥蚀使茅四段缺失,茅三段上部发育规模的岩溶缝洞型储层。川西北部地区、川中大部分地区、蜀南大部分地区和川东大池干—卧龙河—邻北地区位于岩溶斜坡带,岩溶作用最强烈,岩溶储层最发育。二是川西地区沿龙门山发育台缘滩,台缘滩相岩石大多经白云岩化作用改造,形成厚层孔隙型白云岩储层,如川西南部周公山—汉王场一带栖霞组和茅口组白云岩储层最大厚度超过 50m。三是川中地区栖霞组台内滩相白云岩储层发育,茅口组在广安—盐亭地区发育大面积白云岩储层,多套储层纵向叠置发育,如角探 1 井和南充 1 井在茅口组发现孔隙型白云岩储层。四是蜀南地区茅口组岩溶缝洞型石灰岩储层,该类型储层单层厚度较薄,一般为 5~10m;平面上,累计厚度为 10~30m,存在三个比较明显的厚值区,如自贡—隆昌、宜宾—泸州东南一带,以及荷包场及其东南一带,这三个地区的茅口组累计厚度达 20m 以上。

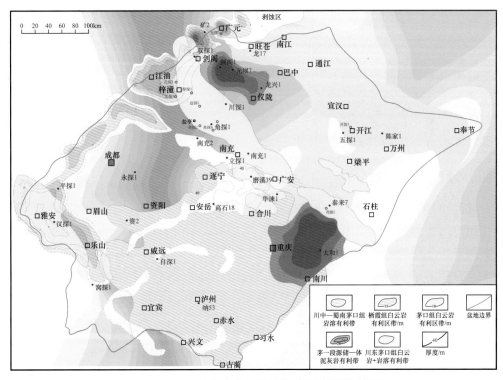

图 3-3-4 四川盆地中二叠统有利储层预测评价图

三、长兴组—飞仙关组有利储层平面分布

受区域拉张作用影响，晚二叠世—早三叠世呈现"两凹三隆"构造—沉积格局，古构造格局进一步控制"五高带"（城口—鄂西西侧台缘带、开江—梁平海槽东侧台缘带、开江—梁平海槽西侧台缘带、广安台内高带、遂宁台内高带）分布，均为礁滩储层发育有利区（图3-3-5）。长兴组—飞仙关组储层主要受控于相带，不同相带发育的储层类型不同，依据沉积相、岩石类型和储层厚度等，将长兴组—飞仙关组有利区带划分为两类，开江—梁平海槽两侧及城口—鄂西海槽西侧为Ⅰ类储层发育区，蓬溪—武胜台洼两侧为Ⅱ类储层发育区。

长兴组储层Ⅰ类区主要发育在开江—梁平海槽两侧、城口—鄂西海槽西侧。晚二叠世—早三叠世开江—梁平海槽、城口—鄂西海槽控制了周缘礁、滩储层的发育，台地边缘带呈带状或斜列状分布，生物礁滩呈单排、多排分布。上二叠统长兴组沉积期，生物繁盛，台地边缘生物礁发育，目前在海槽周缘发现十多个大的礁体，如石宝寨、铁山坡、普光、元坝、龙岗、羊鼓洞、奉节和利川见天坝等；纵向上，礁滩体主要发育在长兴组的中上部，礁基、礁顶滩是储层主要发育部位。后期经历混合水白云岩化作用、溶蚀作用等成岩作用，形成以白云岩为主、次生溶孔作为主要储集空间的良好储集体。储层厚度在不同地区差异较大，主要在10～100m之间，局部厚度可达187m，有利储层面积为8000km²。长兴组Ⅱ类有利储层区主要分布在蓬溪—武胜台洼两侧，台洼边缘礁滩以生屑灰岩储层为主，局部发育云质灰岩储层，储层厚度在5～52m之间，储层有利面积为3500km²。

飞仙关组Ⅰ类鲕滩储层主要分布在开江—梁平海槽两侧及城口—鄂西海槽西侧，开江—梁平海槽东侧台缘带紧邻蒸发台地，是大面积厚层优质鲕滩储层、礁滩储层叠置发育的有利区，礁滩白云岩储层厚度大、物性条件优越，鲕滩储层厚度主要为20～90m，局部厚度可达368m，平均孔隙度为2%～8%。

四、须家河组有利储层平面分布

须家河组发育须二段、须四段和须六段三套厚层砂岩储集体，孔隙类型主要为粒内溶孔和粒间孔，储集类型主要为裂缝—孔隙型和孔隙型，这三套储层的发育为须家河组大面积岩性气藏的形成提供了基础。整个盆地须二段、须四段和须六段有利储层分布面积大，各段的最大累计厚度在50m左右，互相叠置连片面积约14×10⁴km²，基本分布于全盆地。总体上，以大川中地区储层物性相对最好，该区构造平缓，具备大面积含气的储集条件。此外，须一段、须三段和须五段储层在盆地内亦广泛分布（魏国齐等，2014a）。

须二段主要发育Ⅱ、Ⅲ类储层，Ⅰ类储层分布面积小，零星分布。整个四川盆地为低孔低渗储层类型，主要分布在有利成岩相、裂缝发育带及优势沉积微相叠合处，如川中的广安、潼南、八角场及荷包场地区；Ⅱ类储层分布面积大，主要分布在充深、磨西、威东、通贤、中坝及川西南等地区；Ⅲ类储层主要分布在川西南与川中过渡带之间。

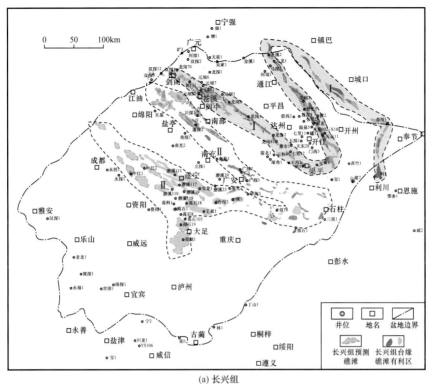

(a) 长兴组

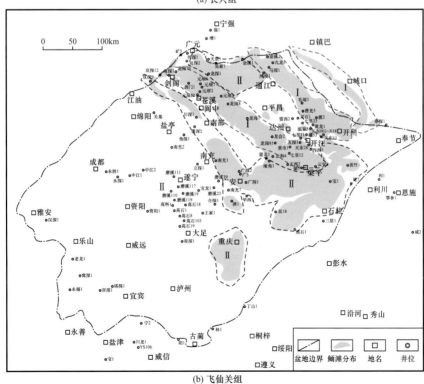

(b) 飞仙关组

图 3-3-5 四川盆地长兴组和飞仙关组有利区带分布图

须四段以Ⅱ、Ⅲ类储层为主，Ⅰ类储层集中分布。Ⅰ类储层分布范围较须二段广，主要分布在荷包场、潼南、广安、八角场及蓬莱等地区，主要因为这些地区岩石成熟度较高，杂基和软性岩屑含量较少，成岩相主要为绿泥石胶结相和溶蚀相，位于三角洲水下分流河道微相带，原生粒间孔隙保存较好，同时长石含量高，又位于（或邻近）生烃中心，溶蚀作用强烈。Ⅱ类储层分布主要位于充深、莲池、威东、营山和川西南地区。

须六段沉积期物源较近，分选较差，有利储层发育面积较须二段和须四段小，以Ⅱ、Ⅲ类储层为主，Ⅰ类储层分布面积较小，主要在广安、荷包场分布，同时优质储层从须二段到须六段逐渐向南迁移。Ⅱ类储层主要分布在邛西、隆丰1井、充深及威东地区。

须三段储层分布范围较广，主要分布在川西北的剑阁、九龙山、通江、绵竹、南充及威东等地区，因为这些地区岩石成熟度相对较高，杂基和软性岩屑含量较少，大部分孔隙度在5%左右、渗透率在0.4mD左右的有效砂岩储层的粒度中值都在0.3μm以上（位于中、粗砂岩中），平面上主要位于三角洲前缘水下分流河道、三角洲平原水上分流主河道及三角洲席状砂微相带。须五段储层分布范围较小，集中分布在川西北的八角场、盐亭等地区，孔隙度为4%～6%、渗透率为0.01～0.2mD，平面上主要位于三角洲前缘水下分流河道、三角洲平原水上分流主河道及三角洲席状砂微相带。

第四章　盖层特征及封闭性能

四川盆地主要发育四套区域盖层，分别是下寒武统筇竹寺组泥页岩、上二叠统超高压地层、中—下三叠统膏盐岩及侏罗系泥岩，主要有物性封闭和超压封闭两种封闭机制。笔者本次研究了四川盆地主要盖层的宏观、微观特征，形成了盖层动态封闭能力的评价方法，评价了盖层的动态封闭性。

第一节　盖层展布

盖层的展布在很大程度上决定了盖层的封闭能力，盖层的厚度越大，其空间展布面积越大，封堵天然气的能力越强，越有利于天然气的聚集与保存；相反，盖层厚度及空间展布面积越小，封堵天然气的能力越弱，越不利于天然气的聚集与保存。

四川盆地的区域盖层在盆地内广泛发育，起到很好的封闭作用。从海相深层产层及成藏组合来看（见图 1-1-1），筇竹寺组是安岳、威远大型震旦系气藏的关键区域盖层，上二叠统龙潭组泥岩是中二叠统自流井、双鱼石等气藏的直接盖层，又间接封盖了寒武系—石炭系的气藏。下三叠统嘉陵江组—中三叠统雷口坡组膏盐岩既是普光、龙岗等长兴组—飞仙关组气藏的直接盖层，又是下伏二叠系气藏的区域盖层。从陆相层系成藏组合来看（见图 1-1-1），侏罗系泥岩是须家河组—中侏罗统气藏的间接或直接盖层。地震资料显示，研究区盖层不发育大型断裂，仅在层内发育小规模断裂，这为古老气藏提供了很好的保存条件。本节重点论述这四套区域性盖层的分布。

一、筇竹寺组泥岩

筇竹寺组泥岩盖层广泛分布，与烃源岩分布范围基本一致（见图 2-1-5），是优质的区域盖层，同时也是上震旦统灯影组的直接盖层，起到垂向和侧向的封闭作用。其下寒武统筇竹寺组岩性为一套灰黑色泥页岩夹少量石灰岩，除川西地区由于加里东期的抬升致使地层剥蚀外，在盆地大部分地区均有分布，与下伏麦地坪组或震旦系灯影组呈整合或平行不整合接触。厚度对盖层的稳定性和阻止油气的扩散起到了积极作用（林潼等，2019）。从残余厚度来看，广元—资阳—长宁一带较厚，可达 200～450m；盆地西南部和中东部地区较薄，一般厚 50～200m。

四川盆地下寒武统筇竹寺组泥岩埋藏较深，川中地区可达 4000～5000m，为一套高演化烃源岩。岩石三轴应力实验结果及具体的气藏实例研究等发现，深埋地下的高演化泥岩，只要后期构造改造作用过程中没有遭受破坏，同样可以具有优质的封闭性能。

二、上二叠统泥岩

四川盆地上二叠统泥岩由于欠压实和生烃作用，形成了一套超压层，是下伏中二叠统气藏的直接盖层，具有相对较好的封存性能，同时也对寒武系龙王庙组超压气藏及震旦系气藏起到很好的保存作用。

根据四川盆地上二叠统暗色泥岩厚度分布（见图2-1-10），其在四川盆地存在成都—遂宁—重庆以及巴中—开江—云阳两个厚度中心，厚度为80~140m，其他区域厚度较薄，为40~60m。高石梯—磨溪地区上二叠统龙潭组暗色泥岩厚度为60~100m。

三、中—下三叠统膏盐岩

在全世界的沉积盖层中，以膏盐岩为盖层的油气田评价单元数占油气田总评价单元数的8%，但它却控制了55%的油气储量（金之钧等，2006）。膏盐岩盖层除了直接封盖作用外，在构造运动强烈地区由于岩性较软，断层难以穿透，从而对断层的封闭性也是至关重要的，由于其封闭能力较好，即使厚度较薄也能封闭成油气藏。

四川盆地中—下三叠统膏盐岩由下三叠统嘉陵江组膏盐岩和中三叠统雷口坡组膏盐岩组成。嘉陵江组膏盐岩主要分布在川中和川西的广大地区，膏盐岩厚达30m以上，占全组厚度的30%以上，是蒸发和成盐很强的潟湖沉积，如川参1井嘉陵江组总厚度为807m，石膏厚度为308m，占层厚的38.2%（刘树根等，2013）。中三叠统雷口坡组同样是潟湖相，主要分布在川西、川北和川中西部地区，为灰白色石膏夹盐层与膏质白云岩、灰色石灰岩互层。膏盐岩厚度为50~350m，厚度中心在成都周围，如川科1井该层膏盐岩厚度为290m。高石梯—磨溪地区厚度也较大，可达200m以上。

中—下三叠统的膏盐岩地层厚度较稳定，基本上全区分布（图4-1-1），其在四川盆地气藏的保存中起到至关重要的作用。流体分析表明，盆地内中—下三叠统下伏地层内的天然气特征与上覆地层天然气差异较大，下伏海相地层中的天然气硫化氢含量较高，但上覆陆相地层中天然气硫化氢含量较少，说明膏盐岩之下的天然气未能穿透这套盖层而进入上三叠统须家河组及以浅地层中，暗示着中—下三叠统的膏盐岩具有非常强的封堵能力。

四、侏罗系

四川盆地陆相气藏中合兴场、新场和丰谷等地区的须家河组、蓬莱镇组气藏均出现超压情况，部分地区压力系数可达到1.9以上，这说明上覆的侏罗系—白垩系盖层具有优越的封闭能力。

侏罗系在整个四川盆地都有分布，表现为红色的陆源冲积扇、河流和湖泊沉积，岩性组成包括砾岩、砂岩、粉砂岩、页岩和泥岩。侏罗系中砾岩层分布广泛，但是除山前的冲积扇沉积外，砾岩层在整个侏罗系总厚度中所占比例相对较小。这些砾岩主要来源于古生界尤其是上古生界，成分为石英岩和碳酸盐岩；上侏罗统砾岩则主要来源于剥蚀区的三叠系和侏罗系内碎屑。下侏罗统的厚度相对较小，中—上侏罗统构成了侏罗系的

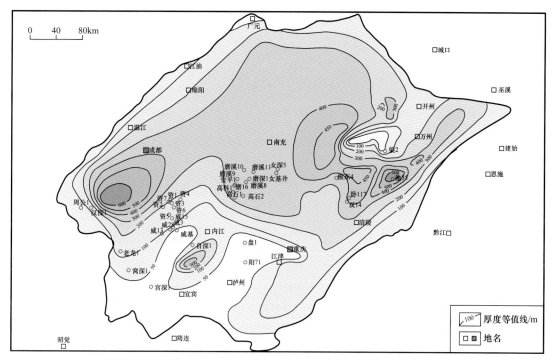

图 4-1-1　四川盆地中—下三叠统膏盐岩厚度等值线图

主体，沉积中心位于川北的米仓山和大巴山山前，厚度可达 5000 余米。自北东向南西方向侏罗系厚度逐渐减薄，在老龙 1 井—泸州一线，侏罗系仅厚 1200～1600m（魏国齐等，2019a）。

侏罗系盖层以泥岩为主，主要发育在自流井组、凉高山组和沙溪庙组内部，纵向上砂岩、泥岩频繁互层，具层数多、分布广的特点。泥岩厚度较大，分布相对连续，封闭能力强。泥岩盖层沉积环境为滨浅湖—半深湖和三角洲，尤其大安寨段沉积期水体深、水动力条件弱，沉积的泥岩质纯、分布面积广，是形成优质区域盖层的有利沉积环境。

第二节　盖层封闭机制类型及评价技术

盖层对天然气藏的保存主要有物性封闭、超压封闭和烃浓度封闭等多种封闭机理，四川盆地天然气藏盖层的主要封闭机制包括物性封闭和超压封闭两种类型。

一、物性封闭

1. 封闭机理

物性封闭（又称毛细管封闭）是由于盖层与下伏储层岩石间存在毛细管压力差而引起的。因为盖层比储层岩石的孔隙喉道小，所以盖层岩石较储层岩石具有更大的突破压力，突破压力是岩石中润湿相流体被非润湿相流体突破所需要的最小压力，数值大小等于岩石最大连通喉道的毛细管压力（Jin et al.，2013，2014；张文涛，2018）。游离相天然气要通过盖层的孔隙喉道运移，必然受到盖层和储层岩石之间毛细管压力差的阻挡，当天然气的能量大于此压力差时才能发生渗流运移；否则就被封闭在盖层之下聚集起来。物性封闭是天然气盖层封闭机理中最普遍的一种封闭机理。

影响物性封闭的主要因素有岩性、沉积环境和成岩演化阶段等（付广等，2015）。岩性不同，导致盖层岩石的塑性和内部孔隙结构也不同，因而封闭能力也明显不同。岩性细而塑性强的泥岩和盐岩封闭能力最强，粉砂质泥岩、泥质粉砂岩和生物灰岩等相对次之。沉积环境不同，沉积物组成和结构也不同，导致盖层岩石的封闭能力出现差异。海相环境是蒸发盐岩发育的有利场所，如膏岩、盐岩是最优质的天然气藏盖层。海相泥岩盖层质纯、颗粒细小、微孔隙发育，封闭能力最强；河流相泥岩颗粒相对较大、质不纯、孔径大，物性封闭能力相对较弱；而湖泊相泥质盖层物性封闭能力则介于二者。盖层的封闭能力也随着成岩演化阶段的变化而发生变化。石膏和碳酸盐岩的早成岩阶段孔隙将消失殆尽（＜5%），后期成岩作用常形成孔缝。泥岩在压实过程中，随着埋深增加，成岩程度加大，黏土矿物蒙脱石向伊利石转化，孔隙度和渗透率减小、塑性增大、毛细管压力增大、封闭能力增强，大致在晚成岩阶段，封闭能力最强；后期随着岩石塑性降低，脆性增加，容易产生裂缝而导致封闭能力变差。

2. 评价技术

评价天然气藏盖层物性封闭能力的实验参数有很多，如物性特征（孔隙度、渗透率）、突破压力、比表面积和微孔隙结构等。除常规分析手段外，还采用了高分辨率 CT 扫描、高温高压突破压力与高温高压扩散系数等多种方法。

统计分析显示，四川盆地内几套区域盖层岩石孔隙度以小于 3% 为主，渗透率主要为 0.001～0.02mD，平均喉道半径为 0.6～1.2μm，孔径多集中在 400～500nm 之间，饱和水突破压力多大于 15MPa，扩散系数为 1.03×10^{-10}～$2.36 \times 10^{-7} cm^2/s$。

1）物性特征

毛细管封闭为盖层最普遍的封闭机制，是利用盖层和储层之间的毛细管压力差来封堵油气的能力。盖层的物性特征是评价盖层毛细管封闭能力的重要指标。通过实验数据可以看出（图 4-2-1，表 4-2-1），四川盆地盖层岩石的孔隙度以小于 3% 为主，渗透率大部分在 0.001～0.02mD 区间内，中值半径多为（0.9～12）$\times 10^{-3}$μm（张璐等，2015）。说明岩石较为致密，基本可以形成良好的封盖条件，但岩石内部可能有微裂缝的存在而影响其封闭性。利用高分辨率 CT 扫描技术对岩石的内部结构进行了深入分析。

岩石高分辨率 CT 扫描分析可以真实反映岩心的结构形态特征，现多用于储层岩石的微观特征和流体特征精细分析。该技术对岩心开展微米级 CT 扫描，建立岩心三维模型，开展数字化识别，提取孔隙网络结构，并建立三维孔隙格架网络模型，刻画不同孔隙类型并进行孔喉特征计算，可以清晰、准确、直观地再现被检测物体内部的结构、组成及特征，是最高效的无损检测和无损评估技术。

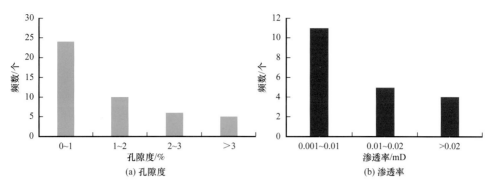

图 4-2-1 四川盆地盖层岩石孔隙度、渗透率分布直方图

表 4-2-1 四川盆地盖层岩石物性特征

序号	井位或剖面	井段 /m	层位	岩性	孔隙度 /%	渗透率 /mD	突破压力 /MPa
1	大邑 1	3882.57	须四段	泥岩	1.9	0.081	6
2	丹景山	地表	须三段	泥质粉砂岩	12.5	0.087	4
3	上寺	地表	嘉陵江组	石灰岩	1.3	0.0016	15
4	南充 1	2736.3	雷三段	白云岩	3.9	0.0054	4.5
5	南充 1	3181.4	雷二段	白云岩	5.3	0.0061	7
6	上寺	地表	飞仙关组	石灰岩	0.4	0.0011	14
7	上寺	地表	飞仙关组	石灰岩	4.7	0.0022	5
8	通口	地表	上二叠统	石灰岩	1.1	0.0018	15
9	西北乡	地表	龙潭组	泥灰岩	—	—	11.32
10	宁 208	1312.21	龙马溪组	泥岩	3.01		28.836
11	高石 11	4573.6	龙王庙组	白云岩	1.2	0.013	7
12	资 4	4262.5	筇竹寺组	泥岩	0.66	0.0181	22.117
13	资 4	4266.9	筇竹寺组	泥岩	1.56	—	20.588
14	资 4	4303.6	筇竹寺组	泥岩	0.17	—	19.609
15	资 4	4335.3	筇竹寺组	泥岩	0.21	0.0048	35.15
16	资 4	4345.1	筇竹寺组	泥岩	0.11	0.0221	54.177
17	威 106	2677.5	筇竹寺组	泥岩	2.53	—	17.677
18	威 106	2777.5	筇竹寺组	泥岩	0.18	—	30.915
19	威 10	2834.5	筇竹寺组	硅质泥岩	0.18	0.0034	22.931
20	威 10	2838	筇竹寺组	硅质泥岩	1.36	—	22.627
21	磨溪 9	4964.44	筇竹寺组	泥岩	0.83	—	35.302

序号	井位或剖面	井段 /m	层位	岩性	孔隙度 /%	渗透率 /mD	突破压力 /MPa
22	磨溪 9	4966.43	筇竹寺组	泥岩	1.13	—	30.111
23	磨溪 9	4967.29	筇竹寺组	泥岩	0.45	—	48.801
24	宁 208	3171.6	筇竹寺组	泥岩	0.21	—	14.546
25	宁 208	3231.09	筇竹寺组	泥岩	0.35	—	13.612
26	汉深 1	5107	筇竹寺组	泥岩	1.8	0.0053	8.05
27	汉深 1	5107	筇竹寺组	泥岩	1.8	0.004	9.99
28	汉深 1	5107.3	筇竹寺组	泥岩	2.4	0.0059	7.05
29	汉深 1	5107.3	筇竹寺组	泥岩	2	0.0049	8.95
30	高石 17	4972.5	筇竹寺组	泥岩	0.8	0.0012	22.67
31	高石 17	4984.4	筇竹寺组	泥岩	1.3	0.00045	22.1
32	锄把沟	地表	筇竹寺组	泥岩	1.7	0.00055	21.45
33	锄把沟	地表	筇竹寺组	泥岩	0.2	0.00053	9.89
34	杨坝	地表	筇竹寺组	泥岩	14.8	0.0019	4.54
35	高石 18	5211.3	灯四段	白云岩	1.4	0.0035	9

对四川盆地磨溪 21 井龙王庙组白云岩、资 4 井筇竹寺组泥岩和蓬莱 1 井嘉陵江组石膏进行高分辨率 CT 扫描后发现，不同岩性的盖层岩石内部发育的孔隙和喉道形态各不相同，孔隙度接近的三类岩石平均喉道半径比较接近，为（0.6～1.2）×10^{-3}mm，孔径多集中在（0.4～0.5）×10^{-6}mm 之间，有的石膏孔径可以达到 16×10^{-3}mm。相对而言，泥岩的平均喉道半径和孔径较小。

白云岩样品平均喉道长度为 0.0147mm，平均喉道半径为 0.00126mm（图 4-2-2），平均孔隙体积为 2.61×10^{-7}mm³，孔径为（0.4～4）×10^{-3}mm，孔隙总体积占岩心总体积的 0.67%，孔隙半径主要分布在 1×10^{-3}mm 附近。孔隙和喉道正交切面模型可见白云岩内部孔隙和喉道较发育但连通性差（图 4-2-3）。

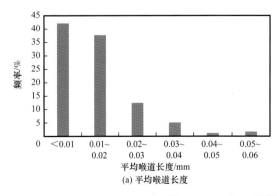

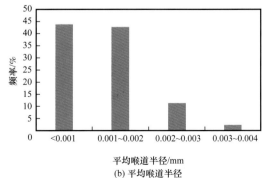

图 4-2-2　白云岩喉道长度和半径分布图

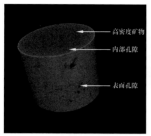

(a) 白云岩三维立体图

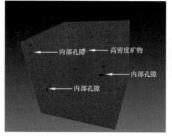

(b) 白云岩正交切片模型

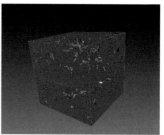

(c) 孔隙连通性正交切片模型

(d) 喉道正交切片模型

(e) 孔隙正交切片模型

图 4-2-3　白云岩高分辨率 CT 扫描照片

孔隙连通性正交切片模型中，红色节点表示孔隙中心，白色线表示连通路径；喉道正交切片模型中，喉道越大，颜色越偏红，喉道越小，颜色越偏蓝；孔隙正交切片模型中，颜色越偏红孔隙越大，颜色越偏蓝孔隙越小

泥岩样品平均喉道长度为 0.0107mm，平均喉道半径为 0.00062mm（图 4-2-4），孔隙总体积为 0.0207mm³，平均孔隙体积为 27×10^{-9}mm³，孔隙度为 0.7274%，孔径平均为 0.62×10^{-3}mm，半径不大于 0.5×10^{-3}mm 的孔隙约占所有孔隙的 70%。孔隙和喉道正交切面模型可见喉道不发育，孔隙较发育但连通性差（图 4-2-5）。

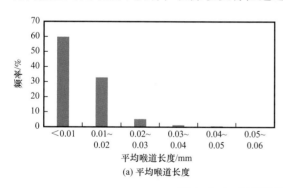

(a) 平均喉道长度

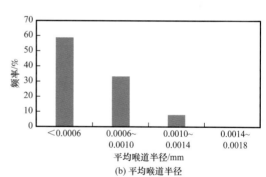

(b) 平均喉道半径

图 4-2-4　泥岩喉道长度和半径分布图

石膏样品平均喉道长度为 0.019mm，平均喉道半径为 0.017mm（图 4-2-6），均大于泥岩和白云岩。孔隙总体积为 0.0112mm³，孔隙度为 0.44%，孔径为 $(0.5 \sim 16) \times 10^{-3}$mm，主要集中在 0.5×10^{-3}mm 附近。孔隙和喉道正交切面模型可见孔隙和喉道发育，在一定范围内连通性较好，呈放射状分布（图 4-2-7）。

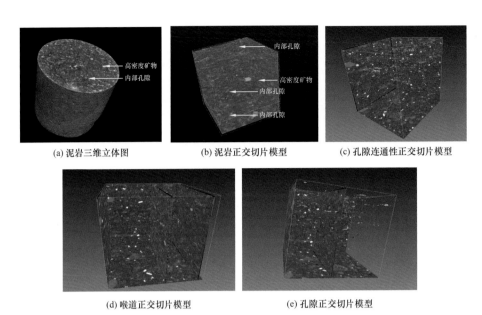

(a) 泥岩三维立体图　　　　(b) 泥岩正交切片模型　　　　(c) 孔隙连通性正交切片模型

(d) 喉道正交切片模型　　　　(e) 孔隙正交切片模型

图 4-2-5　泥岩高分辨率 CT 扫描照片

孔隙连通性正交切片模型中，红色节点表示孔隙中心，白色线表示连通路径；喉道正交切片模型中，喉道越大，颜色越偏红，喉道越小，颜色越偏蓝；孔隙正交切片模型中，颜色越偏红孔隙越大，颜色越偏蓝孔隙越小

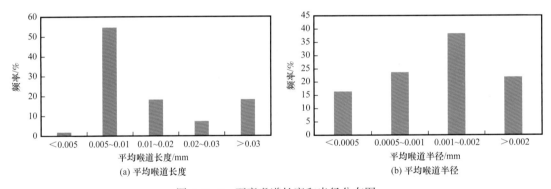

(a) 平均喉道长度　　　　(b) 平均喉道半径

图 4-2-6　石膏喉道长度和半径分布图

2）突破压力

突破压力是盖层非常重要的评价参数，盖层的突破压力不小于气藏的剩余压力是天然气得以保存成藏的基本条件，因此一般来说，突破压力越大，盖层岩石的封盖性能就越好。为了更真实地反映地层条件下的盖层的微观封闭能力，利用高温高压突破压力测定技术进行测定分析。该项技术可模拟 70MPa、200℃下样品的突破压力，进行程序控压、控温，免人工调节，利用图像计量方法自行检测气泡并终止实验，减少了人工误差，提高了实验结果的准确度。

根据高石梯—磨溪地区样品测试及计算结果，盖层岩石的突破压力与孔隙度有较好的相关关系。两者呈非线性函数关系变化，孔隙度越高，岩石突破压力值越小（图 4-2-8）。即对于孔渗性差的岩石，盖层的垂向封闭能力较强。

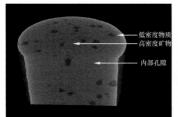

(a) 石膏三维立体图

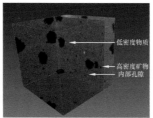

(b) 石膏正交切片模型

(c) 孔隙连通性正交切片模型

(d) 喉道正交切片模型

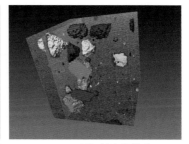

(e) 孔隙正交切片模型

图 4-2-7　石膏高分辨率 CT 扫描照片

孔隙连通性正交切片模型中，红色节点表示孔隙中心，白色线表示连通路径；喉道正交切片模型中，喉道越大，颜色越偏红，喉道越小，颜色越偏蓝；孔隙正交切片模型中，颜色越偏红孔隙越大，颜色越偏蓝孔隙越小

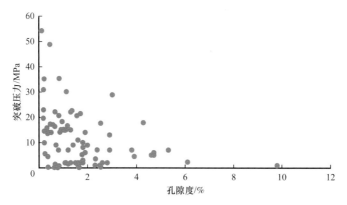

图 4-2-8　四川盆地盖层岩石突破压力与孔隙度关系图

实验数据表明盖层岩石突破压力分布在 5～54.2MPa 之间。根据我国主要含气盆地突破压力统计来看，大中型气田对突破压力的要求较高，基本都在 15MPa 以上，因此，高石梯—磨溪地区盖层封盖性能好。

通过分析岩石突破压力与其埋深和泥质含量乘积之间的关系发现两者之间存在良好的正相关性（展铭望，2015）。通过实测沉积地层不同岩性岩石样品突破压力，便可建立四川盆地盖层岩石突破压力与埋深、泥质含量之间的函数关系，见式（4-2-1）：

$$p_d = f(H, V_{sh}) \tag{4-2-1}$$

式中　H——泥岩样品埋深，m；

　　　V_{sh}——泥岩样品的泥质含量，%；

　　　p_d——岩石的突破压力，MPa。

根据前人研究，利用岩石突破压力实测数据，并通过测井资料计算岩心的泥质含量，即可建立四川盆地不同层位盖层岩石埋深和泥质含量两个参数的乘积与突破压力之间的关系，并建立拟合公式，从而对盖层突破压力平面发育特征进行研究预测。

如图4-2-9所示，四川盆地川中地区筇竹寺泥岩盖层突破压力值分布整体较高，分布区间为10～50MPa，为下伏灯影组气藏提供了良好的封盖条件，由于在川西地区存在地层剥蚀区，泥岩盖层突破压力最低。泥岩盖层突破压力的高值区主要分布在裂陷槽一带，其次在巴中地区也有较高的突破压力值分布。由川中和北部的高值区向东部和西部盖层突破压力值逐渐降低，直至5MPa以下。

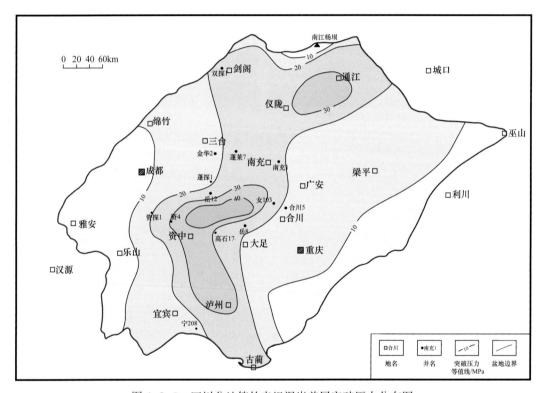

图4-2-9　四川盆地筇竹寺组泥岩盖层突破压力分布图

四川盆地川中地区上二叠统泥岩盖层突破压力值较高，在8～42MPa之间（王宇鹏，2018）。在高石梯—磨溪地区出现突破压力高值区，可达到30～35MPa，向外逐渐变为突破压力低值区，主要分布在10～15MPa之间。上二叠统较高的泥岩盖层突破压力值为下伏的二叠系超压气层和寒武系龙王庙组超压气层提供了良好的封盖条件。

3）扩散系数

扩散系数是描述天然气在岩石中扩散速度的重要参数（王晓波等，2014），可以用于计算盖层扩散损失的天然气的数量，是评价盖层封闭能力的重要指标。扩散系数是在单位浓度梯度作用下的单位时间内，通过单位面积所扩散的某物质质量。目前国内基本都根据菲克第二定律演化而来的求取方法，即采用密闭扩散室，通过调节扩散室在初始时刻具有相同的压力，然后检测扩散室中烃类气体浓度随时间的变化，不需要达到稳定即可以根据扩散模型准确计算出岩石的扩散系数。为模拟地层条件下样品的扩散系数，采用高温高压岩石扩散系数测定技术。该项技术可进行 100MPa、220℃下岩石扩散系数的测定，并采用微压差自动注入技术、自动取气及在线检测技术保障实验结果的准确性。

笔者挑选了四川盆地 5 块典型泥岩和白云岩样品，利用高温高压扩散系数测定装置对其进行扩散系数测定，所选样品的孔隙度为 0.21%～6.6%，渗透率为 0.0041～0.04mD。为测试围压和实验温度对样品扩散系数的影响，设计了两组实验：（1）4MPa 注气压力、120℃不同围压下扩散系数测定；（2）4MPa 注气压力、32MPa 不同温度下扩散系数测定。两组实验结果如下（表 4-2-2、表 4-2-3）。

表 4-2-2　不同围压下扩散系数测定结果表

样品编号	井深 /m	岩性	层位	扩散系数 / (cm²/s)			
				20MPa	24MPa	28MPa	32MPa
磨溪 21-1	4619.20	白云岩	龙王庙组	5.69×10^{-9}	3.88×10^{-9}	2.76×10^{-9}	1.90×10^{-9}
磨溪 21-2	4633.88	白云岩	龙王庙组	3.64×10^{-8}	2.18×10^{-8}	1.32×10^{-8}	8.92×10^{-9}
磨溪 9-42	4967.29	黑色泥岩	筇竹寺组	1.13×10^{-7}	8.13×10^{-8}	5.99×10^{-8}	4.73×10^{-8}
资 4-23	4335.30	黑色泥岩	筇竹寺组	6.21×10^{-8}	4.49×10^{-8}	3.02×10^{-8}	2.00×10^{-8}
高石 17-8	4971.43	黑色泥岩	筇竹寺组	9.20×10^{-8}	6.11×10^{-8}	3.94×10^{-8}	2.45×10^{-8}

表 4-2-3　不同温度下扩散系数测定结果表

样品编号	井深 /m	岩性	层位	扩散系数 / (cm²/s)			
				60℃	80℃	100℃	120℃
磨溪 21-1	4619.20	白云岩	龙王庙组	1.03×10^{-10}	5.97×10^{-10}	1.21×10^{-9}	1.90×10^{-9}
磨溪 21-2	4633.88	白云岩	龙王庙组	4.32×10^{-9}	5.40×10^{-9}	7.24×10^{-9}	8.92×10^{-9}
磨溪 9-42	4967.29	黑色泥岩	筇竹寺组	5.51×10^{-9}	1.53×10^{-8}	2.85×10^{-8}	4.73×10^{-8}
资 4-23	4335.30	黑色泥岩	筇竹寺组	5.27×10^{-10}	6.23×10^{-9}	1.18×10^{-8}	2.00×10^{-8}
高石 17-8	4971.43	黑色泥岩	筇竹寺组	6.08×10^{-9}	1.09×10^{-8}	1.74×10^{-8}	2.45×10^{-8}

实验结果表明，岩石的扩散系数值与围压和温度有很大关系，随围压的增大而减小，同时随温度的增加而增大。可见，实验条件对扩散系数结果有着直接影响，也就是说，地层条件的模拟对盖层扩散系数的测定有重要作用。

（1）扩散系数随围压的增大而减小。

实验室测试围压条件主要是模拟地层压力的影响。压力封闭是盖层中常见的封闭机理，由于地层中流体承担了上覆地层的压力，导致盖层中孔隙流体压力大于静水压力，这时出现的超压现象则可以阻止烃类气体的向上渗漏，同时在上覆地层压力作用下，岩石骨架和孔隙结构受到压缩发生变化，颗粒与颗粒接触更加紧密，孔隙及喉道空间变小，部分喉道甚至闭合，分子扩散空间变小，岩石扩散能力发生明显下降。图 4-2-10（a）

中磨溪 21-1、磨溪 21-2 为白云岩，磨溪 9-42、高石 17-8 为泥岩。可以看出在其他条件相同的情况下，随着围压的不断增大，样品的扩散系数有逐渐减小的趋势。围压从 20MPa 升高至 32MPa 时，泥岩的扩散系数平均减小为之前的 42.8%，白云岩扩散系数平均减小为之前的 29.0%。由于白云岩受到围压后压缩变形的情况要比泥岩大，所以扩散系数变化幅度也更明显。

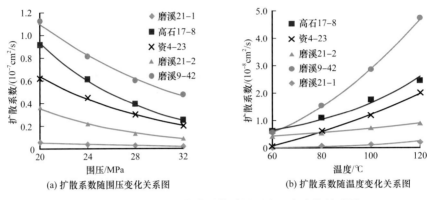

(a) 扩散系数随围压变化关系图　　　　(b) 扩散系数随温度变化关系图

图 4-2-10　盖层岩石扩散系数随围压和温度变化关系图

（2）扩散系数随温度的增大而增大。

扩散运动是分子热运动的结果，温度对气体分子扩散的影响，主要改变了气体分子的均方根速度和平均自由程。在分子扩散空间相对不变的情况下，随着温度不断升高，气体分子活动性增强，分子运动速度加快，气体分子均方根速度显著增加，而平均自由程缓慢增加，二者共同作用，使气体分子扩散能力显著增强，表现为岩石扩散系数增大（图 4-2-10b）。不同样品由于内部孔喉关系的差异，受温度影响变化的幅度也有差异。如图 4-2-10 所示，泥岩的扩散系数受温度的影响要明显大于白云岩，实验温度从 60℃ 变化到 120℃ 时，泥岩的扩散系数增大为之前的 9.6 倍，而白云岩增大为之前的 10.2 倍。

四川盆地区域分布的筇竹寺组页岩尽管是一套优质的烃源岩和良好盖层，但天然气仍然可以通过分子扩散而逐渐散失。高温高压条件下岩石扩散系数模拟实验结果表明，温度和压力对天然气的扩散有重要影响。高石梯—磨溪地区灯影组、龙王庙组气藏埋藏深度为 4500~5800m，龙王庙组气藏温度介于 135~145℃，灯影组气藏温度介于 148~163℃。按照扩散系数随温度变化的规律，灯影组气藏天然气扩散的速率相对要高，其扩散损失要比龙王庙组大。

二、超压封闭机理

理论上，盖层的岩石孔隙和喉道直径需小于烃类的分子直径，而石油的分子直径一般为 5~10nm，天然气的分子直径甚至不到 1nm，远小于岩石的喉道直径。这说明尽管研究区盖层有一定物性封闭能力，天然气仍可以通过分子扩散的方式散失，盖层岩石仅靠物性封闭难以形成很好的保存作用，需要靠上覆盖层的超压等因素进行综合封闭作用。

在盖层岩石成岩演化过程中，由于某种原因使得地层中流体承担了部分上覆地层的压力，导致孔隙流体压力大于静水压力而出现超压现象，这种依靠孔隙流体超压阻止天然气向上渗漏的封闭就是超压封闭（付广等，2005）。地层流体超压用压力系数描述，根据气藏地层压力系数分类的国家标准，压力系数小于0.90为低压，在0.90～1.30之间为常压，在1.30～1.80之间为高压，大于1.80为超高压。李伟（2020）对全国部分重点探井深层、超深层气藏的地层压力、钻井液密度及地层压力系数等方面进行了统计分析，发现主要含油气盆地中大多数气藏在深层、超深层存在区域性的超压盖层现象。超压盖层由上、下正常压实段和中间欠压实段组成，上、下段内的孔隙流体压力为静水压力，中间段的孔隙为欠压实高的孔隙流体压力。游离相气体要穿过盖层必须克服下段正常压实和中部异常孔隙流体压力，二者的综合阻力明显大于压实泥岩毛细管压力，因此，超压泥岩盖层封闭天然气的能力明显优于常规泥岩盖层的物性封闭能力。超压封闭虽不如物性封闭那样广泛，但它是一种重要的天然气盖层封闭机理，在泥岩盖层较为常见。

盖储压力差评价法是考虑盖层、储层之间的岩石突破压力差和流体压力差，定量评价盖层封盖能力的评价方法，体现了盖层的毛细管压力封闭和超压封闭能力，对应的公式如下。

毛细管压力封闭：

$$\Delta p_{\text{盖储突破}} = p_{\text{盖}} - p_{\text{储}} \qquad (4-2-2)$$

超压封闭：

$$\Delta p_{\text{盖储流体剩余}} = p_{\text{盖流体剩余}} - p_{\text{储流体剩余}} \qquad (4-2-3)$$

盖层的物性封闭能力通常用盖层与储层之间的突破压力差来表示，因为它直接决定了盖层与储层之间由于岩性的差异所能封闭的最大气柱高度。

盖层的超压封闭能力用盖储流体剩余压力差来表示。根据等效深度法可以有效地计算欠压实泥岩孔隙流体剩余压力，再根据实测的静压数据即可得到储层的孔隙流体剩余压力。将前后两者相减即可得到盖储流体剩余压力差。

综合物性封闭作用的盖储突破压力差和超压封闭的盖储流体剩余压力差，则可以比较准确和客观地对盖层封闭能力进行定量评价。当盖储（突破＋剩余）压力差为2MPa时，所能封盖的最大气柱高度可达到200m，表明盖层的封闭性已达到一定程度，可以作为工业气藏的有效封盖层。

根据以上提到的公式，对四川盆地高石梯—磨溪地区龙王庙组和灯影组气藏的盖储突破压力差和盖储流体剩余压力差进行计算（图4-2-11）。结果表明龙王庙组气藏和灯影组气藏上覆盖层的盖储突破压力差为6～12MPa，即毛细管压力封闭能力强；盖储流体剩余压力差龙王庙组气藏均大于10MPa，灯影组气藏主要分布在5～8MPa之间，总体来说龙王庙组受上覆盖层超压封闭影响明显。对于这两个气藏，盖储突破压力差和盖储流体剩余压力差之和均在14MPa以上，具有较好的封闭能力，可以成为工业气藏的有效盖层。

龙王庙组气藏超压能够从主要生气期一直保存至今，与其上覆的超压层及区域性膏盐岩的联合封闭密切相关。因为高石梯—磨溪地区存在泥岩超压层，其中二叠系的超压强度最大，寒武系的最小（图4-2-12a）。实钻结果也表明，川中地区自小于2000m到

5000m 深度均存在超压，最大剩余压力出现在深度 3100m 左右（图 4-2-12b）。从层位来看，自嘉陵江组向下至寒武系均为超压地层（刘一峰等，2016）。这些超压层的存在无疑对下伏气藏的保存起着至关重要的作用。

对于盖储突破压力差，龙王庙组和灯影组较为接近；而盖储流体剩余压力差龙王庙组远大于灯影组。因此综合评价，龙王庙组盖层综合封闭能力要强于灯影组盖层。从盖储压力差而言，龙王庙组气藏保存好于灯影组气藏，这也是龙王庙组气藏压力系数较大的原因之一。可见，气藏保存除了盖层物性封闭能力外，还需要上覆的超压环境。

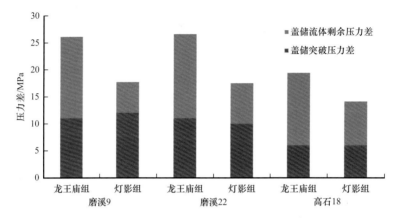

图 4-2-11 高石梯—磨溪地区龙王庙组气藏和灯影组气藏盖储压力差统计

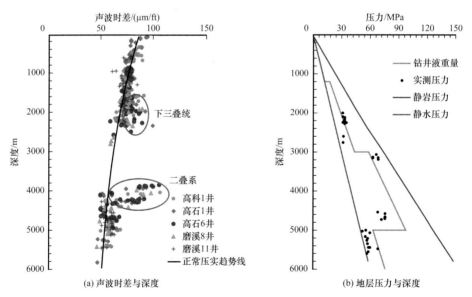

图 4-2-12 川中地区地层压力、声波时差与深度关系图（据刘一峰等，2016，修改）

根据物性封闭和超压封闭机理，对四川盆地继承性古隆起区、继承性斜坡区及构造调整部位进行了保存条件对比研究（表 4-2-4）。盆地内继承性古隆起区的封闭为超压和物性联合封闭，多套优质的盖层和超压层共同形成良好的封闭环境，斜坡区以物性封闭为主，上倾方向的封堵条件是气藏能否保存的关键因素，构造调整部位在后期如遇到上倾方向无有效封堵条件则会造成气藏的散失。

表 4-2-4　四川盆地不同构造部位保存条件对比表

构造背景	继承性稳定构造部位		构造调整部位
	隆起区	斜坡区	斜坡区
代表地区	高石梯—磨溪	八角场、蓬莱镇	资阳
盖层层位	寒武系筇竹寺组、二叠系、三叠系	寒武系筇竹寺组、二叠系、三叠系	寒武系筇竹寺组、二叠系、三叠系
盖层厚度	三叠系>300m；二叠系为80～160m；筇竹寺组为50～400m	三叠系>300m；二叠系为60～100m；筇竹寺组为50～350m	三叠系为100～300m；二叠系>140m；筇竹寺组>300m
突破压力	二叠系为18～30MPa；筇竹寺组为15～50MPa	二叠系为15～30MPa；筇竹寺组为15～40MPa	二叠系>20MPa；筇竹寺组为15～40MPa
断裂	发育，未断穿上二叠统龙潭组泥岩层		
保存主控因素	多层优质盖层与超压层联合垂向封闭	上覆盖层垂向封闭、上倾方向封堵	上覆盖层垂向封闭、上倾方向封堵
封闭机理	物性＋超压	以物性封闭为主	以物性封闭为主

第三节　盖层封闭性能综合动态定量评价

　　盖层对天然气的封闭是微观和宏观多因素综合作用的一个反应，因此，盖层岩石的突破压力、孔隙度等单一因素只能反映盖层某一方面局部的封闭能力，为了评价盖层综合的封闭能力，预测天然气成藏有利保存地区，从 20 世纪 90 年代起，众多学者开始用多种参数综合评价盖层的封闭能力，从定性评价到分级评价等（魏国齐等，2012）。

　　目前，盖层评价工作主要处在静态定量分析阶段（袁玉松等，2011），但盖层的封闭能力是动态演化的。在建造阶段，沉积物经过埋藏压实，孔隙度和渗透率逐渐降低，突破压力增大到一定程度后开始具有封闭能力；在后期构造改造阶段，由于抬升剥蚀等作用，地层温度和压力降低，导致微裂缝的出现和渗透率的增加，盖层的封闭能力减弱甚至可能消失。因此，对盖层封盖性能的研究除盖层的岩性、微孔结构、厚度和分布范围等主要因素外，还需注重其动态演化过程，即对油、气能起到封盖作用的时期，以及封盖性能的破坏与修复过程（何治亮等，2017）。

　　本节以川中地区为例，将烃源岩生烃史、构造活动史和盖层封闭能力演化三个成藏要素结合起来，研究其时空匹配关系，对该地区盖层封闭性进行综合动态评价。

一、突破压力演化

　　假定在泥岩地层压实和抬升的过程中，其内部泥质含量几乎保持不变，改变的只是泥岩内部孔隙结构特征。因此，在正常连续压实条件下，不同的孔隙结构特征对应唯一的压实成岩埋深。细粒沉积物的原始岩石压实趋势线与去压实趋势线的不一致，也造成了泥岩地层孔渗性演化历史的复杂性。在抬升过程中，渗透率较孔隙度对应力变化更为敏感（霍亮，2016）。因此，通过数学方法建立四川盆地泥岩地层正常压实与抬升期渗透率演化关系，进而通过渗透率来反演历史埋深。

孔茜等（2015）通过实验对砂岩在多次循环荷载作用下孔隙度及渗透率随荷载的变化规律进行了研究，结果表明围压加载阶段孔隙度和渗透率随围压的变化关系均呈指数关系，在围压卸载阶段孔隙度与渗透率随围压变化均呈幂函数关系；砂岩在低围压条件下渗透率随围压变化的程度较大，在高围压条件下渗透率变化程度较小。第二次循环开始，由于压实作用，岩样较第一次更致密，渗透率随围压增大而减小；卸载过程中样品渗透率随围压的减小而增大，随循环次数增加，渗透率的恢复程度越来越小（图 4-3-1）。

前文已经得到可以通过埋深和泥质含量乘积预测泥岩盖层的泥岩突破压力，并假设从埋深开始泥岩的泥质含量不会改变，那么其埋藏过程中突破压力就只与埋深的变化相关。但抬升过程中泥岩孔隙空间扩容或产生微裂缝使其渗透率升高，泥岩突破压力也势必随之减小，但从图 4-3-1 中可以看出，岩石卸载时围压—渗透率曲线并不与加载时的围压—渗透率曲线重合，而是任意一次卸载时的渗透率均低于加载时的渗透率，并且第一次加载与卸载之间曲线路径相差最大，而其后的第二次、第三次卸载与加载曲线之间形态相似，差别较小。从此可以得出，在一次加载、卸载事件中相同渗透率对应着两个不同的围压，也就是说，在一次构造抬升事件中，某一埋深的岩石渗透率对应着与其相同渗透率的沉降期历史埋深。在应用公式求抬升期泥岩盖层历史突破压力时，不应该用抬升期的实际埋深计算其突破压力，而应该用与抬升期渗透率相同的沉降期埋深来计算其抬升期的突破压力。

将目前实测岩石埋深数据恢复到最后一次历史埋深，然后根据实测数据（图 4-3-2）拟合通过泥质含量和压实成岩埋深预测突破压力的公式：

$$p_{\mathrm{d}} = 8.7133 \mathrm{e}^{0.0199 V_{\mathrm{sh}} \cdot H/100} \tag{4-3-1}$$

式中　　p_{d}——突破压力值，MPa；

　　　　H——岩石埋深，m；

　　　　V_{sh}——岩石泥质含量，%。

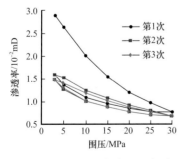

图 4-3-1　围压循环加卸载过程与渗透率变化规律（据孔茜等，2015，修改）

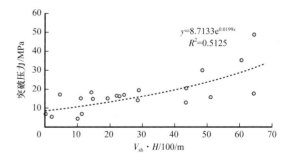

图 4-3-2　突破压力与深度及泥质含量关系图

根据筇竹寺组及龙潭组的埋深演化史，建立历史埋深下的突破压力演化曲线。由此可知，盖层封闭能力不是刚开始沉积就形成。一开始泥岩的压实成岩程度很低，岩石的孔隙度和渗透率都很高，这时的突破压力很低，泥岩盖层并不具备封闭油气的能力。随着泥岩盖层埋藏深度逐渐加深，压实成岩作用逐渐增强，泥岩盖层的孔隙度和渗透率下降，突破压力逐渐升高，从而逐渐封闭油气。通过研究得到两套泥岩盖层形成均早于其下部烃源岩大量生排烃时期，具有较好的封闭能力。

中—晚寒武世，震旦系烃源岩开始生烃，地层在加里东运动时期发生抬升，地层温度降低，生排烃过程停止，并持续到二叠纪之前；二叠纪地层开始下降，继续生烃开始，晚三叠世开始一直生液态烃；之后随着地层温度的升高，液态烃开始裂解，并且一直持续到白垩纪。筇竹寺组泥岩盖层发育于中寒武世，其形成有效突破压力时期为寒武纪末期，早于震旦系和寒武系烃源岩大量排烃时期。

上二叠统泥质烃源岩从早三叠世（约233Ma）开始大量生烃，到晚侏罗世（约158Ma）生烃基本结束，其后一直到现今仅有少量生烃。泥岩盖层发育在二叠纪末期，泥岩盖层有效突破压力形成于早三叠世，早于中二叠统泥质烃源岩大量排烃时期。

二、断裂的封闭能力

断裂的发育是盖层被破坏的主要因素之一，其发育程度受岩石类型影响明显。不同岩性的岩石成分、结构及强度不同，力学性质也存在较大的差异。塑性地层受力变形时，组成岩体的基本颗粒的变形方式为晶间大位移滑动，滑动完成后结构无破坏，无明显破裂产生；而脆性地层受力后颗粒发生较小晶间偏移即可引起结构不稳，从而产生裂隙。塑性地层变形时，颗粒间滑动的位移大，消耗能量多，剩余能量少，不足以形成大范围裂缝。脆性地层变形时，由于其弹性、塑性变形阶段短，能量消耗小，能量以较小的消耗向断层面两侧传递，形成较大范围强应力区，因此能在较大范围里产生密集的裂缝（魏国齐等，2014a）。

泥岩具有较强的应力敏感性，无论原始裂缝开启度多大，在低围压状态下，即大幅度闭合，并且闭合后再次开启的能力较弱（李双建等，2013）。在深埋条件下，受侧向挤压作用时，泥岩盖层不易产生贯通性破裂，盖层厚度足够厚的情况下，油气难以通过不连续的微破裂进行渗漏。在多期隆升和沉降的四川盆地，由于不同埋深环境下岩石产生破坏的应力状态不同，因此构建抬升幅度与泥岩破坏时的应力状态之间的关系具有重要意义。黏土力学参数OCR（超固结比），可以作为泥岩的脆性指数，描述卸载作用下泥岩的破裂情况。根据OCR相关公式可计算筇竹寺组岩石发生破裂的临界埋深（霍亮等，2016；霍亮，2016）。

Nygard（2006）运用实验室围压模拟岩石的上覆应力，采用泥岩抬升后的归一化剪切强度与未抬升时的归一化剪切强度的比值表征岩石抬升后的脆度（霍亮，2016），得到公式：

$$BRI \approx \frac{(q_u / \sigma_c)_{OC}}{(q_u / \sigma_c)_{NC}} = \frac{aOCR'^b}{a(1)^b} = OCR'^b \qquad (4-3-2)$$

式中 BRI——反映脆度的指标;

$(\sigma_c)_{OC}$——超固结岩石的单轴抗压强度,MPa;

$(\sigma_c)_{NC}$——正常固结岩石的单轴抗压强度,MPa;

q_u——常规三轴实验中对应的剪切强度,MPa;

OCR'——泥岩历史最大垂直有效应力与当前垂直有效应力的比值;

a、b——拟合参数。

该指标结合了岩石的抬升幅度以及岩石在不同埋深环境下发生变化的抗剪切强度。盖层破裂不只取决于泥岩强度,还受很多其他因素影响,在确保泥岩盖层的封闭有效性情况下,选取安全保守的数值"2"作为指示泥岩脆度的阈值,若 $BRI>2$,泥岩破裂而形成裂纹网,丧失对油气的遮挡能力。结合得到的归一化剪应力和 OCR'_c 拟合的参数 b,计算岩石发生脆性破裂的临界值 OCR'_c(霍亮等,2016;霍亮,2016):

$$OCR'_c = 2^{1/b} \qquad (4-3-3)$$

式中 OCR'_c——岩石发生脆性破裂的超固结比临界值。

盖层在抬升过程中其孔隙度变化很小,渗透率明显增大,在不考虑异常孔隙流体压力的情况下,假设固结压力为目标岩层最大垂直有效应力 σ'_{vmax},再根据石油天然气行业标准建立的有效垂直应力与埋深之间的关系可得到不同地质层系岩石的名义最大埋深 H_{max},进而得到泥岩发生破裂的埋深(霍亮等,2016;霍亮,2016)。

经计算,川中地区筇竹寺组泥岩盖层和龙潭组泥岩盖层发生脆性破裂时的埋深分别为 2584m 和 3072m,目前川中地区筇竹寺组和龙潭组未抬升至岩石破裂深度(图 4-3-3),并没有产生大规模的断裂。

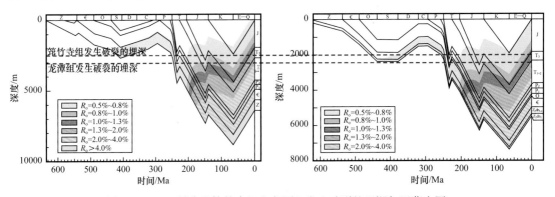

图 4-3-3 四川盆地筇竹寺组和龙潭组发生破裂的埋深与埋藏史图

根据断裂的形态也可以看出断裂自基底发育,绝大多数未断穿二叠系,大部分止于龙潭组(图 4-3-4)。经研究发现走滑断层经历早加里东期、晚海西期两期活动,为两期地裂背景下先存构造薄弱带受到斜向拉张所致,主干断层具有一定的继承性(马德波等,2018)。因此走滑断层在气藏形成后未开启,不会对气藏进行破坏。

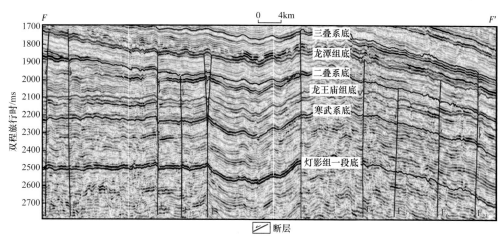

图 4-3-4 高石梯—磨溪地区地震解释剖面（据马德波等，2018）

三、超压发育情况

大量的研究表明，超压并非是泥岩刚开始沉积时就存在的，而是随着埋深增加，压实成岩作用加强，黏土矿物转化脱水和有机质向油气转化达到一定阶段后，由于其内大量孔隙流体排出受阻承压形成的。超压形成后，并不是不变的，随着埋深增加，压实成岩作用增强，黏土矿物转化脱出的结合水及有机质转化生成的油气量越来越多，在上下排出受阻及孔隙体积不变的情况下，滞留在孔隙中的大量流体在水热增压和流体增加承压的作用下体积膨胀，使其内部压力逐渐升高。然而，并非随着埋深的增加，超压可无限制地增大。据前人研究，当局部压力达到静水压力的 1.4～2.4 倍时，岩石便发生破裂。由此当超压增大到泥岩破裂极限时，便产生裂缝，其内大量孔隙流体排出，超压释放，压力降低。当压力下降至静水压力的 1.2～1.3 倍时，超压释放作用停止。之后随着埋深增加超压仍会在上述各种因素的作用下继续增大，当其再次达到泥岩破裂极限时，泥岩再次发生破裂，释放超压，压力再次下降，直至压力下降至静水压力的 1.2～1.3 倍时，超压释放作用再次停止。如此周而复始，直至泥岩中的超压完全释放为止（付广等，2008）。

通过超压泥岩盖层封闭性演化规律的研究，结合烃源岩的排烃史，便可以研究超压泥岩盖层封闭油气的有效性。如果超压泥岩盖层封闭性最弱时期正处于烃源岩的大量排烃期，不能封闭住烃源岩排出的大量油气，则封闭有效性差；如果烃源岩大量排烃期处于超压泥岩盖层封闭性演化的增强时期，能够封闭住烃源岩排出的大量油气，则封闭有效性好，并且越接近超压释放期，超压泥岩盖层封闭能力越强，封闭油气的效果越好（付广等，2006）。

从高石 1 井测井曲线来分析两套区域盖层的超压现象。筇竹寺组声波时差和密度特征表明已经经历了充分的压实，并且还存在生烃等流体膨胀成因对超压形成的贡献。龙潭组声波时差和密度与不均衡压实成因超压导致的岩石体积属性显著增加一致（图 4-3-5）。

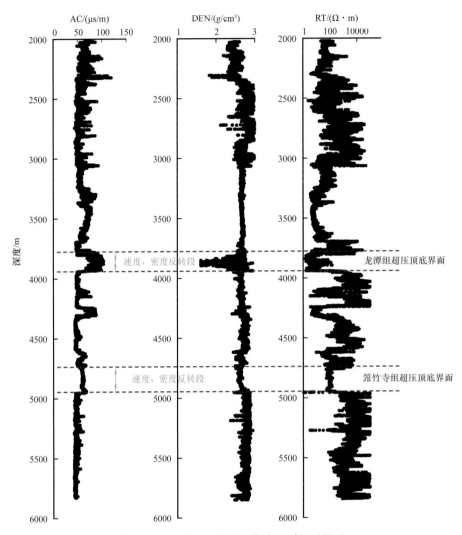

图 4-3-5　高石 1 井测井曲线识别超压界面

　　由于筇竹寺组是烃源岩，在原油裂解生气过程中会产生幕式排烃，但由生油增压模型计算，川中地区筇竹寺组自晚二叠世末期到三叠纪末期生油初期阶段开始积累超压，到白垩纪裂解生气阶段后地层压力达到最大，后随抬升逐渐减小。因此，可以认为筇竹寺组基本一直为超压的状态，具有超压封闭的能力，对下伏气藏的天然气保存有重要作用。

　　同样结合生烃增压作用，以等效深度法为基础对龙潭组泥岩进行超压史的恢复。结果表明，龙潭组自沉积后，在晚三叠世开始进入超压阶段，晚白垩世达到超压的最大值，晚白垩世末期由于地层的埋深作用超压值有所降低（图 4-3-6），但仍然对下伏气藏的天然气有较高的封闭能力。

　　综合以上分析，筇竹寺组和上二叠统的区域盖层自二叠纪末期开始具有封闭能力，下三叠统的膏盐岩层自晚三叠世开始具有封闭能力，均在生排烃高峰结束前达到封闭能力，使大型气田得以保存。

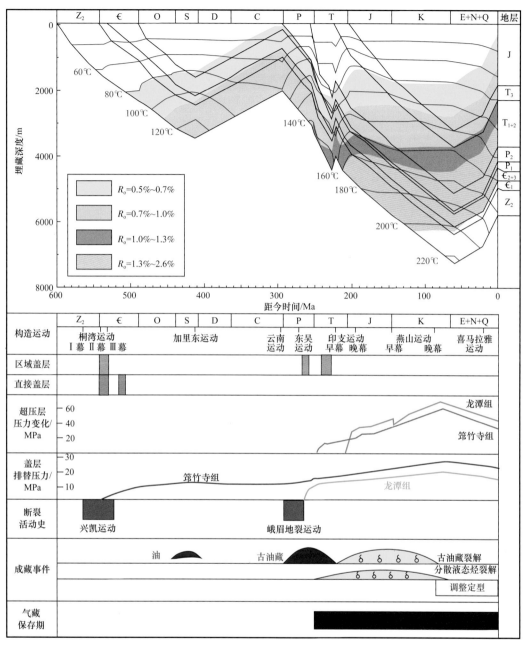

图 4-3-6 四川盆地高石梯—磨溪震旦系—寒武系气藏盖层保存综合评价图

第五章　天然气组成及同位素特征

四川盆地天然气以甲烷烃类气体组分为主，含少量非烃气体，主要包括二氧化碳、氮气、硫化氢、氢气及微量的氦、氩稀有气体等。研究涉及了四川盆地震旦系—侏罗系天然气碳同位素、氢同位素和非烃气体同位素特征。

第一节　天然气组成特征

四川盆地天然气组成包括烃类和非烃类组分，烃类组分以甲烷为主，含量主要大于70%。海相层系天然气中普遍含有相对较高的二氧化碳、硫化氢和氮气，二氧化碳含量为0.01%～32.49%，主峰为1%～15%；硫化氢含量为0.01%～5.43%，主峰为0.1%～3%；氮气含量主要为0.01%～0.2%。陆相层系天然气非烃气体含量均较低。

一、天然气烃类组成

四川盆地不同层系天然气烃类组成均以甲烷为主、重烃气为辅，海相层系天然气主要为干气，陆相层系天然气以湿气为主。

1. 甲烷含量

四川盆地天然气烃类组成中，甲烷含量基本上大于70%（图5-1-1）。由于不同层系天然气含有数量不等的非烃气体，导致各层系天然气的甲烷含量差异大（图5-1-2）。从天然气全组分分析得到的数据，难以真实反映各层系天然气甲烷的分布。从烃类气体归一化后的数据（表5-1-1）则可以看出，海相层系（震旦系—三叠系雷口坡组）天然气甲烷含量除嘉陵江组、雷口坡组少量样品外，基本上都大于95%，各层系平均值介于97.30%～99.94%，是典型的干气；陆相层系（三叠系须家河组—侏罗系）天然气甲烷含量以小于95%为主，须家河组、侏罗系样品的平均值分别为90.55%和92.25%，主要为湿气。

甲烷含量主要受三个方面因素影响。一是受热演化程度的控制，天然气经受的热演化程度越高，重烃气体发生裂解的程度越高，甲烷含量越大。如最古老的震旦系气藏，其地层温度总体上是最高的，天然气烃类组分几乎为甲烷，含量均值为99.94%，重烃气体含量甚微。随气藏时代变新，地层温度降低，相应地重烃气体裂解程度有所降低，也就是从震旦系、寒武系、奥陶系、志留系、石炭系，其天然气甲烷含量均值有降低趋势，即由震旦系（99.94%）→寒武系（99.84%）→奥陶系（99.72%）→志留系（99.46%）→石炭系（99.32%）逐渐降低（表5-1-1），这是宏观上受热演化程度控制所致。泥盆系天然气因局限分布于川西北地区，天然气来源主要与寒武系烃源岩有关，因此其甲烷含量均值较高，与寒武系天然气接近，为99.78%。

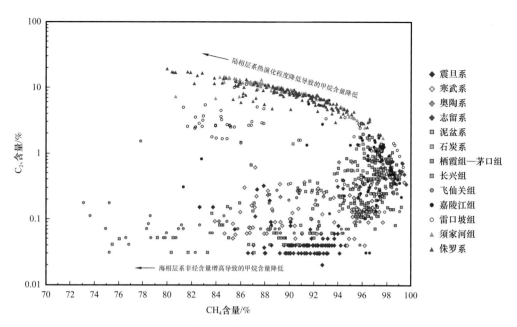

图 5-1-1　四川盆地天然气甲烷与重烃组分含量关系图

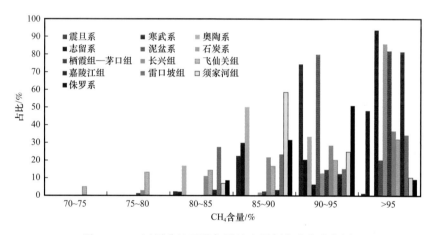

图 5-1-2　四川盆地天然气甲烷含量频率分布直方图

上三叠统须家河组和侏罗系天然气同样具有随成熟度增大、甲烷含量增高的趋势。川中地区烃源岩成熟度相对川西地区的低，因此，其天然气甲烷含量就表现出明显的区域特征。如川中和川西地区，须家河组天然气归一化后甲烷含量分别为 86.24%～93.34%（均值为 88.96%）和 91.23%～99.15%（均值为 95.28%）；侏罗系天然气归一化后甲烷含量分别为 80.80%～94.96%（均值为 90.04%）和 88.89%～98.10%（均值为 94.00%）。

其他层系的天然气由于存在多源混合现象，因此其甲烷分布特征与热演化程度的这种相关性不明显。

二是受天然气聚集后遭受热化学硫酸盐还原（Thermochemical Sulfate Reduction，简写为 TSR）等次生作用的影响。TSR 是地层条件下烃类与地层中含硫化合物的反应，在发生 TSR 的过程中，加速了重烃气体的消耗，导致其烃类组成中甲烷含量明显增高，如硫化氢含量较高的长兴组和飞仙关组，尽管其热演化程度低于震旦系—下古生界天然气，但其甲烷含量均值也分别达到99.63%和99.78%（表5-1-1）。

表5-1-1　四川盆地天然气烃类组分归一化后甲烷和重烃气体含量

层位	CH₄含量/%			C₂₊含量/%			样品数
	最小	最大	平均	最小	最大	平均	
侏罗系	80.80	98.65	92.25	1.35	19.20	7.75	165
须家河组	85.54	99.44	90.55	0.56	14.46	9.45	89
雷口坡组	87.49	99.87	97.30	0.13	12.51	2.70	64
嘉陵江组	87.78	99.97	98.72	0.03	12.22	1.28	66
飞仙关组	98.11	99.96	99.78	0.04	1.89	0.22	82
长兴组	94.97	99.99	99.63	0.01	5.03	0.37	80
栖霞组—茅口组	94.78	99.94	99.46	0.06	5.22	0.54	89
石炭系	97.12	99.86	99.32	0.14	2.88	0.68	64
泥盆系	99.75	99.85	99.78	0.15	0.25	0.22	5
志留系	99.17	99.76	99.46	0.24	0.83	0.54	32
奥陶系	99.23	99.92	99.72	0.08	0.77	0.28	6
寒武系	99.23	99.96	99.84	0.04	0.77	0.16	110
震旦系	99.64	99.99	99.94	0.01	0.36	0.06	94

三是受运移分馏效应的影响。一般是随运移距离增加，天然气中低碳数分子的烃类越来越富集。就高石梯—磨溪地区震旦系灯影组而言，自下而上，甲烷含量有增高趋势，灯二段、灯四段下亚段和灯四段上亚段天然气甲烷含量分别为99.94%、99.95%和99.96%；川中地区寒武系也具有自下而上甲烷含量增高的趋势，如龙王庙组甲烷含量为99.87%，洗象池组甲烷含量为99.91%；威远地区，自震旦系至寒武系，甲烷含量均值分别为99.76%和99.80%。这些地区均呈现出在同一成藏体系内，天然气自下而上运移的趋势。

2. 重烃气体含量

重烃气体指 C_2—C_5 的烃类气体，其与甲烷含量呈负相关关系，也就是天然气中甲烷含量越高，重烃气体含量越低。图5-1-3为天然气烃类组分归一化前，四川盆地天然气重烃气体含量频率分布图。如图5-1-3所示，不同层系天然气重烃气体含量分布呈"两边高、中间低"的特征，即小于1%的低重烃含量和大于5%的高重烃含量的比例均较高，重烃含量为1%～5%的比例相对较低，总体上有随产层时代变新、重烃含量增高的趋势。

天然气中重烃气体组分含量高低的影响因素与甲烷含量的控制因素是一致的，只是其影响的结果是向相反的方向进行的，也就是随热演化程度升高，重烃气体含量降低；受TSR等次生作用的影响程度越高，重烃气体含量越低；随运移距离增加，重烃气体含量降低。

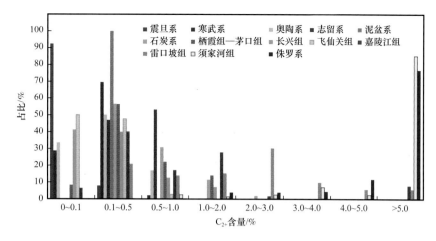

图 5-1-3　四川盆地天然气重烃气体含量频率分布直方图

二、非烃气体组成

四川盆地天然气中非烃气体主要包括二氧化碳、氮气、硫化氢、氢气及氦气等。海相层系天然气中的非烃气体有"四高"特征，即高二氧化碳、高硫化氢、高氮气和高氦气含量；陆相层系天然气非烃气体含量均较低。氢气含量主要小于0.5%，在此不作单独介绍。氦气是一种稀有气体，将在本章第三节中单独介绍。

1. 二氧化碳含量及成因

二氧化碳（CO_2）是天然气中一种常见的非烃组分。四川盆地天然气中CO_2含量分布在0.01%～32.49%之间（图5-1-4），主峰是0.1%～10%（图5-1-5）。海相层系天然气CO_2含量分布范围宽，但以大于1%为主，陆相层系天然气则以小于1%为主。

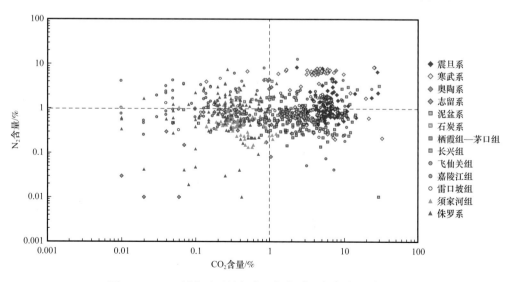

图 5-1-4　四川盆地天然气中二氧化碳—氮气含量关系图

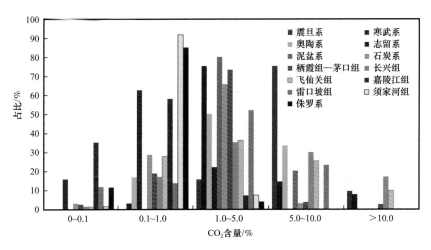

图 5-1-5　四川盆地天然气二氧化碳含量频率分布直方图

海相层系天然气 CO_2 含量高，主要受两个方面因素的控制。一是海相层系天然气普遍含有较高含量的硫化氢，硫化氢主要是烃类与含硫化合物反应生成的，在生成硫化氢的过程中，也将生成 CO_2，两者之间具有较好的正相关关系（图 5-1-6）。

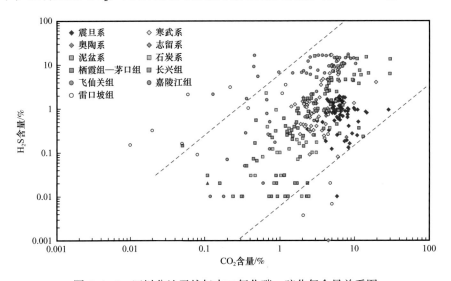

图 5-1-6　四川盆地天然气中二氧化碳—硫化氢含量关系图

另一个因素可能是钻井试油的酸化作业过程中，酸与地层中碳酸盐岩反应生成 CO_2。如高石 1 井灯影组 5130～5153m、5182.5～5196m 测试井段天然气的分析结果中，随取样时间距离酸化作业后时间的延长，分析结果中 CO_2 含量有明显降低的趋势（表 5-1-2；魏国齐等，2015a）。CO_2 含量由第一个样品的 14.66％ 下降至第四、第五个样品的 8.16％ 和 8.36％。由此推测，高石 1 井灯二段 5300～5390m 井段天然气中 CO_2 含量 14.19％ 也是偏高的，应该为无机次生成因。实际上，灯二段 5300～5390m 和 5130～5196m 井段天然气中 $\delta^{13}C_{CO_2}$ 值分别为 0.18‰和 −2.15‰，从另一方面证实属于无机成因；而灯四段 4956.5～5073m 井段天然气中 CO_2 含量为 6.35％，与威远震旦系天然气 CO_2 含量主体分布范围比较接近，说明相对真实地反映了天然气中 CO_2 含量。

表 5-1-2　高石 1 井灯影组天然气中二氧化碳含量数据表

测试井段 /m	采样时间	CO_2 含量 /%
5130~5153，5182.5~5196	2011-7-29　17：00	14.66
	2011-7-30　11：15	11.06
	2011-7-30　15：50	9.86
	2011-8-1　10：00	8.16
	2011-8-1　13：30	8.36

此外，在高石 3 井龙王庙组和宝龙 1 井龙王庙组天然气中 CO_2 含量分别为 25.12% 和 25.68%，天然气中 $\delta^{13}C_{CO_2}$ 值分别为 -3.9‰ 和 -3.7‰，从同位素角度证实属于无机成因。这种高含量也不应作为成因判识的指标，可能与测试过程的酸化作业有关。

2. 氮气含量及成因

氮气（N_2）是天然气中最常见的非烃组分之一。四川盆地不同层系天然气中，N_2 含量变化大，为 0.01%~12.27%。按含氮气藏的分类标准（N_2 含量小于 2% 为微含 N_2 气藏；N_2 含量 2%~5% 为低含 N_2 气藏；N_2 含量 5%~10% 为中含 N_2 气藏；N_2 含量 10%~50% 为高含 N_2 气藏），主要属于微含—中含 N_2 气藏。海相、陆相层系天然气 N_2 含量分布特征基本相似，主体分布在 0.2%~5% 之间，海相层系部分样品的 N_2 含量介于 5%~8%（图 5-1-7）。

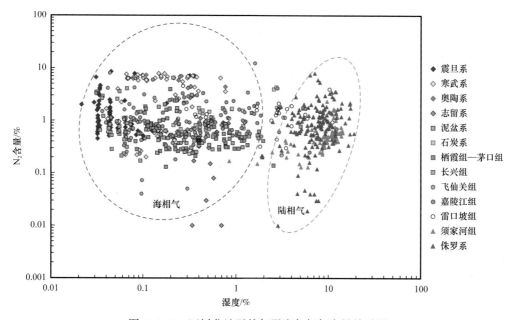

图 5-1-7　四川盆地天然气湿度与氮气含量关系图

关于 N_2 成因的假说和理论主要有三种：一是有机成因，认为 N_2 是岩石中分散有机质的氮化物或石油氮化物在生物化学改造过程中生成的，或在岩石分散有机质的热催化改造过程中生成的；二是大气成因，是地表水与地下水的循环作用，大气水中的 N_2 被地表水带入地下，然后从饱含空气的水中析出进入储层；三是岩浆成因，是火山活动时期及后期与岩浆活动有关释放出的 N_2。不同来源和成因的 N_2 具有不同的地球化学特征（李谨等，2013）。一般而言，大气来源的 N_2，$\delta^{15}N \approx 0$。沉积有机质在成岩演化过程中，随演化程度不同，其 $\delta^{15}N$ 值不同，在未成熟阶段，沉积有机质通过微生物氨化作用形成 N_2，其 $\delta^{15}N < -10‰$；在成熟、高成熟阶段（R_o 值为 $0.6\% \sim 2.0\%$），沉积有机质经热氨化作用形成 N_2，$\delta^{15}N \approx -10‰ \sim -1‰$；过成熟阶段（$R_o > 2.0\%$），沉积有机质裂解产生 N_2，$\delta^{15}N > 4‰$，主峰为 $5‰ \sim 20‰$。四川盆地震旦系—志留系天然气的 $\delta^{15}N$ 值主要为 $-8.7‰ \sim -3.0‰$（表 5-1-3，图 5-1-8），表明这些天然气中的 N_2 主要是沉积有机质在成熟、高成熟阶段经热氨化作用形成，但 N_2 含量的差异可能与次生作用有关。

表 5-1-3　四川盆地震旦系—志留系天然气中氮气含量与氮同位素分析数据表

井号	层位	深度 /m	$\delta^{15}N/‰$	N_2 含量 /%
高石 3	灯二段	5783	−3.0	4.56
磨溪 8	灯二段	5422	−3.8	1.76
磨溪 9	灯二段	5423	−3.7	0.96
磨溪 10	灯二段	5449	−4.2	0.86
磨溪 11	灯二段	5455	−3.9	1.92
高石 6	灯四段	5200	−4.6	1.49
高石 3	灯四段	5154	−4.8	0.73
高石 1	灯四段	4956	−3.2	1.36
磨溪 11	灯四段	5149	−5.0	0.88
磨溪 8	龙王庙组	4697	−7.3	0.60
磨溪 8	龙王庙组	4646	−7.6	0.60
磨溪 11	龙王庙组	4684	−7.6	0.67
磨溪 11	龙王庙组	4723	−7.9	0.64
磨溪 11	龙王庙组	4734	−7.5	0.65
威 46	灯影组		−4.0	7.82
威 201−H3	筇竹寺组		−8.7	1.81
威 42	洗象池组		−3.5	6.34
威 65	洗象池组		−3.7	6.19
威 5	洗象池组		−3.9	6.42
威 72	奥陶系		−3.8	6.61
威 201	志留系		−7.6	0.93

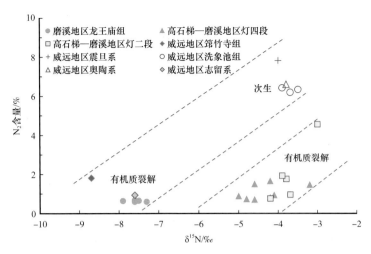

图 5-1-8　四川盆地震旦系—志留系天然气氮气含量与氮同位素关系图

威远气田震旦系—寒武系天然气中普遍含有较高的 N_2，除了与源于沉积有机质的热氨化作用有关外，还与这些天然气经历喜马拉雅期古气藏的调整、天然气的长距离运移和 N_2 从水中析出等有关。从资阳古油藏所钻几口井的分析测试结果（表 5-1-4）可见，测试过程中获工业气流的资 1、资 3 和资 7 井，属于残留古气藏，其天然气中 N_2 含量较低，为 0.97%～1.22%，这应该是其原始面貌的客观反映；相反，古气藏遭到破坏，测试产水的资 2、资 5 和资 6 井，其天然气中 N_2 含量较高，为 4.17%～11.88%，这可能是混入了大气成因 N_2，在地表水与地下水的循环作用下，大气水中的 N_2 被地表水带入地下，然后从饱含空气的水中析出进入储层。因此推测，威远气田震旦系—寒武系天然气含有较高 N_2 应该与资阳构造水层天然气中较高 N_2 的成因一致，即与水溶脱气有关。

表 5-1-4　资阳构造震旦系天然气组成分析数据表

井号	深度/m	CH_4/%	C_2H_6/%	N_2/%	Ar/%	He/%	CO_2/%	H_2S/%	测试产量	
									产气/(10^4m^3/d)	产水/(m^3/d)
资 1	3980.5	93.59	0.12	1.22	0.002	0.040	4.313	0.75	5.33	86
资 3	3819.5	92.20	0.36	0.97	0.031	0.009	5.658	0.83	11.5	
资 7	3959.5	94.22	0.26	1.10	0.014	0.032	3.485	0.91	9.74	377
资 2	3722	88.23	0.17	4.17	0.041	0.090	3.492		微气	微水
资 5	3361.4	85.57	0.09	11.88	0.082	0.323	0.007		0.2	31.2
资 6	3671.3	82.05	0.03	9.67	0.003	0.201	6.594	1.37	0.5	少量

3. 硫化氢含量及成因

硫化氢（H_2S）也是天然气中常见的非烃组分之一，尤其是碳酸盐岩地层中均不同程度地含有硫化氢。四川盆地海相碳酸盐岩层系天然气中，H_2S 含量主要分布于

0.01%～16.21%（图 5-1-6）。按照《天然气藏分类》（GB/T 26979—2011），主要有低含硫、中含硫和高含硫气藏，部分为特高含硫气藏（表 5-1-5）。

表 5-1-5　含硫化氢气藏分类标准

分类指标	气藏类型					
	微含硫气藏	低含硫气藏	中含硫气藏	高含硫气藏	特高含硫气藏	硫化氢气藏
H_2S 质量浓度 /（g/m^3）	<0.02	［0.02, 5.0）	［5.0, 30.0）	［30.0, 150.0）	［150.0, 770.0）	≥770.0
H_2S 体积分数 /%	<0.0013	［0.0013, 0.3）	［0.3, 2.0）	［2.0, 10.0）	［10.0, 50.0）	≥50.0

从层系上看，H_2S 含量相对较高的层系包括震旦系、寒武系、长兴组和飞仙关组，其他层系相对较低。如震旦系气藏以中含硫为主，H_2S 含量主要为 0.13%～1.91%；寒武系气藏以中—高含硫为主，H_2S 含量主要为 0.21%～8.95%，高含 H_2S 天然气主要分布在威远气田，高石梯—磨溪地区也有不少井为高含硫，如高石 6、高石 23、高石 102、宝龙 1 和磨溪 27 等井天然气中，H_2S 质量浓度均超过 30g/m³；长兴组气藏以中—高含硫为主，H_2S 含量主要为 0.31%～9.33%，部分达到 15.67%；飞仙关组气藏低含硫、中含硫、高含硫和特高含硫均有，H_2S 含量主要为 0.01%～17.06%；嘉陵江组、雷口坡组气藏均以低含—中含硫为主。

1）硫化氢形成机理

通常认为，油气藏储层中大量的 H_2S 主要是由干酪根和石油中有机硫化物的高温热分解，以及地层水或围岩中硫酸盐被烃类热催化还原而成。这几种反应生成 H_2S 的机理如下。

（1）有机硫化物的高温热分解。

有机质中的含硫有机化合物在较高温度下（>100℃）由于 C—S、S—S 键的断裂能形成 H_2S，如硫醇的热分解就可以生成 H_2S。不同的硫化物热分解的温度也有差别：

$$RCH_2CH_2SH \xrightarrow{\triangle} RCH=CH_2 + H_2S\uparrow \qquad (5-1-1)$$

（2）还原细菌参与硫酸盐等含硫化合物的还原作用。

地下水或围岩中的硫酸盐被储层中的石油烃类还原会形成 H_2S。在硫酸盐还原细菌参与下，这种还原作用进行得更快。所以这一氧化还原过程常常局限于有细菌存在的地带，而且受温度影响比较大，高于 80℃ 的温度限制了细菌的活动，该反应过程便终止，过高的硫化氢浓度也不利于还原菌的活动，故在封闭系统内该过程的进行也是有限的。

$$C_nH_m + Na_2SO_4 \longrightarrow Na_2S + CO_2 + H_2O \xrightarrow{\text{细菌}} NaHCO_3 + H_2S\uparrow + CO_2\uparrow + H_2O$$
$$(5-1-2)$$

（3）岩浆成因。

由岩浆的上升过程携带 H_2S 至较浅部位析出。

（4）热化学硫酸盐还原反应。

硫酸盐在高温条件下（100℃ 至 150～200℃）为烃类还原，也可以形成较多的 H_2S，甚至可能导致气藏的破坏。

Chao 等（2001）认为高温下硫酸盐和硬石膏发生的热化学硫酸盐还原反应是储层中高含量的 H_2S 和 CO_2 的主要来源。除了 H_2S 和 CO_2 之外，TSR 反应最通常的副产品是元素硫，以及焦沥青、方解石和白云石的胶结物。TSR 反应可以简单归结为下面的方程式（箭头表明这个反应不可逆）：

$$CaSO_4 + CH_4 \xrightarrow{\triangle} CaCO_3 + H_2O + H_2S \uparrow \tag{5-1-3}$$

$$CH_4 + SO_4^{2-} + 2H^+ \xrightarrow{\triangle} CO_2 \uparrow + 2H_2O + H_2S \uparrow \tag{5-1-4}$$

其中硬石膏提供硫的来源，由 TSR 反应中溶解的硬石膏而释放出的钙离子可以和烃类氧化产生的 CO_2 反应，从而导致了方解石的沉积：

$$CaSO_4 + CH_4 \longrightarrow CaCO_3 + H_2S + H_2O \tag{5-1-5}$$

应注意的是，虽然上式中是用甲烷作为反应式中的反应物，但是实际上任何烃类物质或水溶性的有机物都可作为反应物。

根据 Machel 等（1995）的研究，烃类还原硫酸盐的总反应过程可概括为：

$$烃类 + SO_4^{2-} \longrightarrow 蚀变的烃类 + 固体沥青 + HCO_3^-（CO_2） + H_2S（HS^-） + 热量 \tag{5-1-6}$$

其中一些重要反应为：

$$(4R) - CH_3 + 3SO_4^{2-} + 6H^+ \longrightarrow (4R) - COOH + 4H_2O + 3H_2S \tag{5-1-7}$$

$$(R) - CH_3 + (2R) = CH_2 + CH_4 + 3SO_4^{2-} + 5H^+ \longrightarrow (3R) - COOH + HCO_3^- + 3H_2O + 3H_2S \tag{5-1-8}$$

$$2CH_2O + SO_4^{2-} \longrightarrow 2HCO_3^- + H_2S \tag{5-1-9}$$

$$3H_2S + SO_4^{2-} + 2H^+ \longrightarrow 4S^0 + 4H_2O \tag{5-1-10}$$

$$H_2S + SO_4^{2-} + 2H^+ \longrightarrow S^0 + 2H_2O + SO_2 \tag{5-1-11}$$

$$H_2S + 烃类 \longrightarrow S^0 + 蚀变的烃类 \tag{5-1-12}$$

$$4S^0 + 1.33(-CH_2-) + 2.66H_2O + 1.33OH^- \longrightarrow 4H_2S + 1.33HCO_3^- \tag{5-1-13}$$

当储层中存在着高活性的元素硫和多硫化合物时，在高温条件下也可将烃类氧化为含硫有机化合物并释放出 H_2S。

在储层中，往往会发现碳酸盐岩、碳酸盐胶结物与黄铁矿共同存在的现象。在海相或强蒸发环境内，如果钙离子和碳酸氢盐达到了发生沉淀的浓度，那就会发生方解石的沉淀。

一般高丰度 H_2S 的天然气藏都存在于深处碳酸盐岩储层中。这是因为碳酸盐岩层中常含有硫酸盐、碳酸盐矿物，它们对烃类与硫酸盐的反应也起着一定的催化作用，更重要的是由于碳酸盐岩中重金属含量远低于黏土岩，其中 Fe 的含量仅为黏土岩的 1/12，为砂岩的 1/3。这就是说碳酸盐沉积中 H_2S 与 Fe 结合的机会远小于砂页岩。所以 H_2S 容易与有机物结合形成高硫化合物，在热成熟过程中再次释放 H_2S 出来。

H_2S 是一种具有极强腐蚀性和毒性的非烃气体，在以往的烃源岩生烃模拟实验中，基本没有检测 H_2S。笔者针对四川盆地高含 H_2S 天然气的情况，进行了 H_2S 生成的系列模拟实验。

2）H_2S 生成模拟实验

（1）实验样品。

泥灰岩样品采自川西北剑阁县长江沟上寺剖面飞仙关组，地球化学参数见表 2-2-12 中 CXB-1 样品。另外，该样品全硫含量占样品的 4.28%，其中包括硫酸盐硫（0.08%）、硫化铁硫（4.12%）、有机硫（0.08%）。除烃源岩外，实验样品还包括硫黄、硫酸钙、纯黄铁矿及正己烷等实验用试剂。

（2）实验仪器、方法及条件。

应用了金管、高压釜和石英管三种不同的实验方法来模拟 H_2S 的生成，各种方法的流程及条件如下。

① 金管热模拟实验。

其方法是将原始烃源岩样品制成干酪根，制备好的干酪根样品再经 MAB（甲醇：丙酮：苯 =1：2.5：2.5）三元溶剂进行抽提，除去可溶有机质部分。干酪根样品（10～100mg）在氩气保护下封入金管（40mm×5mm），金管分别放置于 15 个高压釜中，并置于同一热解炉内，利用炉底热循环风扇使各个高压釜的温差小于 1℃。通过高压泵对高压釜充水，从而对样品施加压力。所有高压釜采用压力并联方式，确保各个高压釜的压力完全一致。本实验过程中，压力维持在 50MPa。分别采用 20℃ /h 和 2℃ /h 的升温程序进行升温。在设定的不同温度点，取出相应的高压釜。

气体组分的测定过程如下：将模拟实验后、表面已洗净的金管置于真空系统中，在封闭条件下用针扎破，让热解气体产物从金管中释放出来，由汞真空集气泵收集并测量体积。热解生成的气体产物采用 Agilent 公司生产的 6890N 型气相色谱仪进行成分分析，色谱升温程序的起始温度为 40℃，恒温 6min，再以 25℃ /min 的速率升至 180℃，恒温 4 min，采用外标法进行定量。该系统的灵敏度高（可收集分析 0.01mL 的气体）、准确性好（多次重复实验的相对误差低于 0.5%），一次进样可完成所有气态烃（C_1—C_5）以及 CO_2、H_2、H_2S 等无机气体的分析。通过计算可以获得不同温度点的各种气体产率。

② 高压釜加水热模拟实验。

实验仪器主要由 3 部分组成：反应釜，采用大连自控设备厂生产的 GCF-0.25L 型反应釜，设计压力为 19.6MPa；温控仪，采用 XMT-131 数字显示调节仪；热解气及凝析油（或轻烃）收采分离系统，由液氮冷却的液体接受管、冰水冷却的螺旋状冷凝管及带刻度的气体收集计量管组成。

实验条件：样品用量为 50～100g，样品颗粒大小为 2～10mm，加水量为样品质量的 10%，为了了解样品从低成熟→成熟→高成熟→过成熟整个演化阶段的生烃率、排烃率及产物和残渣的演化规律，选择了 200℃、250℃、275℃、300℃、325℃、350℃、375℃、400℃、450℃ 和 500℃ 共 10 个温度点，加温时间均采用 24h。

热模拟实验中常规气体组分含量的检测是在 HP-6890plus 四阀五柱型气体分析仪上进行的，在 Agilent 6890N TCD 仪器上检测 H_2S 气体的丰度。采用的色谱柱为 HP-PLOT Q，规格为 25m×320μm×10μm，进样口温度为 200℃。

③ 石英管的高温热模拟实验。

为了减少模拟过程中生成的 H_2S 与金属的反应，采用了开放体系的实验方法，实验中用耐高温石英管作为样品管。加热设备主要是澳大利亚 SGE 公司生产的高温热解器，热解温度可根据实验需要，在室温至 900℃ 之间的各温度点进行恒温设定，在每个设定的温度点恒温 40min。

模拟得到的 H_2S 气体组分的检测是在 Agilent 6890N TCD 仪器上进行的，采用的色谱柱为 HP-PLOT Q，规格为 25m×320μm×10μm，进样口温度为 200℃。

（3）模拟实验结果。

通过对烃源岩生烃模拟、石膏与正己烷、石膏 + 碳酸镁与正己烷、石膏 + 硫化氢与正己烷、硫黄与正己烷、黄铁矿与正己烷、硫化亚铁与正己烷等一系列实验，证实了含硫烃源岩生烃过程中可以生成大量的 H_2S；单质硫与正己烷的反应非常容易进行，而石膏与正己烷虽然也能反应，但比较困难，并且生成 H_2S 的量较少。

① 硫黄与正己烷在较低温度下即可反应并生成大量的 H_2S 气体。

实验共设置了 150℃、200℃、250℃、300℃、350℃、400℃、450℃、500℃、550℃、600℃、650℃ 和 750℃ 等 12 个温度点。温度低于 200℃ 时，没有检测到 H_2S。当实验温度达到 250℃ 时，硫黄与正己烷开始发生反应，形成了少量的硫化氢（图 5-1-9）。实验温度达到 400℃ 时，H_2S 的生成量已明显增大。随着实验温度的继续升高，H_2S 的生成量逐渐增大。这一结果表明在地层条件下，烃类与单质硫是很容易发生反应生成 H_2S 的。

② 正己烷与硫酸钙系列的反应总体上比较困难，生成的 H_2S 量较少。

硫酸钙与正己烷的模拟实验起始温度是从 200℃ 开始的，但在实验温度为 600℃ 时，仍然没有检测到有 H_2S 的生成；当温度为 650℃ 时，才开始有少量的 H_2S 生成；继续升高温度至 700℃、750℃ 和 800℃ 时，虽然 H_2S 的含量有所增加，但其增加的幅度不大（图 5-1-10a）。

为了验证当正己烷与硫酸钙反应体系中存在 Mg^{2+} 时是否对反应有催化作用，笔者在正己烷与硫酸钙的反应体系中加入碳酸镁进行实验。结果表明，该体系下 H_2S 开始生成的温度和 H_2S 的生成量与不加碳酸镁时是一样的（图 5-1-10b），也即说明 Mg^{2+} 对正己烷与硫酸钙的反应并没有起到催化作用。

当正己烷与硫酸钙反应体系中有 H_2S 存在时，是否可以降低反应的温度并增加 H_2S 的生成量呢？笔者也进行了相应的实验，即在硫酸钙与正己烷的反应体系中加入少量 H_2S 气体，发现在 600℃ 之前，H_2S 的相对含量是逐渐减少的。这是加入 H_2S 后的表现，因为加入的 H_2S 气体不断被取出进行组分分析，而反应体系中还没有新的 H_2S 气体生成所致；而当温度大于 650℃ 时，H_2S 又开始出现，但生成的量仍然较少（图 5-1-11）。这是硫酸钙与正己烷在高温下开始反应生成少量 H_2S 的具体表现。

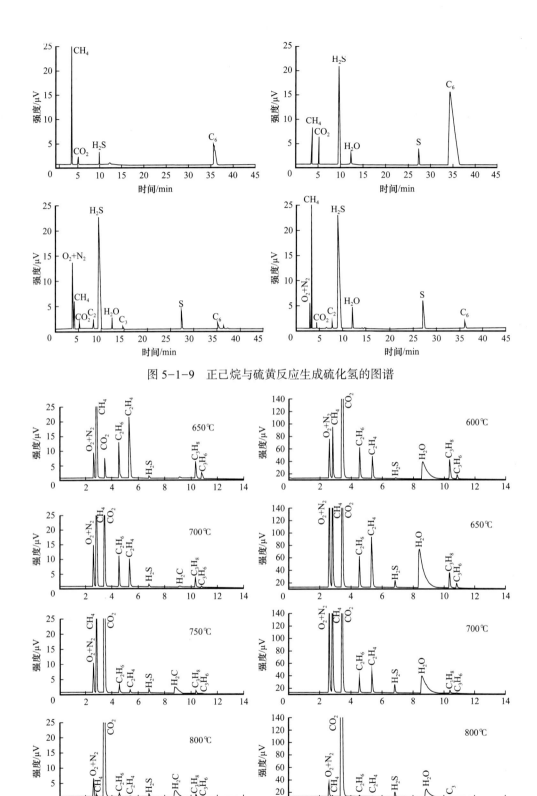

图 5-1-9　正己烷与硫黄反应生成硫化氢的图谱

(a) 正己烷+硫酸钙

(b) 正己烷+硫酸钙+碳酸镁

图 5-1-10　正己烷与硫酸钙反应生成硫化氢的图谱

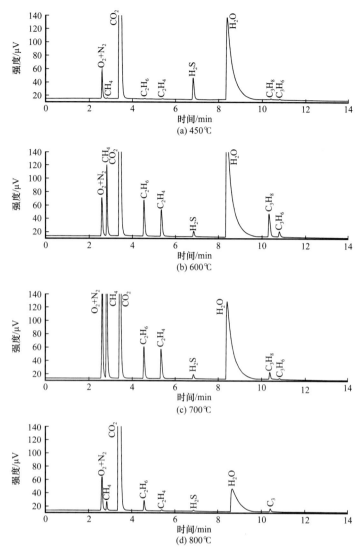

图 5-1-11 正己烷与硫酸钙 + 硫化氢反应生成硫化氢的图谱

③ 黄铁矿与正己烷可反应生成 H_2S。

黄铁矿与正己烷的模拟实验是从 400℃ 开始的，模拟温度为 450℃ 时仍然没有 H_2S 生成。当温度升高到 500℃ 时，已开始检测到 H_2S 气体；550℃ 时 H_2S 的生成量已超过甲烷；随着温度的继续升高，反应体系中烃类基本耗尽，而此时 H_2S 占绝对的优势（图 5-1-12）。这一实验现象反映了黄铁矿在实验温度为 550℃ 时开始分解产生单质硫，随着温度的升高，单质硫含量逐渐增多（最终在反应体系中单质硫与烃类相比是过量的），并与正己烷及其裂解的低分子烃类完全发生反应，生成 H_2S。这主要是因为单质硫与烃类的反应在较低的温度下即可完成并生成大量的 H_2S 气体。

④ 富含硫烃源岩模拟生烃过程中可以生成与甲烷相当，甚至超过甲烷含量的 H_2S 气体。

对采自川西北地区飞仙关组的低成熟泥灰岩样品采用了金管、高压釜和石英管的热

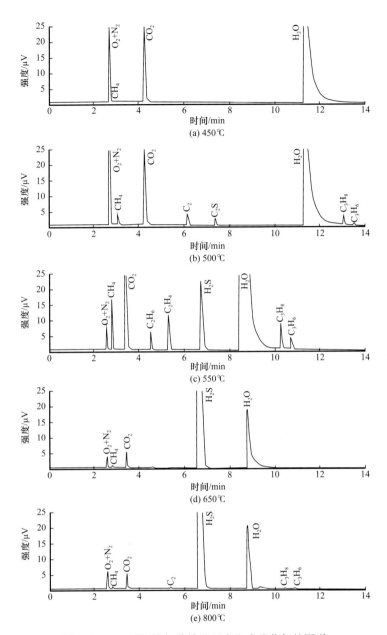

图 5-1-12　正己烷与黄铁矿反应生成硫化氢的图谱

模拟方法进行模拟。无论哪种实验条件，均能检测到大量的 H_2S 气体，并且 H_2S 气体的生成量几乎与甲烷相当，甚至超过甲烷。金管和石英管的模拟实验在高温下甲烷产率的减少可能与甲烷不断参与反应生成 H_2S 有关。

（a）金管模拟实验结果。

泥灰岩样品在两个不同升温速率下热解产物中主要气体甲烷的最大产率约为 560mL/g，乙烷最大产率约为 83mL/g，丙烷最大产率约为 47mL/g，同时热解产物中含有相当高的 H_2S 气体（图 5-1-13），最大产率达到 515mL/g。图 5-1-13 中还显示甲烷在高温阶段（550℃左右）产率降低，这与以往的实验结果不同，表明部分甲烷可能参与了其他反应，

产生了大量的 H_2S 气体，尤其在升温至 400℃ 之后增加更快，几乎和甲烷的产率相当。

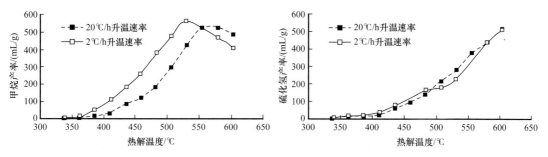

图 5-1-13　泥灰岩的金管模拟实验中气体组成的变化图

（b）高压釜模拟实验结果。

表 5-1-6 是高压釜模拟实验得到的 H_2S 气体组分含量与甲烷含量相对比值的数据。为便于对比，笔者同时列举了四川盆地普光气田普光 5 井、普光 6 井高含 H_2S 的天然气（普光气田天然气中 H_2S 体积分数超过 10%）作为参照物。如表 5-1-6 所示，模拟温度从 250～400℃ 均可以检测到较高丰度的 H_2S，尤其是 275℃ 和 300℃ 时，H_2S 气体组分含量与甲烷组分含量的相对比值达到最大值，比普光 5 井、普光 6 井天然气中的相应比值高出一个数量级。值得注意的是，H_2S 是活性很强的气体，它与金属容器极易发生反应而消耗 H_2S 的含量，但仍然能从普光 5 井、普光 6 井天然气中检测到 H_2S，其与甲烷的比值低主要是因为这些天然气是以甲烷为主的干气；而模拟气体中，甲烷含量普遍较低，因而出现了较高的 H_2S/CH_4 比值。

表 5-1-6　热模拟气体及普光天然气中硫化氢与甲烷相对比值的变化

气体类型		模拟温度 /℃	H_2S/CH_4	备注
热模拟气体		200		未检测到
		250	0.2237	排水法采气
		275	0.8178	排水法采气
		300	0.5268	排水法采气
		325	0.1415	排水法采气
		350	0.3012	排水法采气
		375	0.2219	排水法采气
		400	0.1482	排水法采气
		450		未检测到
		500		未检测到
天然气	普光 5		0.0413	在高压钢瓶中保存了 30 多天
	普光 6		0.0816	

笔者在此列举普光 5 井、普光 6 井天然气中的 H_2S 作为参照物的目的并不在于将其与模拟气体中 H_2S 含量的对比，主要目的是要说明在海相低成熟烃源岩的模拟实验中，同样可以产生较高含量的 H_2S，这在以往的模拟实验中往往被忽略了。

（c）石英管模拟实验结果。

泥灰岩的生烃模拟起始温度为 300℃，模拟温度点分别为 300℃、400℃、500℃、600℃、700℃和 800℃。当温度为 300℃时，尚未检测到 H_2S 生成；当温度为 400℃时，已检测到比甲烷含量略高的 H_2S 气体；温度为 500℃时，H_2S 的含量已超过甲烷（图 5-1-14），是甲烷的 5.95 倍；随着温度的继续升高，呈现出 H_2S/CH_4 比值逐渐降低的现象，如 600℃、700℃和 800℃时，该比值分别为 4.71、1.88 和 0.30。

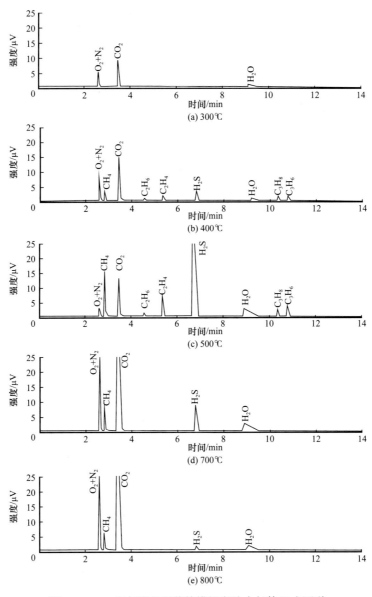

图 5-1-14　泥灰岩的石英管模拟实验中气体组成图谱

为什么泥灰岩模拟生烃过程中可以生成大量的 H_2S？这可能与其含有较多的黄铁矿有关，黄铁矿在一定的温度下分解形成的单质硫再与烃类反应生成 H_2S。而高温下，H_2S/CH_4 比值的降低可能与反应体系中烃类相对单质硫的过量有关。

上述的系列实验现象对解释高石梯—磨溪地区天然气中 H_2S 的成因具有重要的参考价值，认为地层中富集的黄铁矿等硫化物与烃类的反应是 H_2S 形成的主要原因。主要依据是高石梯—磨溪地区龙王庙组、灯影组中石膏不发育，但黄铁矿无论在碳酸盐岩储层中，还是在泥质发育的地层中均很发育，尤其在磨溪 9 井灯二段 5423～5459m 天然气中 H_2S 含量达到 45.7g/m³ 的层段中就发育丰富的黄铁矿，黄铁矿与烃类的反应是该地区 H_2S 形成的主要原因之一。高石梯—磨溪地区灯影组、龙王庙组天然气 H_2S 含量随深度的增大而增高的趋势（图 5-1-15）进一步说明了 H_2S 含量与埋深（即温度）有一定关系，地层埋深越大（即相应的温度越高），黄铁矿与烃类反应就越容易，因此 H_2S 含量就越高，如龙王庙组气藏埋深主要小于 5000m，H_2S 含量以小于 1.0% 为主；对灯影组而言，H_2S 含量大于 1.0% 时，H_2S 含量随深度增大而增高的趋势更为明显。

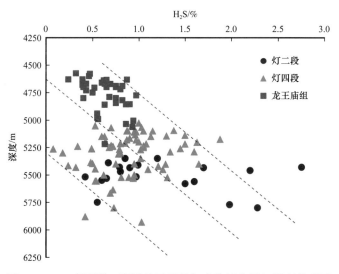

图 5-1-15 高石梯—磨溪地区天然气硫化氢含量与深度关系图

3）含硫物质硫同位素组成

（1）硫同位素测试的样品类型。

实验样品主要包括低成熟泥灰岩、含沥青的鲕粒白云岩、地层中的硬石膏、硫酸钙、硫黄、黄铁矿、硫化亚铁，以及正己烷、盐酸等。泥灰岩样品的基本地球化学参数见表 2-2-12。含沥青的鲕粒白云岩为高含 H_2S 天然气藏的主要储集岩。硫酸钙、硫黄和硫化亚铁为化学试剂商店所销售的实验用固体试剂。黄铁矿是从富含黄铁矿的岩石中经过矿物筛选程序而得。正己烷、盐酸为实验用液态试剂。

（2）硫同位素检测的仪器及方法。

所有硫同位素的检测均是在中国科学院地质与地球物理研究所稳定同位素实验室完成的。检测仪器是 Finnigan MAT 公司的 Delta S 同位素质谱仪，采用的国际标准为 CDT，

分析精度为 ±0.2‰。

各种样品硫同位素检测的前期制备方法主要有以下几类：

① 原始的实验用硫酸钙、硫黄、硫化亚铁，以及从岩石中直接挑选出来的硬石膏、黄铁矿等；

② 含沥青的鲕粒白云岩、泥灰岩等用氯仿抽提时，放入铜片，生成硫化铜；

③ 硫化亚铁与盐酸反应生成硫化氢，再分别与多孔铜丝和氯化锌溶液反应生成硫化铜和硫化锌；

④ 硫酸钙固体粉末样品、硫黄固体粉末样品分别与正己烷在不同温度下反应生成的硫化氢，再与多孔铜丝反应生成硫化铜；

⑤ 泥灰岩在不同模拟温度下生成的硫化氢，再与氯化锌溶液反应生成硫化锌；

⑥ 泥灰岩在不同模拟温度下生成的硫化氢，再与多孔铜丝反应生成硫化铜。

（3）硫同位素检测结果。

各种含硫物质的硫同位素分析结果见表5-1-7。

① 硫化亚铁与盐酸反应生成的硫化氢的 $\delta^{34}S$ 值比硫化亚铁的 $\delta^{34}S$ 值重。

为了探讨无机反应后，硫同位素的变化特点，进行了硫化亚铁及硫化亚铁与盐酸反应生成的硫化氢的 $\delta^{34}S$ 值测定。硫化亚铁原始的 $\delta^{34}S$ 值为 −2.43‰，生成物硫化氢的 $\delta^{34}S$ 值采用了两种不同的前处理方法，其一是硫化亚铁与盐酸反应生成的硫化氢再与氯化锌溶液反应生成硫化锌，此方法测得的 $\delta^{34}S$ 值为 4.34‰（表 5-1-7）；其二是硫化亚铁与盐酸反应生成的硫化氢再与多孔铜丝反应生成硫化铜，此方法测得的 $\delta^{34}S$ 值为 5.08‰（表 5-1-7）。可见，不同前处理方法测得的 $\delta^{34}S$ 值相差不大，但硫化亚铁与盐酸反应后生成的硫化氢，$\delta^{34}S$ 值总体上是比原始反应物变重。Amrani 等（2005）也报道了多硫化物与（NH_4）$_2$S 溶液在 200℃的封闭容器中反应后，生成的硫化氢中 $\delta^{34}S$ 值变重的实验结果（表 5-1-8）。如原始反应物的 $\delta^{34}S$ 值为 4.4‰，经过 4h 和 48h 的反应后，气态硫化氢的 $\delta^{34}S$ 值分别为 20.2‰和 21.3‰。

② 含硫化合物与烃类反应后，生成 H_2S 的 $\delta^{34}S$ 值比反应物的 $\delta^{34}S$ 值重。

川东北地区飞仙关组 12 个含硫化氢天然气的 $\delta^{34}S$ 值主要分布在 10.28‰～13.71‰ 之间（王一刚等，2002；Cai et al.，2004；朱光有等，2006），均值为 12.69‰；但岩心样品中硬石膏的 $\delta^{34}S$ 值，本文 6 个样品的测值为 13.675‰～19.21‰，均值为 17.06‰（表 5-1-7）；朱光有等（2005）16 个样品的 $\delta^{34}S$ 测试结果则分布在 18.09‰～25.8‰之间，均值为 21.93‰；王兰生等（2003）4 个硬石膏样品的 $\delta^{34}S$ 值分布在 11.02‰～26.05‰之间，平均为 16.04‰；Cai 等（2004）15 个硬石膏样品的 $\delta^{34}S$ 值分布在 11‰～21.7‰之间，平均为 15.5‰。总体而言，尽管川东北地区飞仙关组中石膏的 $\delta^{34}S$ 值变化较大，但除少数几个与硫化氢的 $\delta^{34}S$ 值比较接近外，绝大部分样品的 $\delta^{34}S$ 值比天然气中的 $\delta^{34}S$ 值重。

为了研究地层中石膏和天然气中硫化氢的 $\delta^{34}S$ 值之间的关系，笔者进行了硫同位素分馏的探索性模拟实验，模拟结果见表 5-1-7。无论是化学试剂硫黄，还是化学试剂硫酸钙，它们与正己烷在高温下发生反应后，生成的硫化氢中硫同位素值均有变重的趋势，如硫黄的 $\delta^{34}S$ 值由原始样品的 −4.60‰增加到 800℃时的 2.06‰，增幅约 7‰；而硫酸钙的 $\delta^{34}S$ 值由原始样品的 0.01‰～0.06‰增加到 800℃时的 11.01‰，增幅约 11‰。

表 5-1-7 不同含硫物质的硫同位素分析数据

样品描述	前期制备方法	$\delta^{34}S/‰$
紫 2-1 井飞仙关组岩心中的硬石膏	利用选矿方法从岩心样品中挑选出硬石膏	13.675
紫 2-2 井飞仙关组岩心中的硬石膏	从岩心样品中直接对硬石膏进行分析	18.07
紫 2-3 井飞仙关组岩心中的硬石膏	从岩心样品中直接对硬石膏进行分析	17.75
坡 3-1 井飞仙关组岩心中的硬石膏	利用选矿方法从岩心样品中挑选出硬石膏	17.373
坡 3-2 井飞仙关组岩心中的硬石膏	从岩心样品中直接对硬石膏进行分析	19.21
金珠 1 井飞仙关组岩心中的硬石膏	从岩心样品中直接对硬石膏进行分析	16.31
渡 5 井飞仙关组储层沥青	氯仿抽提时放入铜片，形成的硫化铜	15.31
渡 4 井飞仙关组储层沥青	氯仿抽提时放入铜片，形成的硫化铜	13.1
罗家 2 井飞仙关组储层沥青	氯仿抽提时放入铜片，形成的硫化铜	16.66
罗家 6 井飞仙关组储层沥青	氯仿抽提时放入铜片，形成的硫化铜	16.7
化学试剂 $CaSO_4$ 原始样 1	原始样品	0.06
化学试剂 $CaSO_4$ 原始样 2	原始样品	0.01
化学试剂 $CaSO_4$ 800℃生成的 H_2S	硫化氢与多孔铜丝反应生成硫化铜	11.01
化学试剂硫黄原始样 1	原始样品	−4.596
化学试剂硫黄原始样 2	原始样品	−4.572
化学试剂硫黄 500℃生成的 H_2S	硫化氢与多孔铜丝反应生成硫化铜	0.45
化学试剂硫黄 800℃生成的 H_2S	硫化氢与多孔铜丝反应生成硫化铜	2.06
硫化亚铁	原始样品	−2.43
硫化亚铁与盐酸反应生成的 H_2S	硫化氢注入到氯化锌水溶液，生成硫化锌	4.34
硫化亚铁与盐酸反应生成的 H_2S	硫化氢与多孔铜丝反应生成硫化铜	5.08
泥灰岩 500℃生成的 H_2S	硫化氢注入到氯化锌水溶液，生成硫化锌	−17.54
泥灰岩 600℃生成的 H_2S	硫化氢注入到氯化锌水溶液，生成硫化锌	−22.44
泥灰岩 700℃生成的 H_2S	硫化氢注入到氯化锌水溶液，生成硫化锌	−26.68
泥灰岩 800℃生成的 H_2S	硫化氢注入到氯化锌水溶液，生成硫化锌	−23.12
泥灰岩 500℃生成的 H_2S	硫化氢与多孔铜丝反应生成硫化铜，通 N_2	−21.01
泥灰岩 700℃生成的 H_2S	硫化氢与多孔铜丝反应生成硫化铜，通 N_2	−23.73
泥灰岩 500℃生成的 H_2S	硫化氢与多孔铜丝反应生成硫化铜，不通 N_2	−24.12

为什么硫化物经过反应后，生成物硫化氢的 $\delta^{34}S$ 值会有大的分馏，并且还出现 $\delta^{34}S$ 值比原始硫化物的 $\delta^{34}S$ 值变重的现象？这可能与硫化物 S—S、S—O 键等的断裂，以及 S^{2-} 与 H^+ 结合形成 H_2S 的稳定性有关。

硫酸根离子还原成硫化氢的过程中，由于 $^{32}S—O$ 键比 $^{34}S—O$ 键更容易被打断，因此早期断裂形成的 S^{2-} 以富集 ^{32}S 为主，晚期形成的 S^{2-} 以富集 ^{34}S 为主，而 S^{2-} 和 H^+ 通过离子的碰撞方式形成的，$^{34}S^{2-}$ 与 H^+ 结合形成的 H_2S 稳定性比 $^{32}S^{2-}$ 与 H^+ 结合形成的 H_2S 稳定性高。因此，在模拟实验过程中，低温阶段的反应体系中，S^{2-} 主要为 ^{32}S，与 H^+ 结合形成的硫化氢 $\delta^{34}S$ 值较轻；随着温度的升高，反应体系中 S^{2-} 以 ^{34}S 为主，与 H^+ 结合形成的硫化氢 $\delta^{34}S$ 值就变重。

实际上，在 Amrani 等（2005）的文献中也可见作为生成物的硫化氢具有 $\delta^{34}S$ 值比原始反应物（多硫化物）$\delta^{34}S$ 值重的现象。此外，硫酸盐与有机质反应后生成硫化氢的 $\delta^{34}S$ 值变重的例子在其他文献中也有报道。如林耀庭（2003）在研究含盐盆地的盐类沉积时，认为水体中的硫酸盐与有机质接触，在脱硫细菌的作用下，硫酸盐还原放出具有比硫酸盐 $\delta^{34}S$ 值更高的 H_2S；厌氧微生物产生的脱硫作用把硫酸盐还原分解出 H_2S 和 CO_2，即细菌从硫酸盐离子中分解出氧，并放出具有比硫酸盐 $\delta^{34}S$ 值更高的 H_2S（林耀庭，2003），其化学反应式如下：

$$CaSO_4+\text{“}CH_4\text{”} \longrightarrow CaCO_3+H_2S \uparrow +H_2O（\text{“}CH_4\text{”代表有机物}）\quad （5-1-14）$$

$$CaSO_4+2C+2H_2O \longrightarrow Ca（HCO_3）_2+H_2S \uparrow \quad （5-1-15）$$

$$\uparrow$$

$$CaCO_3+CO_2 \uparrow +H_2O \quad （5-1-16）$$

以上反应式本质上是地层中硫酸盐与烃类的反应（也就是热化学硫酸盐还原反应，即 TSR），这是一种无机反应，因此，理论上硫酸盐的 $\delta^{34}S$ 值应该比气态 H_2S 的 $\delta^{34}S$ 值低，但川东北地区飞仙关组天然气中硫化氢的 $\delta^{34}S$ 值与地层中的硬石膏的 $\delta^{34}S$ 值相比明显偏轻，仅有少数样品比较接近。这意味着硫化氢可能不是直接由硬石膏与烃类的反应而形成，因为 TSR 是水溶硫酸根与有机质间的反应。一般认为，TSR 实际上分两步进行（Connan et al.，1993；Cai et al.，2003），反应式为：

$$3H_2S（g）+SO_4^{2-}（1）+2H^+ \longrightarrow 4S^0+4H_2O \quad （5-1-17）$$

$$12S^0+4（—CH_2—）+8H_2O \longrightarrow 12H_2S（g）+4CO_2 \quad （5-1-18）$$

可见，TSR 中存在单质硫形成的过程，而单质硫与烃类是极易发生反应生成硫化氢的。川东北地区飞仙关组两口非产气井（金珠 1 井和朱家 1 井）的致密层段中沿裂缝面或呈斑点状分布的硫黄 $\delta^{34}S$ 值分布在 $4.77‰\sim5.60‰$ 之间，而罗家 5 井产气井在产层段中所夹的岩性相对致密部位赋存的硫黄 $\delta^{34}S$ 值则为 $14.11‰$。这些特征表明金珠 1 井和朱家 1 井中的硫黄可能是形成之后没有再发生反应，而罗家 5 井中的硫黄可能是多次反应的结果。

③ 天然气储层中分散状硫或硫化物的 $\delta^{34}S$ 值与天然气中硫化氢的 $\delta^{34}S$ 值相近。

飞仙关组孔隙发育的优质鲕粒白云岩储层中，基本上看不见类似于致密层段中赋存的硫黄晶体，因为储层中充注了烃类之后，硫黄与烃类即可发生反应形成硫化氢，因此硫黄在储层段中难以保存下来。为了考察储层中分散状硫或硫化物与天然气中硫化氢的

$\delta^{34}S$ 值之间的关系，进行了对比实验，结果见表 5-1-8。储层沥青样品用氯仿抽提时，分散状硫或硫化物与加入的铜片反应，形成硫化铜，其 $\delta^{34}S$ 值分布在 13.1‰～16.7‰ 之间，与天然气中硫化氢的 $\delta^{34}S$ 值（10.28‰～13.71‰）比较相近。这表明储层中分散状硫或硫化物可能是在硫化氢形成的过程中同时形成的。

表 5-1-8　多硫化物与（NH_4）$_2$S 溶液反应后 $\delta^{34}S$ 值的实验结果（据 Amrani et al.，2005）

热解时间 /h	多硫化物 $\delta^{34}S$/‰	气态 $H_2S\delta^{34}S$/‰	H_2S 溶液 $\delta^{34}S$/‰
0	4.4		33.5
4	15.2	20.2	19.6
48	17.6	21.3	21.3

④ 生物成因的硫化物具有较轻的 $\delta^{34}S$ 值。

低成熟泥灰岩在模拟温度分别为 500℃、600℃、700℃ 和 800℃ 的条件下，生成的硫化氢再与氯化锌溶液反应，生成硫化锌，测得的 $\delta^{34}S$ 值依次为 −17.54‰、−22.44‰、−26.68‰ 和 −23.12‰，$\delta^{34}S$ 值明显偏负。

为了验证检测结果的可信度，笔者在模拟硫化氢生成时，在样品管的一端装入多孔铜丝，同时又采用两种不同的方法，其一是在实验过程中通入微量的氮气作为载气，确保生成的硫化氢及时与多孔铜丝反应；其二是不通氮气，生成的硫化氢靠扩散作用与多孔铜丝反应。如表 5-1-7 所示，有载气时，500℃ 和 700℃ 条件下生成的硫化氢，其 $\delta^{34}S$ 值分别为 −21.01‰ 和 −23.73‰；没有载气时，500℃ 条件下生成的硫化氢，其 $\delta^{34}S$ 值为 −24.12‰。

可见，泥灰岩模拟实验过程中生成的硫化氢，用不同的前期制备方法得到的 $\delta^{34}S$ 值相差较小，排除了扩散分馏效应可能带来的误差，分析结果明显偏负应该是可信的。那为什么会出现明显偏负的 $\delta^{34}S$ 值？笔者认为可能与泥灰岩中的干酪根含有较多微生物成因的黄铁矿有关。从泥灰岩的反射光片和反射荧光照片可见，泥灰岩中黄铁矿是非常丰富的，而且呈密集状分布，并与矿物沥青基质共生（图 2-2-20），这种黄铁矿是微生物成因的一种表现。

第二节　烃类气体碳氢同位素组成特征

本节系统研究了四川盆地震旦系、寒武系、志留系、石炭系、二叠系（栖霞组、茅口组和长兴组）、三叠系（飞仙关组、嘉陵江组、雷口坡组和须家河组）和侏罗系天然气碳同位素、氢同位素和非烃气体（N_2、CO_2、H_2S、He）同位素特征。

一、天然气碳同位素组成

受天然气热演化程度高的影响，四川盆地大多数海相高成熟—过成熟天然气未能检测到丙烷、丁烷碳同位素值，部分陆相层系天然气也未检测到丁烷碳同位素。

1. 碳同位素总体分布特征

研究表明，天然气碳同位素组成特征与其成气母质类型及母质的热演化程度有密切的联系。由于光合作用对各种生态环境中生物作用程度的不同，其同位素组成存在内在的差异，腐殖型有机质生成的甲烷碳同位素比腐泥型有机质生成的甲烷碳同位素明显偏重，这种差异主要与原始有机质的结构不同和有机分子内部 ^{13}C 分布悬殊有关。由于 $^{12}C—^{12}C$ 键能比 $^{13}C—^{12}C$ （或 $^{13}C—^{13}C$ ）键能低得多，因而在低温条件下形成的生物气富集 ^{12}C ，其碳同位素很轻；随着母质成熟度的增高，形成的天然气越来越富集重同位素 ^{13}C 。其原因是随成熟度增高产生的动力学同位素效应，不但使 $^{12}C—^{12}C$ 键断裂，而且使 $^{13}C—^{12}C$ 、 $^{13}C—^{13}C$ 键也相继发生断裂。因此，根据同位素组成可以有效地确定有机质类型及热演化程度。

四川盆地震旦系—侏罗系天然气碳同位素总体具有分布域宽、甲烷和丁烷碳同位素较重，以及乙烷和丙烷碳同位素较轻的特点。从统计结果（图 5-2-1）看甲烷碳同位素（ $\delta^{13}C_1$ ）值分布在 $-43.8‰ \sim -26.7‰$ 之间，有明显的主峰，主峰区间值为 $-36‰ \sim -29‰$ ；乙烷碳同位素（ $\delta^{13}C_2$ ）值分布在 $-42.8‰ \sim -21.2‰$ 之间，各区间值分布相对比较均衡，主要区间值为 $-38‰ \sim -26‰$ ；丙烷碳同位素值（ $\delta^{13}C_3$ ）分布在 $-40.0‰ \sim -19.3‰$ 之间，各区间值均态分布更加明显，占比大于 5% 的区间值为 $-34‰ \sim -24‰$ ；丁烷碳同位素（ $\delta^{13}C_4$ ）主要在侏罗系、须家河组、雷口坡组、嘉陵江组，以及少量的飞仙关组、长兴组、栖霞组—茅口组天然气中检测到， $\delta^{13}C_4$ 值分布在 $-33.5‰ \sim -18.0‰$ 之间，主峰区间值为 $-29‰ \sim -20‰$ 。

四川盆地各层系天然气产层时代跨度大，母源的沉积环境、有机质类型及热演化程度均存在较大不同，从而导致各层系天然气碳同位素的差异。

2. 甲烷碳同位素分布

从天然气 $\delta^{13}C_1$ 的统计结果（图 5-2-2）看，不同层系天然气的 $\delta^{13}C_1$ 值有较大差异，这种分布格局主要受热演化、TSR 次生作用等因素控制。

陆相层系中，须家河组天然气 $\delta^{13}C_1$ 值最轻，分布在 $-43.8‰ \sim -29.8‰$ 之间，均值为 $-37.7‰$ 。这与其烃源岩的成熟度相对较低有关。须家河组天然气主要属于自生自储型，烃源岩的成熟度状况决定了天然气 $\delta^{13}C_1$ 值的分布格局，成熟程度较低的川中地区，天然气 $\delta^{13}C_1$ 值普遍较轻，主要为 $-43‰ \sim -37‰$ ；川西地区烃源岩成熟度较高，天然气 $\delta^{13}C_1$ 值普遍较重，主要为 $-35‰ \sim -30‰$ 。侏罗系天然气源于须家河组烃源岩， $\delta^{13}C_1$ 值分布在 $-42.0‰ \sim -30.4‰$ 之间，均值为 $-35.1‰$ ，同样呈现出川西地区侏罗系天然气 $\delta^{13}C_1$ 值重于川中地区的现象，川西地区天然气 $\delta^{13}C_1$ 值主要为 $-37‰ \sim -32‰$ ，川中地区天然气 $\delta^{13}C_1$ 值主要为 $-42‰ \sim -38‰$ 。

海相层系中，雷口坡组天然气的成熟度最低，其 $\delta^{13}C_1$ 值也最轻，分布在 $-38.4‰ \sim -29.0‰$ 之间，均值为 $-34.5‰$ 。震旦系、寒武系天然气成熟度是相对最高的，其 $\delta^{13}C_1$ 值分布为 $-34.1‰ \sim -30.0‰$ （均值为 $-32.9‰$ ）和 $-36.5‰ \sim -30.4‰$ （均值为 $-32.9‰$ ）。志留系页岩气 $\delta^{13}C_1$ 值变化大，为 $-37.3‰ \sim -26.7‰$ ，均值为 $-31.2‰$ ，区域性特征变

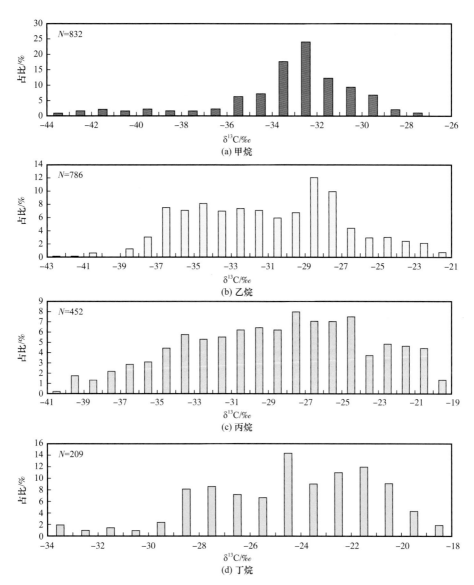

图 5-2-1 四川盆地天然气甲烷—丁烷碳同位素频率分布直方图

化明显，如威远地区为 −36.8‰～−33.9‰，涪陵地区为 −32.2‰～−27.2‰，长宁地区为 −28.7‰～−26.7‰，是志留系烃源岩热演化成熟度区域性差异的反映。

海相层系中，长兴组和飞仙关组天然气的成熟度虽然不是最高的，但其 $\delta^{13}C_1$ 值是相对最重的，分别为 −34.4‰～−27.8‰（均值为 −30.9‰）和 −33.8‰～−28.5‰（均值为 −31.0‰）。这与其 H_2S 含量较高有关，H_2S 的形成是烃类与含硫化合物发生反应（TSR）的结果。

3. 乙烷碳同位素分布

四川盆地天然气 $\delta^{13}C_2$ 值分布范围宽，为 −42.8‰～−21.2‰，自震旦系至侏罗系 $\delta^{13}C_2$ 值呈现出由轻逐渐变重的规律性分布（图 5-2-3），有机质类型控制 $\delta^{13}C_2$ 值的特征明显，但也受热演化、TSR 等次生作用的影响。

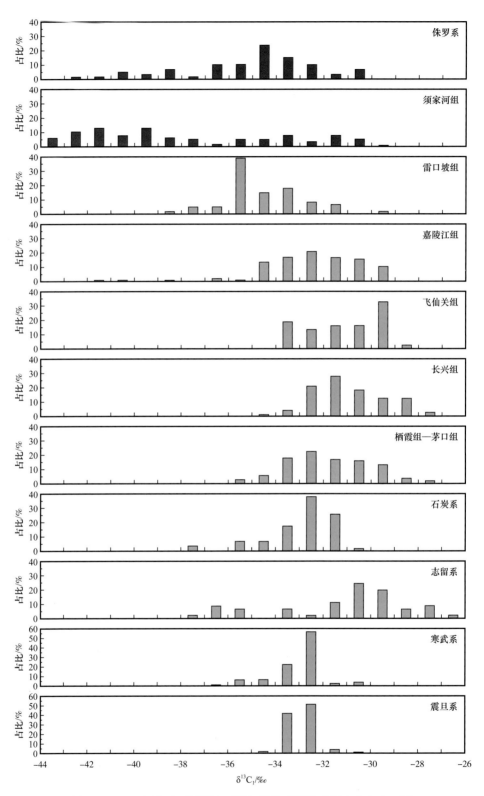

图 5-2-2　四川盆地不同层系天然气甲烷碳同位素频率分布直方图

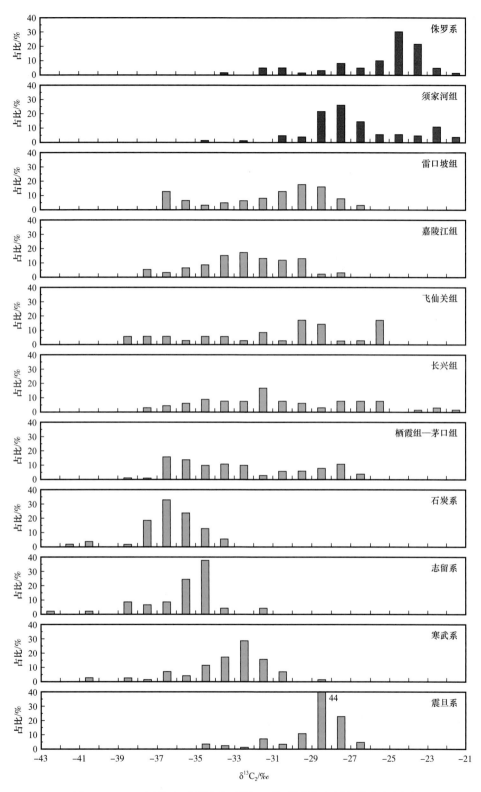

图 5-2-3　四川盆地不同层系天然气乙烷碳同位素频率分布直方图

来源于震旦系—下古生界腐泥型烃源岩的天然气 $\delta^{13}C_2$ 值总体较轻，在此背景下，有随产层时代变新 $\delta^{13}C_2$ 值逐渐变轻趋势，如震旦系 $\delta^{13}C_2$ 值为 $-34.8‰\sim-26.0‰$，均值为 $-28.9‰$；寒武系 $\delta^{13}C_2$ 值为 $-40.3‰\sim-28.8‰$，均值为 $-33.4‰$；志留系 $\delta^{13}C_2$ 值为 $-42.8‰\sim-31.6‰$，均值为 $-35.6‰$；石炭系 $\delta^{13}C_2$ 值为 $-41.4‰\sim-33.6‰$，均值为 $-36.3‰$。

来源于陆相以腐殖型有机质为主的须家河组、侏罗系天然气 $\delta^{13}C_2$ 值明显偏重，分别为 $-34.9‰\sim-21.2‰$（均值为 $-26.6‰$）和 $-33.0‰\sim-21.7‰$（均值为 $-25.5‰$）。

栖霞组—雷口坡组气藏主要表现为混合型母质或混源成藏的特征，$\delta^{13}C_2$ 值分布介于典型腐泥型气和典型腐殖型气（图 5-2-3）。栖霞组—茅口组紧邻下古生界腐泥型烃源岩，既有源于二叠系混合型母质的贡献，也有源于下古生界腐泥型烃源岩的贡献；因此其 $\delta^{13}C_2$ 值较轻，为 $-38.7‰\sim-26.0‰$，均值为 $-32.5‰$。雷口坡组气藏既有源于须家河组腐殖型烃源岩的天然气，又有源于下伏烃源岩以腐泥型为主的天然气，因此其天然气 $\delta^{13}C_2$ 值相对其他海相层系天然气偏重，为 $-36.6‰\sim-26.2‰$，均值为 $-31.2‰$。嘉陵江组天然气主要源于下伏烃源岩，因此其天然气 $\delta^{13}C_2$ 值比雷口坡组的要轻，为 $-37.8‰\sim-26.2‰$，均值为 $-32.4‰$。长兴组、飞仙关组天然气 $\delta^{13}C_2$ 值明显偏重，分别为 $-37.4‰\sim-21.7‰$（均值为 $-30.7‰$）和 $-38.4‰\sim-25.1‰$（均值为 $-30.8‰$），主要是受到 TSR 次生作用的影响，导致其天然气 $\delta^{13}C_2$ 值比同类型气偏重。

4. 丙烷碳同位素分布

四川盆地天然气 $\delta^{13}C_3$ 值分布范围宽，为 $-40.0‰\sim-19.3‰$，自震旦系至侏罗系，$\delta^{13}C_3$ 值分布呈现多次轻重变化特征（图 5-2-4）。

从震旦系—寒武系至志留系 $\delta^{13}C_3$ 值由重变轻。$\delta^{13}C_3$ 值分别为 $-39.4‰\sim-28.2‰$（均值为 $-32.7‰$）、$-39.7‰\sim-28.5‰$（均值为 $-35.4‰$）和 $-39.3‰\sim-35.0‰$（均值为 $-37.4‰$），受成熟度影响明显。

从志留系—石炭系至栖霞组—茅口组 $\delta^{13}C_3$ 值由轻变重，石炭系、栖霞组—茅口组 $\delta^{13}C_3$ 值分别为 $-38.0‰\sim-27.1‰$（均值为 $-33.7‰$）和 $-37.0‰\sim-22.1‰$（均值为 $-31.1‰$），这种变化趋势主要有两方面原因：（1）志留系页岩气 $\delta^{13}C_3$ 值轻是早期轻 $\delta^{13}C$ 值天然气与晚期重 $\delta^{13}C$ 值天然气混合的累积效应，石炭系天然气是志留系烃源岩阶段生成的产物，因此其 $\delta^{13}C$ 值相对志留系页岩气的重；（2）栖霞组—茅口组与石炭系天然气的母质类型不同，栖霞组—茅口组除了有下伏腐泥型烃源岩的贡献外，还有二叠系自身混合型烃源岩的贡献，造成其碳同位素相对偏重。

从栖霞组—茅口组至长兴组—飞仙关组 $\delta^{13}C_3$ 值由重变轻。能检测到 $\delta^{13}C_3$ 值的长兴组、飞仙关组天然气均为低含或微含 H_2S，$\delta^{13}C_3$ 值几乎不受 TSR 的影响，其值分别为 $-37.2‰\sim-22.3‰$（均值为 $-32.0‰$）和 $-37.9‰\sim-27.9‰$（均值为 $-33.1‰$）。因此，从栖霞组至飞仙关组 $\delta^{13}C_3$ 值由重变轻主要是受成熟度的影响。

从飞仙关组至侏罗系 $\delta^{13}C_3$ 值由轻变重。这种变化主要是受母质类型的控制。嘉陵江组主要源于下伏海相腐殖—腐泥型烃源岩，$\delta^{13}C_3$ 值为 $-40.0‰\sim-23.7‰$（均值为 $-29.0‰$）；雷口坡组总体呈现出混合型特征，$\delta^{13}C_3$ 值为 $-39.1‰\sim-22.1‰$（均值

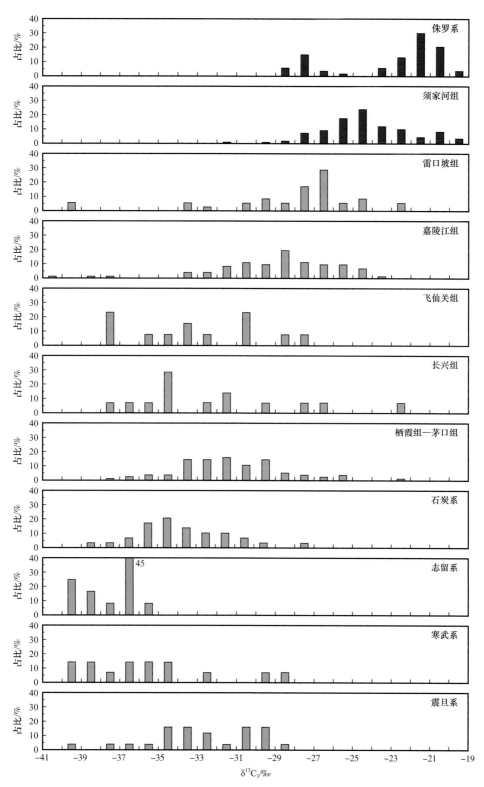

图 5-2-4　四川盆地不同层系天然气丙烷碳同位素频率分布直方图

为 −28.1‰）。须家河组、侏罗系母质类型主要为腐殖型，$\delta^{13}C_3$ 值分别为 −31.5‰～ −19.3‰（均值为 −24.3‰）和 −28.7‰～−19.6‰（均值为 −23.0‰）。

5. 丁烷碳同位素分布

四川盆地天然气 $\delta^{13}C_4$ 值仅在少数层系中检测到，尤其海相层系中能检测到的数量更少。从统计结果（图 5-2-5）来看，栖霞组—茅口组、长兴组和飞仙关组天然气中能检测到 $\delta^{13}C_4$ 值的样品不多，$\delta^{13}C_4$ 值分别为 −33.1‰～−19.4‰（14 个样均值为 −27.6‰）、−33.5‰～−19.6‰（8 个样均值为 −28.6‰）和 −27.2‰～−21.1‰（6 个样均值为 −25.0‰），样品点较分散，变化规律不明显。

嘉陵江组、雷口坡组天然气 $\delta^{13}C_4$ 值由重变轻主要受成熟度控制，$\delta^{13}C_4$ 值分别为 −31.6‰～−22.0‰（均值为 −26.9‰）和 −30.4‰～−22.0‰（均值为 −27.4‰）。

须家河组、侏罗系腐殖型天然气 $\delta^{13}C_4$ 值总体较重，分别为 −28.8‰～−18.0‰（均值为 −23.4‰）和 −27.5‰～−18.9‰（均值为 −22.0‰）。

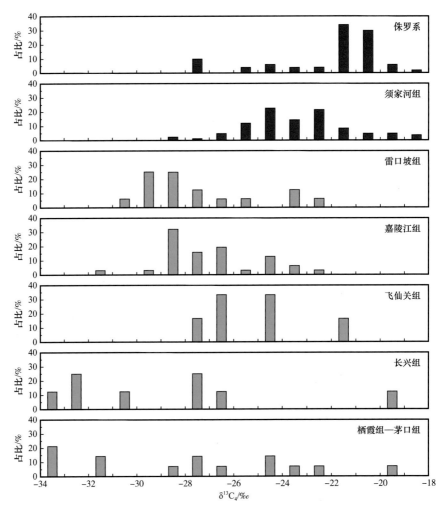

图 5-2-5　四川盆地不同层系天然气丁烷碳同位素频率分布直方图

二、天然气氢同位素组成

天然气氢同位素组成受烃源岩成熟度、有机质类型和沉积水介质盐度等因素制约。影响不同层系天然气氢同位素组成的主控因素有所差异。

1. 天然气氢同位素总体分布

四川盆地震旦系—侏罗系天然气氢同位素值总体分布域宽，甲烷、乙烷和丙烷氢同位素值均较重。从统计结果（图5-2-6）来看，504个样品甲烷氢同位素（$\delta^2H_{CH_4}$）分布在 $-204‰\sim-117‰$ 之间，有明显的主峰，主峰区间为 $-145‰\sim-125‰$；209个样品乙烷氢同位素（$\delta^2H_{C_2H_6}$）分布在 $-183‰\sim-97‰$ 之间，主峰区间为 $-160‰\sim-130‰$；166个样品丙烷氢同位素（$\delta^2H_{C_3H_8}$）分布在 $-172‰\sim-93‰$ 之间，主峰区间为 $-145‰\sim-105‰$。

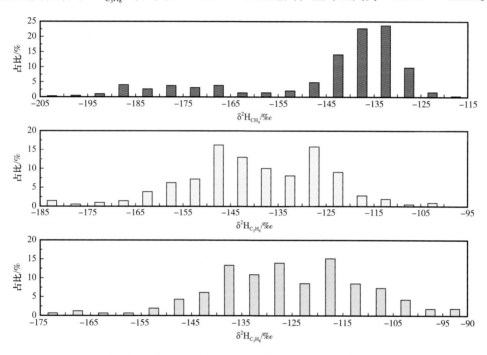

图5-2-6　四川盆地天然气氢同位素频率分布直方图

2. 天然气甲烷氢同位素

从不同层系天然气 $\delta^2H_{CH_4}$ 分布（图5-2-7）来看，海相层系震旦系—嘉陵江组天然气 $\delta^2H_{CH_4}$ 总体较重，其中，震旦系为 $-152‰\sim-131‰$（均值为 $-141‰$），寒武系为 $-145‰\sim-123‰$（均值为 $-135‰$），奥陶系为 $-143‰$，志留系为 $-151‰\sim-136‰$（均值为 $-144‰$），泥盆系为 $-141‰\sim-136‰$（均值为 $-139‰$），石炭系为 $-145‰\sim-128‰$（均值为 $-136‰$），栖霞组—茅口组为 $-141‰\sim-125‰$（均值为 $-134‰$），长兴组为 $-155‰\sim-117‰$（均值为 $-131‰$），飞仙关组为 $-145‰\sim-123‰$（均值为 $-132‰$），嘉陵江组为 $-141‰\sim-125‰$（均值为 $-135‰$）；雷口坡组天然气 $\delta^2H_{CH_4}$ 值呈现出海相、陆相天然气的过渡特征，$\delta^2H_{CH_4}$ 值为 $-168‰\sim-132‰$（均值为 $-149‰$）；陆相层系须

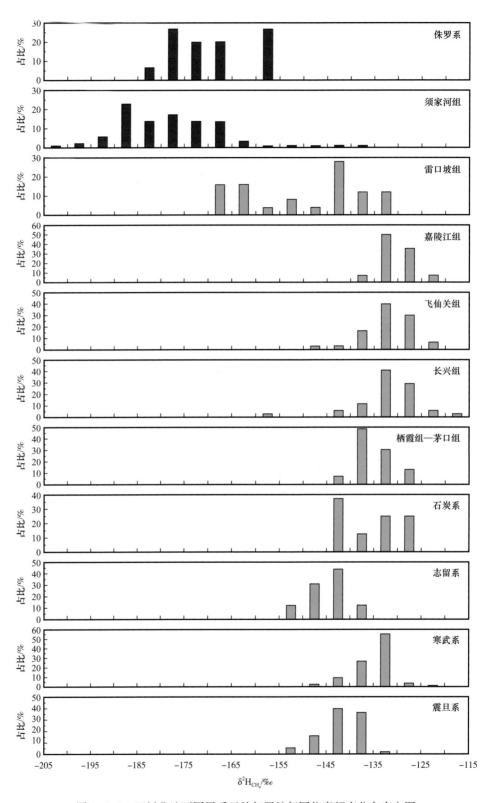

图 5-2-7 四川盆地不同层系天然气甲烷氢同位素频率分布直方图

家河组、侏罗系天然气 $\delta^2H_{CH_4}$ 值明显较轻，分别为 $-204‰\sim-135‰$（均值为 $-178‰$）和 $-180‰\sim-155‰$（均值为 $-168‰$）。

各层系天然气甲烷氢同位素的分布格局宏观上是受成熟度控制，海相层系成熟度整体较高，因此其 $\delta^2H_{CH_4}$ 相对较重；相反，陆相层系天然气成熟度较低，其 $\delta^2H_{CH_4}$ 相对较轻。此外，TSR 反应对 $\delta^2H_{CH_4}$ 也有一定的影响，在海相层系中，长兴组、飞仙关组天然气 H_2S 含量最高，导致其 $\delta^2H_{CH_4}$ 相对最重，均值分别为 $-131‰$ 和 $-132‰$。

3. 天然气乙烷氢同位素

受天然气成熟度影响，海相高成熟—过成熟天然气中，部分层系天然气中检测不到 $\delta^2H_{C_2H_6}$。从检测到较多样品的层系天然气 $\delta^2H_{C_2H_6}$ 分布（图 5-2-8）来看，海相层系栖霞组—雷口坡组天然气 $\delta^2H_{C_2H_6}$ 主体分布区间比较一致，其中，栖霞组—茅口组

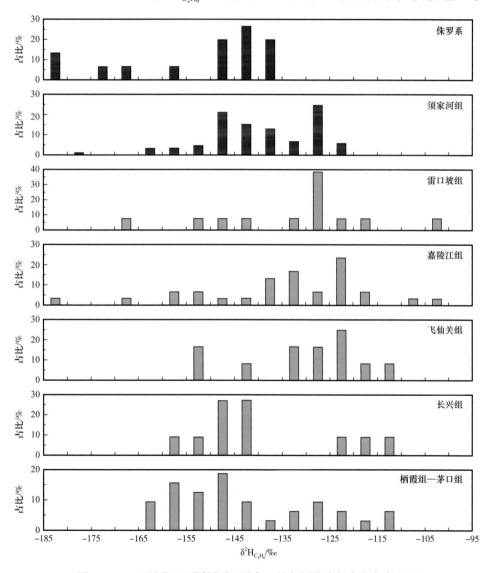

图 5-2-8　四川盆地不同层系天然气乙烷氢同位素频率分布直方图

为 −166‰～−112‰（均值为 −142‰），长兴组为 −157‰～−114‰（均值为 −139‰），飞仙关组为 −151‰～−113‰（均值为 −130‰），嘉陵江组为 −181‰～−103‰（均值为 −134‰），雷口坡组为 −165‰～−97‰（均值为 −131‰），总体上有随产层时代变新，$\delta^2H_{C_2H_6}$ 变重的趋势。陆相层系须家河组、侏罗系天然气 $\delta^2H_{C_2H_6}$ 值分别为 −175‰～−120‰（均值为 −139‰）和 −183‰～−135‰（均值为 −153‰）。

4. 天然气丙烷氢同位素

天然气丙烷氢同位素同样受天然气成熟度影响，海相高成熟—过成熟天然气中，部分层系天然气中检测不到 $\delta^2H_{C_3H_8}$。从检测到的天然气 $\delta^2H_{C_3H_8}$ 分布（图 5-2-9）来看，海相层系从栖霞组—茅口组至雷口坡组，$\delta^2H_{C_3H_8}$ 主体分布区间比较一致，其中，栖霞组—茅口组为 −144‰～−97‰（均值为 −119‰），长兴组 −146‰～−94‰（均值为 −117‰），嘉陵江组 −134‰～−93‰（均值为 −110‰），雷口坡组为 −145‰～−103‰（均值

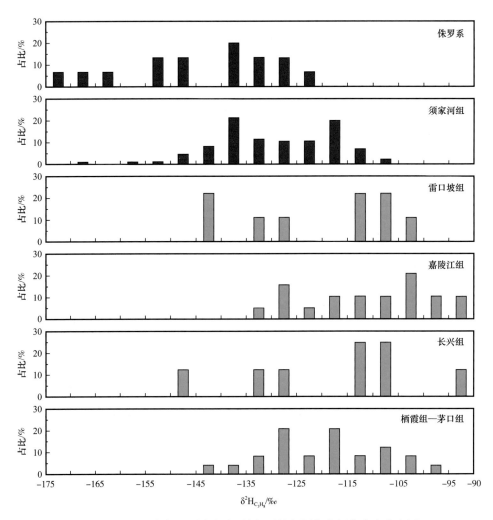

图 5-2-9　四川盆地不同层系天然气丙烷氢同位素频率分布直方图

为 −120‰）。陆相层系须家河组、侏罗系天然气 $\delta^2 H_{C_3H_8}$ 比海相天然气的轻，$\delta^2 H_{C_3H_8}$ 值分别为 −166‰～−106‰（均值为 −129‰）和 −172‰～−120‰（均值为 −143‰）。

第三节　非烃气体同位素组成特征

四川盆地天然气中的非烃气体主要包括 N_2、CO_2、H_2S，稀有气体主要包括 He、Ar 等，本节重点讨论这些非烃气体的同位素组成特征。

一、天然气中氮同位素

天然气中氮气的来源非常复杂，对于氮气的成因类型，虽然划分方式不同，但类型划分大同小异。影响氮同位素变化的因素有氮气的母源物质类型、氮气的生成机理、运移过程中氮气的渗流和扩散作用等。不同成因天然气的 $\delta^{15}N$ 值分布见本章第一节。从所检测的 $\delta^{15}N$ 结果看，四川盆地震旦系—志留系天然气的 $\delta^{15}N$ 值主要为 −7.9‰～−0.8‰（表 5−1−3），表明这些天然气中的 N_2 主要是沉积有机质在成熟、高成熟阶段经热氨化作用形成。

二、天然气中 CO_2 碳、氧同位素

1. 天然气中 CO_2 碳同位素

天然气中 CO_2 的成因类型很多，主要分为有机成因和无机成因。一般来讲，有机成因的 CO_2 是有机质在不同的地球化学作用中形成的，主要有以下形成途径：（1）地层中有机物氧化生成 CO_2；（2）有机物热裂解产生的 CO_2；（3）有机物热降解生成的 CO_2；（4）有机物微生物降解形成的 CO_2；（5）热化学硫酸盐还原反应（TSR）产生的 CO_2。前4 种来源的 CO_2 所处的地质环境比较单一，沉积有机质多处于稳定沉降的过程，影响因素主要为微生物和地温条件，没有构造断裂活动及热化学硫酸盐还原反应的次生改造作用影响。天然气中 CO_2 含量多低于 8%，$\delta^{13}C_{CO_2}$ 值小于 −10‰，主要为 −30‰～−10‰，天然气中甲烷及其同系物的碳同位素组成具有随碳数增大而变重的分布特征，即 $\delta^{13}C_1 <$ $\delta^{13}C_2 < \delta^{13}C_3 < \delta^{13}C_4$；热化学硫酸盐还原反应（TSR）主要发生在富含硫酸盐的海相碳酸盐岩沉积中，硫酸盐与有机质或烃类在一定温度条件下发生化学还原反应，TSR 作用生成的 CO_2 含量大于 5%，$\delta^{13}C_{CO_2}$ 值多大于 −2‰。然而，理论上 TSR 反应生成 CO_2 的碳同位素值会比较轻，实验值一般是 $\delta^{13}C_{CO_2}$ 小于 −30‰，造成这种情况的原因主要有：TSR 反应所产生的 H_2S 会与周围的碳酸盐岩发生反应，产生碳同位素较重的 CO_2；TSR 生成的 CO_2 与硫酸盐中 Mg^{2+}、Fe^{2+} 和 Ca^{2+} 等金属离子相结合并以碳酸盐的形式沉淀下来，致使残留 CO_2 的 $\delta^{13}C_{CO_2}$ 值变重，而碳酸盐中碳同位素变轻。此外，由于 TSR 过程优先与重烃（C_2^+）发生反应，富含 ^{12}C 的烃类优先反应，^{13}C 的烃类逐渐富集，从而导致重烃（C_2^+）的碳同位素异常重且重烃的含量降低。

无机成因的 CO_2 一般有以下几种形成途径：幔源 CO_2、地壳岩石熔融脱气产生的 CO_2、碳酸盐岩来源 CO_2、碳酸盐胶结物热分解产生的 CO_2 等。幔源 CO_2 包括已经大量脱气的上地幔（以洋中脊为代表）和尚未脱气的下地幔岩浆脱气作用产生的 CO_2，其 CO_2 含量多大于 60%，这类 CO_2 的 $\delta^{13}C_{CO_2}$ 值大多为 $-8‰ \sim -4‰$。与其伴生的稀有气体氦的 $^3He/^4He$ 比值通常不小于 1.1×10^{-5}，$CO_2/^3He$ 比值为（$2 \sim 7$）$\times 10^9$。

处于深大断裂分布区地幔来源、岩浆脱气成因的 CO_2 气藏通常伴随无机烷烃气的出现。地壳岩石熔融脱气产生的 CO_2 是地壳岩石和消减带岩石由于断裂、岩石内含水矿物脱水作用或超变质作用影响而引起固相岩石重新熔融形成岩浆过程中，岩浆分异脱碳气所产生。这类岩浆脱气产生的 CO_2 也因其岩浆母源碳的来源不同而表现出可变的地球化学特征，一般认为其 $\delta^{13}C_{CO_2}$ 值为 $-10‰ \sim -6‰$。伴生氦的 $^3He/^4He$ 比值通常为 $10^{-7} \sim 10^{-6}$，碳酸盐岩来源包括碳酸盐岩热分解产生的 CO_2、碳酸盐岩溶蚀产生的 CO_2。碳酸盐岩热分解产生的 CO_2 与热流体活动关系密切，由于碳酸盐岩在热水作用下很容易分解生成 CO_2，热流体活动可导致盆地内形成高温高压特征，促使地层中碳酸盐岩发生反应形成 CO_2。碳酸盐岩溶蚀作用产生的 CO_2 主要与地层中的酸性流体有关（有机酸、H_2S、HCO_3^- 等）。碳酸盐岩热分解及溶蚀作用产生的 CO_2，其 $\delta^{13}C_{CO_2}$ 值接近于碳酸盐岩的 $\delta^{13}C_{CO_2}$ 值，为 $-3.7‰ \sim 3.7‰$；碳酸盐胶结物主要是沉积碎屑岩中的钙质胶结物和泥质岩石中的一些碳酸盐矿物，如方解石、白云石或菱铁矿，由于其形成温度较低，具有很大的热不稳定性。一般在成岩作用过程中，便可分解生成 CO_2，其 $\delta^{13}C_{CO_2}$ 值也最大限度地继承了方解石的 $\delta^{13}C_{CO_2}$ 值，在 $-15‰ \sim -9‰$ 范围内。与海相碳酸盐岩热分解及碳酸盐胶结物分解产生的 CO_2 伴生的氦的 $^3He/^4He$ 比值通常约为 10^{-8}。

四川盆地震旦系—侏罗系天然气中 $\delta^{13}C_{CO_2}$ 值分布范围宽，为 $-21.5‰ \sim 5.4‰$，其中，64.73% 的样品 $\delta^{13}C_{CO_2}$ 值介于 $-4‰ \sim 4‰$；其次是 $\delta^{13}C_{CO_2}$ 值介于 $-8‰ \sim -4‰$，占 22.77%；$\delta^{13}C_{CO_2}$ 值介于 $-10‰ \sim -8‰$、$<-10‰$ 和 $>4‰$ 的分别占 6.25%、5.36% 和 0.89%。这些天然气中的 CO_2 主要属于碳酸盐岩来源（表 5-3-1）。

表 5-3-1　CO_2 成因综合判识指标表

鉴别指标	CO_2/%	$\delta^{13}C_{CO_2}/‰$，PDB	$\delta^{18}O_{CO_2}/‰$，SMOW	$^3He/^4He$
有机成因 CO_2	一般 <10	<-8	$5 \sim 18$	$10^{-8} \sim 10^{-6}$
地幔来源 CO_2	>60	$-8 \sim -3$	$0 \sim 10$	$>1.1 \times 10^{-6}$
碳酸盐岩来源 CO_2	—	$-3 \sim 5$	$0 \sim 35$	$n \times 10^{-8}$

2. 天然气中二氧化碳氧同位素

氧具有 ^{16}O、^{17}O 和 ^{18}O 等 3 种稳定同位素，由于 ^{16}O、^{18}O 丰度和质量数相差较大，通常选用 $^{18}O/^{16}O$ 比值作为氧的绝对同位素比值。氧同位素一般通过气态 CO_2 进行质谱分析，通过检测 CO_2 质量数 46（$^{12}C^{16}O^{18}O$）与质量数 44（$^{12}C^{16}O^{16}O$）峰的比值，计算样品中 CO_2 的氧同位素值。

四川盆地天然气样品采自上寒武统洗象池组、上二叠统长兴组、下三叠统飞仙关组、中三叠统雷口坡组、上三叠统须家河组及下侏罗统自流井组大安寨段。天然气中甲烷含量为71.5%～96.5%，天然气干燥系数大于0.95，部分接近1.0。天然气中存在较多的CO_2且含量变化大，其中普光气田CO_2含量最高（20%以上），其次为威远和龙岗气田（3%～6%），邛西气田CO_2含量最低（约1.5%）。天然气中氮气含量较低，一般小于1%。天然气中多存在硫化氢气体，含量为0～15%。CO_2的碳同位素值很重，为−2.6‰～3.5‰，CO_2的氧同位素值为12.2‰～29.3‰，天然气中氦、氩含量低，$^3He/^4He$均在10^{-8}数量级，表现为壳源特征。鉴于天然气藏多为海相碳酸盐岩储层且存在TSR作用，CO_2的碳同位素值很重，由此认为气藏中的CO_2主要为碳酸盐岩热解成因、TSR作用产生的硫化氢对碳酸盐岩的酸蚀成因（图5-3-1），同时也有部分CO_2源于酸化作业过程中的酸—岩反应。

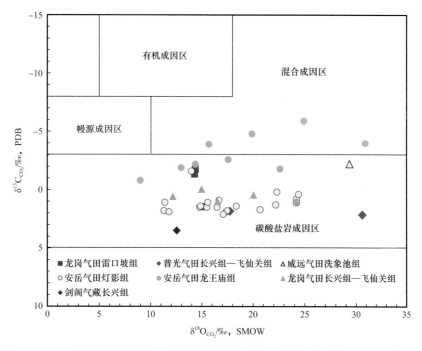

图5-3-1　四川盆地天然气中二氧化碳成因来源判识图（据李谨等，2014，修改）

三、天然气中硫化氢硫同位素

天然气中H_2S的地质成因主要有含硫有机质裂解、细菌硫酸盐还原反应（Bacterlal Sulphate Reduction，简写为BSR）和热化学硫酸盐还原反应（TSR）三个方面。

1. 含硫有机质裂解

含硫有机质裂解是有机质在热演化过程中部分含硫有机化合物中的硫被释放出来，形成硫化氢，其生成主要受有机质类型和有机质热演化程度的影响，与硫同位素分馏程度关系不大。

2. 细菌硫酸盐还原反应

细菌硫酸盐还原反应是通过硫酸盐还原菌的作用降解烃类（主要是液态烃）还原石膏、硬石膏中的 S^{6+} 为 S^{2-} 生成 H_2S（或 FeS_2）和 CO_2。该过程所需的环境条件是低温，因为高于 80℃的温度限制了细菌的活动，将终止反应过程。目前多数学者认为该反应过程对烃类的降解主要发生在埋藏温度为 60℃～80℃的浅埋藏环境中，此时油气处于未成熟阶段，细菌硫酸盐还原作用生成的 H_2S 硫同位素一般轻于 8‰。

3. 热化学硫酸盐还原反应

在高温条件下硫酸盐是在烃类作为还原剂的情况下被还原生成 H_2S，这种反应被称为热化学硫酸盐还原反应。目前多数研究成果表明该过程发生在 100℃～200℃、R_o 相当于 1%～4% 的深埋高温环境。同时必须有硫酸盐存在，如石膏或含膏岩发育的层系中，烃类常发生这样的次生变化。

烃类还原硫酸盐的总反应过程可概括为（Machel et al., 1995）：

$$烃类 + SO_4^{2-} \longrightarrow 蚀变的烃类 + 固体沥青 + HCO_3^-（CO_2）+ H_2S（HS^-）+ 热量$$

$$(5-1-19)$$

在 TSR 过程中，产生的反应物除 H_2S、沥青和 CO_2 外，还有 FeS_2（黄铁矿）、$CaCO_3$（方解石）、$CaMg(CO_3)_2$（白云石）和 S（硫黄）等。这些含硫化合物中的硫和元素硫稳定同位素值都比 BSR 过程中的明显偏重。

稳定硫同位素分析技术对于研究硫化氢的成因具有重要意义。在不同的反应或不同条件下的反应中，硫同位素的分馏系数会有差别。细菌硫酸盐还原作用的含硫反应产物的 $\delta^{34}S$ 值明显要比热化学硫酸盐还原作用的相同含硫反应产物的 $\delta^{34}S$ 值轻。相对于反应物硫酸盐（石膏、硬石膏），细菌硫酸盐还原作用反应产物的 $\delta^{34}S$ 偏轻值显著大于 20‰，而热化学硫酸盐还原作用的偏轻值小于 20‰。

对比海相层系不同时代产层天然气中硫化氢与石膏中 $\delta^{34}S$ 值分布（图 5-3-2）可见，不同产层天然气中硫化氢的 $\delta^{34}S$ 值均轻于石膏的 $\delta^{34}S$ 值，而且随产层时代的变化，天然气、石膏的 $\delta^{34}S$ 值具有相似的演化规律，如石炭系、二叠系天然气的 $\delta^{34}S$ 值较轻，与同时代的石膏 $\delta^{34}S$ 值相对较轻有关。

通过对四川盆地普光气田、罗家寨气田、安岳气田、威远气田、中坝气田、大天池气田、磨溪气田和卧龙河气田等含硫化氢天然气样品硫同位素的分析发现，样品中硫化氢气体 $\delta^{34}S$ 为 10‰～30‰，主要为 12‰～25‰，明显重于生物降解成因和含硫有机质裂解成因硫化氢的硫同位素。从硫化氢含量与硫化氢硫同位素组成分布图（图 5-3-3a）中可以看到，除安岳气田（灯影组 + 龙王庙组）、威远气田（灯影组 + 洗象池组）及川东成 16 井（嘉陵江组）硫化氢含量低于 2% 外，其余样品硫化氢含量均高于 2%，以普光气田天然气硫化氢含量最高，平均硫化氢含量约 16%；硫化氢硫同位素主要分布在 12‰～25‰之间，磨溪气田（雷口坡组）一个样品硫化氢硫同位素最轻，接近 10‰，卧龙河气田两个样品和寨沟 2 井样品硫化氢硫同位素最重，接近 31‰。

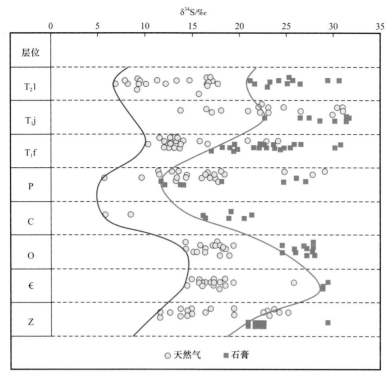

图 5-3-2　海相层系不同时代产层天然气与石膏硫同位素分布图（据朱光有等，2014，修改）

奥陶系天然气、石膏硫同位素数据源于塔里木盆地和鄂尔多斯盆地，其他源于四川盆地

从甲烷碳同位素与硫化氢硫同位素组成分布图（图 5-3-3b）中可以看出，普光气田天然气甲烷碳同位素最重，其次为罗家寨气田、大天池气田、威远气田及安岳气田天然气，中坝气田天然气甲烷碳同位素最轻；硫化氢含量普光气田最高，因此，其碳同位素组成偏重可能与 TSR 反应程度有关。但从硫化氢硫同位素分布来看，主要分布在 12‰～25‰之间，应该都属于 TSR 反应的产物。

综合以上资料认为，除硫化氢含量仅 0.3% 的成 16 井天然气中的硫化氢可能存在其他成因外，四川盆地普光气田、大天池气田、中坝气田、磨溪等气田、威远气田及安岳气田天然气中硫化氢均为 TSR 反应成因。

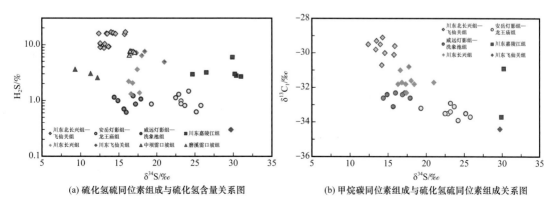

(a) 硫化氢硫同位素组成与硫化氢含量关系图　　　　(b) 甲烷碳同位素组成与硫化氢硫同位素组成关系图

图 5-3-3　天然气中硫化氢硫同位素与硫化氢含量、甲烷碳同位素关系图

四、天然气中稀有气体氦、氩同位素

1. 氦同位素特征

氦（He）有两个稳定同位素 ^{3}He 和 ^{4}He，其成因不同，^{3}He 主要为元素形成时的核素，^{4}He 主要是地球上自然放射性元素铀（U）和钍（Th）衰变的产物。天然气中有 3 种类型的 He，分别是大气 He、壳源 He 和幔源 He。大气 He 的 ^{3}He/^{4}He 值（R_a）为 1.40×10^{-6}，幔源 He 的 ^{3}He/^{4}He 值（R_m）通常取 1.10×10^{-5} 作为表征值（Lupton，1983），而壳源 He 中由于存在放射成因 He，其 ^{3}He/^{4}He 值（R_c）平均为 $(2 \sim 3) \times 10^{-8}$（Poreda et al.，1986）。

震旦系灯影组天然气中 He 的 ^{3}He/^{4}He 值（R）分布在 $(3.301 \sim 12.621) \times 10^{-8}$ 之间（图 5-3-4），平均约为 7.443×10^{-8}（$0.053R_a$）；寒武系龙王庙组天然气中 He 的 ^{3}He/^{4}He 值为 $(2.300 \sim 3.392) \times 10^{-8}$，平均约为 2.781×10^{-8}（$0.020R_a$）；志留系龙马溪组天然气中 He 的 ^{3}He/^{4}He 值（R）分布在 $(1.1 \sim 12.6) \times 10^{-8}$ 之间，平均约为 3.6×10^{-8}（$0.027R_a$）；石炭系黄龙组天然气中 He 的 ^{3}He/^{4}He 值（R）分布在 $(0.88 \sim 2.80) \times 10^{-8}$ 之间，平均约为 2×10^{-8}（$0.014R_a$）；二叠系天然气中 He 的 ^{3}He/^{4}He 值（R）分布在 $(0.56 \sim 3.92) \times 10^{-8}$ 之间，平均约为 2.08×10^{-8}（$0.0148R_a$）；下三叠统飞仙关组、嘉陵江组天然气中 He 的 ^{3}He/^{4}He 值（R）分布在 $(0.4 \sim 4.9) \times 10^{-8}$ 之间，平均约为 1.47×10^{-8}（$0.011R_a$）；上三叠统须家河组天然气中 He 的 ^{3}He/^{4}He 值（R）分布在 $(1.60 \sim 2.57) \times 10^{-8}$ 之间，平均约为 2.06×10^{-8}（$0.0147R_a$）；侏罗系天然气中 He 的 ^{3}He/^{4}He 值（R）分布在 $(1.40 \sim 2.80) \times 10^{-8}$ 之间，平均约为 2.1×10^{-8}（$0.015R_a$）。

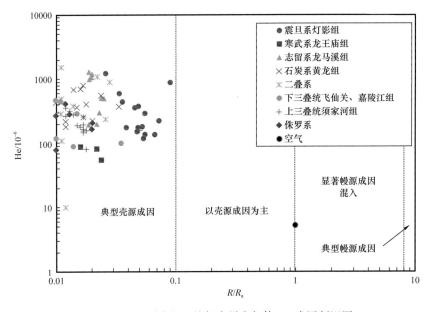

图 5-3-4 四川盆地天然气中稀有气体 He 成因判识图

四川盆地震旦系、寒武系、志留系、石炭系、二叠系、三叠系及侏罗系等主要含气层系天然气的 ^{3}He/^{4}He 值总体上为 10^{-8} 量级，且 $0.01 < R/R_a < 0.10$，样品点均落在典型壳源成因区（图 5-3-4），表明主要含气层系天然气中稀有气体 He 以典型壳源成因为主，

壳源成因 He 比例大于 98.8%，并且主要来自盆地壳源富含放射元素 U、Th 的层系（基底花岗岩、深层古老泥质烃源岩等）放射性元素的衰变。同时也反映四川盆地深部没有活动性强的深大断裂和通幔断裂，构造活动较为稳定。

2. 氩同位素特征

氩（Ar）在地球上有 3 个稳定同位素，分别是 ^{36}Ar、^{38}Ar 和 ^{40}Ar，其中 ^{36}Ar、^{38}Ar 是原始形成的核素，而 ^{40}Ar 主要来自 K 的放射性衰变。在地球各圈层中，大气中的 Ar 具有稳定的同位素组成，$^{40}Ar/^{36}Ar=295.5$，$^{38}Ar/^{36}Ar=0.188$（王先彬，1989）。由于放射性 Ar 的衰变母体 ^{40}K 分布不均，地壳和地幔中 Ar 同位素组成的变化范围很大，上地幔 $^{40}Ar/^{36}Ar$ 值为 295.5～10000.0，下地幔值远低于上地幔值（刘文汇等，1993；沈平等，1995）。

震旦系灯影组天然气 $^{40}Ar/^{36}Ar$ 值普遍较高（图 5-3-5），主要分布在 1132～9559 之间，平均约为 4696；寒武系龙王庙组天然气 $^{40}Ar/^{36}Ar$ 值与震旦系相比较低，主要分布在 1024～1388 之间，平均约为 1229；志留系龙马溪组天然气 $^{40}Ar/^{36}Ar$ 值主要分布在 341～7365 之间，平均约为 2326；二叠系长兴组天然气 $^{40}Ar/^{36}Ar$ 值主要分布在 307～475 之间，平均约为 364；中—下三叠统（飞仙关组、雷口坡组）天然气 $^{40}Ar/^{36}Ar$ 值主要分布在 341～862 之间，平均约为 519；上三叠统须家河组天然气 $^{40}Ar/^{36}Ar$ 值主要分布在 420～783 之间，平均约为 575；侏罗系天然气 $^{40}Ar/^{36}Ar$ 值主要分布在 362～460 之间，平均约为 405。

根据 $^3He/^4He$ 值可知四川盆地震旦系、寒武系、志留系、石炭系、二叠系、中—下三叠统、上三叠统及侏罗系天然气中 Ar 主要为壳源成因，主要来源于烃源岩或储层中 K 的放射性衰变，并且 $^{40}Ar/^{36}Ar$ 随着地层时代变老具有明显时代累积效应，主要与烃源岩的时代及 K 含量密切相关。

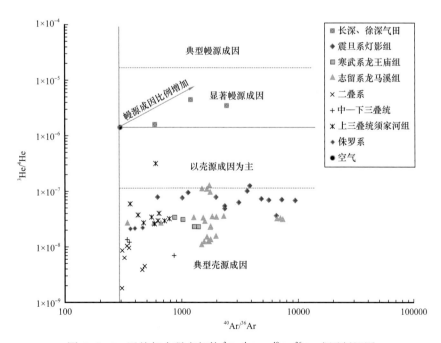

图 5-3-5　天然气中稀有气体 $^3He/^4He$—$^{40}Ar/^{36}Ar$ 成因判识图

第六章 天然气轻烃组成特征

天然气中 C_5—C_7 烃类组成特征不但与生烃母质密切相关，而且受热演化程度及天然气运移过程中的水溶、吸附等次生作用影响，尤其当海相层系天然气的演化程度处于过成熟阶段时，其轻烃组成也呈现出以甲基环己烷等环烷烃为主的现象，此情形下，不能将轻烃参数作为原始母质类型的判识标志，但可作为判识干酪根裂解和原油二次裂解的重要指标。本章主要讨论天然气轻烃组成在天然气母质类型、运移、相态及干酪根裂解气与原油裂解气的判识等方面的研究进展。

第一节 天然气轻烃组成在母质类型判识中的应用

天然气轻烃在 C_5—C_7 的碳数范围内，烃类异构体非常丰富，它们的形成和演化与天然气息息相关，而轻烃的信息量又远大于气态烃类。因此在进行天然气成因类型判识时，常借助于轻烃中的信息进行综合分析。本节主要以成熟程度相对低的三叠系—侏罗系天然气及少量伴生的凝析油为例。

一、C_5—C_7 的轻烃化合物相对含量

C_5—C_7 脂肪族组成三角图是常用来判识不同类型天然气的重要参数。源于腐泥型母质的轻烃组分中富含正构烷烃，源于腐殖型母质的轻烃组分中则富含异构烷烃和芳香烃，而富含环烷烃的凝析油也是陆源母质的重要特征（戴金星等，1992）。

1. C_5—C_7 轻烃组成相对含量

三叠系须家河组、雷口坡组、嘉陵江组及侏罗系天然气 C_5—C_7 化合物链烷烃、环烷烃和芳香烃组成相对百分含量总体上以高含链烷烃、低含芳香烃为特征（表 6-1-1，图 6-1-1）。

不同层段天然气链烷烃含量分布中，侏罗系为 43.4%～89.4%，均值为 76.0%；上三叠统须家河组为 40.9%～86.1%，均值为 68.7%；中三叠统雷口坡组为 90.5%～95.9%，均值为 92.5%；下三叠统嘉陵江组为 59.3%～80.1%，均值为 70.9%。除须家河组的平落 2 井、邛西 3 井、三台 1 井，侏罗系的磨 6 井、秋林 207-05-H2 井、秋林 209-8-H2 井、金浅 15 井等少数样品的芳香烃含量大于 10% 以外，绝大部分的芳香烃含量小于 10%。环烷烃含量分布中，侏罗系为 10.2%～46.2%，均值为 20.3%；须家河组为 12.3%～45.4%，均值为 25.4%；雷口坡组为 3.7%～8.3%，均值为 6.5%；嘉陵江组为 18.4%～38.6%，均值为 24.3%。

相对于天然气，凝析油的 C_5—C_7 化合物链烷烃、环烷烃和芳香烃组成虽总体上仍以高含链烷烃为主，但其芳香烃含量相对较高，以大于 10% 为主。具体的链烷烃含量分布中，侏罗系为 58.7%；须家河组为 27.8%～54.3%，均值为 41.6%；雷口坡组为 79.2%；嘉陵江组为 56.1%～66.9%，均值为 61.5%。芳香烃含量分布中，侏罗系为 4.6%；须家河组为 8.8%～21.4%，均值为 13.3%；雷口坡组为 7.1%；嘉陵江组为 11.9%～18.0%，均值为 15.0%。环烷烃含量分布中，侏罗系为 36.7%；须家河组为 32.4%～55.1%，均值为 45.1%；雷口坡组为 13.7%；嘉陵江组为 21.1%～25.9%，均值为 23.5%。

2. C_6—C_7 轻烃组成相对含量

C_6—C_7 化合物的链烷烃、环烷烃和芳香烃相对组成与 C_5—C_7 化合物的相似，同样显示出高链烷烃含量的特征（表 6-1-1，图 6-1-2）。

表 6-1-1　四川盆地三叠系—侏罗系天然气、凝析油轻烃组成相对百分含量数据

类型	样品编号	层位	C_5—C_7/%			C_6—C_7/%			C_7/%		
			Alk	Nap	Are	Alk	Nap	Are	nC_7	MCC_6	$\sum DMCC_5$
天然气	磨 6	J	43.4	46.2	10.4	35.2	52.4	12.4	15.4	67.9	16.7
	秋林 206-05-H1	J_2s	79.2	17.0	3.8	63.4	29.4	7.2	38.3	46.6	15.1
	秋林 200-H2	J_2s	76.0	19.2	4.8	55.2	34.7	10.1	21.1	62.2	16.7
	秋林 207-05-H2	J_2s	62.9	26.7	10.4	42.2	40.5	17.3	16.0	67.2	16.8
	秋林 209-8-H2	J_2s	57.8	29.4	12.8	38.1	42.0	19.9	15.5	68.2	16.3
	金浅 2	J_2s	81.7	14.1	4.2	66.5	24.9	8.6	42.8	49.4	7.8
	金浅 511-6-H1	J_2s	72.8	22.0	5.2	47.3	41.8	10.9	20.0	66.8	13.2
	金浅 15	J_2s	57.6	30.9	11.5	39.3	43.3	17.4	16.3	68.2	15.5
	中浅 1	J_2s	71.4	27.3	1.3	53.9	43.9	2.2	22.1	65.3	12.6
	永浅 3	J_2s	77.9	17.1	5.0	54.1	34.2	11.7	20.5	61.5	18.0
	永浅 6	J_2s	72.3	24.1	3.6	50.1	42.8	7.1	18.0	65.8	16.2
	观浅 1	J_2s	61.5	30.3	8.2	43.9	43.4	12.7	18.8	66.5	14.7
	盐亭 206-8-1-1H	J_2s	75.5	21.7	2.8	61.4	33.7	4.9	37.4	47.3	15.3
	金顺 1-1	J_2s	76.7	21.2	2.1	57.8	37.8	4.4	22.8	60.3	16.9
	金顺 1-2	J_2s	67.7	31.0	1.3	51.6	46.3	2.1	20.6	64.1	15.3
	龙安 1	J_2s	81.8	17.2	1.0	67.0	30.9	2.1	33.8	52.0	14.2
	五宝浅 1	J_2s	88.3	11.4	0.3	77.0	22.1	0.9	44.6	39.0	16.4
	五宝浅 1-1	J_2s	80.9	18.4	0.7	70.8	28.0	1.2	45.4	41.9	12.7
	五宝浅 1-2	J_2s	88.2	11.4	0.4	77.1	21.8	1.1	41.0	40.9	18.1

类型	样品编号	层位	C$_5$—C$_7$/%			C$_6$—C$_7$/%			C$_7$/%		
			Alk	Nap	Are	Alk	Nap	Are	nC$_7$	MCC$_6$	∑DMCC$_5$
天然气	五宝浅 4-1	J$_2$s	84.6	14.9	0.5	76.4	22.7	0.9	52.3	36.4	11.3
	五宝浅 6-1	J$_2$s	84.4	15.1	0.5	74.4	24.7	0.9	46.0	40.7	13.3
	五宝浅 9	J$_2$s	89.4	10.2	0.4	79.9	19.1	1.0	46.0	38.2	15.8
	五宝浅 10	J$_2$s	89.1	10.5	0.4	79.3	19.7	0.9	45.1	37.7	17.2
	五宝浅 13	J$_2$s	84.6	14.6	0.8	74.2	24.3	1.5	44.9	39.9	15.2
	五宝浅 006-1-H1	J$_2$s	85.1	14.5	0.4	76.0	23.3	0.7	50.2	37.8	12.0
	平落 13	J$_2$s	86.2	11.8	2.0	66.7	27.1	6.2	29.5	55.4	15.1
	平落 2	T$_3$x$_2$	57.7	23.3	19.0	40.4	32.4	27.2	17.1	62.2	20.7
	邛西 3	T$_3$x$_2$	40.9	27.0	32.1	22.7	34.8	42.5	13.5	83.8	2.7
	天府 2	T$_3$x	82.3	14.5	3.2	60.2	31.6	8.2	20.9	63.4	15.7
	三台 1	T$_3$x$_3$	61.6	26.1	12.3	53.9	30.7	15.4	11.1	70.4	18.5
	五宝浅 15	T$_3$x$_{4—6}$	49.6	42.7	7.7	32.7	56.6	10.7	15.6	68.4	16.0
	五宝浅 20	T$_3$x$_5$	60.2	37.4	2.4	57.7	39.6	2.7	45.4	44.6	10.0
	广 51	T$_3$x$_6$	76.8	21.3	1.9	54.8	41.3	3.9	14.6	58.5	26.9
	兴华 1	T$_3$x$_6$	67.6	29.3	3.1	47.8	46.8	5.4	15.1	60.6	24.3
	庙 4	T$_3$x$_6$	73.2	24.0	2.8	57.0	38.0	5.0	18.3	59.1	22.6
	威东 9	T$_3$x$_6$	81.3	18.3	0.4	56.4	42.4	1.2	14.1	61.2	24.7
	音 17	T$_3$x$_6$	64.5	28.4	7.1	56.8	33.9	9.3	30.0	50.8	19.5
	音 10	T$_3$x$_6$	63.6	28.3	8.1	55.6	33.9	10.5	31.7	51.2	17.1
	界 6	T$_3$x$_6$	70.2	25.7	4.1	54.3	38.7	7.0	26.1	54.6	19.3
	西 72	T$_3$x$_4$	73.6	23.6	2.8	45.4	48.1	6.5	12.3	66.0	21.7
	金 17	T$_3$x$_4$	54.2	36.5	9.3	34.9	51.1	14.0	10.8	69.2	20.0
	充深 1	T$_3$x$_4$	65.0	29.4	5.6	51.1	40.5	8.4	22.6	56.5	20.9
	西 20	T$_3$x$_4$	67.2	27.1	5.7	46.5	43.3	10.2	15.9	64.5	19.6
	莲深 1	T$_3$x$_4$	65.0	28.7	6.3	45.8	43.6	10.6	15.4	63.9	20.7
	音 27	T$_3$x$_4$	66.7	26.1	7.2	57.4	32.6	10.0	31.4	50.3	18.3
	西 35-1	T$_3$x$_2$	82.9	14.3	2.8	69.2	24.8	6.0	24.2	55.6	20.2
	女 103	T$_3$x$_2$	82.2	15.5	2.3	67.7	27.1	5.2	20.6	56.7	22.7

类型	样品编号	层位	C₅—C₇/%			C₆—C₇/%			C₇/%		
			Alk	Nap	Are	Alk	Nap	Are	nC₇	MCC₆	∑DMCC₅
天然气	潼南1	T₃x₂₋₄	83.8	13.7	2.5	71.8	22.8	5.4	26.7	49.0	24.3
	角47	T₃x₂	56.3	35.4	8.3	38.6	49.2	12.2	14.8	72.1	13.1
	角33	T₃x₂	68.9	27.0	4.1	46.8	45.5	7.7	15.8	68.7	15.5
	遂56	T₃x₂	86.1	12.4	1.5	71.0	24.9	4.1	23.0	52.8	24.2
	遂37	T₃x₂₋₄	80.7	17.6	1.7	62.9	33.2	3.9	22.6	54.4	23.0
	岳3井	T₃x₂	79.3	17.2	3.5	65.3	28.0	6.7	30.8	50.1	19.1
	包27	T₃x₂	76.7	20.9	2.4	57.7	37.3	5.0	22.0	52.4	25.6
	包浅1	T₃x₁₋₂	70.5	27.6	1.9	42.8	53.1	4.1	12.0	64.8	23.2
	包浅4	T₃x₄	68.5	24.1	7.4	57.2	31.6	11.2	29.6	50.1	20.3
	丹2	T₃x₂	48.2	45.4	6.4	30.9	60.1	9.0	13.2	70.0	16.8
	充探1	T₂l	95.9	3.7	0.4	93.0	5.4	1.6	55.2	27.6	17.2
	简阳1	T₂l	90.4	8.3	1.3	88.7	9.1	2.2	58.9	25.2	15.9
	青探1	T₂l	91.0	7.7	1.3	90.9	6.9	2.2	56.3	23.3	20.4
	同福1	T₁j	59.3	38.6	2.1	43.9	53.0	3.1	15.7	69.0	15.3
	同福7	T₁j₂	77.5	21.6	0.9	63.7	34.7	1.6	28.1	53.9	18.0
	津浅3	T₁j₁	81.0	18.4	0.6	67.8	31.1	1.1	33.3	51.4	15.3
凝析油	磨6	J	58.7	36.7	4.6	53.0	41.5	5.5	34.6	52.5	12.9
	遂56	T₃x₂	54.3	34.7	11.0	48.2	38.8	13.0	24.2	60.2	15.6
	遂37	T₃x₂₋₄	47.0	42.3	10.7	41.5	46.3	12.2	23.5	62.2	14.3
	西72	T₃x₄	35.6	53.3	11.1	27.5	59.7	12.8	12.2	72.2	15.6
	莲深1	T₃x₄	27.9	50.7	21.4	24.6	52.7	22.7	14.0	73.3	12.7
	包浅4	T₃x₄	53.7	32.4	13.9	46.0	37.0	17.0	30.4	53.7	15.9
	包27	T₃x₂	43.8	47.4	8.8	40.6	49.8	9.6	22.3	60.1	17.6
	中47	T₃x₂	28.6	55.1	16.3	25.8	57.1	17.1	16.8	73.7	9.5
	充探1	T₂l₃	79.2	13.7	7.1	76.1	14.6	9.3	56.0	32.0	12.0
	沈17	T₁j₂	56.1	25.9	18.0	53.6	26.6	19.8	45.8	39.6	14.6
	德胜1	T₁j₁	66.9	21.2	11.9	59.8	25.4	14.8	54.8	34.3	10.9

注：Alk—链烷烃；Nap—环烷烃；Are—芳香烃；nC₇—正庚烷；MCC₆—甲基环己烷；∑DMCC₅—二甲基环戊烷。

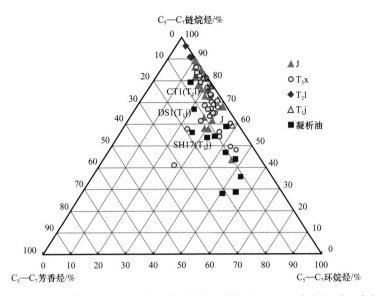

图 6-1-1 四川盆地三叠系—侏罗系天然气、凝析油 C_5—C_7 轻烃组成三角图

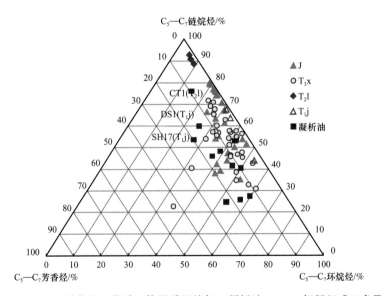

图 6-1-2 四川盆地三叠系—侏罗系天然气、凝析油 C_6—C_7 轻烃组成三角图

对天然气而言，芳香烃含量分布中，侏罗系均值为 6.4%；须家河组均值为 9.3%；雷口坡组均值为 2.0%；嘉陵江组均值为 6.3%。链烷烃含量分布中，侏罗系均值为60.7%；须家河组均值为 52.0%；雷口坡组均值为 90.8%；嘉陵江组均值为 58.4%。环烷烃含量分布中，侏罗系均值为 32.9%；须家河组均值为 38.7%；雷口坡组均值为 7.1%；嘉陵江组均值为 35.4%。

对凝析油而言，芳香烃含量分布中，侏罗系均值为 5.5%；须家河组均值为 14.9%；雷口坡组均值为 9.3%；嘉陵江组均值为 17.3%。链烷烃含量分布中，侏罗系均值为53.0%；须家河组均值为 36.3%；雷口坡组均值为 76.1%；嘉陵江组均值为 56.7%。环烷烃含量分布中，侏罗系均值为 41.5%；须家河组均值为 48.8%；雷口坡组均值为 14.6%；

嘉陵江组均值为26.0%。

综上所述，四川盆地不同地区三叠系—侏罗系天然气、凝析油 C_5—C_7 轻烃组成特征存在较大差异，主要原因如下。

（1）川西南部平落坝、邛西构造须家河组二段（T_3x_2）天然气轻烃比较真实地反映了原始腐殖型母质类型富含芳香烃和环烷烃的轻烃组成特点。

平落坝、邛西构造紧邻川西上三叠统须家河组烃源岩生烃中心，没有经过长距离的运移，而且须二段气藏不产水，为纯天然气藏，天然气从烃源岩生成、排出乃至聚集成藏的过程中，其轻烃组成，尤其是芳香烃受地层水溶解或地层的吸附作用影响比较小，可以认为其轻烃组成基本上反映了须家河组腐殖型母质的特点（谢增业等，2007）。在轻烃组成图谱（图 6-1-3a）中可见苯和甲苯丰度高，其次，甲基环己烷和环己烷的含量也较高，而正己烷、正庚烷含量则相对较低。在相对百分含量上，C_5—C_7 化合物的相对组成中，芳香烃含量为 19.0%～32.1%，环烷烃含量为 23.3%～27.0%，链烷烃含量为 40.9%～57.7%；C_6—C_7 化合物的相对组成中，芳香烃含量为 27.2%～42.5%，环烷烃含量为 32.4%～34.8%，链烷烃含量为 22.7%～40.4%。

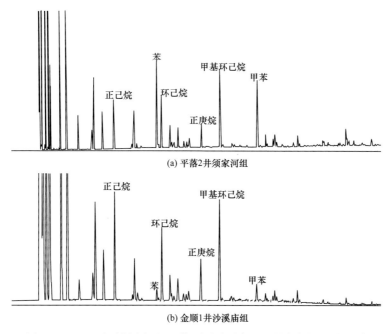

(a) 平落2井须家河组

(b) 金顺1井沙溪庙组

图 6-1-3 三叠系须家河组—侏罗系沙溪庙组天然气轻烃组成图谱

（2）三叠系、侏罗系大部分天然气芳香烃含量较低，受到运移吸附与水溶作用的影响。

三叠系须家河组、侏罗系天然气轻烃组成主要表现为高链烷烃含量、低芳香烃含量的特点（图 6-1-1、图 6-1-2），但这并不是其原始轻烃的组成面貌，而可能是受到运移吸附与水溶作用的影响。如川中地区须家河组天然气虽为自生自储，但气藏含水饱和度普遍较高，天然气的最终聚集成藏是通过气驱水的方式进行的，也就是在成藏过程中，芳香烃受到水溶作用的影响，从而导致聚集起来的天然气普遍低含芳香烃。

对侏罗系气藏而言，天然气来源于须家河组烃源岩，在天然气自烃源岩通过断层的输导，运移至侏罗系储层的过程中受到地层的吸附作用影响，随运移距离的增加，芳香烃含量逐渐降低。如平落坝构造平落 13 井侏罗系沙溪庙组天然气轻烃 C_5—C_7 化合物的相对组成中，芳香烃含量仅为 2.0%；C_6—C_7 化合物的相对组成中，芳香烃含量仅为 6.2%，与平落 2 井等须家河组天然气特征形成鲜明对比；金顺 1 井沙溪庙组天然气环烷烃含量较高，但苯、甲苯丰度较低（图 6-1-3b），C_5—C_7 化合物的相对组成中，芳香烃含量仅为 1.3%～2.2%，C_6—C_7 化合物的相对组成中，芳香烃含量仅为 2.1%～4.4%。

二、C_7 轻烃系列化合物相对含量

C_7 轻烃系列的化合物一般包括三类，即正庚烷（nC_7）、甲基环己烷（MCC_6）及各种结构的二甲基环戊烷（$\sum DMCC_5$）。戴金星等（1992）的研究表明，正庚烷主要来自藻类和细菌，对成熟作用十分敏感，是良好的成熟度指标；甲基环己烷主要来自高等植物木质素、纤维素和醣类等，热力学性质相对稳定，是反映陆源母质类型的良好参数，它的大量存在是腐殖型气的一个特点；各种结构的二甲基环戊烷主要来自水生生物的类脂化合物，并受成熟度影响，它的大量出现是腐泥型气的一个特点。因此以正庚烷（nC_7）、甲基环己烷（MCC_6）和二甲基环戊烷（$\sum DMCC_5$）为顶点编制的三角图对研究天然气成因类型是比较有效的（戴金星，1992）。

图 6-1-4 是四川盆地各层系天然气、凝析油 C_7 轻烃系列相对含量三角图，如图 6-1-4 所示，不同地区、不同层段的样品分布有一定的规律，基本上可以反映其原始母质类型的特征。

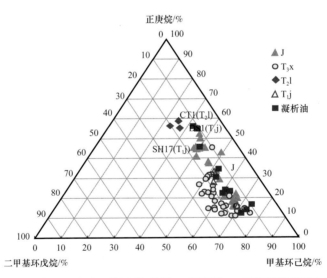

图 6-1-4　四川盆地三叠系—侏罗系天然气、凝析油 C_7 轻烃系列相对含量三角图

1. 天然气 C_7 轻烃系列化合物相对含量

1）侏罗系天然气

川东北地区以富含 nC_7 为主，川中、川西南部地区以富含 MCC_6 为主。川东北地区

天然气 nC_7 相对含量为 41.0%～52.3%，均值为 46.1%；MCC_6 相对含量为 36.4%～41.9%，均值为 39.2%；$\sum DMCC_5$ 相对含量为 12.3%～18.1%，均值为 14.7%。川中地区天然气主要富含 MCC_6，其相对含量为 46.6%～68.2%，均值为 60.9%；nC_7 相对含量为 15.4%～42.8%，均值为 24.5%；$\sum DMCC_5$ 相对含量为 7.8%～16.8%，均值为 14.6%。川西南部地区天然气主要富含 MCC_6，其相对含量为 52.0%～66.5%，均值为 60.8%；nC_7 相对含量为 18.0%～33.8%，均值为 23.4%；$\sum DMCC_5$ 相对含量为 14.2%～18.0%，均值为 15.8%。

2）须家河组天然气

川东北地区五宝浅 20 井以富含 nC_7 为主，nC_7 含量为 45.4%，MCC_6 含量为 44.7%，$\sum DMCC_5$ 含量为 10.0%；除五宝浅 20 井外的其他天然气均主要富含 MCC_6，MCC_6 相对含量为 49.0%～75.5%，均值为 60.1%，反映了陆相有机质以腐殖型为主的特征。

3）雷口坡组天然气

川中地区充探 1 井、川西南部简阳 1 井、川南地区青探 1 井天然气均以富含 nC_7 为主，nC_7 含量为 55.2%～58.9%，均值为 56.8%；MCC_6 含量为 23.3%～27.6%，均值为 25.4%；$\sum DMCC_5$ 含量为 15.9%～20.4%，均值为 17.8%。

4）嘉陵江组天然气

川南地区同福 1 井、同福 7 井、津浅 3 井天然气以富含 MCC_6 为主，MCC_6 相对含量为 51.4%～69.0%，均值为 58.1%。

2. 凝析油 C_7 轻烃系列化合物相对含量

不同层系凝析油与天然气的 C_7 轻烃组成具有大体相似的分布特征（图 6-1-4）。雷口坡组、嘉陵江组凝析油均以富含 nC_7 为主，nC_7 含量为 45.8%～56.0%，均值为 52.2%；须家河组凝析油以富含 MCC_6 为主，MCC_6 含量为 53.7%～73.7%，均值为 65.0%；侏罗系凝析油介于雷口坡组和须家河组，但仍以富含 MCC_6 为主，MCC_6 含量为 52.5%。

三、Mango 轻烃参数

1. 庚烷值和异庚烷值

除了上述用三角图来反映天然气的类型外，王顺玉等（2006）也应用庚烷值和异庚烷值来研究天然气的成因类型。图 6-1-5 中的曲线是上述学者从大量实例解剖得到的反映天然气类型的关系曲线，将四川盆地三叠系—侏罗系天然气、凝析油的庚烷值和异庚烷值（表 6-1-2）投入到该类图中，可见这些样品点分布也具有一定规律。

1）侏罗系天然气

川东北地区天然气以相对高的庚烷值和异庚烷值区别于同时代其他天然气，庚烷值为 20.7%～31.6%，均值为 25.0%，异庚烷值为 4.5～6.0，均值为 5.1，在图 6-1-5 中位于芳香族演化曲线的上方，脂肪族曲线下方，呈现出混合气特征；川中、川西南地区天然气庚烷值和异庚烷值均较低，庚烷值为9.3%～22.4%，均值为14.1%，异庚烷值为1.7～10.6，均值为2.8，分布于芳香族曲线下方，呈现出腐殖型特征。

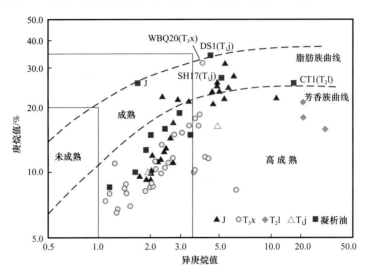

图6-1-5 四川盆地三叠系—侏罗系天然气、凝析油庚烷值和异庚烷值关系图

表6-1-2 四川盆地三叠系—侏罗系天然气轻烃参数

类型	地区	样品编号	层位	异庚烷值	庚烷值/%	K_1	（2-MH+2, 3-DMP）/C_7	（3-MH+2, 4-DMP）/C_7
天然气	川中	磨6	J	1.73	9.64	1.11	0.10	0.09
	川中	秋林206-05-H1	J_2s	2.86	21.70	1.14	0.13	0.11
	川中	秋林200-H2	J_2s	2.69	11.14	1.09	0.13	0.12
	川中	秋林209-8-H2	J_2s	1.89	9.35	1.11	0.10	0.09
	川中	秋林207-05-H2	J_2s	1.99	9.30	1.10	0.11	0.10
	川中	金浅2	J_2s	10.58	22.20	1.09	0.14	0.13
	川中	金浅511-6-H1	J_2s	2.29	11.54	1.09	0.10	0.09
	川中	中浅1	J_2s	2.59	14.40	1.07	0.10	0.09
	川中	盐亭206-8-1-1H	J_2s	2.33	22.44	1.08	0.11	0.10
	川中	金浅15	J_2s	2.01	9.94	1.11	0.10	0.09
	川中	龙安1	J_1d	3.29	21.31	1.10	0.13	0.12
	川西南	永浅3	J_2s	2.20	11.26	1.10	0.13	0.11
	川西南	永浅6	J_2s	2.02	10.28	1.10	0.11	0.10
	川西南	观浅1	J_2s	2.04	12.06	1.15	0.10	0.09
	川西南	金顺1	J_2s	2.44	12.99	1.11	0.13	0.12
	川西南	金顺1	J_2s	2.39	12.56	1.12	0.11	0.10

类型	地区	样品编号	层位	异庚烷值	庚烷值/%	K_1	（2-MH+2,3-DMP）/C_7	（3-MH+2,4-DMP）/C_7
天然气	川西南	平落13	J_2s	2.69	17.01	1.16	0.15	0.13
	川东北	五宝浅6-1	J_2s	5.59	24.58	1.08	0.17	0.16
	川东北	五宝浅10	J_2s	5.30	22.01	1.09	0.20	0.18
	川东北	五宝浅13	J_2s	4.76	24.93	1.10	0.18	0.16
	川东北	五宝浅9	J_2s	4.95	23.90	1.08	0.19	0.17
	川东北	五宝浅1	J_2s	4.52	23.53	1.09	0.18	0.17
	川东北	五宝浅1-2	J_2s	4.54	20.74	1.09	0.19	0.17
	川东北	五宝浅1-1	J_2s	4.82	26.04	1.09	0.16	0.14
	川东北	五宝浅4-1	J_2s	5.32	31.62	1.10	0.16	0.14
	川东北	五宝浅006-1-H1	J_2s	5.97	27.71	1.08	0.17	0.16
	川中	三台1	T_3x_3	1.52	6.98	1.13	0.10	0.08
	川中	广51	T_3x_6	1.44	7.98	1.10	0.12	0.11
	川中	兴华1	T_3x_6	1.43	8.84	1.12	0.11	0.10
	川中	庙4	T_3x_6	2.41	10.49	1.11	0.15	0.13
	川中	威东9	T_3x_6	1.41	8.44	1.09	0.12	0.11
	川南	音17	T_3x_6	3.33	16.38	1.14	0.17	0.15
	川南	音10	T_3x_6	3.83	18.46	1.14	0.17	0.15
	川南	界6	T_3x_6	2.73	14.95	1.12	0.15	0.14
	川中	西72	T_3x_4	1.28	6.79	1.10	0.10	0.09
	川中	金17	T_3x_4	1.27	6.52	1.12	0.09	0.08
	川中	充深1	T_3x_4	2.32	13.38	1.13	0.14	0.13
	川中	西20	T_3x_4	1.98	8.57	1.11	0.12	0.11
	川中	莲深1	T_3x_4	1.86	8.19	1.11	0.12	0.11
	川南	音27	T_3x_4	3.59	17.62	1.14	0.17	0.15
	川中	西35-1	T_3x_2	4.12	11.80	1.09	0.19	0.17
	川中	女103	T_3x_2	3.55	10.04	1.09	0.19	0.17
	川中	潼南1	$T_3x_{2—4}$	4.32	11.68	1.07	0.22	0.20
	川中	角47	T_3x_2	2.02	8.91	1.15	0.09	0.08
	川中	角33	T_3x_2	2.06	8.63	1.14	0.11	0.09
	川中	遂56	T_3x_2	3.59	10.25	1.06	0.19	0.18

类型	地区	样品编号	层位	异庚烷值	庚烷值/%	K_1	（2-MH+2，3-DMP）/C_7	（3-MH+2，4-DMP）/C_7
天然气	川中	遂37	T_3x_{2-4}	2.54	11.09	1.08	0.16	0.15
	川中	岳3井	T_3x_2	3.77	16.34	1.10	0.18	0.17
	川南	包27井	T_3x_2	2.13	11.25	1.10	0.16	0.15
	川南	包浅1	T_3x_{1-2}	1.09	7.41	1.10	0.09	0.08
	川南	包浅4	T_3x_4	3.03	15.23	1.13	0.17	0.15
	川南	丹2	T_3x_2	1.15	8.01	1.11	0.07	0.06
	川东北	五宝浅15	T_3x_{4-6}	1.24	11.01	1.09	0.06	0.06
	川东北	五宝浅20	T_3x_5	3.95	31.67	1.07	0.11	0.11
	川西南	平落2	T_3x_2	2.31	9.88	1.14	0.14	0.12
	川西南	邛西3	T_3x_2	6.24	8.33	1.34	0.08	0.06
	川西南	天府2	T_3x	2.69	11.63	1.09	0.13	0.12
	川西	中19	T_3x_2	2.14	10.36	1.13	0.11	0.10
	川中	充探1	T_2l	15.33	17.98	1.07	0.29	0.27
	川西南	简阳1	T_2l	15.23	21.13	1.10	0.27	0.25
	川南	青探1	T_2l	20.57	15.86	1.13	0.31	0.27
	川南	同福1井	T_1j	1.93	10.11	1.16	0.10	0.08
	川南	同福7井	T_1j_{1-2}	3.39	15.04	1.15	0.16	0.14
	川南	津浅3井	T_1j_1	4.86	16.43	1.22	0.17	0.14
凝析油	川中	遂56	T_3x	3.40	14.84	1.12	0.15	0.13
	川中	遂37	T_3x	2.42	15.81	1.13	0.11	0.10
	川中	西72	T_3x	1.15	8.53	1.14	0.07	0.06
	川中	莲深1	T_3x	1.62	10.03	1.14	0.07	0.06
	川西	中47	T_3x	1.88	12.71	1.12	0.06	0.06
	川南	包浅4	T_3x	2.92	18.71	1.15	1.15	0.12
	川南	包27	T_3x	2.00	14.83	1.14	1.14	0.11
	川中	充探1	T_2l	13.38	25.80	1.11	0.25	0.23
	川南	沈17	T_1j	5.07	27.06	1.06	0.17	0.16
	川南	德胜1	T_1j	4.39	34.32	0.97	0.13	0.14

2）须家河组天然气

除了川东北的五宝浅 20 井外，其他样品天然气均分布于芳香族曲线下方，与其他参数反映的结果比较吻合，为腐殖型。

3）雷口坡组、嘉陵江组天然气

庚烷值均较低，介于 10.1%～21.1%，分布于芳香族曲线下方，虽表现为腐殖型特征，但这一参数所反映的结果与其他参数反映的结果不一致，因此，对天然气成因类型的判识尚需结合其他参数进行综合确定。

4）凝析油

须家河组凝析油均处于芳香族曲线下方，属于腐殖型，与其他参数的判识结果相吻合。雷口坡组、嘉陵江组凝析油庚烷值比须家河组的大，介于 25.80%～34.28%，呈现出腐泥型—混合型特征。侏罗系凝析油庚烷值为 25.55%，呈现出腐泥型特征，与其他参数反映的结果不一致。

2.（2-MH+2，3-DMP）/C_7 比值和（3-MH+2，4-DMP）/C_7 比值

四川盆地三叠系—侏罗系天然气、凝析油的（2-MH+2，3-DMP）/C_7 比值与（3-MH+2，4-DMP）/C_7 比值之间具有很好的相关性（图 6-1-6），而且相同产层的油气具有相似的参数比值。如不同区域侏罗系天然气的两项比值差异明显，川东北五宝场地区（2-MH+2，3-DMP）/C_7 比值大于 0.16，（3-MH+2，4-DMP）/C_7 比值大于 0.14；川中、川西和川西南地区的两项比值相似，（2-MH+2，3-DMP）/C_7 比值小于 0.15，（3-MH+2，4-DMP）/C_7 比值小于 0.13。上述特征表明川中、川西和川西南地区的天然气具有相似的母质类型，而五宝场地区与这些地区有不同的来源。

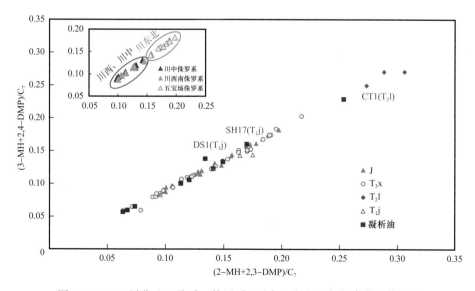

图 6-1-6　四川盆地三叠系—侏罗系天然气、凝析油轻烃参数比值关系

2-MH—2- 甲基己烷；2，3-DMP—2，3- 二甲基戊烷；3-MH—3- 甲基己烷；2，4-DMP—2，4- 二甲基戊烷；

C_7—所有碳数为 7 的化合物

雷口坡组天然气和凝析油的两项比值比较相似且均为高值，明显不同于其他层系的天然气和凝析油，（2-MH+2，3-DMP）/C_7 比值大于 0.25，（3-MH+2，4-DMP）/C_7 比值大于 0.23，表明雷口坡组油气具有相似的来源，并与其他层系有所不同。

第二节　天然气轻烃在成熟度和运移研究中的应用

天然气在运移过程中，由于地层水的作用，会影响烃类的组成，尤其是轻烃受影响的程度就更大。以四川盆地三叠系—侏罗系天然气、凝析油为例，探讨油气运移过程中轻烃组成的变化。

一、反映天然气运移相态的轻烃参数特征

不同碳数的化合物在水中的溶解程度存在较大的差异（McAuliffe et al.，1979）。气态烃在水中的溶解度比石油大得多，随着碳数的增加，烃类在水中的溶解度呈对数关系降低。在同一温度条件下，同碳数的芳香烃化合物溶解度远高于正构烷烃。

烃类和非烃类化合物在水中的溶解度存在较大的差异（Price，1976）。在 C_6 化合物组成中，苯的溶解度最高，为 1740×10^{-6}mg/L，环己烷为 67×10^{-6}mg/L，2-甲基戊烷或 2，3-二甲基丁烷溶解度较低，分别为 13×10^{-6}mg/L 和 19×10^{-6}mg/L，正己烷在水中的溶解度最低，为 9.5×10^{-6}mg/L。在 C_7 各类化合物组成中，各类化合物的溶解度表现出与 C_6 化合物同样的变化特征，即同碳数烃类，芳香烃溶解度最大，环烷烃居中，支链烷烃次之，正构烷烃相对最小。在同类化合物组成中，随着碳数的增加溶解度变化也较大，如苯的溶解度约为甲苯的 3 倍，甲苯的溶解度为二甲苯的 3 倍，随着苯环的取代基增加，化合物的溶解度明显降低。

由于芳香烃在水中的溶解度较大，所以根据天然气和凝析油中同碳数芳香烃、烷烃和环烷烃相对比值的大小，可以大致确定油气运移的相态。

C_6—C_7 烃类化合物组成是进行天然气和液态烃类成因联系的主要桥梁。川中—川南地区须家河组产层中，天然气和凝析油同产的井是比较普遍的，如广安构造广 19、兴华 1，龙女寺构造女 106，磨溪构造磨 203、9、25、64、66、69、1、17、73、81、85、147，遂南构造遂 37、35、47、56，潼南构造潼南 1、2、5，充西构造西 13-1、56、57、73x、74、67、68、35-1，南充构造充深 1、充 8，八角场构造角 13、46-0、52、55、57，荷包场构造包 27、包浅 201、包浅 4 井等。近期川中北斜坡的充探 1 井雷口坡组中也是天然气和凝析油同产。在这些油气同产井中，对采自遂 56、遂 37、西 72、莲深 1、包浅 4、包 27 井及充探 1 井的天然气和凝析油样品进行了轻烃测试结果的对比分析。研究表明，须家河组天然气和凝析油各自的 C_5—C_7 轻烃相对组成特征基本是相同的（图 6-2-1a、b），即含有丰富的环烷烃和芳香烃，反映它们具有相同的来源，主要来源于腐殖型烃源岩；雷口坡组天然气和凝析油均以正构烷烃和链烷烃为主（图 6-2-1c、d）。但是由于气态烃和液态烃分子组成，以及在采出过程中相态变化的差异，使得天然气和凝析油轻烃在不同组分的相对含量上稍有差别，气态烃中低碳数部分占优势，液态烃中高碳数部分占优势。

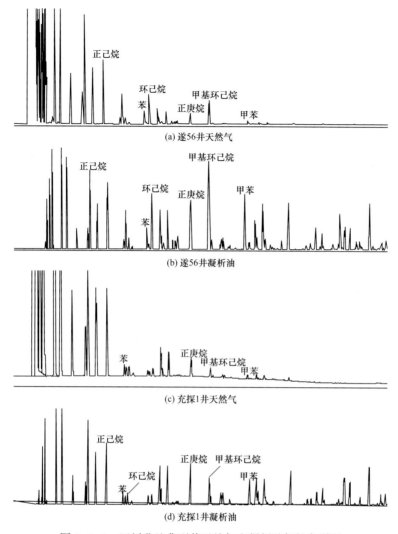

图 6-2-1　四川盆地典型井天然气和凝析油轻烃色谱图

如表 6-2-1 所示，须家河组天然气和凝析油的轻烃参数比值差异不大，反映它们的运移相态应该是相同的，而且凝析油与天然气相比，分子量更大，在地层水中的溶解度比天然气小，主要以游离相运移。因此，同一口井相同层位天然气与凝析油的芳香烃参数比值大体相近，其中苯／正己烷、苯／总 C_6、甲苯／正庚烷、甲苯／甲基环己烷等比值是凝析油略大于天然气，而苯／环己烷、苯／甲苯比值是凝析油小于天然气，据此认为这些天然气主要是以游离相运移聚集成藏的。充探 1 井雷口坡组天然气和凝析油的各项比值均差异较大，主要是因为天然气在运移过程中经历水洗作用，导致苯、甲苯含量降低。

实际上，从川西南部平落 2 井和邛西 3 井须二段天然气的轻烃分析结果也可看出，平落 2 井、邛西 3 井苯和甲苯的含量相当丰富（表 6-2-2，图 6-1-3）。这是因为平落坝须二段气藏均只产气，现今天然气为干气，未见地层水，而且天然气来源于须家河组腐殖型气源岩，烃源岩生气中心也在川西南部地区，因此天然气中芳香烃的含量可以比较真实地反映腐殖型烃源岩富含芳香烃的原始面貌。相比之下，川中—川南地区的天然气中芳香烃含量与平落2井相比则明显偏低，这可能是由于天然气驱替水的过程中部分芳香烃被溶于地层水中带走了，使得残留在天然气中的芳香烃含量比原始含量大为降低。

表 6-2-1　四川盆地须家河组—雷口坡组天然气和凝析油轻烃参数对比表

井号	层位	类型	苯/正己烷	苯/总 C_6	苯/环己烷	苯/甲苯	甲苯/正庚烷	甲苯/甲基环己烷
遂56	T_3x_2	油	0.377	0.078	0.357	0.294	1.207	0.485
		气	0.268	0.052	0.484	17.732	0.073	0.032
遂37	T_3x_{1-2}	油	0.278	0.062	0.224	0.210	1.021	0.385
		气	0.225	0.052	0.342	23.028	0.040	0.017
西72	T_3x_4	油	0.511	0.080	0.222	0.303	1.793	0.304
		气	0.306	0.055	0.236	1.196	0.962	0.179
莲深1	T_3x_4	油	0.879	0.128	0.332	0.183	3.122	0.597
		气	0.524	0.096	0.406	1.242	1.264	0.305
包浅4	T_3x_4—T_1j_4	油	0.444	0.102	0.474	0.332	1.312	0.743
		气	0.358	0.087	0.570	0.954	0.984	0.580
包27	T_3x_2	油	0.296	0.058	0.209	0.274	0.787	0.293
		气	0.212	0.045	0.288	1.474	0.473	0.198
充探1	T_2l_3	油	0.206	0.056	1.215	0.345	0.596	1.043
		气	0.059	0.011	0.714	1.250	0.250	0.500

表 6-2-2　川西地区须家河组天然气轻烃参数表

井号	层位	苯/正己烷	苯/总 C_6	苯/环己烷	苯/甲苯	甲苯/正庚烷	甲苯/甲基环己烷
平落2	T_3x_2	2.150	0.262	1.663	1.160	3.280	0.900
邛西3	T_3x_2	4.056	0.358	1.721	0.721	8.167	1.318

王顺玉等（2006）在研究川西北天然气的轻烃参数时，也发现了须家河组原生气藏和侏罗系次生气藏轻烃参数的差异，尤其是侏罗系天然气中苯/正己烷比值和甲苯/正庚烷比值比须家河组天然气低（表 6-2-3）。这主要是因为平落坝气田和白马庙气田侏罗系气藏的天然气都是次生气藏，侏罗系本身不具备生烃能力，天然气来自下伏上三叠统须家河组烃源岩，侏罗系储层水是十分活跃的，当须家河组烃源岩生成的天然气进入饱含地层水的侏罗系储层时，由于地层水的溶解作用，造成天然气中溶解度较大的苯和甲苯含量减少。

表 6-2-3　川西南部平落坝和白马庙天然气的苯/正己烷和甲苯/正庚烷比值

构造	层位	苯/正己烷	甲苯/正庚烷
平落坝	J_2s	0.39	0.30
	T_3x_2	2.43	2.51
白马庙	J_3p	0.33	0.42
	T_3x_3	0.34	1.75
	T_3x_3	2.33	2.46
	T_3x_2	2.05	1.55

二、反映天然气成熟度与运移距离的轻烃参数特征

当天然气以游离相方式运移时，不同碳数烃类的扩散系数对于烃类的运移有一定的影响。表 6-2-4 列出了部分烷烃的有效扩散系数，从表 6-2-4 中可以看出不同化合物的扩散系数差别较大。

对于相同碳数的烃类，异构烷烃扩散系数大于正构烷烃，随着运移距离增大，同碳数异构烷烃/正构烷烃比值增加。从 iC_5/nC_5 和 iC_6/nC_6 比值的变化可大致反映油气运移的总体趋势。而成熟度对 iC_5/nC_5 和 iC_6/nC_6 比值的影响则需根据不同成熟阶段分别进行讨论。

表 6-2-4　烷烃的扩散系数（据 Leythaeuser，1980）

烷烃	扩散系数/（cm^2/s）	烷烃	扩散系数/（cm^2/s）
CH_4	2.12×10^{-6}	nC_5H_{12}	1.57×10^{-6}
C_2H_6	1.11×10^{-6}	nC_6H_{14}	8.20×10^{-7}
C_3H_8	5.77×10^{-7}	nC_7H_{16}	4.31×10^{-8}
iC_4H_{10}	3.75×10^{-7}	nC_8H_{18}	6.08×10^{-9}
nC_4H_{10}	3.01×10^{-7}		

1. iC_5/nC_5 与 iC_6/nC_6 比值

对于相同碳数的烃类，异构烷烃的沸点比正构烷烃低，并且异构烷烃的扩散系数大于正构烷烃，因此，随着天然气运移距离的增加，同碳数异构烷烃/正构烷烃比值将增大。从四川盆地三叠系—侏罗系天然气 iC_5/nC_5 与 iC_6/nC_6 比值关系来看，两个比值之间具有很好的相关性（图 6-2-2），但深入分析不同层系天然气两项比值的关系可以发现，从运移的角度难以解释侏罗系天然气的两项比值普遍低于须家河组天然气的现象，因为

须家河组天然气以自生自储、近距离成藏为主；侏罗系天然气主要源于须家河组烃源岩，其运移距离应该比须家河组天然气的远。若是运移作用占主导，那么，侏罗系天然气的 iC_5/nC_5 与 iC_6/nC_6 比值均应高于须家河组天然气，但事实却相反，这无疑受到其他因素的影响。

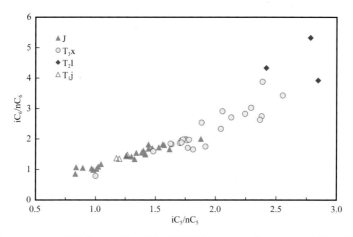

图 6-2-2　四川盆地三叠系—侏罗系天然气 iC_5/nC_5 与 iC_6/nC_6 比值相关图

已有学者在研究丁烷时认为，在有机质成熟过程中生成的正构烷烃与异构烷烃，两者有着不同的生成机制，前者主要来自自由基断裂反应，后者主要来自碳阳离子反应。自由基断裂反应在相对高成熟阶段占优势，而碳阳离子反应则在相对低成熟阶段占优势，导致 iC_4/nC_4 值随成熟度增加而降低（王鹏等，2017）。国外有学者对密西西比（Mississippian）盆地 Barnett 组和 Fayetteville 组页岩气和常规天然气组分进行详细研究得出，在天然气干燥系数（C_1/C_{1+}）大于 0.95 时，即成熟度相对较高时，随干燥系数变大（成熟度增加），iC_4/nC_4 值快速降低，这与异丁烷的稳定性低于正丁烷、异丁烷减少的速率快于正丁烷有关（Zumberge et al.，2012）。天然气干燥系数小于 0.95 时，随干燥系数变大（成熟度的增加），iC_4/nC_4 值缓慢增加，这可能是由于支链烷烃相比直链烷烃从干酪根断裂需要更高的能量，在成熟度较高但还未达到湿气裂解阶段，生成异构烷烃的量相对较多（秦胜飞等，2019）。

戊烷、己烷与丁烷的正构烷烃与异构烷烃具有相似的演化规律，因此，从热演化角度可以合理解释不同层系天然气 iC_5/nC_5 与 iC_6/nC_6 比值特征。图 6-2-3 为四川盆地三叠系—侏罗系天然气 iC_5/nC_5 与 C_1/C_{1+} 比值相关图，如图 6-2-3 所示，干燥系数（C_1/C_{1+}）小于 0.95 时，川中地区须家河组、侏罗系天然气，以及川西南地区侏罗系天然气，总体上，各自的 iC_5/nC_5 比值均有随 C_1/C_{1+} 增大而增大的趋势；相反，C_1/C_{1+}＞0.95 时，则出现 iC_5/nC_5 比值随 C_1/C_{1+} 值增大而快速降低的趋势，如川东北地区五宝场侏罗系（WBC-J）、须家河组（WBQ15、WBQ20）天然气均表现出这一现象，侏罗系天然气 iC_5/nC_5 值由 1.62 降为 0.98，须家河组天然气 iC_5/nC_5 值由 2.39 降为 1.00。此外，嘉陵江组天然气 C_1/C_{1+} 值比雷口坡组天然气的略大，iC_5/nC_5 值则比雷口坡组天然气的低，前者为 1.18～1.27，后者为 2.42～2.85。

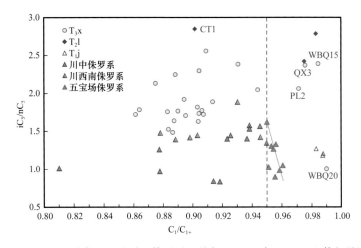

图 6-2-3　四川盆地三叠系—侏罗系天然气 iC_5/nC_5 与 C_1/C_{1+} 比值相关图

综上所述，四川盆地三叠系—侏罗系天然气 iC_5/nC_5 值与 iC_6/nC_6 值受成熟度和运移等因素的影响，但主要受控于热演化程度。

2. 苯/正己烷与甲苯/正庚烷比值

水溶作用对天然气轻烃（主要是芳香烃）含量影响比较大。由于不同的轻烃组分在地层水中的溶解度不同（芳香烃＞环烷烃＞链烷烃），天然气经过不同路径、方式运移后，天然气中的 C_6—C_7 轻烃分布将发生显著变化，芳香烃含量，尤其是苯和甲苯的含量将减少。若以水溶方式运移，由于苯和甲苯在水中的溶解度相对较大，当溶解有天然气的地层水在运移途中，压力降低，此时从水中脱溶出来的天然气，其芳香烃含量将增大；若芳香烃（苯和甲苯）从水中脱附出来成为游离气继续进行运移，随着运移距离的增加，地层中的吸附作用增强，苯和甲苯的含量将降低。这也就说明，当天然气溶于水再从水中析出时，天然气中的芳香烃含量相对增加；当天然气驱替水运移时（即天然气经过水洗之后），随着运移距离增大，残留在天然气中的芳香烃含量相对减少。这种规律性的变化，对研究天然气的运移方式具有重要的意义。

如表 6-2-3 所示，川西南部地区三叠系—侏罗系天然气，随运移距离增加，苯/正己烷、甲苯/正庚烷比值均有明显降低现象。本节所分析的这些样品苯/正己烷、甲苯/正庚烷比值具有很好的相关性（图 6-2-4），可大致反映运移距离的大小。如须家河组天然气，川西南部地区邛西 3 井、平落 2 井天然气属于近源聚集，苯/正己烷、甲苯/正庚烷比值均大于 2；川东北地区五宝场构造五宝浅 20 井须家河组及多口井的侏罗系天然气，轻的碳同位素特征揭示其有下伏海相烃源岩的贡献，因此其苯/正己烷、甲苯/正庚烷比值明显降低，居于图 6-2-6 的左下方，而且侏罗系的两项比值明显低于须家河组，自下而上运移特征更加明显。凝析油也呈现出此规律，苯/正己烷、甲苯/正庚烷比值分布中，须家河组的最大，其次是雷口坡组和嘉陵江组，侏罗系的相对最小。

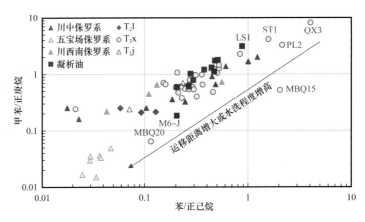

图 6-2-4 四川盆地三叠系—侏罗系天然气、凝析油苯／正己烷与甲苯／正庚烷比值相关图

第三节 天然气轻烃组成在裂解气成因判识中的应用

天然气轻烃参数除广泛应用于天然气成因类型判识、成熟程度的确定，以及天然气运移相态、运移距离研究外，也逐渐应用于裂解气成因类型的判识。本节主要应用于四川盆地海相层系天然气的成因类型研究。

一、干酪根裂解气与原油裂解气判识

1. 干酪根裂解气与原油裂解气判识指标

轻烃是天然气和原油之间的过渡化合物，有丰富的化合物组成，通过对典型干酪根和原油裂解气中轻烃的对比研究可以提供有关天然成气过程的信息。胡国艺等（2005）对采自塔里木盆地的原油及干酪根样品在 HP5890 II 型气相色谱仪上进行了轻烃生成热模拟实验。

通过对塔中 45 井原油和塔中 201 井、乡 3 井泥灰岩热模拟裂解气的轻烃组成对比研究，发现原油裂解气和干酪根裂解气在甲基环己烷／环己烷、甲基环己烷／正庚烷和（2-甲基己烷 +3- 甲基己烷）／正己烷等 3 项指标上存在明显的差异（表 6-3-1）。

表 6-3-1　干酪根和原油裂解气轻烃判识指标的界限值

类型	轻烃参数			形成地质条件	
	甲基环己烷／环己烷	（2- 甲基己烷 +3- 甲基己烷）／正己烷	甲基环己烷／正庚烷	形成温度／℃	成熟度 R_o／%
原油裂解气	>1	>0.5	>1		
干酪根裂解气	<1	<0.5	<1	<160	<1.5

（1）原油裂解气甲基环己烷／环己烷一般较大，而干酪根裂解气该比值一般较小。这种差异可能与轻烃的生成机理有关，对于同一种类型的化合物来说，带有支链的化合物

自由能大于不含支链的化合物。甲基环己烷的自由能应大于环己烷。根据原油裂解气和干酪根裂解气的生成模式，原油裂解气大量生成的温度一般高于干酪根裂解气形成的温度，因此，在原油裂解气中，甲基环己烷的相对含量一般高于干酪根裂解气。

（2）原油裂解气中（2-甲基己烷+3-甲基己烷）/正己烷比值一般比较高，而干酪根裂解气该指标一般比较低。

（3）甲基环己烷/正庚烷一般与类型有很大的关系，在腐殖型烃源岩中甲基环己烷的含量比较高，但是通过模拟实验研究，原油裂解气和干酪根裂解气在该项比值组成上也存在一些差异，原油裂解气甲基环己烷/正庚烷比值一般较高，而烃源岩中干酪根裂解气该项比值较低。

因此，利用各种化合物的热稳定的差异性和热模拟实验结果，采用以上比值可以进行干酪根裂解气和原油裂解气的判识。

2. 震旦系—寒武系天然气成因判识

气相色谱轻烃鉴定结果表明，分子碳数为 C_6—C_7 的化合物共检测出 26 个，其中，2-甲基己烷、3-甲基己烷、正己烷、苯、环己烷、正庚烷、甲基环己烷、甲苯等是最为常见的化合物。由高石 1 井 3 个天然气样品的轻烃色谱图（图 6-3-1）可见，它们之间的轻烃化合物组成有差异，尤其是灯四段上亚段天然气和其他两个气样的差别更加明显。灯二段和灯四段下亚段两个天然气样品的轻烃组成特征比较相似，以甲基环己烷和正庚烷为主，异构烷烃丰度较高，甲基环己烷/正庚烷比值为 1.43～1.59，（2-甲基己烷+3-

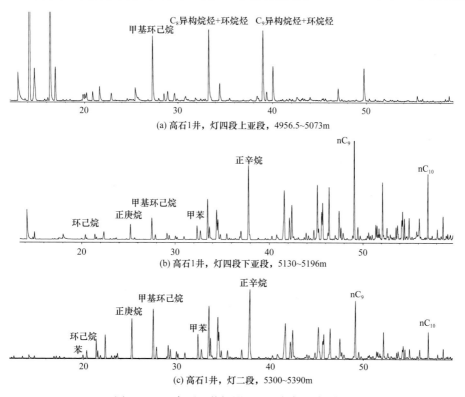

(a) 高石1井，灯四段上亚段，4956.5～5073m

(b) 高石1井，灯四段下亚段，5130～5196m

(c) 高石1井，灯二段，5300～5390m

图 6-3-1　高石 1 井灯影组天然气轻烃色谱图

甲基己烷）/ 正己烷比值为 8.14～22.78（表 6-3-2），甲苯、苯及环己烷的丰度相对较低，同时还检测到较高丰度的 C_8—C_{10} 的正构烷烃、异构烷烃和环烷烃；灯四段上亚段天然气样品的轻烃组成却与之有明显的差别，主要是一些环烷烃，正构烷烃基本上没有检测到。天然气轻烃组成的这种差异可能预示其烃源岩的差异。

表 6-3-2　安岳气田震旦系—寒武系天然气 C_6—C_7 化合物主要参数比值数据表

井号	层位	甲基环己烷/正庚烷	（2-甲基己烷+3-甲基己烷）/正己烷	环己烷/正己烷	苯/环己烷	苯/正己烷	甲苯/甲基环己烷
高石 1	灯四段下亚段	1.59	8.14	2.41	—	—	0.65
高石 1	灯二段	1.43	22.78	4.31	0.05	0.21	0.48
高石 2	灯二段	4.33	0.78	0.31	0.31	0.10	1.14
高石 3	灯四段上亚段	2.48	0.05	0.05	0.35	0.02	0.37
高石 3	灯二段	4.32	1.57	1.11	0.27	0.30	0.22
高石 3	灯二段	3.13	0.76	0.54	0.33	0.18	0.32
高石 6	灯二段—灯四段	1.55	1.13	0.84	1.10	0.92	0.85
高石 6	灯四段下亚段	4.27	1.93	1.43	0.34	0.48	0.24
高石 6	灯四段下亚段	3.48	2.55	1.63	0.30	0.49	0.26
磨溪 8	灯二段	1.59	0.72	0.61	0.82	0.50	0.58
磨溪 8	灯四段	1.67	0.77	0.78	2.36	1.85	0.57
磨溪 9	灯二段	1.73	1.02	0.97	0.76	0.73	0.53
磨溪 10	灯二段	2.08	1.04	0.95	0.11	0.11	0.07
磨溪 11	灯四段上亚段	2.65	2.16	1.78	0.07	0.13	0.07
磨溪 11	灯二段	1.64	0.82	0.90	3.12	2.81	0.57
磨溪 8	龙王庙组下段	1.27	1.25	1.96	0.54	1.06	0.88
磨溪 8	龙王庙组上段	2.35	1.44	1.27	0.10	0.13	0.08
磨溪 9	龙王庙组	4.32	3.15	2.23	0.38	0.84	0.26
磨溪 11	龙王庙组下段	3.29	2.38	1.73	0.33	0.58	0.26
磨溪 11	龙王庙组上段	3.81	3.50	2.07	0.26	0.54	0.22
磨溪 11	龙王庙组	3.36	4.62	1.48	0.35	0.52	0.23

高石梯—磨溪地区震旦系灯影组天然气也是以环烷烃为主（图 6-3-2），甲基环己烷/正庚烷比值为 1.55～4.33，（2-甲基己烷+3-甲基己烷）/正己烷比值为 0.05～2.55。芳香烃组成中，高石 6 井灯二段、磨溪 8 井灯四段和磨溪 11 井灯二段 3 个样品的苯含量较

高；甲苯含量除高石2井灯二段较高外，甲苯/甲基环己烷比值为1.14，其他天然气的甲苯含量整体不高，甲苯/甲基环己烷比值介于0.07～0.85。

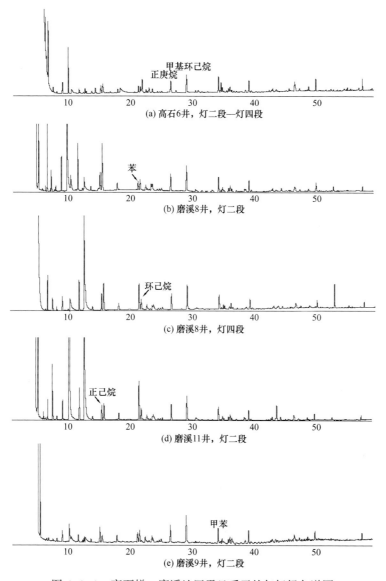

图6-3-2 高石梯—磨溪地区震旦系天然气轻烃色谱图

龙王庙组天然气同样以环烷烃为主，甲基环己烷/正庚烷比值为1.27～4.32，（2-甲基己烷+3-甲基己烷）/正己烷比值为1.25～4.62，环己烷/正己烷比值为1.27～2.23。芳香烃组成中，除磨溪8井龙王庙组下段天然气的三个比值相对较高外，其他天然气均较低，苯/环己烷比值为0.10～0.38，苯/正己烷比值为0.13～0.84，甲苯/甲基环己烷比值为0.08～0.26（表6-3-2）。

威远气田震旦系、寒武系洗象池组天然气 C_6—C_7 化合物以环烷烃和异构烷烃为主，丰度最高的为甲基环己烷，甲基环己烷/正庚烷比值介于1.66～3.29（表6-3-3），（2-甲基己烷+3-甲基己烷）/正己烷比值介于1.24～1.57；环己烷也具有较高的丰度，环己烷/正己烷比值介于 0.68～1.54。此外，还检测出一定含量的苯和甲苯，苯/环己烷、甲苯/甲基环己烷比值分别介于 0.32～0.65 和 0.21～0.58。威 201-H3 井筇竹寺组页岩气与上述天然气的主要参数比值基本相似，甲基环己烷/正庚烷比值为 1.70，（2-甲基己烷+3-甲基己烷）/正己烷比值为 1.14，但其芳香烃含量较低，基本没有检测到苯，甲苯含量也不高，甲苯/甲基环己烷比值为 0.29。

表 6-3-3　威远气田震旦系—寒武系天然气 C_6—C_7 化合物主要参数比值数据表

井号	层位	甲基环己烷/正庚烷	（2-甲基己烷+3-甲基己烷）/正己烷	环己烷/正己烷	苯/环己烷	苯/正己烷	甲苯/甲基环己烷
威 108	Z_2dn	3.20	1.34	1.43	0.49	0.49	0.40
威 34	Z_2dn	3.29	1.43	1.45	0.51	0.51	0.44
威 46	Z_2dn	1.91	1.38	0.86	0.39	0.33	0.58
威 201-H3	$\in_1q$	1.70	1.14	1.27	—	—	0.29
威 5	$\in_{2+3}$	1.66	1.34	0.77	0.65	0.50	0.33
		3.29	1.48	1.54	0.32	0.49	0.41
威 93	$\in_{2+3}$	3.07	1.24	1.32	0.46	0.46	0.36
威 42	$\in_{2+3}$	2.06	1.57	0.68	0.38	0.26	0.22
威 65	$\in_{2+3}$	1.74	1.25	0.74	0.48	0.35	0.21

将四川盆地栖霞组—茅口组、长兴组—飞仙关组、安岳气田震旦系灯影组—寒武系龙王庙组、威远气田震旦系—志留系天然气的上述轻烃参数比值投到胡国艺等（2005）建立的图版中（图 6-3-3），威远气田 W201-H3 井寒武系页岩气处于混合气范围，与其既有干酪根裂解气，又有液态烃裂解气有关；其他天然气的甲基环己烷/正庚烷和（2-甲基己烷+3-甲基己烷）/正己烷两项比值均较大，主要落入原油裂解气的范围内。因此，认为四川盆地海相层系天然气主要为原油裂解气。

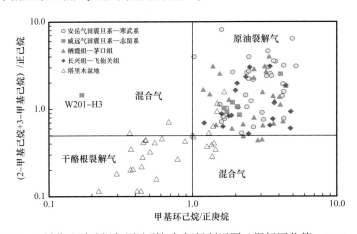

图 6-3-3　四川盆地干酪根与原油裂解气轻烃判识图（据胡国艺等，2018，修改）

3.二叠系—三叠系雷口坡组天然气成因判识

从四川盆地海相地层茅口组—雷口坡组天然气 C_5—C_7 化合物链烷烃、环烷烃和芳香烃组成相对百分含量来看（表6-3-4），在芳香烃相对含量方面，除少数样品点的芳香烃含量大于10%以外，绝大部分样品的芳香烃含量小于10%；环烷烃含量主要介于30%～70%；链烷烃含量主要介于30%～60%。

表6-3-4 四川盆地雷口坡组—茅口组天然气轻烃相对百分含量数据表

井号	层位	C_5—C_7/%			C_6—C_7/%			C_7/%		
		Alk	Nap	Are	Alk	Nap	Are	nC_7	MCC_6	$\sum DMCC_5$
磨108	T_2l	48.7	51.3	0	36.5	63.5	0	6.8	87.4	5.8
磨56	T_2l	40.5	59.5	0	32.4	67.6	0	9.4	75.5	15.1
潼6	T_1j	32.7	67.3	0	21.5	78.5	0	8.9	86.0	5.1
同福1	T_1j	59.3	38.6	2.1	43.9	53.0	3.1	15.7	69.0	15.3
同福7	T_1j_2	77.5	21.6	0.9	63.7	34.7	1.6	28.1	53.9	18.0
津浅3	T_1j_1	81.0	18.4	0.6	67.8	31.1	1.1	33.3	51.4	15.3
双庙1	T_1j	61.4	38.6	0	56.0	44.0	0	17.0	63.5	19.5
普光7	T_1f_2	55.3	38.9	5.8	55.5	38.4	6.1	26.5	62.4	11.1
普光7	T_1f_1	46.6	44.4	9.0	47.3	43.5	9.2	26.8	67.1	6.1
普光6	T_1f	40.3	59.7	0	38.0	62.0	0	11.9	73.0	15.1
双庙1	T_1f	44.0	48.6	7.5	31.8	58.7	9.5	12.5	71.9	15.6
普光6	P_3ch	32.5	40.3	27.2	32.6	40.1	27.3	18.7	68.0	13.3
普光5	P_3ch	39.8	60.2	0	30.2	69.8	0	11.2	76.0	12.8
丹7	P_3ch	53.5	37.7	8.8	48.7	41.2	10.1	27.8	55.4	16.8
丹14	P_3ch	48.5	39.9	11.5	45.0	42.3	12.7	28.0	57.3	14.7
界14	P_3ch	40.7	52.0	7.3	36.1	55.9	8.0	19.1	66.5	14.4
王家1	P_3ch	29.9	70.1	0	20.1	79.9	0	5.6	85.1	9.3
包4	P_3ch	61.0	33.9	5.1	34.7	56.2	9.1	16.6	79.6	3.8
包37	P_2m	47.3	46.0	6.7	41.3	51.0	7.7	20.9	64.5	14.6
包31	P_2m	47.3	45.9	6.8	44.3	48.3	7.4	22.7	61.0	16.3
包42	P_2m	42.7	48.2	9.1	40.7	49.7	9.6	23.0	61.8	15.2
音33	P_2m	37.9	53.4	8.7	35.6	55.2	9.2	20.0	65.2	14.8
音22	P_2m	30.2	60.0	9.8	23.6	65.5	10.9	14.9	71.7	13.4

井号	层位	C₅—C₇/%			C₆—C₇/%			C₇/%		
		Alk	Nap	Are	Alk	Nap	Are	nC₇	MCC₆	∑DMCC₅
音6	P₂m	38.7	52.4	8.9	36.7	53.9	9.4	20.4	65.0	14.6
音28	P₂m	39.1	54.4	6.5	36.9	56.3	6.8	19.2	65.9	14.9
包46	P₂m	51.3	46.9	1.8	43.1	54.7	2.2	18.0	65.7	16.3
分5	P₂m	57.1	40.1	2.8	42.4	53.7	3.9	17.4	65.2	17.4
包42	P₂m	60.1	39.9	0	37.0	63.0	0	11.5	75.5	13.0
包41	P₂m	61.6	32.8	5.6	38.6	51.4	10.0	17.6	75.2	7.2
普光5	P₂m	28.8	45.4	25.8	24.3	48.2	27.5	15.9	71.1	13.0
矿1	P₂m	55.7	12.9	31.4	39.0	17.6	43.4	27.1	72.9	0

注：Alk—链烷烃；Nap—环烷烃；Are—芳香烃；nC₇—正庚烷；MCC₆—甲基环己烷；∑DMCC₅—二甲基环戊烷。

C₆—C₇化合物的链烷烃、环烷烃和芳香烃相对组成与C₅—C₇化合物的相似，天然气芳香烃含量总体较低，以小于10%为主，少部分高者可达到27%～43%；链烷烃含量介于20%～70%；环烷烃含量介于30%～80%。来源于海相烃源岩的天然气轻烃组成明显以环烷烃为主，这也不是这些天然气轻烃的原始组成面貌，而是由于天然气的成熟度高，是原油裂解气的一种特征。

以四川盆地双庙1、普光6、普光7井为代表的海相层系天然气，轻烃组成均以环烷烃占优势（表6-3-4）。

根据前述天然气成因的轻烃判识指标，对四川盆地茅口组—雷口坡组天然气甲基环己烷/正庚烷与（2-甲基己烷+3-甲基己烷）/正己烷及甲基环己烷/正庚烷与甲基环己烷/环己烷关系进行了统计分析，结果见表6-3-5。

表6-3-5 四川盆地海相层系天然气轻烃参数表

井号	层位	甲基环己烷/正庚烷	（2-甲基己烷+3-甲基己烷）/正己烷	甲基环己烷/环己烷
同福1	T₁j	4.41	0.70	2.07
同福7	T₁j₂—T₁j₁	1.92	0.56	1.23
津浅3	T₁j₁	1.54	0.46	0.93
川16	T₁j₁	0.70	0.82	2.01
双庙1	T₁j	3.72	1.17	1.80
普光7	T₁f₂	2.35	2.33	3.56
普光7	T₁f₁	2.50	3.01	4.95
普光6	T₁f	6.17	3.25	3.09

井号	层位	甲基环己烷/正庚烷	（2-甲基己烷+3-甲基己烷）/正己烷	甲基环己烷/环己烷
双庙1	T_1f	5.74	0.48	0.77
普光6	P_3ch	3.64	0.77	4.51
普光5	P_3ch	6.78	1.79	3.29
丹7	P_3ch	2.00	1.63	2.23
丹14	P_3ch	2.05	1.96	2.70
界14	P_3ch	3.47	3.07	3.06
包4井	P_3ch	4.80	0.60	1.18
包37	P_2m	3.08	1.57	2.53
包31	P_2m	2.68	2.29	2.50
包42	P_2m	2.69	2.88	2.98
音33	P_2m	3.26	2.69	2.90
音6	P_2m	3.19	3.10	3.16
音28	P_2m	3.43	4.01	3.53
包46	P_2m_3	3.66	1.41	2.40
分5	P_2m_2	3.74	1.23	2.21
包42	P_2m_3—P_2m_2	6.57	0.96	1.13
包41	P_2m_2	4.28	0.72	1.18
普光5	P_2m	4.47	1.85	3.15

　　四川盆地茅口组—雷口坡组天然气甲基环己烷/正庚烷与甲基环己烷/环己烷的比值基本大于1，（2-甲基己烷+3-甲基己烷）/正己烷比值基本大于0.5，具有原油裂解气的特征（图6-3-4）。

　　茅口组—雷口坡组天然气轻烃组成除了富含甲基环己烷外，芳香烃含量有两种情况，一种是像普光6、普光7等井飞仙关组天然气，芳香烃含量较高；另一种是诸如普光5井长兴组天然气，轻烃色谱图中环烷烃占绝对优势，几乎没有芳香烃，这可能是经过水洗作用的缘故。

　　天然气C_7轻烃系列相对含量中，表现出甲基环己烷优势（表6-3-4），含量主要分布在50%～85%之间，但它并不是母质类型的真实反映，是原油裂解成气的过程中形成的以环烷烃占优势的轻烃组成特征。虽然四川盆地来源于腐殖型母质的须家河组天然气也以甲基环己烷为主，但两者反映了两种不同的成因机制，即海相地层天然气的甲基环己烷优势与原油裂解有关，须家河组天然气则与腐殖型母质有关。

二、聚集型与分散型原油裂解气判识

1. 聚集型与分散型原油裂解气判识指标

原油裂解气是高成熟—过成熟海相盆地中重要的气源之一，这在我国四川盆地和塔里木盆地近几年的勘探实践中都得到了证实。近年来，国内外学者开展了大量封闭体系下的原油裂解模拟实验，在原油裂解成气机理、生气潜力及动力学模拟等方面取得了很大的进展。但是，仍有一些关键性的问题尚未完全解决。如聚集型原油裂解气与分散型原油裂解气地球化学特征有何异同？天然气到底来源于海相古油藏原油裂解还是烃源岩内分散液态烃裂解，或者是储层中分散原油的裂解？又该如何判识？赵文智等曾于2004—2005年开展过纯原油和原油与不同比例蒙脱石的混合物的热催化裂解实验，分别代表古油藏与烃源岩内部分散液态烃两种情况，并对裂解产物进行了检测和量化分析，模拟结果见表6-3-6。从裂解产物中发现了一种重要的轻烃化合物——甲基环己烷。尽管甲基环己烷主要来源于腐殖型母质——高等植物木质素、纤维素和糖类等，是反映陆源母质类型的良好参数，但实验发现聚集型和分散型液态烃裂解气中甲基环己烷含量明显不同，并可作为判识滞留烃裂解气的重要指标。

表6-3-6　聚集型和分散型液态烃热催化裂解实验结果（据赵文智等，2011c）

类型	实验系列	温度/℃	环己烷/（正己烷+正庚烷）	甲基环己烷/正庚烷	甲苯/正庚烷
聚集型	100% 原油	550	1.14	0.43	0.37
	50% 原油 +50% 蒙脱石	550	0.85	0.44	0.34
	20% 原油 +80% 蒙脱石	550	0.83	0.44	0.51
分散型	5% 原油 +95% 蒙脱石	550	9.32	3.38	1.26
	1% 原油 +99% 蒙脱石	550	18.14	3.48	3.41

在此基础上，笔者继续通过不同介质、不同原油配比条件下的连续裂解模拟实验，研究原油裂解气在 C_6—C_7 轻烃组成特征方面的变化，为原油裂解气判识提供一些新的地球化学指标和科学证据。

该项技术以黄金管限定体系、温压共控热模拟技术和天然气轻烃组成气相色谱分析技术为手段，把海相原油在不同介质、不同赋存状态下进行黄金管体系程序升温条件下裂解模拟实验，收集并利用气相色谱仪分析气体产物中的烃类组成和 C_6—C_7 化合物组成，应用不同介质、不同赋存状态原油裂解气中 C_6—C_7 化合物组成的分布特征差异，达到区分和鉴别聚集型与分散型原油裂解气的目的。

本节选取了塔里木盆地海相原油进行了碳酸盐岩、黏土矿物（蒙脱石）和砂岩三种介质，三种混合比例（80% 原油 +20% 介质、30% 原油 +70% 介质、5% 原油 +95% 介质），2℃/小时程序升温，以及13个模拟温度点（350℃、374℃、398℃、422℃、446℃、470℃、494℃、518℃、542℃、566℃、590℃、614℃和638℃）的裂解实验和气体产物的轻烃组成分析。通过120样次原油裂解实验结果。分析总结了聚集型与分散型原油裂解气轻烃组成分布特征和变化规律，并利用轻烃地球化学指标建立了判识指标。

不同介质、不同混合比例的原油裂解实验表明，聚集状态下原油裂解气轻烃组成中C_6—C_7环烷烃/（正己烷＋正庚烷）和甲基环己烷/正庚烷两项比值参数随原油裂解程度增大（温度增加）而增大（图6-3-4a）；蒙脱石介质中分散状态下原油裂解气轻烃组成C_6—C_7环烷烃/（正己烷＋正庚烷）和甲基环己烷/正庚烷两项比值参数随原油裂解程度增大（温度增加）而减小（图6-3-4b）。

不同介质、不同配比条件下的原油裂解气体产物中轻烃组成C_6—C_7环烷烃/（正己烷＋正庚烷）和甲基环己烷/正庚烷两项比值呈规律变化。

蒙脱石介质下（源内），裂解温度低于450℃（相当于$R_o=1.5\%$）时，聚集型裂解气C_6—C_7环烷烃/（正己烷＋正庚烷）比值小于0.70，甲基环己烷/正庚烷比值小于0.80；裂解温度高于450℃时，C_6—C_7环烷烃/（正己烷＋正庚烷）比值大于1.0，甲基环己烷/正庚烷比值大于1.4，总体呈现出随热演化程度（裂解温度）升高，两项比值均增大的趋势（图6-3-5a）。分散型裂解气则相反，随热演化程度（裂解温度）升高，两项比值均呈降低趋势（图6-3-5a）。

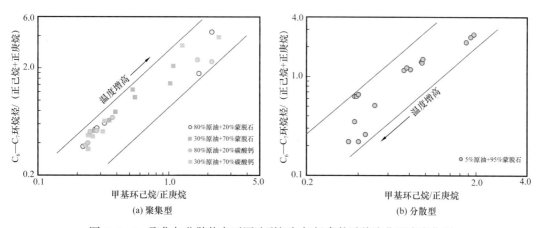

图6-3-4　聚集与分散状态下原油裂解气轻烃参数随热演化程度变化图

碳酸钙介质下（源外），裂解温度低于450℃时，聚集型裂解气C_6—C_7环烷烃/（正己烷＋正庚烷）比值小于0.40，甲基环己烷/正庚烷比值小于0.80；裂解温度高于450℃时，C_6—C_7环烷烃/（正己烷＋正庚烷）比值大于1.2，甲基环己烷/正庚烷比值大于2.3，表现为随热演化程度（裂解温度）升高，两项比值均增大的趋势（图6-3-5b）。分散型裂解气也呈现出相似的演化趋势，裂解温度低于450℃时，C_6—C_7环烷烃/（正己烷＋正庚烷）比值小于0.40，甲基环己烷/正庚烷比值小于0.80；裂解温度高于450℃时，两项比值均大于1.0（图6-3-5b）。根据不同介质条件的原油裂解实验数据，建立了不同演化阶段源内分散型（黏土矿物介质）和源外聚集型原油裂解气的判识图版（图6-3-6）和指标（表6-3-7）。

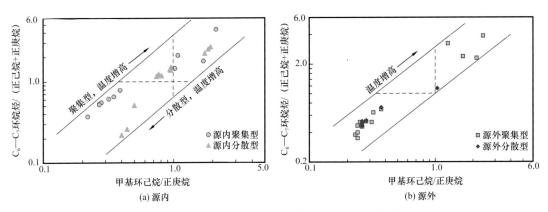

图 6-3-5 聚集型与分散型原油裂解气判识图版

表 6-3-7 源内分散型和源外聚集型原油裂解气判识指标

热解温度 /℃	R_o/%	聚集型原油（源外）裂解气		分散型原油（源内）裂解气	
		$C_6—C_7$ 环烷烃 /（正己烷 + 正庚烷）	甲基环己烷 / 正庚烷	$C_6—C_7$ 环烷烃 /（正己烷 + 正庚烷）	甲基环己烷 / 正庚烷
<450	<1.5	<1.0	<1.0	>1.0	>1.0
>450	>1.5	>1.0	>1.0	<1.0	<1.0

2. 震旦系—下三叠统天然气成因判识

基于上述模拟实验建立的判识指标及图版，将四川盆地主要海相层系天然气轻烃组成分析结果点入图中（图 6-3-6），可见，四川盆地威远 W201-H3 井寒武系页岩气落入源内分散型原油裂解气范围，W201-H1 井志留系页岩气也与源内分散型原油裂解气比较接近，与页岩中液态烃类呈分散状有关；而四川盆地震旦系灯影组，寒武系龙王庙组、洗象池组，二叠系栖霞组、茅口组和长兴组，三叠系飞仙关组天然气则落入聚集型原油裂解气范围，表明四川盆地天然气主要为聚集型原油裂解气。

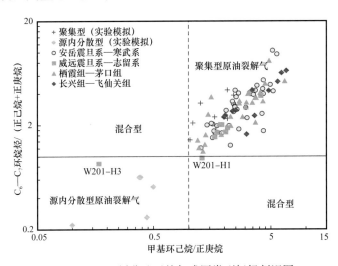

图 6-3-6 四川盆地天然气成因类型轻烃判识图

第七章　储层沥青有机岩石学与地球化学特征

沥青包括烃源岩中的原生同层沥青和储层中的次生运移沥青。储层沥青与石油之间存在着密切的成因联系。进行储层沥青成因及分布规律研究对油气分布规律认识，以及油气勘探的部署决策具有非常现实的意义。

第一节　沥青形成演化模拟

沥青与石油和天然气之间有着密切的成因联系，它是石油高演化阶段的产物。当烃源岩演化至成熟阶段生成石油以后，地温继续升高，烃源岩中有机质开始生成湿气，已经生成的石油无论是否经过初次运移，都逐步开始裂解，向气态烃（湿气）和半固态并具强可塑性的年轻沥青转化。四川盆地海相储层中发育的固体沥青是比较典型的储层沥青。它是原油经受高温热裂解作用的产物。

本节从两个方面开展了实验模拟研究，一是烃源岩热降解生烃作用模拟，二是原油热裂解生成气态烃和固体沥青过程的模拟。突破基于有机碳等烃源岩评价的常规手段，从有机岩石学分析方法入手，以原油经高温裂解成气后残留的沥青为主要研究对象，通过对低成熟泥灰岩烃源岩进行高温高压生烃模拟，以及对溶孔发育饱和原油的白云岩进行高温高压裂解模拟，观察泥灰岩烃源岩和饱和原油的白云岩模拟样品中沥青的形成、演化特点及赋存状态，并与地层条件下页岩烃源岩中的残余沥青和气藏储层中的沥青进行赋存状态的对比分析，明确碳酸盐岩中原生、次生运移沥青的赋存状态，探讨碳酸盐岩生烃的有效性，为古油藏分布预测提供依据，从而指导碳酸盐岩天然气勘探实践。

一、模拟实验样品

低成熟泥灰岩样品采自四川省广元市剑阁县上寺剖面下三叠统飞仙关组一段底部，构造上属于龙门山推覆体构造带。样品的基本地球化学参数见表 2-2-12，干酪根碳同位素 $\delta^{13}C$ 值为 $-27.5‰$，以腐泥质体和矿物沥青基质（图 7-1-1a）为主，含少量镜质体和丝质体（图 7-1-1b），有机质类型属于腐殖—腐泥型；镜质组反射率值为 0.48%，处于低成熟阶段。白云岩储层样品采自重庆南川三汇剖面的洗象池组，为细晶白云岩，白云石自形及半自形晶粒彼此镶嵌，晶间缝细小，局部见缝合线（图 7-1-1c），早期细晶白云石之间见晚期中晶白云石，呈脉状充填（图 7-1-1d）。孔隙发育的白云岩样品饱和原油后，岩石微孔及晶间缝中因有原油充注，其反射色暗淡（图 7-1-1e），但其荧光显示明显（图 7-1-1f）。地层条件下的页岩烃源岩和碳酸盐岩储层样品则采自四川盆地震旦系、寒武系钻井取心或野外露头剖面。

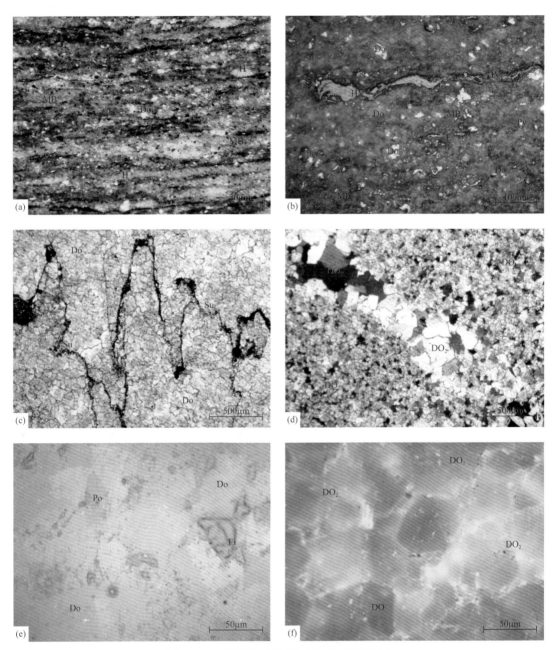

图 7-1-1　模拟实验样品原始面貌显微特征

（a）白云质泥灰岩，腐泥质体（H）、镜质体（V）和矿物沥青基质（MB）呈条带状及小透镜体相间排列，白云石（Do）颗粒分散分布，光片，反射荧光（蓝光激发）；（b）白云质泥灰岩，富氢镜质体（HV）不规则条带平行层面排列，丝质体（F）碎屑和白云石（Do）等分散分布于矿物沥青基质（MB）中，黄铁矿微粒（Py）广泛分布；（c）洗象池组白云岩，白云石（Do）自形及半自形晶粒彼此镶嵌，晶间缝细小，局部见缝合线（Su），薄片，单偏光；（d）洗象池组白云岩，早期细晶白云石（Do_1）之间见晚期中晶白云石（Do_2），呈脉状充填，薄片，正交偏光；（e）饱和原油的洗象池组白云岩，白云石（Do）他形及半自形晶粒，微孔（Po）及晶间缝（Fi）中有原油充注，反射色暗淡，光片，反射单偏光；（f）视域同（e），早期生成的白云石（Do_1）一般不显示荧光，粒间晚期生成的他形或细脉状白云石（Do_2）荧光显著，反射荧光

二、实验方法与过程

1. 烃源岩和储层沥青鉴别与定量方法

固体沥青是原油经受高温热裂解成气后的残留物,根据其宏观及微观地质产状可分为(原生)同层沥青和储层沥青两大类。从油气成藏理论分析,同层沥青发育在(古)烃源层内,主要是泥质岩中有机质热降解生成的液态烃没有经过运移或仅仅经过初次运移,大部分仍保存(封存)在烃源岩中,相当于当今热点勘探的"页岩油"。储层沥青是烃源岩热降解生成的液态烃经过二次运移或多次运移(调整),在碎屑岩、碳酸盐岩等储层孔洞、裂缝乃至断层中富集成藏,形成古油藏。无论是封存在烃源岩中的分散液态烃或是运移成藏的油藏,或是经过运移充填在岩石细微孔缝中的分散油滴,随着温度升高不断浓缩并发生热裂解,最终生成气态烃和固体沥青。气态烃运移成藏或逸散,固体沥青残留原地,形成现在的同层沥青和储层沥青。当固体沥青反射率小于 1.5% 时,一般将其称为碳质沥青;反之,则称为碳沥青。

地层条件的烃源岩和储层沥青的研究主要是利用反射光薄片完成的。沥青鉴定与定量分析是利用 Nikon 多功能显微镜、Opton 反光显微镜完成的,沥青反射率测定是利用 ZEISS&MSP200 型显微光度计进行的,使用 25 倍或 50 倍油浸物镜(放大 250~500 倍),在常温、半暗室条件下进行。

2. 泥灰岩烃源岩中沥青的实验方法与过程

将泥灰岩烃源岩样品按模拟温度点分成 8 份,利用常规高压釜模拟烃类生成的设备,分别在 300℃、350℃、400℃、450℃、500℃、550℃、600℃ 和 650℃ 条件下,每个温度点恒温 48h,实验结束后,取出每个温度点的残余样品,并利用与地层条件的烃源岩和储层研究相同的设备进行沥青鉴定、定量及反射率测定;利用 UltraXRM-L200 型纳米三维立体成像仪研究沥青的空间分布,以观察烃源岩生烃演化过程中沥青的形成、演化及赋存状态。

3. 细晶白云岩储层中沥青形成的实验方法与过程

首先将采自重庆南川三汇剖面的寒武系洗象池组细晶白云岩样品用清水冲洗干净,自然晾干后抽真空,并在一定压力下将其充分饱和正常比重的黑色原油,饱和时间为30 天。将饱和好的含油白云岩样品自然晾干,然后分成 8 份,采用与模拟烃源岩相同的方法对含油白云岩进行不同温度下沥青形成演化的模拟,并对各温度点的残余样品进行沥青鉴定、定量及反射率测定。

三、模拟实验结果

1. 飞仙关组泥灰岩烃源岩中沥青形成模拟结果

以往对烃源岩的实验模拟着重研究其生烃潜力大小及油气产物的特征,而对模拟残样的有机岩石学研究则极少涉及。笔者以烃源岩生烃演化过程中生成的液态烃经高温裂解成气后的残留物（沥青）为主要研究对象，分析其演化规律及赋存状态。实验结果表明，泥灰岩烃源岩自300℃至650℃的模拟生烃过程中，逐渐形成了碳质沥青、碳沥青和微粒体。它们均是烃源岩演化过程生成的原油经热裂解产气后残留在烃源岩中的产物，只是它们在某些特征上的表现不同而已（谢增业等，2016b）。碳质沥青和碳沥青主要赋存在烃源岩的孔隙或裂缝中，可以呈分散型、颗粒状、小块状或条带状，随赋存空间大小的不同而变化。微粒体是烃源岩中无定形体的热转变产物，其主要特征是呈细小颗粒状分布于黏土矿物的细小颗粒间。

表7-1-1和图7-1-2展示了烃源岩生烃演化过程中沥青赋存状态、含量及反射率的变化规律。

表 7-1-1　飞仙关组泥灰岩模拟过程中反射率与沥青含量

温度 / ℃	镜质组反射率			反射率				沥青含量 /%			
	R_o/ %	测点	δn	沥青 R_b/ %	测点	δn	等效 R_o'/ %	碳质沥青	碳沥青	微粒体	总量
原岩	0.43	42	0.033								
300	0.72	50	0.157								
350	0.93	7	0.111	1.20	5	0.086	1.07	0.144	0.064	0.288	0.496
400	1.25	15	0.071	1.26	7	0.107	1.11	0.264	0.168	0.528	0.960
450	1.47	5	0.126	1.85	11	0.118	1.53	0.330	0.420	0.330	1.080
500	1.76	7	0.044	2.12	15	0.214	1.73	0.476	0.272	0.340	1.088
550	2.03	5	0.440	2.50	5	0.166	2.00	0.351	0.117	0.299	0.767
600	2.33	4	0.287	2.82	7	0.132	2.23	0.290	0.240	0.220	0.750
650	2.50	3	0.205	3.34	10	0.180	2.59	0.160	0.370	0.310	0.840

模拟温度为300℃（R_o=0.72%）时，烃源岩镜质组反射率为0.72%，矿物沥青基质（MB）依然是腐泥组分的主要组成部分，白云石（Do）、镜质体（V）、丝质体（F）、黄铁矿（Py）和微粒体（Mi）等分散分布于其中，偶见发绿色荧光的油迹（图7-1-2a），未检测到碳质沥青和碳沥青。

模拟温度为350℃（R_o=0.93%）时，矿物沥青基质（MB）荧光强度显著变弱，同时有较多球粒状碳质沥青（CB）生成，显示绿色荧光，可视为油迹（图7-1-2b），并可见在矿物沥青基质（MB）中形成较多碳质沥青。白云石多为自形晶体，分布不均匀。此演化阶段测得的碳质沥青、碳沥青和微粒体的含量分别为0.144%、0.064%和0.288%，沥青总量为0.496%。

模拟温度为400℃（R_o=1.35%）时，矿物沥青基质已完全失去荧光性，转变为普通泥灰质（Ac），反映其中的腐泥质成分热解生油高峰基本结束，白云石均匀分布，荧光显著，白云石粒度及结晶程度各不相同，较大和结晶程度较高的颗粒多显示次生加大边

（图 7-1-2c）。泥灰质基底中见蓝色荧光微粒，为碳质沥青。此阶段的沥青含量明显较350℃时增多，碳质沥青、碳沥青和微粒体的含量分别为 0.264%、0.168% 和 0.528%，沥青总量为 0.960%。

模拟温度为 450℃（R_o=1.47%）时，矿物沥青基质已完全失去荧光性，但在原矿物沥青基质基底中生成大量微粒体（Mi），原矿物沥青基质转变成含碳泥灰质；白云石颗粒大小不一，均匀分布；白云石结晶完好，荧光显著，次生加大边明显可见；部分白云石晶体中见黄绿色荧光点，疑为烃类包裹体。由矿物沥青基质演变来的含碳泥灰质无荧光显示。此阶段的沥青含量比 400℃时略有增加，但其最大的变化是碳质沥青和碳沥青含量相对增高，碳质沥青、碳沥青和微粒体的含量分别为 0.330%、0.420% 和 0.330%，总量为 1.08%。

模拟温度为 500℃（R_o=1.76%）时，可见泥灰岩烃源岩中产生了许多微裂缝，裂缝中充填了具黄绿色荧光显示的碳质沥青（图 7-1-2d），白云石则显示黄棕色荧光。此阶段的沥青含量与 450℃时基本一致，碳质沥青、碳沥青和微粒体的含量分别为 0.476%、0.272% 和 0.340%，沥青总量为 1.088%。

模拟温度为 550℃（R_o=2.03%）时，岩石基底原矿物沥青基质已完全失去荧光显示，转变为含碳泥灰质，岩石中局部见白云石结晶完好，多数自形晶体次生加大边发育，显示环带构造，与周边泥灰质界线清晰。同时还观察到与上一阶段明显不同的现象，即可见在成熟程度较低时的绿色、黄绿色荧光的碳质沥青（图 7-1-2e），表明此阶段发生了大分子烃类的二次裂解，形成了多环芳香烃和非烃等可以反射荧光的物质，沥青总量的降低是沥青发生了二次裂解的主要依据之一，此阶段的碳质沥青、碳沥青和微粒体的含量分别为 0.351%、0.117% 和 0.299%，沥青总量为 0.767%。

模拟温度为 600℃（R_o=2.33%）时，岩石基底原矿物沥青基质已完全失去荧光显示，转变为含碳泥灰质，偶见碳质沥青，显棕色荧光，白云石颗粒均匀分布，荧光显著，并且其荧光颜色不同于上一阶段。岩石孔缝中充填短脉状碳沥青（An），收缩裂隙发育，泥灰质基底中微粒体广泛分布，岩石微孔（Po）及微裂隙（Fi）发育（图 7-1-2f）。此阶段的碳质沥青、碳沥青和微粒体的含量分别为 0.290%、0.240% 和 0.220%，沥青总量为 0.750%。

模拟温度为 650℃（R_o=2.50%）时，原矿物沥青基质和腐泥质体等已无任何荧光显示，转变为含碳泥灰质，同时白云石荧光也显著减弱；微裂缝、微孔充填的碳质沥青显示较强荧光点。泥灰质基底中微粒体广泛分布。此阶段的碳质沥青、碳沥青和微粒体的含量分别为 0.160%、0.370% 和 0.310%，沥青总量为 0.840%。

上述泥灰岩模拟实验结果很好地再现了烃源岩生烃演化过程中沥青的形成演化规律，沥青含量呈现出由低至高、再降低的变化趋势。这是由于不同演化阶段所生成的沥青类别含量有别，随着烃源岩生烃作用的进行，逐渐形成了不同含量的碳质沥青、碳沥青及微粒体，每类沥青含量达到最大值的演化程度不一致，但沥青总量在 350～500℃阶段呈现出增加的趋势；模拟温度大于 500℃之后，这些沥青仍然可以进一步裂解生气，因此表现出沥青总量降低之势。

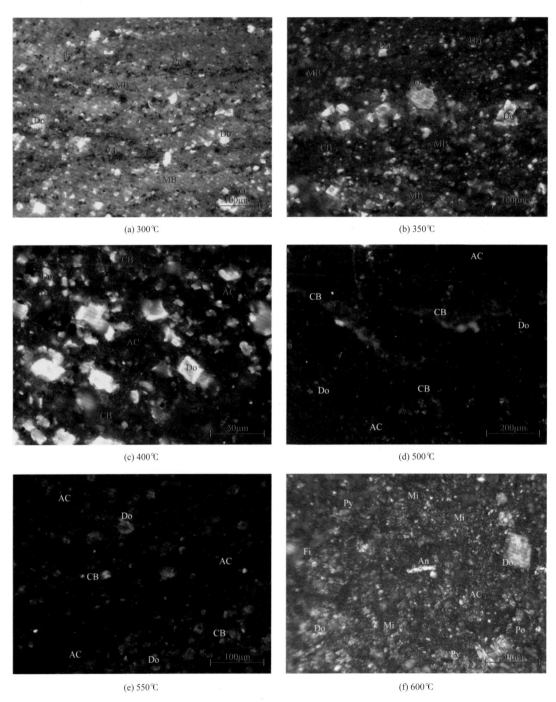

(a) 300℃

(b) 350℃

(c) 400℃

(d) 500℃

(e) 550℃

(f) 600℃

图 7-1-2　不同模拟温度的泥灰岩中沥青赋存状态

（a）—（e）均为反射荧光（蓝光激发），（f）为反射单偏光，油浸，图中字母代号详见文中

　　为了更直观地了解各模拟温度点的沥青在烃源岩中的赋存状态，同时利用了纳米 CT 扫描设备对不同温度点的烃源岩残余样品进行了分析（图 7-1-3），如图 7-1-3 所示同样显示出烃源岩中沥青以分散状分布为主的特点。

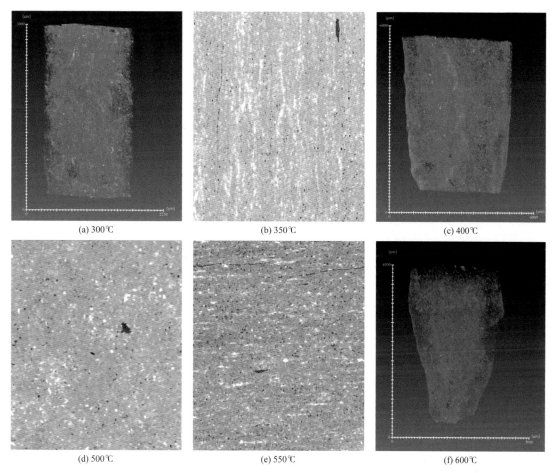

(a) 300℃   (b) 350℃   (c) 400℃

(d) 500℃   (e) 550℃   (f) 600℃

图 7-1-3　不同模拟温度的烃源岩中沥青 CT 扫描照片

图中红色部分为沥青，300℃、400℃和600℃为三维立体图像，350℃、500℃和550℃为横切面图像

通过对四川盆地及周缘露头寒武系筇竹寺组页岩大量高成熟—过成熟样品的镜下鉴定，认为页岩中发育的大量沥青是页岩生烃演化过程中，液态烃经高温裂解之后残留在原地或经微小距离运移后的原生同层沥青。沥青在页岩中的赋存方式主要受有机质（矿物沥青基质等）发育程度及分散状分布状况的影响，导致沥青在页岩中主要呈分散状分布。若页岩的微孔隙或微裂缝发育，则沥青呈相对富集状或脉状分布，并且沥青基本充满孔隙或裂缝（图 7-1-4—图 7-1-6）。页岩中沥青含量介于 0.2%～2.38%，平均为 0.624%；沥青反射率为 2.22%～2.65%，处于过成熟阶段。

综上所述，根据泥灰岩烃源岩及四川盆地寒武系页岩中沥青的赋存状态，认为四川盆地震旦系、寒武系泥质碳酸盐岩中呈分散状分布的沥青成因与烃源岩中沥青相同，为原生沥青。这从有机岩石学角度说明了泥质碳酸盐岩具有一定的生烃潜力，丰富了四川盆地震旦系泥质碳酸盐岩烃源岩对震旦系天然气有贡献的证据。值得注意的是，原生沥青的存在是泥质碳酸盐岩可以生烃的一个证据，能否为有效烃源岩，还需结合研究区具体的地质条件及有机地球化学的分析结果进行综合确定。

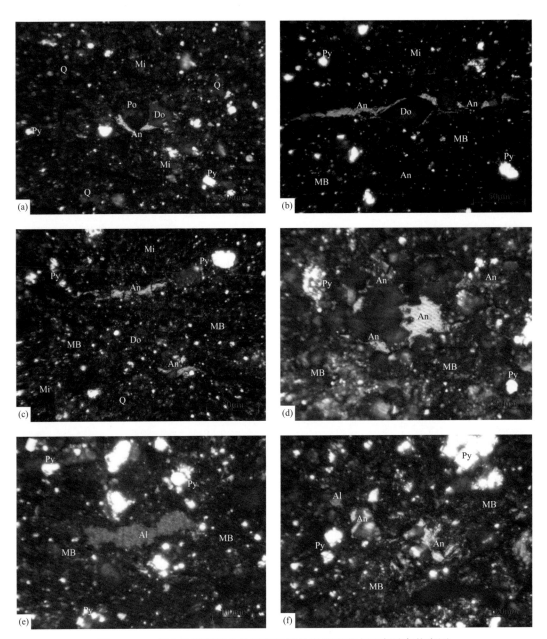

图 7-1-4　川中地区磨溪 9 井寒武系筇竹寺组页岩中沥青赋存状态图

（a）4964.44m，岩石中见溶蚀孔（Po），孔中充填白云石（Do）和碳沥青（An）等，后者晚于前者，黄铁矿（Py）和石英（Q）粉砂均匀分布于矿物沥青基质（MB）中，见少量微粒体（Mi）；（b）4965.4m，石英（Q）粉砂相对较少，黄铁矿（Py）粒度不均匀，粗粒较多，石英（Q）粉砂相对较少，显示性差，碳沥青（An）呈细条带状断续充填于裂隙中，平行层面分布，微粒体（Mi）易见；（c）4966.43m，碳沥青（An）呈短脉状，形体细小，白云石（Do）和石英（Q）显示性差，黄铁矿（Py）和微粒体（Mi）较多，分散于矿物沥青基质（MB）中；（d）4966.4m，黑色碳质页岩，溶蚀孔缝中充填的粒状及细脉状碳沥青（An）属同层沥青，黄铁矿（Py）量多，均匀分布于矿物沥青基质（MB）中；（e）4968.3m，黑色碳质页岩中的藻类体（Al），透镜状平行层面排列，微孔结构明显，属层状藻，黄铁矿（Py）丰富，均匀散布于矿物沥青基质（MB）中；（f）4968.3m，黑色碳质页岩孔洞中充填的粒状碳沥青（An），成群分布，黄铁矿（Py）微粒及微粒集合体分布于矿物沥青基质（MB）中，藻类体（Al）碎屑易见；所有图片均为反射单偏光，见油浸

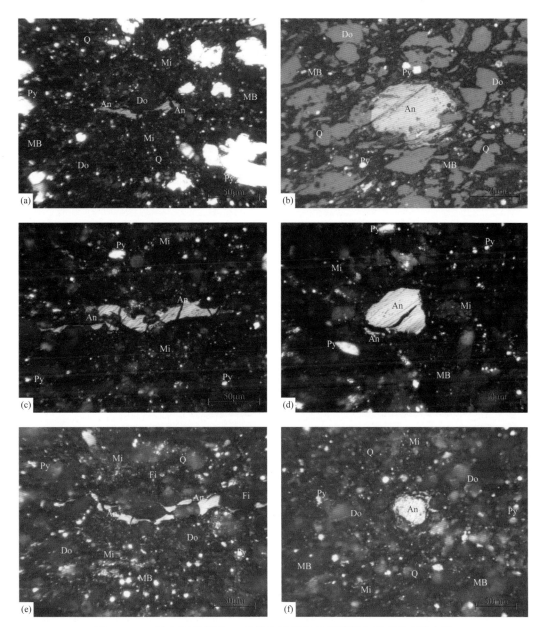

图 7-1-5　川中地区高石 17 井寒武系筇竹寺组页岩中沥青赋存状态图

（a）4971.5m，以黄铁矿（Py）含量高为特征，微粒或粒状，白云石（Do）和石英（Q）粉砂显示性差，难以鉴别，微粒体（Mi）颗粒细小分散于矿物沥青基质（MB）中；（b）4972.5m，粉砂质碳质页岩，石英粉砂（Q）含量多，粒度也较大，白云石（Do）少见，黄铁矿（Py）呈球粒或晶粒，多种组分均匀分布于矿物沥青基质（MB）中，碳沥青（An）呈团粒状，充满孔洞；（c）4979.6m，碳沥青（An）呈短脉状平行层面分布，充填裂隙，黄铁矿（Py）和微粒体（Mi）易于辨认，石英（Q）粉砂和白云石（Do）等形态模糊，难以鉴别；（d）4979.6m，团粒状碳沥青（An）特征更为突出，见裂缝，孔洞旁边空余处又充填碳沥青（An）短脉，黄铁矿（Py）得以突显，微粒体（Mi）也易鉴别，反射单偏光，油浸；（e）4972.5m，碳沥青（An）断续充填于裂缝（Fi）中，平行层面白云石（Do）相对较多，容易与石英（Q）粉砂混淆，微粒体（Mi）偶尔相对集中产于矿物沥青基质（MB）中，黄铁矿（Py）均匀分布；（f）4984.4m，岩石局部显团粒结构，白云石（Do）相对较多，石英（Q）粉砂也易见，黄铁矿（Py）和微粒体（Mi）均匀分布于矿物沥青基质（MB）中，见碳沥青团粒（An）内部紧密，外缘松散，可为两期充填；所有图片均为反射单偏光，见油浸

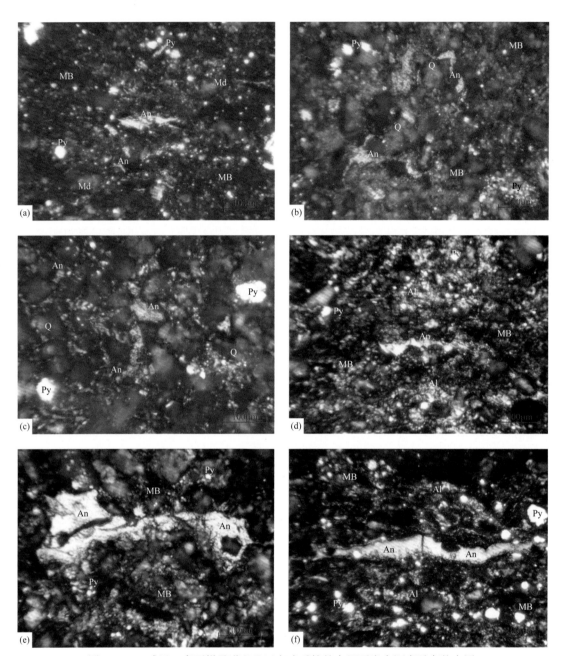

图 7-1-6　威远—高石梯及遵义地区寒武系筇竹寺组页岩中沥青赋存状态图

（a）威 201 井，2814.7m，粉砂质碳质泥岩，矿物沥青基质（MB）中大体顺层分布陆源碎屑（Md）和黄铁矿（Py），碳沥青（An）呈透镜状充填于岩石孔缝中；（b）安平 1 井，5031m，碳沥青（An）局部集中分布，充填于石英（Q）碎屑之间，以短脉状为主，黄铁矿（Py）球粒与其共生，矿物沥青基质（MB）构成岩石基底；（c）安平 1 井，5033.6m，粉砂质碳质页岩，局部碎屑石英（Q）密集，粒间孔缝（Po）中充填短脉状碳沥青（An），呈粒状集合体，黄铁矿（Py）与其共生；（d）遵义金鼎山，粉砂质碳质页岩，见大量藻质体（Al）碎屑，形态不清，部分转化成碳沥青（An）碎粒，碳沥青（An）也呈短脉充填，黄铁矿（Py）分散于矿物沥青基质（MB）中；（e）遵义金鼎山，粉砂质碳质页岩，岩石孔缝中充填碳沥青（An），短条带及块体，形体较大，结构均一，略显破碎，强非均质性，平均 R_b=5.30%；（f）遵义金鼎山，粉砂质碳质页岩，碳沥青（An）呈透镜状，结构均一，强非均质性，R_b=5.44%，藻质体（Al）多围绕陆源碎屑生长，黄铁矿（Py）广泛分布；所有图片均为反射单偏光，见油浸

2. 细晶白云岩储层中沥青形成模拟结果

与烃源岩的实验模拟目的相似，人们对原油的热裂解着重研究其产气潜力大小及油气产物的特征，而对模拟残样的沥青特征研究则极少涉及。因此，笔者开展饱和原油的细晶白云岩裂解实验，再现地层条件下已运移在碳酸盐岩储层中原油的裂解，并观察沥青的形成演化过程。模拟实验结果见表7-1-2和图7-1-7。由表7-1-2可见，300～350℃是沥青形成的主要阶段，300℃和350℃的碳质沥青、碳沥青含量分别为0.5%、0.3%和0.3%、0.5%。400℃之后，没有检测到碳质沥青，并且沥青总量明显较350℃的低，至600℃、650℃时碳沥青含量仅为0.2%。

表 7-1-2　饱和原油的白云岩模拟过程中沥青反射率与沥青含量

温度 /℃	反射率				沥青含量 /%		
	沥青 R_b/%	测点数	δn	等效 R'_o/%	碳质沥青	碳沥青	总量
300	2.32	7	0.410	1.86	0.5	0.3	0.8
350	2.82	5	0.052	2.22	0.3	0.5	0.8
400	2.88	14	0.071	2.27		0.3	0.3
450	3.01	11	0.226	2.36		0.3	0.3
500	3.60	35	0.686	2.78		0.5	0.5
550	4.55	7	0.290	3.46		0.3	0.3
600	4.71	15	0.704	3.57		0.2	0.2
650	4.75	12	0.341	3.60		0.2	0.2

模拟温度为300℃（R_b=2.32%）时，可见白云石晶间缝及溶孔中普遍充填碳质沥青（CB），呈不规则短脉状，荧光显著；白云石显示橙色荧光，分布不均匀（图7-1-7a）。白云石（Do）粒间孔中局部相对富集碳沥青（An），多呈微粒集合体，形状大小各异。

模拟温度为350℃（R_b=2.82%）时，白云石晶间孔及晶间溶蚀孔中充填碳质沥青（CB），多沿孔壁呈环状分布，荧光极弱，与白云石荧光几乎无差别（图7-1-7b）；白云石晶间孔中充填较大颗粒碳沥青（An），晶间缝及晶体边缘分布微脉状及微粒状碳沥青（An）。

模拟温度为400℃（R_b=2.88%）时，白云石显示微弱荧光，暗橙色，边界清楚。白云石粒间孔中局部相对富集碳沥青（An），多呈微粒集合体，形状大小各异。正交偏光下，碳沥青（An）和黄铁矿（Py）全消光成黑色，白云石轮廓显示清楚，白色亮点多系透明包裹体（图7-1-7c）。

模拟温度为450℃（R_b=3.01%）时，碳沥青（An）等有机组分完全失去荧光，而白云石普遍显示橙黄色荧光，轮廓清楚（图7-1-7d）。白云石晶间孔缝中充填粒状及细脉状碳沥青（An），白云石晶体内部也见碳沥青（An）微粒，可能为后期充填形成。

模拟温度为500℃（R_b=3.60%）时，与上一阶段相似，碳沥青等有机组分完全失去荧光，而白云石普遍显示橙黄色荧光，轮廓清楚。白云岩中碳沥青局部富集，白云石溶蚀孔中呈团粒状，周边晶间缝充填形成网脉状（图 7-1-7e）。白云石溶蚀缝（Fi）中密集分布粒状碳沥青，粒度差异大，形状各异（图 7-1-7f）。

模拟温度为 550℃（R_b=4.55%）时，总体特征与 500℃ 的相似。白云石晶间缝中充填粒状及细脉状碳沥青（An），分布不均匀（图 7-1-7g）。

模拟温度为 600℃（R_b=4.71%）时，可见白云岩经高温加热后白云石普遍显示环带结构，浅色镶边为原来的次生加大边，粒间孔（Po）和粒间缝（Fi）均无碳沥青充填。但在某些白云石粗裂缝（Fi）可见块状碳沥青（图 7-1-7h），因不在同一平面上反射亮度不均匀，破碎，见气孔杂乱分布。

模拟温度为 650℃（R_b=4.75%）时，可见白云石粒间溶孔中充填微粒状碳沥青，微球粒先沿孔壁充填，而后再充填孔的中心（图 7-1-7i）。白云石中密集分布的白色小点不是碳沥青或微粒体，可能是矿物包裹体。

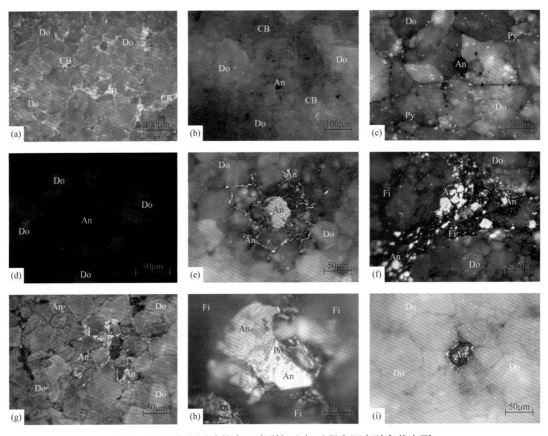

图 7-1-7 饱和原油的白云岩裂解生气过程中沥青赋存状态图
（a）300℃，反射荧光；（b）350℃，反射荧光；（c）400℃，正交偏光；（d）450℃，反射荧光；（e）和（f）500℃，反射单偏光，油浸；（g）550℃，反射单偏光，油浸；（h）600℃，反射单偏光，油浸；（i）650℃，反射单偏光，油浸

综上所述，饱和原油的白云岩原油裂解实验类似于地层条件下的古油藏或分散液态烃裂解。白云岩中沥青形成演化模拟实验结果表明，原油裂解后残余的沥青主要赋存在

孔隙和粒间缝中，呈粒状、块状或脉状分布，与四川盆地震旦系、寒武系碳酸盐岩储层中的次生运移沥青特征是非常吻合的（详见本章第二节）。这些次生沥青主要充填在储层孔隙或裂缝中，呈块状、脉状分布，次生沥青是烃源岩热降解生成的液态烃经过二次运移或多次运移（调整），在储层孔洞、裂缝中富集，并经过后期高温裂解生气后的残留物。

由此可见，烃源岩、储层中沥青形成演化的模拟实验结果为鉴别碳酸盐岩储层中原生、次生成因的沥青提供了重要依据；结合古构造演化、烃源岩生烃史，还可以预测古油藏分布，从而指导天然气的勘探选区。

四、镜质组反射率与储层沥青反射率关系

对模拟产物中的固体部分（粉末、碎屑及岩块）按常规方法分别制成粉光片及块光片，在反射单偏光和反射荧光条件下进行组分鉴定和反射率测定，特征如下。

1. 烃源岩中的生油显微组分变化

烃源岩中的生油显微组分为腐泥组和壳质组，这两类组分在模拟温度达到300℃时已有一部分降解生油，此时样品中的镜质组反射率（R_o）由原始样品的0.43%增至0.72%，在此期间生成的液态烃属低熟原油。当模拟温度达到350℃时，生油组分大约减少了一半，同时产生了碳质沥青、碳沥青和微粒体，其中微粒体最多。此时样品的镜质组反射率为0.93%，共生的碳沥青等效镜质组反射率为1.12%，二者比较接近，平均为1.03%，正处于生烃高峰时期。此时期生成碳质沥青较多，呈不规则脉体或粒状，碳沥青呈短脉状或粒状集合体，微粒体较多，分散在钙质和泥质混合基底中。在模拟温度升至400℃时，生油组分腐泥组和壳质组全部消失，而碳质沥青和碳沥青则明显增加，反映生油过程仍在继续；此时对应R_o值为1.35%，R_b值为1.45%，逐渐趋近于凝析油范围；此时生成的碳质沥青呈絮状及团粒状，荧光显示尚清楚；所生成的碳沥青呈粒状或微脉状。当温度上升至450℃至550℃范围内，碳质沥青和碳沥青继续生成，含量和形态无大变化，但粒度略有增大，镜质组反射率和碳沥青等效镜质组反射率接近或达到2.0%，进入高成熟阶段，但碳质沥青荧光性仍易识别，到600℃以后情况有明显变化，碳沥青形成相对粗大的脉体，其含量明显增多，碳质沥青逐渐减少，荧光性明显变弱。值得特别注意的是，微粒体自从350℃开始产生以来，直到本实验设置的最高温度（650℃）为止，其含量和形态相当稳定，几乎没有变化。

2. 原油热模拟演化过程中的沥青变化

原油热模拟演化过程显得比烃源岩单一些。经过长时间在原油中浸泡的细晶白云岩岩块晶间孔缝中充满原油，岩块缓慢加温至300℃以后，所充填的原油已经固化，光片在反射荧光下显示桔黄色荧光；在反射单偏光下有微弱光感，测得其反射率为0.1%～0.2%，推测这种固体或半固体物质含有较多液态烃，应属于油质沥青。在此温度点上同时也发现孔洞充填的典型碳沥青，呈不规则粒状，粒径为2～30μm，测得其反射

率 R_b=2.32%（R_o'=1.86%），表明原油裂解生成碳沥青的下限温度在300℃以下。原油继续加温到400℃，没有发现明显变化，油沥青逐渐减少，荧光逐渐减弱，碳沥青颗粒逐渐加大。到450℃时产生突变现象，一是油沥青全部消失，碳沥青颗粒继续加大以外还开始形成沥青细脉，这种细脉到500℃时已经非常发育，碳沥青总量也明显增多，模拟温度在500～600℃区间时，早期生成的碳沥青有碎裂化趋势，并且在周边新生成弧状或环状碳沥青脉。在600℃温度点上见显微块状碳沥青生成，粒径达100μm以上。到实验设置的最高温度650℃温度点上，环带状碳沥青明显增多，碎裂化作用进一步加强，这可能是在超高温条件下碳沥青的物理化学变化所致。

3. 烃源岩与原油裂解过程中沥青变化对比

烃源岩热模拟实验样品粒度偏大，各份样品有机质分布的均质性受到一定影响，原油浸泡白云岩各光块物性（主要是孔隙特征）肯定有些差异，会影响其吸附能力，因此含油饱和度无疑有一定差异。此因素无疑会影响到各温度点残渣中固体沥青的含量变化。表 7-1-3 表明碳沥青含量总体上随温度升高而增加，碳质沥青（及油沥青）在原油实验系列中的早期阶段随温度增高逐渐减少，其存在的温度空间较小，在400℃时仅剩下痕迹，而到450℃之后便完全绝迹。烃源岩热模拟实验系列中碳质沥青一直存在，贯穿始终，这一现象可作如下解释：从350℃开始，全过程的各个阶段均有液态烃产出，而碳质沥青是液态烃与碳沥青的中间（过渡）产物，它不断产生，不断向碳沥青转化。在此动态热演化过程中碳质沥青的多少与烃源岩生油母质密切相关（金管热模拟实验业已证明）。本项实验原油裂解过程中400℃以后碳质沥青缺失，也从侧面证明了上述设想。

表 7-1-3 碳沥青形成演化模拟实验结果

模拟温度/℃	烃源岩热模拟实验								原油热模拟实验			
	有机组分 /%					反射率 /%			有机组分 /%		反射率 /%	
	腐泥组	壳质组	碳质沥青	碳沥青	微粒体	R_o	R_{b1}	R_{o1}'	碳质沥青	碳沥青	R_{b2}	R_{o2}'
原样	57.8	10.9				0.43						
300	53	7				0.72			1.2	0.3	2.32	1.86
350	30	4	9	4	18	0.93	1.20	1.12	1.0	0.5	2.82	2.19
400			11	7	22	1.25	1.26	1.16	0.2	0.6	2.88	2.23
450			12	28	22	1.47	1.85	1.55		1.3	3.01	2.31
500			18	26	20	1.76	2.12	1.73		1.5	3.61	2.71
550			20	9	23	2.03	2.50	1.98		1.6	4.55	3.32
600			12	30	22	2.33	2.82	2.19		1.8	4.71	3.43
650			6	37	21	2.50	3.34	2.53		1.2	4.75	3.46

注：（1）有机组分含量烃源岩系列以有机质总和为100%计算，原油系列以全样为100%计算。

（2）等效镜质组反射率（R_o'）与碳沥青反射率（R_b）换算公式为 R_o'=0.3364+0.6569R_b（据丰国秀等，1988）。

两套实验中的碳沥青反射率数据和烃源岩镜质组反射率数据采集得比较完整（表7-1-3，图7-1-8a）。可以看出，烃源岩在350℃温度点上开始形成碳沥青，而原油在300℃时，就已经有碳沥青形成，碳沥青化起点相对提前了50℃左右。两条碳沥青反射率曲线（R_{b1}和R_{b2}）与烃源岩镜质组反射率曲线（R_{o1}）对比发现，属于烃源岩的两条曲线其形状和变化趋势基本一致，与丰国秀等（1988）拟合的相关曲线基本吻合，与本章拟合的相关曲线也大体相同。但是原油形成的碳沥青反射率曲线（R_{b2}）虽然总体上与前二者变化趋势一致，但可以看出有两点明显差别：（1）在400~500℃的三个温度点上反射率值明显偏低，致使曲线下凹；（2）各数据点与对应的R_o值差距太大，据统计，500℃以前该差值为1.5%~1.85%，500℃以后差值达2.3%~2.5%，若按现行换算公式计算，所得到的等效镜质组反射率平均值也高出约1%。对以上现象可以初步解释为模拟温度400~500℃区间是原油裂解高峰期，需要消耗更多热量，致使沥青化速度减慢，所以出现曲线局部下凹。原油裂解生成碳沥青的加温实验是模拟碳酸盐岩储层中石油裂解生气并形成固体沥青的热变过程，因此碳沥青的热变程度与烃源岩成熟度无关。

本次实验所获得的基础数据提供了探讨碳沥青反射率的可能性，即在完全相同的实验条件下，烃源岩镜质组反射率（R_o）与原油裂解生成碳沥青反射率（R_{b2}）进行拟合计算，从而得到$R_o=0.6616R_b-0.5845$这一换算关系式（图7-1-8b）。

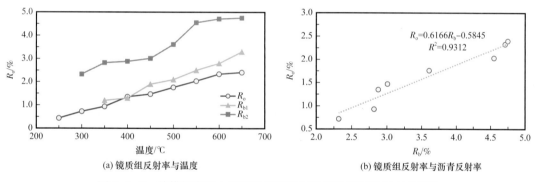

（a）镜质组反射率与温度 （b）镜质组反射率与沥青反射率

图7-1-8　热模拟实验中镜质组反射率与温度及沥青反射率关系图

第二节　储层沥青有机岩石学特征

沥青记录了油气从生成后所经历的各种地质与地球化学作用，可以提供有关油气来源及成藏的证据或有用信息。本节重点介绍储层沥青赋存状态及纵、横向分布特征。

一、储层沥青显微光学结构特征

1.沥青显微光学结构演化

沥青在低成熟阶段，在普通偏光显微镜下显示均一结构，各向同性。简单地说，它们被说成是主要由脂环侧链连接的芳香核或稠环系统。直径至多不过10~20Å的芳香核排列得极不规则，其磨光面呈现各向同性，小球粒是发展成大的各向异性带的起点。一达到再凝固温度，各向异性带的大小就不再进一步变化，只是各向异性的强度随着温度增大，这可以认为是由晚期阶段脱挥发分作用和固态形式的芳香核稍稍重新定向排列所造成的。

对于同种成因的沥青，其沥青反射率大于0.5%时与成熟度相关性较好，可用于成熟度指标。当沥青反射率大于1.50%~2.0%，绝大多数显示不均一状结构，转变为各向异性沥青，发育各种光学结构。研究表明，沥青由各向同性向各向异性的转变过程中，要经历一个过渡阶段——中间相。中间相在不同条件下发展为不同的光学结构，其演化模式如图7-2-1所示。

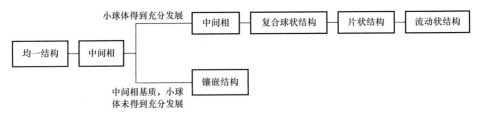

图7-2-1　沥青光学结构演变模式

在沥青的形成过程中，由于受热条件的差异、岩石导热性能的不同，以及沥青本身的性质和成因的区别，沥青可发育不同的光学结构。即使在同一岩层中，也常见光性不同的沥青共生在一起。根据光学结构可将沥青划分为两大类，即各向异性沥青和各向同性沥青，在光学显微镜下呈现以下几种结构特征。

（1）均一结构：在沥青反射率小于1.8%时，反射光下表面均一、干净。

（2）浸染沥青：与周围矿物呈晕状过渡，如染料浸渍，表面极不均一。油浸反射光下褐红—褐黑色均有，表面凸起极低，反光性弱。颜色较深时，具强烈内反射。

（3）星点状结构：镜下观察为一些形态不规则的小球（直径不到0.5μm）紧密堆集的集合体，具有较明显的多色性。它一般作为中间相小球体的基质出现，在有些流动结构内部也残存未完全转化的中间相基质。

（4）球状结构：为中间相小球体表现出的结构，球的直径为5~80μm，一般为20μm，形态一般为圆形或椭圆形，小球体一般呈十字消光。

（5）复合球状结构：为中间相复合小球体表现出的结构，形态一般为圆形或不规则椭圆形，最大直径可达200μm，一般呈波状消光或放射状消光。在有些沥青光片中还可见到中间相小球体发生碰撞、融并而向中间相复球过渡的情况。

（6）片状结构：反射光下各向异性，波状消光。

（7）流动状结构：反射正交偏光下具强烈的各向异性，波状消光，特别是等色区有向某一方向流动的趋势。

（8）镶嵌结构：为一些方位不同的粒状颗粒的集合体，具各向异性。根据颗粒大小可进一步划分为细粒（<0.3μm）、中粒（0.3~0.7μm）和粗粒（0.7~1.3μm）镶嵌结构。

这种结构为高演化阶段沥青的主要结构。

（9）再循环沥青：是沉积过程中由流水等地质营力随同沉积物搬运来的沥青，呈次棱—次圆状，顺层分布，边缘见氧化圈。油浸反射光下呈浅灰—灰白色。

2. 储层沥青产状

在对四川盆地震旦系储层固体沥青样品的显微观察中发现，油浸反射光下，大部分沥青由于成熟度较高，呈灰白色，个别地区的沥青反射率较高，并且表面有大量浅黄色的斑点状球状结构析出。沥青形状多种多样，有的表面光滑、干净，边缘轮廓清晰，类似均质镜质体。有的表面麻点状，裂隙发育，边缘破碎、模糊。大部分沥青显示流动痕迹，边缘明显可见有向孔隙扩张、渗透的趋势。荧光下，除有机包裹体和荧光矿物外，固体沥青不发荧光。在威远、资阳及自深 1 井样品中，都存在强各向异性的沥青，甚至出现了镶嵌结构。

储层中矿物成分以白云石为主，其次为黄铁矿，局部含有黏土杂质。宏观上，由于烃类浸染，碳酸盐岩中充填沥青的部分呈黑色—黑褐色。各井的共同特点是含沥青较丰富，但沥青在各层段分布不均一，有的层段含量高，有的层段含量低。但沥青的油浸反射率 R_b 很高，在 2%～4% 之间。

在显微镜下，储层固体沥青大致有 4 种产状：（1）充填于白云石晶间原生孔隙或白云石晶间溶蚀孔隙之间；（2）以纯沥青形式呈脉状充填，主要见于白云岩溶蚀缝及构造裂缝中；（3）呈粒状、球状及环带状充填于（泥质）白云岩粒内溶孔之中；（4）以微粒浸染状充填于白云岩颗粒间的微孔隙或包裹在泥质基质中。

在古隆起区，震旦系—寒武系中均见沥青，其中在灯影组顶部储层沥青尤为发育。通过对固体沥青中不同产状相对比例的统计，发现该区固体沥青的产状以溶孔充填和裂隙充填为主，晶间充填次之，微粒浸染最少。

二、重点层系固体沥青特征

1. 安岳气田震旦系—寒武系沥青

安岳气田震旦系—寒武系白云岩中的沥青大致有四种赋存状态，即晶间和粒间充填，溶孔中粒状、球粒状充填，溶孔中脉状、网脉状充填和分散状充填。

1）晶间和粒间充填沥青

晶间和粒间充填的沥青主要分布在白云石晶体（颗粒）之间的原生孔隙或次生溶蚀孔隙、微裂缝中（图 7-2-2）。沥青的产状一般随孔隙或裂缝形态变化呈多样性，以粒状、透镜状及短脉状者居多。沥青充满度高低不一，有些孔隙的充满度高，几乎全充满；有些为半充满；有些孔缝中没有充填沥青。这与原始液态烃的运移途径及聚集量有关，早期聚集的液态烃量大，则其残留的沥青丰度高。

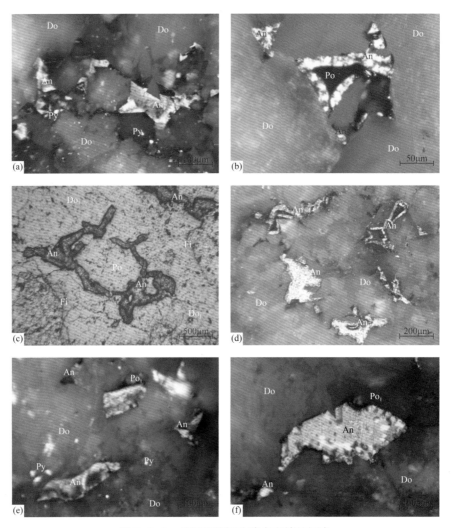

图 7-2-2　晶间和粒间孔隙中充填的沥青

（a）磨溪 23 井，4806.1m，龙王庙组，岩石中浅色斑块主要由粗晶白云石（Do）组成，自形—半自形晶体，晶间孔缝
　　中充填粒状及短脉状碳沥青（An），黄铁矿（Py）微球状，零星分布；（b）高石 102 井，5126.9m，灯四段，白云石
　　（Do）晶间溶蚀孔（Po）充填脉状及粒状碳沥青（An），充满度中等；（c）高石 18 井，5147.92m，灯四段，砾状白云
　　岩，低倍放大，细粒白云石（Do₁）溶蚀缝（Fi）及粒间孔（Po）均发育，见溶蚀孔缝相互连通自成体系，其中充满
　　碳沥青（An）；（d）高石 18 井，5142.4m，灯四段，白云石（Do）粒度细，整体结晶较好，溶蚀孔缝（Po）发育，右
　　上方碳沥青（An）沿孔壁呈脉状充填，左下方碳沥青完全填满孔洞呈块状，可能与物质供应量有关；（e）磨溪 10 井，
　　5459.2m，灯二段，暗灰色白云岩，白云石（Do）半自形晶颗粒彼此镶嵌，粒间溶蚀孔（Po₁）中充填碳沥青（An），
　　充满度较高，黄铁矿（Py）微粒广泛分布；（f）威 28 井，2992.8m，灯四段，灰色白云岩，白云石（Do）粒间溶蚀
　　孔缝（Po₁）中充填透镜状碳沥青（An），充满度高，结构不均一，显粒状和微孔状；所有照片均为反射单偏光，油浸

2）溶孔中充填的粒状、球粒状及块状沥青

此类赋存状态的沥青一般充填在白云岩溶蚀孔隙相对较大的部位。溶蚀孔隙主要包括白云石粒内溶孔、粒间溶孔等，孔径较大且连通性较好，沥青充满度普遍较高，集中分布，赋存方式主要为粒状、球粒状及块状等（图 7-2-3）。同时可见黄铁矿（Py）晶粒集合体及少量晚期白云石晶体（Do）共存于溶蚀孔中。

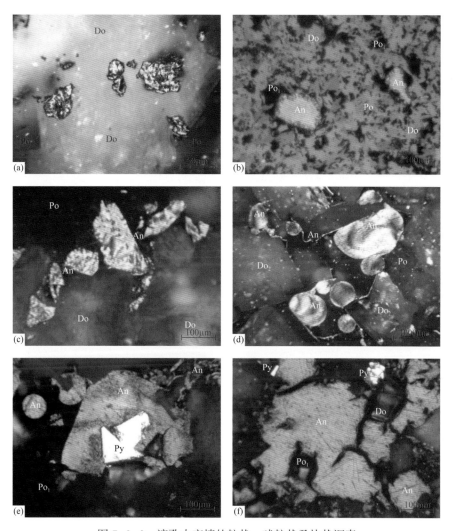

图7-2-3 溶孔中充填的粒状、球粒状及块状沥青

（a）高石102井，5033.9m，灯四段，白云石（Do）晶内溶蚀孔充填碳沥青（An），呈粒状集合体，充满度高；（b）高
　　石2井，5391.14m，灯二段，灰黑色白云岩，白云石（Do）呈不规则粒状，粒内孔（Po）发育，粒间溶蚀孔（Po₁）
　　也较发育，孔径较大且连通性较好，其中见碳沥青（An）充填；（c）高石2井，5389.19m，灯二段，泥质白云岩，白
　　云石（Do）溶蚀孔缝（Po）中充填粒状碳沥青（An），多孔状，形态不规则；（d）高石7井，5320.4m，灯四段，白
　　云岩溶蚀孔（Po）中生长粗晶白云石（Do₂）和球粒状碳沥青（An），也见碳沥青细脉，孔壁也发育粗晶白云石，自
　　形晶颗粒支撑；（e）磨溪13井，4603.76m，龙王庙组，泥质白云岩，溶蚀孔（Po₁）充填球状、块状及短脉状碳沥青
　　（An），见黄铁矿（Py）充填交代块状碳沥青形成不完整的自形晶体；（f）磨溪11井，5485.95m，灯二段，暗灰色白
　　云岩溶蚀孔（Po₁）中充填块状碳沥青（An），充满度高，集中分布，黄铁矿（Py）晶粒集合体及少量晚期白云石晶体
　　　　　　　　　（Do）共存于溶蚀孔中；所有照片均为反射单偏光，油浸

3）溶孔中充填的脉状、网脉状沥青

此类赋存状态的沥青一般充填在白云岩溶蚀孔隙边缘，或者颗粒之间的缝隙中。单一脉状沥青充填时，孔隙中沥青的充满度不高（图7-2-4），通常可见脉状、网脉状沥青与粒状、球粒状及块状沥青共存于同一溶孔中，这时其孔隙充满度可达到30%左右。孔隙中沥青充满度的大小在一定程度上可以反映古油藏微区之间的油水比例及其变化情况。

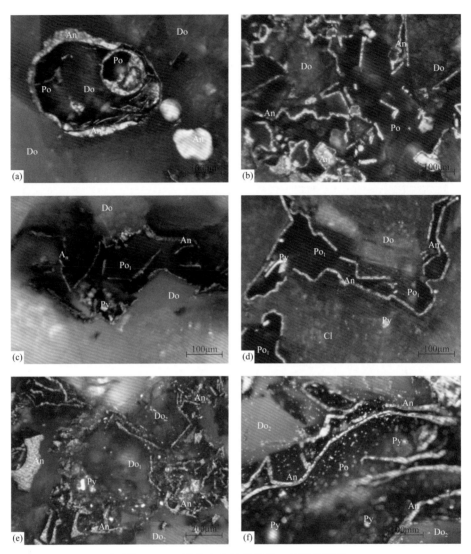

图 7-2-4　溶孔中充填的脉状、网脉状沥青

（a）高石 10 井，4618.9m，龙王庙组，泥质白云岩，孔洞（Po）中见沿壁充填的脉状碳沥青（An），形态不规则，也见碳沥青（An）团粒，白云石隐约显示半自形晶体（Do），晶间孔壁见碳沥青薄膜；（b）磨溪 12 井，4620.36m，龙王庙组，泥质白云岩，岩石溶蚀孔（Po）发育，沿壁及溶蚀残余（Do）边缘分布细脉状碳沥青（An），部分包围粒状碳沥青，脉体平直或曲折，近似网状；（c）磨溪 13 井，4612.3m，龙王庙组，泥质白云岩，溶蚀孔（Po_1）孔径较大，沿孔壁生长白云石（Do）自形晶体，剩余空间中充填碳沥青（An）细脉和微粒状黄铁矿（Py）；（d）磨溪 17 井，4649m，龙王庙组，泥质白云岩，白云石（Do）与黏土矿物（Cl）界线清楚，溶蚀孔缝（Po_1）发育，连通性好，沿孔壁生长碳沥青（An）细脉，黄铁矿（Py）分散分布；（e）磨溪 22 井，4945.7m，龙王庙组，溶孔（Po）中发育自形晶白云石（Do_2），并见溶蚀残留物（Do_1），孔中密集分布网脉状碳沥青（An），少数较宽脉体破碎成段，黄铁矿（Py）部分经历过氧化；（f）高石 7 井，5332.1m，灯四段，溶蚀孔（Po）见粗晶白云石（Do_2），属充填成因，其余空间发育脉状碳沥青（An），形态保存完整，黄铁矿（Py）微粒分散分布，孔中溶蚀残留物较多；所有照片均为反射单偏光，油浸

4）岩石中分散状沥青

此类赋存状态的沥青主要分布在泥质碳酸盐岩中。可见岩石中白云石颗粒与黏土矿物共同沉积，黏土矿物中密集分布微粒状碳沥青（也称微粒体），也见微孔中充填的较大

颗粒碳沥青（An），微粒体是原地生成的，相对较大颗粒的碳沥青是原油就近初次运移后形成的，但均属于同层沥青，与页岩烃源岩中的沥青赋存方式一致，是泥质碳酸盐岩直接生烃的重要证据之一（图 7-2-5）。

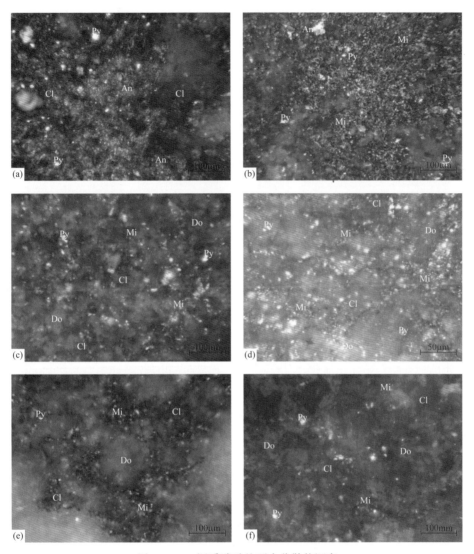

图 7-2-5　泥质碳酸盐石中分散状沥青

（a）磨溪 17 井，4613.15m，龙王庙组，泥质白云岩，局部以黏土矿物（Cl）为主，形成白云质泥岩薄层，其中密集分布微粒状碳沥青（An），属于同层沥青，大量粒状黄铁矿（Py）与其共生；（b）高石 7 井，5261.8m，灯四段，云质页岩夹层局部放大，见微粒体（Mi）密集分布，也见微孔中充填的较大颗粒碳沥青（An），前者是原地生成的，后者是原油初次运移后生成的，统称同层沥青，黄铁矿（Py）微粒分散分布；（c）磨溪 9 井，5033.37m，灯四段，泥质白云岩，白云石（Do）颗粒与黏土矿物（Cl）共同沉积，黏土矿物中分布黄铁矿（Py）与碳沥青微粒（微粒体），后者属原地沥青；（d）高石 102 井，5053.1m，灯四段，局部细晶白云石（Do）粒间孔含黏土矿物（Cl）较多，其中分布黄铁矿（Py）和微粒体（Mi），光片；（e）磨溪 10 井，5470.7m，灯二段，泥质白云岩，白云石（Do）呈不规则粒状，粒间分布黏土矿物（Cl），黏土矿物中密集散布碳沥青微粒，即微粒体（Mi），属同层沥青，偶见黄铁矿（Py）；（f）磨溪 10 井，5483.5m，灯二段，泥质白云岩，白云石（Do）呈不规则粒状，粒间分布黏土矿物（Cl），其中见微粒状碳沥青，即微粒体（Mi），属原地沥青，黄铁矿（Py）易见，粒度较大；所有照片均为反射单偏光，油浸应用 UltraXRM-L200 型纳米三维立体成像仪对储层沥青的赋存状态进行分析。沥青在岩石中的分布受孔隙发育程度的控制，相对大孔隙发育处，沥青呈富集状；互不连通的微孔、纳米孔隙发育处，沥青则呈分散状（图 7-2-6）。

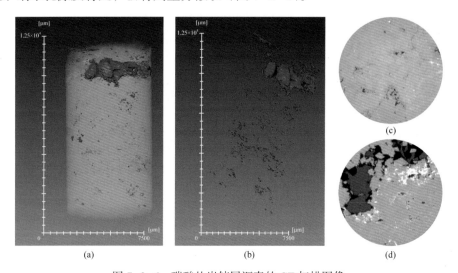

图 7-2-6　碳酸盐岩储层沥青的 CT 扫描图像

（a）带岩石骨架的沥青分布三维图像；（b）去除岩石骨架后纯沥青分布的三维图像；（c）、（d）岩石横切面中的沥青分布图，（d）中黑色部分为孔隙，图中红色部分代表沥青

2. 泥盆系储层沥青

川西北地区泥盆纪沉积演化经历了三大沉积旋回，即平驿铺组沉积期陆源砂质滨岸沉积旋回、甘溪组—观雾山组沉积期陆源碎屑和碳酸盐岩混合沉积旋回、沙窝子组—茅坝组沉积期碳酸盐岩台地沉积旋回，形成多层段多类型的有利储集体（贺文同等，2015；熊连桥等，2017a，2017b）。迄今已在双鱼石构造双探 3 井中泥盆统观雾山组溶孔、溶洞白云岩储层中获日产 $11.6 \times 10^4 m^3$ 的工业气流，在何家梁、大木垭等露头剖面见原油外溢或沥青（熊连桥等，2017b），同时在天井山多个野外露头剖面中发现下泥盆统平驿铺组油砂（刘春等，2010）及中泥盆统金宝石组油砂（沈浩等，2016；图 7-2-7）。

双探 3 井泥盆系储层沥青的赋存方式主要包括块状（图 7-2-8a）、脉状（图 7-2-8b）、条带状（图 7-2-8c）及粒状（图 7-2-8d）等。

3. 栖霞组—茅口组储层沥青

中二叠统栖霞组—茅口组储层中也检测到丰富的储层沥青，赋存方式主要包括块状（图 7-2-9a）、脉状（图 7-2-9b）、环壁状（图 7-2-9c）及破碎状（图 7-2-9d）等。

4. 飞仙关组鲕滩储层沥青

飞仙关组鲕滩储层本身不可能生烃，因此其中的固体沥青属于后生—储层沥青。而少数石灰岩样品中的固体沥青则属于原生—同层沥青。通过对大量样品的显微镜下观察统计，固体沥青大致有四种产出形态。

图 7-2-7　川西北地区泥盆系野外露头及井下揭示的沥青

（a）青川何家梁剖面泥盆系观雾山组，见白云岩溶孔中有黑色轻质原油溢出；（b）青川漩涡梁采石场剖面泥盆系观雾山组，见灰色白云岩溶孔中充填沥青；（c）青川竹园坝小垭子采石场剖面，泥盆系平驿铺组油砂发育；（d）双探 3 井，7574.3m，观雾山组，白云石（Do）晶间孔（Po）中充满碳沥青（An），呈短脉或碎屑状，黄铁矿（Py）呈微粒状，零星散布，光片，油浸，反射单偏光

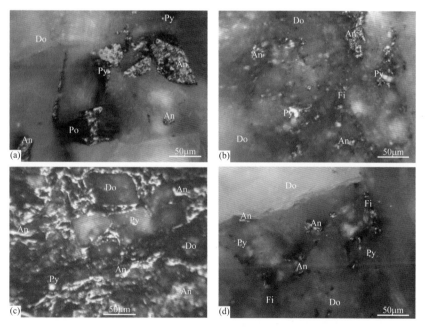

图 7-2-8　川西北地区双探 3 井泥盆系储层沥青显微特征

（a）7584.46m，颗粒白云岩晶间溶蚀孔（Po）中充填块状碳沥青（An），部分呈细脉状，少量黄铁矿（Py）零星分布，光片，油浸，反射单偏光；（b）7584.46m，颗粒白云岩晶间缝（Fi）发育，其中充填粒状及短脉状碳沥青（An），形态不规则，黄铁矿（Py）易见，球粒状；（c）7574.3m，白云岩局部破碎，白云石（Do）晶间溶蚀孔缝（Po）发育，其中充填大量碳沥青（An），呈脉状或条带状，少量黄铁矿（Py）零星分布；（d）7574.3m，观雾山组，白云石（Do）晶间溶蚀孔缝（Po）发育，其中充填脉状或粒状碳沥青（An），少量黄铁矿（Py）零星分布，光片，油浸，反射单偏光

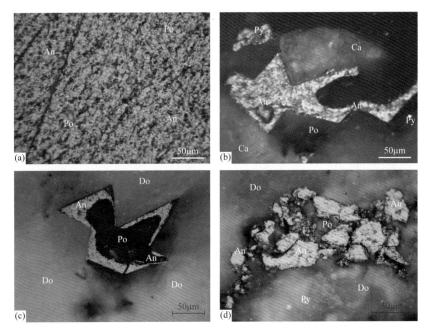

图 7-2-9　四川盆地中二叠统栖霞组—茅口组储层沥青显微特征

（a）双探 3 井，7109.9m，茅口组，灰色石灰岩溶蚀孔中充填块状碳沥青（An），沥青含量为 3.1%，局部高倍放大，显粒状和多孔状结构；（b）双探 3 井，7109.9m，茅口组，灰色石灰岩（Ca）孔缝（Po）中充填脉状碳沥青（An），脉体不规则，边界清楚，显粒状及多孔状结构（R_b=2.65%），少量黄铁矿（Py）分散分布；（c）磨溪 42 井，4653.1m，栖霞组，灰色白云岩，白云石（Do）晶间孔（Po）沿孔壁充填碳沥青（An），碳沥青形状规则，内部显微粒结构，边界清楚；（d）池 67 井，3316.2m，茅口组，白云石（Do）晶间溶蚀孔缝（Po）彼此连通，形体较大，其中充填碳沥青（An），破碎成块状互不相连，偶见黄铁矿（Py）微粒；（a）—（d）均为光片，反射单偏光，油浸

1）晶间和粒间孔隙充填

晶间孔隙充填有两种情况，一种是白云岩中重结晶白云石晶体之间的原生孔隙为沥青充填，孔径小，沥青粒径一般仅 0.005～0.01mm，充满度高，达 50%～95%（图 7-2-10a），少数样品重结晶白云石晶体粗大，晶间孔径溶蚀扩大，其中充填块状碳沥青，粒径达 0.45mm（图 7-2-10b）。另一种是方解石脉中粗大晶体之间或角砾状碳酸盐岩胶结物中赋存的不规则粒状沥青，粗度较大，达 0.05～0.15m，其中部分沥青似与方解石脉同期生成（图 7-2-10c），充满度达 60%～90%，部分达到 100%。粒间孔隙充填见于鲕粒白云岩鲕粒间的孔隙中，粒径达 0.1mm，甚为少见（图 7-2-10d）。

2）溶孔中粒状、球粒状充填

不规则粒状固体沥青多充填于灰质白云岩和石灰岩溶孔中，一般呈单个颗粒存在，粒径为 0.01～0.15mm，充满度一般为 20%～50%，灰质鲕粒白云岩充满度可达 90%（图 7-2-11a）；部分颗粒呈微粒或微角砾集合体，整体粒径为 0.02～0.05mm，充满度为 50%～70%（图 7-2-11b）。球粒或似球粒状固体沥青多见于白云岩溶孔中，一般具有规则的外形，呈球形、椭球形或半球形，通常内部具有均一状结构，粒径为 0.01～0.1mm，充满度为 20%～50%（图 7-2-11c）。见少数规则球粒具环状（壳状）结构，外环（壳）规则，内部呈均一状或微粒集合体，粒径为 0.03～0.05mm，这种球粒多发育在较大的溶孔中。

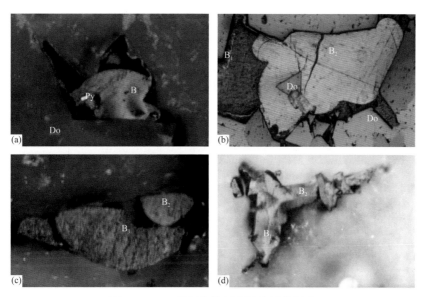

图 7-2-10　晶间和粒间孔隙充填的沥青

（a）罗家 2 井，3232.2m，飞仙关组，灰质白云岩，白云石（Do）晶间孔隙中脉状和半球状碳沥青（B），伴生黄铁矿（Py），光片，单偏光，油浸，500×；（b）罗家 2 井，3240.6m，飞仙关组，白云石（Do）粒间孔隙中充填大块碳沥青（B），中间包裹白云石（Do），光片，单偏光，油浸，200×；（c）罗家 2 井，3253m，飞仙关组，石灰岩角砾孔隙间充填蠕虫状碳沥青（B），纹理为生长线，光片，单偏光，油浸，500×；（d）渡 5 井，4190.1m，飞仙关组，白云石（Do）鲕粒间孔隙交会处充填碳沥青（B），两期生成（B_1 和 B_2），光片，单偏光，油浸，310×

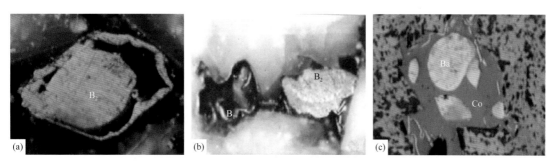

图 7-2-11　溶孔中粒状、球粒状充填的沥青

（a）罗家 2 井，3240.6m，飞仙关组，孔状灰质白云岩，白云岩溶孔中充填脉状和球粒状碳沥青（B2），光片，单偏光，油浸，500×；（b）渡 5 井，4195.6m，飞仙关组，灰质白云岩溶孔中充填碳沥青，脉状（B_1）和微粒集合体（B_2），光片，单偏光，油浸，310×；（c）罗家 2 井，3279m，飞仙关组，白云岩溶孔（Co）中充填细脉状（Bv）沥青集合体（Ba），后者具外环，光片，单偏光，油浸，200×

3）溶孔中脉状、网脉状充填

固体沥青呈脉状、网脉状或皮壳状等主要见于白云岩溶孔中，灰质白云岩或石灰岩溶孔中较少见；脉体一般宽 0.002～0.005mm，很少达 0.01mm 以上，多沿孔壁呈封闭状，也呈显微断片见于孔中心；单一网脉出现时其充满度仅 3%～10%（图 7-2-12a），通常为粒状、球状沥青与网脉状沥青共存于同一溶孔中，这时其充满度可达 10%～25%，少数达 30% 以上（图 7-2-12b）。孔洞中沥青充满度（沥青占孔洞体积百分比）的大小在一定程度上可以反映古油藏微区之间的油水比例及其变化情况。

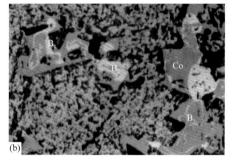

图 7-2-12　溶孔中脉状、网脉状充填的沥青

（a）罗家 2 井，3265m，飞仙关组，白云岩溶孔（Co）中充填的皮壳状（脉状）碳沥青（B），厚薄均匀，光片，单偏光，油浸，200×；（b）罗家 2 井，3276m，飞仙关组，残余鲕粒白云岩，白云岩溶孔（Co）中呈多种形态充填的碳沥青（B），光片，单偏光，油浸，200×

4）微粒浸染

微粒浸染状沥青主要分布在灰质白云岩、泥质灰岩和泥灰岩中，分散浸染，其赋存形式有两种：一种是在微晶—细晶白云石颗粒间充填于微孔隙中，粒径仅 0.001～0.003mm，与矿物颗粒紧密接触，充满度可达 90% 以上，推测是在成岩作用前期充填形成的，属于渗出沥青体（图 7-2-13a）；另一种是包裹在泥灰质矿物基质之中，呈微粒状或蠕虫状，粒径为 0.001～0.005mm，没有经过明显的运移和充填过程（图 7-2-13b）。

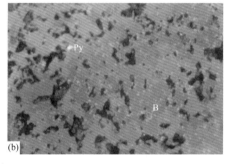

图 7-2-13　微粒浸染状沥青

（a）渡 5 井，4814m，飞仙关组，灰质白云岩粒间孔隙中分散充填的微粒状碳沥青（B），光片，单偏光，油浸，200×；（b）朱家 1 井，5648.8m，飞仙关组，泥灰岩中分散浸染的碳沥青（B），伴生黄铁矿（Py），光片，单偏光，油浸，400×

上述四种形态的固体沥青中，前三种属于后生—储层沥青，在飞仙关组中占绝对优势，第四种微粒浸染型沥青属于原生—同层沥青，含量微少。此外，破碎带方解石胶结物中，碎块沥青往往相对集中。少量的岩石微裂隙中有脉状或串珠状沥青充填，期次早晚不一。

三、储层沥青反射率特征

四川盆地海相层系储层沥青广泛发育，尤其是震旦系—寒武系储层沥青丰度最高。由于部分样品储层沥青虽能检测到，但其颗粒小而测不出反射率值，而且测定方法是影响各向异性沥青反射率的重要因素，沥青随机反射率（R_b）比其最大反射率（R_{max}）分布稳定，而且与镜质组反射率 R_o 的相关性较好。因此，本书主要测定沥青随机反射率，其等效镜质组反射率 R'_o 按本章提出的计算公式（$R'_o=0.6530R_b+0.3231$）进行换算，结果见表 7-2-1。

表 7-2-1　四川盆地震旦系—寒武系沥青反射率测试结果统计表

地区	层位	井深 /m	R_b/%	R'_o/%	代表井
高石梯	筇竹寺组	4972~4984	2.35~2.65/2.50（2）	1.88~2.08/1.98（2）	高石 17
	龙王庙组	3861~4728	2.66~3.63/3.14（24）	2.08~2.72/2.40（24）	高石 10、高石 11、高石 23、高石 26、高石 28、高石 113
	灯影组	4956~5576	2.49~4.27/3.10（48）	1.97~3.14/2.37（48）	高科 1、高石 1、高石 7、高石 18、高石 20、高石 102、高石 109、高石 111、高石 124
磨溪	筇竹寺组	4966~4714	2.22~3.08/2.48（7）	1.84~2.35/1.97（7）	磨溪 9
	龙王庙组	4600~4941	2.19~5.08/2.94（65）	1.77~3.67/2.27（65）	磨溪 11、磨溪 12、磨溪 13、磨溪 16、磨溪 17、磨溪 204、磨溪 202、磨溪 22、磨溪 23、磨溪 32、磨溪 102、磨溪 52、磨溪 26
	灯影组	5048~5593	2.12~4.72/2.87（48）	1.73~3.44/2.22（48）	磨溪 13、磨溪 17、磨溪 21、磨溪 19、磨溪 8、磨溪 9、磨溪 22、磨溪 23、磨溪 10、磨溪 11、磨溪 116、磨溪 109、磨溪 52、磨溪 39
蓬莱—中江	筇竹寺组	5300~5915	2.09~3.11/2.65（6）	1.71~2.38/2.07（6）	蓬探 1、中江 2
	灯影组	5729~6559	2.25~3.85/3.11（18）	1.81~2.87/2.38（18）	蓬探 1、中江 2
威远	筇竹寺组	2976	2.13（1）	1.74（1）	威 28
	灯影组	2852~3608	2.07~4.76/3.79（29）	1.70~3.46/2.83（29）	威 9、威 28、威 117
资阳	筇竹寺组	4248~4344	2.63~3.17/2.83（6）	2.06~2.42/2.19（6）	资 4
	灯影组	4507~4563	3.13~3.54/3.41（5）	2.39~2.66/2.57（5）	资 4、资 7
川西南部	灯影组	2836~5259	2.12~3.64/3.02（9）	1.73~2.73/2.32（9）	老龙 1、汉深 1
高川乡	筇竹寺组	露头	3.57~3.83/3.66（5）	2.69~2.85/2.74（5）	锄把沟
荷包场	龙王庙组	4748	3.21（1）	2.45（1）	荷深 1
盘龙场	灯影组	5630~5673	3.40~3.52/3.46（4）	2.57~2.65/2.61（4）	盘 1
南充	龙王庙组	5652~5664	2.90~3.62/3.26（2）	2.24~2.71/2.48（2）	南充 1

注：数据格式为最小值~最大值/平均值，括号内为样品数。

从沥青反射率的测定结果来看，不同构造带上，震旦系灯影组—寒武系龙王庙组的沥青反射率均大于 2.0 %，介于 2.07%～5.08 %，峰值主要为 2.3%～3.7 %（图 7-2-14）。如图 7-2-14 所示，沥青反射率与现今地层埋深之间没有相关性，即反射率不随深度的增大而增大，这说明不同构造液态烃类充注的时间大体上相当，后期的构造抬升或沉降对反射率的影响不是太大。另外，部分构造上存在沥青反射率比较分散的情况，这主要反映了不同期次充填的沥青。如威远灯影组两期沥青比较明显，一期沥青反射率分布在 4.21%～4.76 % 之间，另一期沥青反射率主要分布在 2.46%～3.31 % 之间；高石1 井 4958m 深度，一期沥青反射率为 3.75 %，另一期沥青反射率为 2.90 % ；高科 1 井 5149.1m 深度，两期沥青反射率分别为 4.27% 和 2.85%。

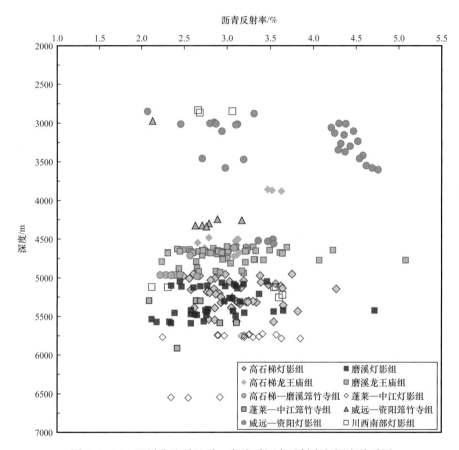

图 7-2-14　四川盆地震旦系—寒武系沥青反射率与深度关系图

在高石 1 井、高科 1 井震旦系灯影组的沥青鉴定中，还发现岩石孔缝中与固体沥青伴生的荧光物质疑为晚期沥青（图 7-2-15）。通过对这些样品做进一步的热解和有机碳分析，结果表明，这些样品总有机碳含量相对较高（0.35%～1.54%），生烃潜量 S_1+S_2 介于 0.07～0.27mg/g，而且 T_{max} 值为双峰，高值为 560～566 ℃，低值为 423～432 ℃（表 7-2-2）。这些特征反映了两期液态烃类充注的特点。

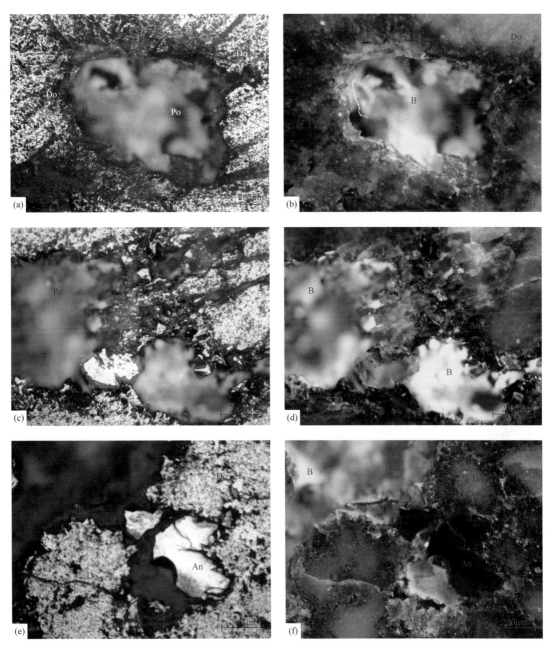

图 7-2-15 高石 1 井震旦系储层沥青显微照片

（a）4960.12m，反射光，白云石（Do）孔洞中充填物，可能为晚期沥青（B）；（b）视域同（a），反射荧光（蓝光激发，下同），孔洞充填物荧光显著，可能为晚期沥青（B）；（c）4975.7m，反射光，白云石（Do）孔洞中充填的碳沥青（An），孔洞（Po）中见充填物；（d）视域同（c），反射荧光，孔洞充填物可能为晚期沥青（B）；（e）4979.2m，反射光，白云石孔洞（Po）中充填的碳沥青（An）；（f）视域同（e），反射荧光，孔洞充填物荧光显著，可能为晚期沥青（B）

表 7-2-2　高石 1 井灯影组岩石热解与有机碳分析结果

井号	深度 / m	TOC/ %	T_{max}/ ℃	游离烃 S_1/ mg/g	热解烃 S_2/ mg/g	生烃潜量 S_1+S_2/ mg/g	氢指数 / mg/g	烃指数 / mg/g
高石 1	4979.20	0.77	425/560	0.03	0.09	0.12	12	3.90
高石 1	4960.12	0.35	432/563	0.02	0.06	0.08	17	5.71
高石 1	4956.50	1.54	425/563	0.03	0.13	0.16	8	1.95
高石 1	4975.50	0.50	423/565	0.02	0.05	0.07	10	4.00
高科 1	5149.10	0.89	429/566	0.05	0.22	0.27	25	5.62

四、储层沥青含量分布特征

储层沥青鉴定与定量是利用 Nikon 多功能显微镜和 Opton 反光显微镜完成的。参照标准是石油天然气行业标准《全岩光片显微组分鉴定及统计方法》（SY/T 6414—2014），定量方法包括点计法及目估法。从安岳气田和北斜坡地区灯二段、灯四段、沧浪铺组和龙王庙组 489 个样品的分析结果可见，储层沥青含量主要小于 5%，少量样品介于 5%～9%（图 7-2-16），而且沥青含量分布与古构造背景有一定的关系。古隆起高

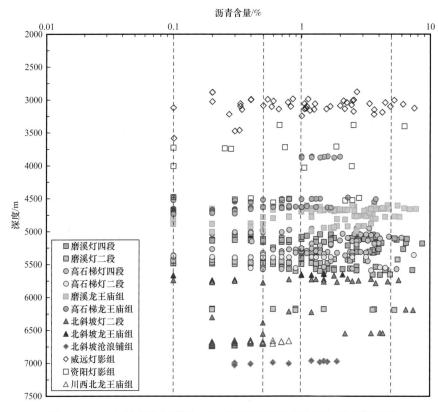

图 7-2-16　四川盆地灯影组—龙王庙组储层沥青含量与深度关系图

部位，沥青含量一般较高，而古构造低部位，沥青含量则相对较低，如古隆起高部位的威远地区震旦系灯影组，沥青含量主要为0.25%～5.0%，资阳地区灯影组沥青含量为0.25%～2.50%，老龙1井灯影组（2836～2867m）4个样品的沥青含量为0.70%～1.50%，高石梯—磨溪地区灯影组、龙王庙组沥青含量一般为0.25%～5.00%（图7-2-16）；相反，古隆起斜坡、坳陷部位的盘1井、窝深1井的沥青含量较低，盘1井4个样品的沥青含量为0.013%～0.056%，窝深1井4个样品（4660～4691m）均未检测到沥青，荷深1井龙王庙组（4743.7～4761.0m）8个样品和灯影组（5742.3～5752.5m）2个样品的沥青含量分别为0.1%～0.2%和0.10%。

基于安岳气田、北斜坡、威远地区和资阳地区380余块灯影组、龙王庙组样品的检测结果，结合须家河组沉积前（筇竹寺组烃源岩生烃高峰期）震旦系顶面构造、龙王庙组顶面构造、灯影组和龙王庙组岩相古地理研究成果，编制了灯影组和龙王庙组沥青含量分布图（图7-2-17、图7-2-18）。北斜坡虽样品数量有限，但从所测结果来看，灯二段、沧浪铺组和龙王庙组储层沥青最高含量分别达7.4%、1.9%和2.1%，均值分别为1.98%、0.88%和1.00%，说明也曾是古油藏发育区。

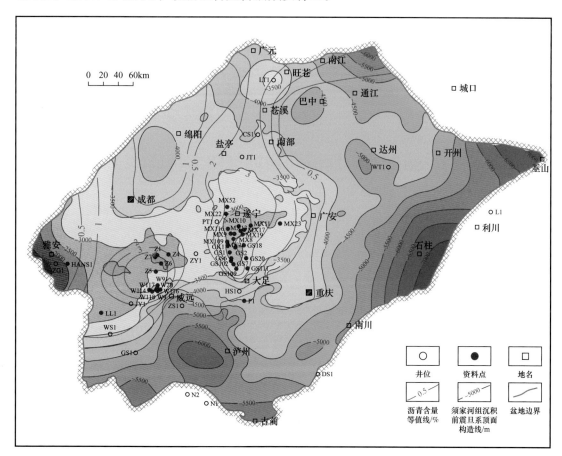

图7-2-17 四川盆地灯影组储层沥青含量与烃源岩生烃高峰期前震旦系顶面古构造图

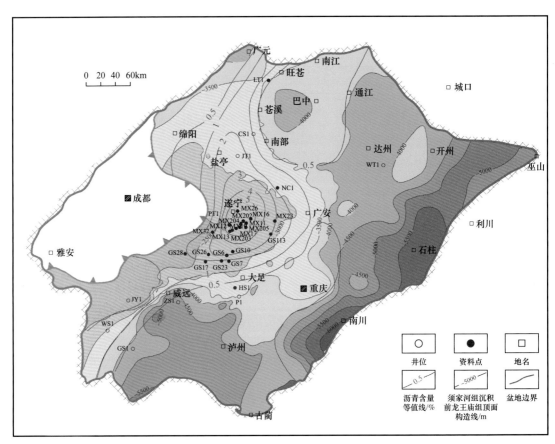

图 7-2-18　四川盆地龙王庙组储层沥青含量与烃源岩生烃高峰期前龙王庙组顶面古构造图

第三节　储层沥青地球化学特征

研究储层沥青的目的不仅在于证实研究区曾经有过液态烃类聚集的过程，更重要的是要以储层沥青作为桥梁，建立起烃源岩—原油—储层沥青—天然气之间的密切联系，从而为天然气气源示踪及成藏过程研究提供重要依据。本节主要介绍重点层系储层沥青碳同位素及生物标志化合物特征。

一、储层沥青碳同位素特征

按照干酪根的油气生成理论，烃源岩干酪根及其衍生物的碳同位素有如下特征，即 $\delta^{13}C_{干酪根} > \delta^{13}C_{沥青质} > \delta^{13}C_{非烃} > \delta^{13}C_{芳香烃} > \delta^{13}C_{油} > \delta^{13}C_{饱和烃} > \delta^{13}C_{烷烃气}$，如果不依此次序而发生倒转，说明不是同一烃源岩的衍生物（戴金星等，1992）。由此可见，同一烃源岩的衍生物势必有 $\delta^{13}C_{干酪根} > \delta^{13}C_{烷烃气}$ 或 $\delta^{13}C_1$，并且干酪根生成油气后，其产物的碳同位素必将产生分馏。随着有机质的不断演化，干酪根、原油、储层沥青及天然气的 $\delta^{13}C$ 都是在不断变化的，总的趋势就是同位素分馏效应越来越小。究竟 $\delta^{13}C_{干酪根}$ 比 $\delta^{13}C_{油}$ 或 $\delta^{13}C_{气}$ 重多少，不同学者得出了基本一致的认识，如 Tissot（1984）认为 $\delta^{13}C_{干酪根}$ 比 $\delta^{13}C_{油}$ 重 3‰～4‰；熊永强等（2004）通过模拟实验证实干酪根 $\delta^{13}C$ 值在生气过程中会变重 1‰～2‰。

对川西北剑阁县上寺剖面下三叠统飞仙关组低熟泥灰岩样品进行了密封体系的高压釜热模拟实验。原始干酪根样品的 R_o=0.48%，$\delta^{13}C_{干酪根}$ 为 −27.5‰，实验结果见表 7-3-1。可以看出，在生油高峰及湿气阶段（R_o=1%～1.65%），模拟产物的 $\delta^{13}C_1$ 从 −39.7‰ 变重到 −35.6‰；而在干气阶段（R_o=2%～3%），模拟产物的 $\delta^{13}C_1$ 从 −32‰ 变重到 −28.7‰。即在过成熟的干气阶段，与原始干酪根的 $\delta^{13}C$ 值相比，$\delta^{13}C_1$ 的分馏度可达 1‰～4.5‰。

表 7-3-1　川西北地区低成熟泥灰岩热模拟生成的甲烷碳同位素值

模拟温度 /℃	$\delta^{13}C$/‰	镜质组反射率 R_o/%	模拟温度 /℃	$\delta^{13}C$/‰	镜质组反射率 R_o/%
200	−40.4	0.56	350	−39.3	1.20
250	−40.2	0.63	375	−38.3	1.40
275	−40.2	0.74	400	−35.6	1.65
300	−40.0	0.87	450	−32.0	2.28
325	−39.7	1.02	500	−28.7	3.13

四川盆地川中古隆起灯影组、龙王庙组储层沥青 $\delta^{13}C$ 值为 −35.6‰～−32.0‰（表 7-3-2），均值为 −34.5‰，不同区域、不同层段沥青的 $\delta^{13}C$ 值差别不大，而且储层沥青 $\delta^{13}C$ 值略轻于图 2-2-6 所示的震旦系—寒武系烃源岩干酪根 $\delta^{13}C$ 值，这符合干酪根油气生成的同位素分馏规律。

二、生物标志化合物特征

1. 震旦系—寒武系储层沥青甾萜烷特征

1）萜烷

萜烷类生物标志化合物包括长链三环萜烷和五环三萜烷。前人研究认为长链三环萜烷来源于 C_{30} 类异戊二烯醇，其前身物主要是细菌和藻类细胞膜。一般而言，较高丰度的长侧链 C_{31}—C_{35} 升藿烷系列和海相碳酸盐岩及蒸发岩有关，是海相还原环境的一般指标，但若在海相弱还原—弱氧化环境中，C_{35}/（C_{27}—C_{35}）藿烷指标就低得多。伽马蜡烷是高盐度强还原环境的特征生物标志化合物。

高石梯—磨溪地区高石 1 井、高石 2 井、磨溪 8 井和磨溪 11 井灯影组含沥青碳酸盐岩抽提物中检测到丰富的三环萜烷和五环三萜烷系列的化合物（图 7-3-1a—c）。主要特征是以 C_{30} 藿烷为主，伽马蜡烷丰度不高，C_{31}—C_{35} 升藿烷有些样品可以检测到，有些样品含量相对较低。威远—资阳地区储层沥青三环萜烷整体含量低或几乎检测不到，伽马蜡烷相对含量较高，同时含有较高丰度的 C_{31}—C_{35} 升藿烷（图 7-3-1d）。可见，威远—资阳地区与高石梯—磨溪地区生物标志化合物特征存在一定差异，主要体现在三环萜烷含量、伽马蜡烷含量及 C_{31}—C_{35} 升藿烷相对含量的差异，反映了两地区成油环境的差异，即两者可能来自不同的母源。

表 7-3-2 川中古隆起震旦系—寒武系储层沥青碳同位素值

地区	井号	深度 /m	层位	$\delta^{13}C$/‰	地区	井号	深度 /m	层位	$\delta^{13}C$/‰
北斜坡	南充 1	5659.5	龙王庙组	−32.1	磨溪	磨溪 9	5047.2	灯四段	−34.4
	川深 1	—	灯四段	−33.9		磨溪 13	5105.6	灯四段	−35.2
	川深 1	—	灯四段	−34.4		磨溪 11	5141	灯四段	−34.7
	川深 1	—	灯四段	−34.8		磨溪 102	5179.58	灯四段	−35.0[②]
	川深 1	—	灯四段	−33.5		磨溪 117	5227.64	灯四段	−35.3[②]
	蓬探 1	5769.2	灯二段	−34.5		磨溪 116	5125.64	灯四段	−35.1[②]
	中江 2	6553.8	灯二段	−35.4		磨溪 116	5181.8	灯四段	−35.1[②]
磨溪	磨溪 22	4941.36	龙王庙组	−34.0		磨溪 116	5172.38	灯四段	−35.1[②]
	磨溪 22	4942.4	龙王庙组	−34.9		磨溪 116	5190.43	灯四段	−34.9[②]
	磨溪 22	4942.1	龙王庙组	−35.0[①]		磨溪 116	5174.99	灯四段	−34.6[②]
	磨溪 12	4646	龙王庙组	−34.9		磨溪 116	5195.5	灯四段	−35.0[②]
	磨溪 13	4603	龙王庙组	−32.7		磨溪 116	5192.7	灯四段	−35.0[②]
	磨溪 16	4770.6	龙王庙组	−35.0		磨溪 127	5586.16	灯四段	−35.3
	磨溪 16	4777	龙王庙组	−34.9		磨溪 127	5588.9	灯四段	−35.1
	磨溪 16	4763.1	龙王庙组	−35.2[①]		磨溪 9	5430	灯二段	−32.0
	磨溪 17	4654.2	龙王庙组	−35.0[①]		磨溪 19	5426.1	灯二段	−34.5
	磨溪 20	4606.9	龙王庙组	−33.1[①]	龙女寺	磨溪 23	5214.9	灯四段	−34.6
	磨溪 20	4613.5	龙王庙组	−33.8[①]		磨溪 39	5268.3	灯四段	−34.5
	磨溪 26	4918.6	龙王庙组	−35.1[①]		磨溪 39	5300.9	灯四段	−33.9
	磨溪 32	4668.4	龙王庙组	−33.8[①]		磨溪 145	5592.1	灯四段	−35.4
	磨溪 32	4690.3	龙王庙组	−33.2		磨溪 145	5561.9	灯四段	−35.6
	磨溪 32	4671.4	龙王庙组	−33.2		磨溪 145	6170.2	灯二段	−34.6
	磨溪 32	4674.3	龙王庙组	−33.7		磨溪 145	6172.3	灯二段	−34.4
	磨溪 32	4668	龙王庙组	−33.7		磨溪 145	6184.2	灯二段	−35
	磨溪 32	4684.7	龙王庙组	−33.4		磨溪 148	5599	灯二段	−34.8
	磨溪 202	4660.2	龙王庙组	−35.4[①]		磨溪 148	5657.5	灯二段	−34
	磨溪 202	4646.6	龙王庙组	−34.7	高石梯	高科 1	5149	灯四段	−35.2
	磨溪 202	4660.9	龙王庙组	−34.9		高石 2	5011	灯四段	−34.1
	磨溪 202	4653.2	龙王庙组	−34.7		高石 2	5389	灯二段	−34.9
	磨溪 204	4658.8	龙王庙组	−34.6		高石 134	5542.8	灯二段	−35.4
	磨溪 8	5112	灯四段	−35.2		高石 134	5549.3	灯二段	−35.5

① 数据源于郝彬等（2016）。

② 数据源于张博原（2018）。

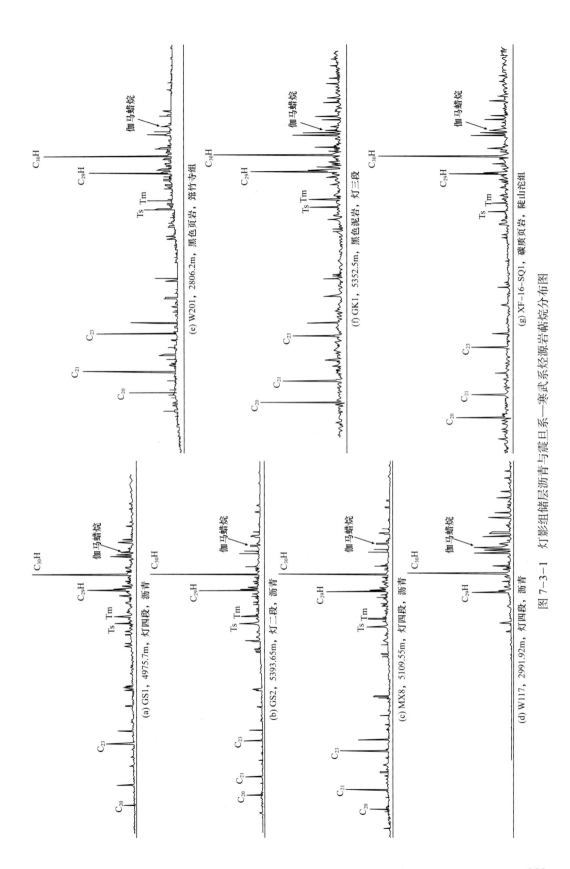

图 7-3-1 灯影组储层沥青与震旦系—寒武系烃源岩帖烷分布图

从不同层系烃源岩的萜烷特征（图 7-3-1e—g）看，筇竹寺组泥岩、灯三段泥岩及陡山沱组泥岩均表现出低伽马蜡烷值及低 C_{31}—C_{35} 霍烷含量的特征，并且这三套烃源岩均见较高含量三环萜烷分布，这与高石梯—磨溪地区储层沥青整体特征相似。

2）甾烷

地质体中的甾烷类是源于生物圈中的甾醇类，原核生物一般不能合成甾醇，而主要由真核生物衍生而来，如藻类、浮游植物或高等植物。在四川盆地震旦系—下古生界泥岩及碳酸盐岩中均检测到 C_{21}—C_{22} 孕甾烷系列、C_{27}—C_{29} 规则甾烷和重排甾烷系列。

由于有机质中甾烷碳数的内分布直接受生源输入的影响，因而烃源岩和原油中的 C_{27}、C_{28} 和 C_{29} 甾烷的相对含量常常被作为生源参数。通常认为，浮游植物的甾类化合物以 C_{27} 和 C_{28} 甾醇为主要成分，而 C_{29} 甾醇为次要成分；浮游动物则以 C_{27} 甾醇为主；高等植物则以 C_{29} 甾醇为主，也伴有 C_{28} 甾醇。故常以 C_{27} 甾烷优势代表母质为腐泥型，C_{29} 甾烷优势代表腐殖型，混合型母质则以 C_{28} 甾烷为主。

有关孕甾烷的成因有两种观点，其一认为孕甾烷来源于微生物，与有机质成熟度没有必然联系，另一种观点认为孕甾烷的含量变化主要由有机质成熟度造成。从不同层系、不同类型烃源岩均检测到丰富的孕甾烷来看，四川盆地样品中孕甾烷的含量与有机质成熟度有一定的联系，即成熟度越高，孕甾烷系列含量越高。

重排甾烷的成因也存在两种观点，一是认为重排甾烷含量与黏土矿物的催化作用有关，故地层中黏土矿物含量越高，对重排甾烷的形成越有利（戴鸿鸣等，1999）；另一种观点认为重排甾烷的含量与有机质成熟度有关，随有机质成熟度增加重排甾烷含量增高。

高石梯—磨溪地区高石 1 井、高科 1 井、高石 2 井灯影组含沥青云岩抽提物中检测到丰富的甾烷系列化合物。孕甾烷、升孕甾烷丰度高，重排甾烷丰富，C_{27}、C_{28} 和 C_{29} 规则甾烷均很丰富，并且 C_{27} 相对丰度最高，三者之间呈"L"形分布（图 7-3-2a—c）。威远—资阳地区威 117 井灯影组储层沥青甾烷分布特征主要体现为孕甾烷、升孕甾烷丰度低，重排甾烷较少，C_{27}、C_{28} 和 C_{29} 规则甾烷均很丰富，但以 C_{29} 相对丰度最高，三者之间呈反"L"形分布（图 7-3-2d）。

从烃源岩抽提物的甾烷分布特征可见，震旦系泥岩的孕甾烷、升孕甾烷和重排甾烷丰度均较高，藻云岩的略低（图 7-3-2e—g）；震旦系灯三段及陡山沱组泥岩 C_{27}、C_{28} 和 C_{29} 规则甾烷均呈"L"形分布，尤其是 $\alpha\alpha\alpha R$ 构型的表现得更为明显；C_{27}—$C_{29}\alpha\beta\beta$ 异胆甾烷丰度较低，与高石梯—磨溪地区灯影组储层沥青甾烷分布特征一致。而从震旦系灯二段白云岩烃源岩及寒武系筇竹寺组泥岩抽提物甾烷分布来看，C_{27}、C_{28} 和 C_{29} 规则甾烷均呈反"L"形分布（图 7-3-2h）。

3）芳香烃

烷基二苯并噻吩与二苯并噻吩的相对分布和甲基、二甲基、三甲基取代物异构体的比值可作为有效的成熟度参数。烷基二苯并噻吩分布在热力作用下发生剧烈变化，稳定性较高与稳定性较差的异构体的相对丰度比值（4-MDBT/1-MDBT 比值、4，6-DMDBT/1，4-DMDBT 比值等）随热演化程度的增加有增加的趋势。

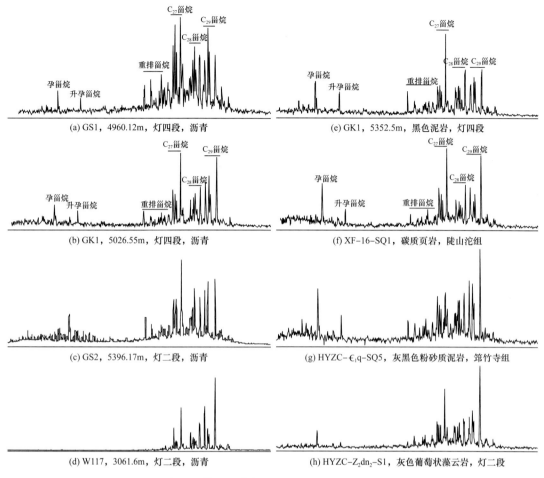

图 7-3-2 灯影组储层沥青与震旦系—寒武系烃源岩甾烷分布图

高石梯—磨溪地区灯四段、灯二段储层沥青，筇竹寺组泥岩，以及灯影组泥岩等抽提物中均检测到丰富的烷基二苯并噻吩系列化合物。从表 7-3-3 所列数据来看，4-甲基二苯并噻吩（4-MDBT）/1-甲基二苯并噻吩（1-MDBT）比值所反映的成熟度趋势比4，6-二甲基二苯并噻吩（4，6-DMDBT）/1，4-二甲基二苯并噻吩（1，4-DMDBT）比值的结果更有规律。

磨溪 9 井寒武系筇竹寺组泥岩的 4-甲基二苯并噻吩（4-MDBT）/1-甲基二苯并噻吩（1-MDBT）比值和4，6-二甲基二苯并噻吩（4，6-DMDBT）/1，4-二甲基二苯并噻吩（1，4-DMDBT）比值分别为 3.87 和 1.39，比高石 6 井、磨溪 11 井龙王庙组含沥青白云岩的略高，比同地区震旦系灯影组含沥青白云岩的相应比值略低。威远—资阳地区筇竹寺组 4-甲基二苯并噻吩（4-MDBT）/1-甲基二苯并噻吩（1-MDBT）比值介于3.57～3.87，高科 1 井、汉深 1 井、盘 1 井灯三段泥岩的 4-甲基二苯并噻吩（4-MDBT）/1-甲基二苯并噻吩（1-MDBT）比值为 3.73～5.65。就同一口井而言，总体上有随深度增大而比值升高的趋势。这些特征反映了储层沥青的来源可能是成熟度相对较低的寒武系和成熟度相对较高的震旦系烃源岩混合的结果。

表 7-3-3 储层沥青与烃源岩芳香烃参数表

井号	层位	深度 /m	岩性	4-MDBT/1-MDBT 比值	4, 6-DMDBT/1, 4-DMDBT 比值
高石 6	$\in_1 l$	4553.30	含沥青砂屑云岩	3.24	1.52
高石 6	$\in_1 l$	4545.40	含沥青砂屑云岩	3.40	1.34
高石 6	$\in_1 l$	4549.60	含砂屑白云岩	3.23	1.41
磨溪 11	$\in_1 l$	4885.40	含沥青白云岩	2.94	1.19
磨溪 11	$\in_1 l$	4889.30	含沥青砂屑云岩	2.87	1.56
磨溪 11	$\in_1 l$	4877	含沥青角砾云岩	3.10	1.56
荷深 1	$\in_1 l$	4743.97	含沥青砂屑云岩	3.87	1.96
荷深 1	$\in_1 l$	4754.82	含沥青砂屑云岩	4.22	2.29
高石 1	$Z_2 dn_4$	4960.12	含沥青白云岩	3.23	1.24
高石 1	$Z_2 dn_4$	4975.70	含沥青白云岩	4.40	1.40
高石 6	$Z_2 dn_4$	5034.62	含沥青白云岩	4.42	1.37
高科 1	$Z_2 dn_4$	5026.55	含沥青白云岩	4.57	1.73
磨溪 8	$Z_2 dn_4$	5109.55	含沥青白云岩	3.94	1.59
磨溪 8	$Z_2 dn_4$	5113.32	含沥青白云岩	4.43	1.62
高石 2	$Z_2 dn_2$	5393.65	含沥青白云岩	4.26	1.43
高石 2	$Z_2 dn_2$	5396.17	含沥青白云岩	4.33	1.53
高石 2	$Z_2 dn_2$	5398.74	含沥青白云岩	4.53	2.25
磨溪 9	$Z_2 dn_2$	5461.20	含沥青白云岩	3.82	1.42
磨溪 9	$Z_2 dn_2$	5453	含沥青白云岩	3.58	1.40
磨溪 10	$Z_2 dn_2$	5470.70	含沥青白云岩	3.00	1.39
磨溪 10	$Z_2 dn_2$	5459.20	含沥青白云岩	3.93	1.68
磨溪 11	$Z_2 dn_2$	5482	含沥青白云岩	3.32	1.43
磨溪 9	$\in_1 q$	4965.60	泥岩	3.87	1.39
威 28	$\in_1 q$	3014.80	泥岩	3.87	1.82
资 4	$\in_1 q$	4229.40	泥岩	3.57	1.12
高科 1	$Z_2 dn_3$	5343	泥岩	3.73	1.38
高科 1	$Z_2 dn_3$	5352.50	泥岩	5.65	1.43
汉深 1	$Z_2 dn_3$	5129.80	泥岩	4.77	—
盘 1	$Z_2 dn_3$	5545.80	泥岩	4.66	1.47
大石墩	$Z_2 d$	露头	泥岩	4.26	1.41

2. 川西北地区泥盆系储层沥青生物标志化合物

1）正构烷烃与烷基环己烷

梁狄刚等（2009）在上扬子、中扬子和下扬子地区的下古生界高成熟、过成熟烃源岩抽提物中均检测到呈双峰型分布的正构烷烃，而且一般表现为后峰（$>nC_{20}$）大于前峰（$<nC_{20}$），这种特征与成熟度无关，正构烷烃的两个峰群分别代表两类具有高、低不同碳数脂肪链结构的藻类输入（梁狄刚等，2009）。双探3井泥盆系观雾山组目前处于过成熟阶段，7576.7m的沥青正构烷烃呈现双主峰分布特征，碳数在$nC_{13}\sim nC_{31}$之间（图7-3-3a），主峰分别为nC_{17}和nC_{25}，而且$nC_{17}>nC_{25}$，nC_{21-}/nC_{22+}比值为1.26，预示其可能有两类不同碳数生源母质的贡献。沥青的Pr/Ph比值为0.56，Pr/nC_{17}和Ph/nC_{18}比值分别为0.62和1.25。青川竹园坝小垭子、白家乡何家梁和漩涡梁等露头剖面的泥盆系油砂、沥青，因长期暴露地表，遭受一定的生物降解，除了少量低碳数正构烷烃可以识别外，绝大部分的高碳数正构烷烃已遭受降解，常规的饱和烃色谱难以检测到，在色谱图上出现明显的鼓包（图7-3-3b）。前人研究表明，在生物降解原油中正构烷烃系列普遍存在，即使是在某些严重生物降解原油中也能检测到，只是含量较低而已，但在$m/z=85$质量色谱图上很容易检测出来（包建平等，2002）。上述露头剖面泥盆系油砂、沥青的$m/z=85$质量色谱图上也能检测到正构烷烃系列（图7-3-3c）。

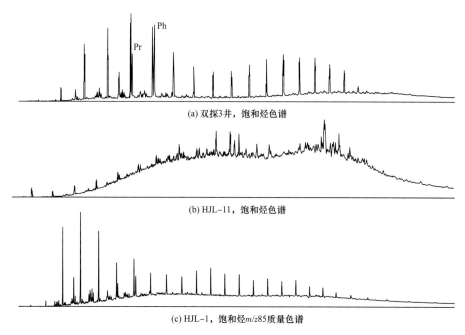

(a) 双探3井，饱和烃色谱

(b) HJL-11，饱和烃色谱

(c) HJL-1，饱和烃m/z85质量色谱

图7-3-3　川西北地区泥盆系沥青、油砂正构烷烃与烷基环己烷特征图

2）萜烷类化合物

双探3井泥盆系观雾山组沥青的萜烷类化合物分布正常，三环萜烷和五环三萜烷化合物均很丰富，并以五环三萜烷化合物为主（图7-3-4）。C_{31}—C_{35}升藿烷系列分布齐全，但其丰度随碳数增加呈逐渐降低之势，C_{31-35}升藿烷/C_{30}藿烷比值为1.58，低于中二

叠统栖霞组、茅口组泥灰岩的 C_{31-35} 升藿烷 /C_{30} 藿烷比值，但高于筇竹寺组、龙马溪组、梁山组泥岩的 C_{31-35} 升藿烷 /C_{30} 藿烷比值（表 7-3-4，图 7-3-5a）。重排藿烷类指与正常藿烷有相同的碳环骨架，而甲基侧链碳位有所不同的一类生物标志化合物，主要包括 $C_{27}18\alpha$（H）-22，29，30- 三降藿烷（Ts）、$C_{27}17\alpha$（H）-22，29，30- 三降藿烷（Tm）等，其丰度受原始沉积环境的氧化—还原性、催化条件及成熟度等影响，酸性环境和黏土矿物催化下易发生重排而形成重排藿烷（Moldowan et al.，1991；王万春等，2016），随成熟度增加，Ts/Tm 比值增大。双探 3 井泥盆系沥青 Ts/Tm 比值为 0.82，在中二叠统和筇竹寺组、龙马溪组烃源岩之间（图 7-3-5a），伽马蜡烷 /C_{31} 升藿烷值较高（表 7-3-4，图 7-3-5b）。上述参数表明双探 3 井泥盆系沥青为混源成因。

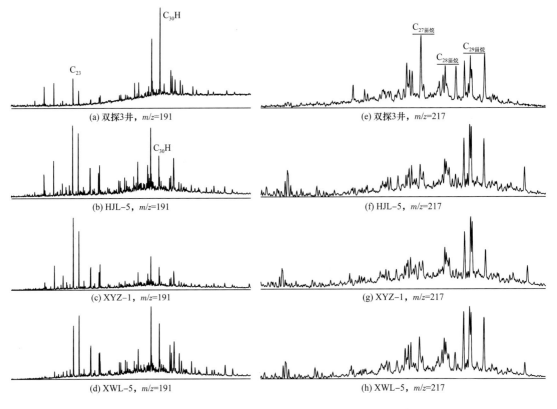

图 7-3-4　川西北地区泥盆系油砂和沥青的萜烷、甾烷特征图

表 7-3-4　四川盆地沥青与烃源岩生物标志物参数表

样品号	层位	岩性	萜烷类			甾烷类		芳香烃类	
			1	2	3	4	5	6	7
长江沟 CJG-33	茅三段	泥灰岩	1.83	0.55	0.14	0.32	0.57	19.5	36.9
长江沟 CJG-8	茅一段	泥灰岩	1.70	0.55	0.16	0.23	0.66	20.7	36.9
长江沟 CJG-10	茅一段	泥灰岩	2.57	0.88	0.16	0.38	0.48	28.4	24.8
长江沟 CJG-11	茅一段	泥灰岩	2.45	0.45	0.19	0.31	0.55	20.3	35.8

样品号	层位	岩性	萜烷类			甾烷类		芳香烃类	
			1	2	3	4	5	6	7
长江沟 CJG-17	茅一段	泥灰岩	3.18	0.37	0.18	0.36	0.46	15.9	45.2
长江沟 CJG-18	茅一段	泥灰岩	2.89	0.28	0.18	0.36	0.46	18.9	43.6
长江沟 CJG-21	茅一段	泥灰岩	2.55	0.15	0.11	0.34	0.47	22.7	35.2
长江沟 CJG-23	茅一段	生屑灰岩	2.88	0.20	0.13	0.32	0.57	21.7	34.3
马角坝 MJB-4	栖霞组	泥灰岩	1.69	0.13	0.11	0.28	0.58	18.7	29.6
通口 TK-15	栖二段	泥灰岩	2.87	0.65	0.21	0.28	0.60	23.5	26.4
通口 TK-23	栖二段	生物灰岩	2.23	0.63	0.21	0.32	0.52	22.2	14.5
通口 TK-24	栖二段	泥灰岩	2.70	0.58	0.21	0.24	0.62	15.3	33.9
长江沟 CJG-4	栖二段	泥灰岩	1.64	0.48	0.19	0.30	0.55		
通口 TK-5	栖一段	泥灰岩	2.47	0.09	0.14	0.25	0.58		
长江沟 CJG-1	栖一段	泥灰岩	1.64	0.54	0.14	0.27	0.60	20.3	35.2
长江沟 CJG-2	栖一段	泥灰岩	1.44	0.39	0.15	0.23	0.65	35.2	25.7
马角坝 MJB-2	梁山组	泥岩	1.02	0.34	0.21	0.35	0.37	52.4	23.3
宁 208-24	龙马溪组	泥岩	0.78	1.33	0.44	0.41	0.34	60.5	3.2
宁 208-29	龙马溪组	泥岩	0.75	1.38	0.43	0.44	0.31	58.2	1.4
宁 208-31	龙马溪组	泥岩	0.82	1.20	0.43	0.41	0.32	52.2	3.5
威 201-3	龙马溪组	泥岩	0.80	1.07	0.46	0.37	0.37	45.9	2.3
修齐 XQ-12	筇竹寺组	泥岩	0.96	0.99	0.36	0.48	0.28	42.2	1.72
修齐 XQ-17	筇竹寺组	泥岩	0.72	1.08	0.26	0.47	0.26	42	0.66
修齐 XQ-21	筇竹寺组	泥岩	1.08	0.78	0.40	0.45	0.31	50.1	0.42
钟坝镇 ZBZ-21	筇竹寺组	泥岩	0.68	1.27	0.37	0.48	0.27	61.1	1.08
钟坝镇 ZBZ-25	筇竹寺组	泥岩	0.94	0.79	0.37	0.46	0.29	44.9	0.36
威 10	筇竹寺组	泥岩	1.22	1.49	0.35	0.43	0.36	44.48	5.53
威 9	筇竹寺组	泥岩	0.86	0.74	0.32	0.45	0.32	49.62	7.24
威 106	筇竹寺组	泥岩	0.81	1.09	0.22	0.40	0.40	55.32	2.78
资 4-1	筇竹寺组	泥岩	0.87	1.38	0.25	0.41	0.33	54.6	2.54
资 4-2	筇竹寺组	泥岩	1.18	1.03	0.32	0.41	0.35	56.5	2.5
资 4-3	筇竹寺组	泥岩	0.84	0.80	0.35	0.38	0.36	50.4	4.48

样品号	层位	岩性	萜烷类			甾烷类		芳香烃类	
			1	2	3	4	5	6	7
资4-4	筇竹寺组	泥岩	1.18	0.62	0.37	0.38	0.35	49.8	5.62
宁208-1	筇竹寺组	泥岩	1.10	1.14	0.25	0.34	0.34	40.9	5.13
宁208-2	筇竹寺组	泥岩	1.01	1.05	0.21	0.44	0.33	49.4	6.08
宁208-3	筇竹寺组	泥岩	1.05	0.64	0.31	0.45	0.27	61.13	6.38
高石17-2	筇竹寺组	泥岩	1.13	0.96	0.31	0.41	0.37	65.2	7.07
高石17-4	筇竹寺组	泥岩	1.10	1.03	0.38	0.34	0.41	60.6	7.35
高石17-5	筇竹寺组	泥岩	1.13	0.72	0.39	0.32	0.43	57.58	6.74
高石17-6	筇竹寺组	泥岩	1.18	0.77	0.36	0.31	0.45	51.59	6.64
高石17-8	筇竹寺组	泥岩	1.00	0.88	0.35	0.35	0.39	66.1	8.09
高石17-9	筇竹寺组	泥岩	1.26	1.01	0.34	0.36	0.32	61.9	7.68
威201-5	筇竹寺组	泥岩	0.70	1.09	0.37	0.36	0.39	58.25	8.15
威201-14	筇竹寺组	泥岩	0.67	1.17	0.36	0.38	0.37	59.05	8.86
双探3-23	观雾山组	含沥青白云岩	1.58	0.82	0.41	0.36	0.38	34.87	7.19
何家梁HJL-1	观雾山组	含沥青白云岩	1.26	0.52	1.79	0.26	0.58	30.57	20.95
何家梁HJL-5	观雾山组	含沥青白云岩	3.52	0.43	1.58	0.23	0.62	16.1	13.8
何家梁HJL-11	观雾山组	含沥青白云岩	3.37	0.44	1.27	0.24	0.61	17.93	12.49
何家梁HJL-13	观雾山组	含沥青白云岩	3.01	0.51	2.65	0.26	0.54		
漩涡梁XWL-5	观雾山组	油砂岩	3.89	0.43	0.91	0.27	0.54	27.26	21.6
小垭子XYZ-1-1	平驿铺组	油砂岩	3.64	0.44	1.37	0.24	0.60		
小垭子XYZ-9	平驿铺组	油砂岩	2.68	0.36	0.61	0.24	0.62	38.81	24.73

注：1—C_{31-35}升藿烷/C_{30}藿烷；2—Ts/Tm；3—伽马蜡烷/C_{31}升藿烷；4—C_{27}/$\sum$（$C_{27}+C_{28}+C_{29}$）甾烷；5—C_{29}/$\sum$（$C_{27}+C_{28}+C_{29}$）甾烷；6—菲系列化合物丰度，%；7—二苯并噻吩系列化合物丰度，%。

泥盆系露头剖面油砂、沥青的萜类化合物则呈现出与双探3井沥青的明显差异（图7-3-5b—d），主要表现在以下方面：三环萜烷丰度高，三环萜烷/五环三萜烷比值明显比双探3井（0.30）的高，介于0.32～1.34，因为三环萜烷较五环三萜烷具有更高的抗降解能力；伽马蜡烷丰度高，伽马蜡烷/C_{31}升藿烷比值高于双探3井（0.41），为0.61～2.65，因为伽马蜡烷也较藿烷具有更高的抗生物降解能力；五环三萜烷化合物中，以C_{29}降藿烷为主峰。可见，这些参数受生物降解作用的影响较大，不能用作经历过生物降解作用的油砂、沥青的烃源岩示踪参数。

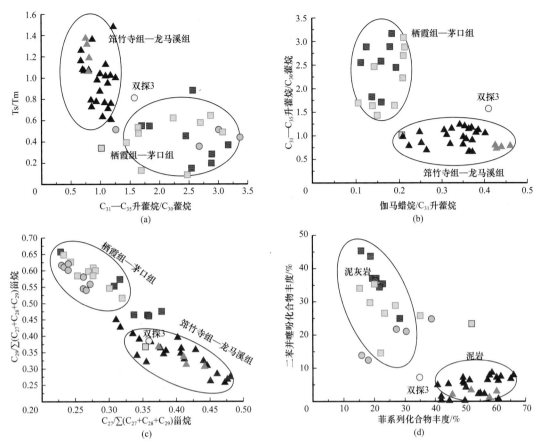

图 7-3-5　川西北泥盆系沥青与相关烃源岩饱和烃、芳香烃参数图

3）甾烷类化合物

双探 3 井观雾山组沥青的 C_{29} 胆甾烷丰度（占 38.2%）略高于 C_{27} 胆甾烷丰度（占 36.0%）（图 7-3-4e），预示其母质生源可能具有双源特征；露头剖面泥盆系油砂、沥青的甾烷则呈现出 $C_{29}>C_{27}>C_{28}$ 的分布特征（图 7-3-4f—h），但露头剖面样品的这一特征只能作为与井下样品的对比，不能作为沥青—烃源岩的对比，因为原油在遭受生物降解过程中，C_{29} 甾烷的抗降解能力大于 C_{27} 甾烷（陈中红等，2012）。烃源岩抽提物规则甾烷中，中二叠统烃源岩呈现出 $C_{29}>C_{27}>C_{28}$ 的分布特征，而下寒武统筇竹寺组及下志留统龙马溪组烃源岩则以 C_{27} 甾烷占优势（表 7-3-4，图 7-3-5c）。双探 3 井观雾山组沥青的甾烷分布特征在中二叠统烃源岩和筇竹寺组—龙马溪组烃源岩之间，呈现出混源的特征。

4）芳香烃化合物

双探 3 井观雾山组沥青和露头剖面油砂抽提物中不同程度地检测到萘、菲、二苯并噻吩、芴、三芳甾烷、苯并呋喃、联苯、蒽、芘等系列化合物，各化合物的相对丰度见表 7-3-5。各系列化合物丰度在不同样品中存在较大差异，可能与其遭受不同程度的生物降解作用有关。因此，在进行油源对比时，只有未遭受生物降解的双探 3 井沥青才具有对比的意义。双探 3 井沥青菲系列化合物占较大优势（占 34.87%），同时含有较高的䓛、芘、萘系列，二苯并噻吩含量居中（占 7.19%），三芳甾烷系列丰度低（占 1.86%）；三芴系列的相对比例中，硫芴略占优势（占 44.77%）。含硫芳香烃化合物可以指示烃源岩的沉积环境，如高丰度的含硫芳香烃一般可作为膏盐及海相碳酸盐沉积环境的特征产物。三芴系列化合物（芴、氧芴、硫芴）可能来源于相同的先质，在弱氧化和弱还原的环境中氧芴含量可能较高；在正常还原环境中，芴系列较为丰富；在强还原环境中则以硫芴占优势。

表 7-3-5　川西北地区泥盆系沥青、油砂芳香烃化合物相对丰度数据表

化合物相对丰度		双探 3	何家梁 HJL-5	何家梁 HJL-11	小垭子 XYZ-9	漩涡梁 XWL-5
萘系列 /%		10.70	9.62	6.03	13.42	21.62
菲系列 /%		34.87	16.10	17.93	38.81	27.26
䓛系列 /%		14	11.67	12.36	9.29	2.98
二苯并噻吩系列 /%		7.19	13.80	12.49	24.73	21.60
苯并呋喃系列 /%		4.02	3.24	0.66	0.58	8.91
芴系列 /%		4.85	3.16	1.61	3.74	4.43
三芳甾烷系列 /%		1.86	36.14	46.94	5.63	6.84
联苯系列 /%		4.04	2.24	0.92	0.18	4.01
芘系列 /%		12.20	1.63	0	1.89	1.01
其他 /%		6.27	2.40	1.06	1.73	1.34
三芴系列化合物 /%	硫芴	44.77	68.32	84.62	85.13	61.82
	氧芴	25.03	16.04	4.47	1.99	25.50
	芴	30.20	15.64	10.91	12.87	12.68

　　在不同层系烃源岩抽提物中也不同程度地检测到萘、菲、二苯并噻吩、芴、三芳甾烷、苯并呋喃、联苯、䓛、芘等系列化合物。最主要的区别是寒武系筇竹寺组、志留系龙马溪组、泥盆系烃源岩菲系列化合物丰度高，与其成熟度高有关；而中二叠统烃源岩则是二苯并噻吩系列化合物丰度高（表 7-3-4）。

　　二苯并噻吩化合物具有很高的热稳定性和抗微生物降解能力，因而被广泛应用于沉积环境、成熟度和油气运移示踪等研究（王铁冠等，2005；Asif et al.，2009；朱扬明等，2012）。如图 7-3-10（d）所示，双探 3 井观雾山组沥青的二苯并噻吩系列化合物含量低，与筇竹寺组、龙马溪组泥质岩类相似；菲系列化合物丰度在中二叠统烃源岩和筇竹寺组—龙马溪组烃源岩之间，预示其成熟度介于此两大类烃源岩，与其他参数的对比结果是相吻合的。

3. 震旦系陡山沱组储层沥青生物标志化合物

陡山沱组黑色泥页岩在扬子地区非常发育，是良好的烃源岩，也是我国新元古界震旦系最为重要的烃源岩层系之一。笔者在湖北宜昌罗家村新开公路陡山沱组新鲜剖面陡三段白云岩储层中首次发现沿裂缝分布的陡山沱组沥青，并应用地球化学、有机岩石学等分析手段，结合先进的傅里叶变换离子回旋共振质谱（FT-ICR MS）分析技术，分析了陡山沱组烃源岩及自生自储沥青特征。

1）饱和烃正构烷烃

陡山沱组储层沥青正构烷烃分布正常，没有检测到曾遭受生物降解的证据，是烃源岩生成的液态烃经受高温热裂解生气作用的中间产物，属于原油裂解后残留的沥青。该沥青反射率为 2.52%～2.97%，均值为 2.8%，处于过成熟阶段。陡三段沥青正构烷烃呈现单主峰分布特征，碳数在 nC_{13}—nC_{33} 之间，主峰为 nC_{17}。类异戊二烯烃分布中，表现出一定的植烷优势，姥鲛烷（Pr）与植烷（Ph）比值为 0.60～0.63，略高于陡二段烃源岩的 Pr/Ph 比值（0.54～0.61）。

2）萜烷

陡山沱组储层沥青和烃源岩中均检测到丰富的三环萜烷和五环三萜烷系列的化合物（图 7-3-6a—d）。陡三段沥青主要特征是 C_{19}—C_{29} 三环萜烷分布完整，以 C_{23} 三环萜烷为主，C_{21}/C_{23} 比值为 0.65～0.66，与陡二段烃源岩相近。五环三萜烷系列化合物中，以 C_{30} 藿烷为主，伽马蜡烷丰度较高，C_{31}—C_{35} 升藿烷随碳数增大其丰度逐渐降低，三环萜烷 / 藿烷比值为 0.27～0.32，与陡山沱组烃源岩相近；伽马蜡烷 /C_{31} 升藿烷比值为 0.60～0.69；升藿烷指数（$C_{31—35}/C_{30}$）为 0.64～0.65；T_s/T_m 为 0.82～0.96。

3）甾烷

陡山沱组储层沥青中检测到丰富的甾烷系列化合物（图 7-3-6e—h）。C_{27}、C_{28} 和 C_{29} 规则甾烷丰富，其相对比例是 $C_{27} \approx C_{29} > C_{28}$，并且 C_{27}、C_{28} 和 $C_{29}\alpha\alpha\alpha20R$ 构成的甾烷丰度呈"L"形分布，与陡山沱组烃源岩的特征相似，揭示其主要源于菌藻类生源的特点。此外，均含有一定丰度的孕甾烷、升孕甾烷和重排甾烷。

烃源岩与储层沥青 C_{27}、C_{29} 甾烷含量关系（图 7-3-7）显示湖北宜昌陡山沱组沥青，与宜昌陡山沱组页岩、重庆城口陡山沱组泥岩具有相似的 C_{29} 甾烷较 C_{27} 甾烷占优势的特征，表明陡三段白云岩储层中的沥青来自陡山沱组烃源岩，高石梯—磨溪地区灯影组沥青也具有以 C_{29} 甾烷为主的特征，而寒武系沥青、烃源岩则相对震旦系具有以 C_{27} 甾烷为主的特征，即灯影组沥青与陡山沱组沥青、烃源岩更接近。

4）芳香烃化合物

陡山沱组储层沥青芳香烃类化合物中，以菲系列化合物为主（图 7-3-8），占 33.5%～38.5%；其次是萘系列，占 20.9%～21.9%；二苯并噻吩系列、苯并呋喃系列和芴系列分别占 4.3%～12.9%、4.7%～5.0% 和 4.4%～5.7%；三芳甾烷系列丰度低，仅占 0.8%～1.1%。陡三段沥青芳香烃化合物的特征与陡山沱组烃源岩相似。

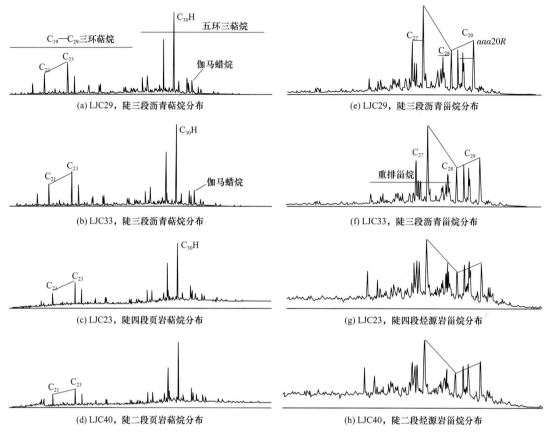

图 7-3-6 湖北宜昌陡山沱组沥青和烃源岩萜烷、甾烷分布图

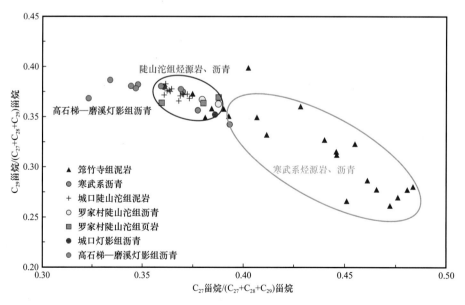

图 7-3-7 烃源岩与储层沥青 C_{27}、C_{29} 甾烷含量关系图

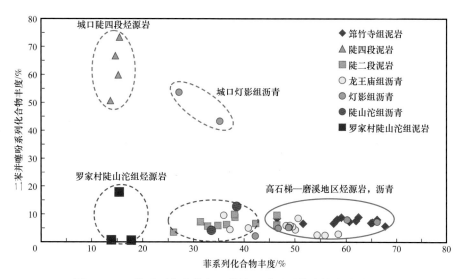

图 7-3-8　菲系列化合物与二苯并噻吩系列化合物丰度关系图

5）NSO 杂原子化合物

烃源岩及沥青中 NSO 杂原子化合物对于研究油气成因具有重要意义，常规色谱—质谱分析技术在 NSO 杂原子化合物分子式鉴定上具有一定限制，FT-ICR MS 分析技术具有较高的分辨率，在 NSO 杂原子化合物分析上具有超高的精度和显著优势（史权等，2008；李素梅等，2013；卢鸿等，2014）。目前应用此方法分析了海相原油、湖相原油的 NSO 杂原子化合物，取得了较好的应用效果（纪红，2018），ESI 负离子模式下 FT-ICR MS 检测的杂原子化合物主要为碱性含氮化合物、酸性类（环烷酸）和酚类等（史权等，2008；李素梅等，2013；纪红，2018）。

（1）化合物类型相对丰度。

ESI 负离子 FT-ICR MS 检测结果显示，陡山沱组沥青、烃源岩和灯影组—龙王庙组沥青中杂原子化合物组成非常复杂，根据分子中 N、O 杂原子数量的不同共鉴定出 9 种不同杂原子类型的化合物，包括 N1、N1O1、N1O2、N2O1、O1、O2、O3、O4、O5，其中以 O2 类化合物为主。从不同化合物相对含量来看，陡山沱组烃源岩、灯影组与龙王庙组沥青均以 O2 类化合物占绝对优势，但龙王庙组除 O2 类化合物外其余化合物相对含量均较低，而灯影组沥青和陡山沱组烃源岩则含有一定量的 O3、O4 类化合物。该结果与国外海相油气田的相关研究结果一致，如巴西 Carmopolis 海相原油中检测到 6 类杂原子化合物，并且以含氧化合物为主（Santos et al.，2017）。土耳其不同成熟度沥青中含 O 化合物在高成熟度之前随成熟度增加而降低，而在过成熟阶段又增加，其他类型化合物则持续降低（Hughey et al.，2004）。四川盆地震旦系—寒武系烃源岩、沥青均处于高成熟—过成熟演化阶段，也呈现出含 O 化合物占绝对优势的特点，其中陡山沱组沥青、烃源岩 O2 类化合物含量低，O3 类化合物含量高；龙王庙组沥青 O2 类化合物含量高，O3 类化合物含量低；灯影组沥青 O2 类、O3 类化合物含量与陡山沱组页岩相似，介于陡山沱组烃源岩与龙王庙组沥青（图 7-3-9）。

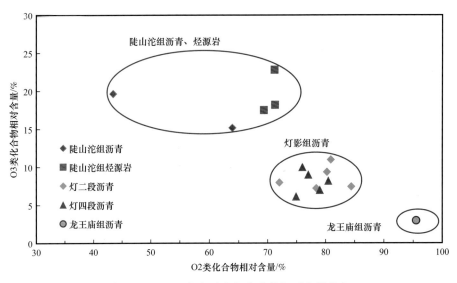

图 7-3-9　ESI 负离子含氧化合物相对含量分布

（2）O2 类化合物。

分子中含两个氧原子的化合物可能是羧酸或者二元醇，因为醚和酮在 ESI 负离子模式下难以电离，所以 O2 类化合物中至少含有一个羟基，根据二元醇的最小缩合度等效双键数（Double Bond Equivalent，简写为 DBE）和烃源岩、沥青中 O2 的最小 DBE 推断，O2 类化合物以羧酸为主（Shi et al.，2010）。震旦系—寒武系沥青、烃源岩 O2 类化合物以 DBE=1 的脂肪酸类化合物为主，碳数主要分布在 15～30 之间。前人研究表明，DBE=5 和 6 的为带特殊生物骨架的环烷酸，其中 DBE=5 中 C_{27-30} 可能为甾烷酸或断藿烷酸，DBE=6 中 C_{28-36} 为藿烷酸（Shi et al.，2010），含量较低，DBE>7 的芳香酸最低。灯影组 O2 类化合物碳数分布范围较龙王庙组更宽，更接近陡山沱组烃源岩，整体 DBE 分布范围相近，但龙王庙组更多 2DBE 化合物，灯影组、陡山沱组更多 1DBE 脂肪酸化合物。原油或沥青中脂肪酸类化合物具有一定的生源指示意义，通常指示菌藻类或细菌改造水生藻类的来源，所以其 DBE 与碳数分布的特点、峰值等对母源对比具有一定意义。

原油或沥青中脂肪酸类化合物具有一定的生源指示意义，对于相对含量较高的特殊 DBE 值（DBE=1、5、6）的碳数峰值分析一定程度上能够区分不同母质来源的沥青，Barrow 等（2003）利用 ESI 负电离结合 FT-ICR MS 检测对西非两种不同来源的原油进行了分析，认为该方法检测出的含氧酸类化合物的组成类型和碳数分布存在的差异可用于不同油田原油的"指纹"。陡山沱组烃源岩中检测到的脂肪酸类化合物（DBE=1）丰度较高，具有较强的偶数碳优势，以 C_{16} 为主峰，C_{18} 为次主峰，随着 DBE 的增加，到 DBE=5、6 的甾烷酸和藿烷酸类主峰碳靠后，碳数分布局限，并且以奇数碳主峰 C_{27}、C_{29} 为主（图 7-3-10a）。陡山沱组沥青与陡山沱组烃源岩特征一致（图 7-3-10b）。灯四段甾烷酸或藿烷酸存在奇数碳主峰 C_{29}，藿烷酸存在偶数碳主峰 C_{20}（图 7-3-10c、d）；灯二段甾烷酸或藿烷酸为奇数碳主峰，以 C_{29} 为主（图 7-3-10e），与陡山沱组烃源岩具

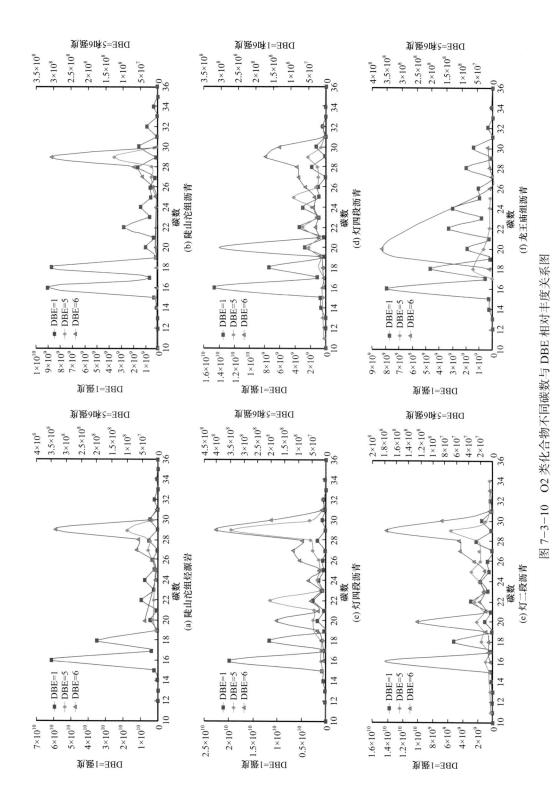

图 7-3-10 O2 类化合物不同碳数与 DBE 相对丰度关系图

有一定的相似性；而寒武系龙王庙组甾烷酸分布较少，无主峰，藿烷酸存在偶数碳主峰 C_{20}，碳数分布最局限（图 7-3-10f），明显区别于陡山沱组烃源岩及灯二段沥青。

O2 类化合物的 DBE 统计结果显示龙王庙组沥青 O2 类化合物以 2DBE 为主峰，DBE=2～6 的主要为环烷酸类；而陡山沱组烃源岩、沥青及灯二段储层沥青 O2 化合物均以 1DBE 为主峰；灯四段沥青则存在部分 1DBE 主峰与 2DBE 主峰（图 7-3-11）。可见龙王庙组沥青与陡山沱组烃源岩具有显著差异，而靠近陡山沱组的灯二段与陡山沱组烃源岩相似，灯四段则处在龙王庙组沥青与陡山沱组烃源岩之间。安岳气田龙王庙组天然气主要源于下寒武统烃源岩已无异议（杜金虎等，2014；邹才能等，2014），但灯影组天然气源于哪套烃源岩却存在不同观点，一种观点认为主要来自寒武系筇竹寺组烃源岩（魏国齐等，2014a；徐春春等，2014）；另一种观点认为是震旦系和寒武系烃源岩混源成因（魏国齐等，2015a；徐昉昊，2017），本节通过 O2 类化合物 DBE 峰值特征显示灯影组沥青具有明显的混源特征。

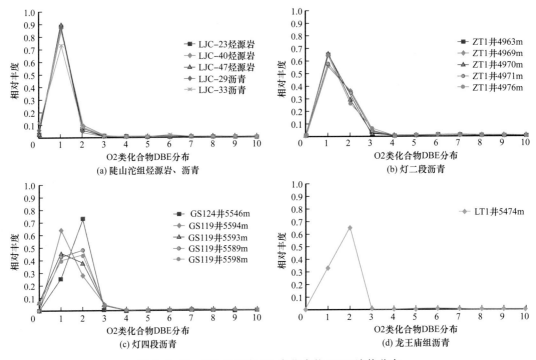

图 7-3-11　ESI 负电离 O2 类化合物 DBE 峰值分布

第八章 震旦系—寒武系天然气地球化学特征与成藏模式

基于天然气成藏地质条件、天然气地球化学及储层沥青有机岩石学等的综合研究，提出川中古隆起震旦系—寒武系天然气主要为原油裂解气，古隆起核部主要聚集原油晚期裂解气，斜坡区域聚集早期—晚期裂解气。建立了古隆起核部"四古"控藏的原油裂解气"原位"聚集模式和斜坡背景上的大型岩性气藏成藏模式。

第一节 天然气藏形成地质条件

截至2020年底，四川盆地震旦系—寒武系已累计探明天然气地质储量$1.04 \times 10^{12} m^3$，主要集中在川中古隆起核部，发育有利成藏组合（图8-1-1）。大型克拉通内裂陷、桐湾期以来大型古隆起持续稳定演化、巨型古圈闭的有机配置，以及大型古油藏裂解气原位聚集形成了天然气的大规模富集。

一、大型克拉通内裂陷及控藏作用

以往研究认为，震旦纪扬子地区的沉积格局可划分为康滇古陆、上扬子克拉通盆地、克拉通内裂陷盆地、中上扬子边缘裂陷盆地、中扬子克拉通盆地及湘桂大陆斜坡深海盆地等单元，四川盆地属于构造稳定的上扬子克拉通盆地。高石1井获得突破后，刘树根等（2013）提出四川盆地新元古代至早寒武世发生兴凯地裂运动，在早寒武世形成绵阳—乐至—隆昌—长宁拉张槽，控制了四川盆地震旦系—下古生界油气的聚集与分布。魏国齐等（2015b）认为在上扬子克拉通内发育一个大型裂陷，并将其命名为绵竹—长宁克拉通内裂陷（也称德阳—安岳克拉通内裂陷）。该裂陷发育形成时期为震旦纪—早寒武世，为震旦纪扬子克拉通在拉张动力学背景下形成的裂陷。

1.克拉通内裂陷形成演化

魏国齐等（2019a）根据钻井、地震和岩性组合，结合区域地质资料，认为绵竹—长宁克拉通内裂陷的形成经历了上震旦统灯一段—灯二段沉积期的坳陷雏形、灯三段—灯四段沉积期的裂陷形成、寒武系麦地坪组—筇竹寺组沉积期的裂陷充填与沉降、沧浪铺组—龙王庙组沉积期裂陷的萎缩与消亡四个阶段。

1）坳陷雏形期（灯一段—灯二段沉积期）

坳陷雏形期为台内沉积坳陷形成阶段。由于碳酸盐岩台内沉积的不均衡性作用，在

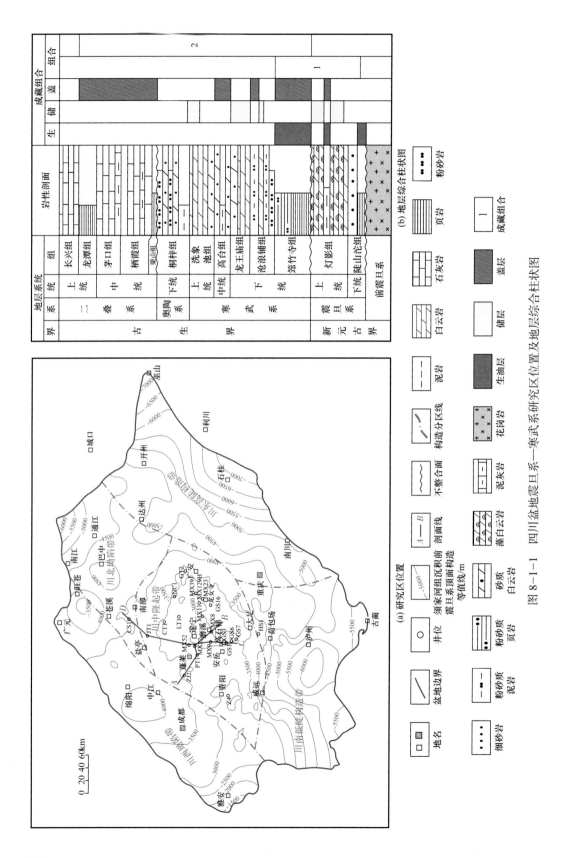

图 8-1-1　四川盆地震旦系—寒武系研究区位置及地层综合柱状图

四川盆地绵竹—长宁地区形成局部坳陷。绵竹—长宁坳陷两侧受沉积作用影响形成古地貌相对高部位，沉积水体浅，沉积了厚层的碳酸盐岩地层。东侧高石1井灯一段、灯二段厚550m，西侧威远地区威28井灯一段、灯二段厚523m，威117井灯一段、灯二段厚495m；坳陷内的高石17井灯一段、灯二段地震解释厚度为170m，显示该时期坳陷开始发育。由于坳陷地区海水连通循环变好，导致坳陷内的高石17井沉积典型下斜坡相瘤状泥质泥晶白云岩，两侧台地边缘菌藻丘滩体建隆为典型的碳酸盐岩镶边台地白云岩沉积。

2）裂陷形成期（灯三段—灯四段沉积期）

上扬子内克拉通拉张作用强烈，原先由于沉积作用形成的绵竹—长宁坳陷转化为受断裂控制的裂陷。该时期原坳陷东侧发育大量断裂，裂陷内部地层快速下沉，形成陡坎带，发育以裂陷为中心的沉降带，水体较深，控制了裂陷内部灯三段与灯四段欠补偿沉积，如裂陷内部的高石17井地区灯三段、灯四段总共沉积17m，为台缘下斜坡相瘤状泥质泥晶白云岩。裂陷两侧沉积位置相对较高，形成同沉积古隆起，地层沉积增厚；如裂陷东侧的高石梯—磨溪地区厚度在200～300m之间，为台地边缘的菌藻丘沉积；裂陷西侧威远地区灯四段厚20～100m，在乐山范店、峨眉张村、荥经赵洪庙等剖面灯四段厚200～300m。

3）裂陷充填与盆地整体沉降期（麦地坪组—筇竹寺组沉积期）

上扬子地区进入沉积充填时期。该阶段裂陷东侧断裂活动变弱，裂陷内部充填了厚层麦地坪组和筇竹寺组，如高石17井麦地坪组和筇竹寺组厚683m；裂陷两侧相对薄，如高石2井麦地坪组和筇竹寺组厚187m。该阶段分为两个时期：（1）裂陷充填时期（麦地坪组—筇竹寺组沉积早期），裂陷内部充填了麦地坪组和筇竹寺组下部的黑色页岩，颜色为黑色、褐黑色，碳质含量较高且染手，水平层理发育，为典型的深水沉积，如高石17井筇竹寺组沉积了213m厚的页岩；裂陷两侧页岩较薄，如高石1井页岩仅厚24m。（2）盆地整体沉积阶段，筇竹寺组沉积中晚期，海平面快速上升，整个扬子地台进入整体沉降，全盆地沉积黑色泥岩，发育广覆式暗色补偿陆棚—盆地相优质烃源岩沉积。

4）裂陷萎缩与消亡期（沧浪铺组—龙王庙组沉积期）

裂陷经历前期麦地坪组和筇竹寺组填平补齐后，裂陷内部与周缘水体深度基本趋于一致。沧浪铺组依旧受裂陷控制作用，裂陷内部地层厚度相对较大，高石17井钻遇203m，资4井钻遇240m；裂陷外围地层厚度小，高石梯—磨溪地区地层厚度为150～170m；该时期裂陷范围与筇竹寺组相比变小，说明裂陷在逐渐萎缩。龙王庙组沉积期，仍然还受到裂陷的影响，但是影响范围相对较小，仅仅在裂陷的沉积中心受到影响，地层厚度相对较大，该时期裂陷基本上已经萎缩消亡。

2. 克拉通内裂陷控藏作用

德阳—安岳克拉通内裂陷对大型气田的形成具有至关重要的作用，主要体现在控制优质烃源岩生烃中心及有利成藏组合的发育。

1）控制下寒武统烃源岩生烃中心

下寒武统筇竹寺组＋麦地坪组优质烃源岩在四川盆地广覆式发育（图2-1-5），德阳—安岳古裂陷是烃源岩发育中心，烃源岩厚度在裂陷内一般为200～450m，裂陷外一般为50～150m。裂陷内高石17、蓬探1、中江2、资4等井筇竹寺组烃源岩TOC含量为0.5%～6.61%，平均为2.10%；川西地区高川乡锄把沟露头剖面筇竹寺组烃源岩TOC含量为4.6%～36.63%，平均为15.38%，裂陷内钻井、露头样品的TOC含量平均值为3.46%。裂陷外高石1、高科1、磨溪9等井筇竹寺组烃源岩TOC含量为0.52%～6.74%，平均为2.03%。可见，裂陷内烃源岩厚度是其他地区的3～4倍，是主要的烃源中心。

2）发育有利成藏组合，形成纵向、侧向高强度封盖

四川盆地震旦系气藏包含两类成藏组合（图8-1-2），一是裂陷内筇竹寺组烃源岩生烃，侧向充注型，也称上生下储型；二是震旦系（包括陡山沱组和灯三段）生烃，垂向充注型，也称自生自储型。震旦系已在上震旦统灯二段和灯四段发现工业气层，其直接盖层是灯三段页岩和下寒武统页岩等。这些直接盖层和区域性分布的上二叠统龙潭组页岩的共同作用，对震旦系—寒武系天然气的富集成藏起到了至关重要的保护作用。勘探实践表明，高石梯—磨溪地区灯四段气藏类型为构造—地层型圈闭气藏，已证实含气面积达7500km²，如此大规模的油气聚集，与裂陷内下寒武统页岩的侧向封堵作用密切相关。

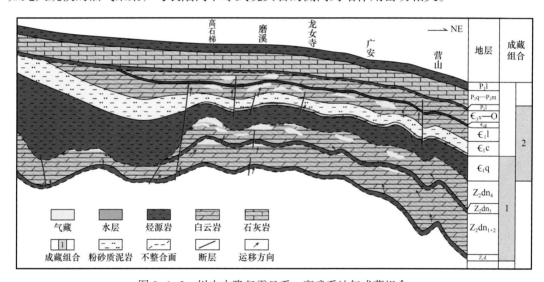

图8-1-2　川中古隆起震旦系—寒武系油气成藏组合

Z_1d—震旦系陡山沱组；Z_2dn_{1+2}—震旦系灯影组一段、二段；Z_2dn_3—震旦系灯影组三段；Z_2dn_4—震旦系灯影组四段；ϵ_1q—下寒武统筇竹寺组；ϵ_1c—下寒武统沧浪铺组；ϵ_1l—下寒武统龙王庙组；ϵ_2g—中寒武统高台组；ϵ_3x—O—上寒武统洗象池组—奥陶系；P_1l—中二叠统梁山组；P_2q—P_2m—中二叠统栖霞组—茅口组；P_3l—上二叠统龙潭组

二、桐湾期高石梯—磨溪继承性古隆起及控藏作用

以往许多学者认为，四川盆地发育一个大型古隆起，即乐山—龙女寺古隆起，该古隆起控制了盆地内震旦系—寒武系天然气聚集和成藏。魏国齐等（2015b，2019a）利用最新二维、三维地震和钻井资料，结合区域地质资料，对四川盆地震旦系—下古生界古隆

起构造特征开展了深入系统的研究，发现在四川盆地中部发育与桐湾期有关的震旦纪—早寒武世巨型同沉积古隆起构造，其核部高石梯—磨溪地区震旦系灯影组顶面及相邻层组自震旦纪至今一直处于古隆起高部位，始终独立发育统一的巨型圈闭构造，长期构造稳定发展，其发育时期、地质结构、构造形态及形成演化等构造特征明显有别于乐山—龙女寺古隆起，因此将其称为高石梯—磨溪古隆起。该古隆起长期继承性发育，控制了安岳震旦系—寒武系特大型气田的形成与分布，而著名的加里东期乐山—龙女寺古隆起只是叠加改造高石梯—磨溪古隆起，对安岳震旦系—寒武系特大型气田的形成仅起了调整改造作用。这也从根本上改变了前人关于乐山—龙女寺古隆起控制震旦系—下古生界天然气聚集的观点。

1. 高石梯—磨溪古隆起特征

高石梯—磨溪古隆起位于四川盆地中部的盆地中央核心区，主要指发育于震旦系灯影组沉积期—下寒武统龙王庙组沉积期，西侧受该期南北向绵竹—长宁克拉通内裂陷东部边界高石梯—磨溪断裂控制的桐湾期近南北向展布构造，并叠加了加里东期以来北东东向改造作用的巨型同沉积古隆起，其核部从震旦纪至今，在灯影组顶面及相邻层组古今构造图上，长期处于古隆起高部位、统一巨型构造圈闭，以及后期构造相对稳定的区域。包括以高石梯—磨溪地区为核心，大足县以北、南部县以南，广安及以西的广大地区，轮廓面积达 $2.7 \times 10^4 \text{km}^2$（图 8-1-3）。

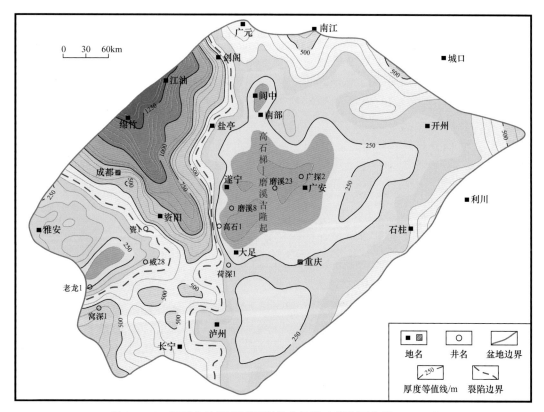

图 8-1-3　四川盆地寒武系沉积前古地貌（据魏国齐等，2019a）

震旦系灯影组沉积期—寒武系筇竹寺组沉积期的桐湾构造旋回，四川盆地发生了三幕运动，分别为震旦系灯二段沉积末期的桐湾运动Ⅰ幕、灯四段沉积末期的桐湾运动Ⅱ幕和寒武系麦地坪组沉积末期的桐湾运动Ⅲ幕。利用层拉平和平衡剖面技术对四川盆地25条地震大剖面及27000km邻近测线进行了构造演化分析，结果表明桐湾期构造运动形成了高石梯—磨溪和资阳—威远两个巨型古隆起。即寒武系龙王庙组沉积前，震旦系顶面表现为"两隆一坳"的构造格局（图8-1-4a），两个隆起相互独立，坳陷东、西侧的隆起分别称之为高石梯—磨溪古隆起和威远—资阳古隆起；奥陶系沉积前，震旦系顶面依旧发育两个独立的古隆起（图8-1-4b），该时期高石梯—磨溪和威远—资阳古隆起核部面积分别约为 $2.2 \times 10^4 km^2$ 和 $1.9 \times 10^4 km^2$；二叠系沉积前，震旦系顶面演化为一个大型古隆起（相当于人们通常所说的乐山—龙女寺古隆起），存在两个高点（图8-1-4c）；此后的演化，威远—资阳古隆起构造高点发生了变迁，由早期的资阳地区迁移到威远地区，而高石梯—磨溪古隆起的高点位置基本没变，仍继承性发育（图8-1-4d—f）。由此可见，桐湾期古地貌格局从根本上控制了烃源岩、储层的发育，以及大规模古油藏形成和后期的裂解聚集成藏，尤其是高石梯—磨溪古隆起自震旦纪至今长期继承性发育，为特大型气田形成提供了最佳场所。乐山—龙女寺地区加里东期古隆起自奥陶纪至今对高石梯—磨溪地区桐湾期古隆起和特大型气田形成与分布只起改造作用。

2. 高石梯—磨溪古隆起控藏作用显著

桐湾期高石梯—磨溪继承性古隆起对大气田形成的控制作用主要体现在台地边缘带丘滩相及台地内颗粒滩相规模优质储层的大面积发育（杨威等，2021）。

安岳特大型气田发育三套优质储层，即震旦系灯二段、灯四段丘滩体白云岩优质储层与寒武系龙王庙组颗粒滩白云岩优质储层。优质储层的形成主要受沉积相及岩溶作用双因素联合控制。灯影组有利沉积相带为裂陷两侧的台地边缘相，由底栖微生物群落及其生化作用建造，形成了巨厚的台地边缘丘滩复合体，经多期溶蚀作用叠加改造，形成沿台缘带大面积分布的优质储层。龙王庙组有利沉积相带为环古隆起分布的颗粒滩（即上滩），在准同生岩溶基础上叠加表生岩溶的多期岩溶改造作用，形成了优质储层。在古隆起背景下，与上覆岩系匹配，控制了岩性—地层圈闭的形成。

1）灯二段优质储层准层状大面积分布

灯二段白云岩储层受沉积微相和准同生溶蚀作用控制，其分布具"相控"特点，德阳—安岳克拉通内裂陷两侧台缘带是优质储层分布区（图3-1-3）。灯二段白云岩储层以粒内溶孔、粒间溶孔及葡萄花边构造残留孔洞为主，孔隙度为2.0%～10.3%，平均孔隙度可达3.3%。灯二段台缘带储层厚度为60～130m，台内储层厚度为30～70m。灯二段储层具准层状、大面积分布特点，但相对高孔渗的优质储层形成受"相控＋表生岩溶作用"联合控制，沿德阳—安岳克拉通内裂陷两侧分布。如高石梯—磨溪地区及资阳地区，丘滩相与岩溶作用相叠合，储层厚度大、连续性好且物性优，Ⅰ类储层面积达 $2390km^2$。

2）灯四段丘滩体白云岩储层沿台缘带大面积分布

灯四段发育风化壳型岩溶储层，区域性大面积分布；优质储层受丘滩相带控制，沿

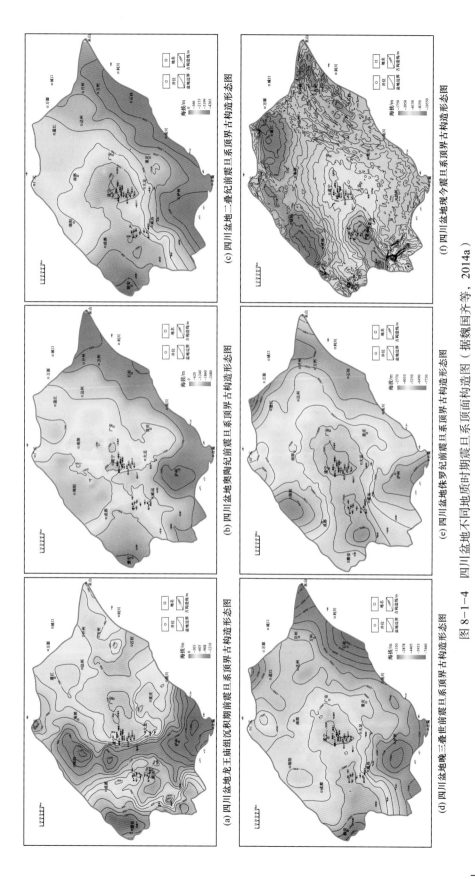

(a) 四川盆地龙王庙组沉积期前震旦系顶界古构造形态图

(b) 四川盆地奥陶纪前震旦系顶界古构造形态图

(c) 四川盆地二叠纪前震旦系顶界古构造形态图

(d) 四川盆地晚三叠世前震旦系顶界古构造形态图

(e) 四川盆地侏罗纪前震旦系顶界古构造形态图

(f) 四川盆地现今震旦系顶界古构造形态图

图 8-1-4 四川盆地不同地质时期震旦系顶面构造图（据魏国齐等，2014a）

德阳—安岳克拉通内裂陷两侧台缘带分布，是灯影组高产井的主力产层。灯四段白云岩储层显著特征为溶蚀孔、洞发育，非均质性强，属于典型的风化壳型岩溶储层。孔隙度为2.0%～10.0%，平均孔隙度可达3.2%。灯四段储层台缘带厚60～180m，台内厚30～70m，分布范围广，从盆内到盆缘均可见这套风化壳型储层，呈现区域性分布特点。灯四段相对高孔渗的优质储层形成受"相控＋表生岩溶作用"联合控制，德阳—安岳克拉通内裂陷西侧灯四段残留地层较薄，东侧台缘带高石梯—磨溪地区灯四段发育，Ⅰ类储层面积可达2500km²。目前钻遇的高产井主要分布在高石梯—磨溪地区台缘带相区。

3）龙王庙组颗粒滩白云岩储层环古隆起大面积展布

下寒武统龙王庙组储层主要受沉积微相和准同生溶蚀作用控制，环古隆起大面积分布；表生岩溶作用的改造有利于形成优质储层，是高产的主要因素。龙王庙组储层以砂屑白云岩、鲕粒白云岩为主，粒间孔、溶孔、溶洞及裂缝发育，储集空间主要为裂缝—孔洞型和裂缝—孔隙型。孔隙度为2.01%～18.48%，平均为4.24%。储层厚度普遍大于20m，高石梯—磨溪地区优质储层厚度一般约为60m。颗粒滩相是龙王庙组颗粒滩储层形成的物质基础，准同生白云岩化作用及准同生溶蚀作用是储层形成的关键因素。受其控制，古隆起区龙王庙组储层横向分布稳定、连续性较好，而且磨溪地区龙王庙组储层好于高石梯地区。龙王庙组沉积末期表生岩溶作用及加里东期古隆起的顺层岩溶作用改造，有利于优质储层形成与分布，处于古隆起高部位的磨溪地区龙王庙组储层厚度大，处于古隆起上斜坡部位的高石梯地区储层厚度小，横向连续性差。Ⅰ类储层在安岳—遂宁地区分布面积达3450km²；Ⅱ类储层在荷包场—南充地区，分布面积达5200km²。测试结果表明，百万立方米气流的高产井均发育溶蚀孔洞。

三、古油藏控制原油裂解气原位聚集

高石梯—磨溪地区桐湾期继承性古隆起的形成演化奠定了古油藏原位裂解的地质基础。构造演化史研究表明，高石梯—磨溪地区桐湾期古隆起经历了四大演化阶段：（1）前震旦纪克拉通统一基底及古隆起复杂基底构造形成；（2）震旦纪—早寒武世克拉通内裂陷发育与同沉积古隆起形成；（3）中—上寒武统高台组沉积期—石炭纪加里东期古隆起的持续演化、叠加及改造；（4）二叠纪至今高石梯—磨溪古隆起弱改造定型。高石梯—磨溪地区震旦系灯影组顶面及相邻层组自震旦纪至今一直处于古隆起高部位，始终独立发育统一的巨型圈闭构造，是油气长期运聚的有利指向区，长期稳定继承性发育，为大型古油藏的形成与后期的原位裂解提供了最佳场所。

烃源岩生烃演化史研究表明，奥陶纪、二叠纪—中三叠世是四川盆地震旦系—寒武系烃源岩生成液态烃的两个主要地质时期，也是古油藏形成的两个关键时期（图8-1-5）。

天然气组成、轻烃及碳氢同位素等特征表明，安岳气田天然气主要为原油裂解气。无论是在野外露头、钻井岩心，还是镜下均可见沥青广泛发育，储层沥青多充填于白云石孔洞及裂缝中，沥青含量分布与古构造背景密切相关，在盆地内部由隆起高部位向斜坡部位，储层沥青丰度呈现逐渐降低的趋势（图7-2-17、图7-2-18），这些分布特征正

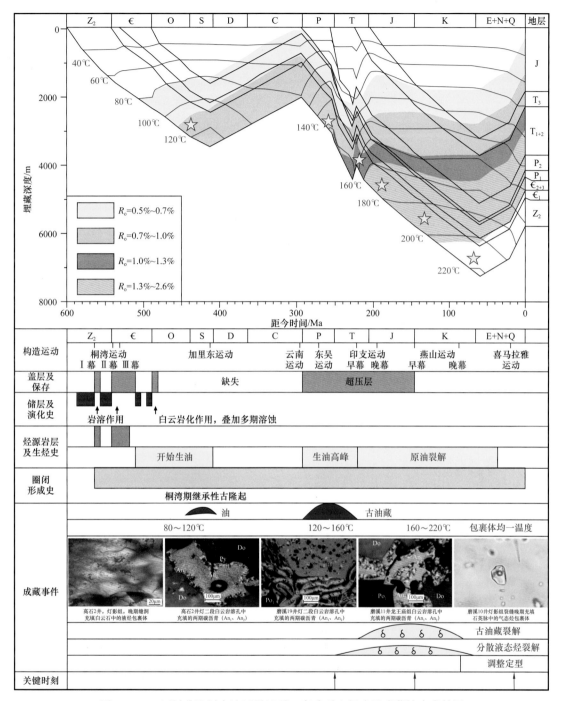

图 8-1-5　四川盆地川中地区震旦系—寒武系生烃史及成藏综合事件图

是古油藏裂解成气的重要证据。

　　高石梯—磨溪地区震旦系—寒武系储层发现高丰度液态烃包裹体，白云岩晶粒中的液态烃包裹体丰度可达到40%～80%，而白云岩缝洞晚期充填的白云石中，液态烃包裹体丰度也达到10%～40%，这也是古油藏聚集的主要证据之一。

基于天然气地球化学、储层流体包裹体丰度分析，结合原油裂解成气后的残留物（储层沥青）的丰度与分布规律，以及气藏所处构造位置等，认为安岳气田属于在古油藏范围内的裂解气"原位"聚集（魏国齐等，2015b；杨跃明等，2019c），并且天然气富集区与沥青含量高值区具有较好的一致性（谢增业等，2021a）。根据古构造演化及储集体形成与分布，结合沥青分布可确定古油藏的位置及范围。如图7-2-17所示，高石梯—磨溪地区震旦系灯四段构造圈闭总体呈南北向分布，构造圈闭面积为8975.5km²，这也是灯四段古油藏面积；构造高部位发育三个局部高点，最高点闭合幅度约为650m。对于龙王庙组来说，由于地层存在剥蚀，可根据古构造与地层剥蚀线构成的共圈范围确定圈闭范围，结合不同地区沥青定量分析可大致确定古油藏范围。如图7-2-18所示，龙王庙组古圈闭呈北东—南西向展布，古油藏面积约为7593km²，圈闭幅度约为400m。

四、发育巨型古圈闭，控制气藏聚集规模

安岳气田震旦系—寒武系已探明天然气地质储量为$1.04 \times 10^{12} m^3$，巨型古圈闭的继承性发育是其规模富集的关键因素。安岳气田灯二段气藏是受构造圈闭控制、具有底水的构造圈闭气藏，圈闭面积大、幅度高，高石梯、磨溪地区的圈闭面积分别为520km²和570km²，圈闭幅度分别为200m和160m（杨跃明等，2019c）。这一巨型圈闭是桐湾期高石梯—磨溪古隆起继承性发育形成的（魏国齐等，2015b）。灯四段圈闭则由台内古裂陷、古隆起联合控制，西侧与下寒武统页岩侧向接触，形成地层遮挡；桐湾期高石梯—磨溪古隆起经历多期次构造演化后，高石梯—磨溪地区处于乐山—龙女寺古隆起倾末端，气藏构造下倾方向受构造控制，为构造—地层圈闭，已证实以海拔-5230m构造线和高石梯—磨溪地区西部灯四段尖灭线形成的巨型构造—地层圈闭面积达7500km²，并且整体含气（杨跃明等，2019c）。龙王庙组气藏主要受乐山—龙女寺古隆起控制，处于古隆起东段，为构造—岩性复合圈闭气藏，磨溪主高点圈闭面积达510km²，气藏高部位的磨溪—龙女寺构造整体含气，气藏西侧为滩相储层尖灭形成的岩性遮挡，气藏北部受构造控制，低部位含水。

第二节　天然气地球化学特征与成因

对采自川中古隆起核部及斜坡区的110余个天然气样品进行了组分、碳同位素和氢同位素分析测试。证实川中古隆起北斜坡灯二段、沧浪铺组和洗象池组天然气与古隆起高部位安岳气田灯影组、龙王庙组天然气均属于原油裂解型干气，但北斜坡灯二段、沧浪铺组和洗象池组天然气C_2H_6、$\delta^{13}C_2$及$\delta^2H_{CH_4}$存在差异，与安岳气田天然气也有不同。

一、天然气组成

1. 烃类与非烃类组成特征

北斜坡区已在灯二段、沧浪铺组和洗象池组3个产层中获高产工业气流，天然气

常规组成分析结果（表 8-2-1）表明，不同产层天然气均以甲烷为主，同时含有少量二氧化碳、氮气、硫化氢等非烃气体，其中，灯二段与沧浪铺组、洗象池组天然气的主要区别是甲烷、乙烷含量相对低，分别为 76.90%～92.83% 和 0.04%～0.07%；二氧化碳、氮气和硫化氢等非烃含量相对高，分别为 3.23%～15.43%、0.55%～10.24% 和 2.11%～6.80%。

表 8-2-1　川中古隆起震旦系—寒武系天然气地球化学数据表

地区	井号	深度/m	层位	主要组分/%							$H_2S/$ g/m³	$\delta^{13}C$/‰		δ^2H/‰
				CH_4	C_2H_6	CO_2	N_2	He	H_2	H_2S		CH_4	C_2H_6	CH_4
北斜坡	南充 1	5447	ϵ_3x	96.57	0.13	2.54	0.34	0.01	0.39	0.02	0.36	−33.6	−32.5	−135
	立探 1	5337	ϵ_3x	91.81	0.10	7.56	0.20	0.01	0.31	0.01	0.23	−34.1	−30.0	—
	角探 1	6972	ϵ_1c	96.82	0.18	1.27	1.70	0.01	0.01	0.01	0.14	−37.8	−37.5	−134
	充探 1	6264	ϵ_1c	94.13	0.21	5.00	0.38	0.01	0.23	0.04	0.66	−35.8	−36.6	−136
	蓬探 1	5771	Z_2dn_2	92.83	0.07	4.42	0.56	0.01	0	2.11	33.13	−34.3	−29.0	−140
	蓬探 101	5615	Z_2dn_2	90.95	0.07	5.89	0.55	0.01	0.01	2.52	33.64	−34.6	−29.5	−141
	蓬探 101	5855	Z_2dn_2	83.34	0.06	3.23	10.24	0.01	0.03	3.09	39.00	−34.7	−29.0	−143
	蓬探 102	5905	Z_2dn_2	89.88	0.06	5.25	0.80	0.01	0.28	3.71	43.35	−34.4	−28.4	−137
	蓬探 103	5725	Z_2dn_2	89.47	0.04	6.54	0.62	0.01	0.17	3.15	37.46	−33.7	−29.1	−144
	中江 2	6693	Z_2dn_2	79.20	0.04	15.43	0.67	0.05	0.11	4.50	71.56	−35.1	−28.0	−141
磨溪	磨溪 8	4660	ϵ_1l	96.80	0.14	1.76	0.61	0.01	0.08	0.60	9.64	−32.4	−32.3	−133
	磨溪 8	4700	ϵ_1l	96.85	0.14	1.64	0.60	0.01	0.11	0.65	10.53	−33.1	−33.6	−134
	磨溪 9	4580	ϵ_1l	95.16	0.13	2.15	0.85	0.01	1.23	0.47	7.22	−32.8	−32.8	−134
	磨溪 10	4680	ϵ_1l	96.48	0.13	2.24	0.69	0.01	0.06	0.39	6.05	−32.4	−32.8	−134
	磨溪 11	4700	ϵ_1l	97.09	0.13	1.84	0.47	0.01	0.01	0.39	6.64	−32.5	−32.4	−132
	磨溪 11	4730	ϵ_1l	97.12	0.13	1.66	0.55	0.01	0.01	0.43	6.70	−32.6	−32.5	−134
	磨溪 12	4640	ϵ_1l	95.98	0.13	2.53	0.72	0.01	0.01	0.62	8.33	−33.4	−33.4	−134
	磨溪 13	4600	ϵ_1l	95.44	0.13	1.65	0.70	0.01	1.61	0.46	7.61	−32.7	−32.3	−138
	磨溪 16	4780	ϵ_1l	96.16	0.14	2.55	0.82	0.01	0.02	0.30	3.68	−32.5	−32.7	−134
	磨溪 17	4630	ϵ_1l	95.24	0.14	2.16	0.78	0.01	1.28	0.39	7.44	−32.7	−34.9	−138
	磨溪 18	4635	ϵ_1l	96.80	0.18	1.99	0.33	0.01	0.04	0.65	10.26	−32.5	−34.0	−134
	磨溪 19	4670	ϵ_1l	96.02	0.11	2.32	0.85	0.01	0.05	0.63	8.93	−33.3	−31.5	−138
	磨溪 21	4630	ϵ_1l	95.21	0.27	3.93	0.30	0.01	0.04	0.24	2.38	−33.5	−33.9	−132
	磨溪 23	4820	ϵ_1l	95.71	0.12	2.54	0.77	0.02	0.02	0.82	11.33	−33.1	−31.7	−137

地区	井号	深度 / m	层位	主要组分 /%							H_2S/ g/m^3	$\delta^{13}C/‰$		$\delta^2H/‰$
				CH_4	C_2H_6	CO_2	N_2	He	H_2	H_2S		CH_4	C_2H_6	CH_4
磨溪	磨溪 29	4790	€_1l	95.20	0.11	2.49	0.67	0.01	0.84	0.68	9.57	−33.4	−32.6	−137
	磨溪 31	4845	€_1l	95.67	0.11	2.66	0.75	0.01	0.05	0.75	9.43	−33.6	−31.5	−138
	磨溪 46−X1	4855	€_1l	96.47	0.09	2.01	0.47	0.02	0.04	0.90	12.38	−32.3		−132
	磨溪 47	4690	€_1l	96.37	0.15	2.10	0.55	0.01	0.07	0.75	12.25	−33.4	−33.5	−135
	磨溪 146	4800	€_1l	96.27	0.12	2.38	0.80	0.01	0.02	0.40	8.31	−33.5	−33.2	−137
	磨溪 201	4575	€_1l	95.91	0.13	2.83	0.78	0.01	0.02	0.32	7.72	−33.1	−33.0	−133
	磨溪 202	4690	€_1l	95.48	0.15	2.89	0.63	0.01	0.02	0.82	10.74	−33.7	−35.3	−132
	磨溪 204	4670	€_1l	96.63	0.13	2.06	0.71	0.02	0.02	0.43	6.09	−32.6	−32.4	−134
	磨溪 205	4632	€_1l	95.30	0.20	3.18	0.43	0.01	0.01	0.87	11.04	−33.0	−34.8	−132
	磨溪 206	4775	€_1l	95.37	0.09	2.96	0.58	0.03	0	0.97	13.19	−32.1	−31.9	−132
	磨溪 008−H1	4699	€_1l	95.15	0.14	3.34	0.70	0.01	0.01	0.65	7.95	−33.2	−33.3	−136
	磨溪 009−X1	4750	€_1l	96.50	0.14	2.07	0.67	0.04	0.08	0.50	9.35	−33.0	−32.8	−137
	磨溪 8	5135	Z_2dn_4	91.40	0.04	5.87	1.65	0.05	0.03	0.96	15.36	−32.8	−28.3	−147
	磨溪 11	5175	Z_2dn_4	92.75	0.05	4.29	0.68	0.02	0.33	1.88	30.04	−33.9	−27.6	−138
	磨溪 12	5140	Z_2dn_4	92.74	0.04	4.79	0.56	0.02	0.35	1.50	23.34	−33.1	−29.4	−137
	磨溪 13	5100	Z_2dn_4	90.47	0.04	7.52	1.00	0.03	0.06	0.88	13.07	−32.9		−141
	磨溪 17	5110	Z_2dn_4	92.45	0.03	5.42	1.09	0.03	0.03	0.95	14.37	−33.5	−28.0	−142
	磨溪 18	5095	Z_2dn_4	92.36	0.04	4.74	1.42	0.04	0.02	1.38	22.86	−33.7	−27.4	−146
	磨溪 19	5145	Z_2dn_4	92.24	0.03	5.15	1.22	0.03	0.03	1.30	19.82	−33.5	−28.3	−146
	磨溪 22	5450	Z_2dn_4	91.71	0.07	5.96	0.94	0.03	0.03	1.26	20.07	−33.9	−33.6	−143
	磨溪 23	5240	Z_2dn_4	88.54	0.04	2.33	8.50	0.18	0.07	0.34	6.27	−32.6	−28.6	−152
	磨溪 103	5289	Z_2dn_4	93.68	0.05	4.14	0.41	0.02	0.10	1.60	25.13	−33.4	−29.6	−137
	磨溪 105	5401	Z_2dn_4	93.24	0.04	4.46	0.37	0.02	0.22	1.65	27.08	−32.0	−27.3	−138
	磨溪 108	5290	Z_2dn_4	92.62	0.06	5.22	0.74	0.01	0.01	1.34	23.01	−33.8	−30.1	−137
	磨溪 111	5523	Z_2dn_4	91.82	0.05	6.24	0.55	0.01	0.02	1.31	20.87	−33.3		−143
	磨溪 120	5402	Z_2dn_4	93.69	0.06	4.35	0.47	0.02	0.12	1.29	20.59	−33.5	−30.5	−137
	磨溪 121	5431	Z_2dn_4	93.04	0.07	4.56	0.53	0.01	0.47	1.32	22.25	−34.1	−31.9	−137
	磨溪 122	5219	Z_2dn_4	92.46	0.04	5.14	0.79	0.03	0.04	1.50	24.06	−33.6	−27.8	−138

地区	井号	深度/m	层位	主要组分/%							H_2S/g/m³	$\delta^{13}C$/‰		δ^2H/‰
				CH_4	C_2H_6	CO_2	N_2	He	H_2	H_2S		CH_4	C_2H_6	CH_4
磨溪	磨溪123	5217	Z_2dn_4	85.63	0.04	12.15	1.04	0.03	0.03	1.08	15.99	−33.4	−28.2	−140
	磨溪125	5232	Z_2dn_4	86.90	0.03	11.47	0.79	0.03	0.09	0.70	11.24	−32.6	−28.3	−138
	磨溪126	5263	Z_2dn_4	90.75	0.04	7.95	0.59	0.02	0.16	0.49	7.81	−33.1	−29.6	−138
	磨溪128	5665	Z_2dn_4	86.26	0.03	12.12	0.62	0.05	0.23	0.69	11.20	−33.5	−27.5	−142
	磨溪129H	5268	Z_2dn_4	92.71	0.02	4.11	2.00	0.03	0.34	0.79	35.04	−32.4	−28.7	−150
	磨溪131	5387	Z_2dn_4	88.18	0.02	6.36	4.81	0.10	0.05	0.48	10.81	−31.6	−26.2	−158
	磨溪146	5421	Z_2dn_4	89.90	0.02	7.64	1.04	0.02	0.17	1.21	18.17	−32.3	−27.4	−147
	磨溪8	5435	Z_2dn_2	91.42	0.04	5.81	1.76	0.05	0.02	0.90	14.80	−32.3	−27.5	−147
	磨溪9	5430	Z_2dn_2	91.82	0.05	4.24	0.96	0.02	0.16	2.75	45.66	−33.5	−28.8	−141
	磨溪10	5460	Z_2dn_2	93.13	0.05	3.54	0.76	0.02	0.30	2.20	34.30	−33.9	−27.8	−139
	磨溪11	5470	Z_2dn_2	89.87	0.03	7.02	1.92	0.05	0.31	0.80	12.60	−32.0	−26.8	−150
	磨溪17	5435	Z_2dn_2	89.88	0.04	6.45	1.81	0.05	0.07	1.70	27.02	−33.3	−27.5	−146
	磨溪18	5390	Z_2dn_2	89.21	0.03	6.98	3.01	0.06	0.04	0.67	9.40	−33.5	−27.3	−148
	磨溪124	5010	Z_2dn_2	88.14	0.04	9.25	0.78	0.02	0.17	1.60	25.50	−33.0	−28.8	−136
高石梯	高石6	4522	$\in_1 l$	91.05	0.06	3.64	0.91	0.02	0.39	3.93	62.90	−33.0	−30.5	−136
	高石18	4720	$\in_1 l$	92.71	0.12	5.28	0.81	0.06	0.22	0.80	11.27	−32.6	−33.9	−135
	高石23	4651	$\in_1 l$	74.59	0.03	19.58	1.66	0.03	0.12	3.99	56.36	−33.1	−34.0	−136
	高石102	4540	$\in_1 l$	90.41	0.05	3.09	0.90	0.02	0.03	5.50	89.62	−32.1	−33.4	−136
	高石1	5027	Z_2dn_4	91.22	0.04	6.35	1.35	0.03	0.01	1.00	15.30	−32.3		−137
	高石1	5182	Z_2dn_4	90.11	0.04	8.38	0.46	0.02	0.02	0.97	14.68	−32.7	−28.4	−135
	高石2	5100	Z_2dn_4	92.14	0.04	5.72	0.70	0.02	0.33	1.05	16.43	−33.1	−27.6	−139
	高石3	5260	Z_2dn_4	91.38	0.04	6.30	0.63	0.02	0.23	1.40	22.73	−33.1	−28.2	−138
	高石6	5050	Z_2dn_4	90.12	0.04	7.53	0.81	0.02	0.55	0.93	14.91	−33.0	−29.2	−139
	高石6	5210	Z_2dn_4	90.29	0.04	7.93	0.80	0.02	0.07	0.85	14.40	−32.9	−28.6	−139
	高石6	5300	Z_2dn_{2-4}	94.61	0.04	4.14	0.93	0.02	0.08	0.18	2.92	−32.8		−140
	高石7	5250	Z_2dn_4	93.11	0.04	4.69	0.84	0.04	0.23	1.05	16.98	−33.0		−140
	高石7	5450	Z_2dn_4	93.70	0.04	4.10	0.86	0.02	0.18	1.10	17.75	−33.0		−140
	高石8	5200	Z_2dn_4	92.49	0.03	5.85	0.92	0.02	0.05	0.64	8.83	−32.8	−27.3	−144

| 地区 | 井号 | 深度/m | 层位 | 主要组分/% | | | | | | | H_2S/g/m³ | $\delta^{13}C$/‰ | | δ^2H/‰ |
				CH_4	C_2H_6	CO_2	N_2	He	H_2	H_2S		CH_4	C_2H_6	CH_4
高石梯	高石 8	5400	Z_2dn_4	91.49	0.04	6.75	0.73	0.02	0.02	0.95	12.97	−33.2	−27.7	−142
	高石 9	5150	Z_2dn_4	89.63	0.03	8.09	0.67	0.02	0.93	0.63	12.63	−33.5	−28.4	−142
	高石 9	5270	Z_2dn_4	91.71	0.03	6.55	0.63	0.03	0.03	1.02	11.84	−33.5	−28.2	−136
	高石 10	5100	Z_2dn_4	90.04	0.03	8.15	0.81	0.02	0.08	0.87	15.92	−33.4	−28.2	−144
	高石 11	5070	Z_2dn_4	92.05	0.03	5.38	1.72	0.06	0.06	0.70	11.50	−33.0		−144
	高石 11	5250	Z_2dn_4	91.41	0.03	6.09	1.69	0.05	0.05	0.68	11.10	−33.2	−27.8	−146
	高石 12	5150	Z_2dn_4	92.61	0.04	5.33	0.86	0.02	0.01	1.13	15.71	−33.5		−140
	高石 18	5150	Z_2dn_4	92.15	0.04	6.04	1.10	0.03	0.04	0.60	9.27	−32.8	−29.6	−144
	高石 19	5300	Z_2dn_4	92.33	0.03	5.79	0.78	0.03	0.24	0.80	12.68	−32.3		−139
	高石 19	5400	Z_2dn_4	90.03	0.03	8.05	0.77	0.02	0.35	0.75	12.42	−32.0		−141
	高石 101	5800	Z_2dn_4	91.10	0.03	7.12	0.98	0.03	0.01	0.73	15.54	−32.8		−139
	高石 109	5635	Z_2dn_4	91.89	0.04	6.46	0.85	0.02	0.02	0.72	12.25	−32.9	−26.9	−141
	高石 118	5264	Z_2dn_4	87.07	0.05	11.04	1.71	0.04	0.01	0.08	1.24	−32.0	−28.1	−143
	高石 122	5556	Z_2dn_4	88.76	0.04	9.77	0.69	0.02	0.19	0.53	8.46	−33.0	−28.6	−141
	高石 124	5521	Z_2dn_4	82.73	0.03	13.90	2.36	0.04	0.05	0.89	14.13	−31.0	−27.3	−148
	高石 125	5396	Z_2dn_4	79.15	0.03	18.80	1.43	0.03	0.06	0.50	7.98	−31.2	−27.7	−149
	高石 126	5445	Z_2dn_4	77.23	0.03	20.50	1.63	0.03	0.05	0.53	8.43	−32.2	−28.6	−145
	高石 128	5556	Z_2dn_4	81.66	0.02	14.20	3.47	0.08	0.03	0.54	8.82	−32.1	−27.4	−157
	高石 132	5502	Z_2dn_4	80.91	0.03	16.04	2.34	0.04	0.02	0.62	9.94	−31.5	−28.1	−153
	高石 133	5880	Z_2dn_4	75.56	0.03	22.82	1.08	0.02	0.07	0.42	6.75	−32.1	−26.1	−145
	高石 1	5350	Z_2dn_2	91.97	0.04	6.04	1.03	0.04	0.03	0.85	14.70	−32.3	−27.8	−137
	高石 3	5800	Z_2dn_2	86.98	0.03	6.49	3.58	0.10	0.54	2.28	35.13	−32.6	−28.0	−149
	高石 9	5750	Z_2dn_2	91.21	0.03	6.41	1.72	0.04	0.04	0.55	12.26	−33.6	−28.3	−146
	高石 10	5410	Z_2dn_2	91.37	0.03	6.88	0.67	0.01	0.05	0.99	15.12	−33.4	−27.6	−142
	高石 11	5430	Z_2dn_2	90.75	0.03	5.08	3.25	0.08	0.02	0.79	11.06	−33.3	−26.0	−146
	高石 102	5350	Z_2dn_2	87.02	0.04	10.59	1.12	0.03	0	1.20	18.58	−32.7		−152
	高石 123	5580	Z_2dn_2	82.50	0.03	11.16	4.45	0.09	0.27	1.50	23.90	−32.0	−27.5	−152
	高石 131X	5550	Z_2dn_2	92.72	0.04	5.02	1.55	0.04	0.03	0.60	9.96	−32.9	−27.6	−143

| 地区 | 井号 | 深度/m | 层位 | 主要组分/% | | | | | | | H_2S/ g/m^3 | $\delta^{13}C$/‰ | | δ^2H/‰ |
				CH_4	C_2H_6	CO_2	N_2	He	H_2	H_2S		CH_4	C_2H_6	CH_4
高石梯	高石135	5517	Z_2dn_2	88.17	0.03	9.63	1.12	0.03	0.05	0.97	13.06	−33.4	−27.6	−150
	高石136	5518	Z_2dn_2	70.36	0.03	28.17	0.95	0.02	0.05	0.42	6.60	−33.0	−27.1	−149
	高石137	5560	Z_2dn_2	90.88	0.04	6.77	1.11	0.03	0.01	1.16	15.39	−33.0	−28.5	−143
荷包场	荷深2	5082	Z_2dn_4	89.76	0.03	9.16	0.04	0.09	0.04	0.88	14.07	−32.0	−27.6	−146
	荷深101	5678	Z_2dn_4	79.92	0.02	10.63	8.01	0.21	0.05	1.16	16.47	−32.7	−27.5	−148
	荷深1	5401	Z_2dn_2	87.96	0.03	7.70	2.76	0.13	0.29	1.13	18.11	−32.7	−28.4	−148

注：$\math€_3x$—洗象池组；$\math€_1l$—龙王庙组；$\math€_1c$—沧浪铺组；Z_2dn_4—灯四段；Z_2dn_2—灯二段；$\delta^{13}C$/‰—$\delta^{13}C$/‰（PDB）；δ^2H/‰—δ^2H/‰（SMOW）。

安岳气田高石梯—磨溪地区天然气组成以甲烷为主，含少量乙烷及二氧化碳、氮气、硫化氢、氦气和氢气等非烃气体。统计表明，安岳气田天然气组成具有以下特征（图8-2-1）：（1）甲烷含量分布中，灯影组以小于94%为主，龙王庙组以大于94%为主（图8-2-1a）；（2）乙烷含量分布中，灯影组以小于0.05%为主，龙王庙组以0.10%～0.15%为主（图8-2-1b）；（3）湿度系数（C_{2+}/C_{1+}）分布中，灯影组以小于0.05%为主，龙王庙组以0.10%～0.15%为主（图8-2-1c）；（4）二氧化碳含量分布中，灯影组主要大于4%，龙王庙组以2%～4%为主（图8-2-1d）；（5）氮气含量均以0.5%～1.0%为主（图8-2-1e）；（6）硫化氢含量均以0.3%～2.0%为主（图8-2-1f），主要属于中含硫气藏；（7）氦气含量分布中，灯影组以0.02%～0.03%为主，龙王庙组以小于0.02%为主（图8-2-1g）；（8）氢气含量均以小于0.10%为主（图8-2-1h）。

安岳气田灯影组、龙王庙组天然气成熟度的不同是导致其组成差异的主要原因。随成熟度升高，甲烷含量增大，乙烷等重烃组分含量降低，湿度系数减小。硫化氢是烃类与含硫物质反应（即TSR反应）的结果，温度越高越有利于H_2S的生成，尤其当硫化氢含量大于1%时，随气藏埋深增大，硫化氢含量增高的趋势更为明显（图5-1-15）。二氧化碳是TSR反应生成硫化氢的副产物，两者一般呈较好的正相关性，因此，灯影组天然气的硫化氢和二氧化碳均略高于龙王庙组。值得注意的是，高二氧化碳含量的样品可能与测试过程中的酸化作业过程中的酸岩反应有关。如高石1井灯四段下亚段5130～5196m井段5个不同时间（间隔68.5h）采集的样品分析结果表明，随取样时间距离酸化作业后的时间延长，二氧化碳含量有明显降低趋势（魏国齐等，2015a）；而且在本节中，二氧化碳含量大于8%的基本都是经过酸化作业的大斜度井样品，并且$\delta^{13}C_{CO_2}$介于−1.3‰～1.1‰，呈现出无机成因特征。因此，对碳酸盐岩气藏高二氧化碳含量的成因解释需考虑酸化作业的影响。全组分分析结果中，因灯影组天然气二氧化碳含量相对龙王庙组高，导致其甲烷含量明显比龙王庙组的低。烃类组分归一化后，其微小差异依然可见，灯影组甲烷含量为99.92%～99.98%，平均为99.96%，乙烷含量为

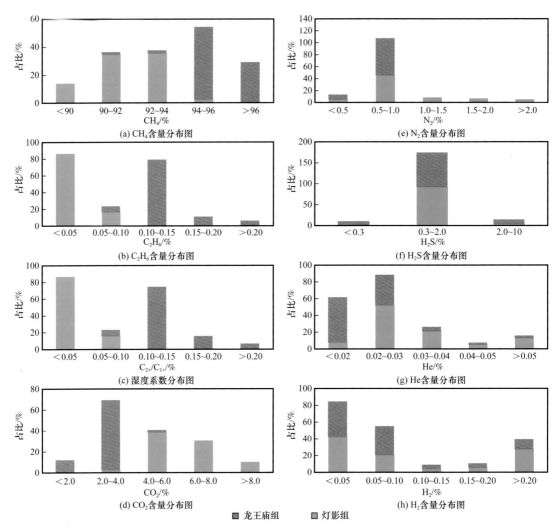

图 8-2-1　安岳气田天然气组成频率分布直方图

$0.02\%\sim0.08\%$，平均为 0.04%；龙王庙组甲烷含量为 $99.72\%\sim99.96\%$，平均为 99.87%，乙烷含量为 $0.04\%\sim0.28\%$，平均为 0.13%。

对比安岳气田与北斜坡区、荷包场地区天然气的湿度系数可见，北斜坡区灯影组天然气湿度系数（$0.04\%\sim0.08\%$）比安岳气田（主要小于 0.05%）和荷包场地区（$0.02\%\sim0.03\%$）略大。北斜坡区沧浪铺组天然气湿度系数（$0.19\%\sim0.22\%$）比安岳气田龙王庙组（以 $0.10\%\sim0.15\%$ 为主，均值为 0.13%）略大。这些差异超出实验分析误差范围，组分含量 $0\sim0.09\%$ 和 $0.1\sim0.9\%$ 的误差分别为 0.01% 和 0.04%，表明北斜坡区天然气成熟度比安岳气田的略低。

川中古隆起氮气含量除磨溪 23 井灯四段为 8.50% 和荷深 101 井灯四段为 8.01% 外，其他地区灯影组天然气氮气含量介于 $0.37\%\sim4.81\%$，龙王庙组天然气氮气含量为 $0.30\%\sim1.66\%$，而且氮气含量和氦气含量之间具有较好的正相关性，尤其是当氦气含量大于 1% 后，这种相关性更加明显（图 8-2-2）。

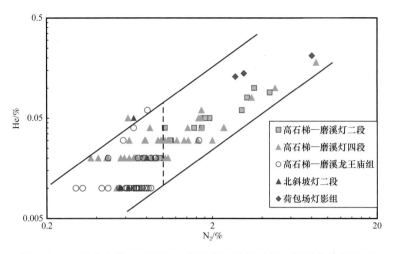

图 8-2-2　川中古隆起震旦系—寒武系天然气氦气—氮气含量关系图

前人研究认为，天然气中有机成因的氮气主要是烃源岩中有机质经热氨化作用形成，随着演化程度增高，氮气含量具有增高的趋势。灯影组天然气中氮气含量普遍高于寒武系和二叠系，表明它们的烃源岩可能不完全一致。氦气含量主要为 0.01%～0.10%，个别达 0.18%～0.21%（图 8-2-2）。安岳气田天然气中的氦气为壳源成因，主要来自壳源放射元素铀、钍的衰变（魏国齐等，2014b）。由此推测，川中古隆起震旦系天然气相对寒武系高氦气含量与相对高成熟烃源岩的铀、钍的衰变有关，也表明它们的烃源岩可能有差异。

2. 天然气成因判识

主要利用四川盆地天然气组成，结合天然气轻烃、储层沥青等参数进行干酪根裂解气与原油裂解气、聚集型与分散型原油裂解气的判识等。

干酪根裂解气是直接从干酪根上形成烃类小分子的初次裂解，原油的二次裂解是由干酪根先形成的烃类大分子（液态烃或油）再裂解成气体小分子。本节所指的原油裂解气主要包括聚集在古圈闭中原油的裂解气、滞留在烃源岩中的分散液态烃裂解气，以及残留在储层中未聚集成藏的分散液态烃裂解气等。

1）干酪根初次裂解与原油二次裂解的差异分析

天然气既可来源于干酪根热裂解，又可来源于有机质（包括原油、分散液态烃等）的二次裂解。根据 Burnham（1989）的有机质组分动力学模型计算，对于 Ⅰ、Ⅱ 型海相烃源岩，70%～80% 的天然气来自干酪根生成的原油和沥青的二次裂解，仅有 20%～30% 的天然气直接来自干酪根的裂解。

张敏等（2008）应用开放体系模拟实验技术，开展了塔里木盆地五类样品（原油、原油族组分、氯仿沥青"A"、烃源岩和干酪根）的模拟实验，结果表明，直接来源于干酪根和烃源岩的气体生成量明显低于原油和沥青等有机质的二次裂解气量。田辉等（2009）应用高压釜—封闭黄金管体系开展了塔里木盆地原油和干酪根样品在热解生气过程中生气机理的差异研究，该项研究有两个方面的重要启示：（1）原油和干酪根样品在热解过程中均能够形成 C_2—C_5 重烃气体，并在较高热解温度下逐渐发生裂解，但是，原油裂解形成的 C_2—C_5 重烃气体远比干酪根多，前者最大值为 452mg/g，而后者仅为 21mg/g，前者是后者的 20 多倍；（2）干酪根裂解气中的甲烷主要来自干酪根的直接裂解，而原油裂解气中的甲烷除了部分来自原油直接裂解之外，大部分来自 C_2—C_5 重烃气体的二次裂解。郭利果等（2011）的模拟实验结果展示了原油裂解成气的过程是高碳数烃类逐渐向低碳数化合物转化的过程。原油在裂解过程中，正构烷烃裂解初期，是以 C_{15+} 烃类裂解形成 C_6—C_{14} 化合物为主，并伴有少量的 C_1—C_5 气态烃形成。随着成熟度的增加和裂解程度的增强，C_6—C_{14} 化合物进一步转化成 C_1—C_5 化合物，其中甲烷的形成主要由 C_2—C_5 重烃气体的进一步裂解。

综上所述，对于Ⅰ、Ⅱ型海相烃源岩发育的区域，天然气主要来源于原油或分散液态烃的进一步裂解。原油或分散液态烃裂解气主要来源于 C_{6+} 饱和链的 C—C 键断裂和 C_2—C_5 脂肪链的 C—C 键断裂，部分来源于芳香结构的脱甲基作用；干酪根裂解气主要是脱甲基反应，少量来源于 C_2—C_5 重烃气体的 C—C 键断裂。但如何进行有效区分是大家备受关注的问题。

自从 Prinzhofer 等（1995）提出利用 ln（C_1/C_2）—ln（C_2/C_3）及（$\delta^{13}C_2$−$\delta^{13}C_3$）—ln（C_2/C_3）图版来区分干酪根初次裂解气和原油二次裂解气以来，国内许多学者陆续应用这些图版进行天然气成因类型的鉴别（陈世加等，2002；魏国齐等，2014c；罗冰等，2015；高波，2015）。但通过多年的应用，认为这些图版具有一定的局限性，主要体现在：图版的建立是基于Ⅱ型和Ⅲ型干酪根的模拟结果；ln（C_1/C_2）值和 ln（C_2/C_3）值均较小，反映其实验模拟的演化程度较低；没有反映出随演化程度增高，C_1/C_2 值和 C_2/C_3 值均有增大的趋势。尽管也有学者曾开展干酪根和原油裂解的模拟实验（王云鹏等，2007；张敏等，2008；王铜山等，2008；郭利果等，2011；王振平等，2011），但也没有反映出演化阶段对 C_1/C_2 值和 C_2/C_3 值的影响。这些局限无疑对客观评价高演化阶段干酪根裂解气、原油裂解气的生成潜力及其组成的差异，乃至对天然气藏成藏机制研究及勘探部署决策有重要的影响。鉴于此，笔者选取华北张家口地区新元古界青白口系下马岭组低成熟腐泥型页岩，采用高温高压黄金管体系及常规高压釜热模拟实验装置，对同源于该页岩的原始干酪根、残余干酪根和原油开展了生气模拟实验和模拟产物的相关分析，旨在探讨腐泥型有机质源自干酪根直接裂解成气与已生成原油二次裂解产气的潜力、两类天然气特征的差异，以及四川盆地海相层系高演化天然气的成因。

2）干酪根裂解气与原油裂解气判识图版的建立

模拟实验原始样品为低成熟腐泥型页岩，采自华北张家口下花园地区新元古界青白口系下马岭组，其基本地球化学参数见表 8-2-2。

表 8-2-2 下马岭组页岩样品地球化学参数表

TOC/%	S_1+S_2/mg/g	氢指数/mg/g	H/C 比值	O/C 比值	$\delta^{13}C$ 干酪根 /‰	T_{max}/℃	等效 R_o/%
2.79	15.04	539	1.11	0.04	−31.5	432	0.52

实验使用的原油样品是下马岭组页岩通过常规高压釜模拟实验所得。实验的主要目的是得到实验所需的足量原油，同时为了模拟烃源岩的液态烃生成过程，设定了300℃、325℃、350℃、360℃和370℃等多个模拟温度点。模拟过程中加入了2~7mL的不等量去离子水，每个温度点加热48h，将每个温度点模拟所得到的液态烃量累加在一起以备后用。原始干酪根是下马岭组页岩经过常规干酪根处理流程制备的。残余干酪根是将原始干酪根在常规高压釜模拟体系中加热至生油高峰，除去已生成液态烃后的剩余样品，也就是将制备好的干酪根样品装入高压釜中后，从室温加热至370℃（相当于镜质组反射率R_o=1.2%），恒温加热48h，待反应釜体温度降至室温时，取出反应后的残余样品。多次重复上述流程，将多次模拟得到的残余干酪根样品累加在一起，以备后用。

原油、原始干酪根和残余干酪根样品制备完成后，分别在高温高压的黄金管封闭体系下进行生烃模拟实验，模拟实验条件为：外部压力为50MPa；起始温度为350℃，温度间隔为24℃，原油按2℃/h和20℃/h升温速率程序升温到638℃；原始干酪根和残余干酪根的升温速率为2℃/h。

天然气样品为高压钢瓶气。天然气全组分分析是在Agilent7890A气相色谱仪上完成的。Agilent7890A气相色谱仪配置五阀六柱，双TCD、单FID检测器。使用PoraPLOT Q型色谱柱（30m×0.25mm×0.25mm）；用氦气作载气；进样口温度为200℃，色谱采用程序升温，初始温度为40℃，恒温5min，然后分别以3℃/min程序升温至70℃、5℃/min程序升温至200℃，恒温20min。对于以甲烷为主、仅含痕量乙烷等重烃气体的天然气，则采用单柱、单一FID检测器色谱分析方法，仅对天然气中烃类组分进行检测并进行归一化计算。

（1）三类有机质生气潜力对比。

原油、原始干酪根和残余干酪根的黄金管封闭体系生气模拟实验结果数据见图8-2-3及表8-2-3。如图8-2-3所示，不同有机质的生气潜力及生气高峰阶段有差异。原油裂解产气实验反映的是纯液态烃的二次裂解，累计产气率为594.35m³/t（图8-2-3a），与田辉等（2009）、马安来（2015）报道的塔里木盆地塔中62井志留系原油、塔河油田原油产气率基本相当，原油裂解产气高峰处于模拟温度422~566℃（大体相当于R_o=1.3%~2.5%），

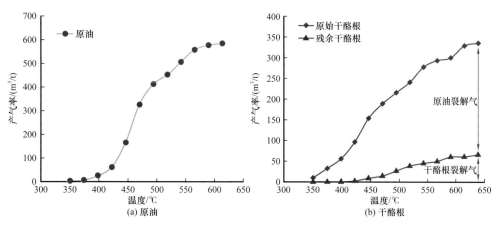

图 8-2-3　下马岭组原油、干酪根热模拟产气率图

表 8-2-3 原油、原始干酪根和残余干酪根生气模拟实验数据表

温度/℃	2℃/h升温速率下原油裂解 产气率/(m³/t)						20℃/h升温速率下原油裂解 产气率/(m³/t)						2℃/h升温速率下原始干酪根 产气率/(m³/t)						2℃/h升温速率下残余干酪根 产气率/(m³/t)					
	C_1	C_2	C_3	C_4	C_5	C_{1-5}	C_1	C_2	C_3	C_4	C_5	C_{1-5}	C_1	C_2	C_3	C_4	C_5	C_{1-5}	C_1	C_2	C_3	C_4	C_5	C_{1-5}
350	1.37	0.55	0.29	0.15	0.01	2.37	0.33	0.06	0.03	0.02	0	0.44	3.78	2.87	1.51	0.66	0.08	8.90	0.01	0	0	0	0	0.01
374	3.35	1.18	0.74	0.45	0.06	5.78	0.62	0.27	0.16	0.09	0.01	1.15	13.27	9.23	5.43	3.11	0.48	31.52	0.04	0	0	0	0	0.04
398	12.29	5.97	3.92	2.57	0.37	25.12	1.51	0.37	0.25	0.13	0.03	2.29	25.92	14.99	8.53	4.76	0.81	55.00	0.27	0.01	0	0	0	0.28
422	28.42	13.40	10.09	7.24	1.09	60.24	4.44	2.13	1.53	0.95	0.14	9.19	47.97	23.72	14.33	8.20	1.49	95.71	1.33	0.04	0	0	0	1.37
446	42.38	19.96	15.35	11.01	1.57	90.27	37.20	21.11	16.06	10.79	1.77	86.93	81.13	36.01	22.32	12.19	1.73	153.38	7.92	0.16	0	0	0	8.08
470	174.75	77.07	49.62	23.27	1.17	325.88	56.05	30.56	21.53	15.09	2.43	125.66	111.49	43.52	23.66	9.52	0.46	186.65	13.40	0.11	0	0	0	13.51
494	265.82	94.64	43.94	8.19	0.11	412.70	119.97	60.79	41.32	23.21	2.31	247.60	154.35	45.09	13.58	2.12	0.02	215.17	25.64	0.11	0	0	0	25.75
518	352.95	84.71	13.92	1.10	0.02	452.70	209.43	89.24	47.96	13.98	0.28	360.89	200.96	36.27	2.97	0.20	0	240.41	41.80	0.10	0	0	0	41.90
542	443.44	62.16	1.38	0.10	0	507.08	298.53	96.13	29.89	3.60	0.07	428.22	257.44	19.48	0.25	0.01	0	277.19	44.09	0.06	0	0	0	44.15
566	533.93	34.05	0.43	0.03	0	568.49	411.72	78.77	4.88	0.35	0.01	495.73	294.74	3.29	0.04	0	0	298.07	55.78	0.04	0	0	0	55.82
590	566.64	11.69	0.14	0.01	0	578.48	495.86	51.48	0.80	0.06	0	548.20	313.39	0.96	0.01	0	0	314.36	59.59	0.04	0	0	0	59.63
614	580.26	5.84	0.06	0	0	586.16	555.61	29.01	0.40	0.02	0	585.05	328.39	0.62	0.01	0	0	329.02	60.04	0.03	0	0	0	60.07
638	590.92	3.39	0.04	0	0	594.35	577.50	12.96	0.18	0.01	0	590.65	335.00	0.52	0	0	0	335.52	64.92	0.04	0	0	0	64.96

该阶段产气量约占总产气量的85.5%，而模拟温度小于422℃（$R_o < 1.3\%$）和大于566℃（$R_o > 2.5\%$）的生气量所占比例分别为10.1%和4.4%（表8-2-4）。原油裂解的主生气期与田辉等（2009）的原油裂解主生气期EASY%R_o值（1.6%～2.3%）、耿新华等（2008）的甲烷生成EASY%R_o值（主要介于1.2%～2.9%）、C_{2-5}烃类气体生成EASY%R_o值（主要介于1.5%～2.5%）较为接近，而与王云鹏等（2007）的原油裂解主生气期EASY%R_o值（1.6%～3.2%）有些差距。

表8-2-4　三类有机质生气潜力对比表

有机质	总产气率/ m³/t	生气高峰温度/ ℃	各阶段产气率及比例		
			温度/℃	产气率/（m³/t）	比例/%
原油	594.35	422～566	<422	60.24	10.1
			422～566	508.17	85.5
			>566	25.94	4.4
原始干酪根	335.52	398～566	<422	95.71	28.5
			422～566	202.52	60.4
			>566	37.29	11.1
残余干酪根	64.92	446～566	<446	8.09	12.5
			446～566	47.73	73.5
			>566	9.10	14

原始干酪根产气率的模拟结果是纯干酪根热降解气与源于干酪根已生成液态烃二次裂解气的综合反映，进入生气高峰的阶段略早于纯原油，主要是有来自干酪根的热裂解气，也就是通常所说的原油伴生气。原始干酪根累计产气率为335.52m³/t（图8-2-3b），产气高峰处于模拟温度422～566℃（$R_o = 1.3\%$～2.5%），该阶段的产气量占总量的60.4%，而模拟温度小于422℃（$R_o < 1.3\%$）和大于566℃（$R_o > 2.5\%$）的生气量所占比例分别为28.5%和11.1%。

残余干酪根产气率模拟结果主要反映纯干酪根热裂解产气的潜力，进入生气高峰的时期较晚，主要是由于生油高峰期之前的那部分原油伴生气未计算在内，累计产气率为65m³/t，产气高峰期处于模拟温度446～566℃（$R_o = 1.5\%$～2.5%），该阶段的生气量占总量的73.5%，而模拟温度小于446℃（$R_o < 1.5\%$）和大于566℃（$R_o > 2.5\%$）的生气量所占比例分别为12.5%和14%。可见，残余干酪根累计产气率约占原始干酪根产气总量的五分之一。

从以上实验可以得到两点认识：① 腐泥型有机质的生气高峰期处于模拟温度398～566℃（相当于$R_o = 1.0\%$～2.5%），此阶段的生气量占总量的60%～85%，温度大于566℃（$R_o > 2.5\%$）以后的生气量占总量的比例小于15%；② 腐泥型有机质在生油高峰期后（模拟温度大于398℃），源于干酪根直接热降解的生气量约占有机质总生气量的20%。

对川西北飞仙关组低成熟的腐殖—腐泥型泥灰岩（TOC含量为1.94%，R_o值为0.48%）进行了高压釜的热模拟实验，结果表明，生油高峰期之前的生气量（80m³/t）约占烃源岩总生气量（530m³/t）的15%，这部分气体基本可以视为干酪根的初次裂解气。因此，若考虑腐泥型有机质在生油高峰期之前源于干酪根的热裂解气，则在整个生烃演化过程中，源于干酪根直接热裂解的生气量占有机质总量的比例大致接近三分之一。这与Burnham等（1989）认为海相Ⅰ—Ⅱ型烃源岩仅有20%～30%的天然气直接来自干酪根裂解的观点基本一致。腐泥型有机质生气高峰期处于模拟温度398～566℃（R_o=1.0%～2.5%），模拟温度大于566℃（R_o>2.5%）以后的生烃潜力较小，四川盆地新元古界—寒武系优质烃源岩残余生烃潜量低是这一现象很好的证据。这些烃源岩现今已处于过成熟阶段（谢增业等，2017），等效镜质组反射率大于2.0%，尽管残余有机碳含量高，但残余生烃潜量（S_1+S_2）则均小于1mg/g，并且有随样品时代变老其生烃潜量降低的趋势，如寒武系筇竹寺组烃源岩由于受其样品在平面上分散、演化程度不完全一致的影响，S_1+S_2值分布范围相对较宽，但以0.1～1mg/g为主；灯影组和陡山沱组烃源岩的S_1+S_2值主要分布在0.05～0.2mg/g之间；南华系大塘坡组烃源岩的S_1+S_2值均小于0.05mg/g。

低成熟原油与干酪根的模拟实验、过成熟烃源岩的检测结果对天然气勘探部署决策有重要的启示，即腐泥型烃源岩发育区，高成熟—过成熟演化阶段勘探对象应以寻找原油裂解气（包括分散液态烃裂解气）为主要气源，而非烃源岩晚期干酪根热裂解气。

（2）热模拟气体甲烷—丙烷组成演化特征。

原油、原始干酪根和残余干酪根热模拟气体甲烷、乙烷和丙烷随模拟温度升高而变化的趋势如图8-2-4所示。

① 原油裂解气。

随模拟温度升高，甲烷产率增大，最终达590.92m³/t；低温和高温阶段，低升温速率（2℃/h）与高升温速率（20℃/h）的甲烷产率基本相当，但在裂解气生成高峰期内，同一温度下，低升温速率的甲烷产率大于高升温速率的甲烷产率（图8-2-4a）。乙烷、丙烷的演化规律比较相似（图8-2-4b），2℃/h升温速率下，乙烷、丙烷生成高峰的温度分别为494℃和470℃，之后逐渐降低，在542℃之后，丙烷含量迅速降低；20℃/h升温速率下，乙烷、丙烷生成高峰的温度分别为542℃和518℃，之后逐渐降低，在566℃之后，丙烷含量迅速降低。

② 原始干酪根裂解气。

随模拟温度升高，甲烷产率增大，最终达335.52m³/t（图8-2-4c）；乙烷、丙烷生成高峰的温度分别为494℃和470℃，之后逐渐降低（图8-2-4d），乙烷在566℃、丙烷在518℃之后率均迅速降低。

③ 残余干酪根裂解气。

随模拟温度升高，甲烷产率增大，最终达64.92m³/t（图8-2-4c）；乙烷、丙烷产率总体较低，生成高峰的温度均为446℃（图8-2-4e），随后逐渐降低；尤其在542℃后，丙烷产率降至0.0003m³/t以下（图8-2-4f）。

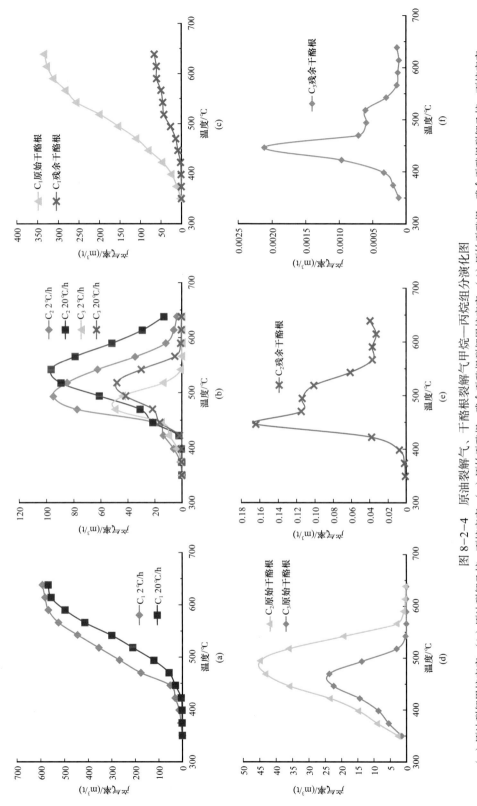

图 8-2-4 原油裂解气、干酪根裂解气甲烷—丙烷组分演化图

(a) 原油裂解甲烷产率; (b) 原油裂解乙烷、丙烷产率; (c) 原始干酪根、残余干酪根裂解甲烷产率; (d) 原始干酪根、丙烷产率; (e) 残余干酪根裂解乙烷产率; (f) 残余干酪根裂解丙烷产率

原油裂解气、干酪根裂解气的 ln（C_1/C_2）与 ln（C_2/C_3）值随模拟温度的升高，表现出不同的演化特征。原油裂解气表现为"两段式"特征（图8-2-5a），即演化早期的 ln（C_2/C_3）值快速增大（斜率较大呈近于"垂直"的直线）和演化晚期的 ln（C_2/C_3）值基本稳定（近于"水平"的直线）。同样的现象也见于塔里木盆地原油和沥青质的模拟实验结果中（王铜山等，2008）。不同的升温速率对 ln（C_1/C_2）与 ln（C_2/C_3）值均有影响，同一模拟温度点，升温速率越慢，模拟产物的 ln（C_1/C_2）与 ln（C_2/C_3）值就比快速升温的数值大，尤其在高演化阶段，低升温速率的 ln（C_1/C_2）值大于高升温速率的 ln（C_1/C_2）值。这意味着地层条件下低温长时间的累积效应可使气藏中天然气的 ln（C_1/C_2）值大于模拟实验得到的数值。原始干酪根和残余干酪根裂解气则呈现出"四段式"特征（图8-2-5b），即 ln（C_2/C_3）值表现为最初的近于水平—快速增大—再次近于水平—再次增大的现象。

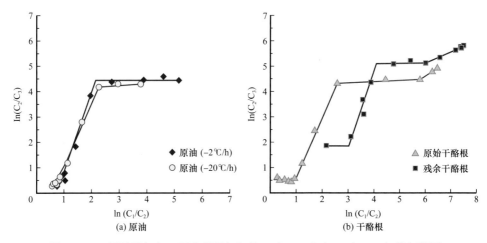

图8-2-5　原油裂解气、干酪根裂解气的 ln（C_1/C_2）与 ln（C_2/C_3）值相关图

出现上述差异的现象可能与原油和干酪根的结构差异、裂解或降解生成烃类气体的速率及所需活化能的大小不同有关。干酪根裂解气主要是干酪根结构上的芳甲基和终端甲基裂解成气，随裂解程度增高，甲烷的量增长较快，而乙烷和丙烷变化较小；原油裂解气主要是长链脂肪结构碳键的断裂，所以有大量乙烷和丙烷组分的生成（赵文智等，2006）。

耿新华（2006）的研究表明，干酪根裂解生成甲烷、乙烷和丙烷的活化能分别为184～284.5kJ/mol（主频为284.5kJ/mol）、272～330.5kJ/mol（主频为318kJ/mol）和293～347kJ/mol（主频为330.5kJ/mol）；原油裂解生成甲烷、乙烷和丙烷的活化能分别为213.4～280.3kJ/mol（主频为280.3kJ/mol）、267.8～334.7kJ/mol（主频为309.6kJ/mol）和276～318kJ/mol（主频为318kJ/mol）。就甲烷生成而言，相对低的活化能（<265kJ/mol）比例是干酪根大于原油，干酪根所占比例为63%，原油为39.4%；相对高的活化能（>265kJ/mol）比例是干酪根小于原油，前者为37%，后者为60.6%。乙烷生成的活化能比甲烷的活化能高，以大于276kJ/mol为主，而且原油较集中，以295～310kJ/mol为主，占86.4%；干酪根裂解生成乙烷的活化能较分散，以310～320kJ/mol为主，占67%，大于330kJ/mol的占11.6%。丙烷生成的活化能高于乙烷，原油裂解生成丙烷的活化能介于

280～320kJ/mol，以 305～320kJ/mol 为主，占 85%；干酪根裂解生成丙烷的活化能介于 285～345kJ/mol，以 325～330kJ/mol 为主，占 53.3%，大于 330kJ/mol 的占 18.4%。由此推测，原油裂解气的生成阶段比干酪根裂解生气集中，与原油裂解生成烃类气体的活化能分布范围较干酪根的窄有关。此外，乙烷、丙烷裂解的难易程度也对 C_1/C_2、C_2/C_3 比值产生了一定的影响。王英超等（2013）通过高纯乙烷、丙烷气体的裂解实验，得到了在相同的升温裂解速率下，相同温度点上，乙烷样品的剩余比例远高于丙烷样品的认识，如在 480℃时，乙烷剩余的量占总烃量的 98.2%，丙烷剩余的量占总烃量的 95.5%；在 522℃时，乙烷剩余的量占总烃量的 93.2%，丙烷剩余的量占总烃量的 45.9%；560℃时，乙烷剩余的量占总烃量的 70.4%，丙烷剩余的量占总烃量的 15.4%。由此可见，乙烷生成活化能较丙烷低且比丙烷更稳定是高演化阶段干酪根裂解气 C_2/C_3 比值增大的主要原因。

综上所述，图 8-2-5（a）原油裂解气"两段式"中的"水平段"表明在高演化阶段之后，模拟体系中生成乙烷和丙烷烃类气体的"源"很少，而且生成和裂解的程度基本相当，因此二者比值变化不大。相反，图 8-2-5（b）干酪根裂解气"四段式"中低演化阶段的"水平段"是干酪根初次裂解气的特征，与 Prinzhofer 等（1995）报道的结果是比较吻合的；随着模拟温度的升高，ln（C_1/C_2）与 ln（C_2/C_3）值均有增大的趋势；高演化阶段出现的第二个"水平段"与原油裂解气的"水平段"相似，体系中生成乙烷和丙烷烃类气体的"源"少，而且生成和裂解的程度基本相当，二者比值变化不大；第二个 ln（C_1/C_2）与 ln（C_2/C_3）值"双增段"可能反映了来自高演化阶段干酪根结构上的芳甲基和终端甲基的进一步裂解。

3）干酪根与原油裂解气判识

究竟川中古隆起天然气是属于原油裂解气还是干酪根裂解气，笔者根据上述实验数据，新建考虑演化阶段的干酪根裂解气和原油裂解气 ln（C_1/C_2）—ln（C_2/C_3）判识图版（图 8-2-6），并将四川盆地主要层系天然气数据投入到该图版中。如图 8-2-6 所示，川中地区上三叠统来源于须家河组自生自储的煤系成因天然气，以干酪根裂解气为主，干酪根裂解气 R_o 值介于 0.80%～1.50%，与须家河组腐殖型烃源岩现今镜质组反射率小于 1.6%且生成的油气近距离聚集成藏（李剑等，2013）的特征是很吻合的。川东地区主要来源于下志留统龙马溪组腐泥型烃源岩的石炭系天然气（王兰生等，2002），在图 8-2-6 中原油裂解气 R_o 值介于 2.2%～2.6%，与龙马溪组烃源岩现今的热演化程度处于过成熟阶段是比较吻合的。四川盆地震旦系—寒武系天然气基本落入原油裂解气 R_o 值大于 2.5% 范围，总体上以 ln（C_1/C_2）值介于 6.19～7.87、ln（C_2/C_3）值介于 3.00～4.76 为主，并且有随天然气储层时代变老，即从寒武系龙王庙组、洗象池组至震旦系灯影组，其 ln（C_1/C_2）值有增大的趋势。这符合地层条件下低温长时间的累积效应可以导致原油裂解气的 ln（C_1/C_2）值逐渐增大的规律。若为高演化阶段的干酪根裂解气，则其数据点应该分布在 ln（C_2/C_3）值大于 5 的区域。综合这些特点及天然气母源（震旦系、寒武系烃源岩）现今处于过成熟的认识，认为震旦系、寒武系天然气以原油裂解气为主。这一认识与现今气藏储层中发育丰富的碳沥青（魏国齐等，2015b），以及震旦系—寒武系天然气轻烃组成表现为原油裂解气特征的认识是吻合的（魏国齐等，2014c）。

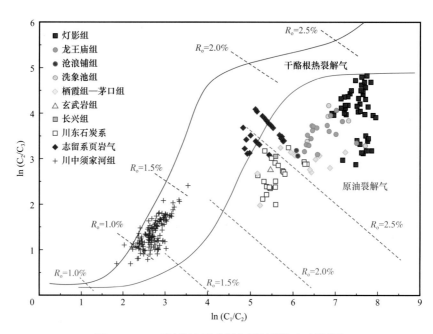

图 8-2-6　四川盆地干酪根与原油裂解气判识图

二、天然气碳氢同位素特征

川中古隆起震旦系—寒武系不同层段、不同区域天然气碳、氢同位素组成存在较大差异（表 8-2-1）。相对于寒武系天然气，震旦系天然气具有 $\delta^{13}C_1$ 值相似、$\delta^{13}C_2$ 值重、$\delta^2H_{CH_4}$ 值轻的特点，并且由台缘带向台内，灯影组天然气 $\delta^2H_{CH_4}$ 值变轻，这些差异主要与不同烃源岩的贡献比例大小有关。区域上，相对于荷包场、高石梯—磨溪地区，北斜坡区天然气 $\delta^{13}C$ 值较轻，与捕获不同演化阶段的裂解气有关。

1. 天然气碳同位素

北斜坡区洗象池组、沧浪铺组和灯二段 3 个层段天然气碳同位素组成中，灯二段天然气的碳同位素偏重，$\delta^{13}C_1$ 值和 $\delta^{13}C_2$ 值分别为 $-35.1‰\sim-33.7‰$ 和 $-29.5‰\sim-28.0‰$；洗象池组次之，$\delta^{13}C_1$ 值和 $\delta^{13}C_2$ 值分别为 $-34.1‰\sim-33.6‰$ 和 $-32.5‰\sim-30.0‰$；沧浪铺组最轻，$\delta^{13}C_1$ 值和 $\delta^{13}C_2$ 值分别为 $-37.8‰\sim-35.8‰$ 和 $-37.5‰\sim-36.6‰$（表 8-2-1）。

安岳气田高石梯—磨溪地区龙王庙组、灯影组天然气 $\delta^{13}C_1$ 值、$\delta^{13}C_2$ 值同样呈现出不同的分布特征。3 个层段天然气 $\delta^{13}C_1$ 值分布比较相似，主要为 $-34‰\sim-32‰$，其中，龙王庙组 $\delta^{13}C_1$ 值为 $-33.7‰\sim-32.1‰$，主峰为 $-33‰\sim-32‰$，30 个样品均值为 $-32.9‰$；灯四段 $\delta^{13}C_1$ 值为 $-34.1‰\sim-31.0‰$，主峰为 $-34‰\sim-33‰$，53 个样品均值为 $-32.9‰$；灯二段 $\delta^{13}C_1$ 值为 $-33.9‰\sim-32.0‰$，主峰为 $-34‰\sim-33‰$，18 个样品均值为 $-33.0‰$（图 8-2-7a）。与 $\delta^{13}C_1$ 值不同，灯影组、龙王庙组天然气 $\delta^{13}C_2$ 值有随储层时代变老而变重的趋势，如龙王庙组 $\delta^{13}C_2$ 为 $-35.3‰\sim-30.5‰$，主峰为 $-33‰\sim-32‰$，29 个样品均

值为 -33.0‰；灯四段 $\delta^{13}C_2$ 值为 -33.6‰～-26.1‰，主峰为 -29‰～-28‰，42 个样品均值为 -28.4‰；灯二段 $\delta^{13}C_2$ 值为 -28.8‰～-26.0‰，主峰为 -28‰～-27‰，17 个样品均值为 -27.7‰（图 8-2-7b）。

地层条件下，影响天然气 $\delta^{13}C_1$ 值、$\delta^{13}C_2$ 值的因素很多。从干酪根碳同位素来看，震旦系—寒武系泥岩类烃源岩干酪根碳同位素有随时代变老而略变重的趋势，如陡山沱组干酪根 $\delta^{13}C$ 值为 -32.8‰～-28.8‰，均值为 -30.7‰；灯三段干酪根 $\delta^{13}C$ 值为 -34.5‰～-29.0‰，均值为 -31.9‰；筇竹寺组干酪根 $\delta^{13}C$ 值为 -36.4‰～-30.0‰，均值为 -32.8‰。作为原油裂解气，沥青 $\delta^{13}C$ 值是判识天然气与原油之间关系的重要参数。从笔者所测灯影组、龙王庙组沥青 $\delta^{13}C$ 值及郝彬等（2017）、张博原（2018）的分析数据看，灯影组和龙王庙组沥青的 $\delta^{13}C$ 值分别为 -35.4‰～-33.5‰ 和 -35.4‰～-33.2‰，均值分别为 -34.8‰（25 个）和 -34.2‰（16 个），两者较为接近。平面上，同一产层，沥青 $\delta^{13}C$ 值与天然气 $\delta^{13}C$ 值的轻重不具对应关系，表明沥青 $\delta^{13}C$ 值不是影响天然气 $\delta^{13}C_1$ 值、$\delta^{13}C_2$ 值变化的主要原因。北斜坡区及安岳气田天然气 $\delta^{13}C_2$ 值的差异主要受成熟度控制，湿度系数越小（成熟度越高），$\delta^{13}C_2$ 值越重。$\delta^{13}C_1$ 值则主要与捕获不同阶段裂解气的比例有关，早期裂解气比例越大，$\delta^{13}C_1$ 值越轻；晚期裂解气比例越大，$\delta^{13}C_1$ 值越重。

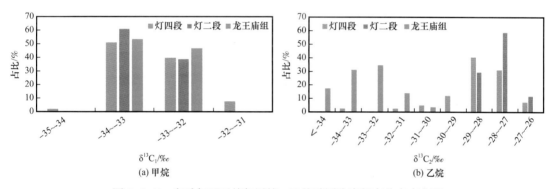

图 8-2-7　安岳气田天然气甲烷、乙烷碳同位素频率分布直方图

前人的研究表明，$\delta^{13}C_2$ 受成熟度的影响小，具有较强的母质继承性，是判别天然气成因类型的良好指标，并将 $\delta^{13}C_2 = -28‰$ 或 -29‰ 作为判识油型气（$\delta^{13}C_2 < -28‰$ 或 -29‰）和煤型气（$\delta^{13}C_2 > -28‰$ 或 -29‰）的界限，这已在国内许多盆地天然气成因类型的判别中取得很好的应用效果，但对于诸如安岳气田灯影组 C_2H_6 含量小于 0.05% 的干气，仍用 $\delta^{13}C_2 = -28‰$ 或 -29‰ 作为类型判识指标有些不妥。因为在高演化阶段，热演化作用对 $\delta^{13}C_2$ 值的影响程度明显大于 $\delta^{13}C_1$ 值，如李友川等（2016）对腐泥型烃源岩的热模拟生气实验结果表明，从 $\delta^{13}C_1$ 值和 $\delta^{13}C_2$ 值最轻处开始至实验最高演化程度，$\delta^{13}C_1$ 值变重的幅度仅为 5‰，而 $\delta^{13}C_2$ 值变重的幅度可达 11.7‰。图 8-2-8（a）展示了天然气 $\delta^{13}C_2$ 值与湿度系数（C_{2+}/C_{1+}）之间较好的相关性，即随热演化程度增高，C_{2+}/C_{1+} 比值变小，$\delta^{13}C_2$ 值变重，如沧浪铺天然气成熟度最低，C_{2+}/C_{1+} 比值大（0.19%～0.22%），$\delta^{13}C_2 < -36‰$；龙王庙组天然气成熟度居中，C_{2+}/C_{1+} 主要为 0.04%～0.28%，$\delta^{13}C_2$ 值

介于 $-35.3‰\sim-30.5‰$；灯影组天然气成熟度最高，$C_{2+}/C_{1+}<0.08\%$，$\delta^{13}C_2>-30.5‰$。从沧浪铺组到龙王庙组再到灯影组，天然气 $\delta^{13}C_2$ 值的这种分布格局符合碳同位素随演化程度增高而变重的演化规律。安岳气田灯影组、龙王庙组气藏 H_2S 含量主要为 $0.08\%\sim2.75\%$（表8-2-1），$\delta^{13}C_2$ 与 H_2S 含量的相关性差（图8-2-8b），这说明 $\delta^{13}C_2$ 值变重不是 H_2S 造成的，而更可能与极高演化阶段 $\delta^{13}C$ 值的瑞利分馏有关。因为当热演化程度极高时，大分子的液态烃甚至轻烃都裂解殆尽，最后 C_2H_6、C_3H_8 等组分已经无法新生成，开始单纯的大量裂解。当其只作为反应物时，这个同位素变化过程近似于瑞利分馏。受活化能的影响，^{12}C 优先裂解，剩下的 C_2H_6 含量越少，$\delta^{13}C_2$ 值越重（吴伟等，2016；张水昌等，2021；图8-2-9）。灯影组天然气 C_{2+}/C_{1+} 比值小于龙王庙组，这是其 $\delta^{13}C_2$ 值重于龙王庙组的主要原因。

天然气 $\delta^{13}C_1$ 值也受成熟度影响，如沧浪铺组 C_{2+}/C_{1+} 比值最大，$\delta^{13}C_1$ 最轻；灯影组 C_{2+}/C_{1+} 比值相对较低，其 $\delta^{13}C_1$ 值较重，尤其是磨溪地区灯二段、灯四段 $\delta^{13}C_1$ 值有随 C_{2+}/C_{1+} 比值增大而呈现出变轻的趋势（表8-2-1，图8-2-8c）；而高石梯地区灯二段、灯四段，磨溪、龙女寺地区龙王庙组等层系天然气的 $\delta^{13}C_1$ 值与 C_{2+}/C_{1+} 比值之间则没有此关系，说明除成熟度外，$\delta^{13}C_1$ 值应该还受其他因素的影响。由天然气 $\delta^{13}C_1$ 与硫化氢含量关系图（图8-2-8d）可见，安岳气田及北斜坡区灯二段天然气的 $\delta^{13}C_1$ 值有随硫化氢含量增加而变轻的趋势，表明硫化氢也不是控制 $\delta^{13}C_1$ 值分布的主要因素。纵观同一层段天然气 C_{2+}/C_{1+} 比值大体相当、但 $\delta^{13}C_1$ 值有轻有重的现象可以发现，$\delta^{13}C_1$ 值分布与构造部位有一定的关系，即构造相对高部位，$\delta^{13}C_1$ 值重，随埋深增大 $\delta^{13}C_1$ 值变轻，如沧浪铺组两个样品的 C_{2+}/C_{1+} 比值相近，但 $\delta^{13}C_1$ 值是低部位的（角探1井）比相对高部位的（充探1井）轻；磨溪地区龙王庙组海拔浅于 $-4400m$ 的天然气以 $\delta^{13}C_1>-32.5‰$ 为主，海拔为 $-4550\sim-4400m$ 的天然气 $\delta^{13}C_1$ 值介于 $-33.5‰\sim-32.5‰$，海拔深度深于 $-4550m$ 的天然气 $\delta^{13}C_1<-34‰$，磨溪8井龙王庙组上段和下段的 $\delta^{13}C_1$ 值分别为 $-32.3‰$ 和 $-33.2‰$。灯影组天然气 $\delta^{13}C_1$ 值也有同样的分布特征，在同一滩体范围内，高部位 $\delta^{13}C_1$ 值重、低部位 $\delta^{13}C_1$ 值轻。如磨溪地区磨溪103—磨溪22区块灯四段，海拔由高至低，$\delta^{13}C_1$ 值由 $-33.3‰$ 变为 $-34.1‰$；磨溪13—磨溪102区块灯四段，$\delta^{13}C_1$ 值由 $-32.9‰$ 变为 $-33.7‰$；磨溪8—磨溪18区块灯四段，$\delta^{13}C_1$ 值由 $-32.8‰$ 变为 $-33.7‰$；高石梯地区高石120—高石18区块灯四段，$\delta^{13}C_1$ 值由 $-32.5‰$ 变为 $-32.8‰$；高石105—高石103区块灯四段，$\delta^{13}C_1$ 由 $-32.9‰$ 变为 $-33.4‰$。高石梯区块高石1井灯二段海拔浅于 $-5000m$，$\delta^{13}C_1$ 值为 $-32.3‰$，随海拔深度增加，$\delta^{13}C_1$ 值变为 $-33.6‰\sim-33.3‰$；磨溪主体至斜坡区，海拔由高往低，$\delta^{13}C_1$ 值的变化更为明显，主体部位为 $-33.9‰\sim-32‰$，低部位处的蓬探1井为 $-34.7‰$，更低处的中江2井为 $-35.1‰$。川中古隆起天然气 $\delta^{13}C_1$ 值这一分布格局不符合正常的埋深越大（成熟度越高），$\delta^{13}C_1$ 值越重的规律，这可能与不同部位捕获不同阶段裂解气的比例有关。若圈闭中捕获早期裂解气的比例越大，$\delta^{13}C_1$ 值越轻；相反，捕获晚期裂解气的比例越大，$\delta^{13}C_1$ 值越重。实际上，对一个圈闭而言，在上覆盖层保存良好的条件下，随着古油藏裂解的不断进行和气体体积的膨胀，尚未裂解

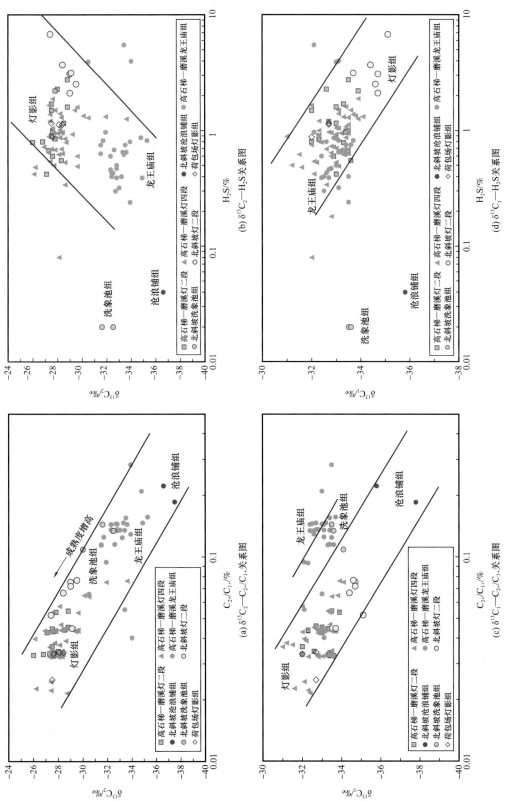

图 8-2-8　四川盆地天然气甲烷、乙烷碳同位素与湿度系数和硫化氢含量关系图

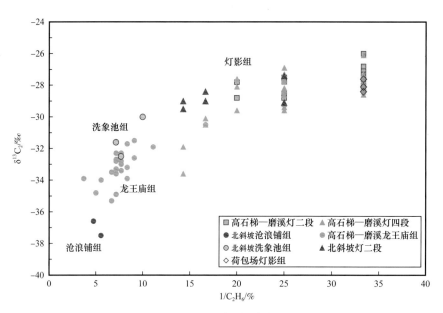

图 8-2-9 四川盆地天然气乙烷碳同位素与乙烷含量倒数关系图

的原油及相对早期裂解的湿气将从圈闭溢出点溢出，直至裂解结束，裂解气充满整个圈闭。研究区裂解气的形成模式与 Tian 等（2008）提出的川东北三叠系碳酸盐岩原油裂解气原位聚集模式具有相似性。总体而言，安岳气田捕获的主要是晚期阶段的裂解气，与魏国齐等（2014a）通过同位素动力学模拟认为其主要捕获 195—65Ma 裂解气的认识基本一致，北斜坡区则是捕获了相对较多的早期阶段裂解气。

2. 天然气氢同位素

天然气甲烷氢同位素（$\delta^2H_{CH_4}$）值不但受烃源岩热演化程度和有机质类型影响，而且也受沉积环境的水介质盐度制约。一般情况是 $\delta^2H_{CH_4}$ 值随母源成熟度增高和水介质盐度增大而变重（Schoell，1980；Xie et al.，2017；Ni et al.，2019；黄士鹏等，2019）。北斜坡区角探 1 井、充探 1 井沧浪铺组紧邻下伏筇竹寺组烃源岩，其天然气是源于筇竹寺组烃源岩的典型代表，$\delta^2H_{CH_4}$ 为 -134‰～-133‰；蓬探 1 井、中江 2 井灯二段天然气 $\delta^2H_{CH_4}$ 值为 -144‰～-137‰，比沧浪铺组的轻；洗象池组天然气 $\delta^2H_{CH_4}$ 值为 -135‰～-126‰，明显偏重。荷包场地区灯二段、灯四段天然气 $\delta^2H_{CH_4}$ 值为 -148‰～-146‰，均值为 -147‰。安岳气田灯二段、灯四段天然气成熟度高于龙王庙组，但 $\delta^2H_{CH_4}$ 值却比龙王庙组的轻，灯二段 $\delta^2H_{CH_4}$ 值为 -152‰～-136‰，均值为 -145‰；灯四段 $\delta^2H_{CH_4}$ 值为 -158‰～-135‰，均值为 -142‰；龙王庙组 $\delta^2H_{CH_4}$ 值为 -138‰～-132‰，均值为 -134‰（图 8-2-10）。总体上，随产层时代变新，$\delta^2H_{CH_4}$ 变重。安岳气田灯影组、龙王庙组天然气 $\delta^2H_{CH_4}$ 的这种分布规律，He 等（2019）认为是在高演化阶段水参与反应导致 $\delta^2H_{CH_4}$ 变轻。尽管实验结果表明水直接参与了天然气的生成（Lewan et al.，2011），并且水与烃源岩发生了氢交换，进而影响了所生成天然气的 δ^2H（He et al.，2019；

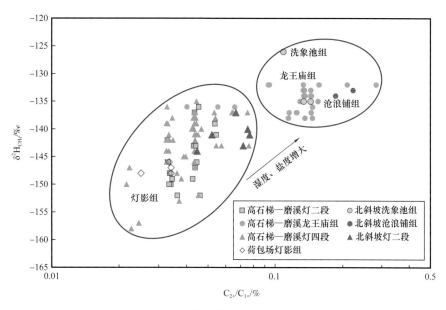

图 8-2-10　四川盆地天然气甲烷氢同位素与湿度系数关系图

Schimmelmann et al.，2001；Wang et al.，2015；Gao et al.，2014）。但是这种反应在自然条件下，速度极慢，在温度超过200~240℃的上亿年时间内，$\delta^2H_{CH_4}$值几乎没有发生变化（Schimmelmann et al.，2001；Schoell，1984），所以天然气在生成之后，其与水体的δ^2H组成交换可以被忽略（Mastalerz et al.，2002；Li et al.，2002）。因此，烃源岩沉积时的古水体盐度应是控制研究区δ^2H的关键因素。

不同学者采用多种方法对扬子地区南华系大塘坡组—志留系龙马溪组烃源岩古水体盐度进行了研究（陶树等，2009；夏威等，2015；郑海峰等，2019；章乐彤，2019），结果表明，下寒武统筇竹寺组（牛蹄塘组）的古水介质盐度属于咸水—半咸水（夏威等，2015），是新元古界—下古生界烃源岩中古盐度最高的，大塘坡组古水介质盐度整体为中—低盐度（郑海峰等，2019）。受晚奥陶世阿什及尔期（五峰组沉积期）—早兰多维列世（龙马溪组沉积期）的南极冰盖，以及上扬子地区三面为古陆的半封闭陆表海盆影响，五峰组—龙马溪组沉积期上扬子海处于古赤道附近的低纬度区，大量的雨水降落及河流淡水注入使得海水强烈淡化，导致龙马溪组烃源岩盐度由于全球冰川融化原因低于筇竹寺组（陶树等，2009；章乐彤，2019）。笔者利用施振生等（2012）通过黏土矿物中硼、钾元素含量确定古盐度大小的方法，得到四川盆地及周缘大塘坡组、陡山沱组、灯三段、筇竹寺组及龙马溪组烃源岩的古盐度分别为6.9‰~17.0‰、4.4‰~17.3‰、4.5‰~10.3‰、5.7‰~44.2‰和7.2‰~22.7‰，各层系古水介质盐度平均值属筇竹寺组的最高（图8-2-11），与文献的研究结果比较吻合。

北斜坡区角探1井沧浪铺组直接覆盖于筇竹寺组烃源岩之上，其天然气来自筇竹寺组烃源岩的可能性最大，高石梯—磨溪地区龙王庙组天然气也被认为主要来自筇竹寺组烃源岩（郑平等，2014；邹才能等，2014；徐春春等，2014；魏国齐等，2015a；杨跃明等，2019c）。因此，可以将沧浪铺组与龙王庙组天然气作为寒武系筇竹寺组烃源岩的主要参照系，其 $\delta^2H_{CH_4}$ 值（-138‰～-132‰，均值为 -134‰）可作为筇竹寺组烃源岩的特征值。由于德阳—安岳古裂陷内筇竹寺组烃源岩生成的油气可侧向进入震旦系灯影组储层。因此，震旦系天然气 $\delta^2H_{CH_4}$ 值如果与沧浪铺组、龙王庙组的天然气一致，就可以判定天然气主要来自寒武系，否则就是混源。以灯二段天然气为例，在德阳—安岳古裂陷生烃中心部位（谢增业等，2020a）的中江 2 井和蓬探 1 井天然气的 $\delta^2H_{CH_4}$ 分别为 -141‰和 -140‰。向台地方向，磨溪地区从磨溪 9 井向东至磨溪 8 井、磨溪 17 井和磨溪 11 井，$\delta^2H_{CH_4}$ 由 -141‰变为 -147‰、-146‰和 -150‰；高石梯地区由高石 1 井向高石 11 井、高石 135 井方向，$\delta^2H_{CH_4}$ 由 -137‰变为 -146‰和 -150‰（图 8-2-12a）。灯四段由台缘向台内方向，$\delta^2H_{CH_4}$ 也有逐渐变轻趋势（图 8-2-12b）。$\delta^2H_{CH_4}$ 的这一变化特征说明，靠近古裂陷内和古裂陷生烃中心，震旦系储层（包括灯二段和灯四段）接受寒武系气源贡献的概率较大，故 $\delta^2H_{CH_4}$ 相对较重。随着远离寒武纪古裂陷内，向着台地方向，灯影组烃源岩的贡献比例明显增加，$\delta^2H_{CH_4}$ 变轻。总之，筇竹寺组烃源岩贡献大的区域，$\delta^2H_{CH_4}$ 较重。相反，震旦系烃源岩贡献大的区域，$\delta^2H_{CH_4}$ 较轻。

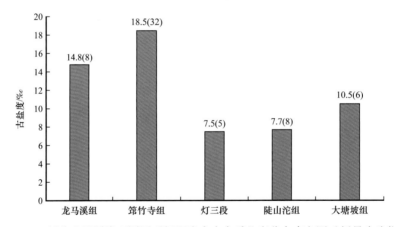

图 8-2-11　四川盆地及周缘不同层系烃源岩古水介质盐度分布直方图（括号内为样品数）

由于天然气 $\delta^2H_{CH_4}$ 可反映烃源岩沉积时的古水体介质盐度，因此，可根据震旦系、寒武系天然气 $\delta^2H_{CH_4}$ 的变化来揭示出不同烃源岩贡献比例（赵文智等，2021）。计算方法是震旦系烃源岩对某样品的贡献比例等于寒武系天然气 $\delta^2H_{CH_4}$ 端元值减样品 $\delta^2H_{CH_4}$ 之差除以寒武系与震旦系天然气 $\delta^2H_{CH_4}$ 端元值差值。计算贡献比例时，端元值的选择很重要。沧浪铺组天然气是源于筇竹寺组烃源岩的典型代表，其 $\delta^2H_{CH_4}$ 值为 -134‰～-133‰；龙王庙组天然气也是源于筇竹寺组烃源岩，$\delta^2H_{CH_4}$ 值为 -138‰～-132‰，均值为 -134‰。综合考虑，取 -133‰作为筇竹寺组来源的端元值，$\delta^2H_{CH_4}$ 重于 -133‰的天然气按 100%源于筇竹寺组计算。灯影组天然气 $\delta^2H_{CH_4}$ 为 -158‰～-135‰，因仅有两个样品的 $\delta^2H_{CH_4}$ 值轻于 -153‰，因此，选取 -153‰作为震旦系来源的端元值，$\delta^2H_{CH_4}$ 轻于 -153‰的天然气按 100%源于震旦系计算。震旦系烃源岩对灯影组气藏的贡献比例估算结果如图 8-2-13 所示。

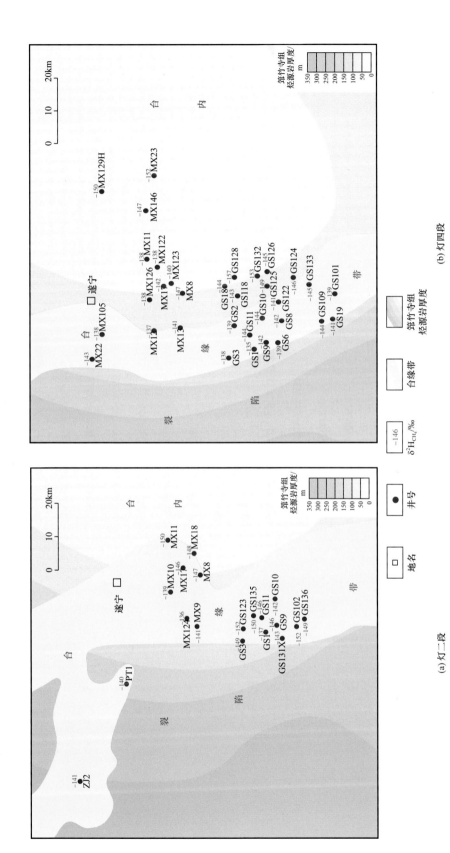

(a) 灯二段

(b) 灯四段

图 8-2-12 川中古隆起震旦系灯影组天然气 $\delta^2 H_{CH_4}$ 分布图

GS—高石；MX—磨溪；PT—蓬探；ZJ—中江

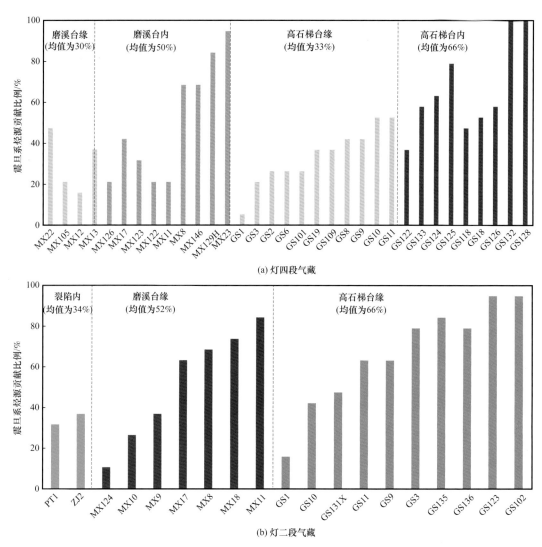

(a) 灯四段气藏

(b) 灯二段气藏

图 8-2-13　川中古隆起震旦系烃源岩对灯四段和灯二段气藏贡献比例图
GS—高石；MX—磨溪；PT—蓬探；ZJ—中江

台缘带灯四段气藏，磨溪地区震旦系烃源岩对气藏的贡献比例为 21%～47%，均值为 30%；高石梯地区震旦系烃源岩对气藏的贡献比例为 5%～53%，均值为 33%。台内灯四段气藏，磨溪地区震旦系烃源岩对气藏的贡献比例为 21%～95%，均值为 50%；高石梯地区震旦系烃源岩对气藏的贡献比例为 37%～100%，均值为 66%。

对于灯二段气藏，裂陷内震旦系烃源岩对气藏的贡献比例为 32%～37%，均值为 34%；磨溪台缘带震旦系烃源岩对气藏的贡献比例为 11%～84%，均值为 52%；高石梯台缘带震旦系烃源岩对气藏的贡献比例为 16%～95%，均值为 66%。

因此，从均值来看，震旦系烃源岩对灯影组气藏的贡献比例约占 30%～70%。

除了利用天然气 $\delta^2 H_{CH_4}$ 方法，也应用稀有气体 ^{40}Ar 的丰度估算了烃源岩年龄。壳源天然气中氦、氩主要源于沉积岩中铀、钍和钾的放射性成因（沈平等，1995）。氦、氩同位素组成与烃源岩时代和元素丰度有关，可反映烃源岩年代的累积效应，即随着烃源岩时代变老，天然气中 $^{40}Ar/^{36}Ar$ 比值增大，而 $^{3}He/^{4}He$ 比值减小。地壳中的 ^{40}Ar 的产生主要来自 ^{40}K 的衰变，天然气中 ^{40}Ar 与岩石中矿物钾的含量、烃源岩时代呈正相关关系。烃源岩时代愈老，烃源岩 ^{40}K 含量越高，则岩石中 ^{40}K 形成放射性成因 ^{40}Ar 越多；反之，则越少。根据这一原理，测得高石梯—磨溪地区龙王庙组、灯四段和灯二段天然气中 ^{40}Ar 丰度值分别为（18.2～64.9）× 10^{-6}、（38.6～104.3）× 10^{-6} 和（151.1～320.7）× 10^{-6}，估算的烃源岩年龄分别为 516～549Ma、530～576Ma 和 584～774Ma，表明龙王庙组天然气主要来自寒武系烃源岩，灯四段天然气源于震旦系和寒武系烃源岩，灯二段天然气主要来自震旦系烃源岩。

上述两种方法得到的结论比较吻合，即源于寒武系烃源岩的天然气 $\delta^{2}H_{CH_4}$ 重、年龄小；源于震旦系烃源岩的天然气 $\delta^{2}H_{CH_4}$ 轻、年龄大（图 8-2-14）。

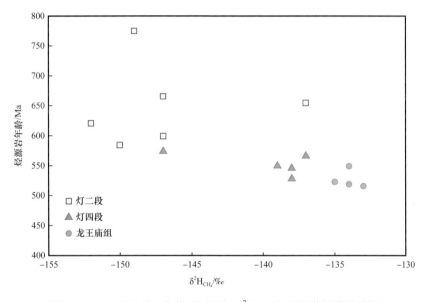

图 8-2-14　震旦系—寒武系天然气 $\delta^{2}H_{CH_4}$ 与烃源岩年龄关系图

从上述碳、氢同位素数据可以看出，川中古隆起不同区域、不同层段天然气 $\delta^{13}C$ 值和 $\delta^{2}H_{CH_4}$ 值呈规律性分布。图 8-2-15 的横坐标轴 $\delta^{2}H_{CH_4}$ 值主要反映天然气母源的古水体介质盐度，纵坐标轴 $\Delta^{13}C_{2-1}$ 值（$\delta^{13}C_2$ 与 $\delta^{13}C_1$ 的差值）反映了两方面问题：一是对于腐泥型母质，随演化程度增高，$\Delta^{13}C_{2-1}$ 值逐渐增大，因为在极高演化阶段时，$\delta^{13}C_2$ 变重的幅度明显大于 $\delta^{13}C_1$（李友川等，2016；王铜山等，2008），导致 $\Delta^{13}C_{2-1}$ 值增大；二是对于腐殖型母质，其原生天然气的 $\delta^{13}C_2$ 值重，$\Delta^{13}C_{2-1}$ 值较大。根据各烃源岩贡献比例相对大小，可将图 8-2-15 天然气样点划分为 6 个区：I_1 区源于筇竹寺组烃源岩，北斜坡沧浪铺组天然气属于此类；I_2 区以筇竹寺组烃源岩贡献为主，同时震旦系或中二叠统烃源岩有较大贡献，北斜坡灯二段、南充 1 井洗象池组天然气属于此类；II_1 区以筇竹寺组烃源岩贡献为主，有少量震旦系烃源岩贡献；II_2 区以震旦系烃源岩贡献为主，有筇竹寺组烃源岩贡献；Ⅲ₁区以筇竹寺组烃源岩贡献为主，有少量中二叠统烃源岩贡献；Ⅲ₂区以中二叠统烃源岩贡献为主，有少量筇竹寺组烃源岩贡献，北斜坡立探1井洗象池组天然气属于此类。首次提出Ⅲ₂区的立探1井洗象池组天然气主要源于中二叠统烃源岩，主要基于两方面因素：（1）源于中二叠统烃源岩的天然气$\delta^2H_{CH_4}$值相对较重，$\delta^{13}C_2$值为$-29.8‰$，与中二叠统栖霞组—茅口组天然气相似（谢增业等，2020a，2021b）；（2）立探1井区缺失奥陶系（李文正等，2020），中二叠统梁山组腐殖型烃源岩直接覆盖在洗象池组之上，为上生下储式聚集成藏奠定了良好地质条件。

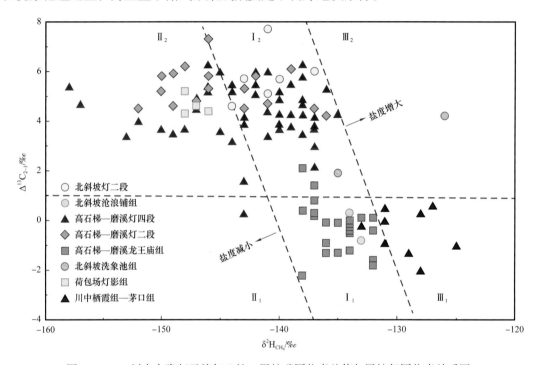

图8-2-15　川中古隆起天然气乙烷、甲烷碳同位素差值与甲烷氢同位素关系图

受气藏间致密带封隔影响，不同成藏组合之间的天然气地球化学特征存在差异。以灯影组为例，自北斜坡中江、蓬莱往南至磨溪、高石梯、荷包场地区，天然气$\delta^{13}C$值变重、$\delta^2H_{CH_4}$值变轻；安岳气田磨溪地区向东至龙女寺地区、高石梯地区由古裂陷边缘向台地内，天然气$\delta^{13}C$值变重、$\delta^2H_{CH_4}$值变轻。这说明台内油气并非完全由古裂陷生烃中心向台内方向长距离运移聚集而成，而是有台内就近烃源岩的贡献，如灯影组沉积期处于低洼区域的龙女寺地区，天然气$\delta^{13}C$值重、$\delta^2H_{CH_4}$值轻，预示其可能存在比筇竹寺组烃源岩成熟度更高、古水体介质盐度更低的烃源岩贡献。

三、天然气轻烃组成特征

四川盆地震旦系—寒武系天然气已处于过成熟的干气生成阶段，其轻烃组成呈现出以甲基环己烷等环烷烃为主的现象，但这并非表明其母质类型以腐殖型为主，而是其作为原油裂解气的重要特征之一。天然气轻烃组成特征已在第六章进行了详述，在此不再赘述。

第三节 天然气成藏过程与模式

气藏形成经历了古油藏—古气藏—调整定型的演化过程，灯影组气藏压力系数由超压演化为常压，沧浪铺组、龙王庙组和洗象池组气藏为持续超压。本节建立了古隆起核部原油裂解气原位聚集模式和古隆起斜坡区大型岩性气藏成藏模式。

一、油气充注与成藏期次

油气成藏过程是成藏动力系统中，油气在多种成藏要素综合配置下经过运移聚集，并最终在圈闭中聚集形成具工业规模的油气藏的过程。成藏期确定的方法主要包括烃类流体主要形成期分析法、储层流体包裹体测温法和同位素动力学研究方法等，结果表明，安岳气田震旦系—寒武系气藏捕获的天然气主要是距今195Ma以来生成的。

1. 烃类流体主要形成期分析法

四川盆地发育震旦系、寒武系等多套优质烃源岩，这些烃源岩对高石梯—磨溪地区震旦系灯影组、寒武系龙王庙组均有不同程度的贡献。

烃源岩热演化史研究结果表明，高石梯—磨溪地区震旦系烃源岩开始生烃期为中—晚寒武世，志留纪末期的构造抬升，使得烃源岩的演化处于停止状态，并持续到石炭纪末期，这一阶段烃源岩一直处于生油窗阶段；从二叠纪开始，烃源岩再次深埋，并进一步熟化生成原油和湿气，因此原油保持期基本在晚三叠世之前；从晚三叠世开始，地层温度大于160℃，原油开始发生裂解（图8-1-5）。寒武系烃源岩开始生烃期为志留纪，大量生油的时期主要为二叠纪—三叠纪，早侏罗世开始进入湿气生成期，原油开始裂解的时期主要在中侏罗世以后。由于高石梯—磨溪地区灯影组、龙王庙组的天然气主要为裂解气，因此，从古油藏原油或液态烃发生裂解的时期来看，天然气的成藏时期最早应该在晚三叠世以后。

2. 储层流体包裹体测温法

流体包裹体是研究油气充注史的一种常用方法。基于流体包裹体的检测结果，结合研究区构造演化、沉积埋藏史及烃源岩生烃演化史等分析了油气充注史。所测包裹体为溶蚀孔洞缝或裂缝中充填的以白云石、自生石英和方解石为宿主矿物的原生包裹体。

安岳气田龙王庙组、灯影组与烃类伴生的盐水包裹体均一温度分布范围宽，为81～253℃，主峰值为120～180℃，其阶段性不明显；其中，龙王庙组整体上以100～180℃为主，小于100℃和大于180℃的占比相对低（图8-3-1a）；灯影组主体也是以120～180℃为主（图8-3-1b、c），在灯二段石英矿物中检测出较多大于180℃的包裹体。结合研究区沉积埋藏史及烃源岩生烃演化史，认为二叠纪—白垩纪是川中古隆起油气充注的主要时期，而且具有多期次、"准连续"充注的特点。以灯影组为例（图8-1-5），志留纪，震旦系烃源岩已进入生油期，筇竹寺组烃源岩处于低成熟阶段；二叠系沉积前，由于构造抬升作用，生烃过程停止；二叠纪—三叠纪，震旦系、寒武系烃源岩处于生油高峰阶段，此阶段主要在白云石及石英矿物中捕获均一温度介于80～160℃的包裹体；

早—中侏罗世，烃源岩处于成熟—高成熟的湿气生成阶段，白云石及石英矿物中包裹体均一温度介于160～180℃；晚侏罗世—白垩纪，烃源岩进入干气生成阶段，白云石和石英矿物中包裹体均一温度大于180℃，尤其以石英矿物中捕获的包裹体为主；白垩纪末期以来，构造抬升，处于古气藏调整定型阶段。

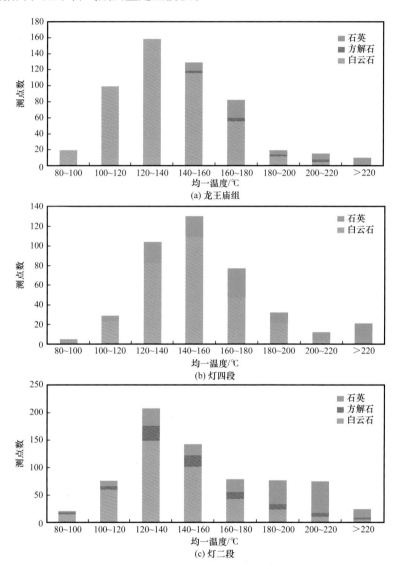

图8-3-1　安岳气田龙王庙组和灯影组储层流体包裹体均一温度频率分布直方图

以北斜坡地区蓬探1井灯二段流体包裹体为例，所测包裹体为溶蚀孔洞缝或裂缝中充填的以白云石和自生石英为宿主矿物的原生包裹体。所有包裹体均无色，大小不一，直径以30～60μm居多；气液比主要为5%～15%；包裹体形状包括方形、三角形、圆形、椭圆形及不规则形等。根据包裹体宿主矿物成岩序列（图8-3-2a）、均一温度频率分布直方图（图8-3-2b）及沉积埋藏史（图8-3-2c），表明自二叠纪开始，北斜坡地区灯影组油气充注具有多阶段、"准连续"充注的特点。志留纪，震旦系烃源岩已进入生油期，筇竹寺组烃源岩处于未成熟阶段，此阶段主要在Ⅰ期白云石中捕获均一温度小于

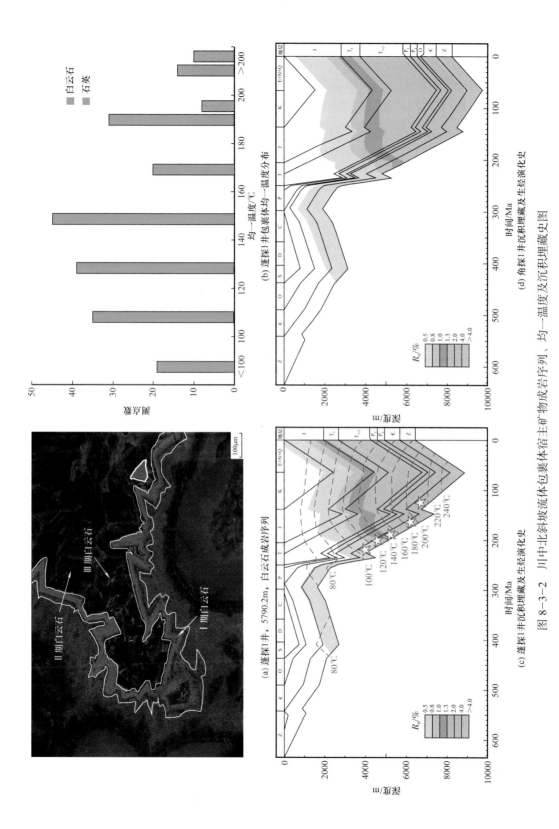

(a) 蓬探1井，5790.2m，白云石成岩序列

(b) 蓬探1井包裹体均一温度分布

(c) 蓬探1井沉积埋藏及生烃演化史

(d) 角探1井沉积埋藏及沉积埋藏史图

图8-3-2　川中北斜坡流体包裹体宿主矿物成岩序列、均一温度及沉积埋藏史

100℃的包裹体；二叠系沉积前，由于构造抬升作用，生烃过程停止；二叠纪—三叠纪，震旦系—寒武系烃源岩处于生油高峰阶段，此阶段主要在Ⅰ期白云石及少量Ⅱ期白云石中捕获均一温度为100～140℃的包裹体；早—中侏罗世，烃源岩处于高成熟的湿气生成阶段，此阶段主要在Ⅱ期白云石中捕获均一温度为140～180℃的包裹体；晚侏罗世—白垩纪，烃源岩进入干气生成阶段，此阶段主要在Ⅲ期白云石和石英中捕获均一温度大于180℃的包裹体；白垩纪末期以来，构造抬升，处于古气藏调整定型阶段。角探1井灯四段虽未钻井取心，无包裹体测试数据，但从埋藏史及生烃史模拟结果分析，其所在区域烃源岩生烃演化比蓬探1井处略早（图8-3-2d），油气充注时期也相应早些。

3. 同位素动力学方法

天然气碳同位素动力学是20世纪90年代中期以来兴起的一门天然气地球化学技术，可对天然气藏的成藏期进行有效确定。魏国齐等（2014a）利用该方法，对川中古隆起11口井进行了原油裂解成气及其碳同位素分馏的化学动力学应用，其中高石梯地区5口（灯影组）、磨溪地区4口（龙王庙组和灯影组）、资阳地区1口及威远地区1口，其结果见表8-3-1。总体而言，高石梯—磨溪地区灯影组、龙王庙组气藏主要聚集了195—65Ma裂解生成的天然气，捕获的天然气量仅占总裂解气量的60.0%～83.1%。威远地区灯影组气藏捕获的天然气为125—65Ma裂解生成的天然气，占总生气量的51%。资阳地区灯影组气藏捕获的天然气为230—65Ma裂解生成的天然气，占总生气量的80%。

表8-3-1　高石梯—磨溪、威远—资阳地区同位素动力学模拟结果数据表（据魏国齐等，2014a，修改）

井号（产层）	原油裂解成气时间	现今成气转化率／%	最高古地温／℃	甲烷碳同位素／‰	捕获阶段	成藏效率／%
高石1（灯影组）	须家河组沉积末期—白垩纪末期	97.2	266	-32.40	188—65Ma	74.4
高石3（灯影组）	须家河组沉积末期—白垩纪末期	97.6	271	-32.90	194—65Ma	78.0
高石6（灯影组）	须家河组沉积末期—白垩纪末期	97.2	267	-32.70	190—65Ma	76.6
高石2（灯影组）	须家河组沉积末期—白垩纪末期	97.5	271	-33.10	193—65Ma	76.0
高科1（灯影组）	须家河组沉积末期—白垩纪末期	95.9	250	-32.43	188—65Ma	73.2
磨溪12（灯影组）	须家河组沉积末期—白垩纪末期	97.6	272	-33.10	193—65Ma	75.3
磨溪12（龙王庙组）	早侏罗世初期—白垩纪末期	92.8	248	-33.40	182—65Ma	60.0
磨溪16（龙王庙组）	早侏罗世初期—白垩纪末期	94.5	252	-32.50	186—65Ma	68.1

井号（产层）	原油裂解成气时间	现今成气转化率/%	最高古地温/℃	甲烷碳同位素/‰	捕获阶段	成藏效率/%
磨溪8（灯影组）	须家河组沉积末期—白垩纪末期	97.5	270.3	−32.60	191—65Ma	75.8
磨溪8（龙王庙组）	早侏罗世初期—白垩纪末期	92.7	247.3	−32.75	180—65Ma	65.2
磨溪9（灯影组）	须家河组沉积末期—白垩纪末期	97.4	269.8	−33.50	195—65Ma	83.1
磨溪9（龙王庙组）	早侏罗世初期—白垩纪末期	92.0	245.6	−32.80	178—65Ma	60.9
资阳1（灯影组）	须家河组沉积初期—白垩纪末期	99.6	286	−37.10	230—65Ma	80.0
威117（灯影组）	须家河组沉积初期—白垩纪末期	91.6	233	−32.19	125—65Ma	51.0

二、天然气成藏演化模式

根据川中古隆起不同构造部位的特点，建立了古隆起核部安岳气田古油藏裂解气原位聚集演化模式和古隆起北斜坡岩性气藏形成演化模式。

1. 安岳气田震旦系—寒武系天然气成藏演化模式

烃类流体主要形成期分析法、储层流体包裹体测温法和同位素动力学方法从不同角度探讨了高石梯—磨溪地区油气大致的成藏时期，基本上可划分为三个阶段：一是原油生成阶段，包括奥陶纪—志留纪的初次生油阶段和二叠纪—中三叠世的再次生油阶段；二是原油发生裂解的阶段，主要时期是晚三叠世—白垩纪；三是气藏的调整与定型阶段，主要时期是喜马拉雅期。

奥陶纪末期，高石梯—磨溪地区灯影组烃源岩开始进入低成熟演化阶段，乐山—龙女寺古隆起斜坡及坳陷部位的烃源岩则进入成熟阶段，生成的液态烃从坳陷和斜坡带向构造高部位运移，在古隆起顶部形成古油藏。

志留纪末期，受加里东期构造运动抬升、剥蚀作用影响，震旦系烃源岩埋藏变浅，中止了第一期成烃作用；高石梯—磨溪地区寒武系烃源岩此时刚进入生烃门限。这种成熟状况一直持续到二叠系沉积前。

早二叠世后，经过东吴运动和印支运动，中生代以来，川西地区由早古生代的隆起转为坳陷，川东南地区由早古生代的坳陷转为隆起，川中地区由龙女寺北—遂宁—资阳北—雅安至龙女寺—安岳及威远—老龙坝一带，震旦系—下古生界构造轴线由北东—南西向往南东方向偏移，形成现今的区域性隆起带。随埋深快速加大，晚二叠世时震旦系灯影组烃源岩进入二次生烃期，下寒武统筇竹寺组烃源岩也进入生烃期。震旦系烃源岩生成的油气就近运移至灯二段及灯四段岩溶储层中，在构造高部位聚集成藏，筇竹寺组烃源岩在三叠纪—中侏罗世进入主要生烃期（中侏罗世 R_o 值为 1.7%），生成的烃类一部分向上运移至龙王庙组聚集成藏，另一部分则通过侧向进入灯影组岩溶风化壳储层中聚集形成古油藏（图 8-3-3）。

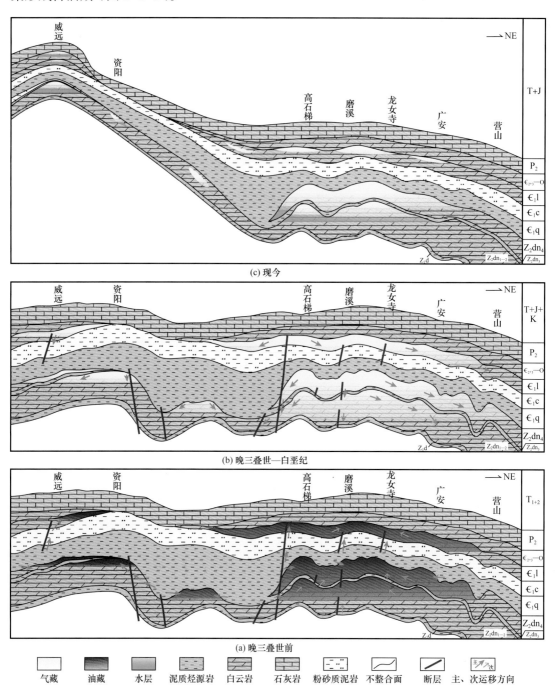

图 8-3-3　威远—高石梯—磨溪地区震旦系—寒武系龙王庙组气藏形成演化剖面图

晚三叠世开始，随着地层的深埋，地温升高，促使已形成古油藏或分散液态烃开始发生裂解。晚侏罗世—白垩纪，烃源岩埋深超过5000m，处于生气高峰期（筇竹寺组烃源岩R_o值晚侏罗世为1.9%、白垩纪末期为3.1%）。至中生代后期，乐山—龙女寺古隆起区既有烃源岩在生气高峰期生成的气态烃，又有古油气藏的液态烃热裂解形成的气态烃。至白垩纪末期，古油藏原油或分散液态烃已基本裂解完毕。储层中赋存的大量沥青是液态烃热裂解的残余物，灯影组沥青含量普遍较高，其含量从坳陷、斜坡带到古隆起顶部逐渐升高，可作为古油气藏的液态烃经历热裂解过程的佐证；龙王庙组储层沥青含量从古隆起斜坡部位向古隆起顶部的高石梯—磨溪地区同样表现出逐渐增高的趋势（图7-2-18、图7-2-19）。

喜马拉雅期，高石梯—磨溪地区继承性沉降，古气藏原地聚集，保存条件良好，并最终定型（图8-3-3）。

2. 川中北斜坡震旦系—寒武系天然气成藏演化模式

与川中古隆起核部类似，北斜坡天然气藏的形成同样经历了古油藏、古气藏的演化阶段，如蓬莱—中江地区的震旦系灯二段气藏，蓬探1井、中江2井等灯二段台缘丘滩体经岩溶作用后形成溶蚀孔洞型储层。加里东构造运动前，震旦系烃源岩生成的液态烃类通过断裂输导运移至储层中，受构造抬升影响，至二叠系沉积前，震旦系烃源岩一直处于生油阶段（图8-3-4a）。三叠系沉积前，除震旦系烃源岩外，紧邻灯二段的筇竹寺组底部优质烃源岩生成的液态烃类通过侧向运移聚集到灯二段储层中，形成上、下双源供烃成藏的局面，并在上覆筇竹寺组泥岩良好盖层和单斜背景上倾方向滩间致密层的联合封堵下，形成大型岩性油藏（图8-3-4b）。侏罗系沉积前，烃源岩处于高成熟的湿气生成阶段，以聚集轻质原油和湿气为主（图8-3-4c）。晚侏罗世—白垩纪，储层中聚集的液态烃大规模裂解成气，以及C_{2+}重烃气体的进一步裂解，现今气藏中保存了古油藏原油早期—晚期裂解的累积气（图8-3-4d）。

川中北斜坡沧浪铺组气藏也具有同样特征。沧浪铺组直接上覆于筇竹寺组烃源岩之上，其天然气可视为源于筇竹寺组烃源岩的下生上储成藏模式的代表，断裂或裂缝是重要的输导通道。沧浪铺组沉积期在剑阁—泸州台内洼地东侧发育的洼陷边缘滩体为规模有效储层的形成奠定了基础，滩间低能相带沉积的致密岩层则是良好的封隔层，规模储集体与致密层的空间配置构成大型岩性圈闭条件。在二叠系沉积前，震旦系烃源岩进入生油期（图8-3-4e）；三叠系沉积前，震旦系、筇竹寺组烃源岩均主要处于生油阶段，沧浪铺组、灯影组均以聚集原油为主（图8-3-4f）；侏罗系沉积前，烃源岩处于高成熟的湿气生成阶段，以聚集轻质原油和湿气为主（图8-3-4g）；晚侏罗世—白垩纪，储层中聚集的液态烃大规模裂解成气以及C_{2+}重烃气体的进一步裂解，现今气藏中保存了古油藏原油早期—晚期裂解的累积气（图8-3-4h）。

洗象池组气藏成藏演化除在奥陶系缺失区域有中二叠统烃源岩的侧向供烃外，其他区域的成藏特征与沧浪铺组基本相同。

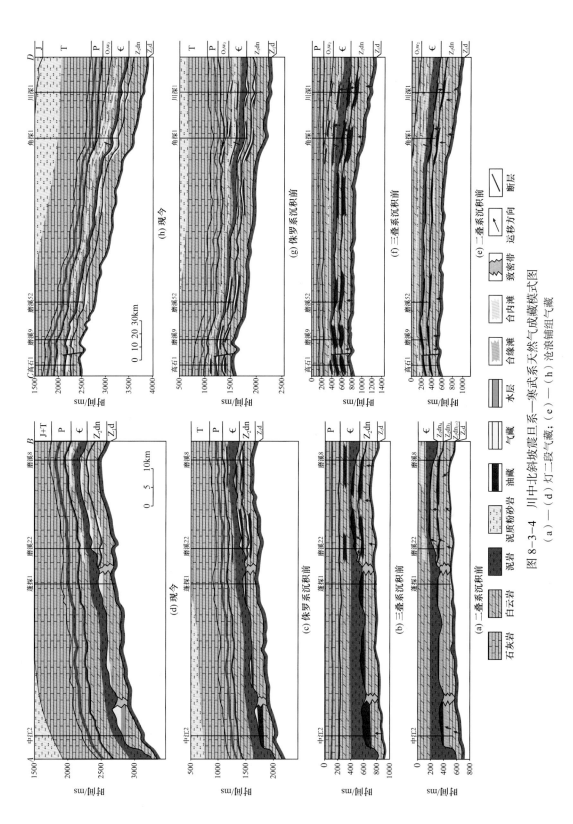

图 8-3-4 川中北斜坡震旦系—寒武系天然气成藏模式图

（a）—（d）灯二段气藏；（e）—（h）沧浪铺组气藏

第四节　天然气藏类型与成藏主控因素

四川盆地震旦系—寒武系天然气产层包括震旦系灯二段、灯四段和寒武系沧浪铺组、龙王庙组、洗象池组，气藏类型包括构造—岩性、岩性—地层、岩性及构造气藏等。规模优质储层的发育及圈闭有效性控制天然气规模成藏及高产富集。

一、天然气藏类型与特征

1. 气藏圈闭类型

四川盆地震旦系—寒武系发育构造、构造—岩性、构造—地层、地层—岩性及岩性等多种类型圈闭。安岳气田龙王庙组—灯影组底面构造格局在乐山—龙女寺古隆起背景上表现为北东东向大型鼻状隆起，由西向北东倾伏，呈多排、多高点的复式构造特征。不同层系气藏的圈闭特征与气藏类型存在差异。

川中地区龙王庙组顶面构造总体表现为西高东低、南陡北缓的低缓构造特征（图8-4-1），构造轴向为北东东向，主要发育南、北两个构造圈闭，南部是高石梯构造

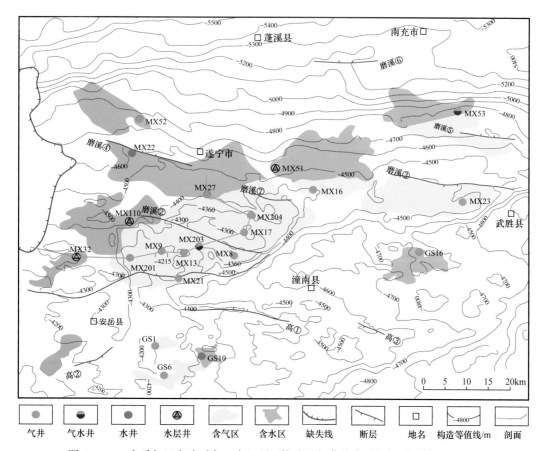

图 8-4-1　安岳气田寒武系龙王庙组顶面构造及气藏分布（据杨跃明等，2019c）

圈闭，北部是磨溪构造圈闭，其圈闭要素见表8-4-1。从实钻结果来看，龙王庙组发育多个构造—岩性气藏（图8-4-1）。位于构造高部位的磨溪、龙女寺和高石梯3个区块为富气区，以含气为主，主要受岩性分隔，发育磨溪构造主体（磨溪8井、磨溪9井）、磨溪16井、龙女寺构造主体（磨溪23井）和高石梯构造主体高石6井等多个气藏。磨溪构造主体气藏西部龙王庙组部分剥蚀，储层连片发育、连通性好，气藏西部受地层剥蚀和岩相变化控制，为岩性边界，低部位含水；气藏东部与磨溪16井之间、磨溪16井与龙女寺气藏之间均发育岩性致密带，分隔气藏；气藏北部储层较为发育，总体为单斜，向北构造逐渐降低，低部位发育边水，气水界面海拔为 −4385m；气藏南部以磨溪①号断层为界，与磨溪21井分隔为两个不同压力系统的气藏。磨溪构造主体外围的斜坡区气水关系相对复杂，目前发现受断层和岩性共同控制发育3个独立的构造—岩性气藏，分别为磨溪以北的磨溪52井，龙女寺以北的磨溪53井和以南的高石16井，北斜坡低部位发育边水，气水界面海拔为 −4385m；气藏南部以磨溪①号断层为界，与磨溪21井分隔为两个不同压力系统的气藏。因此，龙王庙组气藏气、水分布受储层和局部构造控制，气水界面复杂，主要属于构造—岩性气藏（图8-4-2a）。

表8-4-1 安岳气田震旦系—寒武系构造圈闭要素及气水界面数据表

| 层位 | 高石梯潜伏构造 | | | | 磨溪潜伏构造 | | | | | 气水界面海拔/m |
	高点海拔/m	最低圈闭线/m	闭合度/m	面积/km²	潜伏高点位置	高点海拔/m	最低圈闭线/m	闭合度/m	面积/km²	
龙王庙组	−4150	−4250	100	136.7	主潜伏高点	−4215	−4360	145	510.9	气水分布复杂，无统一的气水界面
					南断高	−4220	−4320	100	25.4	
灯四段	−4640	−4940	300	995	共圈	−4680	−4940	260	982	磨溪：−5243
灯二段	−4990	−5190	200	520	东潜伏高点	−5030	−5190	160	570	高石梯：−5159 磨溪：−5167
					西潜伏高点	−5030	−5190	160		

震旦系顶面构造图显示高石梯潜伏构造、磨溪潜伏构造与磨溪①号断层可以形成共圈，共圈的最低圈闭线为 −4940m，圈闭面积为1977km²。目前勘探证实，川中地区震旦系灯四段大面积含气，西部台缘带优质储层连片发育，为高产富气带，气藏的聚集分布主要受构造、地层控制。受德阳—安岳台内裂陷控制，灯四段台缘带地层残余厚度大，向裂陷区急剧减薄尖灭，台内裂陷内充填了下寒武统泥岩，对灯四段气层形成侧向地层遮挡（图8-4-2b）。磨溪地区北部磨溪52井、磨溪22井和磨溪111井具有统一的气水界面，海拔约为 −5237m。以海拔 −5230m构造线和磨溪—高石梯地区西部灯四段尖灭线形成巨型构造—地层圈闭（气藏群），圈闭内灯四段整体含气，有利含气面积约为7500km²（图8-4-3）。

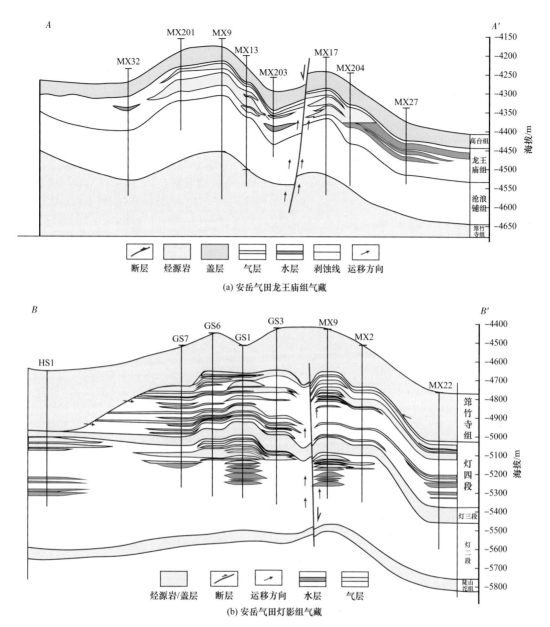

图 8-4-2　安岳气田龙王庙组、灯影组天然气藏剖面图

　　川中古隆起灯二段气藏受构造圈闭控制，为具有底水的构造圈闭气藏。灯二段顶界主要发育磨溪和高石梯两个潜伏构造，它们各自独立形成圈闭，圈闭要素见表 8-4-1。磨溪潜伏构造轴向为北东东向，主要由东潜伏高点和西潜伏高点组成，磨溪地区东、西潜伏高点在灯二段顶界形成共圈，高点海拔为 −5030m，构造最低圈闭线海拔为 −5190m，闭合度为 160m，闭合面积约为 570km²。高石梯潜伏构造轴向为南北向，灯二段顶界高点海拔为 −4990m，最低圈闭线海拔为 −5190m，闭合度为 200m，闭合面积约为 520km²（图 8-4-4）。川中地区灯二段储层大面积连片发育，多套储层相互叠置，上部含气，下部含水。磨溪、高石梯地区灯二段气藏在构造圈闭内各自具有统一的气水界面，磨溪地

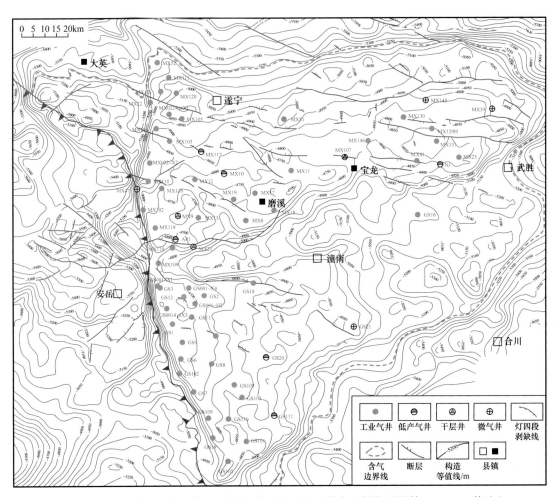

图 8-4-3　安岳气田震旦系灯四段顶面构造与含气区分布（据杨跃明等，2019c，修改）

区灯二段气藏气水界面海拔为 −5167m，构造最低圈闭线海拔为 −5170m；高石梯地区灯二段气藏气水界面海拔为 −5159m，构造最低圈闭线海拔为 −5160m。两个气藏气水界面海拔差异不大，均略大于构造圈闭，气藏充满度为 100%，主要属于受构造圈闭控制的构造圈闭气藏（图 8-4-2b）。

　　虽然北斜坡已发现气藏所在部位均发育一定的局部构造圈闭，但与安岳气田灯二段的构造气藏、灯四段的构造—地层气藏和龙王庙组的构造—岩性气藏相比，北斜坡震旦系—寒武系气藏主要属于单斜背景下的大型岩性圈闭气藏。如角探 1 井沧浪铺组构造圈闭面积为 62km²，构造幅度为 70m，受上倾方向的断裂、上覆沧浪铺组上段的泥岩及颗粒滩间致密岩性带封隔控制，形成单斜构造背景下的大型岩性圈闭气藏（乐宏等，2020；图 8-4-5a）。蓬探 1 井灯二段构造圈闭面积为 90km²，构造幅度为 200m，气柱高度为 230m，超过构造幅度，气藏含气面积达 145km²（赵路子等，2020），远超构造圈闭面积，气藏顶部、侧向均有筇竹寺组泥页岩优质盖层封堵，形成斜坡背景下的岩性圈闭气藏（图 8-4-5b）。角探 1 井灯四段顶面构造圈闭面积为 45.9km²，灯四段丘滩体面积为

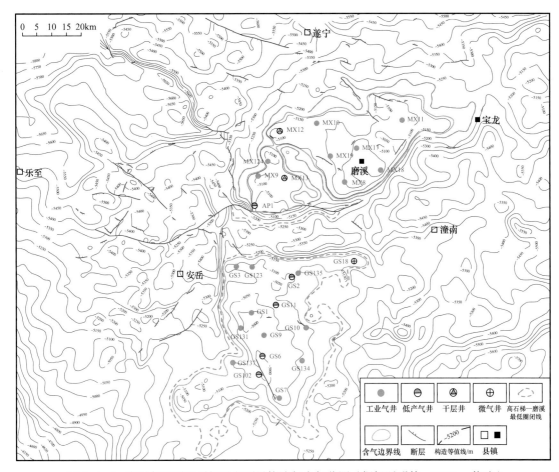

图 8-4-4　安岳气田震旦系灯二段顶界构造与含气范围（据杨跃明等，2019c，修改）

420km²，斜坡背景下的滩体间发育岩性致密带，滩体与致密带的空间配置形成大型岩性圈闭（图 8-4-5c），灯四段解释气层 100.3m。

2. 气藏温压系统

1）由震旦系的常压气藏过渡为寒武系的高压气藏

安岳气田龙王庙组气藏不同区域测得的压力值折算至气藏中部的地层压力系数为 1.53～1.69，为高压气藏；区域分布特征是磨溪主体区为 1.63～1.69，磨溪 21 井为 1.59，高石梯地区为 1.53～1.54。高石梯、磨溪地区灯四段气藏中部压力系数均为 1.09～1.16；灯二段气藏中部压力系数分别为 1.09～1.10 和 1.10～1.13，灯四段、灯二段气藏均为常压气藏。

尽管不同层系气藏的压力系数有别，但它们的分布有一个共同的特点，即在同一压力系统内，随埋藏深度增加，压力系数降低，不同压力系统具有不同的演化特征。如图 8-4-6（a）所示，龙王庙组气藏在磨溪主体区各测压点处，压力系数与深度的相关系数 R^2 为 0.9976；在高石梯地区，龙王庙组气层和水层的压力系数演化趋势有别；高石梯地区各井点处灯四段气藏压力系数与深度之间也有较高的相关性，相关系数 R^2 为 0.9314；

磨溪地区灯四段主体区和磨溪22井压力系数演化趋势不同，自成体系；灯二段气藏中，磨溪、高石梯地区压力系数也具有各自的演化趋势。安岳气田气藏压力的纵向变化特征，与原地聚集的龙马溪组页岩气和自下而上运移的三叠系—侏罗系致密砂岩气藏压力系数随埋深增加而增大（图8-4-6b）的变化特征相反。

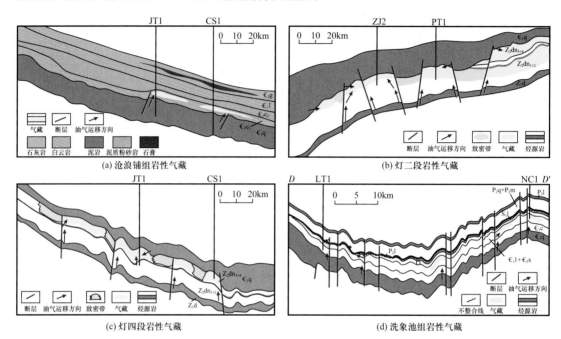

图 8-4-5　川中北斜坡震旦系—寒武系天然气藏类型

Z_1d—下震旦统陡山沱组；Z_2dn_{1+2}—上震旦统灯影组一、二段；Z_2dn_{3+4}—上震旦统灯影组三、四段；ϵ_1q—下寒武统筇竹寺组；ϵ_1c_1—下寒武统沧浪铺组下段；ϵ_1c_2—下寒武统沧浪铺组上段；ϵ_1l—下寒武统龙王庙组；ϵ_2g—中寒武统高台组；ϵ_3x—上寒武统洗象池组；O—奥陶系；S_1l—下志留统龙马溪组；P_2l—中二叠统梁山组；P_2q—中二叠统栖霞组；P_2m—中二叠统茅口组；P_3l—上二叠统龙潭组

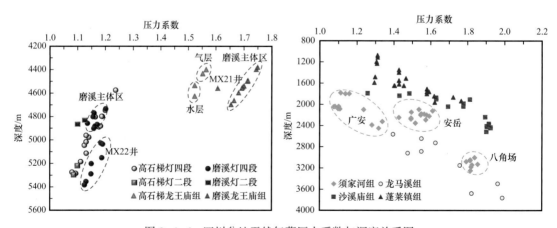

图 8-4-6　四川盆地天然气藏压力系数与深度关系图

异常高压的形成机制多样，包括压实不均衡、水热增压、黏土矿物脱水、烃类生成和构造挤压等。基于川中古隆起热史、沉积埋藏史研究结果，利用盆地模拟方法，恢复

了压力演化史，认为震旦系—下寒武统超压开始出现的时间与三叠纪原油裂解时期基本吻合（图8-4-7），原油裂解及其引起的超压传递是震旦系—下寒武统异常高压形成的主要机制。白垩纪以来，受燕山运动和喜马拉雅运动的影响，川中古隆起于白垩纪末期开始整体抬升剥蚀。构造抬升对于地层压力的影响，一方面表现为构造抬升引起的温度降低，会使孔隙流体体积缩小，从而导致压力下降。假定一封闭容器，利用气体状态方程计算发现，温度每下降10℃，压力下降约2.3%。另一方面，随着上覆压力的卸载，岩石孔隙将会发生回弹，导致孔隙空间增加，也会使得孔隙流体压力降低。但寒武系气藏仍然保持超压，而震旦系灯影组气藏却表现为常压，这可能与两者的可容空间有一定关系。

寒武系龙王庙组气藏的直接盖层（顶板）为高台组粉砂岩、云质粉砂岩、白云岩和膏质云岩等，区域盖层主要是上二叠统龙潭组泥岩，直接盖层（高台组）—区域盖层（龙潭组）之间均为超压，并且超压强度自下而上逐渐增大；底板为下寒武统沧浪铺组泥质粉砂岩、云质粉砂岩和泥岩，以及筇竹寺组页岩等；气藏的储层主要发育于台内颗粒滩相，滩与滩之间以致密岩性带分隔，具备良好的侧向封堵条件。正是因为龙王庙组气藏顶、底、侧向均具有较好的封闭条件，当古油藏裂解成气时，流体体积膨胀，地层压力越来越大，形成异常高压。白垩纪末期以后构造抬升，地层遭受剥蚀，储层孔隙压力和静水压力同时下降，但压力系数降幅不大，保存至今，形成现今的异常高压气藏。

震旦系灯四段气藏的直接盖层（顶板）是筇竹寺组页岩，底板为灯三段页岩；灯二段气藏直接盖层（顶板）为灯三段页岩；灯四段和灯二段气藏西侧均有筇竹寺组页岩封堵，东侧主要由致密碳酸盐岩封堵，但灯四段、灯二段整体上同属一个成藏体系，而且灯二段储层发育，储集空间大。古油藏形成及裂解期，原油裂解产生的大量天然气由于体积膨胀，逐渐形成异常高压，同时从圈闭底部逐渐将尚未裂解的原油及先期裂解的气体驱替出圈闭。因灯影组气藏相当于一个无底板气藏，可容空间大，因此异常压力增幅相对龙王庙组气藏的小。地层抬升剥蚀后，除了构造抬升造成的温度、压力降低外，天然气逐渐向圈闭底部溢散、富集在更广阔的储集空间中也是造成灯影组气藏由异常高压演化为常压的重要因素。

2）震旦系—寒武系气藏为高温气藏

安岳气田震旦系—寒武系气藏地温梯度基本分布在2.5～2.7℃/100m之间，气藏中部温度介于137.5～163.28℃，为高温气藏。在不同区块、不同层段气藏中部温度略有差异，如灯二段气藏磨溪区块为155.82～159.91℃，高石梯区块为156.71～163.28℃；灯四段上亚段气藏高石梯区块为150.2～161.0℃，磨溪区块为149.6～158.5℃；灯四段下亚段气藏高石梯区块为155.1～160.3℃；龙王庙组气藏为137.5～143.9℃。

迄今在北斜坡发现蓬探1井、中江2井灯二段，角探1井、川深1井灯四段，角探1井、充探1井沧浪铺组和立探1井、南充1井洗象池组等气藏具有埋藏深度大、测试产气量高、地层温度高，以及气藏高压与常压并存等特点，如蓬探102井灯二段气藏产层埋深为5771～6547m，测试产量最高日产气达220.88×10⁴m³，地层温度为160～180℃，压力系数约为1.1，为常压气藏；沧浪铺组气藏产层埋深为6264～6972m，角探1井测

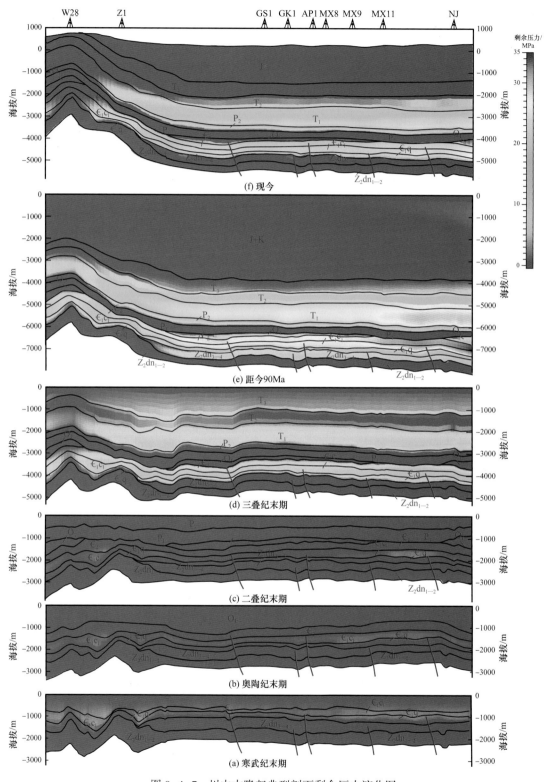

图 8-4-7　川中古隆起典型剖面剩余压力演化图

试产量最高日产气达 $51.62×10^4m^3$，地层温度为 175～200℃，压力系数约为 1.7，为高压气藏；洗象池组气藏产层埋深为 5334～5445m，南充 1 井测试产量最高日产气达 $3.55×10^4m^3$，地层温度为 145～155℃，气藏压力系数为 1.5～1.9，为高压气藏。川中古隆起范围洗象池组已发现北斜坡区的立探 1 井、南充 1 井、广探 2 井气藏和高石梯—磨溪地区的磨溪 23 井、高石 16 井气藏，处于构造低部位的立探 1 井、南充 1 井和构造高部位的磨溪 23 井产气；而介于两者的广探 2 井日产水 110.3m³，高石 16 井日产气 $7.82×10^4m^3$、日产水 12.6m³。不同气藏之间压力系数差异大，压力系数最大的南充 1 井为 1.92，最小的高石 16 井为 1.37（林怡等，2020），表明各气藏之间是互不连通的，同时反映了单斜构造背景下的洗象池组气藏受岩性控制作用明显（图 8-4-5d）。

二、天然气成藏主控因素

宏观上，安岳特大型气田的形成主要受古裂陷、古隆起、古油藏及古圈闭"四古"要素的控制。具体到气藏，则明显受优质储层的发育程度及圈闭有效性控制。

1. 规模优质储层的发育控制天然气规模成藏和高产富集

规模优质储层的发育为天然气的规模富集提供了有效储集空间，是天然气规模成藏和高产富集的主控因素。如安岳气田灯四段气藏，由台缘带向台内，储层厚度变薄，储层连续性、丘滩体发育程度变差，从而影响天然气高产富集程度。在台缘区，储层岩性主要为砂屑云岩、藻凝块白云岩和藻叠层白云岩，表生岩溶强度大，影响深度达 200m，孔洞发育程度高，孔喉结构好，平均孔隙度为 3.9%，平均渗透率为 1.02mD，储集空间类型主要为溶孔、裂缝—孔洞型，单层厚度普遍较大，累计厚度为 60～130m，单井日产气量普遍大于 $10×10^4m^3$。在台内区，储层岩性主要为藻凝块白云岩、砂屑云岩和藻纹层白云岩，表生岩溶强度中等，影响深度小于 100m，孔洞发育程度低，孔喉结构差，平均孔隙度为 3.3%，平均渗透率为 0.48mD，储集空间类型主要为裂缝—孔洞型，单层厚度较小，累计厚度为 30～50m，单井日产气量普遍小于 $10×10^4m^3$。

2. 圈闭有效性是控制成藏的关键

圈闭的规模控制气藏富集的程度，但圈闭的有效性是决定产气或产水的关键，如磨溪地区龙王庙组构造—岩性气藏，整体处于平缓构造部位，受重力分异作用影响，构造相对高部位富含储层沥青的磨溪 9 井、磨溪 16 井和磨溪 29 井，日产气量达（10.45～154.29）$×10^4m^3$，翼部的磨溪 31 井仅日产气 $0.29×10^4m^3$；处于磨溪平缓构造围斜部位的磨溪 47 井、磨溪 32 井，沥青含量达 1.0%～2.3%，气、水同产，日产气量达 $38.75×10^4m^3$，日产水量为 170.4m³；处于高石梯构造单斜部位的高石 28 井，其沥青含量为 1.0%～2.0%，表明曾经有液态烃类聚集，但后期的构造调整，导致上倾方向可能缺乏封堵条件而成为无效圈闭，测试日产水 75.8m³。

三、天然气藏聚集类型

多种证据已论证了高石梯—磨溪地区震旦系—寒武系天然气主要为原油裂解气，但究竟是聚集型原油裂解气，还是分散型有机质裂解气？为便于横向上的对比分析，笔者从现今储层中古油藏裂解后残留的固体沥青丰度，以及现今气藏的分布状况入手，结合原油大量裂解前（即晚三叠世前）震旦系顶面及寒武系龙王庙组底面的古构造格局，将震旦系—寒武系气藏划分为聚集型、半聚半散型和分散型三类聚集模式（表8-4-2），并确定聚集型、分散型气藏的储层沥青含量下限分别为1%和0.5%。

表8-4-2 天然气藏聚集类型划分表

类型	亚类	地质背景及聚集特征	沥青含量分布	典型实例
聚集型	继承性聚集型	继承性古隆起、斜坡区高能相带，裂解气基本在原古油藏范围聚集成藏	沥青含量>1%，纵向分布范围大	高石梯—磨溪地区和北斜坡区灯影组、沧浪铺组、龙王庙组气藏
	调整聚集型	晚三叠世前处于古隆起高部位，现今为背斜或斜坡，裂解气在背斜或斜坡的有利部位聚集成藏	沥青含量>1%，原构造高部位的纵向分布范围大，原斜坡部位的分布范围小	资阳灯影组气藏、威远灯影组气藏
半聚半散型		晚三叠世前为斜坡，喜马拉雅期至今为背斜构造，主要聚集异地运移的裂解气	沥青含量为0.5%~1.0%	荷深1井灯影组气藏
分散型		长期处于构造低部位，主要聚集异地运移的裂解气	沥青含量<0.5%	自深1井、宫深1井灯影组气藏等

1. 聚集型气藏

根据现今气藏所处古、今构造位置的构造演化特点，将聚集型气藏进一步划分为继承性聚集型和调整聚集型两个亚类。继承性聚集型气藏一直处于继承性古隆起高部位，晚三叠世之前，在古隆起高部位形成了大型古油藏。晚三叠世之后，古油藏逐渐开始发生裂解，喜马拉雅期构造定型后，原古油藏部位仍然处于构造高部位，现今气藏与古油藏聚集位置基本一致（图8-4-8），也就是主要聚集古油藏裂解气，但也不排除有少量斜坡部位分散液态烃裂解气的贡献。高石梯—磨溪地区震旦系、寒武系龙王庙组气藏是其典型代表，这个区域内的储层沥青含量高，一般大于1.0%，而且在纵向上分布跨度大，深、浅储层中的沥青丰度大体相当，如高石梯地区灯四段产层埋深为4956~5208m，沥青含量为0.2%~6.0%；灯二段产层埋深为5266~5400m，沥青含量为0.1%~7.5%；高石梯地区龙王庙组产层埋深为4490~4735m，沥青含量为0.1%~3.8%；磨溪地区灯四段产层埋深为5015~5215m，沥青含量为0.2%~8.7%；灯二段产层埋深为5410~5500m，沥青含量为0.1%~5.6%，磨溪地区龙王庙组产层埋深为4600~4950m，沥青含量为0.1%~7.8%；北斜坡蓬探、中江、南充等地区，灯影组产层埋深为5635~6560m，沧浪铺组产层埋深为6960~7040m，龙王庙组产层埋深为5650~5670m，沥青含量分别为0.1%~7.4%、0.30%~1.90%和0.10%~2.10%。

调整聚集型气藏又有两种情况，一是在晚三叠世之前处于古隆起高部位，形成了大

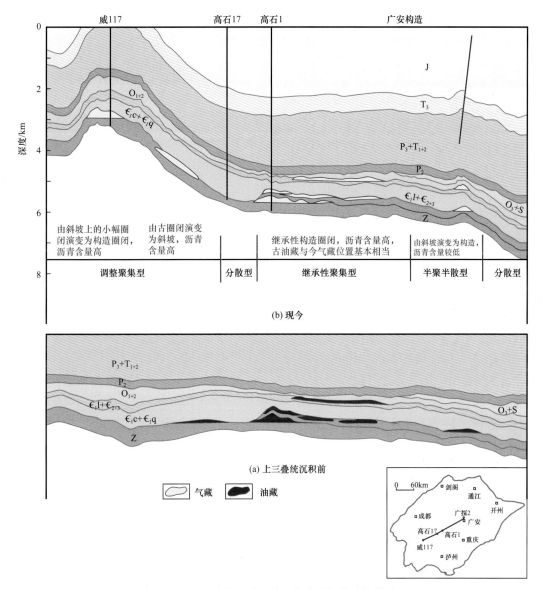

图 8-4-8　四川盆地震旦系—寒武系气藏聚集模式图

型古油藏。晚三叠世之后，古油藏逐渐开始发生裂解，喜马拉雅期构造定型后，原古油藏部位的构造性质发生了改变，由古隆起高部位变为现今的斜坡地带，现今气藏聚集的天然气主要是残留的古油藏裂解气。资阳地区震旦系气藏是其典型代表。这个区域内的沥青含量高，一般大于 1.0%，而且在纵向上分布跨度大，如 3400m 左右深度的沥青含量为0.70%～6.30%，3720～4050m 深度的沥青含量为 0.10%～2.47%，深度为 4480～4560m 时的沥青含量为 0.10%～2.82%。沥青含量分布反映了当时古油藏纵向聚集范围大。

　　另一种情况是在晚三叠世之前处于古隆起斜坡部位，处于油气运移的路径中，储层溶孔发育并有小幅构造，可形成小型古油藏，油裂解成气之后同样可以产生大量的沥青。晚三叠世之后，古油藏逐渐开始发生裂解，喜马拉雅期构造定型后，在原来这些斜坡部位形成了现今构造圈闭，现今气藏聚集的天然气有一部分来自本身的小型古油藏裂解气，更多的可能是来自其他部位运移而来的分散液态烃裂解气。威远地区震旦系气藏是其典型代表，沥青含量高，一般大于1.0%，但其在纵向上分布范围窄，主要富集在灯影组风化壳的顶部，如2900～3200m深度的沥青含量为0.10%～7.50%，3250m以深到3600m左右，沥青含量急剧降低，基本上小于0.30%。

2. 半聚半散型气藏

半聚半散型气藏在晚三叠世之前处于古隆起斜坡部位，处于油气运移的路径中，若储层溶孔发育并有小幅构造，则可形成小型古油藏，油裂解成气之后同样可以产生较多的沥青；若储层孔隙不甚发育且无局部小圈闭，则难以形成油藏的富集，沥青含量相对较低。晚三叠世之后，小型古油藏逐渐开始发生裂解，喜马拉雅期构造定型后，在原来这些斜坡部位形成了现今构造圈闭，现今气藏聚集的天然气主要来自其他部位运移而来的分散液态烃裂解气。荷包场（荷深1井）地区震旦系气藏是其典型代表，这个区域内的沥青含量中等，一般介于0.5%～1.0%。

3. 分散型气藏

分散型气藏长期处于斜坡部位或构造低部位，未曾形成古油藏，现今气藏主要聚集异地运移来的分散液态烃裂解气。自深1井、宫深1井等灯影组气藏是其典型代表。这些区域的沥青含量低，一般小于0.50%。

综合以上分析认为，无论现今埋藏深度大或小，只要在古油藏范围内，储层、盖层匹配好的区域是下步勘探的有利区。

第九章 奥陶系—志留系页岩气地球化学特征与富集主控因素

四川盆地主要发育海相、海陆过渡相和陆相三大类富有机质页岩层系。海相层系的上奥陶统五峰组—下志留统龙马溪组是当前中国页岩气勘探开发的重点层系。截至 2020 年底，四川盆地页岩气探明地质储量为 $2.00 \times 10^{12} m^3$，累计生产页岩气 $691.30 \times 10^8 m^3$，其中，2020 年页岩气产量达 $200.55 \times 10^8 m^3$。本章主要讨论页岩气地球化学特征与成因、页岩储层特征、页岩气富集主控因素及页岩气资源潜力等。

第一节 页岩气地球化学特征及成因

对采自四川盆地威远、长宁、涪陵和威荣等气田五峰组—龙马溪组的页岩气样品，进行了组成、碳同位素、氢同位素及稀有气体同位素等分析测试，结果表明页岩气总体表现为高含甲烷的干气，主要呈现出负碳同位素序列特征。

一、页岩气组成特征

四川盆地威远、长宁、昭通、涪陵及威荣等气田（图 9-1-1）五峰组—龙马溪组页岩气组分以甲烷为主，甲烷含量介于 94.44%～99.16%，平均为 97.78%；乙烷等重烃气体含量低且具有随碳原子数增大含量减少的趋势，其中乙烷含量占 0.17%～0.70%，平均为 0.51%；丙烷含量占 0～0.03%，平均为 0.012%；基本不含丁烷及以上碳数重烃（表 9-1-1）。天然气中的非烃气体主要为 N_2、CO_2、H_2S 和 He。其中，N_2 含量占 0.29%～4.52%，平均为 0.68%；CO_2 含量占 0～1.66%，平均为 0.67%；H_2S 含量占 0～1.12%，平均为 0.28%；H_2 含量占 0～1.58%，平均为 0.0343%；He 含量占 0.019%～0.047%，平均为 0.0278%。湿度系数（C_{2-5}/C_{1-5}）很低，分布在 0.18%～0.74% 之间，平均值为 0.53%；干燥系数（C_1/C_{1-5}）很高，均大于 99%，介于 99.26%～99.82%，为干气。比较而言，四川盆地五峰组—龙马溪组页岩气在长宁地区烷烃气含量最高，昭通、涪陵地区其次，均高于威远和威荣地区。从四川盆地五峰组—龙马溪组页岩气湿度系数与 $\delta^{13}C_2$ 关系可以发现，四川盆地威远、长宁、昭通、涪陵和威荣地区页岩气都位于干气区（图 9-1-2），总体与北美 Barnett 页岩气的组分特征存在较大差异，而与北美 Fayetteville 页岩气组分特征相似（Zumberge et al.，2009，2012）。

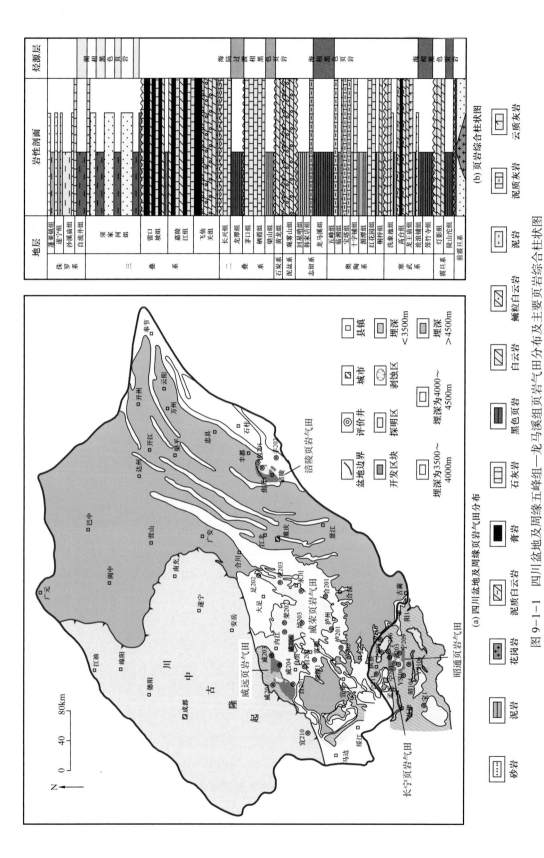

（a）四川盆地及周缘页岩气田分布

（b）页岩综合柱状图

图 9-1-1　四川盆地及周缘五峰组—龙马溪组页岩气田分布及主要页岩综合柱状图

（据戴金星等，2020；邹才能等，2020，修改）

表 9-1-1 四川盆地五峰组—龙马溪组页岩气田部分页岩气组成及同位素数据

| 气田 | 井号 | 主要组分 /% | | | | | | | | 湿度系数 /% | $\delta^{13}C$/‰，PDB | | | δ^2H/‰，SMOW | |
		C_1	C_2	C_3	He	H_2	N_2	CO_2	H_2S		甲烷	乙烷	丙烷	甲烷	乙烷
威远页岩气田	威204-H38	97.33	0.70	0.03	0.0250	0	0.44	1.12	0.35	0.74	-36.0	-40.6	-41.5	-145	-155
	威204H35-8	97.37	0.69	0.03	0.0241	0.03	0.54	0.80	0.53	0.73	-36.2	-41.4	-41.5	-146	-156
	威204H51	97.84	0.66	0.03	0.0246	0	0.49	0.96	0	0.70	-36.7	-41.1	-41.2	-147	-155
	威204H42	97.82	0.61	0.02	0.0247	0	0.59	0.93	0	0.64	-36.9	-41.2	-40.5	-147	-155
	威204H40	97.76	0.54	0.02	0.0239	0.01	0.49	1.16	0	0.57	-36.8	-40.7	-41.6	-148	-149
长宁页岩气田	宁209-H16-3	98.31	0.45	0.01	0.0200	0	0.29	0.22	0.69	0.47	-27.7	-33.0	-35.4	-148	-154
	宁209-H29	97.69	0.32	0	0.0221	0	0.45	0.52	1.00	0.33	-27.4	-32.4	-34.1	-149	-153
	宁209-H13	97.73	0.37	0	0.0199	0.01	0.51	0.49	0.88	0.38	-27.7	-32.9	-35.0	-147	-156
	宁209-H6	97.87	0.35	0	0.0205	0.01	0.33	0.65	0.77	0.36	-27.2	-33.1	-34.6	-148	-149
	宁209-H11	98.27	0.40	0.01	0.0214	0	0.33	0.51	0.45	0.42	-27.3	-32.6	-34.8	-148	-152
昭通页岩气田	YS118H3	98.26	0.55	0.01	0.0414	0	0.63	0.24	0.26	0.57	-26.3	-32.2	-32.7	-149	-170
	YS118H4	98.59	0.55	0	0.0362	0	0.63	0.19	0	0.56	-27.3	-32.3	-32.8	-149	-169
	阳108H1	98.45	0.50	0	0.0378	0	0.55	0	0.46	0.51	-27.7	-32.6	-33.0	-148	-167
	阳105H1	98.47	0.57	0	0.0306	0.02	0.50	0	0.41	0.57	-29.6	-34.1	-34.4	-148	-168
	YS136H1-1	98.21	0.62	0.01	0.0260	0	0.38	0.19	0.57	0.64	-28.4	-33.9	-34.8	-148	-170
涪陵页岩气田	焦页61-2HF	97.54	0.43	0	0.0445	0.01	0.87	0.54	0.56	0.44	-31.2	-35.9	-37.7	-151	-161
	焦页56-2HF	98.03	0.50	0	0.0364	0.01	0.88	0.54	0	0.51	-31.2	-36.2	-38.1	-152	-169
	焦页37-6HF	97.96	0.46	0.01	0.0396	0	0.96	0.57	0	0.47	-31.5	-36.1	-38.3	-150	-160
	焦页4-2HF	98.09	0.54	0.01	0.0357	0	0.91	0.42	0	0.56	-30.8	-35.9	-37.8	-149	-172
	焦页39-7HF	98.21	0.59	0.02	0.0385	0	0.80	0.35	0	0.61	-31.3	-36.2	-39.0	-150	-167
威荣页岩气田	威页23-4HF	96.73	0.42	0.01	0.0211	0.01	0.60	1.59	0.62	0.45	-36.5	-38.0	-40.7	-149	-133
	威页23-2HF	96.45	0.40	0.01	0.0201	0	0.72	1.66	0.73	0.43	-36.4	-38.1	-41.2	-148	-133
	威页23-6HF	96.40	0.41	0.01	0.0205	0	0.67	1.68	0.80	0.44	-36.6	-38.1	-41.4	-147	-138
	威页43-2HF	96.81	0.46	0.02	0.0211	0	0.44	1.49	0.74	0.50	-36.3	-38.4	-39.6	-147	-136
	威页43-3HF	96.64	0.46	0.03	0.0214	0.05	0.55	1.48	0.78	0.51	-36.5	-37.7	-38.1	-148	-132

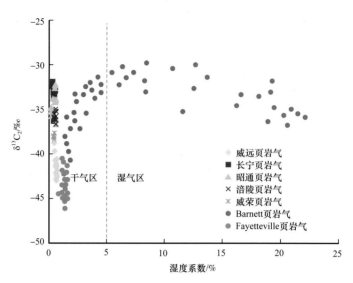

图 9-1-2　四川盆地五峰组—龙马溪组页岩气湿度系数与 $\delta^{13}C_2$ 关系图
Barnett、Fayetteville 页岩气数据源于 Zumberge 等（2009，2012）

二、页岩气碳同位素特征

碳同位素是反映天然气地球化学特征、成因与来源的重要参数，通常甲烷碳同位素受生烃母质类型和热演化程度双重控制，乙烷碳同位素则主要反映生烃母质的碳同位素继承效应（戴金星，1993），明确页岩气碳同位素地球化学特征，对于后续开展页岩气成因判识和来源研究有重要意义。四川盆地威远、长宁、昭通、涪陵及威荣等地区五峰组—龙马溪组页岩气甲烷的碳同位素值分布在 −37.5‰～−26.3‰ 之间，平均值为 −32.3‰；乙烷碳同位素值分布在 −43‰～−31.9‰ 之间，平均值为 −37.0‰；丙烷碳同位素值分布在 −43‰～−32.7‰ 之间，平均值为 −38.0‰。

四川盆地威远、长宁、昭通、涪陵和威荣等地区五峰组—龙马溪组页岩气甲烷、乙烷和丙烷碳同位素值分布具有明显倒转特征，总体呈负碳序列分布，即 $\delta^{13}C_1 > \delta^{13}C_2 > \delta^{13}C_3$；其中，长宁、昭通和涪陵地区五峰组—龙马溪组页岩气 $\delta^{13}C_1$、$\delta^{13}C_2$ 和 $\delta^{13}C_3$ 值相对较高，而威远和威荣地区页岩气 $\delta^{13}C_1$、$\delta^{13}C_2$ 和 $\delta^{13}C_3$ 值相对较低，长宁、昭通地区页岩气 $\delta^{13}C_1$、$\delta^{13}C_2$ 和 $\delta^{13}C_3$ 值整体相对高于涪陵、威远和威荣地区（李剑等，2021）。

鄂尔多斯盆地延长组陆相页岩气为低成熟页岩气（徐红卫等，2017），烷烃碳同位素呈正碳同位素序列，即 $\delta^{13}C_1 < \delta^{13}C_2 < \delta^{13}C_3 < \delta^{13}C_4$。北美地区 Barnett 页岩气烷烃气碳同位素分布大多为正碳序列，少部分出现倒转现象；北美地区高成熟的 Fayetteville 页岩气普遍存在碳同位素值分布倒转现象（Zumberge et al.，2009，2012）。四川盆地五峰组—龙马溪组页岩气为海相高演化天然气，甲烷、乙烷和丙烷碳同位素值呈现负碳序列的分布特征，即 $\delta^{13}C_1 > \delta^{13}C_2 > \delta^{13}C_3$，与鄂尔多斯盆地低成熟的延长组页岩气，以及北美地区成熟的 Barnett 页岩气存在明显差异，而与北美地区高成熟的 Fayetteville 页岩气具有类似特征。威远、威荣地区五峰组—龙马溪组页岩气 $\delta^{13}C_1$、$\delta^{13}C_2$ 值与北美地区高成熟的 Fayetteville 页岩气较为接近，因而具有相似的成熟度；而长宁、昭通与涪陵地区五峰组—龙马溪组页岩气 $\delta^{13}C_1$、$\delta^{13}C_2$ 值相对更高，反映其具有更高的成熟度（图 9-1-3）。

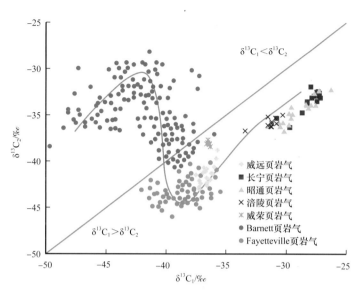

图 9-1-3　四川盆地五峰组—龙马溪组页岩气 $\delta^{13}C_1$ 与 $\delta^{13}C_2$ 关系

Barnett、Fayetteville 页岩气数据源于 Zumberge 等（2009，2012）

三、页岩气甲烷氢同位素特征

甲烷氢同位素组成主要受控于烃源岩母质形成环境和热演化成熟度（Schoell，1980，1983；刘全有等，2007；戴金星等，2008），淡水环境相对富集轻氢同位素，盐水环境则相对富集重氢同位素。通常将 $\delta^2H_{CH_4}$=-190‰ 作为划分海相和陆相环境形成的甲烷的界限，当 $\delta^2H_{CH_4}$ 值小于 -190‰，天然气的烃源岩母质沉积环境为陆相；当 $\delta^2H_{CH_4}$ 值大于 -190‰，天然气来源的烃源岩母质为海相沉积（Schoell，1980，1983）。四川盆地威远、长宁、昭通、涪陵及威荣等地区五峰组—龙马溪组页岩气甲烷氢同位素值介于 -157‰～-143‰，平均值为 -148‰；乙烷氢同位素值介于 -175‰～-132‰，平均值为 -156‰。四川盆地五峰组—龙马溪组页岩气 $\delta^2H_{CH_4}$ 值总体大于 -160‰（图 9-1-4），表明页岩形成的烃源岩母质为海相沉积，这与五峰组—龙马溪组海相沉积环境背景相一致。北美地区 Fayetteville 页岩气 $\delta^2H_{CH_4}$ 值较为集中一致，总体大于 -160‰，表现出海相烃源岩来源特征；北美地区 Barnett 页岩气 $\delta^2H_{CH_4}$ 值分布相对较为分散（Zumberge et al.，2009，2012），但总体大于 -190‰，仍表现出海相烃源岩来源的特征；而鄂尔多斯盆地延长组页岩气 $\delta^2H_{CH_4}$ 值普遍小于 -190‰（徐红卫等，2017），表现出陆相淡水环境的沉积特征（图 9-1-4）。从 Schoell（1980）的 $\delta^{13}C_1$ 值和 $\delta^2H_{CH_4}$ 值关系图上可以发现，鄂尔多斯盆地延长组页岩气成熟度相对较低，北美地区 Barnett 页岩气总体处于成熟阶段，北美地区 Fayetteville 页岩气总体处于高成熟阶段，四川盆地威远、威荣地区页岩气与 Fayetteville 页岩气大体一致，而长宁、昭通及涪陵地区页岩气成熟度最高，处于高成熟—过成熟阶段（图 9-1-4）。鄂尔多斯盆地延长组、北美地区 Barnett 页岩气甲烷碳、氢同位素组成具有随着成熟度增加而变重的正相关趋势，而四川盆地五峰组—龙马溪组页岩气 $\delta^{13}C_1$ 值与 $\delta^2H_{CH_4}$ 值没有明显的正相关关系，并且烷烃气碳、氢同位素均发生完全倒转，可能与其高的热演化成熟度，以及高演化条件下地层水与甲烷之间同位素交换密切相关（Burruss et al.，2010；Tilley et al.，2011）。

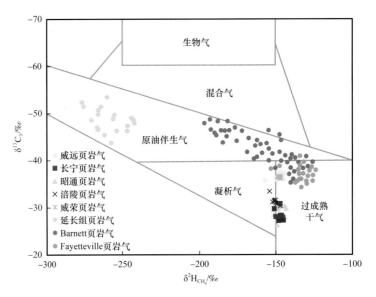

图 9-1-4　四川盆地五峰组—龙马溪组页岩气 $\delta^{13}C_1$ 和 $\delta^2H_{CH_4}$ 关系图

Barnett、Fayetteville 页岩气数据源于 Zumberge 等（2009，2012）；延长组页岩气数据源于徐红卫等（2017）；

底图据 Schoell（1980）

四、页岩气稀有气体同位素特征

稀有气体是研究地质历程的重要示踪指示剂，天然气中稀有气体蕴含丰富的油气地质信息，对于开展天然气成因及来源研究具有重要指示作用（徐永昌等，1979；王晓波等，2013；Wang et al.，2016，2018）。四川盆地威远、长宁、涪陵及威荣等地区五峰组—龙马溪组页岩气中 He 的 $^3He/^4He$ 值（R）主要分布在（0.8～6.6）×10^{-8} 之间，平均约为 $3.3×10^{-8}$（$0.024R_a$），$^{40}Ar/^{36}Ar$ 值主要分布在 548～2940 之间，平均约为 1023。相对而言，长宁地区页岩气 $^{40}Ar/^{36}Ar$ 值、$^3He/^4He$ 值分布范围均相对较宽；威远地区页岩气 $^{40}Ar/^{36}Ar$ 值分布范围相对较大，$^3He/^4He$ 值分布相对集中；涪陵地区页岩气 $^{40}Ar/^{36}Ar$ 值分布相对集中，$^3He/^4He$ 值分布范围相对较宽；威荣地区页岩气 $^{40}Ar/^{36}Ar$ 值、$^3He/^4He$ 值分布范围均相对集中。从 $^3He/^4He$—$^{40}Ar/^{36}Ar$ 关系图可以发现，四川盆地五峰组—龙马溪组页岩气中稀有气体 $^3He/^4He$ 平均值约为 $3.3×10^{-8}$，总体上为 10^{-8} 量级（$0.01<R/R_a<0.10$），并且 $^{40}Ar/^{36}Ar$ 值与 $^3He/^4He$ 值存在负相关关系，样品点均落在典型壳源成因区，因此五峰组—龙马溪组页岩气中稀有气体主要为典型壳源成因（图 9-1-5）。He 主要来自五峰组—龙马溪组富有机质页岩所含放射元素 U、Th 的放射性衰变，与放射性元素含量大小及分布等密切相关；Ar 主要来源于五峰组—龙马溪组富有机质页岩中 K 的放射性衰变，受烃源岩时代、K 含量及分布等控制。

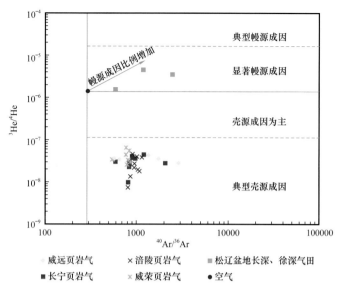

图 9-1-5 四川盆地五峰组—龙马溪组页岩气中稀有气体 $^3He/^4He$—$^{40}Ar/^{36}Ar$ 关系图

五、页岩气成因鉴别

虽然四川盆地威远、长宁、昭通、涪陵及威荣等地区五峰组—龙马溪组页岩气中的烷烃气具有 $\delta^{13}C_1 > \delta^{13}C_2 > \delta^{13}C_3$ 完全倒转的特征，但考虑到无机烷烃气常具有正碳同位素序列（戴金星等，2008），R/R_a 值一般大于 0.5，甲烷碳同位素值一般大于 $-30‰$，而四川盆地五峰组—龙马溪组页岩气 $^3He/^4He$ 值分布在 $(0.8 \sim 6.6) \times 10^{-8}$ 之间，平均值约为 3.3×10^{-8}，$R/R_a < 0.1$，为典型壳源成因气，几乎没有幔源成因气。因此，四川盆地五峰组—龙马溪组页岩气中没有无机成因的烷烃气。

稳定碳同位素组成是天然气成因判识的重要指标（Schoell，1980，1983；戴金星，1993；戴金星等，2008），油型气甲烷碳同位素值一般介于 $-55‰ \sim -35‰$，煤成气甲烷碳同位素值则介于 $-35‰ \sim -22‰$ 之间（戴金星，1993）。由于乙烷同位素具有良好的母质继承效应，一般以乙烷碳同位素值 $\delta^{13}C_2 = -28.5‰$ 作为判定油型气和煤成气的界限（戴金星，1993；戴金星等，2008）。四川盆地威远、长宁、昭通、涪陵及威荣等地区五峰组—龙马溪组页岩气乙烷碳同位素值分布在 $-43‰ \sim -31.9‰$ 之间，平均值为 $-37.0‰$，根据乙烷碳同位素可以判识为油型气。根据戴金星（1993）提出的天然气成因类型图版，威远、长宁、昭通、涪陵及威荣等地区五峰组—龙马溪组海相页岩气位于碳同位素倒转序列混合区或附近（图 9-1-6），为混合气。

烷烃气的甲烷、乙烷含量比值和乙烷、丙烷含量比值在干酪根降解和烃类裂解过程中有着不同变化趋势，可对天然气特别是油型气进行干酪根降解气和原油裂解气判识（Prinzhofer et al.，1995；谢增业等，2016）。从不同演化阶段干酪根与原油裂解气 $\ln(C_1/C_2)$ 和 $\ln(C_2/C_3)$ 成因判识图可以发现，原油裂解气与干酪根裂解气的演化特征具有明显差异，原油裂解气的 $\ln(C_2/C_3)$ 值早期快速增大、晚期基本稳定，而干酪根裂解气的 $\ln(C_2/C_3)$ 值总体呈现出近水平—快速增大—再次近于水平—再次增大的特征（谢增业等,2016),而四川盆地五峰组—龙马溪组海相页岩气的 ln(C_1/C_2)值为 4.94～7.24、ln(C_2/C_3)值为 2.76～4.01,样品点总体落入图版中原油裂解气与干酪根裂解气混合区域范围,表明五峰组—龙马溪组海相页岩气为原油裂解气和干酪根裂解气的混合气,以原油裂解气为主(图 9-1-7)。

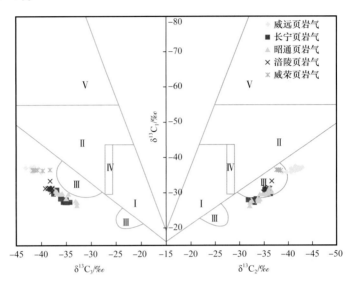

图 9-1-6　四川盆地五峰组—龙马溪组页岩气甲烷、乙烷和丙烷碳同位素成因判识图
(底图据戴金星,1993,修改)

Ⅰ—煤成气区;Ⅱ—油型气区;Ⅲ—碳同位素倒转序列混合区;Ⅳ—煤成气和(或)油型气区;Ⅴ—生物气和亚生物气区

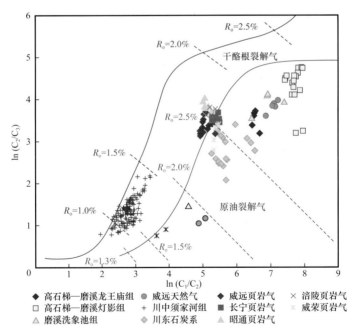

图 9-1-7　四川盆地页岩气的干酪根与原油裂解气 ln(C_1/C_2)和 ln(C_2/C_3)成因判识

导致发生碳同位素倒转的原因,包括有机成因气与无机成因气的混合、不同热演化阶段天然气的混合、不同母质类型天然气的混合、干酪根晚期热裂解气与原油二次裂解

气的混合、气体氧化—还原反应中的瑞利分馏、页岩气吸附或解吸和扩散过程中引起的同位素分馏作用，以及有机质化合物与水的相互作用等（Burruss et al.，2010；Tilley et al.，2011；Dai et al.，2014；吴伟等，2015）。在前人研究基础上，综合分析认为高成熟—过成熟阶段液态烃在高温作用下二次裂解生成大量原油裂解气与干酪根在高温作用下晚期热裂解形成的大量干酪根裂解气的混合可能是造成五峰组—龙马溪组高演化的海相页岩气碳、氢同位素倒转的最主要原因。

第二节　页岩储层特征及页岩气赋存机制

截至 2020 年底已探明威远、长宁、涪陵、威荣、太阳和永川等页岩气田，累计探明地质储量为 $2.00 \times 10^{12} m^3$，其中威远、长宁和涪陵 3 个气田的累计探明地质储量为 $1.72 \times 10^{12} m^3$，约占总探明地质储量的 85.8%。页岩储层发育块状、层状及交错层理，矿物组成主要为石英、黏土矿物和碳酸盐矿物。深水陆棚相优质烃源岩、高 TOC 含量的纳米级有机孔隙和良好的顶底板封隔等是页岩气赋存的关键因素。

一、页岩储层特征

页岩气是富有机质页岩系统中连续分布的生物成因、热成因或混合成因气，具有普遍饱含气、大面积连续分布、多种岩性封闭及相对短的运移距离等特点（邹才能等，2017）。页岩气储层发育多种层理、丰富的纳米级孔隙及"甜点段"，有机质丰度高，源储一体成藏。

1. 纹层及层理普遍发育

层理发育大幅改善了页岩储层的水平渗流能力，提高了页岩气单井产量。页岩作为细粒沉积岩，沉积过程中受到物理、化学和生物等因素共同作用，形成不同组分纹层沉积（图 9-2-1）。不同纹层之间发育纹层理（缝），呈连续或断续分布；相似纹层组合形成纹层组，进一步形成小层，常发育水平层理（缝），并连续分布（施振生等，2018）。研究表明，（纹）层理（缝）能够有效沟通页岩储层中无机矿物孔隙、纳米级有机质孔等，形成油气水平运移的高速通道（董大忠等，2018）。

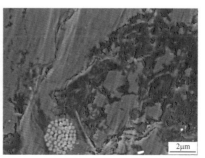

(a) 纹层　　　　　　　　　　　(b) 孔隙特征

图 9-2-1　四川盆地五峰组—龙马溪组黑色页岩纹层及孔隙特征

四川盆地奥陶系—志留系页岩中主要发育3类层理，即块状层理、水平层理和交错层理。

1）块状层理

块状层理按其成因可分为生物扰动型块状层理和均质型块状层理。生物扰动型块状层理主要由泥质层组成（图9-2-2a），生物扰动构造发育，局部区域见生物潜穴。生物扰动型块状层理层界面多为生物殖居面，局部发育侵蚀面，侵蚀面上下存在明显的地层尖灭。均质型块状层理由厚层粉砂层构成（图9-2-2b），细粒岩内呈现均质。层理内部常见大量介壳类生物碎屑，生物碎屑局部成层分布。块状层理细粒岩层的界面多为侵蚀面，存在明显的地层尖灭。

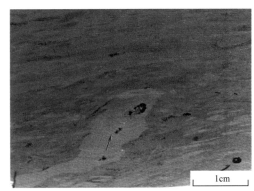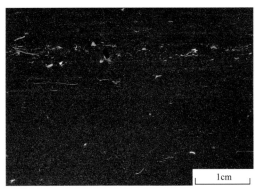

(a) 生物扰动型块状层理，阳101H3-8井，川南五峰组底部　　(b) 均质型块状层理，长宁双河剖面，川南五峰组观音桥段

图9-2-2　黑色细粒岩块状层理及其特征

川南地区五峰组—龙马溪组黑色页岩中，生物扰动型块状层理和均质型块状层理发育层位、形成环境及成因机制均存在明显差异。生物扰动型块状层理主要发育于五峰组最底部，其下发育宝塔组瘤状灰岩，而均质型块状层理主要发育于五峰组顶部的观音桥段，其顶界为龙马溪组黑色页岩（图9-2-3）。生物扰动型块状层理形成时期，盆地水体处于低能富氧的状态（Zou et al.，2018），沉积物沉积速率极低，大量生物因此在此长时期殖居，从而形成强烈的生物扰动（杨孝群等，2018）。均质型块状层理形成时期，由于全球气候变冷，水体中含氧量增高，水动力增强，介壳等生物大量生长（戎嘉余等，2019）。动荡富氧的水体环境对底层沉积物强烈改造，从而形成均质型块状层理。

2）水平层理

水平层理的特点是纹层呈直线状互相平行，并且平行于层面。一般认为这种层理是在比较稳定的水动力条件下，物质从悬浮物或溶液中沉淀而成。黑色细粒沉积中，水平层理可细分为4种类型，即递变型水平层理、书页型水平层理、砂泥递变型水平层理和砂泥互层型水平层理。

递变型水平层理由多个正递变层和（或）反递变层构成，层界面上下颗粒粒径及颜色略有差异，层界面多呈连续、板状、平行或连续、波状、平行。露头剖面和岩心上，不同层的颜色常呈现出微弱深浅差异，层界面一般在光学显微镜下也能识别。递变型水平层理细粒沉积内部，正递变层单层厚0.8～12mm，平均值为5mm；反递变层单层厚

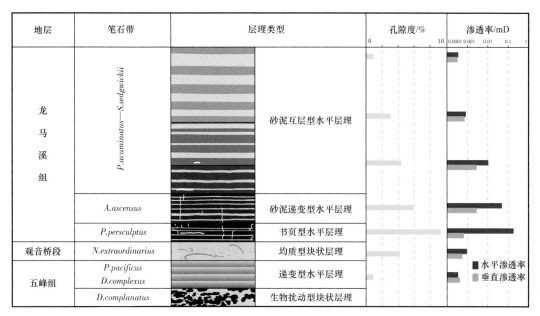

图 9-2-3　川南地区五峰组—龙马溪组层理类型及纵向分布

2~9.7mm，平均值为 5.3mm。川南地区五峰组—龙马溪组递变型水平层理页岩单个层组厚度为 26~129cm，平均值为 52cm，层组与层组之间常发育厚度为 0.3~4cm 的斑脱岩，层组界面之下颗粒粒度较粗，层组界面之上颗粒粒度较细。

书页型水平层理由粉砂纹层和泥纹层组合构成，多个泥纹层构成泥质层。书页型水平层理粉砂纹层多呈条带状、弥散状或断续状，局部呈透镜状，泥质层/粉砂纹层厚度比大于 3。泥质层与粉砂纹层顶底均呈突变接触，界面多为断续、板状、平行，偶见连续、板状、平行。川南地区龙马溪组黑色细粒岩中，粉砂纹层单层厚度为 0.05~0.75mm，平均为 0.26mm，泥质层厚度为 0.1~6.6mm，平均为 1.1mm。书页型水平层理单个层组厚度为 33~83cm，层组界面之下颗粒粒径粗，层组界面之上粒径细。露头和岩心上，书页型水平层理可见浅色层与深色层相间排列，浅色层呈条带状分布。

砂泥递变型水平层理由砂泥正递变层和（或）砂泥反递变层构成，中间夹有少量泥纹层。层界面多呈连续、板状、平行或连续、波状、平行，其底界面突变接触，顶界面渐变接触。川南龙马溪组黑色细粒沉积中，砂泥正递变层单层厚 1~2.85mm，平均值为 1.87mm；泥纹层厚 0.45~0.75mm，平均值为 0.56mm。砂泥反递变层厚 1.8~2.1mm，平均值为 1.95mm。砂泥递变型水平层理细粒岩单个层组厚 24~53cm，平均值为 42cm，层组界面之下颗粒粒径粗，界面之上粒径细。露头和岩心上，砂泥递变型水平层理肉眼可见浅色层与深色层相间排列，间夹条带状方解石浅色层。

砂泥互层型水平层理细分为两种类型，第一种为粉砂纹层与泥质层互层，第二种为粉砂层与泥质层互层。第一种砂泥互层型水平层理中，粉砂纹层多呈长条带状，单层厚 0.05~2.4 mm，平均值为 0.35mm；泥质层厚 0.1~1.7mm，平均值为 0.58mm。粉砂纹层与泥质层突变接触，多为连续、板状、平行，少数为断续、板状、平行。第二种砂泥互层型水平层理中，粉砂层厚0.35~4.5mm，平均值为1.57mm，泥质层厚0.6~3.1mm，平均值为1.35mm。层顶、底界面均为突变接触，多呈连续、板状、平行，断续、板状、平行，以及断续、波状、平行3种层界面。川南地区龙马溪组露头和岩心上，砂泥互层型水平层理细粒岩单个层组厚22~97cm，平均值为34.7cm，层组界面之下颗粒粒径粗，层组界面之上粒径细，肉眼可见浅色层与深色层相间排列，浅色层厚度明显增大。

川南地区五峰组—龙马溪组不同类型水平层理纵向分布明显差异（图9-2-3）。递变型水平层理主要分布于五峰组中上部，层位相当于笔石带 D.complexus 和 P.pacificus。书页型水平层理多数发育于龙马溪组底部，层位相当于笔石带 P.persculptus，页岩中常发育大量顺层缝和非顺层缝，相互交织构成网状。砂泥递变型水平层理发育于龙马溪组下部，层位相当于笔石带 A.ascensus，页岩中顺层缝密度相对较大，非顺层缝密度相对较低。砂泥互层型水平层理发育于龙马溪组中部及上部，层位相当于笔石带 P.acuminatus—S.sedgwickii，页岩裂缝密度进一步减少，只发育少量顺层缝。

川南地区五峰组—龙马溪组砂泥互层型水平层理特征纵向存在差异性。在龙马溪组中部及上部，由下至上，砂泥互层型水平层理中粉砂纹层单层厚度逐渐增大，粉砂纹层／泥纹层厚度比值逐渐增大。笔石带 P.acuminatus—S.sedgwickii 下部，砂泥互层型水平层理主要表现为砂泥薄互层，粉砂纹层／泥纹层厚度比值为1/3~1/2。笔石带 P.acuminatus—S.sedgwickii 中部，砂泥互层型水平层理主要表现为砂泥等厚互层，粉砂纹层／泥纹层厚度比值为1/2~1。笔石带 P.acuminatus—S.sedgwickii 上部，砂泥互层型水平层理主要表现为厚砂薄泥型，粉砂纹层／泥纹层厚度比值大于1。

水平层理主要形成于静水、缺氧的水体环境中，但不同类型水平层理形成的环境封闭性及物源条件可能存在差异。递变型水平层理主要形成于闭塞的潟湖环境，水体封闭性强，陆源碎屑供给严重不足，气候季节性变化形成正粒序层或逆粒序层。书页型水平层理、砂泥递变型水平层理和砂泥互层型水平层理均形成于相对开阔的海洋环境，水体以平流为主。陆源碎屑供给不足时期，多形成书页型水平层理；陆源碎屑供给相对丰富时期，多形成砂泥递变型水平层理；陆源碎屑供给非常丰富时期，多形成砂泥互层型水平层理。随着陆源碎屑供给量的增加，砂／泥比值和砂质层单层厚度增加。

3）交错层理

黑色细粒沉积中，交错层理广泛发育。交错层理主要由粉砂纹层组和泥纹层组互层组成（图9-2-4），粉砂纹层组与泥纹层组相互交切，从而构成交错层理。与粗碎屑沉积相比，细粒沉积中纹层组与层界面的交角较小。

黑色细粒交错层理的形成常与底流活动有关。细粒物质在流动水体中常呈絮状集合体形式搬运，絮凝作用随着水体盐度和黏性有机质结壳能力的增加而增加。在一定的水流速度和水体地球化学条件下，絮状集合体逐渐堆积，从而形成交错层理。在流速为15~30cm/s的水体中，陆源碎屑泥、不同类型黏土及碳酸盐泥等在蒸馏水、淡水及海水中均可发生絮凝沉降（Warrick et al.，2007）。

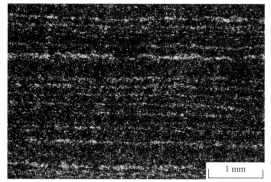 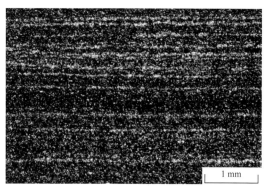

(a) 下部粉砂纹层与层界面交切，构成截切构造，龙马溪组，巫溪2井

(b) 下部粉砂纹层与层界面交切，构成截切构造，龙马溪组，巫溪2井

图 9-2-4　黑色细粒沉积中的交错层理（粉砂纹层组与层界面相互交切）

2. 矿物组成和 TOC 含量

川南地区五峰组—龙马溪组含气页岩主要矿物成分有石英、黏土矿物和碳酸盐矿物，次要矿物成分为长石和黄铁矿。碳酸盐矿物主要为方解石和白云石，长石主要为斜长石和钾长石。黏土矿物主要由伊利石、伊/蒙混层和绿泥石组成，偶夹少量高岭石，伊/蒙间层比为10%。光学显微镜下，黄铁矿多呈纹层状、斑点状（图 9-2-5a），扫描电镜下多为草莓状集合体（图 9-2-5b—d），内部富含有机质和孔隙。海相页岩中常发育大量放射虫和硅质海绵骨针（图 9-2-5e），有时放射虫碎屑堆积呈层状（图 9-2-5f）。TOC 含量为 0.45%～7.3%（平均值为 3.2%），有机质主要为无定形有机质和有形有机质，有形有机质显微组分多为镜质体和丝质体。

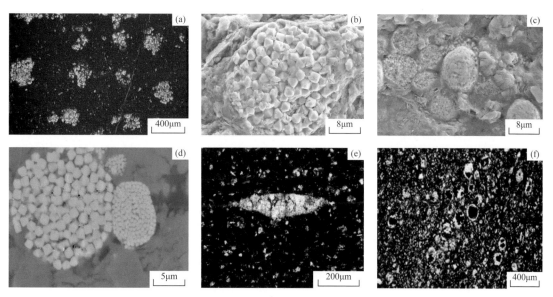

图 9-2-5　川南地区五峰组—龙马溪组常见矿物组分照片

（a）斑点状黄铁矿，反射光，1584m；（b）草莓状黄铁矿集合体，黄铁矿单晶为八面体状，大小约 2μm，1620m，扫描电镜照片；（c）草莓状黄铁矿集合体，集合体大小为 4～8μm，1571m，扫描电镜照片；（d）草莓状黄铁矿集合体，夹有机质和纳米级孔隙，1618.5m，背散射成像照片；（e）硅质海绵骨针，反射光，1603m；（f）放射虫，顺层分布，1630m，单偏光

四川盆地五峰组—龙马溪组含气页岩石英和 TOC 含量由下而上逐渐降低，黏土矿物和碳酸盐矿物含量逐渐增加。以巫溪 2 井为例，其五峰组石英、黏土矿物和碳酸盐矿物平均含量分别为 40.2%、21.3% 和 29.2%；龙一$_1$亚段石英、黏土矿物和碳酸盐矿物平均含量分别为 37.7%、33.5% 和 14.6%。龙一$_2$亚段石英、黏土矿物和碳酸盐矿物平均含量分别为 37.8%、36.1% 和 12.5%。龙马溪组龙一$_1$亚段内部，龙一$_1^1$小层石英、黏土矿物和碳酸盐矿物平均含量分别为 53.1%、21.6% 和 3.5%；龙一$_1^2$小层石英、黏土矿物和碳酸盐矿物平均含量分别为 52.5%、25.1% 和 8.1%；龙一$_1^3$小层石英、黏土矿物和碳酸盐矿物平均含量分别为 39.4%、32.8% 和 11.3%；龙一$_1^4$小层石英、黏土矿物和碳酸盐矿物平均含量分别为 36.7%、32.7% 和 16.1%。TOC 含量分布上，五峰组平均值为 3.9%，龙一$_1^1$、龙一$_1^2$、龙一$_1^3$和龙一$_1^4$小层分别为 6.3%、5.0%、4.4% 和 3.4%，龙一$_2$亚段为 2.4%。

3. 孔隙类型与形态

川南地区五峰组—龙马溪组一段黑色页岩发育有机孔、无机孔和微裂缝。无机孔主要为石英晶间孔和溶蚀孔隙，溶蚀孔隙主要为碳酸盐矿物和少量长石溶蚀而成。有机孔 95% 以上赋存于有机质内部，均匀分布（图 9-2-6a、b），不足 2% 的有机孔赋存于黏土矿物和草莓状黄铁矿相伴生的有机质中（图 9-2-6c）。有机孔形态多呈椭圆状或气孔状，分布密集，大小混杂，小孔隙数量占比大于 90%，无定向排列特征。无机孔分布于碎屑颗粒之间，主要分为石英晶间孔（图 9-2-6d）和溶蚀孔隙（图 9-2-6e），形态有三角状、棱角状或长方形，多数呈分散状，无定向排列，孔隙连通性差，单个孔隙孔径多数在 100nm 以上，但其数量占比不足 3%。微裂缝主要发育于矿物颗粒之间或矿物颗粒与有机质之间，呈条带状，沟通石英晶间孔或溶蚀孔隙（图 9-2-6f）。

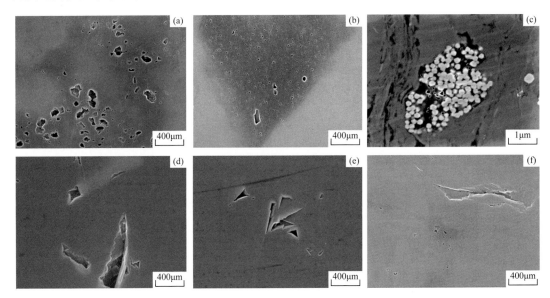

图 9-2-6　四川盆地五峰组—龙马溪组一段孔隙类型及特征
（a）有机孔，1625m；（b）有机孔，1630.5m；（c）赋存于草莓状黄铁矿晶体之间的有机孔，1620.5m；
（d）石英晶间孔，1625m；（e）溶蚀孔隙，1625m；（f）裂缝孔隙，1570m

4. 纳米级有机孔隙丰富

一般将孔径小于 2nm 的孔隙称为微孔，孔径大于 50nm 的孔隙称为宏孔（大孔），孔径为 2～50nm 的孔隙称为介孔（或称中孔）。川南地区五峰组—龙马溪组一段黑色页岩孔隙主要为有机孔、无机孔和微裂缝，其中有机孔个数占比约 97%，无机孔和微裂缝个数占比约 3%。有机孔面孔率占比较大，无机孔和微裂缝面孔率占比较小。多数孔隙孔径介于 5～400nm，孔径小于 20nm 的介孔数量占比大于 70%，并且随着孔径增大而减少。有机孔孔径集中分布于 0～100nm，以孔径小于 20nm 的介孔数量最多；无机孔孔径多分布于 20～400nm，孔隙以孔径为 100～400nm 的宏孔数量最多；微裂缝孔径分布于 0～400nm，但以裂缝长度为 40～100nm 的数量较多。

整体上，川南地区五峰组—龙马溪组一段孔径为 100～400nm 的宏孔面孔率较大，从 0～400nm 随着孔径增大面孔率比例增大。有机孔随着孔径增大，面孔率逐渐增大，孔径为 100～400nm 的宏孔面孔率比例最大。石英晶间孔和溶蚀孔隙面孔率主要分布于 100～400nm 孔径。微裂缝面孔率主要分布于 0～40nm 裂缝长度，其他区间较少。

川南地区龙马溪组一段页岩孔隙由下至上，面孔率逐渐降低（图 9-2-7a）。其中，龙一 $_1^1$ 小层面孔率为 1.9%～2.8%，龙一 $_1^2$ 小层面孔率为 0.3%～0.8%，龙一 $_1^3$ 小层面孔率为 0.4%，龙一 $_1^4$ 小层面孔率为 0.2%，而龙一 $_2$ 亚段面孔率不足 0.1%。黑色页岩均由有机孔、无机孔和微裂缝组成，从龙一 $_1^1$ 小层至龙一 $_2$ 亚段，随着面孔率的降低，各类型孔隙面孔率也相应降低。

川南地区龙一 $_1^1$ 小层不同地区面孔率大小及孔隙组成存在差异（图 9-2-7b）。其中，泸州地区面孔率为 4%～10%，威远地区面孔率为 2.5%～4.1%，长宁和巫溪地区面孔率为 2.2%～2.4%，渝西地区最低，面孔率为 1%～1.9%。渝西地区无机孔含量最高，为 42%～79%（平均值 66%）；长宁地区无机孔含量最低，为 29%～38%（平均值为 33.5%）。

5. "甜点区"与"甜点段"富集

页岩气源储一体成藏，沿斜坡凹陷区大面积连续分布。页岩内有机质生烃、排烃后滞留在储层内的天然气，形成页岩气聚集。自生自储的聚集方式，使连续展布的页岩储层成为页岩气田分布的主要控制因素之一。页岩储层 TOC、R_o 和脆性矿物等指标横向上存在一定变化，页岩气存在区域上的"甜点区"和纵向上的"甜点段"。国内外很多页岩气田形成时间较早，保存条件评价是能否形成规模聚集的重要考量因素。我国中上扬子地区，发育寒武系筇竹寺组、奥陶系五峰组—志留系龙马溪组两套富有机质页岩。寒武系页岩受构造作用影响，储层发育方解石脉，含气性较差，尚未获得勘探突破。五峰组—龙马溪组页岩总厚度为 100～200m，其中底部 TOC>3%、笔石化石发育的 10～40m 储层是页岩气开发的"甜点段"。

二、页岩气赋存机制

1. 页岩有机质特征

以川南地区五峰组—龙马溪组为例，其富有机质段和贫有机质段有机质组成存在差

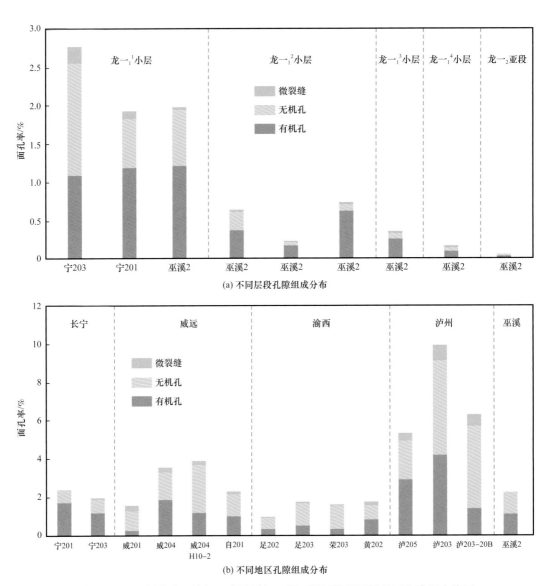

图 9-2-7 四川盆地五峰组—龙马溪组一段不同层段及不同地区孔隙组成特征

异。富有机质段黑色页岩有机质主要由浮游藻类、疑源类、细菌和笔石等生烃生物及其早期生成的原油演化形成的固体沥青组成，其中以非动物碎屑有机质（包括浮游藻类、疑源类、细菌和固体沥青等）为主，占总显微组分的 70%～80%，动物碎屑类（笔石占90% 以上，其余为几丁虫、海绵骨针等）占 20%～30%。贫有机质段以动物碎屑类（笔石、几丁虫等）为主，占总显微组分的 47%～76%，非动物碎屑有机质占总显微组分的24%～53%。

五峰组—龙马溪组黑色页岩下段呈微层理构造，有机质呈纹层分布，尤其是大量笔石呈纹层状分布，层间距 0.4mm 左右，而且每一层面上有多个笔石堆积式分布，这种独有的有机质大量聚积使页理缝更易开启，同时与碎屑矿物之间发育更多的有机质收缩缝和层理缝等，这些缝除具有储集能力外，更重要的是其与有机质、无机质孔隙之间相互连通形成页岩气流动优势通道。得益于平行层理堆积式分布的笔石，纹层结构页岩中页理缝或层理缝发育，使得平行层理方向即使在高有效应力下仍具有较高的渗透率。

国内外学者通过结构组成分析和模拟实验已证实浮游藻类、疑源类和细菌等多脂肪族结构和少芳香族结构组成的富氢有机质具有更高的生烃潜力。因此，以脂肪族化合物为主的富氢有机质与以芳香族化合物为主的贫氢有机质的混合程度决定了干酪根类型及生烃潜力，而且前者比例越大生烃潜力越强。

2. 页岩气赋存形式

超临界条件下气体只能发生单分子层吸附机制，不发生凝聚液化现象。目前，五峰组—龙马溪组页岩气多属于超临界流体，吸附方式主要为单层吸附。焦石坝地区五峰组—龙马溪组黑色页岩中也发现了类似的高密度甲烷包裹体。这些高密度甲烷包裹体的存在，表明当时游离气以高压超临界状态聚集于有机质孔隙、层理缝、微裂缝等储集空间中。

3. 页岩气形成机制

页岩气形成的成熟度范围较宽，既有生物气、未成熟—低成熟气和热解气，又有原油、沥青裂解气。五峰组—龙马溪组黑色页岩成熟度范围小，但有机质热演化程度高。笔石和沥青反射率换算的等效镜质组反射率显示，五峰组—龙马溪组页岩 R_o 值为 $2.21\% \sim 2.74\%$，处于过成熟、高温裂解生气阶段。页岩气地球化学研究表明，气体组成以烃类气体为主，烃类气体中又以甲烷为主，甲烷含量为 $94.44\% \sim 99.16\%$（平均为 97.78%），乙烷含量为 $0.17\% \sim 0.70\%$（平均为 0.51%）。这些均显示该区页岩成熟度较高，属于典型的热成因、干气类型。可见，五峰组—龙马溪组的富有机质层段经历了干酪根热解、残留的液态烃和湿气高温裂解等不同热演化阶段，以及不同生气机制的天然气形成演化过程，并在原地滞留持续聚集形成了现今的页岩气。

4. 页岩气封存（滞留）机制

保存条件是川南地区海相页岩气富集高产的关键，一般情况下地层压力系数越大，页岩气产量越大，页岩气保存的关键因素为：（1）五峰组—龙马溪组页岩气层的顶、底板，无论泥岩、粉砂岩还是石灰岩都很致密，封闭性好，防止页岩气在纵向上的逸散；（2）侧向断层形成很好的封堵作用使页岩气难以横向散失。页岩气组分和稀有气体同位素分析表明焦石坝构造具有良好保存条件。焦石坝地区五峰组—龙马溪组页岩气稀有气体地球化学特征及其同位素年龄研究表明，涪陵页岩气属于典型壳源成因，指示该区不存在深大断裂活动，整体保存环境相对稳定；而且页岩气层中存在异常高压封闭体系，利于大量页岩气的聚集封存。

页岩气主要滞留聚集于有机质孔隙内，富有机质纹层亦是富气纹层。而地层水大部分运聚于顶、底板岩层，少量地层水以束缚水或薄膜水形式赋存于黏土矿物表面或无机质孔隙中。富有机质、富气纹层与无机矿物层或矿物表面束缚水间形成了气—水两相界面，通过毛细管封闭作用构成了相互分隔聚集的不同流体次级分隔单元或纹层。这些单元在致密的顶、底板和优越的断层侧向遮挡形成的体系内交互叠置，相互封存，在三维空间上形成了烃源岩内自身的封闭体系，并在现今的地层温度—压力条件下通过吸附机制和纵、横向低速扩散渗流作用使大量气体在封闭体系内以超临界稠密状态滞留积聚。

第三节　页岩气富集高产主控因素与资源潜力

页岩发育的沉积相带、有机质丰度、矿物组成及保存条件是页岩气富集的主控因素。四川盆地海相、海陆过渡相和陆相三大层系页岩气资源总量约为 $41.5 \times 10^{12} m^3$，资源潜力大。

一、页岩气富集主控因素

天然气富集的基础首先在于天然气的生成和储集。川南地区五峰组—龙马溪组生、储条件俱佳的深水陆棚优质页岩，具备高演化背景下适中的热演化程度，控制了页岩的有机质类型和丰度、生烃潜力和储层性质。页岩气的形成一般经历了超深埋藏和后期抬升才具备适宜压裂改造和工业开采的埋藏深度，抬升和多期构造运动的改造会造成页岩气赋存环境产生变化，必然导致页岩气的逸散甚至破坏。因此，保存条件对页岩气藏的形成和富集至关重要，特别是在中国南方强烈改造地区。

1. 深水陆棚优质页岩发育是页岩气"成烃控储"的基础

1）深水陆棚相泥页岩生烃能力强

五峰组—龙马溪组陆棚沉积发育，可细分为浅水陆棚亚相和深水陆棚亚相，深水陆棚亚相进一步细分为深水斜坡、深水平原和深水洼地微相（图9-3-1）。陆棚相沉积物多以暗色的泥级碎屑物质为特征，浮游生物繁盛。深水陆棚相发育丰富的笔石生物，笔石含量最高可达80%，同时见大量藻类、硅质放射虫和少量硅质海绵骨针等生物化石，反映安静、贫氧、深水的还原沉积环境。海洋沉积环境中水体的生物生产力是控制沉积物中有机质丰度的最重要因素，海洋表层生产力指在单位时间内，单位面积的表层海水中，由于生物光合作用所进行的无机碳向有机碳所转变的量，其生产是全球碳循环的重要环节。深水陆棚环境浮游生物繁盛，以菌藻类为主，浅海透光带富氧的表层水有利于浮游藻类繁盛，具有较高的古生产力（图9-3-2）。

五峰组—龙马溪组页岩自下而上古生产力各参数值具有由高到低的变化趋势，底部优质页岩的参数值为上部层段的数倍，表明优质页岩的古生产力最高，向上逐渐降低。沉积有机质的富集除受古生产力影响外，沉积环境或底层水的缺氧条件也是控制有机质富集的主要因素。深水陆棚相为弱还原—强还原环境，有利于有机质富集与保存。将氧化—还原条件演化与总有机碳分布特征进行初步对比可发现，强还原条件与高有机碳含量之间同样具有比较一致的对应关系，而浅水陆棚处于弱还原—弱氧化环境，TOC值一般在1%左右，说明了氧化—还原条件对有机碳富集的控制作用。

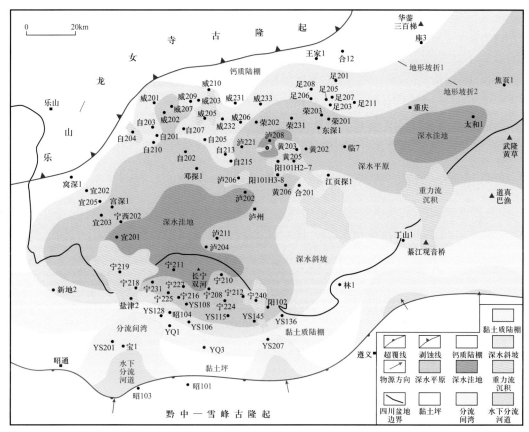

图 9-3-1 四川盆地及邻区奥陶系五峰组—志留系龙马溪组页岩气有利区分布图

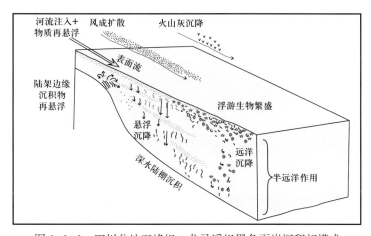

图 9-3-2 四川盆地五峰组—龙马溪组黑色页岩沉积相模式

2）深水陆棚优质页岩具有高 TOC 值与高硅质含量耦合的规律

五峰组—龙马溪组一段深水陆棚页岩 TOC 值和硅质含量都较高，而且硅质矿物含量与 TOC 值存在明显的正相关性，总体反映了五峰组—龙一$_1$亚段深水陆棚优质页岩层段具有高 TOC 值、高硅质含量的耦合特征；而浅水陆棚页岩则表现出 TOC 值和硅质矿物含量较低、硅质含量与 TOC 值相关性差的特征。前人的黑色页岩热模拟实验显示，有机质孔与热演化程度在 0.7%～3.5% 存在正相关关系，热演化程度过高对有机质孔发育不利。涪陵页岩气田五峰组—龙马溪组深水陆棚相优质页岩中有机质孔所占比例一般在 50% 以上，最高可达 76%，对总孔隙度的贡献最大；浅水陆棚相有机质孔所占比例一般为 30%～40%。

综合上述，深水陆棚页岩气储层具有"高 TOC 值、高孔隙度、高含气量、高硅质含量"的四高特征，生烃强度高，有机质孔发育，有利于储层改造，为页岩气层发育的有利层段，是页岩气"成烃控储"的基础。

2. 良好保存条件是页岩气"成藏控产"的关键

1）岩性致密且突破压力均较高的顶、底板条件是页岩气富集的前提

五峰组—龙马溪组页岩气层顶、底板厚度大，展布稳定，岩性致密，突破压力高，封隔性好（图 9-3-3、图 9-3-4）。页岩气层顶板为龙马溪组二段发育的灰色—深灰色中—厚层粉砂岩、泥质粉砂岩，厚度约为 50m；底板为上奥陶统临湘组深灰色含泥瘤状灰岩、石灰岩等，总厚度为 30～40m，区域上分布稳定。焦石坝区块龙马溪组二段的粉砂岩孔隙度平均值为 2.4%，渗透率平均值为 0.0016mD，在 80℃ 条件下，地层突破压力为 69.8～71.2MPa；下伏临湘组孔隙度平均值为 1.58%，渗透率平均值为 0.0017mD，在 80℃ 条件下，地层突破压力为 64.5～70.4MPa，高顶、底板突破压力对页岩气的聚集起到了重要作用。

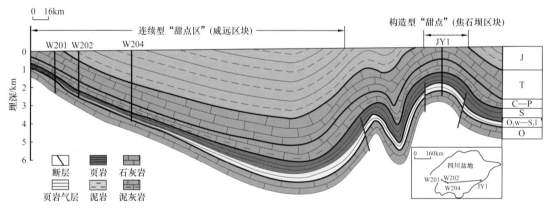

图 9-3-3　四川盆地页岩气构造型"甜点"与连续型"甜点区"聚集样式图（据邹才能等，2015）

2）页岩气保存受后期构造作用的强度与持续时间控制

抬升剥蚀作用强度弱有利于页岩气保存，四川盆地海相烃源岩在整个地质历史过程中，基本都经历了深埋生烃及后期抬升过程。抬升过程不仅会使油气的生成停滞，同时会使含气页岩层段之上的层段遭受剥蚀。

断裂规模小和裂缝发育强度弱有利于页岩气保存，以涪陵页岩气田为例，其主体构造稳定区与断裂、裂缝发育带保存条件差异明显，东南部与西南部断裂发育带保存条件差，产量相对主体构造稳定区较低，钻井液漏失量较大，压力系数一般显示为常压区，如东南部 JY3-3 HF 井五峰组—龙马溪组页岩储层实测压力系数只有 0.97。涪陵页岩气田

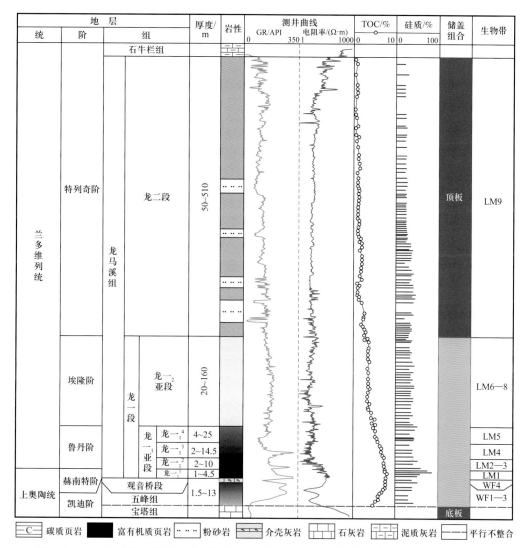

地 层			厚度/	岩性	测井曲线		TOC/%	硅质/%	储盖	生物带
统	阶	组	m		GR/API 0　　　350	电阻率/(Ω·m) 1　　　1000	0　　　10	0　　　100	组合	
兰多维列统	特列奇阶	龙马溪组	龙二段	50~510						顶板	LM9
	埃隆阶		龙一段	龙一²亚段	20~160						LM6—8
	鲁丹阶			龙一¹亚段	龙一₁⁴	4~25					LM5
					龙一₁³	2~14.5					LM4
					龙一₁²	2~10					LM2—3
					龙一₁¹	1~4.5					LM1
上奥陶统	赫南特阶	观音桥段		1.5~13						底板	WF4
	凯迪阶	五峰组									WF1—3
		宝塔组									

石牛栏组

岩性图例：碳质页岩 ▦ C、富有机质页岩 ■、粉砂岩 ···、介壳灰岩、石灰岩、泥质灰岩、平行不整合

图 9-3-4　四川盆地五峰组—龙马溪组海相页岩富集高产关键指标与超压封存箱综合剖面

南部钻探效果差异较大，单井产能主要与距断裂的远近和断裂的规模、性质相关。根据断裂性质，将涪陵页岩气田断裂发育规模划分为四级，其中一级断裂为控盆断裂，二级断裂为控制二级构造单元的断裂，三级断裂为控制局部构造的断裂，四级断裂为局部构造内部小断裂。对川东南地区断裂的影响范围进行统计发现，距一级断裂 10km 以上保存条件较好；距二级走滑断裂 3km 以上保存条件较好，距二级走滑较弱的断裂 2km 以上保存条件较好；距三级断裂 1km 以上保存条件较好，四级断裂影响范围较小，有的穿过断裂的井也有较好的产量。

页岩地层侧向上的扩散作用是页岩气发生散失的主要作用方式之一。深埋的页岩地层若其侧向出露或侧向与开启性断层接触，由于横向顺层散失，气藏丰度会逐渐降低乃至彻底破坏。单斜及向斜构造也能获高产气流，保存条件与构造形态无关。

构造抬升作用时间较晚有利于页岩气保存，油气在地层中发生运移的基本方式有渗滤和扩散两种，而在总体保存条件较好、页岩顶底板条件好、断裂或裂缝发育较少的页岩层中，天然气的逸散破坏以扩散作用为主。由等温吸附实验结果可知，随着页岩地层的抬升，上覆压力卸载使得页岩孔隙流体压力下降，温度也随之降低，游离气向吸附气转换；此时，甲烷有效扩散系数随孔隙压力的降低也明显增加，扩散作用成为页岩气逸散的主要方式。因此，现今处于同样埋藏深度的页岩气藏，其保存程度还要关注抬升时间的早晚。

二、页岩气高产主控因素

富有机质页岩的发育、高页岩气层压力系数、先进的压裂工艺及合理的开采工艺共同控制了涪陵页岩气田五峰组—龙马溪组一段气藏高产。

以涪陵页岩气田五峰组—龙马溪组一段为例，其处于深水陆棚相带，岩性主要为灰黑色含放射虫碳质页岩、含碳含粉砂泥页岩，岩性纯，无隔层，纵向连续，厚度大且平面分布稳定，页岩 TOC 值高，生气量大。页岩孔隙度较大，平均值达 4.87%，能够储集大量的游离态天然气；页岩储集空间以孔径 1.5～50.0nm 的纳米孔隙为主，页岩比表面积大，平均达 18.9m²/g，同时有机质孔发育，有利于页岩气的吸附和储集。在以上有利储集条件的情况下，页岩现场总含气量平均达到 4.61m³/t。

压力系数是保存条件的综合判断标准，高压或超压意味着良好的保存条件，压力高也是较好孔隙性和含气性特征的指示。同一口井同一孔隙流体压力状态下，泥页岩孔隙度与总有机碳含量呈较好的正相关性，但相同 TOC 值的样品孔隙度差异较大，孔隙度与含气量交会发现相关性较好，而含气性好往往具备高压或超压，地层高压或超压可以有效保护页岩储层不被上覆岩层有效应力压实。保存条件是页岩气富集的关键，保存条件好则含气性好，页岩储层表现为（超）高压，储层孔隙发育良好。超压地层压力系数越高，气体压缩因子越大，游离气含量越高，页岩孔隙度越高，为游离气提供了更多的储集空间，同时随着压力增加，吸附气量增加，高压或超压意味着相对更高的总含气量，为页岩气高产奠定了基础。

热成因游离气含量决定初产高低。页岩气以热成因气为主，存在游离态和吸附态两类赋存方式，游离气含量决定气井初产。目前全球已开发的页岩气田超过 15 个，其中 13 个为热成因气，1 个为生物成因气，1 个为混合成因气。页岩层段体积改造后形成大量高渗缝网通道体系，大幅增加了页岩基质与高渗缝网通道的接触面积。与游离气相比，页岩气运移过程中吸附气需先从吸附态解吸为游离态才可由基质内运移至高渗缝网通道；因此，游离气含量越高气井初产也就越高。

天然裂缝发育及超压控制高产。页岩储层压裂过程主要为天然裂缝的开启过程，天然裂缝的发育程度影响页岩体积改造效果，进而控制页岩气井产量。前人试验结果表明，压裂过程中裂缝主要沿天然气裂缝开启并扩展，并且基于天然气裂缝与层理之间的相互限制、相互开启，在页岩储层中形成复杂体积缝网。地层超压是控制页岩含气量、页岩气单井产量的关键因素。经钻探证实，四川盆地及周缘龙马溪组页岩普遍见气，盆地斜坡和向斜区内一般存在异常高压，压力系数为 1.4～2.2，超压区面积超过 25000km²。异常高压区中长宁区块龙马溪组含气量平均为 4.1m³/t，涪陵地区龙马溪组含气量平均为 4.6m³/t，水平井单井测试产量普遍高于 10×10^4m³/d；盆地边缘区一般为正常压力，含气量为 2.3～2.92m³/t，水平井单井测试产量一般小于 2×10^4m³/d。

水平井压裂"人造气藏"实现有效开发。"人造页岩气藏"指以含气黑色页岩地层"甜点区"为单元，在其范围内通过科学合理部署井群，水平井大型压裂改造页岩地层，形成密集缝网，构建"人造高渗区，重构渗流场"，大幅改变地下流体渗流环境并补充地层能量，人工干预实现页岩地层天然气规模有效开发。通过多年不断探索，表明水平井多段压裂技术可使页岩储层形成"人造渗透率"，是建立"人造页岩气藏"的有效技术。

三、页岩气资源潜力分析

四川盆地经历了海相、陆相两大沉积演化阶段，主要发育海相、海陆过渡相和陆相 3 种类型 6 套富有机质页岩层系。海相层系主要发育奥陶系五峰组—志留系龙马溪组、寒武系筇竹寺组和震旦系陡山沱组等 3 套富有机质页岩，海陆过渡相主要发育二叠系龙潭组和梁山组富有机质页岩，陆相层系主要发育三叠系须家河组和侏罗系自流井组富有机质页岩。

1. 海相层系页岩气资源潜力

五峰组—龙马溪组是当前我国页岩气勘探开发的热点层系。四川盆地五峰组—龙马溪组富有机质页岩受古地理和沉积环境控制，主要分布在川南、川东北和川东地区，厚度总体分布在 20～300m 之间；有机质类型以腐泥型为主；页岩总有机碳含量分布在 0.4%～9.6% 之间，底部总有机碳含量普遍大于 2%；页岩成熟度分布在 2.3%～3.8% 之间，平均值约为 2.8%，处于过成熟阶段的页岩气含量为 1.28～6.47m³/t，平均值为 3.27m³/t（邹才能等，2010，2020；董大忠等，2014）。据 2012 年国土资源部全国页岩气资源评价结果，四川盆地五峰组—龙马溪组页岩气资源量为 9.9×10^{12}m³（张大伟等，2012；董大忠等，2014）。根据马新华等 2018 年评价结果，四川盆地川南地区五峰组—龙马溪组构造整体稳定，保存条件好，资源落实程度高，优质页岩大面积连续稳定分布，储层品质好，压力系数高，资源潜力大，埋深小于 4500m 的五峰组—龙马溪组页岩气资源量超过 10×10^{12}m³。四川盆地五峰组—龙马溪组是我国页岩气资源最丰富的领域，也是目前开发最现实的区块，目前川南地区已经探明页岩气储量超过万亿立方米，年产量超过 100×10^8m³，已经成为我国最大的页岩气生产基地。

寒武系筇竹寺组也是四川盆地未来一套重要页岩气勘探开发潜在层系。早寒武世早期，四川盆地构造沉积演化过程中受区域构造拉张与海侵影响，深水陆棚相页岩大面积发育，总体分布面积约为 15×10^4km²，主要分布在德阳—安岳裂陷槽、蜀南及川北地区，裂陷内暗色泥质岩厚度在 210～350m 之间，其他地区厚度约为 120m，富有机质黑色页岩一般发育在筇竹寺组底部，厚度为 40～80m；TOC 值分布在 0.6%～12.9% 之间，平均含量大于 2%；有机质类型为腐泥型；成熟度为 2.2%～5.0%，平均为 3.5%，处于过成熟干气阶段；页岩含气量总体分布在 0.3～6.0m³/t 之间，平均约为 1.9m³/t（邹才能等，

2010，2020）。四川盆地筇竹寺组富有机质页岩厚度大、热演化程度高且分布面积广泛，页岩气储存潜力巨大，估算四川盆地筇竹寺组页岩气资源量约为$10.2×10^{12}m^3$，与黄金亮等（2012）估算的资源量$(6.105\sim13.124)×10^{12}m^3$和董大忠等（2014）估算的资源量$10.83×10^{12}m^3$较为接近，具有良好的勘探开发前景，是四川盆地及周缘志留系页岩气勘探开发的重要接替层系之一，也是中国乃至全球开展古老层系海相页岩气勘探研究的重要领域之一。

震旦系陡山沱组是中国乃至世界上发现的最古老页岩气层，也是四川盆地一套重要的潜在页岩含气层系。陡山沱组沉积期，四川盆地发育浅海—潟湖沉积，总体分布在川中、川南及盆地边缘川西北、川东北等地，分布面积约为$10×10^4km^2$，厚度为$10\sim30m$；TOC值分布在$0.50\%\sim14.17\%$之间，平均约为2.91%；有机质类型以腐泥组为主；有机质成熟度分布范围为$2.1\%\sim5.7\%$，平均为3.5%，属于过成熟干气阶段（邹才能等，2020）。近期中国地质调查局在四川盆地周缘中扬子地区的湖北宜昌鄂阳页1井陡山沱组通过直井压裂获$5460m^3/d$页岩气流，岩心现场解析气量为$1.18\sim4.82m^3/t$；此后在鄂阳页2HF井震旦系陡山沱组获得日产$5.5×10^4m^3$页岩气重大突破（杨玉茹等，2020），在四川盆地周缘中扬子地区获得目前全球最古老页岩气藏，拓展了页岩气勘探开发领域。若震旦系陡山沱组页岩气含量按平均值$3m^3/t$计算，估算四川盆地震旦系陡山沱组页岩气资源量约为$3.6×10^{12}m^3$。

2. 海陆过渡相层系页岩气资源潜力

二叠系龙潭组发育一套区域性海陆过渡相页岩地层。晚二叠世，受东吴运动影响，四川盆地呈现"西南高、东北低"格局，海水向东北方向退却，川中—川东南地区为龙潭组海陆过渡相含煤碎屑岩沉积区，滨岸—沼泽相、潮坪相和斜坡—陆棚相有利于发育富有机质页岩（郭旭升等，2018），川北地区厚度为$20\sim40m$，川中—川南地区厚度为$20\sim80m$。二叠系梁山组暗色泥岩主要分布于底部，厚度为$2\sim10m$，仅达川—南充、泸州—自贡一带及盆地东南缘厚度大于$10m$，总有机碳含量分布在$0.5\%\sim7.1\%$之间，平均约为2.9%（邹才能等，2020），有机质类型为腐泥—腐殖型及腐殖型，页岩成熟度分布在$1.7\%\sim3.2\%$之间、平均值约为2.3%，处于高成熟—过成熟阶段；页岩高含气量为$2.5\sim3.8m^3/t$。2020年中国石化在四川盆地威远构造带南斜坡实施的靖和1井，在二叠系梁山组获得了$12019m^3/d$的页岩气勘探新发现，展现了二叠系梁山组页岩气的勘探潜力（郭旭升等，2018）。根据国土资源部2016年评估，四川盆地及周缘二叠系龙潭组等海陆过渡相页岩气地质资源量达$8.7×10^{12}m^3$，具有较大的资源潜力，也是五峰组—龙马溪组页岩气的重要接替领域。

3. 陆相层系页岩气资源潜力

四川盆地须家河组是我国陆相页岩气勘探开发重要的潜力层系之一。三叠系须家河组是一套大型坳陷敞流湖盆沉积，泥页岩主要分布在须一段、须三段和须五段，盆地范围内呈现"西厚、东薄"的分布特征，西部厚达300m以上，西南和中北部厚度为

100～200m，东部厚度小于100m；总有机碳含量为0.5%～9.9%，平均值约为1.8%；母质类型以腐殖型为主；页岩成熟度为1.0%～2.5%，平均约为1.4%，属于成熟—高成熟阶段（戴金星等，2009；邹才能等，2020）。前人针对不同地区须家河组页岩进行了含气量的测定，川西地区总含气量平均为1.37m³/t，川东北—川中一带总含气量平均为1.28m³/t（郑定业等，2017）。本节对四川盆地须家河组须一段、须三段及须五段页岩气地质资源量进行评估，得到四川盆地须家河组页岩气总地质资源量约为5.6×10¹²m³，与邹才能等（2020）对四川盆地三叠系须家河组页岩气地质资源量约为6×10¹²m³的结果基本吻合。

四川盆地侏罗系为浅湖—半深湖沉积，发育多套富有机质黑色页岩，包括自流井组大安寨段、东岳庙段和凉高山组，以自流井组大安寨段页岩为主。早—中侏罗世自流井组页岩发育，广泛分布于川中、川北和川东地区。大安寨段沉积期，湖盆进入大规模湖泛，黑色页岩广泛发育，大安寨段二亚段浅湖—半深湖黑色页岩集中发育，单层厚度大、分布稳定，厚度分布在5～60m之间，厚度大于30m多分布于川中和川东地区（邹才能等，2019，2020；杨跃明等，2019a）。大安寨段黑色页岩总有机碳含量总体分布在0.1%～5%之间，平均约为0.9%，母质类型主要为腐殖—腐泥型，有机质成熟度分布范围为0.7%～1.6%，处于成熟到高成熟阶段。四川盆地侏罗系自流井组页岩分布面积约为9×10⁴km²，厚度为40～180m，页岩含气量为1.35～1.66m³/t，估算四川盆地侏罗系自流井组页岩气资源量约为3.4×10¹²m³，展现了四川盆地侏罗系陆相页岩气勘探开发的良好前景。

四川盆地海相层系奥陶系五峰组—志留系龙马溪组、寒武系筇竹寺组和震旦系陡山沱组等3套富有机质页岩的页岩气资源量约为23.8×10¹²m³，海陆过渡相层系二叠系富有机质页岩的页岩气资源量约为8.7×10¹²m³，陆相层系三叠系须家河组湖泊—沼泽相和侏罗系自流井组湖相富有机质页岩的页岩气资源量为9×10¹²m³，页岩气资源总量为41.5×10¹²m³（表9-3-1），资源丰富，资源潜力巨大，勘探前景广阔。

表9-3-1　四川盆地海相、海陆过渡相和陆相页岩气资源潜力

类型	层位	岩性	分布面积/10⁴km²	页岩厚度/m	总有机碳含量/%	有机质类型	R_o/%	含气量/m³/t	资源量/10¹²m³
海相	五峰组—龙马溪组	黑色页岩	18	20～300	0.4～9.6	腐泥型	（2.3～3.8）/2.8	（1.28～6.47）/3.27	10
	筇竹寺组	黑色页岩	15	40～350	0.6～12.9	腐泥型	（2.2～5.0）/3.5	（0.3～6.0）/1.9	10.2
	陡山沱组	黑色页岩	10	10～30	（0.50～14.17）/2.91	腐泥型	（2.1～5.7）/3.5	1.18～4.82	3.6
海陆过渡相	龙潭组	煤系泥岩	18	20～170	（0.5～7.1）/2.9	腐泥—腐殖型及腐殖型	（1.7～3.2）/2.3	2.5～3.8	8.7

类型	层位	岩性	分布面积 / 10^4km^2	页岩厚度 / m	总有机碳含量 / %	有机质类型	$R_o/\%$	含气量 / m^3/t	资源量 / $10^{12}m^3$
陆相	须家河组	黑色泥岩	4（须五段） 4.5（须三段） 6.4（须一段）	50～300（须五段） 20～100（须三段） 10～200（须一段）	（0.5～9.9）/ 1.8	腐殖型	（1.0～2.5）/ 1.4	1.37（川西） 1.28（川东北—川中）	5.6
	自流井组	暗色泥岩	9	40～180	（0.1～5）/ 0.9	腐泥型、腐殖—腐泥型	0.7～1.6	1.35～1.66	3.4

注：表中数据格式为（最小值～最大值）/ 平均值。

第十章 泥盆系—中二叠统天然气地球化学 特征与成藏模式

2016 年，四川盆地西北部地区双鱼石构造首次在中泥盆统观雾山组白云岩储层获得日产 $11.6 \times 10^4 m^3$ 工业气流，盆地内中二叠统栖霞组—茅口组天然气勘探也在近年获得重要突破。泥盆系—中二叠统天然气是以甲烷为主的二次裂解型干气，发育多源供烃、多类型储层储集、构造—岩性复合圈闭聚集和区域性膏盐岩封盖等有利成藏条件，具有多源供烃的混源成藏特点，不同区域主力烃源岩有差异，存在古生新储（垂向运聚）、新生古储（侧向运聚）和自生自储三种供烃方式。

第一节 天然气藏形成地质条件

中二叠统早期勘探以川南地区的石灰岩裂缝型和缝洞型气藏为主，已发现气田规模以中小型为主（马新华等，2019a），长时间未获大的突破。1991 年，川西南部周公 1 井钻揭栖霞组白云岩储层开启了中二叠统石灰岩、白云岩气藏并举的勘探历程。2014 年在川西北双鱼石构造双探 1 井栖霞组白云岩和川中南充构造南充 1 井茅口组白云岩储层分获日产气 $87.6 \times 10^4 m^3$ 和 $44.7 \times 10^4 m^3$ 的重大突破，揭开了大规模勘探的序幕。2016 年以来，双探 3 井、双鱼 001-1 井和双探 8 井等一批钻井相继在栖霞组白云岩储层获得高产工业气流；双探 3 井在中泥盆统观雾山组白云岩储层获日产 $11.6 \times 10^4 m^3$ 的工业气流，开启了盆地内泥盆系天然气勘探的序幕（沈浩等，2016）。川中古隆起磨溪地区磨溪 145 井在茅口组二段白云岩储层获日产气 $212.3 \times 10^4 m^3$，创四川盆地茅口组孔隙型储层测试产量新纪录。川中北斜坡角探 1 井在茅口组二段储层获日产气 $112.8 \times 10^4 m^3$。川西南部平探 1 井于栖霞组台缘白云岩储层获日产气 $66.86 \times 10^4 m^3$，为龙门山构造南段栖霞组第一口获工业气流的探井。川南地区青探 1 井于茅口组二段获日产气 $80.08 \times 10^4 m^3$。川西北地区龙探 1 井、川东北地区五探 1 井茅口组岩溶缝洞型石灰岩储层分获日产 $105.7 \times 10^4 m^3$ 和 $82.2 \times 10^4 m^3$。这些重大突破展示出四川盆地泥盆系—中二叠统良好的勘探前景。

截至 2020 年底，已探明中二叠统气田 70 个（图 10-1-1），探明天然气地质储量 $925.44 \times 10^8 m^3$，主要分布在川南低陡构造带和川东高陡构造带，而近期的勘探突破主要在川西北、川西南、川中和川东北地区。探明石炭系气田 23 个，探明天然气地质储量 $2646.14 \times 10^8 m^3$，分布在川东高陡构造带。

四川盆地自南华纪至今，经历了桐湾、加里东、印支、燕山及喜马拉雅等多幕次构造运动（杨光等，2016；沈浩等，2016），这些构造运动对盆地沉积、成岩及油气成藏产

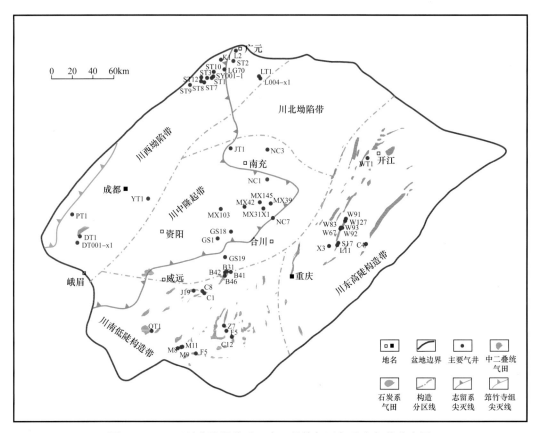

图 10-1-1　四川盆地泥盆系—中二叠统气田与重点气井分布图

生了深远的影响，造就了四川盆地泥盆系—中二叠统具备多套烃源岩供烃、多类型储层储集、断裂输导和区域性膏盐岩封盖的有利成藏条件。

一、多套烃源岩供烃

四川盆地的拉张构造运动主要发生在南华纪—志留纪和早二叠世，形成巨型的裂陷带，如晚震旦世—早寒武世形成的德阳—安岳克拉通内裂陷带和中二叠世开始形成的开江—梁平海槽，在裂陷区发育巨厚的烃源岩（魏国齐等，2017），最为典型的是德阳—安岳裂陷带内发育巨厚的下寒武统筇竹寺组烃源岩，其厚度达到 200～450m，裂陷带周缘的烃源岩厚度一般为 50～250m。四川盆地多套烃源岩中，下寒武统、中二叠统烃源岩在全盆地广覆式分布，下志留统烃源岩主要分布在川南、川东地区。四川盆地内下寒武统筇竹寺组黑色泥岩厚度为 50～450m（图 2-1-5），有机质类型为腐泥型，现今已处于过成熟阶段，总体趋势是乐山—资阳—遂宁—南充—广安—内江一带 R_o 值小于 4%，其余区域 R_o 值大于 4%；下志留统龙马溪组黑色页岩厚度一般为 0～500m，受乐山—龙女寺古隆起影响，核部已被全部剥蚀，在古隆起周缘伴生的凹陷区沉积了主要位于川南、川东地区的志留系烃源岩（图 2-1-6），有机质类型为腐泥型，目前处于过成熟阶段，总体趋势是川东南部（广安—重庆—泸州一带）R_o 值介于 2%～3%，川东北部（广安—奉节—

达州—巴中一带）R_o值介于3%～4%；中二叠统梁山组，属陆源残积沉积，盆地内暗色泥质岩一般厚2～10m；中二叠统烃源岩包括栖霞组、茅口组灰黑色泥灰岩，在盆地内广泛分布，厚度分别为10～40m（图2-1-8）和40～200m（图2-1-9），有机质类型以混合型为主，目前处于过成熟阶段，总体趋势是川南—川东—川东北演化程度相对较低，R_o值介于2%～2.6%，川西—川西北演化程度较高，R_o值介于2.6%～3.1%。此外，在四川盆地西北缘的泥盆系野外露头剖面中也发现下泥盆统养马坝组、中泥盆统观雾山组、上泥盆统土桥子组等多套局部发育的烃源岩。总之，多层系烃源岩的发育可为泥盆系—中二叠统勘探领域的油气成藏提供充足的烃源。

二、发育多套储层

泥盆系—中二叠统发育海相碳酸盐岩和砂岩储层。碳酸盐岩储层具有以相控型白云岩储层为主的特点（马新华等，2019a）。泥盆系观雾山组和中二叠统栖霞组为颗粒滩孔隙、孔洞型白云岩储层，这些储层的发育和分布主要受沉积相控制，中二叠统栖霞组优势储层发育相带主要为台缘滩、台内滩，观雾山组则主要发育在台地边缘礁滩相，为后期叠加多期岩溶及构造作用进一步改造（熊连桥等，2017c；张健等，2018；马新华等，2019a）。此外，还发育石灰岩岩溶缝洞型储层（主要发育在中二叠统茅口组岩溶斜坡和岩溶高地区域）、白云岩岩溶缝洞型储层（主要是石炭系）及砂岩储层（主要是下泥盆统平驿铺组和中泥盆统金宝石组）。

1. 泥盆系白云岩与砂岩储层

川西北地区泥盆纪沉积演化经历了三大沉积旋回（庞艳君等，2010），即平驿铺组陆源砂质滨岸沉积旋回、甘溪组—观雾山组陆源碎屑和碳酸盐岩混合沉积旋回、茅坝组—沙窝子组碳酸盐岩台地沉积旋回，形成了多层段多类型的有利油气储集体（熊连桥等，2017a，2017b）。迄今已在双鱼石构造双探3井中泥盆统观雾山组溶孔、溶洞白云岩储层中获得日产$11.6 \times 10^4 m^3$的工业气流，在何家梁、大木垭等露头剖面见原油外溢或沥青（熊连桥等，2017b），同时在天井山多个野外露头剖面中发现下泥盆统平驿铺组油砂（周文等，2007；邓虎成等，2008；刘春等，2010）及中泥盆统金宝石组油砂（沈浩等，2016）。中泥盆统观雾山组储层岩性主要为粉晶—细晶白云岩、残余砂屑白云岩（沈浩等，2016；熊连桥等，2017a）。储集空间类型主要为各类溶蚀孔洞（包括粒内溶孔、粒间溶孔、晶间溶孔及大型溶孔）及裂缝等（图10-1-2a—f）。熊连桥等（2017a）的样品物性分析结果表明，野外露头（28个）白云岩基质孔隙度为1.84%～7.23%，平均值为3.56%，基质渗透率为0.0063～1.1139mD，平均值为0.1158mD；岩心样品（74个）白云岩基质孔隙度为1.09%～6.41%，平均值为2.13%；渗透率为小于0.001mD至1.3240mD，平均值为0.09mD。孔隙度小于4%、渗透率小于0.1mD的样品分别占分析样品总数的88.0%和76.5%。笔者分析的桂溪野外剖面观雾山组4个样品，孔隙度为1.2%～4.0%（表10-1-1），平均值为2.75%；渗透率为0.0025～0.088mD，平均值为0.0249mD；最大孔喉半径为0.3252～0.8331μm，中值半径为小于0.0049μm至0.0895μm。由上可见，观雾山组白云岩储层整体表现为低孔、低渗特征，储集类型以裂缝—孔隙型为主。

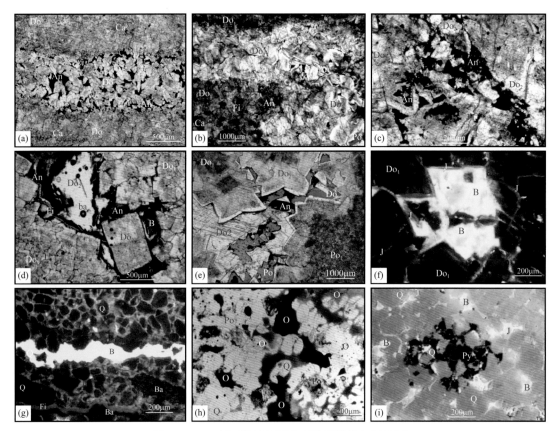

图 10-1-2　川西北地区泥盆系储层储集空间特征

（a）双探 3 井，7577.6m，观雾山组，含钙质细晶白云岩，粒间孔充满碳沥青（An），铸体薄片，单偏光；（b）双探 3 井，7587.3m，观雾山组，钙质中晶白云岩，部分孔（Po）缝（Fi）充填碳沥青（An），铸体薄片，单偏光；（c）双探 3 井，7587.3m，观雾山组，白云石（Do₂）与同期充填的碳沥青（An）共生，晚期构造裂隙穿切两种白云石，无充填，铸体薄片，单偏光；（d）何家梁剖面，地表，观雾山组，溶蚀孔中的粗晶白云石（Do₂）外围充填碳沥青（An）和油沥青（B），见包裹体（ba），沥青干涸收缩形成微裂缝（Fi），铸体薄片；（e）何家梁剖面，地表，观雾山组，细晶白云岩由结晶粗大的白云石（Do₂）组成，中间部分为孔洞（Po），充填少量碳沥青（An），铸体薄片，单偏光；（f）何家梁剖面，地表，观雾山组，溶蚀孔（Po）和晶间缝（Fi）均充满油沥青（B），充满度高，白云石（Do₁）无荧光显示，铸胶（J）荧光带绿色，反射荧光；（g）漩窝梁剖面，地表，金宝石组，石英（Q）颗粒间孔中充填油沥青（B）与黏土矿物（Cl）等，油沥青（B）充填裂隙，强荧光，树皮体（Ba）荧光微弱，反射荧光；（h）小垭子剖面，地表，平驿铺组，细粒石英砂岩粒间孔缝中充满油沥青（O），部分粒间孔（Po）未被充满，见油沥青微球粒，铸体薄片，单偏光；（i）小垭子剖面，地表，平驿铺组，石英（Q）等碎屑矿物粒间孔中充填油沥青（B），黄铁矿（Py）包裹碎屑石英（Q），剩余孔缝被铸胶（J）充填，反射荧光

　　中泥盆统金宝石组储层岩性以灰白色石英砂岩为主，储集空间以粒间溶孔为主，沈浩等（2016）的 27 个野外样品的物性分析表明，金宝石砂岩储层孔隙度为 1.88%～17.51% 且孔隙度大于 8% 的样品占总数的 70%，平均孔隙度为 8.1%；平均渗透率为 0.95mD，整体上为一套低孔、低渗的潜在砂岩储层。

　　下泥盆统平驿铺组储层岩性以灰色、灰褐色细粒石英砂岩为主，碎屑分选性和磨圆度均较好，粒间孔发育（图 10-1-2g—k），孔径为 0.03～0.17mm，连通性较好。竹园坝、火石岭、漩涡梁等露头点 8 个砂岩样品的孔隙度为 6.0%～18.4%（表 10-1-1），平均为 10.71%；渗透率为 0.079～225mD，平均为 52.8mD；最大孔喉半径为 0.2469～33.4337μm，平均为 13.12μm，中值半径为 0.0075～14.4516μm，平均为 5.76μm。总体上，平驿铺组是一套相对高孔渗的砂岩储层。

表 10-1-1　川西北地区泥盆系储层物性参数表

剖面位置	样品编号	层位	岩性	孔隙度 / %	渗透率 / mD	最大孔喉半径 / μm	中值半径 / μm
漩涡梁	XWL-2	平驿铺组	砂岩	13.0	225	33.4337	12.0291
	XWL-4	平驿铺组	砂岩	11.4	67.1	11.6649	6.0440
火石岭	HSL-5	平驿铺组	砂岩	18.4	6.5	8.7069	0.0308
	HSL-6	平驿铺组	砂岩	6.3	1.63	0.4981	0.0311
小垭子	XYZ-1	平驿铺组	砂岩	6.6	0.383	0.3501	0.0075
	XYZ-4	平驿铺组	砂岩	6.0	0.079	0.2469	0.0289
	XZY-5	平驿铺组	砂岩	9.4	35.1	16.5867	13.461
	XZY-6	平驿铺组	砂岩	14.6	86.8	33.4337	14.452
桂溪	GX-8	观雾山组	白云岩	3.9	0.0025	0.8326	<0.0049
	GX-15	观雾山组	白云岩	1.9	0.0055	0.3252	<0.0049
	GX-16	观雾山组	白云岩	4.0	0.088	0.8331	0.0895
	GX-19	观雾山组	生物灰岩	1.2	0.0034	0.8319	<0.0049

2. 石炭系白云岩储层

四川盆地石炭系残存上石炭统黄龙组和下石炭统河州组。下石炭统河洲组主要岩性为褐灰色石英砂岩、泥粉晶砂质云岩和云质砂岩，上部含薄层灰质 / 泥质云岩或页岩。河洲组分布局限且厚度较薄，范围在 0～15m 之间，一般小于 10m。由于河洲组岩性致密，孔隙、裂缝不发育，岩石物性差，因而一般认为河洲组的存在对志留系油气向上运移起隔挡作用，不利于石炭系成藏。储层主要分布在上石炭统黄龙组。黄龙组由下至上分为三段。黄龙组一段（C_2hl_1）沉积厚度一般较薄，在 0～15m 之间，一般小于 10m；岩性以含泥质 / 含陆源石英砂、含石膏次生灰岩为特征。黄龙组二段（C_2hl_2）岩性主要由角砾白云岩、溶孔白云岩、针孔白云岩、粒屑白云岩、粉晶 / 微晶白云岩、泥晶角砾白云岩和泥晶去云（膏）化灰岩组成。其中角砾白云岩、溶孔白云岩和针孔白云岩在本段非常发育，其成因主要为表生期淡水淋滤。黄龙组三段（C_2hl_3）沉积厚度一般较大，但受云南运动抬升剥蚀严重。残余厚度一般在 0～25m 之间，岩性以生屑粉晶灰岩、泥晶灰岩、粒屑灰岩及砂屑粉晶白云岩为主。

通过对石炭系岩心薄片鉴定发现，石炭系孔洞比较发育，孔隙类型多，主要有粒间孔、粒内孔、砾间（内）溶孔、体腔孔、铸模孔、晶间孔及裂缝等，其中粒内溶孔、粒间溶孔、砾间（内）溶孔最为发育，主要分布于粉晶角砾云岩、砾屑云岩和砂屑云岩中，约占整个储集空间的70%；粒间溶孔、粒内溶孔在颗粒云岩中发育，砾间孔洞在角砾云岩发育，晶间孔在泥晶云岩、石灰岩中发育，体腔孔、铸模孔等零星分布，多见于生物碎片含量较多的生屑云岩；溶洞以中小溶洞为主，主要出现在黄二段，复兴场石炭系取心井段洞密度达2.37～8.66个/m，寨沟湾地区石炭系取心井段洞密度达5.57～34.12个/m，这些溶洞成为天然气的主要储集空间。

黄龙组储层非均质性较强，厚度变化快，储层主要集中分布在黄龙组二段，黄龙组一段、三段储层厚度较薄，储层不发育，黄龙组二段纵向上发育3套储层（图10-1-3），分布较稳定，各井单层厚度变化明显。储层孔隙发育区沿开江古隆起及石炭系剥蚀边缘分布，黄龙组一段储层主要发育在东部洼陷，黄龙组二段储层在全川东地区发育，黄龙组三段储层主要发育在西部洼陷，垫江洼陷储层发育介于东、西部洼陷。

3. 中二叠统白云岩和石灰岩储层

中二叠统栖霞组—茅口组储层岩石类型包括白云岩和石灰岩两大类，其中，白云岩主要是晶粒白云岩、残余藻砂屑白云岩、残余生物碎屑白云岩、灰质白云岩和豹斑状灰质白云岩等；石灰岩主要包括含生物屑泥晶—粉晶灰岩、颗粒灰岩等。

栖霞组主要发育孔隙型晶粒白云岩储层，储集空间为孔隙、溶洞和裂缝（图3-2-14），储层物性最好的为中—粗晶白云岩，平均孔隙度为5.38%。双鱼石地区栖霞组白云岩孔隙度最小值为2.11%，最大值为7.59%，平均值为4.22%。栖霞组储层纵向上主要发育在栖霞组二段，平面上主要分布在川西广元—江油及雅安—乐山一带和川中盐亭—南充—资阳一带。川西地区栖霞组白云岩厚度一般为20～40m，个别野外露头白云岩储层厚度可达70m以上（何家梁剖面），川中地区白云岩厚度一般不超过10m。

茅口组发育岩溶缝洞型石灰岩和晶粒白云岩储层。岩溶缝洞型石灰岩储层是20世纪60年代以来茅口组最主要的勘探对象，主要在蜀南地区发育，孔隙度为0.3%～12.55%，平均孔隙度为0.88%。晶粒白云岩储层是近年来有新突破的一种储层类型，主要分布在茅二段，如川中地区储层沿15号基底断裂呈北西—南东向带状展布，厚5～30m，由断裂中心向两侧储层厚度逐渐减薄。

三、发育大型断裂和不整合面输导体系

四川盆地经历桐湾、加里东及印支等多期构造运动后，形成了隆、坳构造格局，发育大型古隆起，不但为优质烃源岩发育、优质储层及古油藏的形成奠定了基础，而且发育众多沟通烃源岩的大型断裂（沈浩等，2016；王蕌等，2016）。如川西北地区，燕山—喜马拉雅构造运动期，该区受龙门山推覆构造应力作用的影响，在印支期形成的盆地边界以西发育映秀—北川、马角坝等推覆断裂带，断裂带内大—中型断裂、大型倒转构造发育，是重要的油气输导通道和聚集场所。另一方面，构造运动形成的"西低东高"古地貌格局及不整合面又可为油气运移提供侧向运移通道。川中地区发育众多沟通深部寒武系烃源岩的大型断裂，川东、川南等志留系尖灭线以内地区发育沟通志留系与中二叠

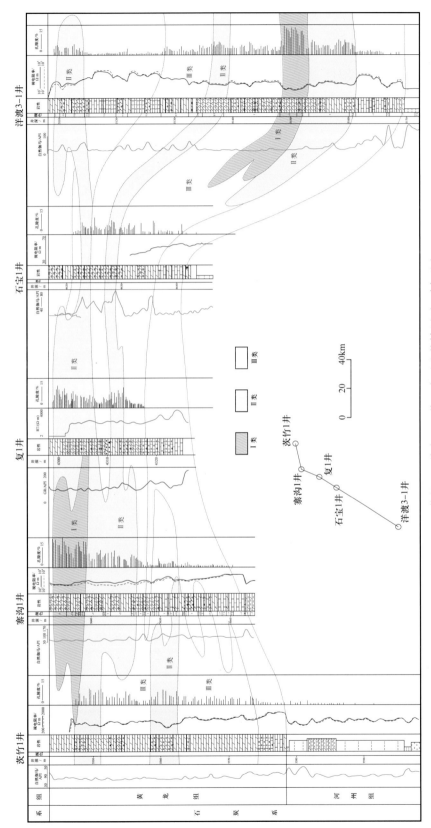

图 10-1-3 茨竹 1—洋渡 3-1 井石炭系连井储层对比剖面图

统的断裂（沈浩等，2016；王蕭等，2016），川中志留系尖灭线附近沿不整合面顺层沟通中二叠统储层，这些断裂及不整合面是重要的油气输导通道。

四、发育区域性超压层和膏盐岩叠加封闭条件

四川盆地上二叠统龙潭组泥岩由于欠压实和生烃作用，形成了一套超压层，是下伏中二叠统气藏的直接盖层，川中地区最厚可达200m，盆地整体厚度为40～200m；中—下三叠统嘉陵江组—雷口坡组膏盐岩地层厚度稳定在100～400m之间（张璐等，2015），基本上全区分布，具有较强的封盖能力。如川西北地区虽然经历多期次构造运动，形成了多种多样的构造样式，尤其在推覆冲断带区域（马角坝断裂带以西），地层发生严重倒转，构造特征复杂，对油气的保存产生了破坏作用。然而，在①号隐伏断裂下盘及其以东的区域，尽管发育许多沟通震旦系—寒武系的深层烃源断裂（杨雨等，2022），但这些烃源断裂向上均消失于区域性分布的中—下三叠统膏盐岩层内（沈浩等，2016；王蕭等，2016），膏盐岩厚度大，研究区内一般为100～200m（张璐等，2015），对泥盆系、中二叠统气藏具备良好的封闭条件。

川东地区石炭系气藏纵向上存在两套主要盖层—直接盖层和区域盖层。直接盖层是中二叠统底部梁山组，其岩性为铝土质泥岩、页岩夹煤线及泥质粉砂岩，岩性致密，厚度为5～40m，一般为10～20m；封闭机理为毛细管压力，封闭的气柱高度一般在300m以下；而多数石炭系气藏气柱高度远大于此，显然仅靠直接盖层的封闭作用是不够的，必须有间接盖层配合才能封闭现有的气藏高度。

主要区域盖层为下三叠统嘉陵江组和中三叠统雷口坡组膏盐岩。其中，在川东地区广泛分布的嘉四段膏盐层，厚度一般为100～200m，层数为3～17层，一般为5～7层，从单层厚度分析，最小为11～15m，最大超过100m，一般为30～50m，在高陡构造主体局部因剥蚀缺失。该区域盖层在地质历史上经历了两次大规模沉积间断，一次为中三叠世末期的印支期，一次为燕山—喜马拉雅期，其中印支期使得区域盖层之上地层被剥蚀达千米以上，局部地区区域盖层被剥蚀；燕山—喜马拉雅期影响亦不可小视。若区域盖层保存完好，地下水未影响到该层，在其之下的嘉一段—嘉三段、飞仙关组、长兴组及茅口组的天然气常形成异常高压气藏，压力系数为1.4～2.2，异常高压对石炭系气藏（压力系数为1.2～1.4）具有良好的压力封闭作用，这种交叉封闭作用可封闭天然气高度达数千米。当嘉四段膏盐层遭受破坏或石炭系处于异常高压区时，间接盖层的压力封闭作用将消失，保存条件随之变差。

第二节　天然气地球化学特征及成因

四川盆地中泥盆统—中二叠统天然气均属于原油二次裂解的干气，甲烷含量大于86%，含少量乙烷、丙烷等烃类气体及少量的氮气、二氧化碳和硫化氢等非烃气体。天然气为腐泥型气和以腐泥型为主的混合型气，不同区域天然气碳、氢同位素值的差异与

不同时代烃源岩贡献比例的大小有关，即川西北地区双鱼石构造中泥盆统和中二叠统、川西南地区中二叠统、川中古隆起部分中二叠统天然气主要源于筇竹寺组，也有中二叠统烃源岩的贡献；川西南地区永探 1 井玄武岩组天然气源于筇竹寺组烃源岩；川东、川南及川西北地区河湾场和川中地区高石 19 井、荷深 101 井中二叠统天然气主要源于龙马溪组烃源岩；川东石炭系天然气源于龙马溪组烃源岩。

一、天然气组成

中泥盆统天然气采自川西北地区双鱼石构造双探 3 井和双探 7 井中泥盆统观雾山组，其天然气组成以甲烷（含量为 91.96%～96.96%）为主（表 10-2-1），含少量乙烷（0.13%～0.23%）和痕量丙烷（含量为 0.01%），干燥系数（C_1/C_{1-5}）为 0.9975～0.9985，为典型的干气。此外，CO_2、N_2、He、H_2 和 H_2S 等非烃气体含量分别为 2.12%～6.36%、0.61%～0.98%、0.02%～0.04%、0.05%～0.27% 和 0～0.27%。

中二叠统天然气在全盆地分布，天然气组成均以 CH_4（含量为 86.89%～99.08%）为主（表 10-2-1），$C_1/C_{1-5}>0.985$，属于原油二次裂解气（谢增业等，2016；图 10-2-1a）。烃类气体组分归一化后，CH_4 含量均大于 98.5%；重烃气体（C_{2+}）含量为 0.07%～1.25%，其中，川南地区重烃气体含量相对较高，以大于 0.8% 为主，其次是川东地区的 0.22%～0.66%，川西北、川西南、川中地区以小于 0.2% 为主（图 10-2-1b）。不同地区天然气重烃气体含量细微差异主要与这些天然气相关烃源岩的热演化程度有关，烃源岩热演化程度高的区域，源于该烃源岩的液态烃及重烃裂解程度高，导致重烃气体含量低，如根据中国石油第四次资源评价结果，筇竹寺组烃源岩在川北、川东及川东南地区 $R_o>4.0\%$，其他地区 $R_o<4.0\%$；龙马溪组烃源岩在川东北、川北地区 $R_o>3.0\%$，川南地区 R_o 值主要为 2.2%～3.0%；中二叠统烃源岩在川西、川北地区 $R_o>2.7\%$，在川南、川东地区 R_o 值主要为 1.9%～2.6%。川西北地区河 2 井、双探 2 井和川中高石 19 井天然气的 C_{2+} 含量分别高于同地区其他天然气，与这些天然气有龙马溪组烃源岩的贡献有关。

中二叠统天然气中非烃组分含量总体较低。N_2 含量主要为 0.13%～170%，仅双探 8 井栖霞组为 2.33%。CO_2 含量主要为 0.05%～4.93%（图 10-2-1c），川西北地区双探 2 井、龙岗 70 井天然气 CO_2 含量分别为 11.49% 和 6.15%，这可能是测试过程中酸化作业导致的假象，类似的问题在高石 1 井灯影组天然气中也曾出现过，随取样时间距离酸化作业时间延长，CO_2 含量有明显降低的趋势（魏国齐等，2015a）。

H_2S 含量为 0.01～39.52g/m³，总体以微—中低含量为主，其中，高值区分布在川中地区，为 15.2～39.52g/m³；川南地区的最低，低于 0.5g/m³；川西北地区以 4.85～13.88g/m³ 为主，少量低于 1.00g/m³；川东地区以低于 5g/m³ 为主。气藏中 H_2S 的形成主要是储层中含硫物质与烃类的反应（Cai et al.，2004；谢增业等，2004；Li et al.，2005），其他条件相似时，储层温度越高越有利于 H_2S 的形成，H_2S 含量有随不同地区气藏埋深增大而增高的趋势（图 10-2-1d）。

表 10-2-1 四川盆地中泥盆统和中二叠统天然气组分及碳氢同位素数据

地区	井号	深度/m	层位	主要组分/%								H_2S/(g/m^3)	干燥系数	$\delta^{13}C$/‰, PDB			δ^2H/‰, SMOW	
				CH_4	C_2H_6	C_3H_8	CO_2	N_2	He	H_2	H_2S			CH_4	C_2H_6	C_3H_8	CH_4	C_2H_6
川西北	河 2	3348	茅口组	97.08	0.65	0.06	0.36	1.70	0.04	0.01	0.05	0.75	0.9923	-35.7	-33.4	-29.1	-136	
	龙探 1	5879	栖霞组	96.22	0.15	0.01	1.69	1.02	0.02	0.01	0.88	8.89	0.9984	-28.8	-27.3	-31.8	-141	
	龙 004-X1	6161	茅口组	98.10	0.14	0.01	0.48	0.72	0.02	0.01	0.54	13.88	0.9985	-27.3	-28.2	-31.4	-135	
	矿 1	4210	茅口组	94.58	0.18	0.01	3.48	0.53	0.03	1.19	0	未测	0.9971	-31.0	-30.9	-27.7	-132	-112
	双探 2	5382	栖霞组—茅口组	86.89	0.51	0.08	11.49	0.56	0.02	0.01	0.36	6.57	0.9971	-31.8	-26.6		-132	
	双探 1	7212	栖霞组	97.06	0.11	0.01	1.82	0.87	0.02	0.12	0	4.85	0.9978	-30.1	-27.4	-32.0	-139	
	双探 1	6853	茅口组	97.24	0.14	0.01	2.35	0.26	0.01	0	0.02	0.31	0.9985	-29.7	-29.9		-137	
	双探 3	7443	栖霞组	95.60	0.10	0.01	1.87	0.88	0.02	0	0.08	5.67	0.9989	-30.0	-27.9		-138	
	双探 7	7631	栖霞组	97.24	0.10	0.01	1.38	0.94	0.02	0.05	0.27	5.90	0.9989	-30.2	-28.1	-29.5	-134	
	双探 8	7312	栖霞组	95.97	0.10	0.01	0.91	2.33	0.02	0	0.67	5.85	0.9989	-29.8	-27.8	-30.2	-139	
	双探 12	7064	栖霞组	96.36	0.11	0.01	1.75	0.71	0.02	0.04	1.01	10.62	0.9988	-30.1	-27.2	-30.1	-134	
	双鱼 001-1	7173	栖霞组	97.10	0.11	0.01	1.56	0.83	0.02	0.01	0.38		0.9988	-29.8	-28.0		-135	
	龙岗 70	7291	茅口组	92.49	0.07	0.01	6.15	0.28	0.02	0.10	0.90	12.84	0.9993	-29.5	-27.9		-136	
	双探 3	7569	观雾山组	96.96	0.23	0.01	2.12	0.61	0.02	0.05	0	0.01	0.9975	-32.3	-28.4		-139	
	双探 7	7716	观雾山组	91.96	0.13	0.01	6.36	0.98	0.04	0.27	0.27	2.51	0.9985	-30.7	-28.6		-136	

– 340 –

地区	井号	深度/m	层位	主要组分/%								H₂S/g/m³	干燥系数	δ¹³C/‰, PDB			δ²H/‰, SMOW	
				CH₄	C₂H₆	C₃H₈	CO₂	N₂	He	H₂	H₂S			CH₄	C₂H₆	C₃H₈	CH₄	C₂H₆
川西南	大深 1	5262	茅口组	97.15	0.18	0.01	0.94	1.67	0.03	0	0	未测	0.9980	−32.2	−29.9		−135	
	大深 001−X1	5200	栖霞组—茅口组	97.67	0.17	0.01	1.02	1.09	0.03	0	0	未测	0.9982	−32.4	−29.6		−135	
	大深 001−X4	5106	茅口组	96.55	0.16	0.01	1.15	1.59	0.03	0.03	0.03	未测	0.9982	−31.0	−29.8		−136	
	永探 1	5628	玄武岩组	99.08	0.36	0.04	0.05	0.46	0.01	0	0	0.00061	0.9960	−32.3	−34.3		−135	−120
川中	高石 18	4278	栖霞组	94.47	0.16	0.01	2.77	0.28	0.02	0.16	2.14	32.47	0.9982	−31.7	−33.7	−29.3	−128	
	高石 19	4019	栖霞组	94.07	0.51	0.07	2.67	0.45	0.02	0.08	2.12	30.11	0.9939	−33.4	−36.3	−33.4	−137	
	磨溪 31−X1	4460	栖霞组	95.50	0.07	0.01	2.08	0.40	0.02	0.11	1.67	25.36	0.9992	−31.1	−30.5		−127	
	磨溪 42	4651	栖霞组	95.51	0.10	0.01	2.64	0.48	0.01	0.26	1.72	26.11	0.9989	−32.4	−31.9	−32.8	−131	
	磨溪 103	4637	栖霞组	92.33	0.15	0.01	4.38	0.35	0.01	0.18	2.60	39.52	0.9983	−32.9	−32.9	−33.2	−131	
	磨溪 39	4410	茅口组	95.13	0.16	0.01	3.24	0.33	0.03	0.10	1.00	15.20	0.9982	−32.2	−33.1		−131	
	南充 1	5045	茅口组	96.57	0.13	0.01	2.35	0.24	0.02	0.15	1.71	25.94	0.9986	−30.9	−31.1	−30.3	−133	
	南充 3	6010	茅口组	95.40	0.16	0.01	4.93	0.13	0.02	0.05	1.55	23.35	0.9982	−30.3	−30.3	−31.4	−125	
	南充 7	4433	茅口组	94.89	0.14	0.01	3.05	0.53	0.02	0.02	0.89	13.53	0.9985	−31.6			−135	
川东	卧 127	4251	栖霞组	95.79	0.21	0.02	2.77	0.26	0.01	0.95	0	未测	0.9976	−32.9	−35.0		−132	
	卧 91	3843	茅口组	98.85	0.63	0.03	0.16	0.28	0.02	0	0.02	未测	0.9934	−33.2	−32.6	−27.0	−125	
	新 3	4049	茅口组	98.47	0.50	0.08	0.31	0.56	0.02	0.03	0.01	0.095	0.9939	−32.0	−36.8	−35.0	−136	
	卧 67	3275	茅口组	96.25	0.29	0.03	2.88	0.25	0.01	0.01	0.25	3.35	0.9965	−32.0	−32.5	−26.5	−125	

地区	井号	深度/m	层位	主要组分/%								H₂S/g/m³	干燥系数	δ¹³C/‰, PDB			δ²H/‰, SMOW	
				CH$_4$	C$_2$H$_6$	C$_3$H$_8$	CO$_2$	N$_2$	He	H$_2$	H$_2$S			CH$_4$	C$_2$H$_6$	C$_3$H$_8$	CH$_4$	C$_2$H$_6$
川东	卧83	3273	茅口组	97.30	0.33	0.03	2.11	0.21	0.01	0	0	未测	0.9968	-32.9	-33.8	-26.8	-127	
	卧92	4050	茅口组	97.41	0.44	0.04	1.53	0.55	0.03	0	0	未测	0.9951	-33.5	-36.6	-33.0		
	卧93	3442	茅口组	95.04	0.26	0.02	3.88	0.29	0.01	0	0.35	未测	0.9971	-32.5	-34.6	-28.5		
	双17	4110	茅口组	98.36	0.29	0.02	0.77	0.54	0.02	0	0.01	未测	0.9970	-32.0	-34.3	-29.6	-132	-127
	池4	3269	茅口组	97.66	0.21	0.01	1.70	0.28	0.02	0.02	0.02	未测	0.9976	-31.5	-36.2		-128	
	双11	4088	茅口组	98.35	0.31	0.03	0.79	0.24	0.01	0.01	0.22	3.39	0.9963	-31.7	-33.4	-27.1	-126	
	五探1	4830	茅口组	97.20	0.33	0.01	1.13	0.70	0.03	0	0.60	4.36	0.9964	-31.9	-36.1	-36.4	-126	
川南	昌1	2274	茅口组	96.81	0.62	0.11	1.74	0.44	0.02	0.01	0.36	未测	0.9925	-33.2	-35.3	-34.1	-137	-151
	昌8	2752	茅口组	98.48	0.76	0.20	0	0.53	0.03	0.01	0	未测	0.9903	-35.3	-37.7	-36.0	-141	-156
	豕19	2372	茅口组	96.20	0.67	0.16	2.47	0.45	0.02	0.04	0	未测	0.9914	-35.0	-38.7	-37.0	-141	-156
	分5	2783	茅口组	97.29	0.66	0.10	1.25	0.38	0.03	0	0.30	未测	0.9922	-33.7	-36.5	-33.1	-137	-164
	中7	2481	茅口组	97.33	0.94	0.20	0.73	0.49	0.03	0.01	0.25	未测	0.9851	-32.6	-36.9	-33.5	-136	
	包003-1	3295	茅口组	96.49	0.91	0.25	1.76	0.48	0.02	0.02	0	未测	0.9875	-33.1	-36.1	-32.8	-136	-139
	包31	3323	茅口组	97.08	0.67	0.13	1.74	0.31	0.02	0.05	0	未测	0.9918	-33.3	-35.4	-31.4	-134	-147
	包41	3400	茅口组	97.25	0.84	0.11	1.45	0.29	0.02	0.03	0	未测	0.9903	-33.5	-35.9	-32.2	-138	-146
	包42	3257	茅口组	96.22	0.63	0.14	2.64	0.31	0.02	0.04	0	未测	0.9920	-33.8	-36.0	-32.4	-138	-148
	包46	3149	茅口组	97.19	0.65	0.11	1.66	0.32	0.02	0.07	0	未测	0.9905	-34.3	-36.0	-32.2	-138	-150
	白002-1	3470	茅口组	97.13	0.89	0.17	1.27	0.41	0.03	0.01	0	未测	0.9883	-31.8	-35.8	-31.2	-136	-146

地区	井号	深度/m	层位	主要组分/%								H₂S/g/m³	干燥系数	δ¹³C/‰, PDB			δ²H/‰, SMOW	
				CH_4	C_2H_6	C_3H_8	CO_2	N_2	He	H_2	H_2S			CH_4	C_2H_6	C_3H_8	CH_4	C_2H_6
川南	寺12	2962	茅口组	97.67	0.85	0.19	0.72	0.47	0.03	0	0.01	0.12	0.9888	-32.0	-36.7	-32.8	-133	-156
	自2	2202	茅口组	97.04	0.50	0.07	1.59	0.76	0.02	0.01	0.02	0.30	0.9942	-34.7	-35.0	-33.2	-136	
	牟8	2501	茅口组	97.42	0.87	0.12	0.93	0.60	0.03	0	0.01	0.13	0.9896	-34.3	-32.7	-29.3	-141	-140
	牟9	2490	茅口组	97.08	0.94	0.13	1.29	0.49	0.03	0.01	0.01	0.13	0.9889	-33.8	-32.2	-29.5	-140	-142
	牟11	2745	茅口组	97.21	0.90	0.13	1.18	0.52	0.03	0	0.01	0.08	0.9893	-34.9	-32.0	-29.6	-139	-132
	付5	2210	茅口组	97.58	0.76	0.09	0.89	0.65	0.04	0	0.03	0.39	0.9914	-33.6	-33.4	-30.9	-138	-155
	付31	2457	茅口组	97.61	0.77	0.08	0.90	0.60	0.04	0.01	0.02	0.34	0.9913	-33.8	-34.5	-30.7	-138	-154

注：$\delta^{13}C_2$、$\delta^{13}C_3$ 值是通过富集的方法测得的，$\delta^{13}C_3$ 值供参考；$\delta^2H_{C_2H_6}$ 值供参考；表中空白处为没有检测到数据。

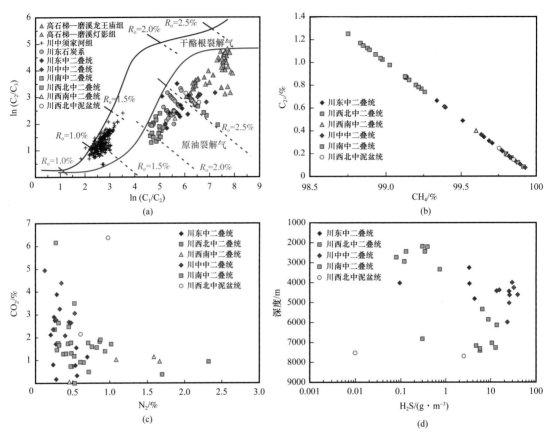

图 10-2-1　四川盆地中泥盆统和中二叠统天然气组分及成因判识图

（a）干酪根与原油裂解气判识图；（b）甲烷与重烃气体含量关系图；（c）CO_2 与 N_2 含量关系图；
（d）硫化氢含量与深度关系图

1. 天然气碳同位素组成

中泥盆统天然气 $\delta^{13}C_1$ 值为 $-32.3‰$～$-30.7‰$，$\delta^{13}C_2$ 值为 $-28.6‰$～$-28.4‰$，$\delta^{13}C_1$ 和 $\delta^{13}C_2$ 呈正碳同位素序列（$\delta^{13}C_1 < \delta^{13}C_2$）分布，表现为一种混合型气。

如表 10-2-1 所示，同为双探 3 井，但栖霞组天然气 $\delta^{13}C_1$、$\delta^{13}C_2$ 值均比观雾山组的略重，有多种因素可以导致这种差异。

第一，热化学硫酸盐还原（TSR）反应可导致天然气碳同位素值变重（Cai et al.，2004；Li et al.，2005），但从四川盆地主要层系天然气的统计结果（表 10-2-2）可知，当 H_2S 含量大于 1% 时，$\delta^{13}C_1$ 值有随 H_2S 含量增高而变重的趋势（图 10-2-2）；当 H_2S 含量低于 1% 时，$\delta^{13}C_1$ 值与 H_2S 含量之间则不具相关性（图 10-2-2），表明低 H_2S 含量对 $\delta^{13}C_1$ 值的影响很小。因此，栖霞组天然气中 0.08%～0.11% 的 H_2S 应该不是导致其同位素重于观雾山组的主要原因。

第二，$\delta^{13}C_1$ 值可随成熟度增高而变重，但由于栖霞组埋深浅于观雾山组，其天然气的成熟度无疑要低于观雾山组，因此，也可以排除成熟度的影响。

表 10-2-2　四川盆地主要层系天然气同位素和硫化氢含量数据表

井号	层位	深度 /m	碳同位素 $\delta^{13}C$/‰，PDB		甲烷 δ^2H_1/‰，SMOW	H_2S 含量 /%	备注
			甲烷 $\delta^{13}C_1$	乙烷 $\delta^{13}C_2$			
磨溪 8	龙王庙组上段	4646.5～4675.5	−32.4	−32.3	−133	0.73	本书
磨溪 8	龙王庙组下段	4697.5～4713	−33.1	−33.6	−134	0.73	本书
磨溪 9	龙王庙组	4549～4607.5	−32.8	−32.8	−134	0.47	本书
磨溪 10	龙王庙组	4646～4697	−32.1	−33.6	−134	0.40	本书
磨溪 11	龙王庙组上段	4684～4712	−32.5	−32.4	−133	0.47	本书
磨溪 11	龙王庙组下段	4723～4734	−32.6	−32.5	−132	0.47	本书
磨溪 12	龙王庙组	4603.5～4619	−33.4	−33.4	−134	0.62	本书
磨溪 13	龙王庙组	4575.5～4648.5	−32.7	−33.0	−127	0.46	本书
磨溪 16	龙王庙组	4743～4805	−32.5	−32.7	−134	0.30	本书
磨溪 17	龙王庙组	4609～4673	−32.7	−34.1	−138	0.39	本书
磨溪 21	龙王庙组	4601～4655	−33.5	−34.9	−132	0.24	本书
磨溪 201	龙王庙组	4547～4608.5	−33.1	−33.0	−133	0.32	本书
磨溪 202	龙王庙组	4634.5～4711.5	−34.7	−35.3	−132	0.82	本书
磨溪 204	龙王庙组	4655～4685	−32.6	−32.4	−134	0.43	本书
磨溪 205	龙王庙组	4588.5～4654.5	−33.2	−34.8	−132	0.52	本书
磨溪 008-H1	龙王庙组	4699.45～5436	−32.2	−33.3	−136	0.65	本书
磨溪 009-X1	龙王庙组	4750～5000	−33.0	−33.3	−137	0.76	本书
天东 9	黄龙组	4552.44～4610	−34.1	−39.0		0.052	本书
天东 19	黄龙组	4804～4903	−34.0	−38.6		0.03	本书
天东 29	黄龙组	4974.76～5026	−33.8	−36.9		0.01	本书
天东 30	黄龙组	5005.0	−33.8	−36.8		0.01	本书
天东 80	黄龙组	4862.50～4899.5	−33.9	−36.9		0	本书
天东 88	黄龙组	4960	−34.0	−34.9		0.04	本书
天东 92	黄龙组	4900～4930.8	−35.4	−37.3		0.02	本书
大天 9-1	黄龙组	2187.5～2208.5	−33.7	−33.9		0.01	本书
卧 48	黄龙组	3804.5～3829.81	−32.9	−33.3		0.17	本书
卧 51	黄龙组	4083～4132	−33.2	−36.7		0.11	本书
卧 52	黄龙组	4573.5～4624	−32.1	−35.3		0.28	本书

井号	层位	深度 /m	碳同位素 δ¹³C/‰，PDB		甲烷 δ²H₁/‰，SMOW	H₂S 含量 /%	备注
			甲烷 $\delta^{13}C_1$	乙烷 $\delta^{13}C_2$			
卧 65	黄龙组	4121.8～4156	−32.2	−36.0		0.15	本书
卧 77	黄龙组	3878.6～3910	−32.6	−36.9			本书
卧 85	黄龙组	4506.56～4548	−32.8	−37.5			本书
卧 119	黄龙组	4736.0	−32.6	−35.7			本书
罐 3	黄龙组	4605.5～4661	−31.9	−36.2			本书
罐 19	黄龙组	4388～4420	−31.0	−36.3		0.35	本书
相 14	黄龙组	2222.5～2231.5	−33.5	−35.2			本书
相 18	黄龙组	2306～2315	−34.3	−37.4			本书
相 25	黄龙组	2452.8～2463	−33.7	−35.9		0.03	本书
峰 12	黄龙组	4925.2～4906	−31.8	−36.6		0.08	本书
龙岗 001-3	飞仙关组	6104.41	−29.8	−28.3		2.68	据秦胜飞等（2016）
龙岗 001-3	飞仙关组	6141.77	−29.4	−28.3		1.44	
龙岗 001-6	飞仙关组	6086.55	−28.6	−24.7		1.24	
龙岗 001-11	飞仙关组	5946.7～6088	−29.2	−23.1			
龙岗 2	飞仙关组	5953～5990	−28.5	−24.3		2.78	
龙岗 3	飞仙关组	5984～5998	−30.2	−21.0			
龙岗 12	飞仙关组	6046.4	−30.4	−27.6			
龙岗 26	飞仙关组	4694～4728	−29.1	−25.8		2.75	
龙岗 27	飞仙关组	4772～4795	−29.5	−26.0			
龙岗 1	飞仙关组	6055～6124	−29.1	−25.6		1.96	本书
龙岗 6	飞仙关组	4781～4889.5	−29.0	−25.3		2.45	本书
龙岗 27	飞仙关组	4772～4814	−29.0	−25.9		4.51	本书
龙岗 001-7	飞仙关组	6006～6213	−29.3	−25.7		1.30	本书
龙岗 001-6	飞仙关组	5955～6130	−29.0	−25.3		1.36	本书
龙岗 001-1	飞仙关组	5966.2～6036.5	−29.1	−26.3		1.57	本书
龙岗 001-18	长兴组	6382.6～6456	−29.1	−26.4		2.74	本书
龙岗 001-8-1	长兴组	6261～6364	−29.1	−26.9		3.21	本书
龙岗 001-2	长兴组	6735～6828	−29.3	−27.0		3.78	本书

井号	层位	深度 /m	碳同位素 $\delta^{13}C$/‰，PDB		甲烷 δ^2H_1/‰，SMOW	H_2S 含量 /%	备注
			甲烷 $\delta^{13}C_1$	乙烷 $\delta^{13}C_2$			
龙岗 001-2	长兴组	6735～6828	−28.8	−25.4			本书
龙岗 1	长兴组	6202～6240	−29.4	−24.3		2.48	据秦胜飞等（2016）
龙岗 2	长兴组	6112～6124	−28.5	−21.7		4.52	
龙岗 8	长兴组	6713～6731	−29.0	−22.1		7.24	
龙岗 11	长兴组	6045～6143	−27.8	−27.0		9.09	
龙岗 26	长兴组	5774～5796	−29.4	−23.0		1.67	
龙岗 28	长兴组	5996.7	−29.3	−24.7		0.70	
龙岗 29	长兴组	6020～6244	−29.3	−25.2		4.78	
YB1-1	长兴组	7367	−28.9	−25.3		6.61	据戴金星等（2016）
YB27	长兴组	7367	−28.9	−26.6		5.14	
YB221	长兴组	6720	−29.2	−28.6			
YB222	长兴组	7030	−30.9	−29.7			
YB224	长兴组	6636	−28.3	−25.9			
YB273	长兴组	6880	−28.6	−25.4		0.44	
YB1	长兴组	7081～7150	−30.2	−27.6		13.33	
YB11	长兴组	6797～6917	−27.9	−25.2		7.37	
卧 3	嘉陵江组	1262.09～1307.5	−32.68	−28.91		4.43	本书
卧 5	嘉陵江组	1783～1890	−33.13	−29.43		3.67	本书
卧 6	嘉陵江组	1568～1603	−32.75	−28.9		4.37	本书
卧 11	嘉陵江组	1477～1510.5	−33.5	−28.2		4.44	本书
卧 19	嘉陵江组	1725～1760	−32.61	−28.87		4.67	本书
卧 25	嘉陵江组	1649.52～1690	−33.0	−28.98		4.38	本书
卧 27	嘉陵江组	1450～1509	−33.06	−29.18		4.32	本书
坡 1	飞仙关组	3353.9～3484.08	−30.12			10.92	本书
坡 2	飞仙关组	4022.4～4161.8	−29.52			14.51	本书
罗家 6	飞仙关组	3911～3990	−30.43			8.28	本书
罗家 7	飞仙关组	3856～3956	−31.5	−29.4		10.41	本书
渡 4	飞仙关组	4191.2～4220	−29.83			9.81	本书

井号	层位	深度 /m	碳同位素 δ¹³C/‰，PDB		甲烷 δ²H₁/‰，SMOW	H₂S 含量 /%	备注
			甲烷 $\delta^{13}C_1$	乙烷 $\delta^{13}C_2$			
天东 100	飞仙关组	3814.6～3830.3	−32.4	−29.8		7.43	本书
紫 2	飞仙关组	3347～3366	−29.0			11.93	本书
普光 2	飞仙关组	5007.5～5102	−29.9			15.99	本书
普光 6	飞仙关组	4850.7～4892.8	−30.7	−28.5		14.05	本书
普光 2	长兴组	5237～5281.6	−28.9			15.66	本书
高石 1	灯四段上亚段	4956.5～5093	−32.3	−28.1	−137	1.000	本书
高石 1	灯四段下亚段	5130～5196	−32.7	−28.4	−135	0.970	本书
高石 1	灯二段	5300～5390	−32.3	−27.8	−137	0.93	本书
高石 2	灯四段上亚段	5023～5121	−33.1	−27.6	−139	1.15	本书
高石 3	灯二段	5783～5810	−32.6	−28.0	−149	2.56	本书
高石 6	灯四段上亚段	4986～5132	−33.0	−27.8	−139	1.04	本书
高石 6	灯四段下亚段	5200～5221	−32.9	−28.6	−139	1.10	本书
高石 8	灯四段上亚段	5108～5224	−32.8	−27.7	−144	0.640	本书
高石 8	灯四段下亚段	5385～5420.5	−33.2	−28.8	−136	0.950	本书
高石 9	灯四段上亚段	5090～5187.5	−33.5	−28.1	−142	0.630	本书
高石 9	灯四段下亚段	5238～5393.5	−33.5	−27.7	−136	1.020	本书
高石 10	灯四段	5047～5311	−33.4	−28.2	−144	0.870	本书
高石 10	灯二段	5403～5431	−33.4	−27.6	−142	0.99	本书
磨溪 8	灯四段	5102～5172.5	−32.8	−28.3	−147	0.960	本书
磨溪 8	灯二段	5422～5459	−32.3	−27.5	−147	1.03	本书
磨溪 9	灯二段	5423.5～5459.5	−33.5	−28.8	−141	2.750	本书
磨溪 11	灯四段上亚段	5149～5208	−33.9	−27.6	−138	2.09	本书
磨溪 11	灯二段	5455～5486	−32.0	−26.8	−150	0.940	本书
磨溪 12	灯四段	5116～5159	−33.1	−29.3	−137	1.62	本书
磨溪 13	灯四段	5176～5132.5	−32.9	−29.5	−141	0.880	本书
磨溪 17	灯四段	5062.5～5152	−33.5	−28.9	−142	0.950	本书

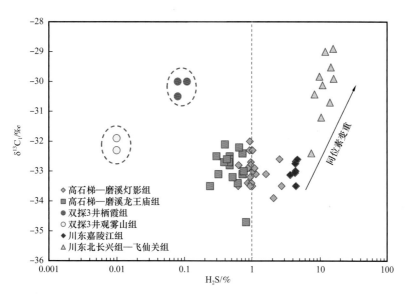

图 10-2-2　四川盆地不同层系天然气氢同位素与硫化氢含量关系图

　　第三，母质类型的不同可导致碳同位素的差异，一般是腐泥型母质生成天然气的碳同位素轻于腐殖型母质的。

　　从川西北地区烃源岩有机质类型来看，该区发育三类（腐殖型、腐泥型和混合型）烃源岩，中二叠统梁山组页岩和煤属于腐殖型母质，但其厚度较薄，页岩一般厚 2～10m，煤厚 1～1.5m；筇竹寺组、龙马溪组页岩烃源岩有机质类型均属于典型的腐泥型；栖霞组与茅口组泥灰岩有机质类型以腐殖—腐泥型为主，少量为腐泥型。由于龙马溪组烃源岩在双探 3 井区缺失（图 2-1-6），其对观雾山组的贡献可以忽略。研究区泥盆系直接覆盖在下寒武统之上且发育沟通烃源岩的断裂，因此，筇竹寺组烃源岩无疑对观雾山组天然气有贡献，而中二叠统栖霞组和梁山组烃源岩生成的油气则可以通过断层两盘源—储对接侧向进入观雾山组储层中。多源、多类型气的供给导致现今气藏天然气呈现出混合型特征。由于栖霞组气藏有优于观雾山组聚集更多源于栖霞组和梁山组烃源岩油气的有利条件，因此，栖霞组天然气中二叠统烃源岩贡献的比例高于观雾山组是其碳同位素略重于观雾山组天然气的主要原因。

　　中二叠统天然气 $\delta^{13}C_1$ 值为 $-35.7‰～-27.3‰$，$\delta^{13}C_2$ 值为 $-38.7‰～-26.6‰$，$\delta^{13}C_3$ 值为 $-37‰～-26.5‰$（表 10-2-1）。不同区域天然气 $\delta^{13}C$ 值有较大差异：（1）川南、川东地区天然气 $\delta^{13}C_1$ 值和 $\delta^{13}C_2$ 值相对较低，$\delta^{13}C_1$ 值为 $-35.3‰～-31.5‰$，$\delta^{13}C_2$ 值为 $-38.7‰～-32‰$，并且多数样品 $\delta^{13}C_1$ 值和 $\delta^{13}C_2$ 值已发生倒转（$\delta^{13}C_1 > \delta^{13}C_2$）；（2）川西北、川西南地区除河湾场构造河 2 井 $\delta^{13}C_1$ 值（$-35.7‰$）和 $\delta^{13}C_2$ 值（$-33.4‰$）、永探 1 井 $\delta^{13}C_2$ 值（$-34.3‰$）明显偏低外，其他天然气 $\delta^{13}C_1$ 值和 $\delta^{13}C_2$ 值相对较高，$\delta^{13}C_1$ 值和 $\delta^{13}C_2$ 值分别介于 $-32.4‰～-27.3‰$ 和 $-31.3‰～-26.6‰$，并且主要呈现出 $\delta^{13}C_1 < \delta^{13}C_2$ 特征；（3）川中地区天然气 $\delta^{13}C_1$ 值和 $\delta^{13}C_2$ 值变化大，有与川南、川东地区相似的，也有与川西北、川西南地区相似的（图 10-2-3a）。天然气 $\delta^{13}C$ 值的这种区域性分布特征主要与热演化程度有关，随天然气湿度系数减小，$\delta^{13}C_1$ 值与 $\delta^{13}C_2$ 值均有增高的趋势（图 10-2-3b、c）。

从四川盆地不同层系天然气 $\delta^{13}C_2$—$\Delta^{13}C_{2-1}$ 关系图（图 10-2-3d）可见，川南、川东地区中二叠统天然气与主要源于龙马溪组烃源岩的川东地区石炭系天然气（王兰生等，2002；沈平等，2009）具有相似的 $\delta^{13}C$ 值，$\delta^{13}C_2<-32‰$，$\Delta^{13}C_{2-1}$ 主要为 $-4.7‰$~$2.9‰$；川西北地区河 2 井、川中地区高石 19 井也具此特征，表明它们的母源、生源及演化程度有一定相似性。川中地区中二叠统天然气来源比较复杂，除高石 19 井天然气与川东石炭系天然气相似，主要源于龙马溪组烃源岩外（董才源等，2017），高石 18 井、磨溪 39 井、磨溪 42 井和磨溪 103 井天然气与主要源于筇竹寺组烃源岩的高石梯—磨溪地区龙王庙组天然气（邹才能等，2014；魏国齐等，2015a）特征相似；南充 1 井、南充 3 井和磨溪 31X1 井天然气 $\delta^{13}C_1$ 值和 $\delta^{13}C_2$ 值均比龙王庙组天然气的略高，揭示其来源不完全一致。川西北、川西南地区天然气的 $\delta^{13}C_2$ 值则明显偏高（$-30.9‰$~$-26.6‰$），轻于源于上二叠统烃源岩的元坝（范小军等，2012；郭旭升等，2014）、龙岗（赵文智等，2011a；秦胜飞等，2016）长兴组—飞仙关组天然气，呈现出混合型气特征（图 10-2-3d）。永探 1 井玄武岩组天然气与高石梯—磨溪地区龙王庙组天然气相似。

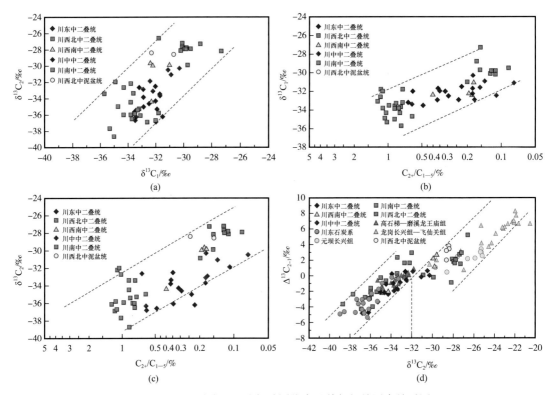

图 10-2-3 四川盆地天然气碳同位素及其与相关因素关系图
（a）$\delta^{13}C_1$—$\delta^{13}C_2$ 关系图；（b）$\delta^{13}C_1$—C_{2+}/C_{1-5} 关系图；（c）$\delta^{13}C_2$—C_{2+}/C_{1-5} 关系图；（d）$\Delta^{13}C_{2-1}$—$\delta^{13}C_2$ 关系图

川西北地区中泥盆统、中二叠统天然气 $\Delta^{13}C_{2-1}$ 值除双探 1 井茅口组和龙 004-X1 井茅口组分别为 $-0.2‰$ 和 $-0.9‰$ 外，其他的 $\Delta^{13}C_{2-1}$ 值主要介于 $0.1‰$~$2.3‰$，具有与元坝、龙岗天然气更为相似的 $\delta^{13}C_1$ 值、$\delta^{13}C_2$ 值，但上二叠统烃源岩对中泥盆统和中二叠统气藏的贡献不大，这主要是此类上生下储的油气成藏只有通过断层的源—储侧向对接才能实现，上二叠统烃源岩生成的油气要充注到中泥盆统储层中的可能性小，因此可以排除上二叠统烃源岩的贡献。受龙马溪组烃源岩分布的限制，川西北地区除河湾场等局部区域有龙马溪组烃源岩的贡献外，缺失龙马溪组烃源岩的广大区域也可以排除该烃源岩贡献。在可能供烃的筇竹寺组、梁山组和栖霞组—茅口组烃源岩中，有 3 种可能的供烃组合：（1）完全由筇竹寺组烃源岩单期次供烃。此情形在过成熟阶段可形成 $\delta^{13}C_1 < \delta^{13}C_2$ 现象，但筇竹寺组页岩（腐泥型）干酪根 $\delta^{13}C$ 值低（-36.4‰～-30‰），而且川西北地区中泥盆统、中二叠统天然气 $\delta^{13}C_1$ 值、$\delta^{13}C_2$ 值与主要源于筇竹寺组烃源岩的天然气有较大差别，因此由筇竹寺组单一来源的几率不大；（2）完全由中二叠统烃源岩供烃，中二叠统栖霞组—茅口组泥灰岩（腐泥型、腐殖—腐泥型）干酪根 $\delta^{13}C$ 值分别为 -30.7‰～-28.3‰ 和 -32.8‰～-28.5‰，梁山组页岩干酪根 $\delta^{13}C$ 值为 -26.7‰～-23.6‰，从碳同位素分馏角度似乎可以解释中二叠统天然气的特征，但从地质角度难以解释与中二叠统天然气具有相似 $\delta^{13}C$ 值特征的中泥盆统天然气，因此完全由中二叠统来源的几率也不大；（3）筇竹寺组与中二叠统烃源岩共同供烃，由烃源岩的生烃演化史可知，筇竹寺组和中二叠统烃源岩生油高峰期分别是晚二叠世—中三叠世和晚三叠世—早侏罗世，生气高峰期分别是晚三叠世—早白垩世和中侏罗世—早白垩世。不同类型烃源岩在不同阶段生成的液态烃进一步裂解形成的天然气或直接源于烃源岩干酪根裂解的天然气混合可以形成 $\delta^{13}C_1$ 值与 $\delta^{13}C_2$ 值相关性差、$\Delta^{13}C_{2-1} > 0$ 的现象。Li 等（2019）和魏国齐等（2019c）从多种参数论证了川西北地区双探 3 井中泥盆统天然气源于筇竹寺组和栖霞组—茅口组烃源岩。

2. 天然气氢同位素组成

中泥盆统天然气甲烷氢同位素（$\delta^2H_{CH_4}$）值为 -139‰～-136‰（表 10-2-1），乙烷氢同位素（$\delta^2H_{C_2H_6}$）未检测到。中二叠统天然气 $\delta^2H_{CH_4}$ 值为 -141‰～-125‰。整体上看，$\delta^2H_{CH_4}$ 值与湿度系数的相关性差（图 10-2-4）。深入分析川南、川东及川西北地区河 2

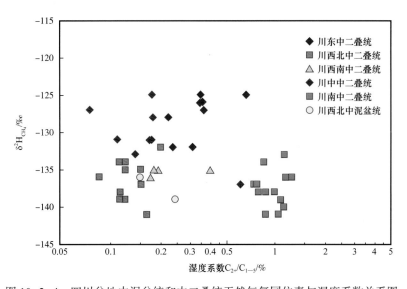

图 10-2-4 四川盆地中泥盆统和中二叠统天然气氢同位素与湿度系数关系图

井、川中地区高石 19 井等与龙马溪组烃源岩有关的天然气可以看出，随着天然气湿度系数增大，$\delta^2H_{CH_4}$ 值有变低的趋势；川西北、川西南及川中地区天然气则没有这种趋势，湿度系数大体相当，但川中地区天然气 $\delta^2H_{CH_4}$ 值较高（-135‰～-125‰），川西北、川西南地区的 $\delta^2H_{CH_4}$ 值相对较低（-141‰～-132‰）。

因天然气 C_{2+} 含量低，多数样品检测不到 $\delta^2H_{C_2H_6}$ 值，湿度系数相对较大的川南地区天然气 $\delta^2H_{C_2H_6}$ 值轻，主要为 -156‰～-139‰；湿度系数相对较小的川西南地区永探 1 井天然气 $\delta^2H_{C_2H_6}$ 为 -120‰（表 10-2-1）。

3. 天然气轻烃组成

胡国艺等（2005）研究表明，通过对热模拟产物—轻烃组成的对比分析，发现原油裂解气和干酪根裂解气在（2-甲基己烷 +3-甲基己烷）/ 正己烷比值和甲基环己烷 / 正庚烷比值等两项指标上存在明显的差异，即烃源岩干酪根裂解气中甲基环己烷 / 正庚烷比值较低，而原油裂解气该项比值一般较高。将四川盆地川南、川东、川中和川西南地区中二叠统天然气的上述轻烃参数比值投到图 10-2-5（a）中，可见多数天然气甲基环己烷 / 正庚烷和（2-甲基己烷 +3-甲基己烷）/ 正己烷两项比值均较大，两者的比值分别大于 1.0 和 0.5，落入原油裂解气的范围内，主要为原油裂解气。

李剑等（2017）通过利用封闭体系黄金管的原油配比实验，即按一定比例的蒙皂石、碳酸钙等介质分别与原油混合在一起，配成以原油为主（原油比例大于 30%，近似于古油藏）和以加入介质为主（原油比例小于 5%，近似于分散型液态烃）的实验样品。通过不同温度的模拟实验，建立了聚集型裂解气和分散型裂解气的鉴别图版（图 10-2-5b）。将中二叠统天然气投入到图 10-2-5（b）中可以看出，天然气的环烷烃 /（正己烷 + 正庚烷）比值大于 1.0，甲基环己烷 / 正庚烷比值大于 1.0，落入聚集型原油裂解气范围。

二、储层沥青地球化学特征

储层沥青样品主要采自川西北地区双探 3 井中泥盆统观雾山组和川中地区中二叠统栖霞组、茅口组。烃源岩样品包括盆地内筇竹寺组、龙马溪组井下样品，以及川西地区梁山组、栖霞组和茅口组野外露头剖面样品等。

1. 萜烷特征及对比

双探 3 井观雾山组和川中地区栖霞组、茅口组储层沥青的三环萜烷和五环三萜烷化合物均很丰富，并以五环三萜烷化合物为主（图 10-2-6a），三环萜烷 / 五环三萜烷比值介于 0.13～0.33。C_{19}—C_{29} 三环萜烷均有分布，并以 C_{23} 为主峰；三环萜烷的生物先质是原核生物（细菌和蓝藻），相对藿烷具有较高的热稳定性和抗生物降解能力（王万春等，2016）。这些样品未遭受生物降解，因此，高丰度的三环萜烷主要与成熟度有关。一般而言，五环三萜烷化合物 C_{30} 藿烷主要来自藿细菌，较高丰度的长侧链 C_{31}—C_{35} 升藿烷系列与海相碳酸盐岩及蒸发岩有关，随盐度增高，C_{31}—C_{35} 升藿烷 /C_{30} 藿烷比值增大。储层沥

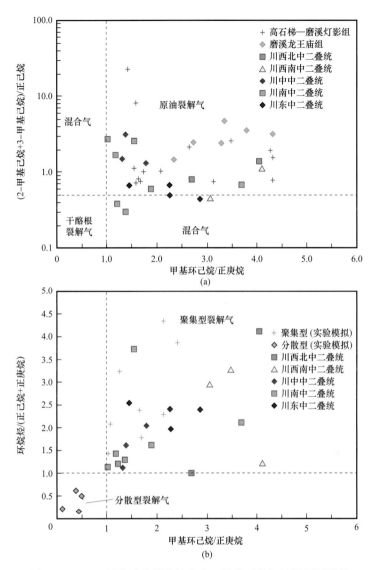

图 10-2-5　四川盆地中泥盆统和中二叠统天然气轻烃判识图版

（a）干酪根裂解气与原油裂解气判识图版（图版据胡国艺等，2005；高石梯—磨溪灯影组、龙王庙组数据引自
魏国齐等，2014）；（b）聚集型裂解气与分散型裂解气判识图版（图版据李剑等，2017）

青以 C_{30} 藿烷为主峰，C_{31}—C_{35} 升藿烷系列分布齐全，并且其丰度随碳数增加而逐渐降低，升藿烷指数（C_{31}—C_{35} 升藿烷 /C_{30} 藿烷）介于 0.55～1.58，与筇竹寺组、龙马溪组和梁山组泥岩的比较相近，低于栖霞组和茅口组泥灰岩（图 10-2-7a）。重排藿烷 Ts、Tm 丰度受原始沉积环境的氧化—还原性、催化条件及成熟度等影响，酸性环境和黏土矿物催化下易发生重排而形成重排藿烷（Moldowan et al., 1991；王万春等，2016）。随成熟度增加，Ts/Tm 值增大，沥青的 Ts/Tm 值介于 0.74～1.31，也与筇竹寺组、龙马溪组泥岩 Ts/Tm 值比较相近。沥青的伽马蜡烷含量较高，伽马蜡烷 /C_{31} 升藿烷比值介于 0.35～0.54，与筇竹寺组、龙马溪组泥岩的相近（图 10-2-7b）。

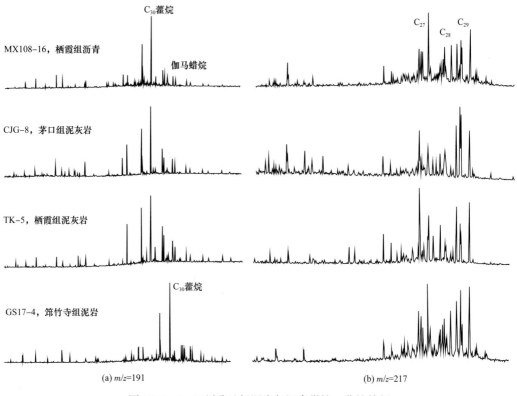

(a) m/z=191   (b) m/z=217

图 10-2-6   四川盆地烃源岩与沥青甾烷、萜烷特征

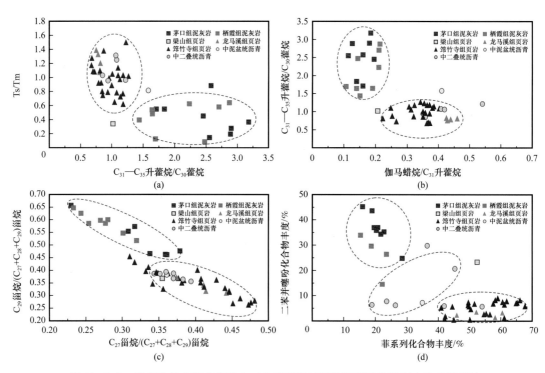

图 10-2-7   四川盆地中泥盆统和中二叠统沥青与相关烃源岩生物标志物参数对比

2. 甾烷特征与对比

烃源岩和储层沥青的甾烷化合物分布正常。储层沥青 C_{21} 孕甾烷丰度高于 C_{22} 升孕甾烷，C_{21}/C_{22} 值主要为 1.36～2.06，主要与有机质成熟度高有关。C_{27}、C_{28} 和 C_{29} 规则甾烷呈现出 $C_{27} \approx C_{29} > C_{28}$ 的现象（图 10-2-6b）。一般认为，C_{27} 胆甾烷优势主要与低等水生生物和藻类有机质的输入有关，而 C_{29} 胆甾烷优势除了与陆生高等植物占主导有关之外，还与蓝绿藻等浮游植物来源有关。烃源岩抽提物的规则甾烷分布中，茅口组和栖霞组泥灰岩主要是 $C_{29} > C_{27} > C_{28}$，而筇竹寺组、龙马溪组、梁山组和茅口组页岩主要以 C_{27} 甾烷占优势（图 10-2-7c）。中泥盆统和中二叠统沥青的甾烷特征与页岩特征更为相似。

3. 芳香烃化合物特征与对比

在四川盆地不同时代烃源岩抽提物中均不同程度地检测到萘、菲、二苯并噻吩、芴、三芳甾烷和苯并呋喃等系列化合物。菲系列和二苯并噻吩系列化合物丰度的差异可将两类烃源岩区分开，主要区别包括：（1）筇竹寺组和龙马溪组页岩菲系列化合物丰度高，与其成熟度高有关；（2）栖霞组和茅口组泥灰岩二苯并噻吩系列化合物丰度高。二苯并噻吩系列化合物丰度受沉积环境、成熟度及运移效应等因素的影响。烃源岩抽提物不存在运移效应影响的问题，而且二叠系烃源岩的成熟度低于筇竹寺组和龙马溪组；因此，研究区烃源岩抽提物中该化合物丰度的差别主要受烃源岩沉积环境的控制。这是因为在还原的沉积和成岩环境中，硫酸盐还原菌可把硫酸盐中的 S^{6+} 还原成 S^{2-}，在成岩期间，S^{2-} 比较容易以硫醚键（R—S—R）的形式与有机质结合并键合在干酪根上，最后以有机硫化物的形式在热演化生烃过程释放出来，致使海相沉积碳酸盐岩较泥质岩富含含硫芳香烃化合物。此外，在盐度较高的沉积环境中，因水体中的硫酸盐浓度（SO_4^{2-}）较高，硫酸盐还原菌的作用有利于富硫干酪根的形成，导致其沉积物中富含含硫杂原子芳香烃化合物。中泥盆统和多数中二叠统沥青的二苯并噻吩系列化合物含量低，与筇竹寺组和龙马溪组页岩类相似（图 10-2-7d）。中泥盆统沥青的菲系列化合物丰度介于二叠系和筇竹寺组—龙马溪组烃源岩之间，预示其成熟度介于此两大类烃源岩；中二叠统沥青则较为分散，部分与筇竹寺组和龙马溪组页岩类相似，部分介于二叠系泥灰岩和筇竹寺组—龙马溪组页岩之间，总体反映这些沥青属于混源成因。

第三节　天然气成藏时期及模式

四川盆地泥盆系—中二叠统油气主要充注时期为晚三叠世—白垩纪，属于准连续充注成藏类型；多源、多储地质条件形成下生上储（垂向运聚）、上生下储（侧向运聚）和自生自储三种供烃方式。

一、烃源岩成烃演化

沉积岩中有机质的丰度和类型是烃类形成的物质基础，而有机质成熟度则是烃类生成的至关重要的因素。烃源岩的生烃演化明显受构造演化的控制。以川西北地区双鱼石构造双探 3 井所在区域的寒武系烃源岩为例，在经历了加里东期、海西期、印支早期、印支晚期、燕山期及喜马拉雅期的构造运动之后，形成了烃源岩现今处于过成熟干气生成阶段的格局。

志留纪末期，烃源岩 R_o 值一般在 0.5%～0.7% 之间（图 10-3-1），处于低成熟期，有机质已开始生成液态烃。泥盆纪—石炭纪，由于加里东运动的抬升作用，埋深变化小，致使烃源岩的演化进程基本处于停滞状态。二叠纪开始，研究区再次沉降及小幅抬升，烃源岩熟化程度变化不大，仍然以低成熟为主。中三叠世末期，川西北地区烃源岩进入生油高峰阶段。晚三叠世—侏罗纪的快速沉降，加速了烃源岩的熟化进程；侏罗纪末期，烃源岩已进入过成熟的干气生成阶段。

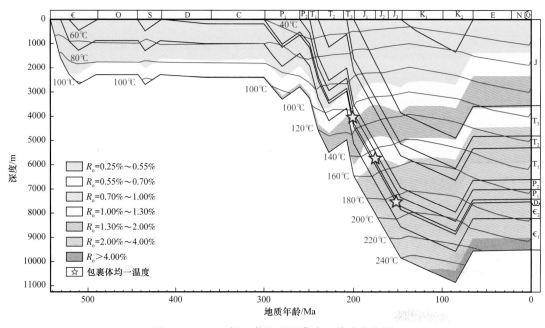

图 10-3-1　双探 3 井沉积埋藏史及热演化史图

总体来看，川西北地区下寒武统烃源岩的生烃演化可划分为三个明显的阶段，即二叠纪之前的低成熟阶段、早—中三叠世的生烃高峰阶段和晚三叠世以来的过成熟干气生成阶段。

二、油气充注期次

流体包裹体是地层中的岩石在埋藏成岩过程中所捕获的液态或气态流体，它记录了与地层所经历的地质历史事件有关的信息，这些信息为认识地质历史提供了重要依据。20世纪 90 年代以来，流体包裹体在油气成藏研究中得到了广泛应用，已成为当代石油地质领域研究油气藏形成期次最重要、最有效的一种方法。储层流体包裹体均一温度可用于研究油气运移的期次及时间，再现油藏的注入历史。其具体方法通常是在流体包裹体均一化温度测定的基础上，根据该区的地热增温率的变化（即现今地温和古地温梯度）来推测其形成的古埋深，其对应的地质时代，近似代表油气的充注成藏时间。中泥盆统观雾山组、中二叠统栖霞组和茅口组流体包裹体均一温度分布特征大体相当，主体分布在100～160℃之间（图10-3-2）。

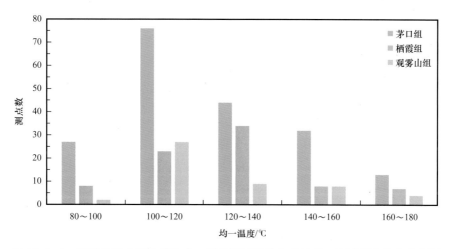

图 10-3-2　四川盆地中泥盆统和中二叠统储层流体包裹体均一温度频率分布直方图

1. 中泥盆统观雾山组

以双探 3 井为代表的中泥盆统观雾山组，所测流体包裹体主要赋存在白云岩溶蚀孔洞充填的白云石矿物中，少量赋存在早期白云石晶粒的次生加大边；包裹体成群分布，无荧光显示，丰度高，包裹体丰度 GOI 值可达 30%，主要为液态烃类包裹体，包裹体的大小一般为 3μm×6μm 至 6μm×10μm，气液比一般为 4%～8%，盐度主要为 9%～12%；与有机包裹体伴生的盐水包裹体的均一温度为 91～176℃，主峰为100～120℃。根据包裹体与宿主矿物的关系，可进一步明确中泥盆统主要存在两期油气充注。

第一期次油气包裹体发育于早期白云石矿物形成期间，包裹体成群、均匀密集分布，均为呈褐色、深褐色的液态烃类包裹体。包裹体的大小为 4μm×5μm 至 20μm×30μm，与有机包裹体伴生的盐水包裹体的均一温度为 104～120℃，盐度为 10.6%～12.1%。包裹体丰度 GOI 值约为 30%。

第二期次油气包裹体发育于晚期孔洞充填的白云石矿物中，包裹体成群、均匀密集分布，均为呈褐色、深褐色的液态烃类包裹体。包裹体的大小为 3μm×6μm 至6μm×15μm，与有机包裹体伴生的盐水包裹体的均一温度为 100～176℃，盐度为9.1%～15.3%。包裹体丰度 GOI 值约为 10%。

结合构造演化及烃源岩生烃演化史认为，川西北地区泥盆系油气的主要充注期是晚三叠世—中侏罗世（图 10-3-1），属于连续充注成藏类型。

2. 中二叠统栖霞组

栖霞组包裹体样品采自川中地区磨溪 42 井、磨溪 117 井，川西北地区双探 3 井、长江沟剖面、通口剖面、葛底坝剖面，以及川东地区藻渡剖面等。井下样品所测包裹体主要赋存在白云岩溶蚀孔洞充填的白云石、方解石及早期白云石晶粒的次生加大边，野外露头样品所测包裹体主要赋存在岩石裂缝充填方解石脉的亮晶方解石矿物中，均一温度介于86～179℃，主峰为100～140℃（图10-3-2）。所检测到的主要为液态烃类包裹体，含少量气态烃类包裹体，包裹体丰度GOI值明显低于观雾山组，仅为1%～3%。如川中地区磨溪117井4575.7m深度，包裹体发育于溶蚀孔洞充填的方解石矿物中，丰度低（GOI<1%），成群分布，均为呈褐色、深褐色的液态烃类包裹体，包裹体的大小为2μm×3μm至4μm×6μm，均一温度介于105～130℃。磨溪117井4603.8m深度，包裹体发育于溶蚀孔洞充填的方解石和早期白云石晶粒的次生加大边，方解石矿物中的包裹体大小为3μm×5μm至4μm×6μm，均一温度介于121～136℃；早期白云石晶粒的次生加大边的包裹体大小为3μm×5μm至5μm×7μm，均一温度介于153～170℃。

川西北地区双探3井7449～7458m深度，包裹体发育于溶蚀孔洞充填的白云石矿物中，包裹体丰度低（GOI值约为1%），成群分布，均为呈褐色、深褐色的液态烃类包裹体，包裹体的大小为2μm×3μm至4μm×10μm，均一温度介于101～130℃。

川东地区藻渡露头剖面，包裹体发育于方解石脉中的方解石矿物中，发育丰度中等（GOI值约为3%），成群分布，主要为呈褐色、深褐色的液态烃类包裹体，含少量灰色、深灰色的气态烃类包裹体，包裹体的大小为2μm×6μm至4μm×12μm，均一温度介于126～179℃。

3. 中二叠统茅口组

茅口组包裹体样品采自川中地区高石1井，川西北地区双探3井、双鱼001-1井、长江沟剖面、朝天剖面，以及川东地区池67井、藻渡剖面等。井下样品所测包裹体主要赋存在溶蚀孔洞充填的方解石、白云石矿物中，野外露头样品所测包裹体主要赋存在岩石裂缝充填方解石脉的亮晶方解石矿物中。茅口组包裹体均一温度介于82～174℃，主峰为100～160℃（图10-3-2）。所检测到的包括液态烃类包裹体、气态烃类包裹体和气液两相包裹体，GOI值低于观雾山组，为2%～10%。

川中地区高石1井3949～3960m深度，包裹体发育于溶蚀孔洞充填的方解石矿物中，丰度低（GOI值为2%～3%），成群分布，为呈褐色、深褐色的液态烃类包裹体和灰色、深灰色的气态烃类包裹体，包裹体的大小为4μm×5μm至20μm×30μm，均一温度介于90～174℃。

川西北双探3井7117.3m深度，包裹体发育于裂缝充填方解石脉中的方解石矿物中，GOI值约为3%，成群分布，为气液两相包裹体，包裹体的大小为3μm×3μm至6μm×10μm，均一温度介于139～166℃。

川东地区藻渡露头剖面，包裹体发育于方解石脉中的方解石矿物中，丰度高（GOI值约为5%），成群分布，主要为呈褐色、深褐色的液态烃类包裹体，少量为灰色、深灰色的气态烃类包裹体，包裹体的大小为2μm×5μm至10μm×12μm，均一温度介于105～171℃。

三、油气成藏模式

综合天然气、储层沥青及烃源岩地球化学参数的对比结果，结合研究区天然气成藏的地质背景，认为泥盆系—中二叠统气藏具有多源供烃的混源成藏特点，但不同区域主力烃源岩有差异，存在下生上储（垂向运聚）、上生下储（侧向运聚）和自生自储三种供烃方式。

川西北双探 3 井泥盆系天然气主要来源于下寒武统筇竹寺组和中二叠统烃源岩，以筇竹寺组供烃为主（谢增业等，2018）。双探 7 井具有与双探 3 井相同的地质条件，因此两者的来源是相同的。成藏方式一是通过深大断裂沟通下伏的筇竹寺组烃源岩，二是通过断层两侧烃源岩—储层的侧向对接，中二叠统烃源岩生成的油气侧向进入泥盆系储层中（图 10-3-3a）。川西北地区志留系烃源岩因主要分布在河湾场、广元以东地区，对这些区域有一定的贡献，但在双鱼石构造附近区域则因志留系烃源岩的缺少而没有志留系烃源岩的贡献。

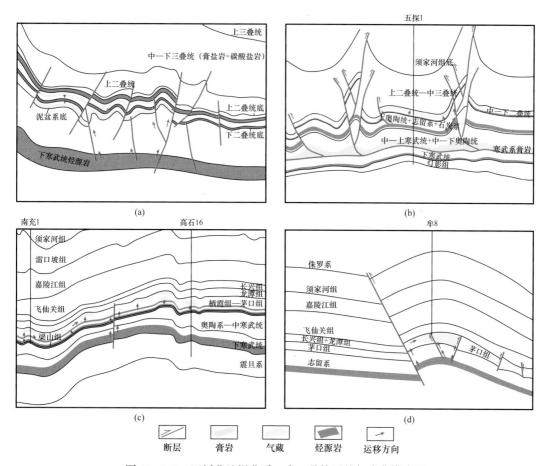

图 10-3-3　四川盆地泥盆系—中二叠统天然气成藏模式图

（a）川西北地区泥盆系—中二叠统气藏成藏模式；（b）川东北地区五探 1 井茅口组气藏成藏模式；（c）川中地区中二叠统气藏成藏模式；（d）川南地区牟家坪气藏成藏模式

中二叠统气藏天然气也是混源气，但不同构造带的主力烃源岩有差别。在缺失志留系烃源岩分布区域的双鱼石、矿山梁构造主要是下寒武统筇竹寺组和中二叠统自身烃源岩的混合；有志留系龙马溪组烃源岩发育的河湾场构造及双探 2 井区附近则以龙马溪组和中二叠统的混合为主；九龙山构造虽处于龙马溪组烃源岩发育区，但其天然气干燥系数很高、碳同位素很重，反映其主力烃源岩的成熟度应该更高，而非混入煤系烃源岩的产物所致，因此认为该区天然气以筇竹寺组和中二叠统烃源岩混合为主。川西南部也缺失龙马溪组烃源岩，该区天然气特征与九龙山构造比较相似，但其碳同位素相对较轻，可能与该区筇竹寺组烃源岩的成熟度低于川西北地区有关；因此，认为该区天然气主要源于筇竹寺组和中二叠统烃源岩。

川中大部分区域缺失龙马溪组烃源岩，但发育许多沟通下寒武统烃源岩的高角度断裂（图 10-3-3b），因此，该区域天然气主要源于筇竹寺组和中二叠统烃源岩；而靠近龙马溪组尖灭线附近的高石 19 井和有龙马溪组烃源岩分布区的荷包场地区荷深 101 井栖霞组天然气，表现出明显不同于川中其他天然气的特征，碳同位素值偏轻且天然气组分偏湿，与川东地区石炭系天然气类似，因此，认为其主要源于龙马溪组与中二叠统烃源岩。

川东地区虽然同时发育龙马溪组和筇竹寺组两套优质烃源岩，但筇竹寺组上覆寒武系膏岩滑脱层，大部分区域的断层向下未断穿该滑脱层，不能沟通筇竹寺组生成的油气。因此，这些地区的天然气主要源于龙马溪组和中二叠统烃源岩（图 10-3-3c）。

川南地区深层断裂也比较发育，有断至下寒武统的大断裂，但大部分断裂向下只断至下志留统（张健等，2018），而且从天然气碳同位素较轻、成熟度相对较低等因素综合分析，认为该区天然气主要源于龙马溪组和中二叠统烃源岩（图 10-3-3d）。

第四节　天然气藏特征与成藏主控因素

一、气藏类型与特征

四川盆地泥盆系—中二叠统发育构造、岩性、地层、构造—地层、地层—构造和构造—岩性等多种类型圈闭，不同层段的气藏类型及特征有较大差异。

1. 泥盆系气藏

泥盆系气藏分布在川西北双鱼石构造带（图 10-4-1），主要发育构造—地层、构造—岩性等气藏类型。加里东运动后，四川盆地西北部地区形成了天井山古隆起，古隆起上发育的构造圈闭曾经是油气聚集的重要场所，并形成了大型的古油藏（周文等，2007），泥盆系中大量发育的油砂和沥青是古油藏存在的重要依据。泥盆系和石炭系沉积后受柳江运动和云南运动的影响，地层整体抬升并遭受剥蚀，泥盆系剥蚀尖灭线大致分布在双探 1 井、双鱼 001-1 井、双探 2 井以东附近的区域。泥盆系遭受强烈的风化淋滤及溶蚀作用的改造，极大地改善了储层的储集性能。印支运动、燕山运动，尤其是喜马拉雅强烈的挤压断褶抬升运动后，使泥盆系下伏地层发生褶皱、断裂，在天井山等地形成背斜构造。因此，泥盆系可形成构造—地层圈闭的油气聚集条件。泥盆系观雾山组沉积期，在加里东古隆起高带西脊线及其以东地区广泛发育台缘生物礁及礁后滩（沈浩等，

2016），是优质储层发育的有利相带，在古隆起的背景下可形成岩性或构造—岩性圈闭的油气聚集条件。总之，经历多期构造运动和沉积旋回，川西北地区泥盆系能形成以复合圈闭为主的多种类型圈闭的油气聚集条件。

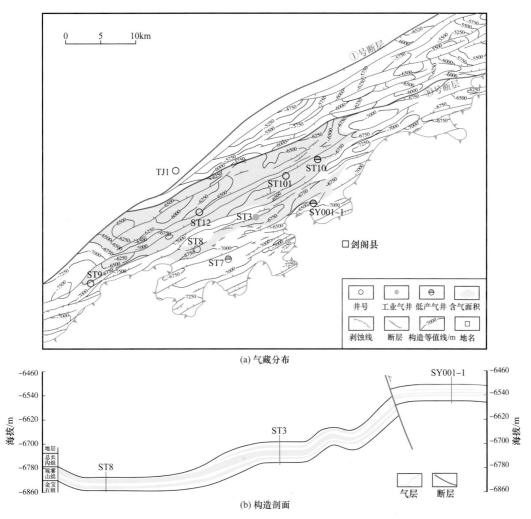

图 10-4-1　四川盆地泥盆系气藏分布及构造剖面图
ST—双探；SY—双鱼；TJ—天井

2. 石炭系气藏

石炭系气藏分布在川东高陡构造带，主要发育构造、地层—构造及岩性—构造等气藏类型（表 10-4-1）。石炭系气藏总体特征是天然气主要来源于下伏志留系海相泥质烃源岩，烃源充足；石炭系储层大面积分布，储层孔隙度为 3.50%～8.10%，有效厚度为 5.86～42.3m；区域封盖条件好，石炭系纵向上存在两套主要盖层，直接盖层为二叠系底部梁山组泥页岩类，该套盖层在川东地区保存较完整，间接盖层由三叠系嘉陵江组和雷口坡组膏盐层、泥页岩类组成；印支运动、燕山运动和喜马拉雅运动使得川东地区源于志留系的烃类发生运移，在高部位进入石炭系具有良好储集条件的构造、地层—构造及岩性—构造等圈闭中聚集成藏。截至 2020 年底，已发现大天池 1 个千亿立方米级大气田，大池干井、七里峡、卧龙河和高峰场等 13 个地质储量大于 $50 \times 10^8 m^3$ 的中型气田，以及寨沟湾、蒲西、铁山和高都铺等 9 个地质储量小于 $50 \times 10^8 m^3$ 的小微气田，累计探明石炭系地质储量为 $2646.14 \times 10^8 m^3$。

表 10-4-1　川东高陡构造带石炭系主要气藏参数表

序号	气田	气藏	含气面积 / km²	地质储量 / $10^8 m^3$	圈闭类型	孔隙度 / %	有效厚度 / m	含气饱和度 / %	压力系数
1	大天池	五百梯	278.65	1020.73	地层—构造	5.40	21.7	80.3	1.32
		沙坪场			地层—构造	5.60	36.3	80.3	1.18
		龙门			地层—构造	5.19	30.9	77.7	1.19
		明月北			构造	6.50	18.8	79.0	1.26
		肖家沟			构造	6.20	42.3	81.1	1.25
		观音桥			构造	5.60	24.1	80.3	1.10
		巫山坎			地层—构造	4.30	11.8	77.1	1.24
2	七里峡	双家坝	64.51	225.48	构造	6.40	26.4	74.0	1.20
		胡家坝			构造	5.84	34.1	84.5	1.27
		檀木场			构造	4.80	20.3	85.0	1.14
		五灵山			构造	6.03	30.6	88.6	1.27
3	大池干井	万顺场	77.60	235.22	构造	6.90	13.6	78.1	1.47
		磨盘场			构造	5.08	19.8	81.7	1.15
		龙头—吊钟坝			构造	6.30	25.1	83.0	1.28
4	云安厂	冯家湾	23.64	87.72	构造	7.03	24.0	72.3	1.17
		大坪垭			构造	7.52	19.6	69.3	1.26
		三岔坪			构造	4.30	18.4	80.7	1.33
5	卧龙河	卧龙河	92.11	153.69	构造	5.90	10.6	81.2	1.41
6	罗家寨	温泉井	14.03	94.65	地层—构造	6.31	24.7	82.6	1.23
7	福成寨	福成寨	40.64	84.19	构造	5.38	13.4	84.1	1.22
8	沙罐坪	沙罐坪	27.43	82.02	岩性—构造	6.04	17.6	78.6	1.15
9	高峰场	高峰场	44.80	139.96	构造	5.55	21.4	81.4	1.12
10	西河口	西河口	15.23	83.44	构造	5.60	36.9	76.0	1.08
11	云和寨	云和寨	33.80	74.14	构造	4.39	19.0	82.3	1.24

序号	气田	气藏	含气面积 /km²	地质储量 /10⁸m³	圈闭类型	孔隙度 /%	有效厚度 /m	含气饱和度 /%	压力系数
12	张家场	张家场	40.06	75.99	构造	5.83	11.8	81.8	1.19
13	相国寺	相国寺	12.50	51.08	构造	7.47	8.5	79.0	1.31
14	高都铺	高都铺	8.10	23.35	地层	5.40	19.2	84.0	1.28
15	蒲西	蒲西	8.54	35.38	构造	6.70	30.6	78.0	1.19
16	铁山	铁山	11.80	22.08	构造	3.50	19.0	85.0	1.44
17	苟西	苟西	14.27	14.63	地层—构造	8.10	5.9	82.0	1.05
18	板东	板东	8.60	13.63	构造	5.75	10.3	76.7	1.05
19	雷音铺	雷音铺	21.52	13.11	构造	6.73	14.4	84.3	1.05

石炭系气藏为常压—高压气藏，以常压气藏为主。其中，常压气藏压力系数为1.05～1.28；高压气藏压力系数为1.31～1.47。含气饱和度为69.3%～88.6%（表10-4-1）。

3. 中二叠统气藏

中二叠统气藏在四川盆地内广泛分布，已探明的70个气田以小微型规模为主，主要分布在川南和川东地区（图10-1-1），卧龙河、自流井和黄家场气田是中二叠统3个储量大于50×10⁸m³的中型气田；川西北地区双鱼石构造和川中古隆起高石梯—磨溪地区是近年的重要突破区，同时在川西南部（平探1井）、川南（青探1井）和川东北部（五探1井）也获得新突破。中二叠统主要发育构造、岩性、构造—岩性、岩性—构造、裂缝型和缝洞型等气藏类型。其中，近年发现的双鱼石含气构造栖霞组气藏和安岳气田磨溪—龙女寺区块栖霞组气藏主要特征如下。

1）双鱼石含气构造栖霞组气藏

2012年，川西北部双鱼石构造风险探井双探1井的钻探，钻遇了栖霞组厚层孔隙型白云岩储层，在栖霞组白云岩段7212～7224.5m、7230～7242.5m、7298～7308m测试获日产87.6×10⁴m³高产工业气流，发现了栖霞组白云岩孔隙型气藏，至此拉开了川西北部地区双鱼石含气构造栖霞组气藏的勘探序幕。此后钻探的双探3、双鱼001-1、双探10、双探101、双探102、双探107和双探108等井也获高产气流，尤其是双探108井和双探107井，测试日产气分别达126.88×10⁴m³和108.08×10⁴m³，表明双鱼石地区栖霞组区域含气性好，气藏具有大面积分布特征，勘探前景广阔。

双鱼石地区栖霞组整体表现出"南缓北陡"的构造格局，呈"北高南低"的特征，气藏圈闭类型为构造—岩性复合圈闭（图10-4-2），以构造海拔 -7075m 为圈闭底界，西北部受断层遮挡，东北部和西南部受岩相的变化形成岩性封堵，含气最低海拔为 -6828m（文龙等，2021）。构造位置及构造幅度对气水分布有重要影响，如气水同产井多分布在构造相对较低的部位，普遍表现出含气饱和度较低、水体较为孤立和连通性差等特点（徐诗雨等，2022）。气层中部地层压力为95.59～96.13MPa，压力系数为1.32～1.36，气层中部温度为154～160℃，为高温高压气藏。

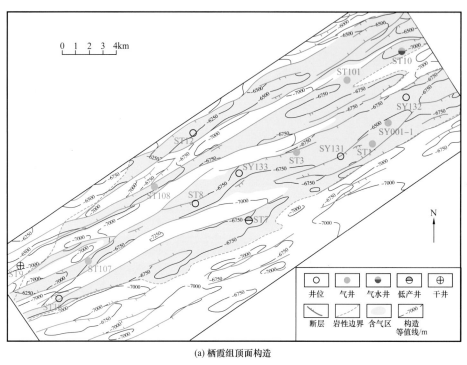

(a) 栖霞组顶面构造

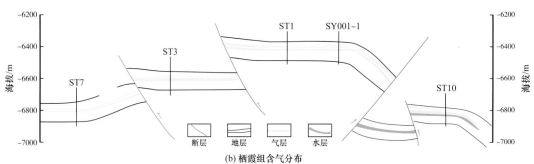

(b) 栖霞组含气分布

图 10-4-2　川西北双鱼石地区栖霞组顶面构造及含气分布图（据徐诗雨等，2022，修改）
ST—双探；SY—双鱼

2）安岳气田磨溪—龙女寺区块栖霞组气藏

安岳气田二叠系栖霞组气藏发现井为女基井，该井于1971年8月开钻，钻至栖霞组4405.43m发生井喷，经测试获日产气 $4.56×10^4m^3$。1978年3月钻探的女深1井也在栖霞组测试获日产气 $4.56×10^4m^3$，但随后钻探的女深5井栖霞组因储层变差，未获工业气流，此后川中地区中二叠统的勘探一直处于停滞状态。2014年，龙女寺区块的磨溪31X1井于栖霞组获日产气 $36.69×10^4m^3$ 后，在磨溪、龙女寺区块的高石16、磨溪42、磨溪117、磨溪126、磨溪131和磨溪150等井也获高产气流。

川中古隆起栖霞组顶面构造格局总体表现为由西南向北东倾伏的单斜，在单斜背景下主要发育了磨溪潜伏构造和龙女寺构造两个面积较大的圈闭。从钻井测试结果看，获气井在构造圈闭内和构造圈闭外均有分布（图10-4-3），因此认为气藏不完全受构造圈闭的控制。栖霞组沉积期海平面在川中古隆起高部位高频振荡，沉积了多期台内高能滩（周进高等，2016），沿古隆起周缘呈环带状展布，形成大面积分布、多层叠置的颗粒滩相优质白云岩储层（张健等，2018；杨跃明等，2020）。非滩相沉积由于没有溶蚀渗流通道难于被埋藏溶蚀改造，这种差异化的成岩改造使储层发育非均质化，从而形成岩性圈闭。因此，磨溪—龙女寺区块栖霞组气藏主要受颗粒滩相白云岩储层发育的控制，为岩性圈闭气藏（图10-4-3）。气藏埋深为4476～4650m，地层压力为77.42～77.70MPa，压力系数为1.70～1.76，地层温度为134.9～135.9℃，为高温高压气藏。

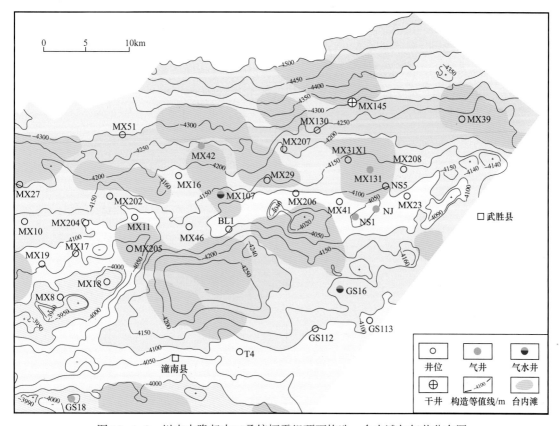

图10-4-3　川中古隆起中二叠统栖霞组顶面构造、台内滩与气井分布图

二、天然气成藏主控因素

多套烃源、多类型储层、继承性发育的古构造高带—斜坡带背景、高效输导体系及有利保存条件是四川盆地泥盆系—中二叠统气藏形成的有利条件，不同层位、不同区域气藏富集主控因素有别。以川东石炭系气藏为例，保存条件、圈闭条件和成藏要素的时空匹配等是控制天然气富集成藏的关键。

1. 天然气成藏的保存条件

川东地区石炭系气藏的保存条件主要体现在直接、间接盖层的厚度，上覆层能否对石炭系形成压力封闭，以及圈闭是否遭受破坏等方面。

1）上覆盖层尤其是区域膏盐岩盖层厚度大有利于天然气富集

川东地区石炭系直接盖层（梁山组泥质岩）的厚度一般分布在 5～15m 之间。虽然它对石炭系气藏的形成有重要的封盖作用，但从气、水井的分布格局与直接盖层厚度的分布关系来看，它们之间并没有直接的联系，也就是说直接盖层对石炭系气藏的形成有重要作用，但不是决定天然气富集的主要因素。相反，区域性膏盐岩的发育程度则对天然气的富集起着非常重要的作用。川东石炭系获气井基本分布在膏盐岩厚度大于 240m 的范围。至于在膏盐岩厚度中心处仍有多口井产水，主要是这些区域的圈闭条件遭受其他因素（断层、裂缝发育等）影响。

此外，上覆盖层厚度对气藏保存影响还体现在气藏埋深方面。气藏埋深越大，即气藏气水界面深度越大，气藏充满度、气井产气的几率均有增大的趋势。从气水界面深度与天然气充满度的关系（图 10-4-4）来看，气水界面海拔较浅处，气藏充满度一般较低，这可能与天然气的散失有关；而气水界面海拔较深处，充满度一般较高。

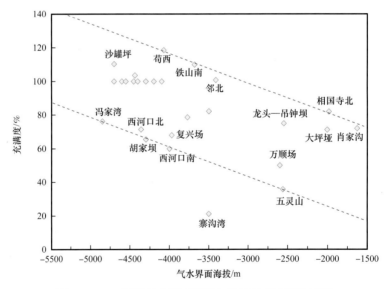

图 10-4-4　气藏气水界面深度与天然气充满度关系图

2）石炭系气藏的形成一般存在上覆层的压力封闭

石炭系气藏的直接盖层为上覆的中二叠统梁山组黑色、灰黑色铝土质泥页岩等，这些致密盖层的封闭机理主要是直接盖层岩石孔道中的地层水（润湿相）与储层中的气体（非润湿相）之间产生两相界面张力，表面张力的存在抑制了天然气的向上扩散。但是，直接盖层的厚度较小，其封闭气柱的高度一般为 100～250m，在茨竹垭—马鞍槽一带梁山组厚度较薄处（大多小于 7m），直接盖层能封闭的气柱高度均小于 100m。

石炭系气藏的间接盖层为中二叠统栖霞组以上地层，尤其是嘉陵江组膏盐岩为间接盖层的压力封闭奠定了基础。这是因为该膏盐岩层在未遭受破坏的条件下，通常在其下地层中存在着嘉陵江组一段、飞仙关组、长兴组及茅口组等气藏，这些气藏的压力系数一般在 1.4～2.2 之间，为流体异常高压层。石炭系气藏的压力系数大多在 1.20 左右，基本上为常压气藏，这样就形成了间接盖层的高压对石炭系常压气藏的压力封闭。

从川东石炭系气藏储量与上覆盖层压力系数的关系图（图 10-4-5）可见，气藏储量总体上有随上覆层压力系数增大而增大的趋势。寨沟湾气田石炭系气藏的上覆盖层未形成压力封闭，可能是其充满度低的原因之一。

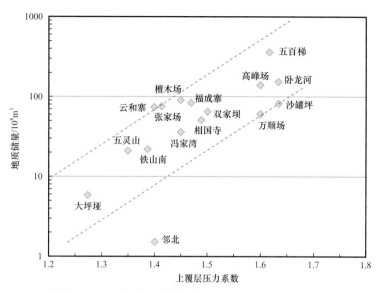

图 10-4-5　气藏地质储量与上覆层压力系数关系图

3）圈闭的完整性遭到破坏，致使天然气逸散

通过对寨沟湾气田、洋渡溪、茨竹垭、马鞍槽及乌龙池构造的成藏控制因素的解剖，认为其中的部分构造未能获气可能与圈闭的完整性遭到破坏有关。如茨竹垭构造存在①号断层切过近核部，该断层可能是起泄压作用，封堵作用差，导致圈闭的完整性遭到破坏；控制马鞍槽构造的边界断层和构造上覆盖层中存在的断层共同作用，使油气沿断层向上逸散，最终使得气藏充满度降低；乌龙池构造除了圈闭不落实外，上覆区域性盖层厚度小且裂缝发育可能也是造成石炭系天然气通过扩散方式向上逸散的主要原因。

2. 天然气成藏的圈闭条件

川东地区石炭系圈闭的控藏作用主要体现在圈闭形态的落实及圈闭所处的位置两个方面。

1）乌龙池构造因圈闭不落实而未获气

经钻探证实，乌 1 井钻前预测的圈闭位置与实钻结果有较大的出入。地震预测乌 1 井"阳底"海拔为 −2370m，实钻"阳底"海拔为 −2293m，落于圈闭外围西南端，低于最低圈闭线（−2100m）。表明受地震资料质量影响，原地震资料解释的乌龙池潜伏构造形态可信度差，乌 1 井落于圈闭以外。因此，乌 1 井石炭系钻探未获气流。

2）洋渡溪构造因圈闭埋藏太深而产水

洋渡 3-1 井石炭系测试段（5108.39～5169.5m）位于海拔 -4900m 以深地带，目的层埋藏深度太深，比目前川东其他地区已知的石炭系气藏最低气水界面海拔（冯家湾气藏 -4850m）还低，可能是处于该区域石炭系的产水深度范围，因而未能获得工业性气流，而以产水为主。

3. 成藏要素的时空匹配条件

成藏要素的时空匹配主要体现在烃类的充注与其聚集场所（古构造、圈闭）之间的时空配置关系。川东地区石炭系气藏充满度低或以产水为主，可能与该地区烃类充注和古构造、圈闭的时空匹配不理想有关。如寨沟湾气田所处位置在烃源岩生烃高峰期处于斜坡地带，不是古油气聚集的有利场所，也就是处于古油气藏范围外。晚期油气的裂解、调整时可能由于气源补给不足，导致充满度较低；洋渡溪构造也可能是其在烃源岩生烃高峰期间处于斜坡地带，再加上沟通烃源岩与储层的烃源断裂形成于生油高峰期之后，石炭系储层底部存在致密隔层，使早期烃类向洋渡溪构造的运移受阻，从而导致洋渡溪构造天然气充满度较低。

从烃类包裹体的检测结果分析（图 10-4-6），早期有充注的（即有与现今地温相近的包裹体均一温度），获气成功率大，如云安 2、峰 18 等井（现今地层温度分别为 116℃ 和 115℃）；相反，早期没有充注的（包裹体均一温度大于现今地温），获气成功率小，如茨竹 1、马鞍 1、洋渡 3-1 等井（现今地层温度分别为 100℃、100℃ 和 125℃）。

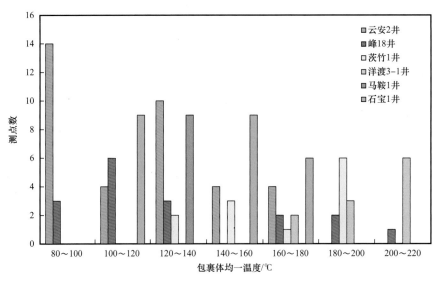

图 10-4-6　四川盆地东部石炭系储层包裹体均一温度分布图

第十一章 长兴组—飞仙关组天然气地球化学特征与成藏模式

四川盆地上二叠统长兴组—下三叠统飞仙关组是我国海相碳酸盐岩以生物礁和鲕滩为有利储层的大气田发现数量最多、增储上产潜力最大的重要勘探领域。截至 2020 年底，已探明礁、滩气田 58 个，其中长兴组生物礁气田 30 个，飞仙关组鲕滩气田 12 个，礁滩复合气田 16 个，探明天然气地质储量为 $9993 \times 10^8 m^3$。天然气以高含硫化氢为特征，不同区域天然气成藏差异明显。

第一节 天然气藏形成地质条件

四川盆地长兴组—飞仙关组礁滩气藏主要发育三大类储集体，即台缘生物礁和鲕粒滩、台内生物礁和鲕粒滩、海槽区飞三段鲕滩。有利的沉积相带及其控制的礁滩体优质储层、充足的烃源供给、大型断裂输导通道及良好的保存是礁滩气藏形成的有利条件。

一、沉积环境

长兴组台地边缘礁规模较大，在开江—梁平海槽两侧和城口—鄂西海槽西侧的台地边缘成群、成带发育，呈串珠状密集分布；飞仙关组台缘鲕滩带，层位集中在飞一段—飞二段，鲕滩体厚度大，白云岩发育，储层物性好。飞仙关组台缘鲕滩体随台地的增生和海槽的消亡，表现出向深水区进积的特征。开江—梁平海槽区在飞仙关组沉积中晚期（飞三段沉积期）演化为开阔台地环境，大面积发育鲕滩，井下已发现的滩体主要集中在海槽区东部铁山北—黄泥塘北段和海槽区西北部的广元—旺苍地区。迄今发现的礁滩气藏主要分布于川东、川东北及川中地区，其中大中型鲕滩气藏主要分布在蒸发台地、开阔台地及其边缘相带，生物礁气藏主要沿海槽或台洼两侧呈串珠状展布（图 11-1-1）。

二、优质储层

沉积相带控制了礁滩体的展布，成岩作用控制了储层的最终展布和内部孔隙结构。台地边缘相带水动力强，生物礁和鲕粒滩发育的规模较大，古地形较高，有利于礁滩体间歇暴露，发生大气淡水淋滤作用和渗透回流白云岩化作用，并为后期大规模埋藏白云岩化作用和埋藏溶蚀作用提供良好基础，对优质储层的形成极为有利。白云岩化及多期埋藏溶蚀作用是礁滩储层形成的关键，现今深埋（埋深大于 6500m）条件下仍能发育厚度大、分布广的优质礁滩储层；这些储层几乎全为孔隙型白云岩，具有厚度较大、分布较广，以及部分为中—高孔渗的特征，形成储量丰度较高的大中型气田（表 11-1-1）。除了上述台地边缘礁滩储层外，海槽区飞三段鲕滩储层以石灰岩为主，白云岩化程度较低，厚度较薄，主要为裂缝—孔隙型储层。储层厚度为 10～50m，孔隙度为 0.92%～16.92%，平均为 3.54%。已发现的海槽区飞三段鲕滩储层储集空间以粒内溶孔为主，裂缝发育程度对单井产能有明显影响。

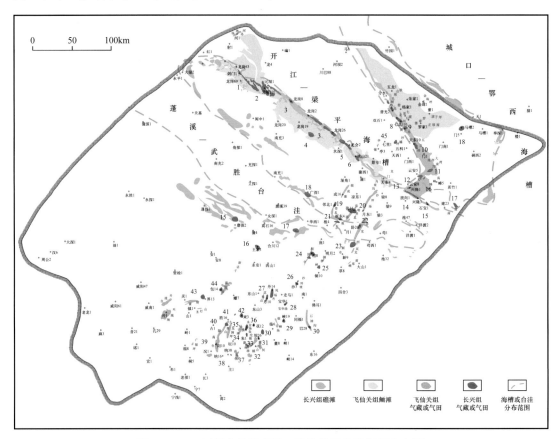

图 11-1-1　四川盆地长兴组—飞仙关组礁滩气田分布图

表 11-1-1　四川盆地主要礁滩气藏特征参数表

气藏类型	气藏名称	气藏储量 /$10^8 m^3$	有效厚度 /m	有效孔隙度 /%	渗透率 /mD	储量丰度 /$10^8 m^3/km^2$
飞仙关组鲕滩气藏	龙岗	337	12.3～32.9	3.7～8.5	0.12～50.6	4.33
	渡口河	359	42.5	8.64	85.7	10.62
	罗家寨	916	37.70～55.4	5.1～7.0	9.1～25.5	7.28～7.56
	铁山坡	374	34.2～122.3	6.4～7.9	8.3	6.83～28.29
	普光	3719	11.3～111.7	3.9～10.3	3.69～200	32.42
	元坝	253	26.7	4.2	0.02	3.99
	七里北	229	36.1	7	6.35	7.68

气藏类型	气藏名称	气藏储量 /$10^8 m^3$	有效厚度 /m	有效孔隙度 /%	渗透率 /mD	储量丰度 /$10^8 m^3/km^2$
长兴组生物礁气藏	元坝	1943	10.1～70.7	5.5～7.1	0.29～31.59	1.72～17.15
	龙岗	384	15.9～34.6	3.9～5.0	1.64～19.52	3.38
	云安厂	106	48.8	6.8	1.2	7.73
	兴隆	77	33.2	6.7	0.2	5.73
	铁山	71	16.4～33	3.3～4.3	0.2	1.53～3.53
	高峰场	62	42.8	6.5	0.01	9.26
	七里北	53	42.7	4.1	2.75	5.10
	罗家寨	33	16.8	6.1		2.57
	大天池	47	27.7	5.3	15	4.27

三、烃源岩

前人研究表明，长兴组—飞仙关组礁滩气藏天然气主要来源于上二叠统烃源岩，部分区域可能有下伏志留系、寒武系烃源岩的贡献。这些烃源岩的发育程度及分布详见第二章。有利储集相带（三个台缘礁滩带、两个台内高带）位于上二叠统烃源岩生烃中心或附近，气源充足，而且开江—梁平海槽东侧台缘带和城口—鄂西台缘带断层发育，断层沟通深部气源，可使志留系、寒武系烃源岩生成的天然气沿断层向上运移，气源供给更加充足。

四、输导体系

油气成藏的输导通道主要包括断层—裂缝、不整合面及连通性储集体。已发现气藏揭示，礁滩气藏具有"一礁一滩一藏"特征，礁滩层系局部发生短暂暴露形成的不整合在横向上难以形成良好的输导通道。因此，礁滩气藏形成的输导通道主要是断层、裂缝及大面积分布的鲕滩储层。构造背景的差异体现在后期构造运动形成的断层与裂缝发育程度不同，导致天然气输导条件差异明显：平缓构造带（龙岗—剑阁地区）礁滩气藏以裂缝输导为主，高陡构造带（海槽东侧普光、黄龙场等）礁滩气藏则以深大断裂输导为主，输导供烃条件更好。大面积分布的鲕滩储层侧向相变形成岩性圈闭或叠置构造形成构造—岩性圈闭，晚期油气藏调整改造期（海槽东侧渡口河等地区），鲕滩储层可成为良好的输导体。

1.断裂是高陡构造区礁滩天然气成藏的主要通道

华蓥山断裂带及其以东的高陡构造带，构造圈闭形成，断裂发育。开江—梁平海槽东侧，处于大巴山弧形断褶带与川东弧形褶皱带的叠加、交会部位，构造形迹主体走向为北西向与北东（或北东东）向，是几组构造作用力集中的复杂构造区。海槽西侧东部铁山—龙会场—梁平地区，是在燕山—喜马拉雅期水平侧向挤压应力作用下形成的线状高陡背斜带，向斜宽缓、背斜陡窄，构造轴向为北北东向。伴随这些高陡背斜构造，川东北地区发育了走向与之平行或相交的大断层，为礁滩天然气运移充注提供优势输导通道。如普光地区现今共发育80余条断裂，其中大型断裂延伸长度可达10～20km，断距最大达700m。断裂主要沟通下伏二叠系烃源岩层，是礁滩天然气成藏的主要通道，而且这些大断裂向上延伸消失于嘉陵江组和雷口坡组膏岩层（杜春国等，2009），有利于天然气保存（图11-1-2）。

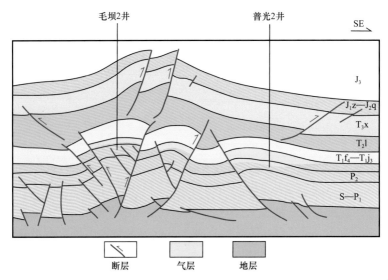

图 11-1-2　普光气田礁滩气藏剖面（据杜春国等，2009，修改）

2. 小型断裂与裂缝是构造平缓区礁滩成藏的良好输导通道

开江—梁平海槽西侧龙岗—剑阁地区礁滩气藏发育在构造平缓区，受周缘构造影响相对较小，缺乏深大断裂，断层与裂缝是龙岗礁滩天然气垂向运移聚集成藏沟通源—储的良好通道。

1）小规模断层是沟通源—储的有利通道

龙岗主体区构造具有北西低、东南高，以及深大断裂不发育的特征（图11-1-3），大的断裂主要发育在中三叠统膏岩层之上和志留系以下至寒武系。仅在龙岗地区东南侧有两条断层向下切至寒武系，向上切穿飞仙关组消失于嘉陵江组膏岩层。规模较小的断层可断穿上二叠统龙潭组至长兴组底部，如过龙岗1井的地震剖面局部放大可见数条小规模断层，平行海槽方向发育（图11-1-3）。从断层产状来看，有反转构造特征。可以沟通上二叠统龙潭组煤系烃源岩和相邻的长兴组生物礁储层，对于长兴组生物礁气藏的形成十分关键。

2）裂缝有利于天然气的垂向充注

虽然小规模断层可以在局部输导天然气向长兴组生物礁储层充注，但龙岗大部分地区断层不发育，烃源岩与礁滩储层并未直接接触。那么，礁滩气藏（尤其是飞仙关组鲕滩气藏）的天然气充注主要依靠裂缝来实现。以台缘带龙岗 1 井和台内带龙岗 11 井为例说明裂缝对天然气垂向充注的影响。

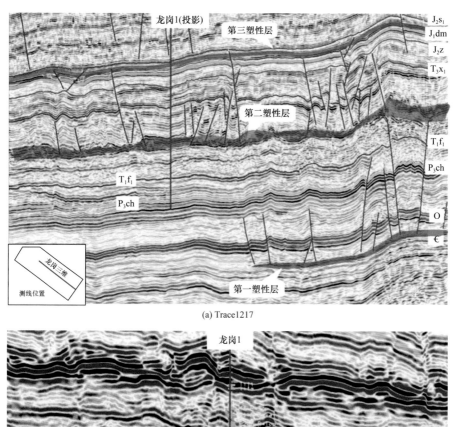

(a) Trace1217

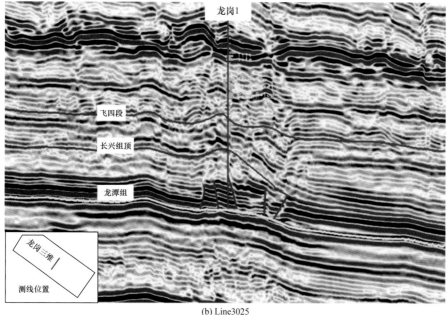

(b) Line3025

图 11-1-3　龙岗三维测线地震解释剖面

龙岗 1 井飞仙关组和长兴组均有储层发育，而且两套储层均有工业气流产出，即均有天然气的有效充注。龙岗 1 井飞仙关组储层发育段在 6054～6123m 之间（完井测试产气），长兴组储层发育段在 6201～6477m 之间（完井测试产气）。从 6123m 至 6201m 之间龙岗 1 井发育深灰色—褐灰色致密、性脆的泥晶灰岩和鲕粒灰岩。龙岗 1 井全井段裂缝十分发育，最关键的是两套隔层段裂缝均发育，天然气自下而上运移，在长兴组和飞仙关组储层均发生有效充注。龙岗2井裂缝亦较为发育，飞仙关组充注程度较高，测试获百万立方米工业气流。

3）断层—裂缝发育区礁滩体气藏充满度较高

断层—裂缝不但能沟通源—储，而且可沟通多套储层，使得天然气可进行二次运移充注。根据开江—梁平海槽东、西两侧探井测试成果统计，分析气藏充满度与断层—裂缝的关系，探讨断层、裂缝对天然气成藏的影响。如表11-1-2所示，海槽东侧黄龙场—普光地区高陡构造和深大断裂发育，输导条件好，晚期裂解成气，是良好的鲕滩连通性储集体，可使得天然气快速高效聚集，已发现气藏充满度平均值约为90%，储量丰度平均为$7.3 \times 10^8 m^3/km^2$；海槽西侧龙岗、元坝和剑阁地区由于大断裂不发育及裂缝输导的非均衡性，气源供给及输导条件不及海槽东侧地区，已发现气藏充满度平均值约为70%，储量丰度平均为$4 \times 10^8 m^3/km^2$，故气藏充满度较海槽东侧地区偏低。但相对而言，裂缝相对发育的龙岗1—龙岗2、龙岗6—龙岗27等井区气藏的充满度较高。此外，整个长兴组与飞仙关组气藏相比，前者充满度高于后者，反映了长兴组优先充注、礁滩天然气近断裂和近源富集的特征。

表11-1-2　四川盆地礁滩气藏充满度与输导条件

位置	层位	名称	储量丰度/$10^8 m^3/km^2$	充满度/%	断裂切穿地层	气源断层	裂缝密度/条/m	备注
海槽东侧	飞仙关组	渡口河	10.6	94.6	断至寒武系	沟通二叠系	1.8～6.2	深大断裂优势输导
		铁山坡	15	86.6	断至寒武系	沟通二叠系	3.9～13	
		罗家寨	7.6	100	断至寒武系	沟通二叠系	21.8	
		金珠坪	2.3	100	断至寒武系	沟通二叠系	20.1	
		滚子坪	7.3	48.5	断至志留系	沟通二叠系	16.4	
		普光	55.1	—	断至志留系	沟通二叠系	—	
		七里北	7.7	92.8	断至寒武系	沟通二叠系	1.5～4.6	
	长兴组	罗家寨	2.6	100	断至奥陶系	沟通二叠系	6.7	
		普光	55.1	100	断至志留系	沟通二叠系	—	
		七里北	5.1	88.1	断至寒武系	沟通二叠系	1.3～2.0	
	平均		7.3	90				
海槽西侧	飞仙关组	龙岗2	3.6	51	—	无	2.5～7	断层/裂缝输导
		龙岗1	5.8	61	—	无	5.9～9	
		龙岗26	2	73	—	无	2.0～4.5	
		龙岗62	—	—	断至长兴组	无	5～8	
		元坝	7.3	67	断至长兴组	无	—	
		龙岗6	2.3	48	—	无	4.2～6.7	

位置	层位	名称	储量丰度 / $10^8 m^3/km^2$	充满度 / %	断裂切穿 地层	气源断层	裂缝密度 / 条 /m	备注
海槽 西侧	长兴组	龙岗 8	1.4	76	—	无	0.2～1.2	断层 / 裂缝输导
		龙岗 2	1.6	41	—	无	2.5～7	
		龙岗 1	5.1	100	断至二叠系	沟通二叠系	5.9～9	
		龙岗 28	4	79	—	无	0.2～2.0	
		龙岗 26	3.8	49	—	无	2.0～4.5	
		龙岗 27	2.6	100	断至二叠系	沟通二叠系	3.6～8.6	
		龙岗 62	5.4	60	断至二叠系	沟通二叠系	5～8	
		元坝	7.3	34～74	断至二叠系	沟通二叠系	—	
		龙岗 11	2.5	100	断至二叠系	沟通二叠系	0.2～1.5	
	平均		4	70				

3. 大面积分布的鲕滩储层为天然气调整聚集提供有利通道

大面积分布的鲕滩储层为油气初次运移聚集提供储集空间，晚期构造运动油气可沿大面积分布的鲕滩储层调整聚集。如海槽东侧铁山坡—正坝南地区飞仙关组鲕滩气藏天然气为原油裂解气成因，晚期鲕滩储层可为天然气聚集提供优势通道。海槽东侧铁山坡—正坝南地区飞仙关组鲕滩沿台缘带分布，鲕滩储层较为发育，储层中见沥青且储层沥青含量与储集性能呈正相关（谢增业等，2004）。印支晚期—燕山早期，烃源岩生成的液态烃类，通过断裂的输导，向上运移至飞仙关组储层后，在孔隙性好的鲕粒岩中富集，与周围的致密岩层形成一种很好的岩性圈闭古油藏。燕山中期，仍然以鲕粒岩控制烃类的富集，液态烃类逐渐发生裂解。喜马拉雅期，构造圈闭最终形成，气藏由原来主要受岩性控制变成由构造和岩性共同制约的复合型气藏类型，油气沿大面积鲕滩储层由流体势高势区向低势区发生二次运移聚集，鲕滩储层为天然气调整聚集提供有利通道。

五、圈闭条件

四川盆地环开江—梁平海槽不同地区礁滩及构造发育程度控制了礁滩气藏的圈闭类型，主要包括岩性圈闭、构造—岩性复合圈闭等类型。

环开江—梁平海槽长兴组台缘生物礁气藏以岩性圈闭为主，海槽东侧发育黄龙场生物礁、五百梯生物礁和云安厂大猫坪生物礁，五百梯是大天池构造带北东倾没端东南翼断下盘的潜伏构造，发现的生物礁气藏在构造的翼部，延伸至向斜区，气藏受控于生物礁储层的分布范围，与构造并无关系（图 11-1-4）。铁山坡—五百梯地区受川东隔挡式褶皱构造带华蓥山断裂带及南大巴山构造影响较为显著，局部地区台缘带生物礁圈闭为构造—岩性圈闭，如普光气田台缘生物礁气藏主要受断裂及侧向相变线共同控制的构造—岩性复合圈闭。飞仙关组鲕滩储集体与生物礁储集体相比，大中型鲕滩储集体在空间上的分布规模较大，横向连续性较好。高陡构造与优质储层的叠加，形成以构造为主的构造、岩性—构造和构造—岩性圈闭，如渡口河、罗家寨、铁山坡和七里北等气田（图 11-1-5）。

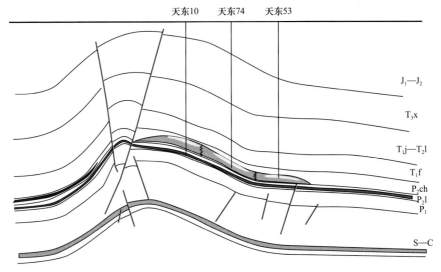

图 11-1-4　五百梯长兴组生物礁岩性气藏剖面

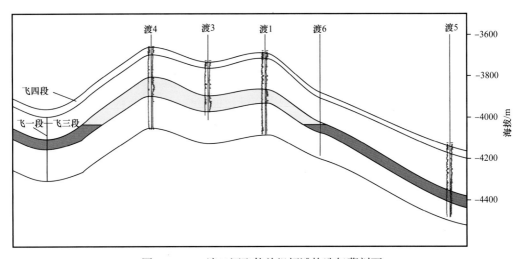

图 11-1-5　渡口河飞仙关组鲕滩构造气藏剖面

海槽西侧龙岗—剑阁主体区受盆地周缘构造变形影响较小，断裂不甚发育，岩性作用更加突出，主要发育岩性圈闭和构造—岩性圈闭，龙岗东地区受断裂影响，主要以构造—岩性圈闭和构造圈闭为主。如龙岗气田、剑阁气田和元坝气田等（图 11-1-6）。

六、保存条件

纵向上发育多套盖层、横向上岩性相变，以及断裂未切穿中—下三叠统膏盐岩区域盖层等是有利于礁滩气藏形成的重要条件。

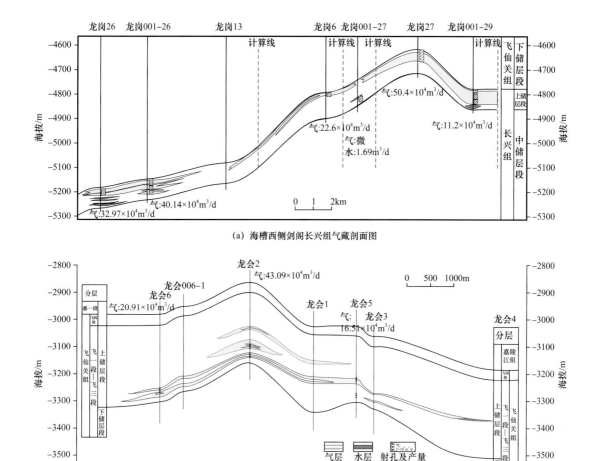

(a) 海槽西侧剑阁长兴组气藏剖面图

(b) 海槽西侧龙会场气藏剖面图

图 11-1-6　海槽西侧气藏剖面图

1. 纵向上多套盖层有利于油气保存

飞仙关组底部是一套泥质泥晶灰岩，横向上分布稳定，是长兴组气藏的直接盖层；飞仙关组四段发育一套分布稳定的致密灰岩和膏泥岩互层，厚度介于 10～30m，中三叠统雷口坡组以及下伏的嘉陵江组，发育较厚的膏岩和泥岩，厚度介于 100～500m，其较强的致密性和可塑性，是礁滩气藏优质的区域封盖层。总体上，区域盖层厚度高值区位于剑阁—营山—长寿一带，向北逐渐减薄，开江—梁平海槽及周缘地区厚度主要为100～400m，海槽西侧盖层相对东侧较厚。

海槽西侧以剑阁、龙岗地区为例，对生物礁气藏来说，礁顶潮坪的泥晶云岩、飞仙关组底部的泥灰岩或钙质泥岩和飞仙关组底部的一套泥晶灰岩都可形成很好的岩性遮挡。前人研究表明，礁顶潮坪泥晶云岩、飞仙关组底部的泥灰岩或钙质泥岩和飞仙关组下部泥晶灰岩等井下样品的突破压力分别为大于 5MPa、25MPa 及 7MPa，其封堵气柱的高度分别为 689m、3370m 及 959m，是很好的封隔层。若在地下气藏条件下，由于围压的存在，这种封隔层的孔喉缩小，将使封堵能力进一步增加，如龙岗11井，上覆盖层有效封堵下覆生物礁气藏，并形成高压气藏。在构造作用较强烈区，在有断层、裂缝破坏的情况下，形成连通长兴组—飞仙关组上、下两套储层的通道，下伏地层气藏的保存能力相对较差。该区钻井流体性质揭示该区水型以$CaCl_2$型为主，表明保存条件较好，这与该区区域盖层厚度为300~500m密切相关，厚层区域盖层使得没有大规模断裂的情况下，下伏气藏得以保存。

2. 横向相变（致密岩性侧向封堵）有利于礁滩油气保存

长兴组台缘生物礁往往呈串珠状沿台缘分布，生物礁之间常发育礁间水道，其充填岩性形成生物礁围岩，由于生物礁储集体孔渗与围岩存在较大差别，受致密岩体围限，具有明显的岩性侧向遮挡封堵的特征。因此，横向上形成的岩性遮挡有足够的封堵能力保证生物礁气藏岩性圈闭的有效性，从而形成现今海槽两侧生物礁气藏"一礁一藏"的分布特征（图11-1-7）。飞仙关组鲕滩储层局部也可形成岩性侧向变化，形成侧向岩性封堵，利于天然气在当前构造背景下形成岩性气藏，如七里北气田、金珠坪气田等。

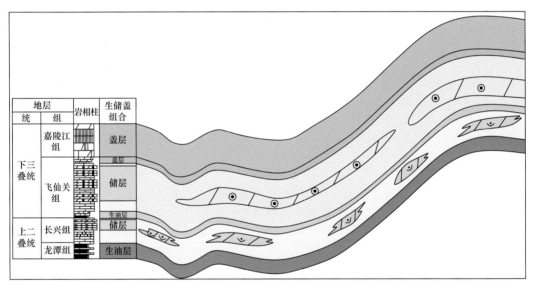

图11-1-7　龙岗地区礁滩气藏生储盖组合剖面模式图

3. 复杂构造区断裂未切穿区域盖层有利于礁滩油气保存

高陡构造区保存条件相对复杂，在川东、川东北地区，构造幅度大，断层发育，在断裂未切穿区域盖层的前提下，断裂对气藏调整改造，但不足以完全破坏；一定程度上，处于构造复杂区，断裂未切穿盖层有利于礁滩气藏的保存，如普光气田，该气田处于构造复杂区，断裂发育，但断裂未切穿区域盖层，下伏礁滩气藏得以有效保存（图11-1-2）。如果构造变形强烈，断裂发育，切穿上覆盖层，那么对礁滩气藏油气的保存条件会有所影响，如奉节地区，礁云岩储层发育，但未获工业气流，可能存在一条断层，断至地表，保存条件欠佳，导致油气通过断层逸散至上覆地层和地表。

第二节 天然气地球化学特征及成因

长兴组—飞仙关组礁滩气藏天然气是以甲烷为主的干气，非烃气体二氧化碳和硫化氢含量高。硫化氢含量对天然气碳同位素影响大，随硫化氢含量增大，碳同位素变重。

一、天然气组成

长兴组—飞仙关组天然气组成具有两个突出特征，一是天然气烃类气体以 CH_4 为主，CH_4 含量主要介于 85%～99%（表 11-2-1），重烃气体（C_{2+}）含量低，干燥系数为 0.9825～0.9996，属于典型的干气，与烃源岩处于过成熟阶段有关；二是非烃气体 CO_2 和 H_2S 含量高。H_2S 的形成主要与 TSR 反应有关（Cai et al.，2004；谢增业等，2004），CO_2 是 TSR 反应的副产物，CO_2 和 H_2S 含量之间具有正相关关系，H_2S 含量高的样品，其相应的 CO_2 含量也高。因表 11-2-1 中所列数据大多未进行 H_2S 组分的检测，从部分样品 CO_2 含量较高，以及 CO_2 和 H_2S 的成因联系分析，认为这些高含 CO_2 的天然气，其 H_2S 含量也较高。前人的研究表明，开江—梁平海槽东侧的礁滩气藏为高含硫气藏，如普光气田长兴组气藏 H_2S 和 CO_2 的平均含量分别达 11.24% 和 10.41%（陈丹，2011），飞仙关组气藏 H_2S 和 CO_2 平均含量分别为 14.96% 和 8.20%；罗家寨气田飞仙关组气藏 H_2S 和 CO_2 平均含量分别为 9.02% 和 6.79%；渡口河气田飞仙关组气藏 H_2S 和 CO_2 平均含量分别为 13.98% 和 5.51%。

表 11-2-1 四川盆地长兴组—飞仙关组天然气地球化学数据表

气田或气藏	井号	深度/m	层位	主要组分 /%						$\delta^{13}C$/‰		$\delta^2H_{CH_4}$/‰
				CH_4	C_2H_6	C_3H_8	CO_2	N_2	H_2S	CH_4	C_2H_6	
罗家寨	罗家7	3856	T_1f_3	82.03	0.09	0	7.43	0.04	10.41	−31.5	−29.4	−136
普光	普光2	5027	$T_1f_{1—3}$	89.59	0.05	0	9.73	0.63	未测	−29.9		−127
普光	双庙1	3995	T_1f	97.89	0.79	0.02	0.18	1.12	未测	−30.1	−32.1	−138
普光	普光6	5030	T_1f	89.32	0.06	0	10.38	0.25	未测	−29.5	−28.4	−145
普光	普光6	4850	T_1f	89.22	0.07	0	10.03	0.68	未测	−30.7	−28.5	−136
普光	普光6	4830	T_1f	85.80	0.07	0	9.95	4.18	未测	−31.6	−28.8	−143
普光	普光7	5485	T_1f_2	88.86	0.07	0	10.37	0.70	未测	−29.8	−29.7	−132
普光	普光7	5572	T_1f_1	88.48	0.07	0	10.35	1.10	未测	−29.5	−29.1	−131
普光	普光9	5916	$T_1f_{1—3}$	88.68	0.13	0	10.41	0.78	未测	−30.2	−29.2	−132
福成寨	成22	3032	T_1f_3	98.86	0.23	0.03	0.25	0.61	未测	−33.8	−36.5	−131
福成寨	成16	2616	T_1f_3	98.68	0.39	0.02	0.28	0.63	未测	−33.5	−37.4	−134

气田或气藏	井号	深度/m	层位	主要组分/%						δ¹³C/‰		δ²H_CH₄/‰
				CH_4	C_2H_6	C_3H_8	CO_2	N_2	H_2S	CH_4	C_2H_6	
新市	新8	3176	T_1f_3	96.93	0.35	0.06	0.29	2.30	未测	−33.1	−33.8	−137
新市	新18	3220	T_1f_3	98.38	0.39	0.06	0.21	0.90	未测	−33.4	−34.2	
金珠坪	紫2	3347	T_1f	73.19	0.07	0.04	24.03	0.61	未测	−29.0		−135
铁山	铁山11	2890	T_1f	98.51	0.24	0.01	0.72	0.51	未测	−33.0	−35.2	−127
铁山	铁山13	2991	T_1f	98.47	0.29	0.01	0.56	0.67	未测	−33.0	−34.7	−132
铁山	龙会5	3560	T_1f_{1-3}	95.87	0.09	0	2.91	1.13	未测	−29.4	−27.8	−133
大天池	天东100	3815	T_1f_{1-3}	98.47	0.37	0.02	0.73	0.40	未测	−32.4	−29.8	−124
大天池	月东3		T_1f	97.74	0.45	0.07	0.15	2.16	未测	−32.4	−30.6	−134
大池干井	池64	2089	T_1f_{1-3}	95.84	0.04	0	0.01	4.10	未测			−125
龙岗	龙岗1	6055	T_1f	94.70	0.07	0	2.81	1.14	0.25	−29.1	−25.6	−129
龙岗	龙岗6	4781	T_1f	92.64	0.06	0	3.12	0.63	2.45	−29.0	−25.3	−123
龙岗	龙岗27	4694	T_1f	90.45	0.06	0	4.47	0.48	4.51	−29.0	−25.9	−129
龙岗	龙岗001−7	6006	T_1f	94.48	0.06	0	3.01	1.03	1.30	−29.3	−25.7	−129
龙岗	龙岗001−6	5955	T_1f	94.37	0.06	0	2.84	1.10	1.36	−29.0	−25.3	−130
龙岗	龙岗001−1	5966	T_1f	94.30	0.07	0	3.08	0.94	1.57	−29.1	−26.3	−128
九龙山	龙16	5210	T_1f	97.11	0.28	0.01	0.37	2.19	未测	−28.5	−29.2	−131
大天池	沙3	2513	P_3ch	98.70	0.45	0.05	0.27	0.51	未测	−33.6	−34.9	−141
卧龙河	卧118−1	4744	P_3ch	97.48	1.01	0.11	1.04	0.31	未测	−31.4	−28.0	−134
大池干井	宝1	4160	P_3ch	91.72	0.36	0.01	7.57	0.33	未测	−31.7	−34.4	−117
高峰场	峰001−X3	3802	P_3ch	87.13	0.17	0	12.42	0.28	未测	−31.0	−31.8	−123
大天池	天东002−11	4232	P_3ch	95.16	0.53	0.01	4.01	0.28	未测	−31.8	−33.6	−125
大天池	天东10	4962	P_3ch	95.63	0.62	0.02	3.42	0.31	未测	−31.7	−32.9	−126
大天池	天东74	4896	P_3ch	94	0.48	0.01	5.17	0.34	未测	−32.3	−33.0	−126
大天池	天东72	4368	P_3ch	92.34	0.34	0.01	7.06	0.25	未测	−31.6	−31.9	−128
大天池	天东021−3	5045	P_3ch	91.91	0.27	0	7.56	0.26	未测	−31.8	−31.0	−125
大天池	天东53	4450	P_3ch	91.35	0.25	0.01	8.14	0.25	未测	−31.8	−31.1	−126
板东	板东4	3520	P_3ch	96.45	1.20	0.27	1.29	0.52	未测	−32.5	−30.6	−132
罗家寨	黄龙4	3613	P_3ch	96.72	0.39	0.01	2.47	0.41	未测	−30.7	−31.5	−132
罗家寨	黄龙1	4004	P_3ch	96.35	0.39	0.01	2.85	0.40	未测	−31.0	−32.1	−122

气田或气藏	井号	深度/m	层位	主要组分/%						$\delta^{13}C$/‰		$\delta^2H_{CH_4}$/‰
				CH_4	C_2H_6	C_3H_8	CO_2	N_2	H_2S	CH_4	C_2H_6	
罗家寨	黄龙10	4102	P_3ch	96.35	0.39	0.01	2.88	0.37	未测	−30.8	−31.9	−129
罗家寨	黄龙9	4071	P_3ch	93.37	0.20	0	0	6.43	未测	−30.2		−155
普光	普光2	5137	P_3ch	89.68	0.05	0	9.72	0.55	未测	−28.9		−132
普光	普光6	5295	P_3ch	88.74	0.06	0	10.32	0.88	未测	−28.1	−29.0	−143
普光	普光5	5141	P_3ch	89.64	0.05	0	9.54	0.76	未测	−30.1	−27.9	−137
普光	普光8	5502	P_3ch	87.06	0.13	0	11.01	1.80	未测	−29.3	−30.5	−137
普光	普光9	6110	P3ch	84.97	0.15	0	14.24	0.64	未测	−29.3	−30.7	−136
龙岗	龙岗001−18	6372	P_3ch	92.12	0.06	0	4.16	0.53	2.74	−29.1	−26.4	−132
龙岗	龙岗001−8−1	6261	P_3ch	91.69	0.06	0	4.33	0.49	3.21	−29.1	−26.9	−130
龙岗	龙岗001−2	6735	P_3ch	91.08	0.06	0	4.56	0.44	3.78	−29.3	−27.0	−129
丹凤场	丹7		P_3ch	98.32	0.88	0.04	0.37	0.37	未测	−32.4	−34.7	−134
丹凤场	丹14		P_3ch	98.40	0.77	0.03	0	0.79	未测	−32.3	−35.0	−134
荷包场	界14		P_3ch	97.57	1.30	0.08	0.54	0.50	未测	−32.8	−37.4	−136
荷包场	包4		P_3ch	97.55	1.04	0.04	0.81	0.56	未测	−32.8	−36.2	−134
荷包场	包46	2852	P_3ch	96.83	1.61	0.11	0.91	0.46	未测	−32.5	−36.4	−129
荷包场	包4	2860	P_3ch	97.89	0.55	0.03	0.99	0.52	未测	−32.0	−36.7	−131
中江	中江2	5040	P_3ch	94.74	0.18	0	4.54	0.53	0	−33.6	−32.7	−140

注：表中部分天然气主要组分之和小于100%是因为含有微量的He和H_2。

海槽西侧元坝、龙岗及剑阁—九龙山等地区长兴组—飞仙关组礁滩气藏天然气也具有中—高含H_2S、中含CO_2的特征。如剑阁—九龙山地区长兴组生物礁气藏属于高含H_2S、中含CO_2气藏，H_2S和CO_2平均含量分别为4.33%和5.87%；九龙山地区飞仙关组气藏属于微含H_2S、低含CO_2气藏，H_2S平均含量为0.01%；剑阁地区飞仙关组气藏属于高含H_2S气藏，H_2S含量为2.9%~7%。龙岗地区长兴组气藏H_2S平均含量为4.13%，CO_2平均含量为6.16%，属高含H_2S、中含CO_2气藏；飞仙关组气藏H_2S平均含量为2.68%，CO_2平均含量为3.92%，属高含H_2S、中含CO_2气藏。元坝气田长兴组气藏H_2S含量为4.36%~7.18%，多数介于5%~6%；CO_2含量为3.12%~11.31%，多数介于6%~9%。元坝气田飞仙关组气藏H_2S平均含量为1.72%，CO_2平均含量为3.35%。

二、天然气同位素组成

四川盆地长兴组—飞仙关组天然气碳、氢同位素数据见表11-2-1，$\delta^{13}C_1$值为−33.8‰~−28.1‰，$\delta^{13}C_2$值为−37.4‰~−25.6‰，$\delta^2H_{CH_4}$值为−145‰~−117‰。

天然气 $\delta^{13}C_1$ 值、$\delta^{13}C_2$ 值受 H_2S 含量的影响，呈现出两种分布特征：一是 H_2S 含量低的天然气，其 $\delta^{13}C_1$ 值和 $\delta^{13}C_2$ 值发生倒转，即 $\delta^{13}C_1 > \delta^{13}C_2$，落入图 11-2-1（a）中 $\delta^{13}C_1 = \delta^{13}C_2$ 曲线的下方，这属于正常的演化现象，是不同母源、同源不同阶段气混合形成的结果；二是 H_2S 含量较高的天然气，其 $\delta^{13}C_1$ 值和 $\delta^{13}C_2$ 值呈正序分布，即 $\delta^{13}C_1 < \delta^{13}C_2$，落入图 11-2-1（a）中 $\delta^{13}C_1 = \delta^{13}C_2$ 曲线的上方。这可能受两大因素的控制，第一，在发生 TSR 反应过程中，乙烷参与反应的程度比甲烷高，导致其 $\delta^{13}C_2$ 值变重的幅度大，从而形成 $\delta^{13}C_1 < \delta^{13}C_2$ 的现象；第二，受煤系母质生成的天然气 $\delta^{13}C_2$ 值重的影响，因为上二叠统龙潭组煤层在开江—梁平海槽东侧不发育，主要发育于海槽西侧区域，因此认为，TSR 反应是海槽东侧天然气 $\delta^{13}C_1 < \delta^{13}C_2$ 的主要原因，海槽西侧元坝气田、龙岗气田天然气 $\delta^{13}C_1 < \delta^{13}C_2$ 主要与龙潭组煤系母质的贡献有关（戴金星等，2018）。

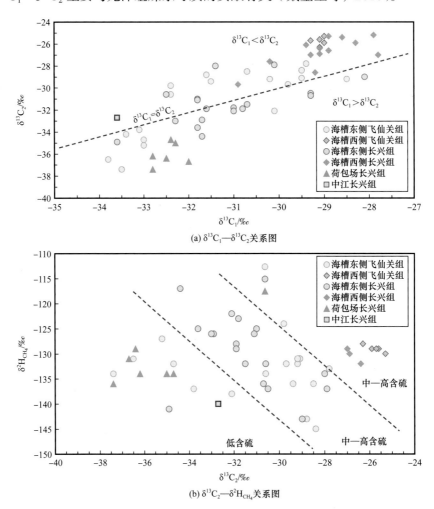

图 11-2-1　四川盆地长兴组—飞仙关组天然气碳、氢同位素关系

天然气氢同位素值（δ^2H）不仅受其烃源岩热演化程度影响，也受沉积环境的水介质盐度制约，一般情况是 δ^2H 值随母源成熟度增高和水介质盐度增大而变重。四川盆地长兴组—飞仙关组天然气 $\delta^2H_{CH_4}$ 值变化幅度大，为 $-145‰ \sim -117‰$，这可能与不同区域天

然气母源不完全一致有关。如开江—梁平海槽西侧的龙岗地区，主要发育小规模的断裂和裂缝，沟通上二叠统龙潭组烃源岩，不发育沟通寒武系、志留系等烃源岩的大型断裂；因此，龙岗气田天然气 $\delta^2 H_{CH_4}$ 值介于 $-132‰ \sim -123‰$，主要反映龙潭组烃源岩的水介质盐度。相反，开江—梁平海槽东侧的普光、罗家寨等气田，发育沟通寒武系、志留系等烃源岩的大型断裂，其部分天然气 $\delta^2 H_{CH_4}$ 值轻于 $-135‰$，表明这些天然气除了源于上二叠统烃源岩外，可能还有下伏烃源岩的贡献。

川中古隆起北斜坡中江地区也发育深层大断裂（图 11-2-2），为下伏烃源岩生成的油气向上运移提供了重要通道，中江 2 井长兴组天然气 $\delta^2 H_{CH_4}$ 值为 $-140‰$，明显轻于龙岗气田天然气的 $\delta^2 H_{CH_4}$ 值；天然气 $\delta^{13} C_1$ 值、$\delta^{13} C_2$ 值分布特征也表明中江 2 井长兴组有下伏寒武系筇竹寺组烃源岩的贡献（谢增业等，2021b）。

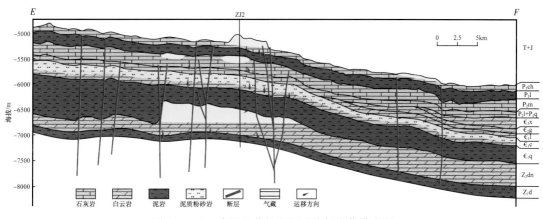

图 11-2-2　中江 2 井长兴组天然气成藏模式图

第三节　天然气藏特征与成藏模式

开江—梁平海槽东、西两侧气藏表现为不同的成藏特征，海槽东侧气藏类型以构造、构造—岩性气藏为主，为古油藏裂解气原位聚集成藏；海槽西侧气藏类型以岩性气藏为主，为多源供烃晚期微调整聚集成藏。

一、海槽东侧礁滩气藏特征

开江—梁平海槽东侧已探明罗家寨（包括罗家寨、滚子坪、黄龙场等气藏）、普光、渡口河、铁山坡、七里北、通南巴（河坝气藏）、金珠坪、大天池（五百梯气藏）、云安厂（大猫坪气藏）等礁滩气田（表 11-3-1），气藏类型与其所在的构造背景有一定相关性。高陡构造发育区，礁滩气藏以构造和岩性—构造圈闭为主，气藏范围内构造高差大，储层纵、横向连通性好，气藏规模大、丰度高，表现为大—中型整装、常压气藏。储层岩石类型以生屑云岩、生物礁云岩、礁灰岩、残余鲕粒云岩和鲕粒含灰质云岩为主，储集空间以晶间孔和粒间溶孔为主。

表11-3-1 开江—梁平海槽东侧主要气田或气藏特征统计表

成藏条件	参数	铁山坡	渡口河	滚子坪	罗家寨	黄龙场（飞仙关组）	黄龙场（长兴关组）	金珠坪	七里北（飞仙关组）	七里北（长兴组）	普光
构造条件	构造类型	断背斜、断鼻状	断背斜	断背斜	断背斜	背斜	断背斜	断背斜	鼻状构造	断鼻构造	断背斜
	厚度/m	67.92	42.5	55.4	37.7	16.3	42.94	32.5	28.8	42.7	102.1~411.2m
储层条件	储集类型	裂缝—孔隙型为主	以孔隙型为主	裂缝—孔隙型	原生孔隙、溶蚀孔洞及裂缝	裂缝—孔隙型	溶蚀孔、裂缝	粒间孔隙、粒内溶孔、晶间孔、晶间溶孔及缝洞孔隙	粒间溶孔、孔隙型溶洞及成岩缝、品间孔，为裂缝—孔隙型储层	溶蚀孔隙和晶间孔（隙），溶洞，裂缝不发育	以孔隙型为主，裂缝—孔隙型储层
	孔隙度/%	4.0~9.2	1.0~25.0	2~7	6	4.80	5.15	4.30	10.20	4.20	0.94~25.22
	渗透率/mD	最大169mD，以小于10mD为主	2~296	0.001~17.89	以0.02~0.25mD和大于1mD两个区间为主	0.022~9.363	渗透率小于0.01mD的样品占总数的45.24%；黄龙1、黄龙4井渗透率分别为2.79mD和1.14mD	—	0.01~10	0.01~100	0.0112~3354.6965
	储集体规模	铁山坡构造全套储层厚度变化总的趋势是从南向北递减	储层发育厚度大于40m，面积大于43km²，储层厚度发育较厚区（2~40m），面积大于25km²	鲕滩储层在整个构造内均有分布，连续性好	鲕粒滩体规模大，延伸距离一般在10km以上	连续性较好鲕滩发育厚区（20~40m）面积约17.72km²；连续性较差鲕滩发育厚区（5~20m）面积约28.04km²	较好的连续性，规模较大	距金珠1井东南方向约5.5km的金珠2井岩性变得致密，白云岩化程度低，储层不发育	储层厚度大于40m，在圈闭范围内分布24.53km²，储层厚度为20~40m，在圈闭范围内分布面积为7.93km²	长兴组生物礁储层在分布上分布基本稳定，连续性较好	气田主体较发育，普光2井有效厚度达301.5m，向四周呈不同程度减薄

成藏条件	参数	铁山坡	渡口河	滚子坪	罗家寨	黄龙场（飞仙关组）	黄龙场（长兴组）	金珠坪	七里北（飞仙关组）	七里北（长兴组）	普光
	圈闭类型	构造	构造	构造	构造	构造—岩性	构造—岩性	岩性	构造—岩性	构造—岩性（长兴组）	构造—岩性
	圈闭高度/m	金竹坪高点479m；坡2井断高300m；黄草坪高点180m	335	滚子坪主高1170m / 马柳坝次高50m	500m以上	1150	1010	400	260	370	975
	圈闭面积/km²	金竹坪高点15.14km²；坡2井断高4.02km²；黄草坪高点1.42km²	33.8	滚子坪主高27.89km² / 马柳坝次高0.8km²		70.88	18.55	8.5	32.46	46.51	—
气藏类型及分布	含气饱和度/%	84.1	89	87	94.6	79	85	83.3	80.5	85.9	84.3
	含气面积/km²	24.87	31.88	19.1	76.9	38	12.5	8.5	29.79	10.48	102.87（长兴组＋飞仙关组）
	气藏温度/℃	86.15	102.85	90.85	91	98.84	100.37	107.4	121.85	111.85	地温梯度为1.98~2.21℃/100m（低温）
	气藏压力/MPa	49.31	45.762	30.689	41.82	43.993	43.255	32.284	54.86	54.26	地层压力系数为1~1.18,常压气藏（毛坝气藏除外,为高压气藏,压力系数为1.32）
	压力系数	1.3	1.07	1	1.12	1.2	1.12	1.14	1.2	1.1	0.94~1.28
	气藏类型	构造气藏	构造气藏	构造气藏	构造气藏	构造—岩性气藏	构造—岩性气藏	构造—岩性气藏	构造—岩性气藏	构造—岩性气藏	构造—岩性气藏

1. 气藏类型

开江—梁平海槽东侧气藏类型以构造、构造—岩性气藏为主（表 11-3-1）。罗家寨、渡口河和铁山坡气田飞仙关组鲕滩气藏为构造气藏，其中罗家寨气藏储层横向连续分布，构造高部位为纯气，低部位产水，其含气分布受构造控制，气藏类型为构造气藏（图 11-3-1）。气藏储层顶界埋深海拔最高为 -2570m，气水界面海拔为 -3720m，整个气藏的含气高度为 1150m，含气面积达 76.9km²。

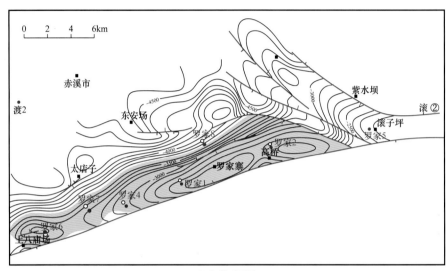

(a) 气藏平面图

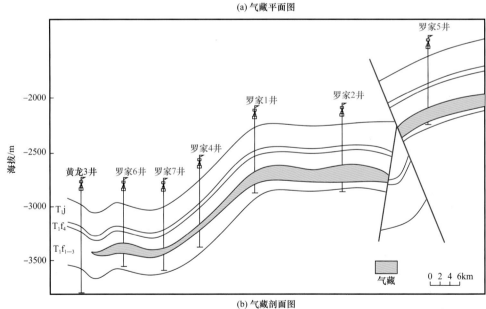

(b) 气藏剖面图

图 11-3-1　川东北地区罗家寨气田下三叠统飞仙关组气藏平面及剖面图

七里北、普光等气藏主要呈北东向展布，为构造—岩性气藏。其含气分布受构造和岩性共同控制。如七里北鲕滩气藏，只从构造角度分析，七里北构造不能成为有效的圈闭，但由于飞仙关组鲕滩储层向南逐渐尖灭，由尖灭线与构造等高线形成构造—岩性复合圈闭，含气面积为 32.46km²（图 11-3-2），具有在储层发育区高部位产气、低部位产水的特征。

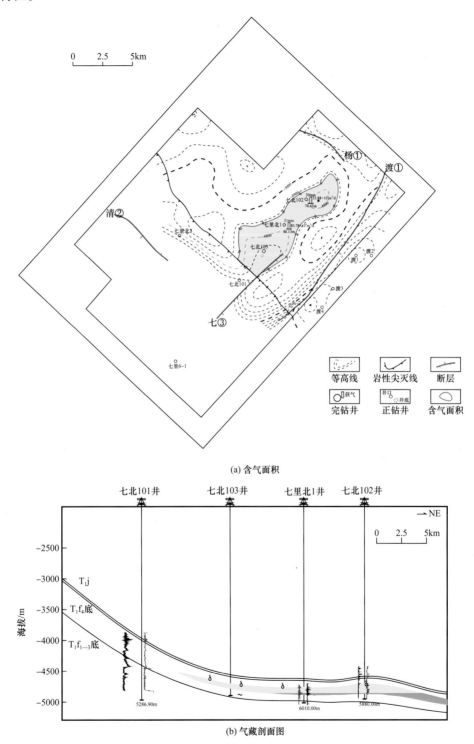

(a) 含气面积

(b) 气藏剖面图

图 11-3-2　川东北地区七里北气田下三叠统飞仙关组气藏含气面积及气藏剖面图

2. 储层发育特征

开江—梁平海槽东侧发育长兴组生物礁云岩储层及飞仙关组鲕滩储层。储层岩石类型以生屑云岩、生物礁云岩、礁灰岩、残余鲕粒云岩和粉细晶云岩为主，其中，生屑云岩及残余鲕粒云岩是最好的储层。储集空间主要为晶间溶孔及粒间溶孔，粒内溶孔、晶间孔、鲕模孔、生物体腔溶孔及溶洞次之，总体来看，储层类型以孔隙型为主，裂缝—孔隙型次之。渡口河气藏位于飞仙关组台缘鲕滩储层发育有利区，溶孔鲕粒云岩储层普遍发育。鲕滩储层分布范围较广，白云岩化彻底，溶孔普遍发育，具有高孔隙度、高渗透率特点。孔隙度主要分布在6%～25%之间，平均为7.8%；渗透率一般为6.7～129mD，平均为33.5mD；储层累计厚度一般在22.9～67.5m之间。黄龙场生物礁气藏储层以礁滩云岩为主，孔洞和裂缝是主要的储集空间，包括粒内溶孔、粒间溶孔、铸模孔及生物体腔孔，此外还有晶间孔及生物灰岩中的架孔孔。孔隙度主要在0.48%～12.43%之间，平均为3.36%，基质渗透率值在0.0001～44mD之间，平均为1.06mD。从孔渗关系图（图11-3-3、图11-3-4）可见，储集类型总体上以孔隙型为主，同时裂缝也起到了重要作用。

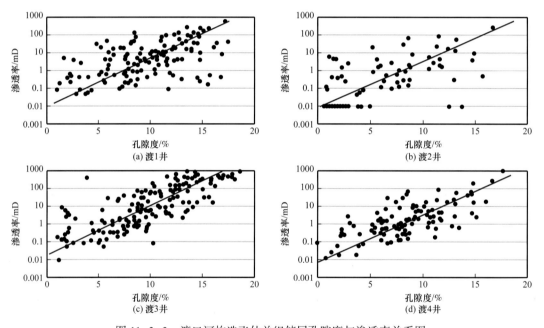

图11-3-3　渡口河构造飞仙关组储层孔隙度与渗透率关系图

3. 温压场特征

海槽东侧气藏以常温、常压为主（表11-3-1），如渡口河飞仙关组气藏具有统一的压力系统，压力系数为1.08，气藏平均温度为102.85℃，为常温常压气藏。普光气田飞仙关组气藏压力系数为1.05，为常压气藏，但毛坝气藏除外，为高压气藏。

罗家寨气藏中部地层压力为30.689MPa，气藏中部温度为62.85℃；黄龙场主构造生物礁带内的井（黄龙1井、黄龙4井等）压力系数分布在0.947～1.18之间，气藏平均温度为100.37℃，表现为常温常压气藏。

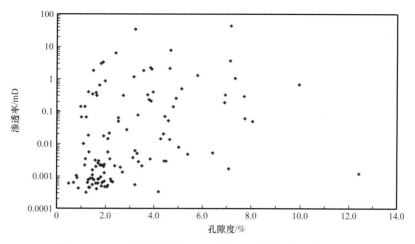

图 11-3-4　黄龙场构造长兴组储层孔隙度与渗透率关系图

二、海槽西侧礁滩气藏特征

开江—梁平海槽西侧已探明龙岗、元坝、龙会场和剑阁等礁滩气藏（表 11-3-2），剑阁—龙岗地区由于缺少规模断层和构造圈闭，圈闭形成受岩性控制更明显，龙岗与龙会场等气藏受构造控制作用相对明显，气藏类型以构造—岩性、岩性气藏为主。长兴组储集岩性主要为残余生屑白云岩、中—细晶白云岩、生物礁灰岩及亮晶生屑灰岩，飞仙关组储集岩性以鲕粒灰岩为主，局部发育鲕粒云岩。储集空间主要为溶蚀孔洞、晶间溶孔、粒内溶孔和铸模孔等，储集类型以孔隙、裂缝—孔隙型为主。温压以常温常压为主，气藏规模及分布主要受沉积相带、储层发育特征及构造作用联合控制。

1. 气藏类型

开江—梁平海槽西侧气藏类型以构造—岩性、岩性气藏为主（表 11-3-2）。与上述海槽东侧相比，气藏类型存在一定异同点，相同点是长兴组顶部以岩性气藏为主，飞仙关组中下部则以构造—岩性复合型气藏为主，不同点是开江—梁平海槽东侧气藏偏构造型，断层较为发育，储层规模较大，而开江—梁平海槽西侧气藏则偏岩性型，断层发育较少，储层规模较小。海槽西侧局部地区气藏特征存在差异，龙岗地区"一礁一滩一藏"特征明显，表现为以孔隙型构造—岩性气藏为主，而元坝地区礁滩储层发育规模相对较大，以孔隙型、裂缝—孔隙型岩性气藏为主。

从礁滩体类型来看，龙岗气田龙岗 1—龙岗 2 井区台缘带长兴组发育窄条状堤礁带，礁体彼此独立，礁滩储层主要为礁体顶部发育的滩相白云岩，与非礁相致密灰岩相邻，形成台缘带礁滩岩性圈闭；飞仙关组台缘鲕滩大面积分布，储集空间以孔隙为主，岩性主要为砂屑/鲕粒云岩，飞四段膏盐岩及致密灰岩是直接盖层，鲕滩储层与局部低幅构造叠加形成低幅构造—岩性复合圈闭。由于飞一段底部普遍存在泥质灰岩致密层，使得长兴组生物礁与飞仙关组礁滩分别形成两套成藏组合。龙岗 1 台缘带礁滩气藏分布范围介于龙岗 12 井和龙岗 2 井，经测试资料证实，龙岗 1 台缘带长兴组生物礁和飞仙关组鲕滩气藏分属不同的压力系统，表现为垂向叠置的两个气藏（图 11-3-5）。

表 11-3-2　海槽西侧元坝、龙岗和龙会场气藏特征对比表

特征		元坝	龙岗	龙会场
基本情况	层位	长兴组—飞仙关组	长兴组—飞仙关组	长兴组—飞仙关组
	探明储量 /10^8m^3	2195	730	212
烃源岩	层位	以大隆组与吴家坪组为主	以大隆组与吴家坪组为主	以龙潭组为主
	岩性	以泥页岩为主，泥灰岩为辅	以泥页岩为主，泥灰岩为辅	煤系烃源岩
	厚度 /m	40～80	10～70	40～50
	总有机碳含量 /%	0.3～7.2	0.5～6.5	1.4～5.0
	生烃强度 /$10^8m^3/km^2$	25～40	20～30	20～25
储层	储层岩性	以残余生屑细—中晶白云岩、生物礁灰岩及亮晶生屑灰岩为主	以中—细晶白云岩和残余生屑白云岩为主	生屑白云岩、溶孔鲕粒白云岩和鲕粒灰岩
	沉积环境	台缘生物礁相、台缘浅滩相	台缘生物礁相、台缘浅滩相	台缘生物礁相、鲕粒滩相
	总厚度 /m	40～100	10～50	5～50
	孔隙度 /%	2～23.6，平均为5.18	2.06～17，平均为6.5	2～6
	渗透率 /mD	以 0.002～0.25mD 和 ≥ 1mD 两个区间为主	0.01～10（占80%）	长兴组渗透率为0.001～10.09mD，渗透率小于1mD的占72.1%；飞仙关组渗透率为0.003～140mD，小于0.001mD的占70.2%
	储集空间	以溶蚀孔为主，晶间孔及裂缝次之	以粒间溶孔、晶间孔和溶洞为主，粒内孔次之	粒间溶孔、粒内溶孔、晶间溶孔、晶间孔、溶洞及生物溶模孔
	储集类型	以溶蚀孔为主，裂缝—孔隙复合型	裂缝—孔隙（洞）型	裂缝—孔隙型
	储层控制因素	沉积、溶蚀、白云岩化与裂缝作用	沉积、溶蚀、白云岩化与裂缝作用	沉积、溶蚀、白云岩化与裂缝作用
气藏	圈闭类型	岩性圈闭	岩性、构造—岩性复合圈闭	构造—岩性、岩性—构造和岩性圈闭
	气藏埋深 /m	6250～7030	3680～7045	2650～5096
	平均厚度 /m	46	35	15.3～35.7
	含气饱和度 /%	72～88.5	70～90	70～88
	CH_4 含量 /%	平均为88.35	平均为89.72	平均为91

特征		元坝	龙岗	龙会场
气藏	H₂S 含量 /%	平均为 5.22%	平均为 3.7%	平均为 2.2%
	气藏温度 /℃	139.2～150.3	128.3～140.9	97～137.8
	压力系数	长兴组：1.01～1.11； 飞仙关组：1.96	0.98～1.07	0.96～1.16
	气藏类型	高含 H₂S，超深层、中高产、常压、低温梯度系统孔隙型岩性气藏与裂缝—孔隙型岩性气藏	高含 H₂S，超深层、中高产、常压、低温梯度系统裂缝—孔隙型岩性气藏与构造—岩性气藏	高产、低丰度、深层的中含硫、中型天然气藏

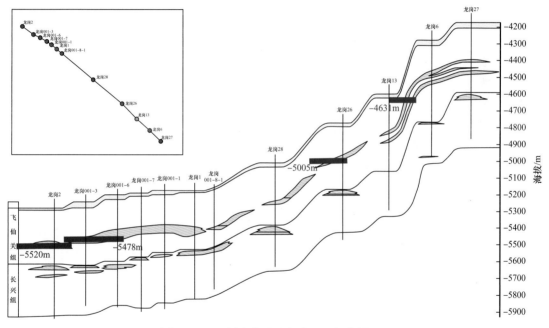

图 11-3-5　川东北地区龙岗地区气藏剖面图

元坝气田长兴组气藏类型为受生物礁滩控制的岩性气藏。气藏不受现今构造控制，主要受控于生物礁滩储层的分布，气藏圈闭平均高度为380.6m，气柱高度为235.2m，具有"一礁一滩一气藏"的特点。飞仙关组气藏类型为岩性气藏，主要分布于元坝西北部，受鲕滩控制，多期滩体向海槽呈进积式发育，气藏圈闭高度为425m，气柱高度为284m，测试显示主要为低产气藏（图11-3-6）。龙岗11生物礁气藏（图11-3-7）是典型的台内点礁岩性气藏，具有独立的压力系统，无统一的气水界面。点礁周围钻探的龙岗21、龙岗22和龙岗23等井均未获工业气流。礁体控制储层厚度及分布，储层变化控制气藏边界，气藏完全受岩性控制。

剑阁—九龙山地区发育长兴组生物礁气藏和飞仙关组鲕滩气藏。长兴组生物礁气藏主要发育在剑阁地区，受生物礁储层控制，沿台缘带展布，以岩性气藏为主。剑门1、龙岗 68 和龙岗 62 等钻井揭示剑阁地区生物礁气藏发育。飞仙关组气藏主要发育在剑阁—九龙山地区，气藏类型以岩性气藏为主，局部受构造—岩性联合控制，表现为构造—岩性气藏，如九龙山地区飞仙关组储层相对较为发育，构造高部位的龙 16 井获日产气 $15.496 \times 10^4 m^3$ 的工业气流，构造低部位的龙 17 井获日产水 $628.8 m^3$；构造低部位的龙岗 61 井获日产气 $5.588 \times 10^4 m^3$。

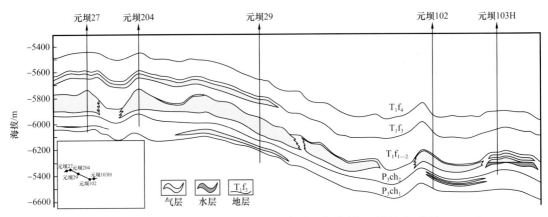

图 11-3-6 四川盆地元坝气田长兴组—飞仙关组气藏剖面（据郭旭升等，2014）

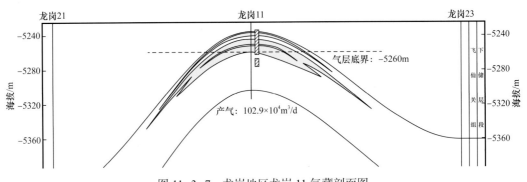

图 11-3-7 龙岗地区龙岗 11 气藏剖面图

2. 储层发育特征

海槽西侧储层岩石类型以残余生屑白云岩、中—细晶白云岩、残余鲕粒云岩和鲕粒灰质云岩为主，储集空间以粒间溶孔、晶间溶孔为主，储集类型为孔隙型、裂缝—孔隙型，白云岩化和溶蚀作用是龙岗与元坝地区礁滩储层的主要控制因素，不同程度发育的裂缝对储层具有一定的建设性作用。

龙岗气田主体位于龙岗 7 井—龙岗 12 井之间，发育长兴组礁滩云岩储层及飞仙关组鲕滩云岩储层。长兴组生物礁气藏储集岩以生物礁组合中的残余生屑白云岩、中—细晶白云岩为主，其次为海绵骨架云质灰岩和生屑云质灰岩，含少量的残余海绵骨架白云岩、残余生物骨架白云岩等。龙岗地区长兴组的储集空间以粒间溶孔、晶间溶孔和溶洞为主，其次为粒内（生物内）溶孔。龙岗地区的产气井均具有较高的孔隙度，孔隙是主要的储集空间，而在岩心及薄片中见到规模不等的裂缝，储集类型属于裂缝—孔隙（洞）型

（图 11-3-8）。从岩心实测物性来看，岩心储层段分析孔隙度在 2.0%～20.5% 之间，单井岩心储层段平均孔隙度在 4.7%～9.1% 之间，总平均孔隙度为 6.4%（图 11-3-9）。岩心储层段渗透率在 0.0003～414mD 之间，单井平均渗透率在 1.641～19.525mD 之间，总平均渗透率为 7.346mD。渗透率为 0.01～10mD 的占样品总数的 79.2%，反映龙岗气田长兴组气藏具有较高的渗透率。

 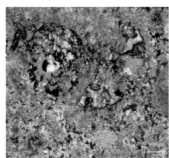 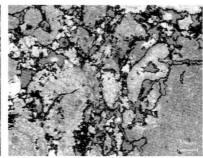

| (a) 龙岗28井，6025.9m，长兴组，晶间孔、晶间溶孔 | (b) 龙岗28井，6001.6m，长兴组，残余生屑白云岩，体腔孔发育 | (c) 龙岗001-1井，长兴组，残余砂屑云岩，孔缝系统发育 |

图 11-3-8　龙岗气田长兴组储层特征

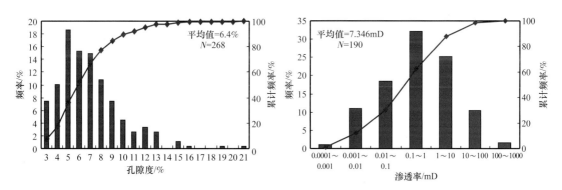

图 11-3-9　龙岗气田长兴组储层岩心样品孔隙度和渗透率频率直方图

　　龙岗地区飞仙关组储层岩性以残余鲕粒云岩、残余鲕粒灰质云岩为主（图 11-3-10）。在台地边缘相带中下部发育厚层的溶孔鲕粒云岩，储集空间主要为台缘鲕粒白云岩粒间（晶间）溶孔和云质鲕粒灰岩粒间（粒内）溶孔，以及台内鲕粒灰岩铸模孔。岩心实测物性表明，岩心储层分析孔隙度主要分布在 6.0%～17.0% 之间，储集类型属于裂缝—孔隙型。龙岗地区飞仙关组鲕滩储层分布面积大，台地内部亦发育大面积的溶孔鲕粒灰岩，局部发育鲕粒细晶云岩。鲕滩储层与下伏生物礁储层呈上下叠置关系，向海槽方向及台内方向逐渐减薄尖灭，形成披覆状的岩性储层。

　　元坝气田长兴组储层包括台缘生物礁、台缘浅滩及台内生屑滩，储层岩石类型以高能带沉积的颗粒白云岩及颗粒灰岩为主，颗粒灰质云岩及颗粒白云质灰岩次之。元坝地区长兴组储层类型以孔隙型为主，其次为裂缝—孔隙型，储层孔隙度最大值为 24.65%，最小值为 0.59%，平均值为 4.71%；其中孔隙度大于 2% 的样品占 80.65%，平均孔隙度为 5.47%。储层渗透率最大值为 2385.4826mD，最小值为 0.0018mD，属于中—低孔隙度、中—低渗透率储层（郭彤楼等，2011）。

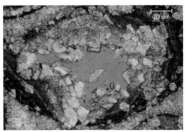

(a) 龙岗001-3井，飞仙关组，6142.18～ 6142.36m，残余鲕粒溶孔（洞）云岩

(b) 龙岗17井，飞仙关组，5933m，鲕粒内溶孔，铸体薄片

(c) 龙岗001-1井，飞仙关组，细晶残余鲕粒云岩

(d) 龙岗001-1井，飞仙关组，粉—细晶白云岩构溶缝宽0.1～0.3mm，局部与孔相连，单偏光，10×

(e) 龙岗001-1井，飞仙关组，细晶残余鲕粒云岩，粒间溶孔、晶间溶孔发育，铸体薄片，单偏光，25×

(f) 龙岗001-3井，飞仙关组，细晶白云岩，第一期埋藏溶蚀作用

图 11-3-10 龙岗气田飞仙关组储层特征

元坝气田飞仙关组储层属台地边缘鲕粒滩沉积，以鲕粒灰岩为主，泥质含量少，属高能环境沉积，鲕粒滩具有叠置迁移发育的特征，具有分布范围广、厚度薄的特点。储层孔隙度为 0.99%～16.27%，平均值为 3.48%；渗透率为 0.0021～1340.284mD，平均值为 0.0223mD。具有低孔低渗、中孔低渗特征，以裂缝—孔隙型储层为主，微裂缝具有较大沟通作用（范小军等，2012）。相对于长兴组，储层物性较差。

剑阁—九龙山长兴组气藏属于台地边缘生物礁沉积。长兴组储层岩石类型以生物礁、滩组合中的中—细晶白云岩、残余生屑白云岩为主，其次为海绵骨架云质灰岩和生屑云岩，白云岩主要发育于生物礁顶部，储集空间主要为残余粒间（溶）孔、晶间（溶）孔和溶洞，岩心裂缝发育，见生物体腔孔；长兴组孔隙度在 1.93%～13.60% 之间，平均为 6.9%，孔隙度大于 6% 的样品占总样品数的 53.9%；渗透率在 0.001～100mD 之间，平均渗透率为 2.96mD，渗透率大于 1mD 的样品占总样品数的 43.8%，总体表现出中—高孔隙度、中—高渗透率的特征。

剑阁—九龙山飞仙关组气藏属于台地边缘鲕滩沉积。飞仙关组储层岩石类型以鲕粒云岩、藻屑云岩、鲕粒灰岩及细—粉晶白云岩为主，储集空间以粒内（间）溶孔为主，溶缝、裂缝较发育。飞仙关组储层具有低孔低渗特征。孔隙度分布范围为 2%～16.9%，以 2%～4% 为主，占总样品数的 76.5%，孔隙度大于 6% 的样品仅占总样品数的 11.8%；渗透率的分布范围为 0.001～26.4mD，平均值为 1.97mD。

3. 温压场特征

海槽两侧气藏压力系统较为复杂，不同区带气藏间压力系统存在较大差异性，具体差异性如下：（1）从相带角度而言，台地边缘带礁滩气藏以常压为主，压力系数主要介于 0.95～1.10，台内礁滩气藏以高压或超高压为主，压力系数普遍高于 1.20，如龙岗 11 井长兴组压力系数为 1.51；（2）从储层岩性角度而言，白云岩储层以常压为主，石灰岩储层则以高压为主；（3）从区带位置角度而言，构造挤压变形区主要为高压气藏，开江—梁平海槽东侧的礁滩气藏压力系数偏高。如龙岗长兴组台缘礁气藏一般表现为常压气藏，各井的压力系数介于 1.003～1.106；龙岗 11 井区属于台内礁气藏，压力系数为 1.514，属高压气藏。龙岗飞仙关组为常压气藏，压力系数一般为 1.028～1.129，东部的龙岗 6 井、龙岗 27 井压力稍高。

元坝长兴组气藏压力系数多在 1.01～1.06 之间，只有元坝 27 井达到 1.11；地温梯度介于 1.96～2.11℃/100m。元坝地区飞仙关组气藏中部埋深为 6317m，气藏地层温度为 149.9℃，压力系数为 1.96，气藏地层压力为 119.17MPa，气藏地温梯度为 2.11℃/100m（郭彤楼等，2011；郭旭升等，2014）

三、天然气运聚成藏模式

开江—梁平海槽东、西两侧发育深大断裂输导的古油藏裂解气晚期构造调整聚集成藏及中小断裂输导多源供烃晚期微调整聚集成藏两种模式，即海槽东侧礁滩气藏，以深大断裂作为天然气的输导通道，早期油气在优质礁滩储层中聚集形成规模古油藏，后期深埋，古油藏裂解成气，晚期叠加川东高陡构造，形成现今气藏分布特征，以普光、罗家寨、渡口河和铁山坡等高效鲕滩气藏为代表；海槽西侧礁滩气藏，以中—小型断层裂缝输导，早期在海槽西侧礁滩储层叠置区充注少量油气，后期多源供烃，晚期微调整，形成与低幅构造叠加的成藏组合，以龙岗 1—龙岗 2 井区台缘礁滩气藏为代表。

1. 海槽东侧天然气运聚成藏模式

优质礁滩储层、大型构造圈闭、断层优势输导和规模古油藏裂解是川东高陡构造台缘带礁滩天然气成藏的主控因素，发育优质储层与高陡构造叠加的成藏组合，巨厚的优质礁滩白云岩储层与高陡构造叠加形成大型圈闭，深大断裂沟通下志留统至上二叠统等多套腐泥型优质烃源岩，形成的大量液态烃垂向运移充注，巨厚的优质礁滩储层叠置连片大面积展布，在古隆起背景下形成大型古油藏，深埋阶段古油藏原油"原地"发生裂解，形成高效天然气藏，经抬升期调整定型后，形成现今的大型礁滩气藏（图 11-3-11）。以飞仙关组气藏为例。

（1）印支晚期，即晚三叠世末期，上二叠统烃源岩进入生油高峰阶段，已生成的烃类主要沿控制构造北东向断层向上运移至飞仙关组鲕粒岩储层。虽然这个时期构造圈闭尚未形成，但是，由于鲕粒岩是一种高孔隙度储层，与周围致密岩性可以构成一种很好的岩性圈闭，一旦有油气经过则可以在其中聚集，况且该构造带上鲕粒岩的展布从西向东为连续分布，加上古地貌条件，促使已进入鲕粒岩中的烃类可以在横向上由西向东进行运移。

（2）早—中侏罗世，上二叠统烃源岩已达到高成熟早期演化阶段。此时的构造圈闭仍未形成，沿烃源断层向上运移至飞仙关组储层的烃类仍然聚集在鲕粒岩这种特殊岩性圈闭中。古地貌格局与晚三叠世末期相比，没有发生根本的改变，只是构造带东、西端的高差在扩大。这种古地貌的差异更有利于烃类向东运移。

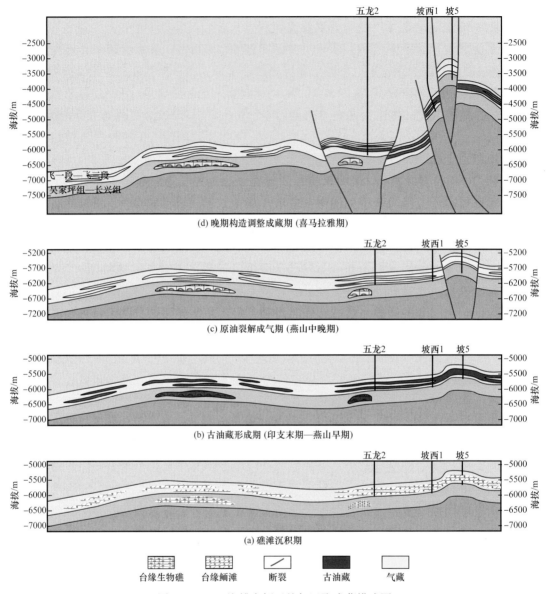

图 11-3-11　海槽东侧天然气运聚成藏模式图

（3）中侏罗世晚期—晚侏罗世早期，上二叠统烃源岩已达到高成熟晚期演化阶段。构造圈闭仍未形成。

（4）晚侏罗世晚期以后，即燕山晚期—喜马拉雅期，烃源岩已演化至过成熟干气生成阶段。该时期飞仙关组底部的最高地层温度达到 200℃，并且温度大于 160℃的持续时间大约为 20Ma。这促使已经聚集在圈闭中的高分子烃类发生裂解，形成小分子烃类，直至演变成以甲烷气体为主的干气藏。受喜马拉雅运动的影响，该构造带的构造圈闭最终形成，油气藏由原来主要受岩性控制变成由构造和岩性共同制约的复合型气藏类型。

总之，海槽东侧铁山坡至罗家寨地区经历了早期受岩性圈闭、晚期受构造和岩性共同控制的过程。烃类由烃源岩沿深大断裂垂向运移进入飞仙关组储层后，受古地貌的影响，由西向东运移。早期聚集的烃类在高温下逐步发生裂解，经构造调整并最终形成现今分布的干气藏。

2. 海槽西侧天然气运聚成藏模式

开江—梁平海槽西侧，礁滩储层叠置、中小型圈闭、断层—裂缝输导、煤系和海槽相烃源岩叠合供烃是平缓构造台缘带礁滩天然气成藏的主控因素，发育了台缘礁滩储层与低幅构造叠加的成藏组合，以龙岗 1—龙岗 2 井区台缘礁滩气藏为代表。龙岗台缘带处于平缓构造背景下，缺乏深大断裂。小规模断层及高角度裂缝沟通上二叠统烃源岩与储层，以及储层与储层之间，煤系烃源岩生成的煤型气垂向运移和充注，海槽相烃源岩生成的烃类侧向运移、垂向充注，形成以煤型气为主、油型气为辅的混源气藏。平缓构造背景下，局部发育的低幅构造和储层侧向变化形成的岩性或构造—岩性圈闭控制气藏的规模、气水分布和格局。

通过流体包裹体均一温度研究，认为开江—梁平海槽西侧发育 3 期油气充注，油气充注主要发生在中三叠世末期—晚三叠世、晚三叠世—早侏罗世、中晚侏罗世—白垩纪。根据流体包裹体确定的成藏期次，综合考虑海槽西侧构造演化史、沉积埋藏及烃源岩热演化史，以及储层成岩演化等多种成藏要素的时空匹配关系，建立了礁滩天然气中小断裂输导、多源供烃、晚期微调整聚集成藏模式（图 11-3-12），以龙岗地区为例。

1）晚二叠世—早中三叠世圈闭形成阶段

上二叠统长兴组沉积期—下三叠统飞仙关组沉积期，龙岗地区发育台缘（龙岗 1 井、龙岗 9 井）、台内（龙岗 11 井）两类礁滩沉积体。飞仙关组沉积后，礁滩沉积体经历了早期白云岩化和埋藏溶蚀作用，形成礁滩储层，与围岩形成岩性圈闭。中三叠世沉积的区域分布的膏岩层系作为有效盖层。此外，晚二叠世发育数条中—小型断层，沟通龙潭组烃源岩与长兴组储层，后期可作为台缘礁滩气藏的输导通道；而在埋藏压实阶段由于压溶作用在龙岗 11 井形成的高角度缝合线，可作为台内礁滩气藏的输导通道。至此，礁滩岩性圈闭形成，为后期油气的充注提供了有效储集空间。

2）中晚三叠世—早侏罗世液态烃充注阶段

中晚三叠世—早侏罗世，上二叠统腐泥型烃源岩进入成熟期并大量生成液态烃，腐殖型烃源岩主要生成凝析油。在台缘带（龙岗 1 井），液态烃主要通过断裂及高角度裂缝（印支运动晚幕形成）向礁滩储集体中充注；在台内带（龙岗 11 井），裂缝基本不发育，缝合线难以让大量液态烃通过，因而储层内液态烃几乎没有充注，仅有少量腐殖型烃源岩生成的凝析油运移经过缝合线。液态烃的充注以垂向运移为主，海槽相深水部位（龙岗 10 井东北部）发育的大隆组烃源岩生成的液态烃侧向运移，而后垂向充注。

3）中晚侏罗世—白垩纪天然气充注阶段

至中侏罗世，腐殖型烃源岩（龙潭组煤系烃源岩）开始大量生气。至晚侏罗世，地层温度大于 160℃，早期充注的液态烃开始裂解成气。同时，腐殖型烃源岩生成的煤型

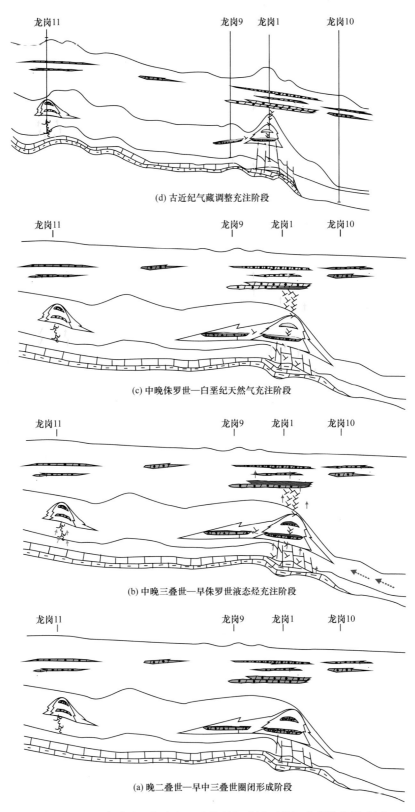

图 11-3-12　龙岗地区长兴组—飞仙关组礁滩天然气成藏演化模式图

气就近向长兴组优先充注。在台缘带（龙岗 1 井）断层—裂缝输导条件较好，煤型气自下而上均有充注；在台内带（龙岗 11 井）裂缝不发育，但发育高角度缝合线，由于天然气分子直径小，可由此向长兴组储层充注。但由于飞仙关组底部致密层段（裂缝不发育）阻止，未能向上充注。晚侏罗世以后发生燕山运动中幕，地层曾有短暂抬升剥蚀，由于抬升幅度不大，对气藏形成的影响有限，但该期构造运动形成的断层—裂缝为油气运移提供了更多的通道。燕山运动中幕之后至白垩纪末期，地层持续深埋，煤型气、油裂解气继续充注，古气藏形成。

4）古近纪气藏调整充注阶段

白垩纪末期至古近纪发生的喜马拉雅运动是一次影响极其深远的构造运动，是四川盆地形成的主要时期。它使震旦纪至古近纪以来的沉积盖层全部褶皱，并把不同时期、不同地域的皱褶和断裂连成一体，从此盆地格局基本定型。龙岗地区一直处于构造平缓带，所受的构造作用弱，未形成川东北地区那样的高陡背斜构造，加之区域膏岩盖层的有效封盖，礁滩圈闭中捕获的天然气没有遭受较大的破坏。由于小幅构造的形成，礁滩岩性圈闭遮挡条件发生改变，气水关系局部有所调整。喜马拉雅期后，气藏最终定型，形成现今分布格局。

四、天然气有利勘探区带

四川盆地礁滩气藏的油气资源较为丰富，天然气资源量为 $7.94 \times 10^{12} \text{m}^3$，具有广阔的勘探前景。根据上述礁滩气藏特征及运聚条件分析，结合天然气运聚机制、成藏模式、主控因素的差异性，以及近期勘探情况，四川盆地天然气勘探仍需围绕"三凹三隆"开展勘探，进一步深化认识，总体上，分为 Ⅰ 类区（开江—梁平海槽及周缘）、Ⅱ 类区（蓬溪—武胜台洼及周缘）、Ⅲ 类区（城口—鄂西海槽西侧台缘带）等 3 类。

围绕开江—梁平海槽及周缘勘探，飞仙关组鲕滩应主要寻找构造和优质储层叠加部位；平缓构造区台缘带的礁滩气藏勘探，主要寻找礁滩储层、断层—裂缝和低幅构造叠合部位。长兴组生物礁应寻找礁滩叠合区以便获得规模储量。因此可划分出两类有利勘探区带，一类是构造—岩性气藏（剑阁以西、坡西地区及海槽内飞仙关组鲕滩）；另一类是岩性气藏（剑阁—九龙山地区、罗家寨—铁山坡礁滩叠置发育区）。

1. 剑阁—九龙山地区

剑阁—九龙山地区位于九龙山构造倾没端，构造相对平缓。剑阁地区已发现剑阁长兴组气藏，九龙山地区发现飞仙关组鲕滩气藏，表明该区具备基本成藏条件。经野外踏勘，发现鱼洞梁剖面发育飞一段鲕滩。通过对剑阁地区飞仙关组鲕滩的深入研究，建立了"断块控滩"的鲕滩发育新模式，在长兴组礁前发现飞一段鲕滩。依据海槽西侧平缓构造区成藏主控因素，主要寻找台缘带礁滩储层、断层—裂缝和低幅构造叠合部位，剑阁、九龙山之间的地区符合该条件。

（1）剑阁—九龙山地区飞一段鲕滩发育，鲕滩储层大面积分布。最新地震资料预测剑阁地区飞一段鲕滩储层大面积分布，鲕滩面积为 168km²，天然气资源量约为

$800 \times 10^8 m^3$，显示出该地区良好的勘探前景。

（2）低幅构造及小断层发育。从剑门 1 井—龙 16 井拼接的地震剖面上可以看出，龙岗西地区构造起伏不大，主要发育低幅构造，二叠系—三叠系发育小规模断层。

（3）烃源条件优越且源储配置好。烃源岩研究表明，自龙岗向西北至矿山梁地区，烃源岩厚度大，生烃强度较高，为（10～20）$\times 10^8 m^3/km^2$。这套优质烃源岩将为龙岗西地区的礁滩储层提供充足的烃源。小断层发育，可成为源—储沟通的良好输导体系。

2. 坡西地区

坡西地区是川东北铁山坡构造以西北的地区，位于大巴山前缘，目前认为飞仙关组沉积期川东北蒸发台地向西北延伸进入该区，初步划分有利勘探区面积约为 $2400km^2$；该区勘探程度极低，2001 年完成地震勘探 41 条测线 2441km，2006 年在文峰寺、竹园坝加密 13 条测线 403km。在靠近大巴山前缘的地区，构造复杂，地震资料品质较差。坡西地区构造圈闭发育，总体呈北西向成排、成带分布，已发现飞仙关组局部构造圈闭 48 个，圈闭面积为 $667.55km^2$。目前钻井 3 口，分水 1 井风险探井在飞仙关组上部钻遇鲕粒灰岩，呈薄层夹于石灰岩之中，飞仙关组下部具斜坡相深水沉积特征；坡西 1 井钻遇飞仙关组鲕粒云岩，储层发育，与铁山坡 1 井、铁山坡 2 井类似，具有台缘鲕滩特征；五龙 2 井鲕滩储层发育，具有台缘鲕滩特征。根据沉积相和地震相综合研究认为，海槽东侧台缘带在坡西地区仍然存在，发育长兴组台缘生物礁和飞仙关组台缘滩相白云岩储层。

通过地震预测，发现该区鲕滩储层地震异常有沿台地边缘连片分布的趋势，生物礁发育 13 个礁体，面积为 $94km^2$，鲕滩面积为 $164km^2$。构造也比较发育，但未穿过上覆膏盐层，有利于下伏油气输导以及保存，局部地区礁、滩叠置发育，构造发育。如海槽东侧台缘带取得突破，勘探可继续向西延伸，将极大扩展台缘带勘探领域。

第十二章 嘉陵江组—雷口坡组天然气藏特征与成藏模式

下三叠统嘉陵江组—中三叠统雷口坡组是四川盆地重要产层之一。截至 2020 年底，已探明嘉陵江组气田 62 个，雷口坡组气田 8 个，探明天然气地质储量分别为 $1276 \times 10^8 m^3$ 和 $1708 \times 10^8 m^3$。天然气以干气为主，部分区域伴生凝析油；以构造、岩性、构造—岩性和构造—地层等类型气藏为主，存在古油藏裂解原位聚集、下生上储、上生下储和混源等多种成藏模式。

第一节 天然气藏形成地质条件

多源、多储、断裂和不整合面输导、多圈闭聚集及膏盐岩封盖是四川盆地嘉陵江组—雷口坡组气藏形成的有利条件。

一、烃源条件

嘉陵江组和雷口坡组天然气的母源存在差异。嘉陵江组以产天然气为主，在泸州古隆起核部产少量原油（凝析油和挥发油），根据天然气组分和碳同位素等资料的分析研究，认为嘉陵江组天然气干燥系数大、H_2S 含量低，具有多源混合特征，主要与下志留统龙马溪组、上二叠统烃源岩有关，不同区域主力烃源岩存在差异（李弢等，2005；陆正元等，2009）。

雷口坡组天然气主要源于三套烃源岩，雷口坡组风化壳（雷四段）气藏的天然气主要来自上覆上三叠统须家河组烃源岩，而雷一段和雷三段气藏的天然气主要来自下伏上二叠统烃源岩和雷口坡组自身烃源岩。

二、储集条件

嘉陵江组—雷口坡组纵向上具有多储层段、多产层特征。

1.嘉陵江组储层

嘉陵江组共发育嘉一段—嘉二$_1$亚段、嘉二$_2$亚段、嘉二$_3$亚段、嘉三段—嘉四$_1$亚段、嘉四$_3$亚段、嘉五$_1$亚段等六套储层，其中嘉三段—嘉四$_1$亚段、嘉一段—嘉二$_1$亚段为目前主要产层。储层一般位于每个旋回的早—晚高水位期，为潮间及潮下浅水高能滩沉积的粒屑灰（云）岩、针孔粉晶藻屑云岩和针孔粉晶云岩。印支期泸州古隆起的抬升和剥蚀对各套储层的发育及分布起到控制作用，受岩相、成岩等因素控制，储层物性特征及厚度差异大，总体表现为低孔隙度、低渗透率，具有孔隙及裂缝发育的双重介质特征，非均质性较强。此外，嘉陵江组有效储层均以薄层状为主并夹于致密碳酸盐岩之中，相对高孔隙度薄层碳酸盐岩储层在地层中占五分之一。

嘉五段储层：盆地内嘉五段剥蚀最为严重，其储层主要发育在泸州古隆起西部自贡过渡带地区和古隆起东部的丹凤场—梁董庙地区，厚度一般在10m以上，岩性以粒屑云岩和针孔云岩为主，目前已发现石龙峡、孔滩、卧龙河和东溪气藏。

嘉四$_3$亚段储层：分布局限于麻柳场、高茍构造，有效储层厚度最厚为8.75m，一般为3～6m，岩性主要以褐灰色、深灰色白云岩为主，局部发育鲕粒和砂屑云岩。平均孔隙度可达5.14%。

嘉三段—嘉四$_1$亚段储层（简称嘉三段储层）：该套储层分布受泸州古隆起影响较大，在隆起核部的阳高寺、纳溪、中兴场、白节滩、古佛山和梯子崖等构造已剥蚀殆尽。储层主要分布于古隆起核部以外，厚度为4～14m，高值区有两个地区，一是威远背斜南部的麻柳场、自流井地区，另一个是泸州古隆起嘉四$_1$亚段侵蚀面南部的桐梓园—长垣坝地区。岩性以粒屑灰（云）岩、粉晶/细粉晶云岩为主，孔隙类型主要有晶间孔、晶间溶孔、粒间溶孔和粒内溶孔。孔隙度分布范围在0.04%～22.51%之间，平均孔隙度为2.16%，相对高孔渗段的平均孔隙度可达4.76%。

嘉二段储层（包括位嘉二$_2$亚段和嘉二$_3$亚段两套储层）：分别位于嘉二段上、中、下三层石膏层之间，纵向位置相对稳定，嘉二$_3$亚段较嘉二$_2$亚段储层更为发育，目前麻柳场地区勘探效果最好。嘉二段储层岩性以针孔云岩、针孔鲕粒/粉晶云岩和粒屑灰岩为主，储集空间为粒间溶孔和粒内溶孔。嘉二$_2$亚段储层主要分布在宋家场、牟家坪、老翁场、长垣坝和沈公山一带及阳高寺—分水、庙高寺地区，同时也零星分布在邓井关、灵音寺、荷包场、界石场和麻柳场等构造。储层厚度绝大多数在8m以上，高值区主要分布在长垣坝—合江等地区，储层单层厚度一般较薄，多数单层小于1m，平面上呈不大的透镜状分布。整个嘉二段储层孔隙度分布范围在0.05%～23.91%之间，相对高孔渗段的平均孔隙度为5.13%。

嘉一段—嘉二$_1$亚段储层（简称嘉一段储层）：该套储层主要分布于泸州古隆起大部分地区及兴隆场—界石场—荷包场一带，储层主要为浅滩沉积，呈层状展布，在全区可以区域性大面积对比追踪。储层厚度绝大多数在6m以上，局部厚达21m，高值区主要分布在花果山—阳高寺—桐梓园、付家庙—五通场、龙市镇—瓦市镇及麻柳场—邓井关等地区。嘉二$_1$亚段储层分布广泛，连续性强，储层厚度为5～10m。储层以颗粒灰岩为主，储集空间类型主要为粒内溶孔和铸模孔。嘉一段储层岩性横向变化大，储层厚度为12～18m，主要为含膏泥质云岩及针孔云岩，砂屑/砾屑颗粒灰（云）岩，部分地区为溶孔藻云岩。嘉一段—嘉二$_1$亚段储层孔隙度为0.14%～20.02%，平均孔隙度为1.94%，相对高孔渗段平均孔隙度为4.60%，主要位于邓井关、瓦市镇—界石场及阳高寺—花果山东南部广大地区。

2. 雷口坡组储层

雷口坡组储层类型多样，发育滩相白云岩、潮坪白云岩、风化岩溶型白云岩及微生物白云岩等四类储层（刘树根等，2019）。

滩相白云岩储层的发育受控于沉积微相，又可以进一步分为台内浅滩和台缘滩储层。台内浅滩主要发育在雷一段，主要分布于川中磨溪—广安一带，面积约为 $1 \times 10^4 km^2$，以砂屑白云岩、藻屑白云岩为主，储集空间为粒间孔、粒内孔和晶间孔，储层厚度在 $5 \sim 15m$ 之间，以磨溪气田为例，平均孔隙度为2.24%，平均渗透率为1.512mD（许国明等，2013）。台缘滩储层主要发育于雷三段，特别是雷三$_3$亚段，平面上主要分布于川西坳陷西缘和龙门山前带，面积约 $8000km^2$（周进高等，2010），储层厚度在 $10 \sim 70m$ 之间，发育粒间孔、藻间孔和格架孔，以中坝雷三段气藏为代表，孔隙度平均值为4.38%。

潮坪白云岩储层形成于潮坪沉积环境，以潮间云坪亚相、藻云坪亚相为主，主要发育在川西地区的雷四段上亚段。其中，上储层段为裂缝型石灰岩夹孔隙型白云岩储层，储层岩性以藻砂屑灰岩为主，其次为针孔微晶白云岩、含藻砂屑白云岩和微晶灰质白云岩，储层累计厚度为 $0 \sim 35m$，单层厚度介于 $1 \sim 2m$，由西向东逐渐减薄尖灭，储集空间以晶间溶孔、裂（溶）缝为主，孔隙度主要分布在2.0%～3.5%之间，以Ⅲ类储层为主夹Ⅱ类和Ⅰ类储层。下储层段以孔隙型白云岩储层为主，储层岩性以微—粉晶白云岩、藻砂屑藻凝块白云岩、藻纹层白云岩和（含）灰质白云岩为主，储层累计厚度介于 $27 \sim 84m$，单层厚度介于 $3 \sim 6m$，纵向分布较稳定，储集空间以晶间（溶）孔、藻间溶孔为主，孔隙度主要分布在3.43%～5.84%之间，下储层段储层物性优于上储层段，以Ⅱ—Ⅲ类储层为主，夹少量Ⅰ类储层（宋晓波等，2019）。

风化岩溶型白云岩主要分布于四川盆地中西部龙岗、元坝地区，受印支早期运动影响，四川盆地整体抬升形成雷口坡组顶面的古风化壳，以雷四段为代表，岩性主要为角砾白云岩，储层储集空间类型多样，以溶蚀孔洞、白云岩晶间（溶）孔和裂缝为主（周进高等，2010），孔隙度主要分布在1%～5%之间，平均孔隙度为3.22%，孔隙度大于3%的样品占50.2%，渗透率大于0.1mD的样品占41%，总体属于低孔隙度中等渗透率储层。该套储层分布在风化壳下50m范围内，其形成主要受颗粒滩沉积微相和岩溶作用共同控制。

雷口坡组内部微生物白云岩储层在雷一段至雷四段均有分布（汪华等，2009；刘树根等，2016），雷四段与微生物作用有关的岩石多见于川西地区中部的雷四$_3$亚段，雷四段微生物碳酸盐岩结构类型较丰富，以叠层石、凝块石为主，局部见核形石、泡沫绵层石等（刘树根等，2016），凝块石孔隙度为0.4%～11%，渗透率为0.003～85mD，孔隙主要为粒间溶孔、晶间溶孔，孔径多小于1mm，溶孔呈针状或不规则状。

三、输导条件

断裂和裂缝是嘉陵江组气藏的主要输导通道。嘉陵江组自身烃源岩生烃能力有限，油气主要来自下伏志留系、二叠系烃源岩层，嘉陵江组与二叠系之间沉积间隔有飞仙关组巨厚的非烃源岩层，因此源—储大断裂是油气输导的主要通道。总体上，其输导方式以纵向输导为主，但在不同区块输导条件存在一定差异。如川东地区处于高强度受力地区，区内高陡构造与巨大的断裂系统可延伸数十到数百千米，古近纪末期和新近纪末期喜马拉雅构造运动形成的断层及裂缝对天然气的输导至关重要；同时，嘉二段以下的高压流体动力也是油气向上运移、输导的重要条件之一。川南地区发育华蓥山、中条山和纳溪等深大断裂，嘉陵江组气源主要依靠深部二叠系烃源岩层断达嘉陵江组的油源断层提供气源，喜马拉雅期形成的断层裂缝也是后期气藏调整中不可缺少的输导通道。而川中地区缺少深大断裂，构造运动及烃源岩生烃过程中岩层内部流体压力增大，造成岩层破裂，这些高压破裂缝成为该地区油气运移通道的主要通道（孟昱璋，2016）。

雷口坡组气藏主要存在断裂和不整合面两大输导体系。适合的断裂输导体系是断裂向下断至深层—超深层烃源岩，向上断至储集层系，起到沟通源储的作用；同时，断裂体系又不能断至地表，造成油气的散失。在川西地区龙门山前隐伏断裂、彭州断裂、浦阳—秀水等断裂体系都是该地区重要的输导体系，为油气的跨层运移提供条件，是盆地内特别是川西地区雷口坡组成藏的关键要素。印支运动早期在雷口坡组顶部形成的不整合面可以作为远源输导的运移通道，不整合面上广泛发育的风化壳缝洞体系，可构成沟通下伏或侧向近源烃源岩的通道（许国明等，2013），在雷口坡组顶面岩溶风化壳气藏成藏中起到了重要的作用。

四、圈闭条件

四川盆地嘉陵江组气藏的圈闭类型主要有构造圈闭、岩性圈闭、构造—岩性复合圈闭及不整合圈闭等4种类型，以构造圈闭和岩性圈闭为主。

构造圈闭主要分布于川南和川东地区，主要形成期为喜马拉雅期，但也受到早期构造运动的影响，绝大部分构造断层发育，故而形成复杂的断层—褶皱复合圈闭类型。潜伏构造圈闭类型多样，可进一步划分出背斜、断垒背斜、断错背斜、断切背斜和断鼻构造，目前已发现气藏中以断错背斜探明储量最多，其次为断垒背斜和断切背斜。

岩性圈闭主要分布于川中和川南地区，这些地区构造幅度低且构造平缓，断层的断距较川东地区相对较小，特别是在宽缓向斜区，高孔隙储层与致密化泥晶灰岩等封隔层不易被断层破坏，易于岩性圈闭的形成。典型的岩性圈闭是云锦向斜中的云2井，天然气测试产量为 $14.98 \times 10^4 m^3/d$，石油测试产量为 37.81t/d。事实上盆地内嘉陵江组大部分圈闭具有构造—岩性复合圈闭性质，该类圈闭在川东和川中地区广泛分布，川中磨溪嘉二段气藏就是典型的构造—岩性复合圈闭，以构造因素为主。

不整合圈闭主要见于川南地区，受印支运动早期影响，在川南地区形成北东—南西向延伸的具有断隆特点的大型泸州古隆起，古隆起之上中—下三叠统遭受强烈剥蚀，其核部已剥蚀至嘉三段，嘉四段、嘉五段和雷口坡组依次分布于外围，形成了在古隆起上分布的嘉陵江组碳酸盐岩古风化壳。风化壳遭受风化淋滤与溶解等多种作用，不仅形成了一些有效的储集空间，而且可以作为油气区域性运移通道。

雷口坡组的圈闭类型可以划分为构造圈闭、构造—岩性（地层）复合圈闭两种类型。构造圈闭大多数为断背斜型，面积不大，典型的构造圈闭气藏包括中坝雷三段的古今复合圈闭气藏、磨溪雷一段构造气藏、川东卧龙河雷一段背斜圈闭气藏；构造—岩性（地层）复合圈闭气藏有龙岗雷三段、雷四段地层尖灭带的复合圈闭气藏和元坝雷四段大型复合圈闭气藏。

五、盖层条件

嘉陵江组—雷口坡组膏盐岩是四川盆地海相气藏中一套非常重要的区域性盖层。嘉陵江组是一套呈连续沉积的由石灰岩—白云岩—石膏—岩盐组成的多旋回沉积,其中粒屑灰岩和白云岩为储油气层,石膏、岩盐为盖层。嘉一段、嘉二段和嘉三段各油气藏上覆均有致密厚层石膏层,不仅是每一个油气藏的直接盖层,也是分隔不同产气层的间隔层,致使嘉陵江组纵向上形成多个储盖组合,同时嘉陵江组内部泥岩及致密碳酸盐岩也能起到一定的封盖作用。

石膏层在嘉四$_4$亚段最为发育,其次是嘉四$_2$亚段,嘉二段相对薄些,一般数米到十余米。嘉四$_4$亚段与嘉四$_2$亚段石膏累计厚度一般为30~70m,自流井地区、合江到石龙峡一带、川中—川南过渡带石膏厚度在50m以上。据钻探资料证实,当嘉陵江组气层上覆有一定厚度的区域性盖层时,单层厚度为3~4m的石膏层就可以阻挡油气向上散失,石膏层排驱压力高达26MPa,可以成为良好的盖层或隔层,直接盖层的完整性对天然气成藏具有重要的控制作用。

雷口坡组以浅海相碳酸盐岩与蒸发岩共生为特征,其海相石灰岩、白云岩、膏岩及盐岩不等厚互层,膏盐岩在纵向上均有分布,平面上也几乎涵盖整个盆地,巨厚的膏盐岩主要集中于川中地区的雷三段和川西—川西南地区的雷四段,这些内部膏岩层及夹杂的致密白云岩均可以作为气藏的局部直接盖层,其厚度介于50~450m。

此外,直接覆盖于嘉陵江组、雷口坡组之上的须家河组、侏罗系自流井组及沙溪庙组的泥岩累计厚度可达上千米,在盆地内广泛分布,为下伏嘉陵江组、雷口坡组气藏油气的长期保存提供保证,也是嘉陵江组、雷口坡组气藏良好的区域性盖层。

第二节 天然气地球化学特征及成因

四川盆地嘉陵江组—雷口坡组天然气组成以烃类气体为主,主要为干气,少量为湿气,微—中含硫化氢。同位素特征揭示其母质类型主要为混合型。

一、天然气组成

嘉陵江组—雷口坡组天然气组成以烃类气体为主,CH_4含量主要介于85.98%~98.64%(表12-2-1),简阳1井雷口坡组、复2井嘉一段天然气因非烃气体含量高,导致其CH_4含量低;重烃气体含量低,干燥系数为0.8763~0.9990,以干气为主,充探1井雷三段、包16井嘉陵江组、永1井嘉一段—嘉二段、沈17井嘉二段等少量天然气为湿气。

非烃气体CO_2、N_2和H_2S等组分含量一般均较低,CO_2含量主要为0.01%~6.98%,N_2含量主要为0.14%~4.12%。表12-2-1中多数样品未进行H_2S组分检测,从所检测的结果来看,H_2S含量为0~1.61%,属于微—中含H_2S;文献报道的雷口坡组气藏有以微含H_2S为主的,如新场气田雷四段气藏H_2S含量为0.02%~0.72%(谢刚平,2015),元坝气田雷四段气藏H_2S含量为0.004%~0.007%(黄仁春,2014),但也有为高含H_2S的,如川西彭州气田雷四段气藏 H_2S 含量为 3.5%（谢刚平，2015），中坝气田雷三段气藏 H_2S 含量为 1.78%～8.34%（廖凤蓉等，2013），是 TSR 反应的结果。

表 12-2-1　四川盆地嘉陵江组—雷口坡组天然气地球化学数据表

地区	井号	深度/m	层位	主要组分/%						$\delta^{13}C$/‰			$\delta^2H_{CH_4}$/‰
				CH_4	C_2H_6	C_3H_8	CO_2	N_2	H_2S	CH_4	C_2H_6	C_3H_8	
北斜坡	充探1	3489	T_2l_3	89.56	5.70	2.04	0.17	0.52	0	−40.5	−27.8	−24.6	−140
川中	磨108		T_2l	98.02	0.47	0.01	0.19	1.32	未测	−34.1	−33.3	−25.2	−135
	磨56		T_2l	98.24	0.46	0.01	0.15	1.14	未测	−33.6	−31.8	−24.7	−135
	磨18	2657	T_2l	98.58	0.49	0.01	0.12	0.79	未测	−33.6	−33.5		−132
	磨14	2679	T_2l	98.12	0.52	0.01	0.18	1.15	未测	−33.2	−31.4	−25.9	−132
	磨128	2694	T_2l	98.33	0.53	0.01	0.14	0.99	未测	−33.4	−32.8		−132
	龙岗22	3510	T_2l_4	94.60	2.90	0.38	1.67	0.30	未测	−37.8	−31.2	−27.8	−167
川西	中24	3145	T_2l_3	90.95	0.32	0.60	5.57	1.57	未测	−35.6	−29.6	−28.3	−163
	中18	3100	T_2l_3	90.80	0.35	0.59	5.48	1.84	未测	−35.6	−29.5	−29.7	−164
	兴探1	4302	$T_2l_4^3$	89.93	0.31	0.02	6.98	1.29	1.47	−33.2	−30.4		−167
	兴探1	4302	$T_2l_4^3$	90.16	0.32	0.02	6.73	1.17	1.61	−32.5	−30.5		−168
	简阳1	2586	T_2l	78.56	1.27	0.26	19.02	0.14	0	−37.2	−31.1	−24.0	−144
川东	卧18	1045	$T_2l_1^1$	96.00	1.67	0.78	0.05	0.44	0.16	−37.1	−33.0	−30.7	−140
	成4	2523	T_1j_2	96.18	1.70	0.60	0.03	0.61		−35.0	−29.9	−24.9	−141
	成16	2366	T_1j_1	98.64	0.43	0.03	0.04	0.83		−34.4	−37.3	−31.9	−134
	成14	2178	$T_1j_2^3$	98.46	0.52	0.10	0.04	0.70		−34.7	−33.9	−27.4	−131
	卧28	2255	$T_1j_4^3$	97.49	0.85	0.21	0.48	0.56		−34.0	−29.5	−24.8	−138
	卧33	2315	$T_1j_5^1$	95.66	0.85	0.22	1.07	1.73		−33.7	−28.9	−25.3	−136
	卧5	1795	T_1j_3	97.78	0.89	0.21	0.10	0.62		−34.2	−29.8	−24.8	−134
	寨沟2	2354	T_1j_2	98.62	0.46	0.01	0.18	0.73		−30.9	−35.6	−33.7	−125
	复2	2818	T_1j_1	59.89	0.44	0.01	0.81	38.86		−29.5	−37.3	−37.9	−126
	池58	2800	T_1j_1	96.49	0.25	0.01	0	3.26		−30.5	−37.4	−40.0	−126
	池64	1866	T_1j	98.43	0.52	0.02	0.01	0.74		−29.4			−131
	建31		T_1j_1	97.82	0.40	0.01	1.18	0.58		−32.2	−37.8	−38.0	−134
	卧56		T_1j	91.48	0.83	0.21	0.51	0.57		−33.9	−29.8	−25.7	−131
川东北	双庙1	3568	T_1j	97.67	0.75	0.01	0.16	1.42		−30.3	−31.0	−32.7	−133

地区	井号	深度/m	层位	主要组分/%						$\delta^{13}C$/‰			$\delta^2H_{CH_4}$/‰
				CH_4	C_2H_6	C_3H_8	CO_2	N_2	H_2S	CH_4	C_2H_6	C_3H_8	
川中	潼6		T_1j	97.54	0.72	0.02	0.13	1.59		−33.7	−34.9	−33.9	−135
川南	昌5		T_1j	96.62	1.04	0.09	1.52	0.72		−34.5	−32.0	−29.6	−138
	宜13		T_1j	96.49	0.36	0.01	0.16	2.99		−31.1	−32.2	−30.1	−136
	宜5		T_1j	96.14	0.41	0.02	0.12	3.30		−31.1	−30.5	−24.7	−139
	同福1		T_1j	97.68	1.04	0.16	0.10	0.96		−32.4	−34.2	−31.8	−133
	同福7		T_1j	97.39	1.32	0.22	0	0.90		−32.7	−32.7	−28.8	−134
	津浅3		T_1j	97.81	1.05	0.15	0.05	0.92		−32.5	−33.3	−30.6	−130
	寺28	2200	T_1j_1	92.49	3.14	0.93	0	1.75		−34.3	−33.0	−28.0	−136
	寺10	2172	T_1j_2	97.00	0.86	0.21	0.20	1.44		−32.1	−33.2	−28.8	−136
	临5	1369	T_1j_{1-2}	98.57	0.61	0.11	0.21	0.41		−32.3	−36.4	−32.8	−135
	付4	1222	T_1j_3	95.95	1.02	0.30	0.04	2.11		−32.1	−30.7	−27.4	−138
	麻9	2107	T_1j	96.63	0.28	0.02	0.16	2.86		−29.0	−29.7		−134
	麻14	2022	T_1j_{2-3}	96.55	0.26	0.01	0.39	2.74		−29.0	−30.1		−135
	麻15	2082	T_1j_4	96.25	0.08	0.02	0.04	3.10					
	寺4	2212	T_1j_2	97.18	0.75	0.16	0.05	1.62		−32.0	−33.8	−28.7	−136
	二9	2282	T_1j_{1-2}	95.04	0.81	0.17	0.07	3.41		−32.4	−33.5	−25.9	−135
	沈17	2072	T_1j_2	91.62	2.59	1.07	0.14	1.69		−34.3	−32.3	−27.0	−139
	丹11	2103	T_1j_1	96.04	0.67	0.28	0.03	1.89		−32.6	−30.0	−28.3	−130
	永1	1527	T_1j_{1-2}	91.64	4.37	1.61	0.02	0.45		−40.1	−29.5	−26.4	−140
	纳60	2031	T_1j_{1-2}	97.45	0.73	0.14	1.03	0.52		−32.2	−36.3	−33.1	−138
	兴3	1392	T_1j_3	96.58	1.11	0.37	0.09	1.25		−33.6	−31.2	−28.9	−139
	牟16	1729	T_1j_2	92.76	1.67	0.45	0.05	4.12		−32.1	−29.6	−25.5	−134
	坝16	2196	T_1j_{1-2}	96.49	0.66	0.09	0.04	2.36		−31.9	−34.2	−26.4	−133
	阳1	907	T_1j_{1-2}	97.51	1.06	0.14	0.77	0.41					
	包16		T_1j	85.98	7.32	3.03	0.35	0.70	0.28	−41.4	−29.5	−27.2	−186

二、天然气同位素组成

四川盆地嘉陵江组—雷口坡组天然气碳、氢同位素数据见表12-2-1，$\delta^{13}C_1$值为 −41.4‰～−29.0‰，$\delta^{13}C_2$值为 −37.8‰～−27.8‰，$\delta^2H_{CH_4}$值为 −186‰～−125‰，各参

数值的变化范围大，揭示了不同区域、不同层段天然气成因的复杂性。

如图 12-2-1（a）所示，嘉陵江组—雷口坡组天然气部分样品点处于 $\delta^{13}C_1=\delta^{13}C_2$ 分界线附近区域，但多数样品点落入 $\delta^{13}C_1<\delta^{13}C_2$（$\delta^{13}C_1=\delta^{13}C_2$ 分界线之上）或 $\delta^{13}C_1>\delta^{13}C_2$（$\delta^{13}C_1=\delta^{13}C_2$ 分界线之下）。如川东地区成 16 井（CH16）、建 31 井（J31）、池 58 井（CH58）、复 2 井（F2）和寨沟 2 井（ZJ2），以及川南地区纳 60 井（N60）、临 5 井（L5）嘉陵江组天然气呈现出 $\delta^{13}C_1>\delta^{13}C_2$ 特征，与川东石炭系天然气特征相似，而且这些天然气的 $\delta^2H_{CH_4}$ 值也与石炭系天然气的相似（图 12-2-1b），表明这些天然气主要源于下志留统龙马溪组烃源岩。川南地区包 16 井（B16）天然气 $\delta^{13}C_1$、$\delta^{13}C_2$ 和 $\delta^2H_{CH_4}$ 值均与川中地区须家河组天然气相似，表明其主要源于须家河组烃源岩。

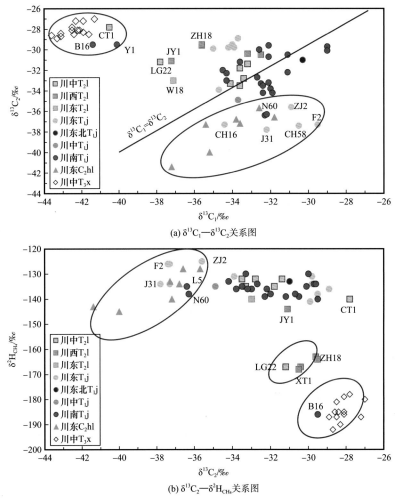

图 12-2-1　四川盆地嘉陵江组—雷口坡组天然气碳、氢同位素关系图

川中地区充探 1 井（CT1）雷口坡组、川南地区永 1 井（Y1）嘉陵江组天然气 $\delta^{13}C_1$、$\delta^{13}C_2$ 值与须家河组天然气相似，但 $\delta^2H_{CH_4}$ 值却与须家河组天然气存在较大差异，表明其与须家河组天然气不同源。从充探 1 井天然气及其伴生凝析油的轻烃组成分析，两者均以正构烷烃和支链烷烃为主（图 11-2-2）；凝析油的轻烃及正构烷烃单体烃碳同位素值较轻

（图 11-2-3），表明其母质类型以腐泥型为主；凝析油正构烷烃以低碳数为主，Pr/Ph 值为 1.45，表明为还原环境，Pr/nC_{17} 值为 0.53，Ph/nC_{18} 比值为 0.47，表明其有机质类型为腐殖—腐泥型；凝析油饱和烃、芳香烃、非烃、沥青质碳同位素值分别为 $-28.6‰$、$-28.0‰$、$-28.3‰$、$-28.3‰$，各组分值相近，表明主要受生源影响，未经长距离运移。综合上述各项参数，认为充探 1 井天然气与凝析油源于相同的母源，主要源于雷口坡组泥质碳酸盐岩，天然气组分、碳同位素表征的成熟度低，与其聚集烃源岩全过程生成的累积气有关。

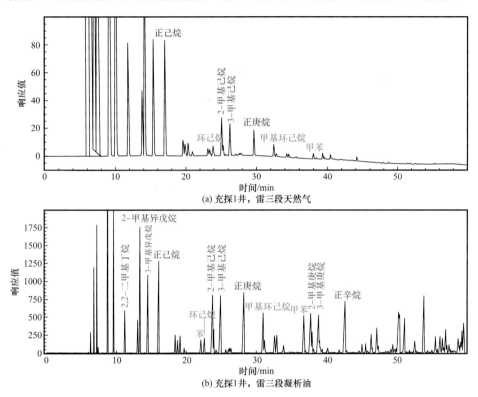

图 12-2-2　充探 1 井雷口坡组天然气、原油轻烃组成色谱图

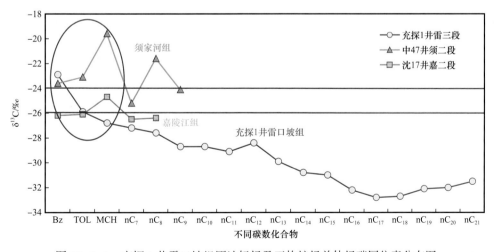

图 12-2-3　充探 1 井雷口坡组原油轻烃及正构烷烃单体烃碳同位素分布图

川中地区龙岗 22 井（LG22）和川西地区兴探 1 井（XT1）、中 18 井（ZH18）及中 24 井（ZH24）雷口坡组天然气碳、氢同位素特征介于须家河组和其他天然气，是须家河组与下伏海相烃源岩的混合气。图 11-2-1 中，除上述以外的其余嘉陵江组—雷口坡组天然气主要源于上二叠统烃源岩。

第三节　天然气藏特征及成藏模式

嘉陵江组—雷口坡组气藏类型主要包括构造型、岩性型、构造—岩性型及构造—地层型等，天然气成藏模式包括下生上储、上生下储和混源成藏等。

一、气藏类型与特征

嘉陵江组、雷口坡组均发育构造型气藏，嘉陵江组气藏还包括岩性型和构造—岩性型，雷口坡组气藏包括构造—岩性型和构造—地层型。

1. 嘉陵江组气藏

嘉陵江组勘探始于 1937 年，但直到 1956 年在川东和川南地区才发现具有一定规模的气藏，成为四川盆地天然气勘探的重要产层。2000 年以来，随着勘探的不断深入及技术水平的提高，嘉陵江组的勘探进入二次勘探新阶段，储量获得大幅增长。截至 2020 年底，盆地内共发现嘉陵江组气田（含气构造）62 个，探明天然气地质储量为 $1276 \times 10^8 m^3$，以中小型和微型气藏为主，大—中型气藏仅有磨溪、卧龙河和麻柳场 3 个（图 12-3-1）。

1）气藏分布

嘉陵江组自下而上可以划分为嘉一段至嘉五段共计 5 个段和 12 个亚段，各岩性段内部的粒屑云岩、泥—细粉晶云岩、针孔灰岩等储集岩与自身膏岩层、泥页岩及致密碳酸盐岩形成多个储盖组合，在盆地内共发育了 5 套主要产层（图 12-3-1），分别是嘉一段—嘉二$_1$亚段、嘉二$_2$亚段—嘉二$_3$亚段、嘉三段—嘉四$_1$亚段、嘉四$_3$亚段、嘉五$_1$亚段，目前以嘉二$_2$亚段—嘉二$_3$亚段产层获探明储量最多，其次为嘉一段—嘉一$_2$亚段、嘉三段—嘉四$_1$亚段、嘉四$_3$亚段、嘉五$_1$亚段。

目前嘉陵江组已发现的气藏和含气构造主要分布在川南和川东地区，仅少数位于盆地中部及北部。受印支期泸州—开江古隆起影响，盆地内嘉陵江组在局部遭受不同程度的剥蚀，造成不同地区已发现气藏的产层有所不同；其中，川东和川南地区地层剥蚀较为严重，气藏的产层主要位于嘉三段、嘉二段和嘉一段，嘉四段、嘉五段气藏较为少见，而在川中地区各个层段的气藏均有发现，并以嘉二段、嘉四段和嘉五段气藏居多。整体上，在川中和川南地区，围绕泸州古隆起嘉陵江组气藏大致呈环带状规律分布，自核部向外产层由嘉一段、嘉二段、嘉三段开始出现嘉四段、嘉五段，产层逐渐趋于完整。

2）气藏类型

根据气藏所处构造部位、圈闭类型和气藏特征，可将嘉陵江组气藏类型划分为 2 类 4 亚类（表 12-3-1），其中，构造气藏、构造—岩性气藏是目前嘉陵江组气藏的主体。

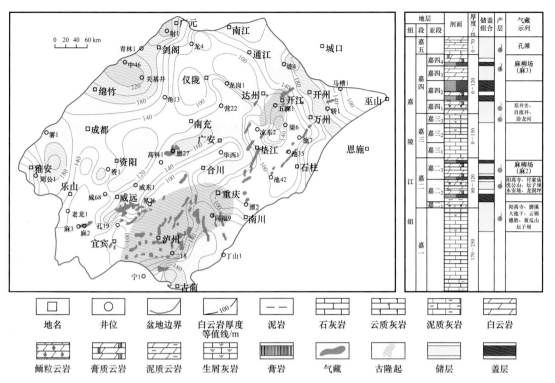

地名	井位	盆地边界	白云岩厚度等值线/m	泥岩	石灰岩	云质灰岩	泥质灰岩	白云岩
鲕粒云岩	膏质云岩	泥质云岩	生屑灰岩	膏岩	气藏	古隆起	储层	盖层

图 12-3-1　四川盆地嘉陵江组气藏分布及综合柱状图

表 12-3-1　四川盆地嘉陵江组—雷口坡组气藏类型

类	亚类	嘉陵江组		雷口坡组	
		典型气藏	气藏示例	典型气藏	气藏示例
构造气藏	背斜气藏、断背斜气藏	阳高寺（T_1j_1） 邓井关（T_1j_3） 大池干井（T_1j_1—$T_1j_3^1$） 自流井（T_1j_3） 卧龙河（T_1j_3） 通南巴（T_1j_2）	沈17　　麻4	中坝（T_2l_3） 卧龙河（$T_2l_1^1$） 磨溪（$T_2l_1^1$） 彭州（T_2l_4）	中23　气　磨溪21 水
岩性气藏	岩性气藏	云锦（T_1j_1-$T_1j_3^1$） 德胜（T_1j_1-$T_1j_3^1$）	云1		
	构造—岩性气藏	磨溪（$T_1j_2^2$） 麻柳场（$T_1j_4^3$）	磨149	元坝（T_2l_4） 新场（$T_2l_4^3$）	川科1
地层气藏	构造—地层气藏			资阳—磨溪 （$T_2l_4^1$） 龙岗（$T_2l_4^3$）	龙岗21

（1）构造气藏。

分为背斜、断背斜两个亚类，其中断背斜又可依据断层与背斜的构造关系进一步细分为断垒、断错背斜、断切背斜和断鼻构造等。构造气藏中，背斜构造两翼可能发育断层，但轴部不发育大断层，圈闭完整，不仅圈闭保存条件最好，同时若翼部发育大断裂也可以沟通下伏烃源岩，形成规模气藏，如大池干、沈公山北等典型背斜气藏。此外，川南和川东地区构造断裂和各种断层发育，断背斜构造气藏占极大比例，如麻柳场气藏、长垣坝气藏等。

（2）岩性气藏。

嘉陵江组为碳酸盐岩，沉积过程中形成的台内滩，在同生期暴露、大气淡水溶蚀作用、成岩早期白云岩化、后期构造破裂和埋藏溶蚀作用的叠加改造下可以形成薄层状相对高孔隙度层。与此同时，成岩早期致密化的泥晶灰岩、微晶灰岩和石膏层对上述相对高孔隙度层起到遮挡、分隔作用，形成了嘉陵江组内部规模不等的岩性圈闭，其分布不受构造控制，在向斜区也能成藏，如云锦向斜、德胜向斜的嘉一段—嘉二$_1$亚段气藏。

（3）构造—岩性气藏。

典型气藏为川中磨溪嘉二段气藏，气藏发育受控于构造与岩性两方面因素。气藏形成于一定构造背景，但含气层的分布范围不完全受控于构造圈闭大小和幅度，在构造圈闭幅度之外，只要有岩性储集体发育，仍然可以富集成藏，但构造对气藏的气水分异具有控制作用，高部位气水分异程度较低部位更好。

3）典型气藏解剖

（1）磨溪嘉二段气藏。

磨溪气田位于四川盆地川中古隆中斜平缓构造带南部，现已探明上三叠统须家河组、中三叠统雷口坡组和下三叠统嘉陵江组三个天然气藏。嘉陵江组是以嘉二段为产层的一个中型海相气藏，探明天然气地质储量为 $326.59 \times 10^8 m^3$，含气面积为 $179.45 km^2$（图 12-3-2）。

磨溪嘉陵江组气藏储层主要发育在嘉二$_1$亚段和嘉二$_2$亚段，二者储集条件相差不大，但后者产能远高于前者，因而磨溪嘉陵江组气藏主力产层为嘉二$_2$亚段。储层岩性为泥晶白云岩、泥粉晶白云岩、粉晶白云岩、颗粒灰岩和颗粒白云岩。储集空间类型为晶间孔、晶间溶孔和粒内溶孔。储层整体为低孔低渗，局部发育高孔渗段，非均质性极强。嘉二$_2$亚段孔隙度为 7.33%、渗透率达 3.19mD，储层类型为局部发育裂缝的孔隙型储层。磨溪嘉陵江组气藏以磨 36 气藏、磨 22 气藏中区储层储集物性最好，其厚度最大，横向连续性好，向东向西储集性能逐渐变差。

嘉陵江组气藏为典型的岩性—构造复合型气藏，构造主体为一完整背斜圈闭。背斜轴近北东向，东南翼较西北翼陡，向西逐渐倾没。背斜长轴为 37km，短轴为 9km，高点海拔为 -2772m，最低圈闭线海拔为 -2900m，闭合度为 128m，闭合面积为 280km²（图 12-3-3）。磨溪气田嘉二段气藏处于气水过渡带中，气水分异不彻底，气藏气水关系非常复杂，气井普遍气水同产，没有发现纯气井，只是产水量存在差异。工业气井多分布在构造圈闭范围内，宏观上气井产能与构造海拔高程具有一定的相关性，但同时气井产能并不完全受控于构造海拔高程，而是受到构造和岩性的双重控制（徐春春，2006）。

图 12-3-2　磨溪气田嘉二段气藏顶面构造与含气分布图

图 12-3-3　磨溪气田嘉二段气藏横剖面图

（2）得胜嘉一段—嘉二₁亚段岩性气藏。

得胜气藏位于川南泸州古隆起得胜向斜。钻井过程中，嘉二段和嘉一段见各类钻井显示 54 井次，显示类别以井喷、井涌及油浸为主，显示层位则以嘉一段—嘉二₁亚段居多，多口井在嘉一段—嘉二₁亚段获得工业油气流，后期气藏有 6 口井投入了开发生产，累计产气 257.9×10⁴m³，产油 950.81t，未见水产出。

泸州古隆起核部发育云锦、得胜、宝藏等多个向斜构造，其中得胜向斜位于龙洞坪、阳高寺构造以西，古佛山、海潮构造以东，地腹向斜出现多个低点。构造轴向为北北东—南南西向，地表无断层出露，构造两翼较为宽缓，整体上向斜地区断层普遍不发育（图 12-3-4）。

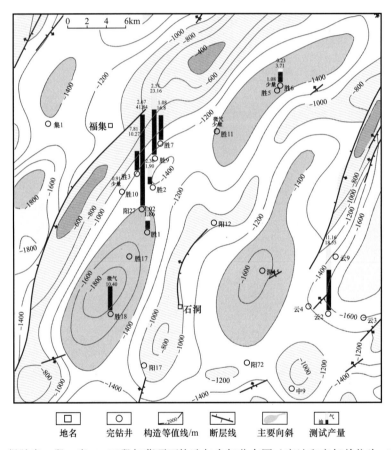

图 12-3-4　得胜嘉一段—嘉二₁亚段气藏顶面构造与含气分布图（产油和产气单位为 t/d 和 10⁴m³/d）

得胜向斜嘉陵江组气藏产层为嘉一段—嘉二₁亚段，嘉二₁亚段储层以鲕粒灰岩和鲕粒云岩为主，但储层纵向上仍然表现为薄储层叠加的特征，横向分布相对稳定，储层厚度为 1~4m，孔隙度为 5%~7%。由于古隆起核部地层普遍被剥蚀至嘉三₂亚段，作为上覆直接盖层的嘉四段石膏层遭到破坏，对气藏无法起到保护作用，但区内嘉二₂亚段普遍具有 3~6m 的石膏沉积，可以作为嘉一段—嘉二₁亚段气藏的直接盖层，有利于嘉一段—嘉二₁亚段气藏的保存。气藏地层压力系数范围为 0.78~1.21，属低压—常压油气藏。

（3）麻柳场嘉四$_3$亚段气藏。

麻柳场气田处于川中古隆起平缓构造区自流井凹陷的西南部。嘉陵江组气田共包括嘉二段、嘉四$_1$亚段和嘉四$_3$亚段3个气藏，累计探明天然气地质储量为 $97.4 \times 10^8 m^3$，累计含气面积为 $152km^2$，其中嘉四$_3$亚段气藏探明储量为 $22.68 \times 10^8 m^3$，含气面积为 $53.6km^2$；嘉四$_1$亚段气藏探明储量为 $31.3 \times 10^8 m^3$，含气面积为 $55.8km^2$；嘉二段气藏探明储量为 $43.42 \times 10^8 m^3$，含气面积为 $42.6km^2$。

嘉二段、嘉四$_1$亚段和嘉四$_3$亚段3套储层以鲕粒白云岩、砂屑白云岩、针孔白云岩及粉—细晶白云岩等为主，储集空间包括各类溶蚀性孔隙、溶洞及裂缝，孔隙类型主要为粒间溶孔、粒内溶孔、晶间溶孔和晶间孔等。储层物性以嘉四$_3$亚段为最好，平均孔隙度为 4.46%；其次为嘉四$_1$亚段，平均孔隙度为 2.76%；嘉二段物性相对较差，平均孔隙度为 2.06%。麻柳场地区有效储层的单层厚度不大，嘉四$_3$亚段储层有效厚度为 1.3～8.8m，平均为 4.1m，储集类型为裂缝—孔隙型；嘉四$_1$亚段储层有效厚度为 1.5～11.3m，平均为 7.0m；嘉二段储层累计有效厚度为 5.3～17.4m，平均为 11.7m。整体上储层横向连续性较好，储集类型为裂缝—孔隙型。

麻柳场地面构造为一完整的背斜构造，构造轴向近北东东向，构造轴部出露中侏罗统沙溪庙组，构造从地面至地腹均存在且构造形态基本一致。构造两翼共发育3条大断层，倾轴切割构造两翼，控制构造形态，使嘉陵江组呈现断垒型构造（图 12-3-5）。嘉四$_3$亚段构造圈闭面积为 $62.7km^2$，闭合度为 330m，高点海拔为 $-1420m$。嘉四$_1$亚段构造圈闭面积为 $66.9km^2$，闭合度为 350m，嘉二段构造圈闭面积为 $59.8km^2$，闭合度为 340m。嘉陵江组气藏的气水界面远低于构造最低圈闭线，即在构造圈闭范围内气藏的充满度为 100%，属于边水控制的构造—岩性圈闭气藏。

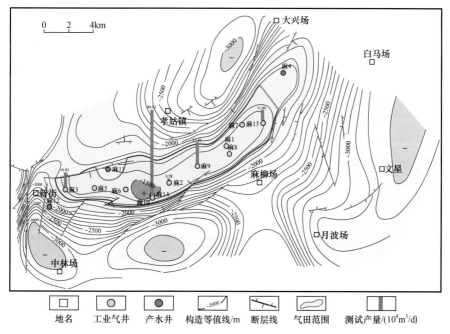

图 12-3-5　麻柳场气田嘉四$_3$亚段气藏顶面构造与含气分布图

2. 雷口坡组气藏

雷口坡组的勘探始于 1971 年，迄今已发现磨溪雷一$_1$亚段、彭州雷四$_3$亚段两个大型气田，中坝雷三$_3$亚段、元坝雷四$_2$亚段两个中型气田，以及卧龙河、龙岗主体、观音场、界石场、罗渡溪和邛西等多个含气构造。截至 2020 年底，累计探明天然气地质储量为 $1708×10^8m^3$，已发现的气田和含气构造主要集中在川中、川西和蜀南地区，气藏类型为构造、岩性两大类，已探明储量主要集中在构造气藏中，但构造—岩性、构造—地层等气藏是今后四川盆地雷口坡组重点勘探的类型。

1）气藏分布

雷口坡组是一套碳酸盐岩和蒸发岩的混合沉积地层，自下而上可以划分为 5 层，其中雷一段、雷二段和雷四段主要为白云岩夹膏盐岩，雷三段为石灰岩夹白云岩和膏盐，目前已发现气藏主要分布于雷一$_1$亚段、雷三段、雷四$_1$亚段及雷四$_3$亚段，以雷一$_1$亚段、雷三段和雷四$_3$亚段 3 个产层为主（图 12-3-6）。

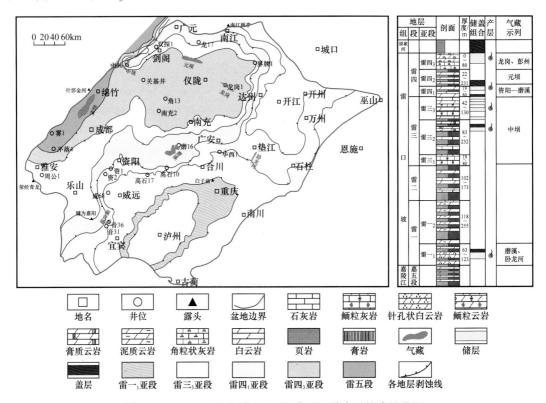

图 12-3-6 四川盆地雷口坡组气藏平面分布及综合柱状图

平面上，气藏的分布与产层分布位置与古岩溶发育状况有关，雷一$_1$亚段气藏的发育受其滩体白云岩分布所控制，主要分布于四川盆地中部地区，如卧龙河、磨溪雷一$_1$亚段气藏及界石场雷一$_1$亚段含气构造；雷三段气藏主要分布于台缘滩较为发育的川西地区，如龙门山断褶带，典型的为中坝雷三段气藏；雷四段各亚段气藏的分布同时受到滩体、古岩溶及地层尖灭带几方面因素共同控制，故而雷四$_1$亚段气藏主要沿该套地层的尖灭带分布，已发现的含气构造主要位于岩溶较发育的川中磨溪—资阳地区，如蜀南观音场构造，雷四$_3$亚段气藏则主要分布于浅滩发育且处于岩溶斜坡带的龙岗、梓潼和川西南部地区，如龙岗主体的雷四$_3$亚段气藏。

2）气藏类型

（1）气藏分类。

根据圈闭成因可以将雷口坡组气藏划分为构造气藏和岩性气藏两大类。

构造气藏气源主要来源于中二叠统雷口坡组下伏烃源岩层，天然气硫化氢含量高，储层以雷三段和雷一段台地边缘滩、台内滩颗粒白云岩为主，断层是沟通下伏烃源岩和雷口坡组内幕储层的主要通道，雷口坡组内部膏岩层为其直接盖层。典型构造气藏有中坝雷三段气藏、卧龙河雷一段气藏和彭州雷四$_3$亚段气藏。

岩性气藏可以进一步分为构造—岩性和构造—地层两个亚类，气源主要来自上覆烃源岩，天然气中不含或含微量硫化氢，产层主要为雷四$_1$亚段和雷四$_3$亚段，属于风化壳岩溶成因的裂缝—孔洞型储层，风化壳岩溶和断层为源储主要输导体系，形成侧向运移通道。典型气藏包括磨溪雷四$_1$亚段气藏、龙岗和元坝雷四段气藏，以及孝泉雷四段含气构造。

（2）典型气藏解剖。

① 中坝雷三段构造气藏。

中坝气田位于四川盆地西北部中坝—天井山地区，为龙门山推覆带前缘北段古今构造叠置的复合圈闭，是一个以上三叠统须二段和中三叠统雷三段为主力气藏的复合气田。雷口坡组圈闭含气面积为 13.4km^2，探明天然气地质储量为 86.30×10^{8}m^3，储量丰度为 6.4×10^{8}m^3/km^2。

中坝雷口坡组产层为雷三段，为一套储集性能较好的优质储层，以灰色针孔状粉晶藻砂屑白云岩和粉晶白云岩为主，厚 50～110m。储集空间以溶孔为主，粒间孔、粒内孔、藻间孔和藻内溶孔等次之，平均孔隙度为 3.8%，孔隙度大于 1% 的样品占总样品数的 80% 以上，其孔隙度变化因构造部位的不同而有所不同，构造顶部为高孔隙度发育带，翼部孔隙度有降低趋势；储层平均渗透率为 1.65mD，为中孔低渗孔隙—裂缝型储层，裂缝是主要的渗滤通道。

雷口坡组顶部为一完整的短轴高丘状背斜，向南东略微突起呈弧形展布，构造东南翼发育一逆断层，因而该构造也是一断背斜构造，闭合面积为 11.92km^2。该构造具古今叠合特征，构造雏形形成于印支期，后经燕山期、喜马拉雅期构造改造而成。雷三段气藏发育边水，气水分布受断背斜控制，原始气水界面海拔为 −2871m，含气高度为 372m。因此，中坝雷三段气藏为一典型的有边水的构造气藏。气藏具有统一的压力系统，原始地层压力为 35.28MPa，压力系数为 1.15（蒲莉萍等，2014）。

② 龙岗雷四段构造—岩性复合气藏。

龙岗气田位于川中北部凹陷，构造上处于川北古中坳陷低缓构造带，现已探明上二叠统长兴组、下三叠统飞仙关组和中三叠统雷口坡组 3 个天然气藏。雷口坡组气藏为一低产能、小型碳酸盐岩天然气藏，2017 年在龙岗 022 II2、龙岗 022-II3、龙岗 022-H6、龙岗 022-H8、龙岗 173 和龙岗 22 区块累计提交天然气探明储量 $22.1 \times 10^8 m^3$（图 12-3-7）。

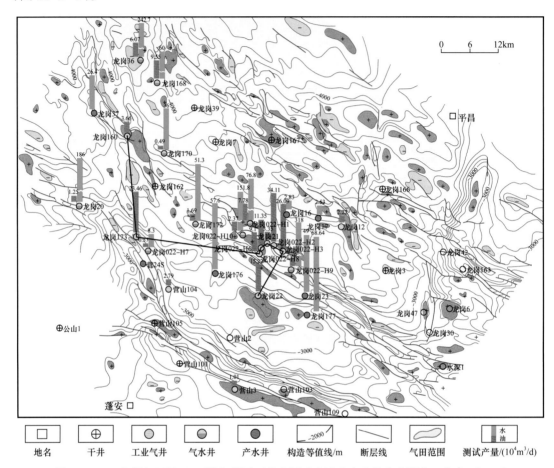

图 12-3-7 龙岗气田雷四$_3$亚段气藏平面分布图（产油和产水单位分别为 $10^4 m^3/d$ 和 t/d）

龙岗雷口坡组气藏储层段主要分布于雷四$_3$亚段中上部，岩性主要为颗粒云岩、粉晶云岩、泥粉晶云岩和颗粒灰岩，受风化作用影响，雷四$_3$亚段顶部储层以膏溶垮塌后形成的泥粉晶角砾云岩为主，其次为泥粉晶针孔云岩、藻云岩、砂砾屑云岩和亮晶鲕粒云岩（杨光等，2014），储集空间类型主要为粒间溶孔、晶间溶孔和粒内溶孔等基质孔隙，部分井段有裂缝和小的溶蚀洞穴发育。储层基质孔隙度较低，孔隙度主要分布在 1%～5% 之间，属低孔中渗的裂缝—孔隙型储层。储层区域分布稳定、层数多，单层厚度薄（一般厚 1～8m），储层较厚的地区累计厚度为 20～25m，因风化岩溶作用储层非均质性较强。

龙岗地区雷口坡组顶界构造为一由北西向南东抬升的大型单斜，在单斜背景上发育了一系列北西向背斜和断背斜局部构造，该地区发育两组断层，以北西走向为主，南北向为辅。受地层尖灭、风化壳岩溶和构造等因素影响，龙岗雷四$_3$亚段气藏类型较为复杂，整体上以构造—岩性复合气藏为主，但也存在构造—地层、构造等多种圈闭类型（图12-3-8）。气藏具有构造相对高部位产气、低部位产水的特征，气水关系复杂，不完全受构造控制，无统一气水界面，在整体构造背景下，具有"一丘一藏"的特征，存在多个水动力系统（杨光等，2014）。龙岗气田雷四$_3$亚段气藏原始地层压力为41.86～62.27MPa，压力系数为1.00～1.63，在次级构造单元相距较近的气井地层压力较为接近，为常压—高压气藏。

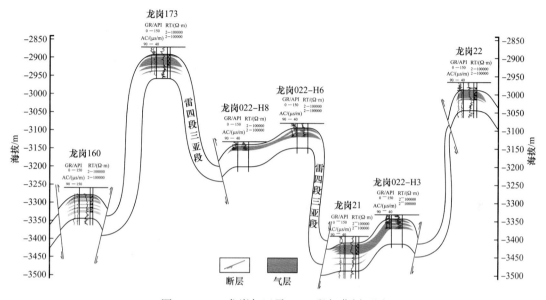

图12-3-8　龙岗气田雷四$_3$亚段气藏剖面图

③ 磨溪气田雷一$_1$亚段气藏。

磨溪雷一$_1$亚段气藏位于大川中地区，隶属于川中古隆中斜平缓构造区南斜坡地带。由磨溪中部和西部两个气藏组成，中部气藏含气面积为120km^2，探明地质储量为253.87×10^{8}m^3，西部气藏含气面积为83.96km^2，探明地质储量为95.6×10^{8}m^3，磨溪雷一$_1$亚段气藏总含气面积为203.96km^2，探明天然气地质储量为349.47×10^{8}m^3，气藏储量大而丰度低。

磨溪雷一$_1$亚段气藏储层为雷一$_1$亚段中层顶部的台内颗粒滩针孔状白云岩，以晶间溶孔、粒内溶孔等各类溶孔为主要储集空间，裂缝不发育。孔隙度为3.71%～18.72%，平均为7.26%；渗透率为0.02～1.82mD，平均为0.259mD，总体上为中孔低渗储层。

雷一$_1$亚段气藏是受短轴背斜圈闭控制的碳酸盐岩层状孔隙气藏（图12-3-9），背斜构造平缓完整，构造主体内断层不发育，主要分布在气水界面附近。背斜圈闭轴线呈北东—南西向，以海拔 -2450m 为最低圈闭线，圈闭面积为250.4km^2，构造高点位于磨75-1井附近，主高点海拔为 -2341.9m，闭合度为103.1m，呈北西缓、南东陡特征。雷一$_1$亚段气藏宏观上处于严格意义的气水过渡带，工业气井主要分布于气藏中部和中东部衔接处，水井则主要分布于气水边界以外的边水区，具有基本统一的气水界面。气藏具有统一的温度场、压力场，平均地层压力为32.61MPa，压力系数为1.23，地温梯度为2.6℃/100m，气藏中部温度为87℃，属常温常压气藏。

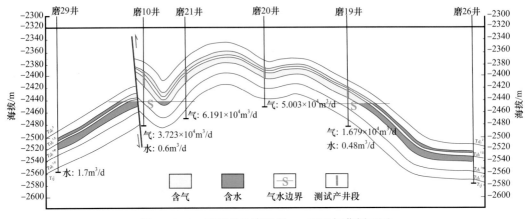

图 12-3-9　四川盆地磨溪雷一₁亚段气藏剖面图

二、天然气成藏模式

1.嘉陵江组天然气成藏模式

受烃源岩分布、储层发育、构造演化及烃源断裂发育状况等多种因素影响，嘉陵江组天然气在盆地不同区块的成藏机制与成藏过程存在一定差异，根据嘉陵江组成藏过程中是否形成过古油藏可以分为两大类成藏模式，一类是嘉陵江组存在古油藏的成藏模式，另一类是嘉陵江组不发育古油藏的成藏模式。

1）嘉陵江组发育古油藏成藏模式

这类成藏模式的气藏主要位于川南和川东地区，其中以川南地区为代表，在嘉陵江组天然气成藏过程中形成过大规模古油藏，沥青发育，主要充填于粒间溶孔、粒内溶孔、溶蚀孔洞和裂缝内，平均含量约为4%。此外，蜀南地区二22井、花11井等多口井嘉陵江组含油包裹体丰度指数（GOI）大多在20%～30%之间，而且内部有原油聚集现象。古油藏形成包括四个重要的成藏期次。

（1）第一成藏期（印支运动早期）。

印支运动早期是泸州古隆起嘉陵江组古油藏形成与破坏时期。三叠纪，志留系腐泥型烃源达到生油高峰期，此时，华蓥山、纳溪、中梁山及铜锣峡等深大断裂或基底断裂开始活跃，成为印支期重要烃源断层。液态烃沿断层向上运移至嘉陵江组储层，此时嘉陵江组埋深在1000m左右，处于成岩后期阶段，孔隙相对发育，而且伴随石油带来的有机酸溶蚀作用，进一步增加了储油空间。由于泸州古隆起已处于上隆阶段，是石油横向运移的有利聚集区，整个古隆起相当于一个大型圈闭，石油注入至相当于现今古隆起核部边缘附近，成为一个大型古油藏（图12-3-10a）。此外，因近顶部华蓥山断裂间歇性的开启，一方面为源于志留系的烃类向上运移提供通道，另一方面也使得部分烃类沿通道顶部逸散。中三叠世末期因古隆起上隆并露出水面，地层遭到剥蚀，古油藏不仅被削顶，而且大气淡水的淋滤和细菌的氧化降解使得石油遭到破坏成为固体沥青，局部岩性封闭区（嘉一段）或古隆起核部边缘部位因保存条件好而残留一些液态烃（图12-3-10b）。

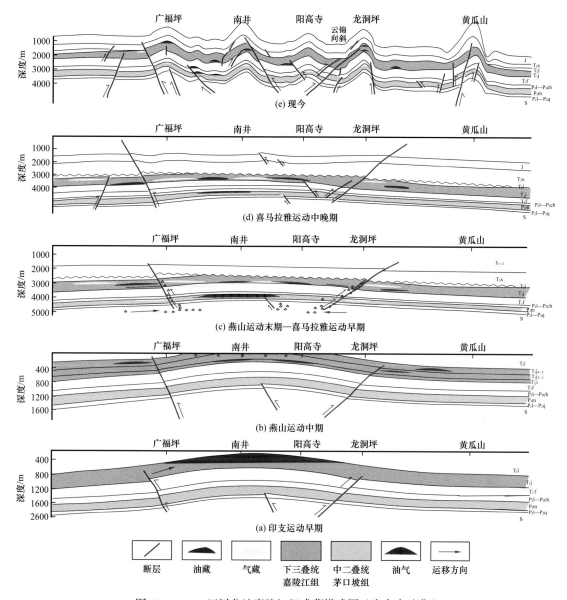

图 12-3-10　四川盆地嘉陵江组成藏模式图（发育古油藏）

（2）第二成藏期（燕山运动中期）。

燕山运动中期的中—晚侏罗世是以志留系烃源岩为主的注气期，该时期志留系烃源岩处于生气高峰期，而上二叠统、中二叠统烃源岩也处于生油高峰后期阶段，在早期深大断裂和基底断裂背景下，叠加后期构造运动产生大量的伴生断层，上述三套烃源岩层生成的油气沿断裂向上运移，充注于早期残留古油藏中。一方面占据剩余和因埋藏溶蚀或扩溶的各类孔隙，另一方面液态烃（轻质油）对前期古油藏氧化降解沥青溶解而形成溶解沥青，而大量天然气对保存下来的石油，特别是古隆起核部边缘残留的液态烃产生气侵，使石油发生脱沥青质作用，油反溶于气中成为湿气或凝析气占据孔隙，而沥青质吸附于孔隙边缘。该时期局部通天断层散失部分油气（图 12-3-10c）。

（3）第三成藏期（燕山运动末期至喜马拉雅运动早期）。

白垩纪末期前后是以二叠系为主的注气期，此时嘉陵江组埋深达到最大，对应的包裹体均一温度为135～155℃，上二叠统、中二叠统烃源岩均达到生气高峰。喜马拉雅早期运动使早期断裂再次活动，并形成一系列新的断层，天然气向上运移再次向古隆起区充注、混合。由于早期油气已占据孔隙，加之充填沥青的阻滞作用，古隆起核部接受该期二叠系生成的天然气有限，仅影响到核部边缘，由于埋藏溶蚀作用，改造了储集能力及渗透性，该期天然气主要向上斜坡区充注、推移，扩大了泸州古隆起区的天然气分布范围（图12-3-10d）。

（4）第四成藏期（喜马拉雅运动中晚期）。

喜马拉雅运动中晚期是嘉陵江组油气再分配时期（李其荣等，2005）。这一时期以褶皱和断裂运动为主，抬升及挤压运动形成一系列新的圈闭，下伏高成熟油气沿活跃的断裂再次进入嘉陵江组储层，已聚集成藏的烃类发生再分配、转移和调整。这一次成藏期为新圈闭捕获油气创造了条件，通天断层区同样存在天然气的逸散，对油气藏起破坏作用（图12-3-10e）。

川东地区嘉陵江组气藏与川南地区相比，不同之处在于嘉陵江组古油藏形成时间较晚，川东地区的开江古隆起形成于三叠纪末期，直到燕山运动早期，志留系与二叠系烃源岩进入大规模生油阶段以后，嘉陵江组古油藏才开始形成。燕山运动中—晚期进一步形成局部构造和断裂通道，并伴随后期沉降二叠系烃源岩及早期古油藏液态烃发生热裂解，油裂解成气后产生高压，裂解气便沿着断层和裂缝向高部位和上覆层段继续运移聚集（少量气运移至须家河组），形成燕山期古气藏。古近纪—新近纪以来由于喜马拉雅运动气藏遭受破坏，油气调整重新聚集成藏，形成现今气藏分布格局。

2）嘉陵江组无古油藏成藏模式

该类模式的气藏主要分布于川中、川东北地区，这两个地区气藏的共同特征是在油气成藏过程中嘉陵江组没有原油聚集成藏，即未形成过古油藏，不同之处在于川中、川东北地区的烃源岩不同，后期油气输导体系也有差异。

川中地区嘉陵江组气藏的烃源岩主要为二叠系泥质岩和碳酸盐岩，区域内无深大断裂发育，油气的输导主要依靠高压破裂缝和后期构造缝。三叠纪该区二叠系烃源岩开始生油，油气在异常高压下沿微裂缝向上运移，由于没有深大断裂的沟通，仅在二叠系和飞仙关组形成古油藏，无法运移至嘉陵江组，从而未在嘉陵江组形成古油藏，这点从该区嘉陵江组未见沥青发育可以证实。晚三叠世至白垩纪随着埋深加大，二叠系烃源岩热演化成熟度进入到生气阶段，同时先期形成的古油藏在高温高压下也由湿气向干气转变，这一裂解过程产生超压，导致高压破裂缝十分发育；同时，受印支运动晚期影响，地层褶皱变形产生大量构造缝，裂解气沿这两类裂缝进入嘉陵江组聚集成藏。随后喜马拉雅运动造成已形成的气藏遭受破坏，重新调整成藏。

川北地区在通南巴河坝构造发现嘉二段、飞三段气藏，在岩心中均没有发现沥青和轻质油的存在，表明其成藏过程中没有古油藏发育。天然气主要来源于二叠系干酪根的裂解气，下志留统烃源岩或异地古油藏裂解气也具有一定贡献。印支晚期—燕山早期，通南巴构造形成雏形，但当时该构造处于凹陷深凹处，构造面积大，幅度小，两翼极平缓，故捕获早期油气的能力较差（龙胜祥等，2008）。燕山中晚期，通南巴构造圈闭基本形成，该地区二叠系、下志留统烃源岩和早期形成的异地古油藏均进入裂解成气阶段，裂解气开始在嘉陵江组聚集成藏，此时期为河坝场天然气成藏的主要阶段。喜马拉雅期大巴山强烈挤压形成大规模逆断层，对通南巴构造起着明显的分割作用，使其形成了不同的构造圈闭和气水分布系统，气藏被改造并重新调整。

2. 雷口坡组天然气成藏模式

四川盆地雷口坡组天然气在不同区带的运聚机制相差较大，成藏模式也各不相同，根据生储关系归纳为 3 类成藏模式，即下生上储、上生下储及混源成藏模式（图 12-3-11）。

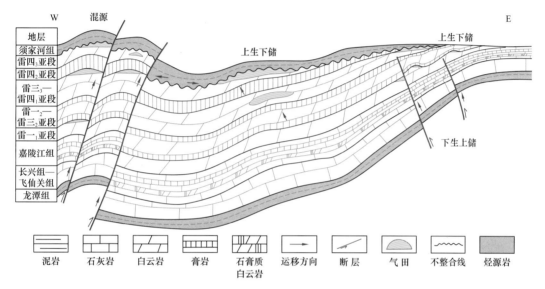

图 12-3-11　四川盆地中三叠统雷口坡组成藏模式图

1）下生上储成藏模式

下生上储成藏模式是以雷口坡组为储层，油气源来自下伏二叠系或更老地层的烃源岩层，生烃层系生成的油气以深大断裂和与之伴生的断裂体系为输导体系，向上运移至雷口坡组内部，在适合的储集层段内聚集成藏。

下生上储成藏模式主要见于发育深大断裂的地区，如川西地区龙门山构造带，由于受到了多期构造运动的褶皱、挤压，形成了许多断裂带、断层和裂缝，它们有力地促进了天然气在垂向上地运移，部分断裂如彰明断裂在晚三叠世末期已经形成，而二叠系烃源岩在三叠纪末期—中侏罗世开始大量生烃，生烃时间晚于断层形成时间，天然气可以通过断层运移进入雷口坡组。此外，盆地内部在川中地区也存在由基底或下古生界断至雷口坡组的断裂带，在遂宁地区存在震旦系—须家河组的断裂带，川南观音场和黄家场气田均存在由下古生界断至雷口坡组的断层，川东卧龙河气田背斜西翼上存在由上三叠统断至志留系的大断层。这些深大断裂带的存在可以在垂向上连通二叠系烃源岩、须家河组烃源岩和雷口坡组储层，是天然气在垂向上运移的主要输导通道。

2）上生下储成藏模式

上生下储成藏模式是以雷口坡组滩相颗粒白云岩或岩溶白云岩为储层，以雷口坡组上覆的须一段泥岩为烃源岩的成藏模式。根据源储沟通关系又可细分为两类，一类以断层作为油气运移通道，另一类以古风化壳作为输导体系。

以断裂作为输导体系的上生下储型气藏主要见于断裂较发育的地区，如龙门山逆冲断裂发育带，逆冲断层造成断下盘下三叠统马鞍塘组、小塘子组烃源岩与上盘雷口坡组储层对接，同时为油气的运移提供了良好的通道。

以风化壳作为输导体系的上生下储成藏模式主要发育在泸州古隆起北部斜坡带，也就是雷口坡组风化岩溶作用最为发育的地区，如川中简阳—遂宁和川北龙岗、元坝一带。这些地区雷口坡组经过长期的风化淋滤，形成高低起伏的古岩溶残丘地貌，岩溶残丘与岩溶洼地和沟槽交互发育，在洼地与沟槽内充填了须家河组陆相烃源岩，生成的油气沿古风化壳侧向运移至雷口坡组储层内，由于雷口坡组由东向西剥蚀作用逐步减弱，不同区带储层发育的层段也不一致，如川中地区上生下储型气藏主要发育在雷四$_1$亚段，而龙岗、元坝地区主要为雷四$_3$亚段。仅仅依靠风化壳作为油气输导体系的上生下储型气藏其天然气组分中硫化氢含量较低，或者几乎不含硫化氢。

3）混源成藏模式

雷口坡组自身也具备一定的生烃能力，但这种自生自储成藏模式目前发现的不多，充探1井雷三段气藏是一个实例；相反，由于断裂、裂缝和风化壳不整合面油气输导体系的多元化，在一定程度上更为多见的是上生下储、下生上储和自生自储同时存在的混源成藏模式。在龙门山构造带中段及其山前构造带，海相烃源层系与陆相烃源层系均具备大规模生烃能力，供烃源岩既有马鞍塘组—小塘子组泥页岩，又有雷口坡组碳酸盐岩烃源岩和二叠系烃源岩，雷四$_3$亚段之上的风化壳不整合面和大断层为主要的运移通道。

三、天然气成藏主控因素

有利的沉积相带、输导体系及古隆起是嘉陵江组、雷口坡组天然气富集成藏的主控因素。

1. 有利沉积微相控制储层的发育及油气聚集

早三叠世四川盆地为碳酸盐岩台地沉积背景，嘉陵江组属于开阔—局限海台地沉积，包括混积潮坪、碳酸盐潮坪、局限潮坪、局限潟湖等沉积亚相及多种微相。沉积微相控制嘉陵江组储层的发育和展布，并进一步控制油气的聚集。统计表明，嘉陵江组为典型的相控型储层，形成于潮间及潮下高能环境的云坪、颗粒滩亚相是最有利的储集相带，常发育鲕粒灰（云）岩、砂屑灰（云）岩和生屑灰（云）岩。同时台内滩属于地貌高地，水退期滩体常露出水面，易受到淡水淋滤改造（发生准同生期溶蚀），储集性能最好，有利于油气的富集，而局限台坪、滩间海和半局限潟湖均不利于储层发育。故而滩相控储是嘉陵江组油气聚集的一个特点，如图12-3-12所示嘉一段—嘉二$_1$亚段已发现气藏主要分布于台内滩发育地区。

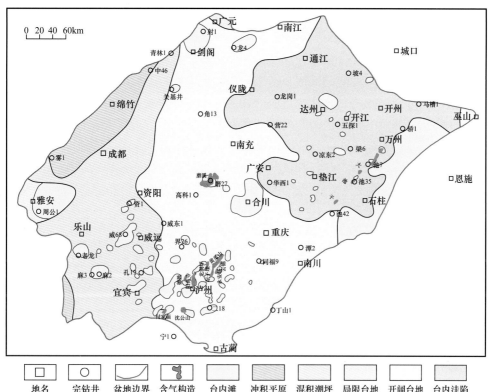

图 12-3-12 四川盆地嘉一段—嘉二$_1$亚段岩相古地理与气藏叠合图

雷口坡组气藏的有利储集相带同样受微古地貌和沉积微相控制。碳酸盐岩沉积过程中，微古地貌的发育对于有利滩相的发育极其重要，碳酸盐岩台地边缘和台地内相对凸起的高部位为台内鲕滩、生屑滩和砂屑滩及台缘鲕粒滩等颗粒滩沉积微相发育的有利场所，而颗粒滩相的发育又有利于后期白云岩化和早期溶蚀作用，从而形成负鲕孔、晶间孔等，最终形成优质储层。雷口坡组内部发育雷一$_1$亚段、雷三段、雷四$_1$亚段、雷四$_3$亚段多套滩相沉积，它们的展布控制了各层段气藏的分布。此外，云坪、藻云坪微相较为发育的浅水潮坪沉积也控制了有利储集相带的展布，是大规模层状优质白云岩发育的基础（宋晓波等，2019）。

印支运动使雷口坡组遭受抬升剥蚀，风化壳岩溶作用在其顶面形成了岩溶高地、岩溶斜坡和岩溶凹陷的喀斯特古地貌格局，在这些大岩溶单元下又形成残丘与岩溶沟槽相间的次级微古地貌，其中岩溶残丘主体是岩溶储层发育的有利区。

2. 深大断裂和岩溶风化壳是重要的输导通道

深大断裂输导及其对嘉陵江组油气成藏的重要性在川南和川东地区显得尤为重要。嘉陵江组自身不具备大规模的生烃能力，油气主要来自下伏多套烃源岩层，属于典型的多源多期混源油气藏（李延钧等，2006）。由于嘉陵江组与下伏志留系和二叠系之间存在飞仙关组低渗透率层的分隔，同时，嘉陵江组储层横向连通性较差，单一高孔隙度层的厚度和分布范围均较小，纵向上高孔隙度层之间也间隔有致密层，因此，连接烃源层系和储集层系的输导体系对气藏的形成至关重要。

川南地区主要发育华蓥山、中梁山深大断裂等5组主要大断裂，这些断裂在不同时期的开启及其相伴生裂缝的发育程度控制了油气的运移和聚集，在印支期，依靠上述深大断裂，志留系生成的原油向古隆起充注，形成中三叠世末期古油藏。燕山—喜马拉雅期，除这5组深大断裂以外，在这一时期构造应力作用下川南低陡褶皱带形成，从东到西，由中梁山—石龙峡、温塘峡—临峰场南北向构造带逐渐转变到古佛山—南井、螺观山—广福坪北北东向构造带及青山岭—双河场北东向构造带，构造带高部位断裂及其相伴生的裂缝发育，上二叠统、中二叠统和志留系高成熟天然气可以顺断裂充注至构造带高部位，与残留的古油藏发生气侵，而断裂不发育的向斜区则没有后期气侵现象（图12-3-13）。

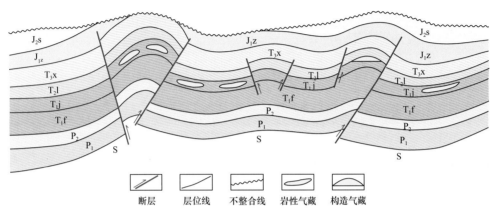

图 12-3-13　川南地区嘉陵江组烃源断层控藏模式图

雷口坡组气藏也是以他源供给为主，沟通源储的断裂及与其伴生的裂缝带、破裂带和岩溶风化壳等输导体系是重要的输导通道。盆地内中—下三叠统发育多套厚层膏盐岩，而切穿膏盐岩层的深大断裂可以将下伏二叠系烃源岩与雷口坡组储层进行沟通。此外，形成于印支运动早期的中三叠统、下三叠统顶面岩溶风化壳，不仅是良好的储层，同时也是沟通上覆上三叠统烃源岩和雷口坡组岩溶风化储层的重要输导体系。

3. 印支期古隆起控制油气藏分布格局

早三叠世伴随印支运动的开始，四川盆地出现了北东向大型隆坳相间的构造格局，以华蓥山为中心的隆起带上升幅度最大，在南段称之为泸州古隆起，北段称之为开江古隆起。

对于川南地区而言，泸州古隆起的形成及演化控制了该地区嘉陵江组油气的分布。受早二叠世末期东吴运动的影响，伴随华蓥山拉张断裂活动，在其东侧出现泸州古隆起的雏形，中三叠世末期，印支运动早期使华蓥山断裂由拉张变为挤压，断裂带东侧显著抬升形成泸州—开江古隆起构造格局。泸州古隆起是一个持续性发展的古隆起，在嘉陵江组沉积期古地貌格局上为一远离物源的较浅水高地，易于嘉一段—嘉二$_1$亚段各种颗粒滩相和云坪相的发育，形成有利的储集相带，为后期油气富集奠定储层基础（图12-3-14）。

加里东期，盆地内发育乐山—龙女寺古隆起和天井山古隆起，印支期泸州古隆起和开江古隆的形成使雷口坡组沉积时出现"三隆三坳"的构造格局，这一构造格局决定了雷口坡组的沉积及后期剥蚀程度，同时也控制了滩相储层、岩溶储层的分布。燕山期盆地内发育江油—绵阳、大兴和川中古隆起，喜马拉雅运动最终形成现今的构造分布。在多期古隆起叠置区，构造继承发育，为油气高丰度聚集提供了场所，目前在雷口坡组所发现的三个大型气田中，中坝和磨溪两大气田都位于长期继承性发育的古隆起之上。

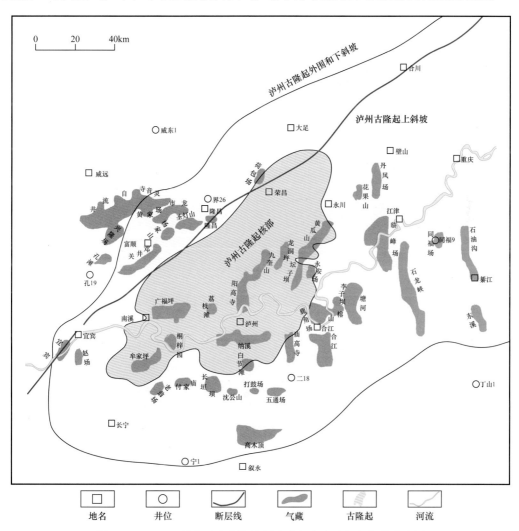

图 12-3-14　四川盆地印支期泸州古隆起与嘉陵江组气藏分布图

四、天然气有利勘探区带

通过综合研究，评价出嘉陵江组 5 个区带和雷口坡组 4 个层段为有利勘探区带。

1. 嘉陵江组天然气有利勘探区带

嘉陵江组气藏是多源多期混源油气藏，油气富集与主力烃源岩、有利沉积相带、优质储层的发育及古隆起部位紧密相关。根据志留系烃源岩、上二叠统烃源岩两个主力烃源层系生烃强度，重点储集层段台内滩相分布，以及白云岩储层厚度对四川盆地嘉陵江组有利勘探区带进行评价，划分出 5 个有利勘探区块（图 12-3-15）。

1）川中简阳—磨溪—合川—广安有利区带

该区带位于四川盆地中部，面积约 15000km²，区带内嘉二$_2$亚段、嘉二$_3$亚段台内滩发育，是其主要勘探层系，该地区处于上二叠统生烃中心，生烃强度为 $25 \times 10^8 \sim 50 \times 10^8 \mathrm{m}^3/\mathrm{km}^2$。区带构造稳定，处于持续性古隆起发育部位，目前已发现磨溪嘉二$_3$亚段气藏，安岳—简阳及磨溪以北为该区带下一步勘探的重点。

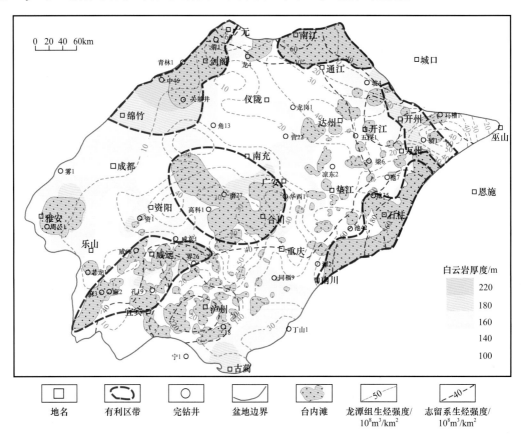

图 12-3-15　四川盆地下三叠统嘉陵江组有利区带综合评价图

2）川东北开州—马槽坝有利区带

该区带位于盆地东北部，面积为 8000km²，主要发育嘉一段—嘉二$_1$亚段、嘉三段台内滩，白云岩储层发育，厚度为 120～180m，区带处于上二叠统烃源岩生烃中心，生烃强度为 $35 \times 10^8 \sim 50 \times 10^8 \mathrm{m}^3/\mathrm{km}^2$，烃源条件优越。

3）广元—剑阁—绵竹有利区带

区带处于四川盆地西北部，面积约为 18000km²，发育嘉二$_2$亚段、嘉四段、嘉五段台内滩，同时，嘉二$_3$亚段沉积期龙门山中段及其山前地区蒸发潮坪相发育，白云岩广泛分布，厚度普遍大于 100m，绵竹—江油地区厚度约为 200m，具备较好的储集条件。该区带南部上二叠统生烃强度为 $20 \times 10^8 \sim 30 \times 10^8 m^3/km^2$。

4）川北南江—通江有利区带

区带位于四川盆地北部，面积为1500km²，嘉二₂亚段台内滩相及蒸发潮坪相大面积发育，白云岩厚度一般为40～60m，储集条件较好。该区带气源主要来自于志留系烃源岩，其生烃强度为 $20 \times 10^8 \sim 40 \times 10^8 m^3/km^2$。

5）川东石柱—南川有利区带

区带位于四川盆地东部石柱至南川一带，面积约为8500km²，区带内主要发育嘉二₂亚段台内滩相和蒸发潮坪相，白云岩厚度约为100m。该地区是川东志留系生烃中心，生烃强度为 $80 \times 10^8 \sim 303 \times 10^8 m^3/km^2$，该区带靠近盆地边缘，断裂发育，因此存在的主要风险是气藏的保存条件。

2. 雷口坡组天然气有利勘探区带

雷口坡组多套滩相白云岩储层、各亚层段尖灭带及印支期古侵蚀面岩溶的分布，形成了目前四川盆地雷口坡组规模性储层和多种类型圈闭，这几方面要素也决定了雷口坡组下一步重要的勘探战略和准备领域。如龙岗地区雷四₃亚段构造—岩性气藏勘探获得突破以后，雷四₃亚段尖灭带在盆地内其他区域的分布、含气性，以及与其相类似的雷四₁亚段尖灭带都成为目前雷口坡组天然气勘探的重点评价优选区带（图12-3-16）。

1）雷四₃亚段有利勘探区带

雷四₃亚段主要分布于川西龙门山中段、南段，以及川中北部龙岗、梓潼、八角场、西充一带（图12-3-16），除八角场、西充地区以膏质潟湖沉积为主外，其余地区广泛发育云坪相和台内滩相，此外，雷四₃亚段分布区紧邻须一段烃源岩生烃中心，供烃条件优越，具备上生下储、侧向供烃、泥岩封盖、上倾方向相变岩性遮挡和地层尖灭遮挡的有利成藏条件。在川西地区雷四₃亚段与后期构造叠合形成多类型圈闭，有利勘探面积为3700km²。

主要的勘探区带包括：

（1）龙门山山前断褶带，构造圈闭总面积为282km²；

（2）新场—老关庙—盐亭鼻状隆起区，构造—岩性复合圈闭面积为2500km²，须家河组底界总体呈西北低、东南高的斜坡背景，斜坡上发育局部构造圈闭和高点，滩相白云岩与上倾方向的膏云质潟湖形成构造—岩性圈闭；

（3）邛西—大兴场鼻状隆起区，构造—地层复合圈闭面积为940km²，2016年针对白马庙—大兴场地区大型构造—地层复合圈闭部署兴探1风险探井，2017年测试获日产气 $5.17 \times 10^4 m^3$，拓展了盆地内雷四₃亚段的勘探领域，该地区圈闭众多，仍是下一步勘探的有利区带。

2）雷四₁亚段有利勘探区带

雷四₁亚段自北向南呈带状贯穿四川盆地（图12-3-16），目前在简阳—遂宁地区雷四₁亚段的台内滩和云坪相面积为9000km²，岩溶残丘总面积达6000km²，形成大规模构造—地层圈闭，有利面积为3600km²。雷四₁亚段以白云岩为主夹石灰岩，顶部为不整合面，底部为泥质白云岩，储层分布稳定，厚度为5~20m，岩溶残丘储层厚度一般大于10m。储层岩性主要为砂屑云岩、含膏云岩，粒间（内）溶孔、膏溶孔是主要储集空间。根据该地区已钻遇的平泉1井、磨65井显示，岩溶残丘含气性较好（磨65井获日产气$6.96 \times 10^4 m^3$）。该区带毗邻须一段生烃中心，烃源较充足，"沟—丘侧向"和通源断裂使得源储配置较好，易于成藏。

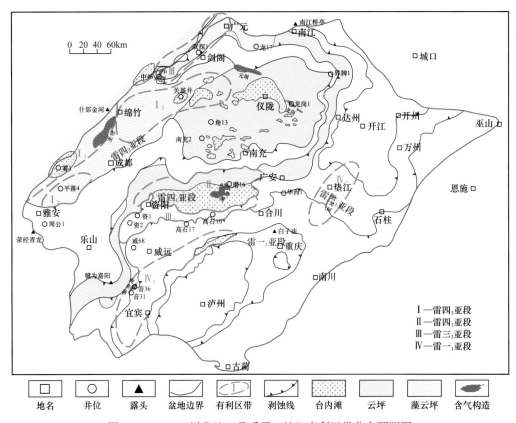

图 12-3-16　四川盆地三叠系雷口坡组有利区带分布预测图

3）雷一₁亚段有利勘探区带

雷一₁亚段地层剥蚀带有利相带与岩溶残丘叠合处是储层有利发育区，该区带主要分布在川东卧龙河、蜀南西部兴隆场、观音场、孔滩、麻柳场和大塔场一带（图 12-3-16），蜀南西部地区已钻井中有多口井见较好的油气显示，获工业气流，其中孔滩构造勘探效果较好，孔7井在雷一₁亚段获日产气$51.7 \times 10^4 m^3$，音22井历年产气也达到$4019.3 \times 10^4 m^3$，说明该地区具备一定的勘探潜力。

4）雷三₃亚段有利勘探区带

四川盆地内雷三₃亚段有利勘探区带主要有两个，第一个区带位于合川—潼南—资阳—犍为一带，资阳地区雷三₃亚段多口井显示了一定的产气能力，结合地震资料对该区雷三₃亚段地层剥蚀带进行识别刻画，认为在犍为—资阳和潼南—合川发育两个地层厚值区，是潜在有利区块，面积约为 5000km²；第二个有利勘探区带为龙门山克拉通台缘雷三段滩相白云岩储层发育区，如川西北双鱼石—海棠铺地区的雷三$_3$亚段，受继承性古隆起控制，在天井山古隆起西南斜坡分布大面积藻屑滩及藻云坪，发育厚层藻云岩储层，储层分布面积约为 3000km²。雷三$_3$亚段储层累计厚度在 20～60m 之间，双鱼 001-1 井累计厚度达 70m，孔隙度主体介于 2%～8%。此外，双鱼石—海棠铺地区通源断裂发育，断裂沟通下伏烃源岩，并消失于雷口坡组内，因而气源充足。优质储层与充足的气源造就该区带雷三$_3$亚段优越的成藏条件，勘探潜力巨大，仅在双鱼石地区就发育了 10 个藻屑滩（总面积为 132km²），预测资源量为 $650 \times 10^8 m^3$。

第十三章 须家河组—侏罗系天然气地球化学特征与成藏机制

上三叠统须家河组烃源岩广泛发育、砂体大面积分布，并且源储在空间上交互发育构成了有利于油气近源聚集的"三明治"结构，天然气以自生自储为主，部分区域有下伏烃源岩的贡献。具有储层孔径小、生烃强度低和近源聚集的独特成藏特点，"小压差驱动、相对大孔径富集"是须家河组可以形成规模富集但含水饱和度仍然较高的主要原因。侏罗系天然气以下生上储为主，部分区域有侏罗系烃源岩的贡献。

第一节　天然气藏形成地质条件

截至 2020 年底，须家河组已探明安岳、合川、广安、新场和邛西等 27 个气田（图 13-1-1a），探明天然气地质储量为 $9925 \times 10^8 m^3$。同时，还发现蓬莱、营山、龙岗和元坝等一批含气构造，广覆式烃源岩与大面积分布的储层交互叠置发育是须家河组天然气成藏的有利地质条件。侏罗系已探明成都、新场和洛带等 18 个气田，探明天然气地质储量为 $4947 \times 10^8 m^3$，主要集中在川西地区，其次是川中地区，川北和川南地区分别探明渡口河和大塔场气田；侏罗系天然气主要来自下伏须家河组烃源岩，沟通源储的断裂或裂缝是其重要的输导通道。

一、须家河组源储大面积交互叠置发育

四川盆地上三叠统须家河组是在中三叠统雷口坡组沉积期侵蚀面基础上沉积的陆相煤系碎屑岩，顶部为一套灰色或灰白色砂岩夹薄层粉砂质泥岩，与上覆侏罗系珍珠冲段杂色或紫红色泥砂岩分界清楚，底部为一套泥页岩或灰白色砂岩，与下伏中三叠统雷口坡组碳酸盐岩不整合接触。由西向东总体上为大斜坡背景，局部断层发育（图 13-1-1b）。受构造运动的影响，不同区域呈现不同的构造格局，盆地东部为北北东向的高陡背斜褶皱区；盆地中部为近东西向平缓构造区，地层倾角一般为 $2°\sim3°$；盆地西部龙门山前为冲断构造区，西部与中部之间为平缓凹陷区。纵向上，须家河组可细分为 6 个岩性段（谢继容等，2008），自下而上依次定名为须一段（T_3x_1）、须二段（T_3x_2）、须三段（T_3x_3）、须四段（T_3x_4）、须五段（T_3x_5）和须六段（T_3x_6），其中，须一段、须三段和须五段以煤系泥岩为主夹薄层砂岩，是主要的烃源岩层，其中所夹的砂岩也可以成为储层；须二段、须四段和须六段以砂岩为主，是主要的储层，其间所夹的少量薄煤层（煤线）或碳质泥岩也可以成为烃源岩层。烃源岩和储层的交替发育构成了须家河组独特的源储交互叠置结构（图 13-1-1c），有利于烃源岩生成的油气就近运移聚集成藏。

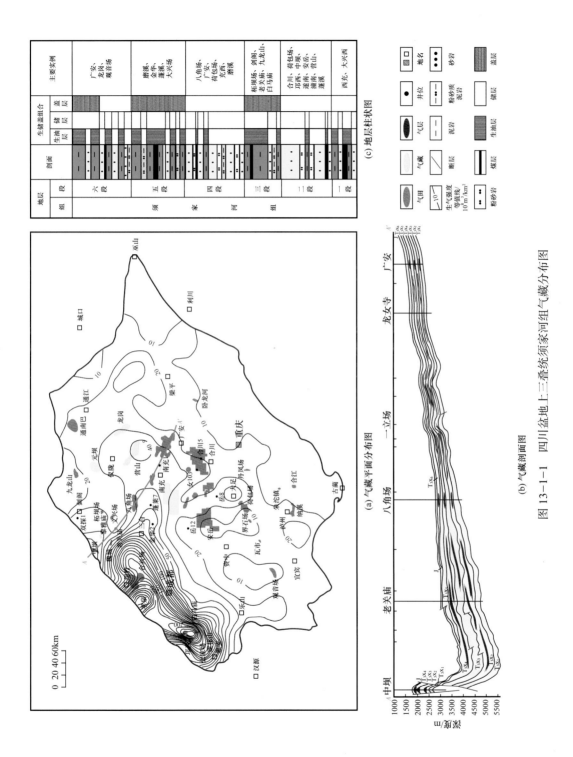

图 13-1-1 四川盆地上三叠统须家河组气藏分布图

二、发育须家河组煤系和侏罗系湖相烃源岩

四川盆地上三叠统须家河组是一套以陆相沉积为主的含煤建造，烃源岩主要发育在须一段、须三段和须五段，同时在须二段、须四段和须六段也有暗色泥岩和煤层分布。须家河组烃源岩具有"广覆式"分布的特点，厚度中心在川西，由西向东厚度逐渐减薄。煤层厚度在盆地广大区域一般为2~8m，盆地西部地区最厚可达20m。暗色泥质烃源岩总厚度为50~850m，具有从东向西烃源岩厚度逐渐增大的特征，盆地东部、南部和北部地区一般小于100m；在盆地中部地区为100~300m；在盆地西部地区一般为300~800m，最大可达850m（杜金虎等，2011）。

须一段—须六段6个层段的暗色泥岩总有机碳含量平均值分别为1.32%、3.06%、2.40%、2.16%、2.55%和0.61%；须二段、须三段、须五段和须六段煤的总有机碳含量分别为64.2%、57.3%、59.39%和58.46%。须家河组烃源岩有机质类型总体上以II_2—III型为主，但川西坳陷须一段的烃源岩（马鞍塘组—小塘子组）为I—II型（刘四兵等，2012）。不同岩性烃源岩有机质类型存在差异，煤的显微组成以镜质组为主，含量通常占总有机组成的80%以上，惰质组含量约占7%，有机质类型为III型；泥质岩干酪根显微组分变化较大，暗色泥岩干酪根的腐泥组分含量较高，分布在54%~86%之间，其次是含有较多的镜质组和惰质组，其含量分别为5%~21%和5%~24%，壳质组含量相对较少，仅为1%~2%。川中地区磨溪、营山、八角场和南充等构造暗色泥岩和碳质泥岩干酪根碳同位素值介于−29.2‰~−26.0‰，煤干酪根碳同位素值分布在−24.4‰~−24.2‰之间，干酪根类型以II_2—III型为主。

根据全盆地须家河组钻井、露头资料中650个烃源岩镜质组反射率数据的统计结果，以须家河组中部须三段烃源岩为例，镜质组反射率R_o值分布在0.80%~2.15%之间，表明须家河组烃源岩总体上处于成熟—过成熟阶段；其中，在川西南部和川西北部地区R_o值相对较高，处于高成熟晚期—过成熟（$R_o > 1.6\%$）阶段（魏国齐等，2014a），而四川盆地的广大区域主要处于成熟—高成熟早期阶段（R_o值介于1.0%~1.6%）。

侏罗系烃源岩主要发育于下侏罗统自流井组东岳庙段、马鞍山段、大安寨段暗色页岩和凉高山组。早侏罗世，盆地北部广泛发育浅湖—半深湖沉积，在不同区域的多个层段沉积了暗色页岩，干酪根类型以II_2—III型为主，少量为II_1型，现今处于成熟—高成熟阶段。

三、发育大面积分布的致密砂岩储层

四川盆地须家河组储层为一套成分成熟度较低而结构成熟度较高的陆源碎屑岩。须二段、须四段和须六段以大套砂岩为主，是主要的储层，须一段、须三段和须五段以泥岩为主，但其中所夹的砂岩也具有储集性能。

纵向上，储集岩的成分成熟度有向上逐层降低的趋势。储集岩类型主要是细—中粗粒岩屑长石砂岩、长石岩屑砂岩和长石石英砂岩等。孔隙类型主要为粒内溶孔、粒间孔，裂缝是重要的渗流通道，在改善储层渗流能力方面起到了重要作用。储集类型主要为裂缝—孔隙型和孔隙型。川中及蜀南地区储层孔隙以粒间孔、粒间溶孔及粒内溶

孔为主，基质孔隙、微裂缝较为发育。储层平均孔隙度一般为 5%～8%。渗透率一般为 0.01～0.10mD。总体上属于低孔低渗储层，但在局部地区也发育中—高孔储层，平均孔隙度可超过 10%。川西地区以溶孔为主，基质孔隙相对欠发育，但断裂、裂缝发育，有效储层的孔隙度下限最低可至 3.5%（主要是裂缝相当发育）。

四川盆地不同层段储层孔隙度、渗透率及厚度数据见表 13-1-1。须二段、须四段和须六段 3 套广泛分布的主要储层，各段的最大累计厚度约为 50m，而须一段、须三段和须五段 3 套局部分布的次要储层，各段的最大累计厚度约为 20m。总体上，以川中及川中—川南过渡带储层物性相对最好，该区构造平缓，具备大面积含气的储集条件。

表 13-1-1　四川盆地须家河组不同层段物性及厚度统计表

层位	孔隙度 /%			渗透率 /mD			储层厚度 /m		I 类储层面积 /km²
	最大值	最小值	均值	最大值	最小值	均值	单层	累计厚度	
须六段	18.25	0.009	6.10	84.48	0.001	0.40	2～10	10～40	5000
须五段	15.24	0.270	3.80	9.87	0.001	0.13	0～5	0～15	
须四段	21.90	0.001	6.50（6.70）	11190	0.0009	0.62（0.65）	2～15	20～50	9000
须三段	16.25	0.220	2.78	8.81	0.001	0.15	2～10	5～20	
须二段	21.26	0.010	5.50（6.90）	15135	0.0001	0.34（0.48）	2～15	20～50	8000
须一段	12.48	0.090	4.15	13.1	0.001	0.90	0～5	0～15	

注：括号内的数据为川中地区单独统计的结果。

侏罗系储层岩石类型纵向上有一定的变化规律，珍珠冲段以岩屑砂岩为主，其次为岩屑石英砂岩；千佛崖组以长石岩屑砂岩为主；沙溪庙组以岩屑长石砂岩为主，具有贫石英的特点；蓬莱镇组与遂宁组相似，以岩屑砂岩为主。平面上，川中北地区与川西地区相比，珍珠冲段岩屑含量相对较高且以沉积岩岩屑为主，沙溪庙组具有富长石贫石英的特点，反映出不同物源区性质的不同，而物源性质的不同也造成孔隙特征具有一定的差异性。如蓬莱镇组砂岩孔喉中值半径平均为 0.2μm，平均孔喉分选系数为 2.1，表现出微孔喉、差孔喉分选的特征。相对孝泉地区而言，成都凹陷样品具有相似的孔喉中值半径和较差的孔喉分选，溶蚀孔隙贡献较大。砂岩的孔隙度、渗透率与中值压力、中值半径之间具有较好的相关性，而与分选系数、歪度和变异系数相关性较差。遂宁组砂岩平均中值半径为 0.028μm，平均孔喉分选系数为 3.6，属于纳米级微孔喉、差孔喉分选储层。沙二段砂岩最大连通孔喉半径平均为 0.027μm，中值半径平均为 0.03μm，平均孔喉分选系数为 2.2，属于纳米—微米级孔喉、差孔喉分选储层。川中地区公山庙沙一段砂岩具有较好的孔隙结构（赵永刚等，2006），砂岩平均中值压力为 11.88MPa，中值半径为 0.163μm，孔喉连通性较川西地区好，因此，尽管沙一段孔隙度较低，却具有较高的渗透率。沙一段孔隙结构整体好于沙二段，属于微米级微孔喉、差孔喉分选储层，总体上物性好的样品同时具有较好的孔隙结构。各主要产层孔隙结构特征对比见表 13-1-2。

表 13-1-2 四川盆地侏罗系主要产层孔隙结构对比

储层段	平均中值半径 / μm	平均孔喉分选系数	孔喉及分选特征	物性与孔隙结构相关性
蓬莱镇组	0.2	2.1	微孔喉、差分选	孔隙度和渗透率与中值压力、中值半径之间具有较好的相关性，而与分选系数、歪度和变异系数相关性较差
遂宁组	0.028	3.6	纳米级微孔喉、极差分选	裂缝不发育样品孔隙度和渗透率与中值压力和中值半径具有较好相关性，与分选系数、歪度和变异系数相关性较差
沙溪庙组二段	0.27	2.2	纳米级微孔喉、差分选	物性与孔隙结构参数之间相关性较差
沙溪庙组一段	0.4	2	纳米级微孔喉、差分选	孔隙度和渗透率与中值半径之间具有较好的相关性，而与分选系数、歪度和变异系数相关性较差

四、发育断裂、裂缝和砂体等输导体系

四川盆地内构造相对稳定区域，须家河组天然气以自生自储为主，源储紧邻，砂体、微裂缝是其重要的输导通道；川北、川东等构造运动相对强烈地区，断裂发育；蜀南地区也在喜马拉雅期形成多组与构造伴生的断裂，如麻柳场、自流井地区的北西—南东向断裂，隆昌、邓井关地区的北东—南西向断裂（金惠等，2018），断裂是沟通下伏烃源岩的重要输导通道。

四川盆地侏罗系浅层天然气运移路径多样，包括沟通烃源岩的断裂、孔隙性砂岩储层、砂体间的次级断裂和裂缝系统，多种输导体系相互结合形成复合输导体系，烃源岩层系生成的天然气在源储压差及浮力作用下，能够沿着不同方向，以不同距离进行纵、横向立体式运移并在有利储集部位聚集成藏。川西地区发现有沿龙门山和龙泉山断裂带分布的天然气苗，龙门山前甚至还发现了须家河组的天然气沥青（张庄，2016），说明川西地区的断裂可作为油气运移的通道。从浅—中层天然气的勘探成果来看，目前发现的探明天然气储层主要分布在新场、新都、洛带和合兴场等地区，在这些地区发育由深至浅的断裂，起到了良好的沟通气源的通道作用。

五、构造平缓区物性级差构成良好的封盖

须家河组砂岩气藏发育泥岩和致密砂岩两类盖层。泥岩盖层主要分布于须三段、须五段和须六段中上部，在区域上连片分布，构成四川盆地须家河组气藏的区域盖层；致密砂岩盖层分布于各层段气层之上或之中，构成须家河组气藏的直接盖层或隔层。

纵向上，须三段、须五段和须六段中上部泥岩分别构成须二段、须四段和须六段下亚段砂岩的区域盖层，是油气形成和聚集的关键。与泥岩段相似，须二段、须四段和须六段下亚段内部致密砂岩横向上连续分布，对下伏气层也构成有效封盖。从典型单井上

分析，广安气藏致密砂岩盖层孔隙度低于 5.5%，渗透率低于 0.071mD，呈隔层（或夹层）分布于气层之上，对下伏气层构成有效封闭。平面上，须四段和须六段下部气层之上均有厚度较大的致密砂岩分布，与气层在纵向上配置良好。

从部分砂岩、泥岩样品的微观分析结果（表 13-1-3）可见，泥岩孔隙度、渗透率均较低，相应的突破压力值高、扩散系数小，无疑是很好的盖层。与此相似，孔隙度、渗透率较低的致密砂岩同样也是很好的盖层，盖层的封闭性能受岩石孔渗的影响大，随渗透率增大，岩石的扩散系数增大（图 13-1-2a），而突破压力则随渗透率的增大而减小（图 13-1-2b）。

表 13-1-3　四川盆地须家河组不同岩石样品的物性参数表

地区	样品编号	井深 /m	岩性	渗透率 / mD	孔隙度 / %	岩石密度 / g/cm^3	突破压力 / MPa	扩散系数 / cm^2/s
荷包场	包浅 001-16	1520.6	砂岩	0.1710	6.60	2.49	1.0	2.96×10^{-4}
	包浅 001-16	1580.7	砂岩	0.5800	8.10	2.44	1.0	3.94×10^{-4}
	包浅 001-16	1832	砂岩	0.0400	6.30	2.50	5	2.66×10^{-4}
广安	广安 138	2521.8	砂岩	0.0380	2.90	2.60	4	2.69×10^{-4}
	广安 109	2027	砂岩	0.0059	1.40	2.69	14	1.52×10^{-5}
	广安 102	1962.59	砂岩	0.0100	1.10	2.64	8	1.08×10^{-4}
	广安 002-39	1810.6	砂岩	1.1200	14.60	2.26	0.5	3.61×10^{-4}
	广安 002-39	1874.1	砂岩	0.0043	0.90	2.67		3.84×10^{-5}
	广安 002-43	1837.08	砂岩	0.1210	6.90	2.47	2	3.06×10^{-4}
	广安 138	2509.15	砂岩	0.0170	4.50	2.54	5	1.33×10^{-4}
	广安 138	2537.2	砂岩	0.0270	6.80	2.52		1.51×10^{-4}
	广安 102	2041.5	泥岩	0.0032	0.40	2.68	14	1.16×10^{-5}
	广安 102	2039.9	泥岩	0.0040	0.30	2.70	8	2.06×10^{-5}
	广安 106	2363.2	泥岩	0.0088	0.40	2.67	11	1.21×10^{-5}
	广安 109	2018	泥岩	0.0021	0.02	2.67	11	1.39×10^{-5}
	广安 109	2066	泥岩	0.0030	0.20	2.71	11	1.29×10^{-5}
	广安 109	2065.5	泥岩	0.0024	0.30	2.69	10	
	广安 109	2067.12	泥岩	0.0016	0.10	2.70	10	9.16×10^{-6}

统计结果表明，广安地区工业气层的储层平均孔隙度在 8% 以上，渗透率大于 0.1mD，而致密砂岩盖层的平均孔隙度小于 5.5%，渗透率小于 0.071mD；砂岩突破压力为 2~14MPa，扩散系数小于 0.0001cm^2/s，可对下伏气层起到有效的物性封闭作用。

如广安101井须六段测井解释共有6层气层，经射孔测试（射孔井段2026.7～2042m、2050.7～2053.7m、2061.1～2064.1m、2065～2069.1m和2074.8～2085.6m）获日产气$2.5 \times 10^4 m^3$。气层孔隙度为8%～11.8%，渗透率为0.067～0.658mD，而致密砂岩盖层的孔隙度为隔层孔隙度，介于3.5%～5.6%，渗透率为0.0198～0.059mD，物性差异产生对气层的有效阻隔作用。总之，以广安地区须家河组为代表的"甜点"与其上覆的致密砂岩之间由于物性的差异，可以构成有效的储盖组合关系。

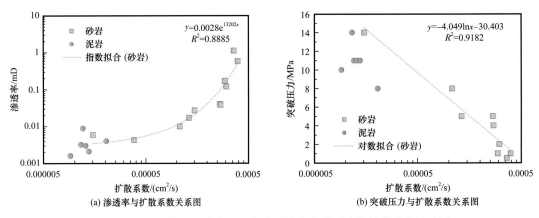

图13-1-2 须家河组砂岩、泥岩渗透率和突破压力与扩散系数关系图

四川盆地侏罗系气藏主要发育岩性、压力和断裂封堵等封闭类型。

岩性封盖：白垩系、上侏罗统蓬莱镇组和遂宁组以泥岩为主，岩性稳定，地层较厚，在川西地区与主要产层沙溪庙组整合接触，可作为沙溪庙组的盖层，上白垩统灌口组局部见膏盐—膏质层，单层厚度大多在1.5m以上，累计厚度一般为10～24m，最厚可达34m以上，埋深为150～250m，是沙溪庙组、蓬莱镇组乃至下白垩统夹关组的良好盖层（蔡开平等，2001）。川西坳陷中段蓬莱镇组和遂宁组埋深较大，均以泥岩为主，其厚度均大于200m，分布面积较广，同时侏罗系内部砂泥岩交替发育，均有一定的封盖作用。

压力封盖：仅就油气保存条件而言，压力封存箱内高压区是很好的区域盖层。据前人研究，川西坳陷侏罗系—上三叠统均为低孔低渗超压储层，更容易形成超压气藏，而且有多个压力封存箱。例如，沙溪庙组封存箱顶界有遂宁组区域性泥质岩作为封盖层（王帅成等，2010）。如川西坳陷中段属于中超压区（压力系数为1.5～2.0），大部分地区压力系数都在1.5以上，存在很好的压力封盖条件。

断裂封堵：位于龙门山前缘扩展变形带以内的川西坳陷中段地区，以短轴背斜为主（鸭子河、金马和聚源背斜），其含气构造带定型于喜马拉雅晚期，受控于关口和彭县断裂（王帅成等，2010）。据统计，川鸭609井位于金马鼻状构造上，2367～2394.5m井段水样矿化度为49414mg/L，水型为$CaCl_2$型，证实为地层水，并且地层封闭型较好，说明该区域的断层未与地表连通，保存条件较好。

六、发育多套成藏组合

晚三叠世以来，四川盆地经历了海相—海陆过渡相—陆相的沉积演变，发育了多种沉积体系和沉积类型，沉积了频繁交替的泥岩、砂岩组合，使其在纵向上形成了多个具备生、储、盖条件的成藏组合（图 13-1-1c）。在这个纵向沉积层系中，泥质岩及煤既是优质生油气层，同时又是良好的盖层；相对高孔渗砂岩是良好的油气储层，同时，相对致密的砂岩对油气的散失也起到了一定的封闭作用。生、储、盖层的交替发育构成了多套油气成藏组合。

第二节　天然气地球化学特征及成因

四川盆地须家河组—侏罗系天然气总体上是以烃类气体为主的湿气，碳、氢同位素较轻；川北地区部分天然气为干气，与下伏海相烃源岩的贡献有关。

一、天然气组成特征

1. 须家河组天然气

须家河组天然气组成包括烃类气体和非烃类气体，以烃类气体为主（表 13-2-1）。烃类气体组成中，以甲烷为主，其含量为 80.16%～98.67%，随不同区域烃源岩热演化程度的不同而变化，如安岳气田所在区域烃源岩演化程度相对较低，相应地其甲烷含量较低，以小于 88% 为主；相反，烃源岩演化程度较高的盆地西部地区邛西、新场气田与北部地区九龙山、梓潼、元坝和通南巴等气田天然气甲烷含量高，以大于 95% 为主；其他气田天然气的甲烷含量介于上述两类区域含量之间。天然气中重烃气（C_{2+}）含量为 0.20%～16.52%，与甲烷含量呈负相关关系，甲烷含量高的天然气，其重烃气含量则低（图 13-2-1）。天然气干燥系数介于 0.829～0.998，盆地中部—南部地区以小于 0.950 为主，主要为湿气；川西、川北地区除中坝气田的天然气为湿气外，其他以大于 0.95 为主，为干气。构造稳定且大型断裂不发育的盆地中部地区，纵向上，同一气田，随天然气产层时代变老，其干燥系数有变大的趋势（表 13-2-2）。天然气中甲烷含量及其干燥系数的这种变化规律主要反映了烃源岩热演化程度对其产生的影响。这主要是由须家河组源储交互的地质特点决定的（图 13-1-1c），须二段气藏主要聚集成熟度相对较高的须一段烃源岩生成的天然气，须六段气藏主要聚集成熟程度相对较低的须五段烃源岩生成的天然气。这种变化规律与随运移距离增大导致的天然气甲烷含量增高的运移效应不一致，是近源聚集成藏的主要证据之一。从天然气 $\ln(C_1/C_2)$—$\ln(C_2/C_3)$ 关系来看（图 13-2-2），川中、川南和川西地区天然气主要属于干酪根热裂解气，川北地区（包括九龙山、元坝、通南巴和五宝场等）天然气则为原油裂解气或以原油裂解气为主的混合气。

须家河组非烃气体组成主要包括氮气、二氧化碳、氢气和氦气等，但这些非烃气体的含量均较低，分别介于 0.01%～2.75%、0.03%～1.55%、0.001%～0.43% 和 0.001%～0.1%。天然气相对密度主要为 0.558～0.701。

表13-2-1 四川盆地须家河组—侏罗系天然气地球化学数据表

气田或气藏名称	井号	层位	深度/m	天然气主要组分/%							C₁/C₁₋₅	δ¹³C/‰，PDB				δ²H/‰，SMOW		
				CH_4	C_2H_6	C_3H_8	iC_4H_{10}	nC_4H_{10}	N_2	CO_2	C_1/C_{1-5}	CH_4	C_2H_6	C_3H_8	C_4H_{10}	CH_4	C_2H_6	C_3H_8
广安	广51	T₃x₆	1769	90.12	6.20	1.70	0.32	0.32	0.59	0.34	0.9134	−39.5	−26.6	−25.5	−24.6	−184	−139	−127
	兴华1	T₃x₆	2110	88.02	6.42	1.82	0.37	0.40	0.56	0.88	0.9071	−39.3	−27.1	−25.3	−24.5	−186	−147	−141
	广安002-25	T₃x₆	1718	90.43	5.97	1.91	0.36	0.35	0.37	0.33	0.9132	−39.4	−27.4	−26.2	−25.3	−183	−144	−140
	广安002-35	T₃x₆	1782	90.08	5.92	2.12	0.44	0.46	0.31	0.32	0.9097	−39.4	−27.7	−26.3	−25.4	−186	−142	−140
	广安123	T₃x₄	2449	92.22	4.74	1.24	0.27	0.20	0.68	0.29	0.9346	−38.5	−25.2	−22.9	−21.5	−169	−129	−124
	充深1	T₃x₄	2253	87.32	6.90	2.36	0.57	0.51	0.84	0.27	0.8941	−40.5	−26.5	−23.6	−23.1	−178	−138	−127
合川	合川106	T₃x₂	2190	90.31	6.04	1.90	0.47	0.39	0.34	0.19	0.9112	−40.2	−26.7	−24.2	−24.8	−172	−127	−124
	合川124	T₃x₂	2166	90.41	5.81	1.83	0.50	0.40	0.49	0.19	0.9137	−41.2	−27.2	−24.6	−24.9	−173	−123	−120
	合川001-1	T₃x₂	2078	91.30	5.60	1.61	0.40	0.30	0.38	0.14	0.9203	−39.6	−26.2	−23.3	−24.1	−167	−124	−120
	女103	T₃x₂	2093	90.08	6.51	1.78	0.43	0.31	0.39	0.14	0.9089	−39.9	−26	−22.9	−22	−168	−127	−122
	潼南1	T₃x₂₋₄	2260	87.70	8.76	2.62	0.62	0.56	0.40	0.23	0.8747	−41.8	−27.1	−24.5	−25.6	−179	−129	−122
	潼南102	T₃x₂	2240	87.38	6.88	2.91	0.72	0.71	0.45	0.27	0.8862	−41.7	−27.9	−24.9	−25.7	−182	−127	−120
	潼南104	T₃x₂	2206	87.78	6.93	2.83	0.67	0.59	0.50	0.25	0.8885	−41.6	−27.6	−24.2	−25.1	−179	−125	−119
安岳	潼南111	T₃x₂	2221	87.56	7.04	2.83	0.70	0.67	0.42	0.26	0.8862	−41.7	−27.8	−24.7	−25.4	−181	−129	−121
	岳3	T₃x₂	2333	84.77	7.55	3.83	0.94	1.05	0.65	0.07	0.8638	−43.2	−27.4	−24.6	−25.7	−187	−133	−127
	岳101	T₃x₂	2260	86.79	7.78	2.85	0.60	0.56	0.49	0.35	0.8804	−41.5	−28.4	−24.8	−25.4	−188	−132	−125
	岳105	T₃x₂	2267	84.64	8.67	3.86	0.70	0.73	0.59	0.29	0.8584	−41.6	−28.5	−25.4	−26.2	−183	−129	−119
	岳121	T₃x₂	2368	85.09	9.11	3.03	0.52	0.49	0.94	0.43	0.8661	−42.3	−27.7	−24.6	−26	−187	−126	−115
	威东12	T₃x₂	2095	88.18	7.51	2.38	0.48	0.39	0.37	0.32	0.8912	−40.7	−27.6	−23.9	−25.2	−181	−128	−118

气田或气藏名称	井号	层位	深度/m	天然气主要组分/%							C_1/C_{1-5}	$\delta^{13}C$/‰, PDB				δ^2H/‰, SMOW		
				CH_4	C_2H_6	C_3H_8	iC_4H_{10}	nC_4H_{10}	N_2	CO_2		CH_4	C_2H_6	C_3H_8	C_4H_{10}	CH_4	C_2H_6	C_3H_8
遂南	遂9	T_3x_5	2078	86.43	7.20	3.29	0.67	0.71	0.63	0.31	0.8792	-41.3	-27.5	-24.0	-23.6	-190	-141	-130
	遂56	T_3x_2	2296	86.84	7.41	2.41	0.599	0.51	0.038	0.32	0.8882	-40.9	-25.75	-22.74	-23.43	-178	-139	-141
	遂37	T_3x_{2-4}	2447	84.29	8.00	3.81	0.84	0.94	0.60	0.41	0.8612	-42.5	-27.4	-24.6	-24.8	-195	-139	-128
八角场	角33	T_3x_6	2810	89.94	5.33	1.95	0.26	0.331	0.88	0.38	0.9195	-38.4	-26.3	-23.3	-22.9	-182	-144	-138
	角33	T_3x_6	2810	89.46	5.93	2.28	0.41	0.46	0.50	0.39	0.9079	-40.0	-25.0	-23.0	-23.0	-189	-154	-141
	角47	T_3x_6	2780	90.44	5.56	1.97	0.33	0.36	0.44	0.37	0.9167	-38.7	-26.1	-23.7	-23.2	-185	-152	-142
	角47	T_3x_2	2780	87.40	6.01	2.26	0.41	0.46	2.33	0.38	0.9053	-41.0	-24.8	-22.9	-22.9	-190	-153	-134
	角48	T_3x_6	2782	89.45	5.80	2.39	0.42	0.46	0.55	0.44	0.9079	-40.3	-26.5	-24.2	-22.6	-185	-153	-142
	角57	T_3x_4	3126	90.99	5.51	1.71	0.33	0.33	0.25	0.41	0.9203	-37.3	-25.5	-22.9	-22.7	-178	-144	-138
	角49	T_3x_2	3352	94.44	3.52	0.80	0.15	0.14	0.23	0.45	0.9535	-37.0	-27.3	-24.2	-22.8	-172	-144	-139
充西	西35-1	T_3x_6	2120	89.18	6.24	2.32	0.43	0.46	0.47	0.32	0.9042	-40.4	-27.3	-24.8	-23.2	-187	-146	-136
	西20	T_3x_4	2560	88.02	6.46	2.67	0.56	0.62	0.54	0.37	0.8951	-43.8	-27.3	-25.6	-23.8	-189	-149	-140
	西56	T_3x_4	2490	88.21	6.34	2.70	0.52	0.59	0.51	0.38	0.8968	-41.3	-28.2	-25.2	-24.7	-185	-146	-141
	西71	T_3x_4	3151	89.47	6.18	2.23	0.42	0.45	0.40	0.36	0.9060	-40.1	-27.3	-24.5	-23.9	-187	-148	-142
	西72	T_3x_2	2560	87.31	6.68	2.83	0.569	0.719	0.20	0.26	0.8899	-42.3	-27.3	-24.7	-24.4	-193	-149	-137
	西73X	T_3x_4	2498	89.73	5.84	2.16	0.42	0.46	0.41	0.41	0.9099	-39.7	-27.0	-24.3	-24.0	-186	-148	-143
	西35-1	T_3x_2	2630	84.23	5.93	1.80	0.587	0.495	1.71	0.20	0.9053	-42.6	-28.0	-24.7	-23.5	-172	-139	-122
	莲深1	T_3x_4	2647	88.58	6.27	2.27	0.47	0.44	0.45	0.40	0.9036	-39.7	-26.4	-23.3	-22.9	-189	-161	-144

气田或气藏名称	井号	层位	深度/m	天然气主要组分/%							C_1/C_{1-5}	$\delta^{13}C$/‰, PDB				δ^2H/‰, SMOW		
				CH_4	C_2H_6	C_3H_8	iC_4H_{10}	nC_4H_{10}	N_2	CO_2		CH_4	C_2H_6	C_3H_8	C_4H_{10}	CH_4	C_2H_6	C_3H_8
金华	金17	T_3x_4	3140	89.34	6.63	1.97	0.52	0.37	0.39	0.39	0.9040	−38.6	−24.8	−23.0	−22.6	−190	−146	−141
磨溪	磨78	T_3x_6	1763	88.22	6.20	2.50	0.54	0.59	0.83	0.26	0.8997	−41.2	−27.3	−24.8	−24.3	−179	−142	−132
白庙场	磨4	T_3x_6	1976	92.17	5.43	1.09	0.21	0.15	0.39	0.35	0.9305	−37.6	−24.9	−22.7	−22.0	−170	−133	−129
界石场	界6	T_3x_6	1313	86.75	6.75	3.01	0.55	0.71	1.61	0	0.8873	−39.2	−29.8	−26.3	−26.0	−177	−137	−118
观音场	音10	T_3x_6	1992	89.01	6.59	2.02	0.50	0.45	1.00	0	0.9030	−38.5	−26.5	−23.3	−23.9	−191	−141	−130
观音场	音27	T_3x_4	2133	89.40	6.40	1.92	0.49	0.45	0.38	0.41	0.9061	−38.8	−26.9	−23.5	−24.2	−189	−143	−133
丹凤场	丹2	T_3x_2	1424	85.87	4.91	1.54	0.17	0.31	6.70	0.16	0.9253	−37.2	−28.6	−27.6	−26.1	−167	−148	−137
荷包场	包浅1	$T_1j_4^4$—T_3x_3	1902	86.64	7.22	3.39	0.59	0.65	1.01	0.28	0.8797	−40.2	−29.6	−26.7	−25.7	−188	−140	−122
	包浅4	T_3x_{1-2}	1960	86.17	6.83	2.88	0.60	0.76	1.57	0.086	0.8862	−39.2	−29.0	−26.2	−26.2	−161	−120	−108
	包27	T_3x_2	1702	88.48	5.08	2.25	0.49	0.59	1.62	0.39	0.9132	−39.9	−28.3	−25.5	−26.0	−172	−126	−120
	包24	T_3x_2	1766	86.94	6.44	2.73	0.59	0.72	1.35	0.31	0.8924	−39.4	−28.6	−25.8	−26.6	−170	−120	−111
	包浅208	T_3x_2	1608	87.62	6.48	2.52	0.45	0.54	1.44	0.19	0.8977	−37.1	−28.1	−24.7	−26.5	−163	−127	−117
	包浅206	T_3x_2	1690	87.46	6.17	2.99	0.62	0.80	0.63	0.59	0.8921	−40.0	−30.4	−27.6	−27.5	−178	−139	−126
五宝场	五宝浅20	T_3x_5	3688	97.08	0.90	0.09	0	0.01	0.69	1.05	0.9898	−32.5	−30.0			−168	−169	
	五宝浅15	T_3x_{4-6}	2959	97.58	1.42	0.13	0.01	0.01	0.26	0.55	0.9842	−33.9	−25.4			−167	−148	
渡口河	渡浅4	T_3x_{2-3}	2725	95.93	2.92	0.38	0.04	0.04	0.63	0	0.9660	−35.5	−26.6	−26.5		−161	−140	
邛西	平落10	T_3x_2	3543	95.26	2.93	0.39	0.07	0.05	0.38	0.89	0.9651	−34.2	−22.5	−22.9	−23.0	−173	−146	−148
邛西	平落9	T_3x_4	3232	94.83	3.36	0.41	0.07	0.04	0.36	0.89	0.9607	−35.0	−22.6	−20.9	−20.1	−178	−146	−144

气田或气藏名称	井号	层位	深度/m	天然气主要组分/%							C_1/C_{1-5}	$\delta^{13}C$/‰, PDB				δ^2H/‰, SMOW		
				CH_4	C_2H_6	C_3H_8	iC_4H_{10}	nC_4H_{10}	N_2	CO_2		CH_4	C_2H_6	C_3H_8	C_4H_{10}	CH_4	C_2H_6	C_3H_8
邛西	平落1	T_3x_2	3566	95.33	2.94	0.36	0.05	0.04	0.42	0.83	0.9657	-34.2	-22.6	-22.4	-22.0	-171	-148	-141
	平落2	T_3x_2	3454	95.67	2.55	0.25	0.04	0.03	0.65	0.75	0.9709	-34.1	-22.6	-22.4	-21.1	-174	-144	-141
	邛西3	T_3x_2	3525	96.17	2.16	0.23	0.03	0.02	0.25	1.08	0.9753	-32.9	-22.2	-22.4	-18.8	-173	-143	-140
	邛西10	T_3x_2	3707	94.90	3.08	0.42	0.06	0.04	0.26	1.23	0.9635	-33.5	-22.6	-22.6	-20.5	-171	-139	-135
	大4	T_3x_2	3050	95.57	2.77	0.29	0.04	0.03	0.24	0.99	0.9683	-32.0	-22.8	-22.9	-20.4	-170	-147	-151
梓潼	柘4	T_3x_3	4050	94.32	4.02	0.62	0.10	0.08	0.15	0.60	0.9514	-35.3	-23.1	-21.5	-20.3	-164	-139	-139
	又7	T_3x_{2-3}	4177	93.17	4.94	0.79	0.13	0.09	0.13	0.58	0.9400	-34.4	-22.2	-19.8	-19.0	-172	-137	-132
	关2	T_3x_4	3738	93.10	4.79	0.97	0.20	0.15	0.20	0.46	0.9384	-35.8	-22.8	-20.3	-19.9	-176	-139	-134
	关4	T_3x_4	3672	91.92	5.39	1.31	0.24	0.26	0.66	0	0.9274	-33.3	-23.7	-20.7	-20.7	-179	-146	-136
魏城	魏城1	T_3x_{3-4}	3832	94.20	4.25	0.58	0.10	0.07	0.13	0.51	0.9496	-34.1	-22.1	-20.3	-19.6	-175	-147	-144
五宝场	五宝浅6-1	J_2s_2		94.50	3.05	0.59	0.09	0.17	1.15	0	0.9604	-32.6	-29.8	-28.1	—	-174	-178	-138
	五宝浅10	$J_2s_2-J_3sn$		93.93	3.35	0.79	0.14	0.22	1.23	0	0.9543	-33.5	-29.5	-27.1	—	-177	-168	-133
	五宝浅13	J_2s_2		94.55	3.22	0.78	0.15	0.21	0.69	0	0.9559	-34.2	-29.3	-26.7	—	-177	-163	-130
	五宝浅9	J_2s_2		93.92	3.45	0.81	0.15	0.23	1.05	0	0.9529	-33.4	-28.2	-25.9	—	-178	-178	-137
	五宝浅1	J_2s_2		93.65	3.61	0.89	0.17	0.26	0.85	0	0.9500	-34.0	-28.2	-26.5	—	-178	-176	-132
	五宝浅1-2	J_2s_2		93.82	3.62	0.91	0.18	0.26	0.73	0	0.9497	-34.1	-29.8	-26.9	—	-179	-175	-133
	五宝浅1-1	J_2s_2		93.20	3.60	0.80	0.15	0.24	1.43	0	0.9511	-32.6	-29.8	-27.5	—	-185	-187	-171

气田或气藏名称	井号	层位	深度/m	天然气主要组分/%							C₁/C₁₋₅	δ¹³C/‰, PDB				δ²H/‰, SMOW		
				CH_4	C_2H_6	C_3H_8	iC_4H_{10}	nC_4H_{10}	N_2	CO_2	C_1/C_{1-5}	CH_4	C_2H_6	C_3H_8	C_4H_{10}	CH_4	C_2H_6	C_3H_8
五宝场	五宝浅4-1	J_2s_2		94.29	3.08	0.69	0.13	0.20	1.17	0	0.9583	-33.4	-27.5	-25.7	—	-178	-179	-130
	五宝浅006-1-H1	J_2s_1		93.54	3.39	0.68	0.10	0.21	1.58	0	0.9553	-32.1	-29.5	-27.7	—	-183	-190	-144
金秋	永浅3	J_2s_1	1777	86.05	8.12	2.76	0.51	0.58	1.49	0	0.8779	—	—	—	—	—	—	—
	永浅6	J_2s_1	2099	88.97	6.74	1.96	0.41	0.45	0.96	0	0.9030	-38.7	-24.4	-21.4	-20.8	-186	-145	—
	金浅15	J_2s_2	2385	92.61	4.73	0.98	0.20	0.19	0.93	0	0.9382	-35.7	-23.9	-21.3	-21.0	-178	-149	-135
	金顺1	J_2s_1	1609	86.32	7.12	2.60	0.54	0.61	2.06	0	0.8882	-39.9	-26.3	-22.8	-22.7	-188	-153	-143
	金顺1	J_2s_2	1509	87.87	6.89	2.16	0.44	0.50	1.35	0	0.8979	-40.3	-24.9	-21.5	-20.7	-189	-147	-134
	秋林209-8-H2	J_2s	2502	92.74	4.75	0.97	0.20	0.19	0.89	0	0.9382	-35.5	-23.0	-20.4	-19.9	-198	-186	-153
邛西	平落13	J_2s	1653	92.15	5.15	1.23	0.24	0.19	0.55	0.15	0.9300	-38.7	-25.5	-22.4	-21.8	-180	-139	-124
	观浅1	J_2s	1460	93.43	4.04	1.09	0.23	0.23	0.65	0	0.9435	-36.5	-25.3	-22.9	-22.5	-178	-155	-144
梓潼	文1	J	2863	91.82	5.49	1.20	0.22	0.16	0.22	0.56	0.9277	-35.5	-24.5	-21.3	-20.4	-165	-139	-133
	柘3	J_1z	3477	93.04	4.79	0.85	0.16	0.11	0.21	0.63	0.9396	-35.3	-22.3	-20.3	-20.4	-169	-135	-129
九龙山	龙9	J	3108	97.47	1.78	0.12	0.01	0.01	0.2	0.41	0.9806	-30.4	-27.9	-27.5	-24.2	-155	-146	-136
	龙10	J	3140	97.31	1.77	0.12	0.01	0.01	0.21	0.57	0.9807	-30.4	-27.7	-26.9	-23.2	-156	-146	-150

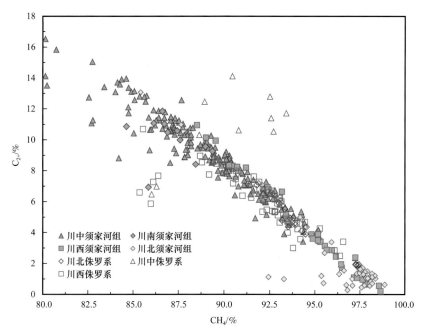

图 13-2-1　四川盆地须家河组天然气甲烷与重烃气含量关系图

除本书数据外还引自于聪，2014；樊然学等，2005

表 13-2-2　四川盆地须家河组不同产层天然气甲烷含量及干燥系数数据表

气田名称	层位	CH_4/%	C_1/C_{1-4}	$\delta^{13}C_1$/‰
广安	T_3x_6	86.47～92.35/89.93（16）	0.885～0.932/0.912（16）	−42.5～−38.1/−39.6（16）
	T_3x_4	87.32～94.31/91.78（8）	0.894～0.960/0.931（8）	−40.5～−37.2/−38.4（8）
八角场	T_3x_6	87.40～90.44/89.33（6）	0.897～0.919/0.909（6）	−41.0～−38.4/−39.7（5）
	T_3x_4	87.29～92.31/90.58（14）	0.902～0.939/0.921（14）	−39.3～−37.3/−38.6（4）
	T_3x_2	91.32～94.44/92.94（4）	0.924～0.953/0.939（4）	−38.4～−37.0/−37.7（2）
磨溪	T_3x_4	80.16～91.47/86.85（16）	0.850～0.934/0.891（16）	
	T_3x_2	86.23～91.18/88.95（13）	0.883～0.935/0.906（13）	
遂南	T_3x_4	84.15～88.32/86.73（5）	0.860～0.895/0.884（5）	−41.3（1）
	T_3x_2	84.04～89.70/86.76（6）	0.861～0.922/0.887（6）	−41.4～−40.9/−41.2（2）
营山	T_3x_6	85.06～90.55/89.10（7）	0.891～0.919/0.91208（7）	−42.1～−39.3/−40.6（7）
	T_3x_4	87.88～92.52/90.20（2）	0.908～0.934/0.921（2）	−40.4～−39.1/−39.8（2）
	T_3x_2	90.15～95.22/92.27（16）	0.911～0.958/0.935（16）	−40.8～−37.6/−39.1（16）
新场	T_3x_{4-5}	93.41～95.19/94.30（2）	0.948～0.961/0.955（2）	−35.9（1）
	T_3x_2	97.18～98.67/97.74（5）	0.989～0.998/0.992（5）	−34.3（1）

注：数据格式为最小值～最大值 / 平均值（样品数）。

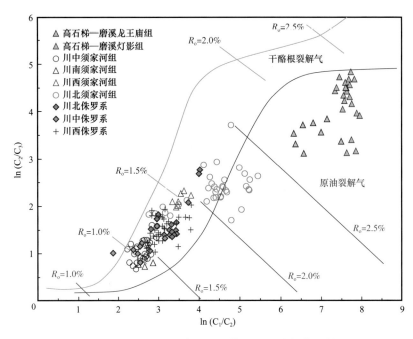

图 13-2-2　四川盆地须家河组—侏罗系天然气成因判识图

2. 侏罗系天然气

四川盆地侏罗系天然气中烃类气体以甲烷为主，含量 86.05%～97.47%；乙烷含量次之，含量为 1.77%～8.12%；丙烷含量相对较低，含量仅为 0.12%～2.76%；异丁烷、正丁烷含量分别为 0.01%～0.54% 和 0.01%～0.61%（表 13-2-1）。总体上是川北地区侏罗系天然气成熟度最高，干燥系数主要大于 0.95，为干气；川中地区侏罗系天然气甲烷含量为 86.05%～93.43%，重烃组分含量为 5.59%～18.53%，为湿气；川西地区侏罗系天然气成熟度介于川北、川中地区。如图 13-2-2 所示，侏罗系天然气除川北地区九龙山气田成熟度高，属于混合型气外，其他的主要属于干酪根裂解气。

侏罗系非烃气体组成主要是氮气，含量为 0.20%～2.06%；其次是二氧化碳，含量为 0.15%～0.63%；同时含少量的氢气和氦气等。

二、天然气碳同位素组成

1. 须家河组天然气

四川盆地须家河组天然气碳同位素组成表现出 $\delta^{13}C_1$ 值相对较轻，$\delta^{13}C_2$、$\delta^{13}C_3$ 和 $\delta^{13}C_4$ 值相对较重的特征。具体的，$\delta^{13}C_1$ 值为 −43.8‰～−29.6‰，均值为 −38‰；$\delta^{13}C_2$ 值为 −35.4‰～−21.5‰，均值为 −26.4‰；$\delta^{13}C_3$ 值为 −27.6‰～−19.8‰，均值为 −24.2‰；$\delta^{13}C_4$ 值为 −27.7‰～−18.8‰，均值为 −23.4‰（图 13-2-3）。

须家河组天然气 $\delta^{13}C_2$ 值在区域上呈规律性分布，即盆地西部、中部地区天然气 $\delta^{13}C_2$ 值以重于 −28‰为主，主要为煤成气，与四川盆地须家河组腐殖型和腐泥—腐殖型烃源岩有关，属于须家河组自生自储天然气。北部地区的九龙山、元坝、通南巴和五宝场，南部地区丹凤场，以及中部地区荷包场及安岳气田的少部分天然气 $\delta^{13}C_2$ 值轻于 $-28‰$，它们的成因不完全一样。

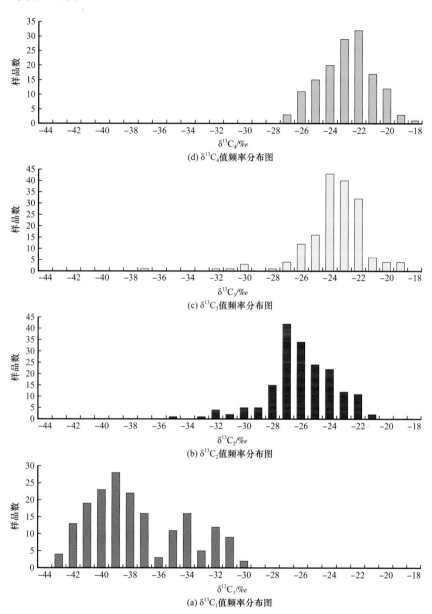

图 13-2-3 四川盆地须家河组天然气甲烷及其同系物碳同位素值频率分布图

中部、南部地区天然气 $\delta^{13}C_2$ 值轻一方面与这些地区部分烃源岩有机质类型为混合型有关，另一方面则与该地区构造稳定且沟通深部的大型断裂不发育有关，天然气主要来源于须家河组烃源岩，与天然气的成熟程度相对较低有关。与此相反，九龙山、元坝、通南巴和五宝场地区的天然气 $\delta^{13}C_2$ 值轻则主要与这些地区的深大断裂有关，是断裂沟通了以下伏海相烃源岩为主的油型气，其特征与典型海相来源的盆地西部双探 1 井（栖霞组、茅口组）、盆地中部南充 1 井（茅口组），以及盆地南部地区来源于海相烃源岩的茅口组和栖霞组天然气非常相似（图13-2-4a），主要是$\delta^{13}C_1$值重，并且大部分天然气的$\delta^{13}C_1 > \delta^{13}C_2$，这与天然气成熟度高有关。因为从天然气干燥系数（$C_1/C_{1-5}$）与$\delta^{13}C_1$值之间具有较好的正相关关系来看（图13-2-4b），须家河组天然气$\delta^{13}C_1$值主要受成熟度的影响。除少量样品外，绝大部分天然气$\delta^{13}C_1$值与$\delta^{13}C_2$值、$\delta^{13}C_3$值与$\delta^{13}C_4$值均具有较好的正相关关系（图13-2-4c、d），预示甲烷及其同系物的碳同位素在母质类型基本一致的条件下，主要受热演化程度的控制，但由于甲烷、乙烷碳同位素受热演化影响的程度不同，而且$\delta^{13}C_2$值具有较强的母质类型继承性。因此，随演化程度增高，其$\delta^{13}C_1$值变重，$\Delta^{13}C_{2-1}$值在减小，也就是低演化程度区域天然气的$\Delta^{13}C_{2-1}$值大，高演化区域天然气的$\Delta^{13}C_{2-1}$值小。盆地北部地区的九龙山、元坝、通南巴和五宝场等区域天然气$\delta^{13}C_1$值较重、$\Delta^{13}C_{2-1}$值较小，甚至出现倒转的现象。这种碳同位素倒转的现象主要属于戴金星等（2014）提出的天然气烷烃气碳同位素倒转的5～7种原因之一，即煤型气和油型气的混合，因为这些地区的须家河组储层下伏发育二叠系腐泥型烃源岩，二叠系高成熟—过成熟天然气的混入导致天然气的$\delta^{13}C_1 > \delta^{13}C_2$。前人的研究也表明盆地北部的天然气有下部油型气的混入（印峰等，2013；李延钧等，2013；谢小琴等，2014；王万春等，2014；胡炜等，2014；吴小奇等，2015）。而"同源不同期"或"同型不同源"气的混合造成的烷烃气碳同位素倒转在国内外也是常见的（Zhu et al.，2014）。除$\delta^{13}C_1 > \delta^{13}C_2$外，四川盆

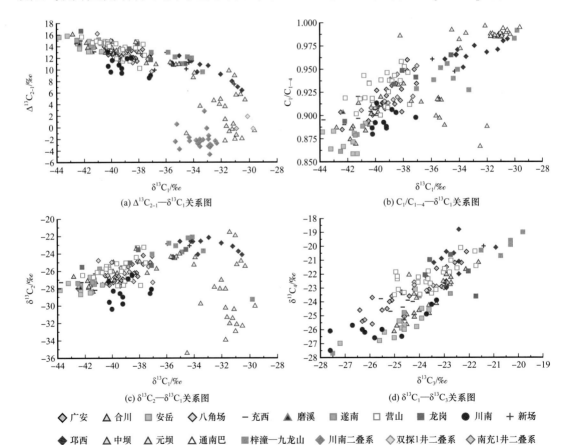

图13-2-4　四川盆地须家河组天然气碳同位素组成特征图

地须家河组天然气中还出现了许多 $\delta^{13}C_3 > \delta^{13}C_4$，以及少量 $\delta^{13}C_2 > \delta^{13}C_3$ 的现象。这与在某个演化阶段有新生成的 C_4 或 C_3 有关，因为新生成的 C_4 或 C_3 具有相对较轻的碳同位素特征，因此形成 $\delta^{13}C_3 > \delta^{13}C_4$ 或 $\delta^{13}C_2 > \delta^{13}C_3$ 的现象（图 13-2-5）。

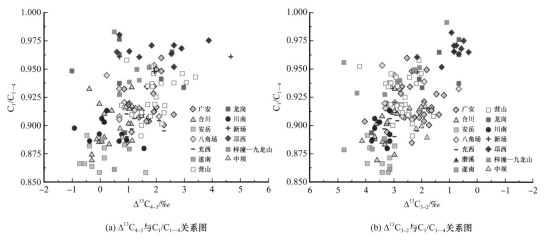

(a) $\Delta^{13}C_{4-3}$ 与 C_1/C_{1-4} 关系图   (b) $\Delta^{13}C_{3-2}$ 与 C_1/C_{1-4} 关系图

图 13-2-5　四川盆地须家河组天然气 $\Delta^{13}C_{4-3}$、$\Delta^{13}C_{3-2}$ 与 C_1/C_{1-4} 关系图

天然气甲烷碳同位素组成具有与天然气 C_1—C_4 相似的分布规律，即平面上，烃源岩成熟度高的区域，天然气碳同位素值较重；相反，烃源岩成熟度低的区域则天然气碳同位素值轻。如盆地西部地区邛西、新场、梓潼和中坝等气田天然气的 $\delta^{13}C_1$ 值基本上重于 -37‰，盆地中部的广安、合川、安岳和八角场等气田天然气的 $\delta^{13}C_1$ 值基本上轻于 -37‰。纵向上，同一气田（藏）天然气 $\delta^{13}C_1$ 值也有随产层时代变老而略微变重的趋势，如广安、八角场、营山等（表 13-2-2）。天然气碳同位素分布规律进一步佐证了天然气具有近源聚集成藏的特征。

2. 侏罗系天然气

四川盆地侏罗系天然气 $\delta^{13}C_1$ 值为 -40.3‰~-30.4‰，$\delta^{13}C_2$ 值为 -29.8‰~-22.3‰，$\delta^{13}C_3$ 值为 -28.1‰~-20.3‰，$\delta^{13}C_4$ 值为 -24.2‰~-19.9‰（表 13-2-3），表现出 $\delta^{13}C_1 < \delta^{13}C_2 < \delta^{13}C_3 < \delta^{13}C_4$ 的正碳同位素序列分布。与天然气组分一致，川北、川中和川西地区天然气碳同位素特征受烃源岩热演化程度影响有差别，川北地区天然气碳同位素以 $\delta^{13}C_1$ 值和 $\delta^{13}C_2$ 值均较重为特征，反映了川北地区烃源岩热演化程度高的特点，其 $\delta^{13}C_1$ 值变化范围相对较大，为 -35.5‰~-30.4‰；川中地区天然气碳同位素 $\delta^{13}C_1$ 值和 $\delta^{13}C_2$ 值均较轻，反映川中地区烃源岩热演化程度普遍较低的特点，其 $\delta^{13}C_1$ 值普遍小于 -35.5‰；川西地区天然气 $\delta^{13}C_1$ 值介于川中、川北地区。

三、天然气氢同位素组成特征

四川盆地须家河组天然气甲烷及其同系物的 δ^2H 值分布中，$\delta^2H_{CH_4}$ 值为 -195‰~-161‰，$\delta^2H_{C_2H_6}$ 值为 -169‰~-120‰，$\delta^2H_{C_3H_8}$ 值为 -151‰~-108‰（表 13-2-1）。天然气 δ^2H 值不但受其烃源岩热演化程度和有机质类型影响，而且也受沉积环境的水介质盐

度的制约（Schoell，1980；戴金星等，1992；Dai et al.，2012；Ni et al.，2013）。从所检测数据来看，天然气$\delta^2H_{CH_4}$值总体上有随$\delta^{13}C_1$值变重而变重的特征（图13-2-6a），说明$\delta^2H_{CH_4}$值受热演化程度的影响较大。$\delta^2H_{C_2H_6}$值则表现出相反的规律，盆地中部安岳、合川气田等演化程度较低的区域，$\delta^2H_{C_2H_6}$值较重（＞-135‰），而盆地北部梓潼、西部邛西气田等演化程度高的区域，$\delta^2H_{C_2H_6}$值反而较轻（＜-135‰）。此外，同样是盆地中部地区，偏南部的安岳、合川天然气的$\delta^2H_{C_2H_6}$值也比偏北部的广安、八角场和充西等地天然气的$\delta^2H_{C_2H_6}$值重（图13-2-6b）。这种差异与烃源岩的沉积水介质盐度及有机质类型有关。施振生等（2012）的研究表明，川中安岳、合川地区须二段的沉积古水介质盐度总体上比须三段、须四段、须五段和须六段高；就须二段而言，安岳、合川地区比邛西地区高。因此，安岳、合川地区相对较高的古盐度是导致天然气$\delta^2H_{C_2H_6}$值重的主要原因。

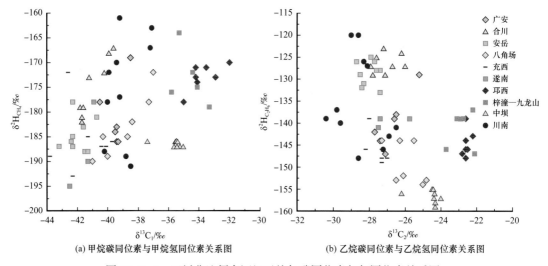

(a) 甲烷碳同位素与甲烷氢同位素关系图　　(b) 乙烷碳同位素与乙烷氢同位素关系图

图13-2-6　四川盆地须家河组天然气碳同位素与氢同位素关系图

侏罗系天然气甲烷及其同系物的δ^2H值分布中，$\delta^2H_{CH_4}$为-198‰～-155‰，$\delta^2H_{C_2H_6}$为-190‰～-135‰，$\delta^2H_{C_3H_8}$为-171‰～-124‰（表13-2-1）。与须家河组天然气的分布特征相似，川北地区的δ^2H值相对重，川中地区的δ^2H值相对轻，川西地区的δ^2H值介于川北、川中地区。

四、天然气、凝析油轻烃组成特征

四川盆地上三叠统须家河组—侏罗系天然气C_5—C_7化合物链烷烃、环烷烃和芳香烃组成相对百分含量的总体特征是高含链烷烃、低含芳香烃（表6-1-1，图6-1-1）。链烷烃含量分布中，侏罗系为43.4%～89.4%，均值为76.0%；须家河组为40.9%～86.1%，均值为68.7%。芳香烃含量分布中，除须家河组的平落2井、邛西3井和三台1井，侏罗系的磨6井、秋林207-05-H2井、秋林209-8-H2井和金浅15井等少数样品的芳香烃含量大于10%以外，绝大部分的芳香烃含量小于10%。环烷烃含量分布中，侏罗系为10.2%～46.2%，均值为20.3%；须家河组为12.3%～45.4%，均值为25.4%。

相对于天然气，凝析油的C_5—C_7化合物链烷烃、环烷烃和芳香烃组成虽总体上仍以高含链烷烃为主，但其芳香烃含量相对较高，以大于 10% 为主。具体的，链烷烃含量分布中，侏罗系为 58.7%，须家河组为 27.8%～54.3%，均值为 41.6%；芳香烃含量分布中，侏罗系为 4.6%，须家河组为 8.8%～21.4%，均值为 13.3%；环烷烃含量分布中，侏罗系为 36.7%，须家河组为 32.4%～55.1%，均值为 45.1%。

上三叠统须家河组—侏罗系天然气、凝析油轻烃组成其他特征详见第六章。

第三节　天然气藏类型与成藏机制

须家河组—侏罗系主要发育构造、岩性及构造—岩性复合型等气藏，"小压差驱动、相对大孔径富集"是低生气强度区可以形成高含水饱和度致密砂岩大气田的主要原因。

一、天然气藏类型与特征

1. 须家河组气藏

1）气藏类型

根据圈闭类型，可将须家河组气藏划分为构造、岩性及复合型三大类（表 13-3-1）。其中，中坝须二段、九龙山须二段和须三段、观音场须六段等气藏属于典型的挤压背斜气藏；与断层有关的构造气藏主要包括邛西须二段、平落坝须二段、八角场须四段气藏等；岩性气藏主要包括安岳须二段、荷包场须二段和须四段、龙女寺须二段、梓潼须二段气藏等；复合型气藏主要是构造—岩性气藏和岩性—构造气藏，前者以广安须四段和须六段气藏、合川须二段等气藏为代表，后者以新场须二段、通南巴须四段等气藏为代表。构造气藏主要分布在川西前陆盆地的冲断带、川东高陡带，以及靠近盆地南部与北部边缘的区域，岩性气藏主要分布在川中—川西过渡带和川中—川南过渡带的斜坡区域，盆地大面积区域是复合气藏分布区。在已探明的气藏中，岩性、复合型气藏是主体，储量为 $8034×10^8m^3$，占须家河组天然气已探明地质储量的 90.3%。

表 13-3-1　须家河组气藏类型划分表

类	亚类	小类	典型实例
构造气藏	背斜气藏	挤压背斜气藏	中坝（T_3x_2）、九龙山（T_3x_{2+3}）、观音场（T_3x_6）
	断层气藏	断块气藏	邛西（T_3x_2）
		断鼻气藏	大兴西（T_3x_2）
		断背斜气藏	八角场（T_3x_4）、平落坝（T_3x_2）
岩性气藏	岩性气藏	岩性遮挡气藏	剑门 1（T_3x_3）
		物性遮挡气藏（成岩圈闭气藏）	安岳（T_3x_2）、荷包场（T_3x_{2+4}）、龙女寺（T_3x_2）、遂南（T_3x_2）、魏城（T_3x_4）、梓潼（T_3x_2）
复合气藏	构造—岩性气藏	背斜—岩性气藏	广安（T_3x_{4+6}）、新场（T_3x_4）、充西（T_3x_4）、合川（T_3x_2）
	岩性—构造气藏	岩性—背斜气藏	新场（T_3x_2）、通南巴（T_3x_{1+4}）、合兴场（T_3x_2）

2）气藏特征

四川盆地须家河组独特的成藏地质条件，决定了其气藏具有独特的特征。

（1）砂岩层厚，有效储层厚度薄。

须家河组砂体厚度一般为80～100m，储层有效厚度主要为9～50m（表13-3-2），这种"厚砂薄储"的现象普遍存在，其成因分析一直是难点。通过研究认为须家河组"厚砂薄储"的成因主要与沉积微相、沉积水体动力和溶蚀作用有关：① 三角洲前缘水下分支河道物性好，是最好的沉积微相，河口沙坝和水上分支河道次之，水下分流河道中加积式砂体储层物性最好；② 沉积水动力通过控制砂地比、砂岩粒度和单砂层厚度制约储层物性，水动力强物性好；③ 溶蚀作用有利于储层的发育，储层主要岩石类型为长石岩屑砂岩和岩屑长石砂岩，长石和岩屑易发生溶蚀作用，由溶蚀作用产生的粒间溶孔、粒内溶孔比例可达40%。在2000～3500m范围内出现了一个明显的次生孔隙发育带。

表13-3-2　须家河组大中型气田主要气藏特征表

气田	气藏类型	孔隙度/%	渗透率/mD	有效厚度/m	气藏埋深/m	压力系数	储量丰度/$10^8m^3/km^2$	含气饱和度/%
八角场	断背斜	10～11.7/10.8	0.61～2.2/1.4	9.5～25.6/17.6	3000～3200	1.79	1.66～1.92/1.79	53～58/55.5
充西	构造—岩性	8.8～9.3/9.1	2.11	9.1～11.2/10.1	2420	1.66	0.55	55
广安	构造—岩性	9.1～9.8/9.5	0.13～2.64/1.38	10.6～34.2/22.4	1600～2600	1.10～1.52	0.61～1.75/1.18	53.7～56/54.8
合川	构造—岩性	8～9/8.5	0.2～0.4/0.3	9.2～23/17.9	2100～2400	1.21～1.52	0.53～1.57/1.05	59.4～61.7
荷包场	岩性	9.5～11.4/10.5	1.18～2.24/1.71	16.7～22.7/19.7	1550～1900	0.8～1.0	0.51～1.07/0.79	56.6～58.2/57.4
邛西	断块	2.97～6.9/5.2	0.06～1.72/0.51	15.3～95.3/49.2	1600～3600	1.13～1.19	0.63～6.22/2.81	49.1～61.6/56.7
中坝	背斜	6.62	0.2	19～87.2/53.1	2400～2750	1.07	2.45	
新场	岩性—构造	4.7～14.4/11.2	0.12～1.7/0.60	15.8～52.3/31.5	3971～5039	1.66～1.89	0.62～2.38/1.34	43～85.7/57.0
通南巴	岩性—构造	4.3～6.3/5	0.02～0.05/0.04	18.2～45.6/33.6	2892～3191	1.57～1.72	1.29～1.91/1.60	61.5～76/66.4

注：表中数据格式为最小值～最大值/平均值。

（2）含水饱和度普遍较高。

四川盆地须家河组气藏含水饱和度普遍较高，主要介于37%～47%（表13-3-3），气水关系复杂。不同的区域，由于成藏条件、构造和储层分布不一样，气水关系差异较大。

川西地区构造相对较陡，断层和裂缝相对发育，成藏过程中气水分异较好，气水关系主要以边水为主；川中地区构造总体平缓，而且储层非均质性强，气水分异不彻底，不同砂体的叠合往往在平面上呈现出气、水混杂分布的特点，但对于同一砂体，气水分布与构造海拔有一定的关系，总体表现为"上气下水"。

表 13-3-3　四川盆地须家河组主要气藏储层物性及含水饱和度统计表

区块	气藏名称	层位	孔隙度 /%	渗透率 /mD	含水饱和度 /%
川西南部	邛西	须二段	3.29	0.0636	37.30
川西北部	九龙山	须三段	7.30	0.0060	37.00
		须二段	5.30	0.0100	39.00
川中	广安	须六段	9.80	0.3740	46.30
		须四段	9.10	2.6400	44.00
	八角场	须四段	10.20	0.6290	47.00
	充西	须四段	10.20	2.1100	45.00
	合川	须二段	8.10	0.2000	41.00
	潼南	须二段	8.90	0.5000	40.00
	安岳	须二段	8.60	0.4761	40.00
蜀南	荷包场	须四段	9.50	0.5680	41.80
		须二段	11.40	1.7900	43.40

（3）气藏压力系数呈规律性变化。

须家河组气藏压力系统复杂，有超高压、高压和常压气藏。平面上，由南向北、由东向西，须二段、须四段和须六段气藏压力系数增大；纵向上，须六段气藏以常压为主，须四段、须二段均有超高压、高压和常压气藏。此外，同一气田，无论测试段是气层、气水层、水层，还是干层，气藏压力系数与产层流体性质关系不大，但压力系数有随深度增大而增大的现象。气藏所在区域经历古今地温的变化也是压力系数变化的重要因素，总体上有随古今地温差值增大而压力系数降低的趋势。古今地温差值反映了晚期地层抬升剥蚀的程度，地层剥蚀量越大，古今地温差值就越大，这样气藏的压力系数就越小。

2. 侏罗系气藏

1）气藏类型

按照圈闭成因及形态可将侏罗系气藏分为构造气藏、岩性气藏、复合气藏三大类，从侏罗系的地质特点及目前发现的储量分析，构造—岩性气藏是侏罗系气藏的主体，主要分布于川西—川中地区，是今后勘探的重点。

（1）构造气藏。

侏罗系构造气藏包括背斜气藏和断层气藏两类。背斜气藏主要发现于川西北及川中地区，如九龙山、八角场和梓潼等气藏。断层圈闭是由断层对储层上倾或各个方向的封闭作用而形成的圈闭，断层圈闭形成的气藏则为断层气藏，断层气藏主要发现于川西南部地区，如邛西气藏。构造气藏探明储量仅占侏罗系总探明储量的1.22%。

（2）岩性气藏。

侏罗系岩性圈闭的形成主要有两个方面的原因，一方面是沉积相以三角洲前缘沉积为主，发育水下分流河道，平面上叠置连片分布，并且纵向上被广泛分布的非渗透性泥岩围限，可以形成大面积岩性圈闭；另一方面是后期成岩作用使得一部分储层岩性致密化，导致储层渗透性不均，形成岩性圈闭。岩性气藏主要包括洛带、新都、金秋和渡口河等气藏。岩性气藏探明储量仅占侏罗系总探明储量的12.32%。

（3）复合气藏。

四川盆地侏罗系复合气藏主要类型为构造—岩性气藏、岩性—地层气藏、岩性—构造气藏，其中构造—岩性气藏是主体，其探明储量占侏罗系总探明储量的73.52%，包括成都、新场、中江、白马庙、孝泉和秋林等气藏。岩性—地层气藏主要以成都和中江气藏为代表，探明储量占侏罗系总探明储量的12.15%。岩性—构造气藏相对较少见，以大塔场气藏为代表，探明储量仅占侏罗系总探明储量的0.79%。

2）气藏温压特征

侏罗系气藏多为中浅层气藏，其温度较低，平均气藏温度仅为49.2℃，最低的洛带蓬一段气藏温度只有25.5℃，温度最高的为新场气田千佛崖组气藏，气藏温度为76℃。纵向上蓬莱镇组多为常压，部分为超压，压力系数一般小于1.5，深部沙溪庙组和千佛崖组均发育超压，地层压力系数在1.4～2.0之间（郭迎春等，2012）。

川西坳陷中段无论是深层上三叠统须家河组还是浅层侏罗系都发育强超压，储层实测压力数据表明，浅层压力系数大多为1.0～1.5，深层多为1.5～2.0。须家河组整体超压发育要强于侏罗系，侏罗系自身由深至浅从千佛崖组至蓬莱镇组压力系数降低，此趋势在新场、合兴场地区明显，洛带地区由于邻近龙泉山断裂，中浅层大量发育层间小断层，导致孔隙空间扩容，造成流体压力的下降（郭迎春等，2012）。

川西坳陷侏罗系气藏主要源于须五段，是深层气藏受构造变动调整而形成的，是远源次生气藏，除自身浮力外，上三叠统高于侏罗系的超高压也是天然气向上运移的驱动力，深部天然气沿断层进入上部浅层侏罗系砂体也是导致浅层局部地区地层异常高压的重要原因。如合兴场须四段、须五段气藏钻遇井实测地层压力系数最大为1.65，而邻近的新场、丰谷等地区相同深度处地层压力系数最小为1.8，平均高达1.9以上；合兴场上侏罗统蓬莱镇组气藏地层压力系数达1.9，而邻近的新场、丰谷等地区相同深度处地层压力系数最大不超过1.69。

二、天然气规模富集机制

烃源岩和储层的交替发育构成了须家河组独特的源储交互叠置结构，是烃源岩生成的油气就近运移聚集成藏的重要地质基础。"十一五"期间，魏国齐等（2014a）从典型气藏解剖及一维、二维模拟实验角度，论证了克拉通背景的大面积致密砂岩具有近源高效聚集的成藏特点，在生气强度为 $10 \times 10^8 m^3/km^2$ 的区域也可以形成大气田的新认识。"十三五"以来，笔者研发了基于低场核磁共振与高温高压驱替相结合的可视化在线成藏物理模拟实验技术，从成藏机制方面，提出"小压差驱动、相对大孔径富集"是低生气强度区致密砂岩天然气可以形成规模富集但含水饱和度仍然较高的主要原因。

1.致密砂岩天然气运聚可视化动态物理模拟实验

基于低场核磁共振与高温高压驱替结合的可视化成藏物理模拟实验技术，可以实现高温高压条件下的气水赋存状态及运移规律的可视化在线检测，天然气成藏动态过程的定量化评价，岩石中油、气、水（束缚水、自由水）的可视化识别及定量分析，各类岩石物性、孔径分布及含气性检测等，对天然气渗流机理及成藏机制的研究大有裨益。

1）模拟实验技术概述

低场核磁共振技术是近年来迅速发展起来的一种快速、无损分析技术，主要是测量岩石孔隙中含氢流体的弛豫特征。将样品放入磁场中之后，通过发射一定频率的射频脉冲，使氢质子发生共振，氢质子吸收射频脉冲能量。当射频脉冲结束之后，氢质子会将所吸收的射频能量释放出来，通过专用的线圈就可以检测到氢质子释放能量的过程，这就是核磁共振信号。由于油、气、水中均含有氢核，其能量释放速度不同，它们会产生不同的核磁共振信号，因此，核磁共振技术不仅可以检测岩石样品的孔径分布、孔隙度、渗透率和可动流体百分数等重要物性参数，还可以识别岩石中的油、气、水。利用核磁共振来研究岩石孔隙结构、流体（主要是油和水）饱和度等参数的技术较为成熟，相关研究成果也较多，但在较高实验压力条件下，实现天然气在致密砂岩储层中的运聚可视化模拟及定量表征天然气充注压力、储层孔隙半径、流体饱和度之间关系的研究较少。为了实现这些目标，研发的天然气可视化在线定量模拟实验新装置最高温度达 150℃，最大工作压力为 70MPa。实验过程中，通过在线检测不同充注实验条件下岩石样品的横向弛豫时间 T_2 分布谱，可以得到不同弛豫时间下的流体饱和度，并可建立弛豫时间与岩石孔径之间的关系。该技术可以在线无损耗确定天然气运聚模拟过程中天然气压力、储层非均质性（孔喉大小）等的定量关系，实时可视化监测天然气充注、运聚过程，解决实际地层条件下，天然气在不同渗透率储层运聚过程中的渗流能力，合理解释致密砂岩等气藏复杂的气、水分布关系等现象。

2）实验结果及效果

高温高压天然气可视化成藏物理模拟实验技术在致密砂岩运聚模拟方面有两个重要进展，具体如下。

（1）实现高压下流体运聚过程的可视化。

将经过饱和水的致密砂岩样品，进行气驱水，每个压力点下进行核磁检测、成像，观察水在岩心中随着充注压力及充注时间的增加水含量的渐变过程及其在岩心中的赋存状态（图 13-3-1）。

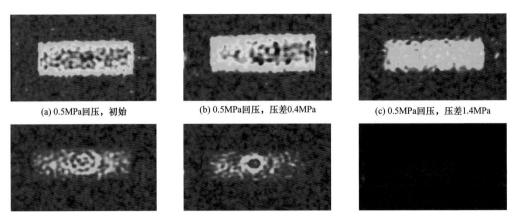

| (a) 0.5MPa回压，初始 | (b) 0.5MPa回压，压差0.4MPa | (c) 0.5MPa回压，压差1.4MPa |

(d) 0.5MPa回压，压差10.2MPa　　(e) 0.5MPa回压，压差20MPa　　(f) 0.5MPa回压，压差29.5MPa

图 13-3-1　须家河组致密砂岩气驱水过程岩心中水含量变化

（2）实现流体饱和度的无损在线定量化。

由孔隙介质核磁共振弛豫机制可知，孔隙流体的横向弛豫机制包括自由弛豫、表面弛豫和扩散弛豫，见式（13-3-1）（吴飞等，2015）：

$$\frac{1}{T_2} = \frac{1}{T_{2B}} + \frac{1}{T_{2S}} + \frac{1}{T_{2D}}$$ （13-3-1）

式中　T_2——孔隙流体的横向弛豫时间，ms；

　　　T_{2B}——横向自由弛豫时间，ms；

　　　T_{2S}——横向表面弛豫时间，ms；

　　　T_{2S}——横向扩散弛豫时间，ms。

自由弛豫是流体本身的核磁共振弛豫性质，它由流体的物理性质（黏度、化学成分等）决定，同时还受温度、压力等环境因素的影响。表面弛豫是孔隙中的流体分子与固体颗粒表面不断碰撞造成能量衰减的过程，其表达式为（Volokitin et al.，2001）：

$$\frac{1}{T_{2S}} = \rho_2 \frac{S}{V}$$ （13-3-2）

式中　ρ_2——岩石横向表面弛豫强度，μm/ms；

　　　S——孔隙表面积，μm²；

　　　V——孔隙体积，μm³。

存在固定磁场梯度时，分子扩散引起的增强横向弛豫速率称为扩散弛豫，其表达式为（刘堂晏等，2004）：

$$\frac{1}{T_{2D}} = \frac{\left(\gamma G T_E \right)^2 D}{12}$$ （13-3-3）

式中　D——流体的扩散系数，μm²/ms；

　　　γ——氢核的旋磁比，MHz/T；

　　　G——磁场梯度，nT/m；

T_E——CPMG 脉冲序列的回波间隔，ms（吴飞等，2015）。

由于 T_{2B} 的数值通常为 2000～3000ms，要比 T_2 大得多，并且主磁场是均匀场（$G=0$），T_E 使用最小回波间隔，因此 T_{2D} 和 T_{2B} 可以忽略，见式（13-3-4）（Volokitin et al.，2001；刘堂晏等，2004）：

$$\frac{1}{T_2} \approx \frac{1}{T_{2S}} = \rho_2 \frac{S}{V} = F_s \frac{\rho_2}{r} \qquad (13-3-4)$$

其中，F_s 称为几何形状因子，对球状孔隙，$F_s=3$；对柱状孔隙，$F_s=2$。

由式（13-3-4）可见，孔隙内流体的弛豫时间和孔隙空间大小及形状有关，孔隙越小，比表面积越大，表面相互作用的影响越强烈，T_2 时间也越短。弛豫时间 T_2 和平均孔径 r 是一一对应的，因此，可利用 T_2 分布来评价孔隙大小及其孔径分布。

通过天然气运聚可视化动态模拟研究了四川盆地须家河组致密砂岩储集物性、充注动力与含气饱和度的关系。模拟结果显示须家河组致密砂岩气成藏具有渐进式充注模式，存在启动压力阀值，随孔径增大启动压力阀值降低（图13-3-2）。图13-3-2中 A 点表示大孔径充注启动压力，启动压力值为 0.2MPa，表示天然气在此压力下可以进入孔径大于 7μm 的孔隙；B 点表示中孔径充注启动压力，启动压力值为 0.4MPa，表示天然气在此压力下可以进入孔径大于 0.3μm 的孔隙；C 点表示大孔径规模充注压力，启动压力值为 0.6MPa，表示孔径大于 0.1μm 的孔隙规模充注压力；D 点表示大孔径充注结束压力，启动压力值为 2.5MPa，表示孔径大于 1μm 的孔隙充注达到饱和，0.1～1μm 孔径的孔隙充注明显增加；E 点表示中孔径充注结束压力，启动压力值为 12MPa，表示 0.1～1μm 孔径的孔隙充注基本达到饱和。充注动力和孔径大小控制致密砂岩含气饱和度，高压差条件下甲烷最终含气饱和度为 66%，低压差条件下（恒定为 0.5MPa）甲烷最终饱和度小于 40%。对含气饱和度贡献最大的是孔径为 0.1～10μm 的储集空间。

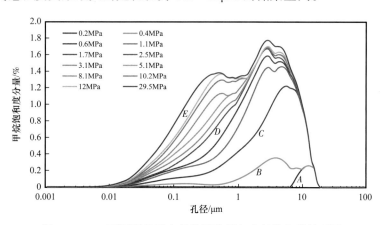

图 13-3-2 不同驱替压力条件下孔径与含气饱和度关系图

统计结果显示，对含气饱和度贡献最大的为孔径 0.1～10μm 的孔隙（表 13-3-4）。结合勘探实际，初步确定致密砂岩低生烃强度区规模成藏条件参数下限，以含气饱和度 40% 为基准，成藏条件下限为渗透率 0.1mD，成藏动力源储压差 0.6MPa。

表 13-3-4　不同孔径对含气饱和度贡献率

孔径范围 /μm	贡献率 /%	孔径范围 /μm	贡献率 /%
0～0.001	0	0.1～1	38.93
0.001～0.01	0.06	1～10	48.05
0.01～0.1	9.83	>10	3.13

2. 须家河组大气田成藏机制

1）须家河组致密砂岩储层孔径分布

（1）实验样品。

应用天然气可视化成藏物理模拟实验技术，对采自四川盆地川中地区安岳、合川、蓬溪和金华构造的代表性样品进行了模拟实验。样品的基本物性参数见表 13-3-5。驱替用气体为氮气。

表 13-3-5　四川盆地须家河组致密砂岩样品储层物性参数表

气田或气藏	样品编号	层位	规格 /cm	岩性	井深 /m	孔隙度 /%	渗透率 /mD	密度 /g/cm³
安岳	岳 8	须二段	长：4.829 宽：2.524	中砂岩	2251.9	11.50	0.437	2.35
	岳 12-1	须二段	长：4.665 宽：2.578	中砂岩	2472.7	7.84	0.280	2.43
	岳 12-2	须二段	长：4.823 宽：2.576	中砂岩	2485.1	8.49	0.163	2.42
	岳 12-3	须二段	长：4.435 宽：2.604	细砂岩	2561	7.40	0.122	2.47
蓬溪	蓬莱 7-1	须二段	长：4.530 宽：2.523	中砂岩	3004.1	12.62	0.568	2.30
	蓬莱 7-2	须二段	长：4.239 宽：2.530	细砂岩	3138.1	9.14	0.116	2.41
金华	金华 2-1	须二段	长：4.707 宽：2.496	细砂岩	3294.5	4.00	0.018	2.55
	金华 2-2	须二段	长：4.667 宽：2.491	细砂岩	3303.4	6.40	0.120	2.46
	金华 2-3	须二段	长：4.566 宽：2.485	细砂岩	3306.4	6.65	0.136	2.47
合川	合川 5	须二段	长：3.998 宽：2.546	细砂岩	2256.3	6.55	0.029	2.46

（2）岩石孔隙内水赋存特征。

每一块岩样完全饱和水（驱替压力为 0）的 T_2 谱曲线与横坐标轴所围成的包络面积

代表全部充填水的孔隙（连通孔隙）空间，此时含水饱和度为 100%（朱华银等，2016）。同样，不同驱替压力下每条 T_2 谱曲线的包络面积代表的是该状态下水所充填的孔隙空间，此时的含水饱和度即为该状态下岩石中的残余水饱和度，完全饱和水的 T_2 谱曲线与某一压力下的 T_2 谱曲线所包围的面积代表了该压力驱动所引起的可动水的变化量。从 T_2 弛豫时间与岩石孔径大小的对应关系可知，T_2 弛豫时间越大，表明岩样的大孔径所占比例越高（周尚文等，2015；Zhou et al.，2019）。

为便于对比，将岳 12 井和金华 2 井各 3 块不同孔渗的岩样在不同含水状态下的核磁 T_2 谱曲线列于图 13-3-3。不同岩样 T_2 谱曲线分布形态及其与横坐标轴所围成的包络面积差异很大。多数岩样的 T_2 谱曲线为双峰形态，并且孔隙度、渗透率相对较高样品的曲线右峰较大（T_2 弛豫时间长），包络面积大，说明其大孔隙较多，其中的水可动性强；孔隙度、渗透率越低的岩样，曲线右峰越小，以左峰（T_2 弛豫时间短）为主，包络面积小，说明这类岩样主要为小孔隙，其中水的可动性差。岳 12 井孔隙度、渗透率相对较高样品（岳 12-1、岳 12-2）则为单峰或近于单峰形态，包络面积大，说明其大孔隙较多，其中的水可动性强。

比较不同压力下的 T_2 谱曲线（图 13-3-3）可以发现，随着驱替压力的增大，同一岩样的 T_2 谱曲线逐渐向左下方移动，说明气体驱替致密砂岩孔隙中水的过程是"渐进式"的，即在相对低压下就可驱替出岩样中较大孔径孔隙中的水，此时相对小孔径孔隙中的水仍然残留在岩样中；随着驱替压力的增大，则可以逐步将不同孔径孔隙中的可动水甚至束缚水依次驱出。因此，根据完全饱和水与某一压力的 T_2 谱曲线之间的面积分布及大小可定量表征可动水来自哪些孔隙空间及相应的驱替量。总体上，有随岩样孔隙度、渗透率增大，可动水比例增大，最终残余水饱和度降低的趋势，如蓬莱 7 井 2 个样品的孔隙度、渗透率相对较高，其最终剩余含水饱和度最低，为 11%～23%；金华 2 井 3 个样品物性条件相对较差，其最终剩余含水饱和度最高，为 35%～53%；岳 12 井 2 个样品的物性居中，其最终剩余含水饱和度也介于上述两者之间，为 22%～27%（图 13-3-4）。

（3）岩石孔径分布特征。

由式（13-3-4）可见，孔隙半径 r 与核磁 T_2 值成正比，它们之间存在一个系数 C（$F_s \cdot \rho_2$）。对于一个岩心样品而言，岩石横向表面弛豫强度 ρ_2、孔隙形状因子 F_s 均可近似看作是常数，因此系数 C 也应是一个定值，C 值确定后即可将核磁共振 T_2 值换算为孔隙半径。有学者将核磁共振 T_2 值与压汞实验方法相结合来确定 C 值（运华云等，2002；白松涛等，2016）。笔者通过压汞与核磁方法得到的须家河组致密砂岩 C 值为 0.035μm/ms，并利用该值将核磁共振 T_2 值换算为孔隙半径。从所测样品的结果看，不同区域须家河组致密砂岩储层孔径主要分布在 0.01～10μm 之间，主峰区间为 0.01～1μm，其中孔隙度大于 7% 的样品中孔径在 0.01～1μm 范围占总孔喉的比例为 56%～75%；小于 0.01μm 和大于 10μm 的孔径所占比例较小（图 13-3-5）。这一结果与杜金虎等（2011）利用多种资料确定的须家河组不同级别储层主力孔喉分布（孔径在 0.025～2.611μm 范围占总孔喉的 65%～70%）是比较接近的。不同孔径的发育程度直接影响储层储集性能的好坏，实际上决定其对储层最终含气饱和度大小的贡献比例。

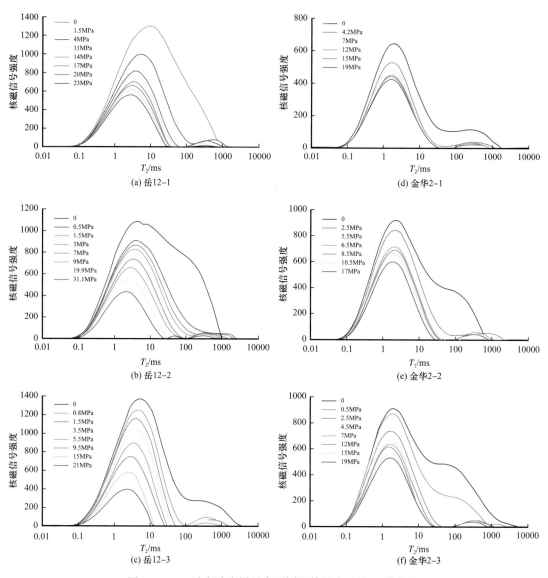

图 13-3-3　致密砂岩样品在不同驱替压力下的 T_2 谱曲线

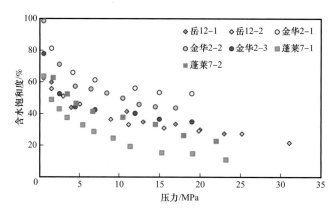

图 13-3-4　致密砂岩中含水饱和度随驱替压力变化图

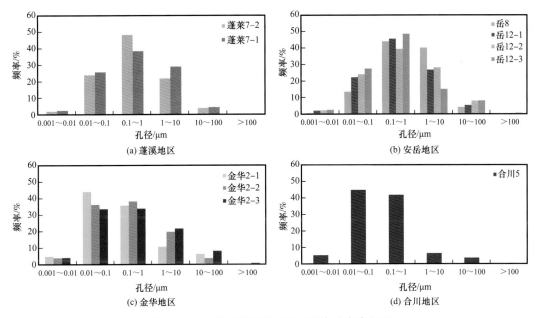

图 13-3-5 致密砂岩储层孔径频率分布直方图

2）不同孔径储集空间对含气饱和度的贡献

致密砂岩储层原始储集空间是充满地层水的，当烃源岩生成的气体运移到储层时，气体将逐渐驱替出地层水，储层中气—水置换的比例主要取决于充注动力的大小、储层物性的好坏及所处构造背景条件等。本次实验中，不同驱替压力下直接测到的是岩石剩余含水饱和度，被驱替出去的可动水所占储集空间视作完全被气体置换，也就是将可动水饱和度视作含气饱和度。因此，模拟实验所测得的须家河组致密砂岩含气饱和度介于23.7%～89%。含气饱和度与储层孔隙度、渗透率有一定关系，总体上有随储层孔渗条件变好，含气饱和度增高的趋势，但相关性较低（图13-3-6a、b）。而孔隙度、渗透率基本相当的样品，含气饱和度则主要与孔径大小有关，如金华2-3和金华2-2样品，孔隙度、渗透率分别为6.65%、6.4%和0.136mD、0.12mD，含气饱和度分别为65.1%和56.2%，两者的差异主要体现在孔径0.1～1μm和10～100μm上（表13-3-6），金华2-3样品0.1～1μm和10～100μm孔径的占比分别为34.3%和11%，而金华2-2样品对应的占比分别为38.3%和4.5%。

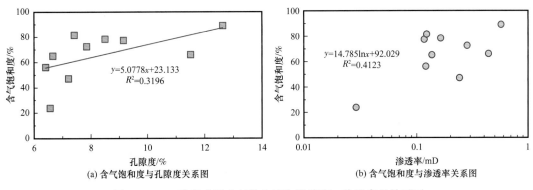

图 13-3-6 致密砂岩含气饱和度与孔隙度、渗透率的关系图

表 13-3-6　致密砂岩储层不同孔径储集空间对含气饱和度的贡献比例

样号	含气饱和度 /%	不同孔径范围的贡献比例 /%				
		0.001～0.01μm	0.01～0.1μm	0.1～1μm	1～10μm	10～100μm
蓬莱 7-2	77.3	1.0	13.6	53.0	27.5	4.9
蓬莱 7-1	89.0	2.1	22.0	39.4	32.0	4.5
岳 8	66.0	0.1	9.8	38.9	48.1	3.1
岳 12-1	72.5	0.7	12.1	44.5	36.3	6.4
岳 12-2	78.3	1.2	15.8	39.1	34.7	9.2
岳 12-3	81.5	1.4	20.2	50.8	18.1	9.5
金华 2-1	47.1	2.6	28.9	37.9	19.7	10.9
金华 2-2	56.2	2.4	21.5	38.3	33.3	4.5
金华 2-3	65.1	2.2	20.2	34.3	32.3	11.0
合川 5	23.8	3.9	37.3	51.6	7.2	0

图 13-3-7 展示的是蓬莱 7-1 样品在不同驱替压力下各孔径范围的累计含气饱和度变化趋势。该样品的累计含气饱和度是 89%，而对总含气饱和度贡献最大的是孔径为 0.1～1μm 的储集空间，占 39.4%；其次是孔径为 1～10μm 的储集空间，占 32%；孔径为 0.01～0.1μm 的储集空间也有较大贡献，占 22%；大于 10μm 和小于 0.01μm 储集空间的贡献分别为 4.5% 和 2.1%。这些孔径对含气饱和度的贡献大小与其在整个岩样孔径分布中所占比例密切相关，如孔径为 0.1～1μm、1～10μm 和 0.01～0.1μm 在整个孔径分布中的比例分别为 38.4%、29% 和 25.7%（图 13-3-8）。其他样品对含气饱和度贡献大的也主要是孔径 0.01～10μm 的储集空间，只是不同样品各自的比例不同而已（表 13-3-6）。不

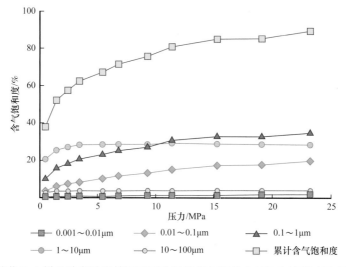

图 13-3-7　蓬莱 7-1 样品致密砂岩储层不同孔径储集空间的含气饱和度随充注压力的变化趋势

同孔径储集空间对含气饱和度的贡献比例与该孔径在岩样中所占比例具有较好的相关性（图 13-3-8），如 1～10μm 和 0.01～0.1μm 的孔径，含气饱和度贡献比例与孔径占比之间的相关系数平方值分别为 0.8835 和 0.8375；而孔径 10～100μm 和 0.001～0.01μm 的含气饱和度贡献比例与孔径占比之间的相关系数平方值则分别为 0.9058 和 0.7934。这说明孔径大小对含气饱和度大小起着非常重要的作用，对须家河组致密砂岩含气饱和度贡献最大的是孔径 0.1～10μm 的储集空间。

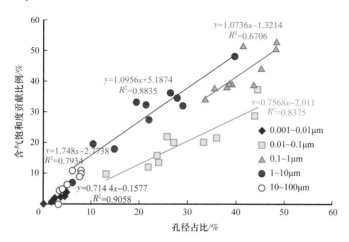

图 13-3-8　不同孔径的含气饱和度贡献比例与孔径占比关系图

3）须家河组气藏含气饱和度

安岳、合川、广安、充西、蓬莱和荷包场等须家河组致密砂岩大中型气田（藏）普遍呈现出低含气饱和度的特征，含气饱和度分布范围宽，为 40%～80%，但主峰区间为 50%～65%，不同气田、不同层段的含气饱和度略有差异（图 13-3-9）。层系上，须六段气藏含气饱和度相对较低，含气饱和度小于 60% 的占 98%；须二段和须四段气藏含气饱和度大体相当，主体分布区间均为 50%～65%。区域上，须四段气藏含气饱和度分布是充西（均值为 60.9%）＞荷包场（均值为 57.9%）＞广安（均值为 56.9%）；须二段气藏含气饱和度分布是合川（均值为 60.2%）＞安岳（均值为 58.3%）＞蓬莱（均值为 56.6%）＞荷包场（均值为 56.3%）。这些气藏含气饱和度相对较低也就意味着含水饱和度相对较高，气水分布整体呈现区域大面积含气、气水混杂分布、气水界限不明显等特征（陈涛涛等，2014）。

4）须家河组天然气规模富集机制

早期的研究已从定性、半定量角度讨论了须家河组致密砂岩天然气近源聚集（李剑等，2013；Xie et al.，2017）及大面积"连续型"成藏机制（邹才能等，2009），但仍未真正揭示其规模成藏且高含水的本质特征。从模拟实验结果可见，不同孔径储集空间含气饱和度达到饱和状态所需的压力是有差别的，以蓬莱 7-1 样品为例（图 13-3-10），大于 1μm 孔径储集空间在较低压力下即可基本达到饱和，如 10～100μm 和 1～10μm 孔径储集空间分别在 1.5MPa 和 2.5MPa 压力下达到总量的 90% 和 95%。0.01～1μm 孔径储集空间则需要在较大压力下才能完全充满，如 0.1～1μm 孔径储集空间在 2.5MPa 压力下仅

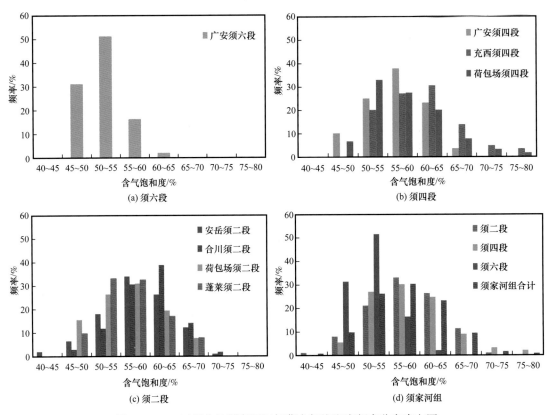

图 13-3-9　四川盆地须家河组气藏含气饱和度频率分布直方图

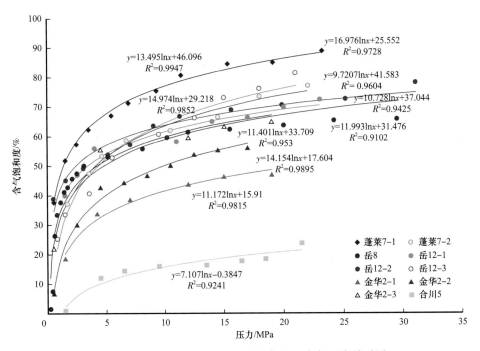

图 13-3-10　须家河组致密砂岩含气饱和度与压力关系图

充注 55%，15.5 MPa 压力下达到总量的 95%，随着压力继续增大，含气饱和度仍有缓慢增加的趋势；0.01～0.1μm 孔径储集空间在 6.5MPa 压力下仅达到总量的 60%，19MPa 压力下达到 90%，随着压力增大，含气饱和度同样有小幅度缓慢增加的趋势。小于 0.01μm 孔径的储集空间，无论在多大压力下，充注量均为微量，对含气饱和度总量的贡献很小。纵观蓬莱 7-1 整个岩样的含气饱和度，3.5MPa 压力下即达到总量的 70%。除合川 5 样品外，其他样品含气饱和度也基本是在 3～5.5MPa 压力下达到总量的 70%（图 13-3-10），后期大压力下的充注主要进入小孔径储集空间，增加缓慢且总量小；因此，后期大压力驱动对含气饱和度总体贡献相对较小。根据这些样品的模拟实验结果，结合须家河组烃源岩生气强度低（须一段、须二段生烃强度大多小于 $5 \times 10^8 \text{m}^3/\text{km}^2$）、源储剩余压差低（图 13-3-11）和储层孔径分布主要为 0.01～10μm 的特点，认为"小压差（3～5.5MPa）驱动、相对大孔径（主要是大于 0.1μm）富集"是须家河组致密砂岩可以形成规模富集，但含水饱和度仍然较高的主要原因。

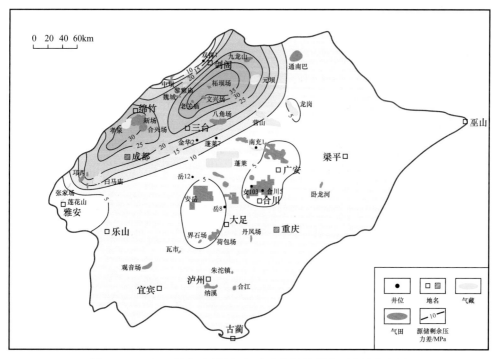

图 13-3-11　四川盆地须家河组成藏期源储剩余压力差分布图

三、天然气成藏期次与成藏过程

1. 油气充注时期分析

对采自川中—川南地区须家河组不同构造的 39 块样品进行了烃类包裹体均一温度的测试。这些包裹体赋存在石英颗粒的微裂缝中，有少数样品的烃类包裹体则赋存在砂岩裂缝充填的方解石脉中。从所测得的结果分析，全区须家河组烃类包裹体均一温度分布在 80～180℃之间（图 13-3-12），但主要分布在 80～140℃之间，主峰在 100～120℃之间。不同构造上的均一温度分布范围有所差异，如八角场的烃类包裹体均一温度相对较低，80~100℃之间的测点数占有较大的比例，而广安、荷包场构造则含有较多的高温烃类包裹体。

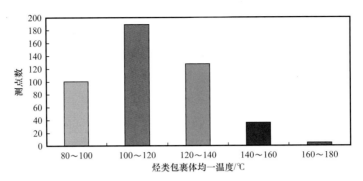

图 13-3-12　川中—川南地区须家河组烃类包裹体均一温度频率分布直方图

从烃类包裹体均一温度的分布特点来看，须家河组烃类充注属于连续充注类型，其充注时间跨度较大，结合烃源岩的演化史，认为天然气充注时期为晚侏罗世—白垩纪。

利用储层自生伊利石年代学分析研究烃类进入储层的时间是 20 世纪 80 年代后期发展起来的技术。中国"九五"期间开始应用于确定油气藏的形成时间（白国平等，2000）。其基本原理是储层自生伊利石是在流动的富钾水介质环境下形成的，当油气进入储层的孔隙空间后，改变了孔隙空间的流体环境，伊利石的生长便会受到抑制或中止。早期形成的伊利石多为片状，而晚期的伊利石多为丝发状。最细粒伊利石分离物应为最后生成的，其 K—Ar 年龄就是伊利石停止形成的时间，代表油气最早进入储层的时间。一般来说油气藏形成时间略滞后或基本同步于伊利石同位素年龄（白国平等，2000）。

从四川盆地不同地区须家河组样品的 K—Ar 年龄测定结果看（表 13-3-7），K—Ar 年龄为 120.6—75Ma，这一年龄对应的地质年代是白垩纪。这也表明，须家河组油气进入储层的最早时间为白垩纪。

表 13-3-7　四川盆地须家河组伊利石 K—Ar 测年结果

井号	岩性	粒级 / μm	K 含量 / %	^{40}K/ 10^{-6}mol/g	^{40}Ar/ 10^{-9}mol/g	年龄值 / Ma
广安 002-43	中—粗砂岩	<0.25	6.29	0.1878	1.15	102.4 ± 2.1
广安 138	粗砂岩	<0.25	5.84	0.1743	1.21	115.7 ± 2.4
广安 15	粗砂岩	<0.25	5.66	0.1690	1.13	111.6 ± 2.1
角 41-0	粗砂岩	<0.40	6.23	0.1860	1.12	100.8 ± 1.9
西 13-1	粗砂岩	<0.30	4.84	0.1445	0.807	93.6 ± 1.4
柘 1	粗砂岩	<0.25	7.26	0.2167	1.57	120.6 ± 2.4
中 46	中—粗砂岩	<0.25	4.75	0.1418	0.631	75.0 ± 1.2
中 46	中砂岩	<0.25	6.76	2.0181	1.356	112.0 ± 1.7
邛西 4	中砂岩	<0.25	6.99	2.0860	0.955	77.11 ± 1.2

2. 成藏要素的配置关系分析

空间上，须家河组气藏虽然是自生自储的，但从小范围内的生、储、盖层空间接触关系来看，属于多层叠置的下生上储和上生下储的关系（图13-3-13）。因为烃源岩生成的油气可以充注到紧邻的上、下储层中，这种空间配置关系有利于油气的运移聚集。

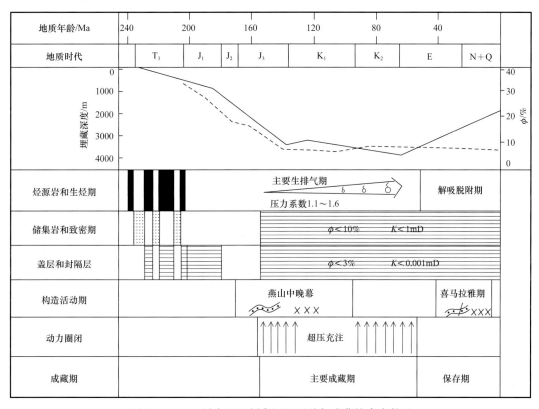

图 13-3-13 川中地区须家河组天然气成藏综合事件图

时间上，烃源岩的热演化史研究表明，须家河组烃源岩在中侏罗世开始进入生烃门限，晚侏罗世已开始大量生油，晚侏罗世晚期开始进入高成熟的湿气生成阶段，现今的热演化程度基本处于高成熟阶段，以生成湿气为主。

储层孔隙的演化史表明，川中地区须家河组砂岩演化至晚侏罗世早期，在经历了压实作用、砂岩次生加大等作用后，其砂岩孔隙度已大为降低，一般降至10%左右。晚侏罗世—早白垩世，砂岩又经历了铁绿泥石环边胶结、自生石英充填等作用，其孔隙度仍然保持在10%左右。经过上述的成岩演化，对于颗粒粗的大部分岩屑石英砂岩仅残留了部分原生孔隙，细粒砂岩几乎没有多少孔隙，喉道发育差，而此时也是须家河组烃源岩大量生烃的时期。该区砂岩孔隙普遍致密、含水饱和度高、地层水矿化度高等说明烃类的大量注入时期应该是在砂岩致密化之后。

川中地区的砂岩透镜体岩性圈闭在侏罗纪，其周缘的泥岩封盖层已具有封闭能力，而构造圈闭虽然是在喜马拉雅期最终定型，但在三叠纪末期已具雏形，为烃类的充注提供了聚集的场所。

3. 须家河组天然气藏成藏模式

根据须家河组烃源岩热演化史、储层孔隙演化史及构造圈闭发育史，结合油、气、水地球化学的性质及气藏温压演化特点，建立了构造相对稳定区域须家河组主要层段大面积致密砂岩气藏的成藏模式。

印支期，须家河组沉积后，在须二段、须四段和须六段以砂岩为主的储层段中，由于砂岩储层的非均质性，在某些地区了形成相对高渗的储集体，为烃类的充注提供聚集场所（图13-3-14a）。

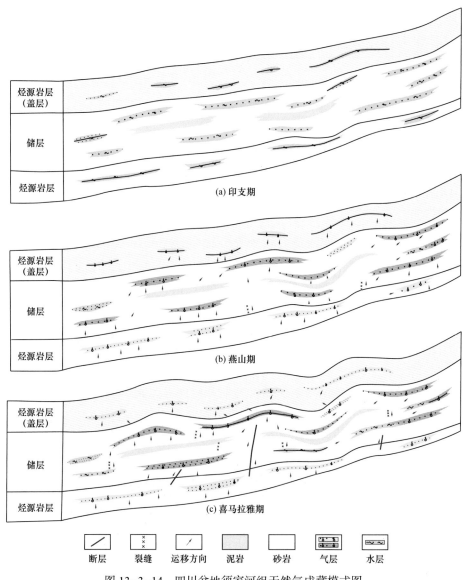

图13-3-14　四川盆地须家河组天然气成藏模式图

燕山期，须一段、须三段和须五段烃源岩层生成的大量油气首先以垂向运移方式进入须二段、须四段和须六段储层。此期砂岩透镜体圈闭可聚集油气，进入储层的油气在浮力作用和持续烃源超压供给的情况下，在漫长的地质历史过程中在储层内部进行横向运移，并向相对高渗部位逐渐富集。由于在烃类进入储层之前，砂岩孔隙中是被地层水饱和的，随着烃类的充注，在流体重力分异作用下，原始孔隙中的地层水逐渐被烃类所置换，然后往低部位运移，而烃类则在高部位逐渐富集成藏（图 13-3-14b）。

此外，由于大面积致密砂岩分布区地层比较平缓、构造活动相对较弱且储层非均质性强，油气靠浮力的作用向高部位聚集，驱替地层水的速度是比较慢的，这也可能是须家河组气水分异程度差、储层含水饱和度普遍较高的主要原因之一。

在燕山晚期的深埋藏阶段，储层孔隙度进一步降低到 5%～10%，阻止了油气的侧向运移。喜马拉雅期，由于喜马拉雅早晚幕构造运动褶皱影响，一系列新圈闭形成，并使圈闭最终定型，此期在褶皱强度低、已有油气聚集的部位，胶结作用和压实作用受到抑制，仍能保存油气藏；在褶皱强度大的部位，构造破裂作用肢解已有油气藏，其中的油气沿着破裂带发生转移，在新圈闭中重新聚集成藏。此外，伴随破裂作用产生的裂缝成为油气运移通道，本期仍处于烃源岩高成熟湿气生成阶段，烃源岩仍能排烃，并运聚成藏。

随着天然气逐渐向构造高部位聚集并驱替地层水。同一砂体，在流体重力分异作用下，水逐渐向低部位运移，总体表现为高部位富集气，由高部位向低部位，含水量逐渐增多，直至基本为水层（图 13-3-14c）。

参考文献

白国平，2000.伊利石 K—Ar 测年在确定油气成藏期中的应用［J］.石油大学学报（自然科学版），24（4）：100-103，131.

白松涛，程道解，万金彬，等，2016.砂岩岩石核磁共振 T_2 谱定量表征［J］.石油学报，37（3）：382-391，414.

包建平，朱翠山，马安来，等，2002.生物降解原油中生物标志物组成的定量研究［J］.江汉石油学院学报，24（2）：22-26.

蔡开平，杨跃明，王应蓉，等，2001.川西地区侏罗系气藏类型与勘探［J］.天然气工业，21（2）：9-12，10.

曹环宇，朱传庆，邱楠生，2015.川东地区下志留统龙马溪组热演化［J］.地球科学与环境学报，37（6）：22-32.

陈丹，2011.川东北地区元坝气田与普光气田长兴组气藏特征对比分析［J］.石油天然气学报，33（10）：11-14，164.

陈建平，李伟，倪云燕，等，2018.四川盆地二叠系烃源岩及其天然气勘探潜力（一）：烃源岩空间分布特征［J］.天然气工业，38（5）：1-16.

陈世加，付晓文，马力宁，等，2002.干酪根裂解气和原油裂解气的成因判识方法［J］.石油实验地质，24（4）：364-366，371.

陈涛涛，贾爱林，何东博，等，2014.川中地区须家河组致密砂岩气藏气水分布形成机理［J］.石油与天然气地质，35（2）：218-223.

陈中红，Moldowan J M，刘昭茜，2012.东营凹陷生物降解稠油甾烷分子的选择蚀变［J］.地球科学进展，27（10）：1108-1114.

储雪蕾，Wolfgang Todt，张启锐，等，2005.南华—震旦系界线的锆石 U—Pb 年龄［J］.科学通报，50（6）：600-602.

戴鸿鸣，王顺玉，王海清，等，1999.四川盆地寒武系—震旦系含气系统成藏特征及有利勘探区块［J］.石油勘探与开发，26（5）：16-20，7.

戴金星，1993.天然气碳氢同位素特征和各类天然气鉴别［J］.天然气地球科学，4（2/3）：1-40.

戴金星，2014.中国煤成大气田及气源［M］.北京：科学出版社.

戴金星，董大忠，倪云燕，等，2020.中国页岩气地质和地球化学研究的若干问题［J］.天然气地球科学，31（6）：745-760.

戴金星，倪云燕，胡国艺，等，2014.中国致密砂岩大气田的稳定碳氢同位素组成特征［J］.中国科学：D 辑 地球科学，44（4）：563-578.

戴金星，倪云燕，刘全有，等，2021.四川超级气盆地［J］.石油勘探与开发，48（6）：1081-1088.

戴金星，倪云燕，秦胜飞，等，2018.四川盆地超深层天然气地球化学特征［J］.石油勘探与开发，45（4）：588-597.

戴金星，倪云燕，邹才能，等，2009.四川盆地须家河组煤系烷烃气碳同位素特征及气源对比意义［J］.石油与天然气地质，30（5）：519-529.

戴金星，裴锡古，戚厚发，等，1992.中国天然气地质学：卷一［M］.北京：石油工业出版社.

戴金星，邹才能，张水昌，等，2008.无机成因和有机成因烷烃气的鉴别［J］.中国科学：D 辑 地球科学，38（11）：1329-1341.

邓虎成，周文，丘东洲，等，2008.川西北天井山构造泥盆系油砂成矿条件与资源评价［J］.吉林大学学报（地球科学版），38（1）：69-75.

董才源，谢增业，朱华，等，2017.川中地区中二叠统气源新认识及成藏模式［J］.西安石油大学学报（自然科学版），32（4）：18-23，31.

董大忠，高世葵，黄金亮，等，2014. 论四川盆地页岩气资源勘探开发前景［J］. 天然气工业，34（12）：1-15.

董大忠，施振生，孙莎莎，等，2018. 黑色页岩微裂缝发育控制因素：以长宁双河剖面五峰组—龙马溪组为例［J］. 石油勘探与开发，45（5）：763-774.

杜春国，郝芳，邹华耀，等，2009. 川东北地区普光气田油气运聚和调整、改造机理与过程［J］. 中国科学：D 辑 地球科学，39（12）：1721-1731.

杜金虎，徐春春，魏国齐，等，2011. 四川盆地须家河组岩性大气区勘探［M］. 北京：石油工业出版社.

杜金虎，邹才能，徐春春，等，2014. 川中古隆起龙王庙组特大型气田战略发现与理论技术创新［J］. 石油勘探与开发，41（3）：268-277.

樊然学，周洪忠，蔡开平，2005. 川西坳陷南段天然气来源与碳同位素地球化学研究［J］. 地球学报，26（2）：157-162.

范小军，2012. 川东北元坝地区长兴组与飞仙关组天然气成藏差异性成因［J］. 天然气工业，32（6）：15-20.

丰国秀，陈盛吉，1988. 岩石中沥青反射率与镜质体反射率之间的关系［J］. 天然气工业，8（3）：20-25.

付广，胡欣蕾，2015. 盖层封闭天然气有效性定量评价方法及应用［J］. 山东科技大学学报（自然科学版），34（4）：28-36.

付广，康德江，2005. 异常孔隙流体压力对各种相态天然气的间接封闭作用［J］. 天然气地球科学，16（6）：700-705.

付广，雷林，2008. 泥岩超压不同演化阶段开始及释放深度规律及其研究意义［J］. 特种油气藏，15（6）：16-19.

付广，王有功，苏玉平，2006. 超压泥岩盖层封闭型演化规律及其研究意义［J］. 矿物学报，26（4）：453-458.

高波，2015. 四川盆地龙马溪组页岩气地球化学特征及其地质意义［J］. 天然气地球科学，26（6）：1173-1182.

耿新华，2006. 海相碳酸盐岩烃源岩热解动力学研究及其应用［D］. 广州：中国科学院广州地球化学研究所.

耿新华，耿安松，2008. 源自海相碳酸盐岩烃源岩原油裂解成气的动力学研究［J］. 天然气地球科学，19（5）：695-700.

谷志东，汪泽成，2014. 四川盆地川中地块新元古代伸展构造的发现及其在天然气勘探中的意义［J］. 中国科学：D 辑 地球科学，44（10）：2210-2220.

郭利果，肖贤明，田辉，2011. 原油裂解气与干酪根裂解气差异实验研究［J］. 石油实验地质，33（4）：428-436.

郭彤楼，2013. 四川盆地北部陆相大气田形成与高产主控因素［J］. 石油勘探与开发，40（2）：139-149.

郭彤楼，李宇平，魏志红，2011. 四川盆地元坝地区自流井组页岩气成藏条件［J］. 天然气地球科学，22（1）：1-7.

郭旭升，郭彤楼，黄仁春，等，2014. 中国海相油气田勘探实例之十六：四川盆地元坝大气田的发现与勘探［J］. 海相油气地质，19（4）：57-64.

郭旭升，胡东风，刘若冰，等，2018. 四川盆地二叠系海陆过渡相页岩气地质条件及勘探潜力［J］. 天然气工业，38（10）：11-18.

郭迎春，庞雄奇，陈冬霞，等，2012. 川西坳陷中段须二段致密砂岩储层致密化与相对优质储层发育机制［J］. 吉林大学学报（地球科学版），42（S2）：21-32.

郝彬，赵文智，胡素云，等，2017. 川中地区寒武系龙王庙组沥青成因与油气成藏史［J］. 石油学报，38（8）：863-875.

何丽娟，许鹤华，汪集旸，2011. 早二叠世—中三叠世四川盆地热演化及其动力学机制［J］. 中国科学：D 辑 地球科学，41（12）：1884-1891.

何治亮，李双建，沃玉进，等，2017. 中国海相盆地油气保存条件主控因素与评价思路［J］. 岩石学报，33（4）：1221-1232.

贺文同，单玄龙，陈贵标，等，2015. 川西北天井山泥盆系平驿铺组油砂储层沉积学研究［J］. 世界地质，34（3）：726-734.

胡东风，王良军，张汉荣，等，2020. 碳酸盐岩烃源岩气藏的发现及其油气地质意义：以四川盆地涪陵地区中二叠统茅口组一段气藏为例［J］. 天然气工业，40（7）：23-33.

胡东风，魏志红，刘若冰，等，2021. 湖相页岩油气富集主控因素与勘探潜力：以四川盆地涪陵地区侏罗系为例［J］. 天然气工业，41（8）：113-120.

胡国艺，李剑，谢增业，等，2018. 天然气轻烃地球化学［M］. 北京：石油工业出版社.

胡国艺，肖中尧，罗霞，等，2005. 两种裂解气中轻烃组成差异性及其应用［J］. 天然气工业，25（9）：23-25.

胡炜，朱扬明，李颖，等，2014. 川东北元坝地区陆相气地球化学特征及来源［J］. 浙江大学学报（理学版），41（4）：468-476.

黄东，张健，杨光，等，2011. 四川盆地中三叠统雷口坡组地层划分探讨［J］. 西南石油大学学报（自然科学版），33（3）：89-95.

黄涵宇，何登发，李英强，等，2017. 四川盆地及邻区二叠纪梁山—栖霞组沉积盆地原型及其演化［J］. 岩石学报，33（4）：1317-1337.

黄金亮，邹才能，李建忠，等，2012. 川南下寒武统筇竹寺组页岩气形成条件及资源潜力［J］. 石油勘探与开发，39（1）：69-75.

黄仁春，2014. 川东北元坝地区雷口坡组天然气来源与成藏分析［J］. 现代地质，28（2）：412-418.

黄士鹏，段书府，汪泽成，等，2019. 烷烃气稳定氢同位素组成影响因素及应用［J］. 石油勘探与开发，46（3）：496-508.

黄士鹏，江青春，汪泽成，等，2016. 四川盆地中二叠统栖霞组与茅口组烃源岩的差异性［J］. 天然气工业，36（12）：26-34.

霍亮，2016. 鄂西渝东地区盖层泥岩抬升破裂试验研究［D］. 重庆：重庆大学.

霍亮，杨春和，冒海军，等，2016. 鄂西渝东盖层碳质泥页岩的卸荷力学特性试验研究［J］. 岩石力学与工程学报，35（S1）：2898-2906.

纪红，2018. 盐湖相原油 NSO 化合物高分辨质谱特征及形成演化机制［D］. 北京：中国石油大学.

金惠，杨威，夏吉文，等，2018. 蜀南低缓构造区须家河组岩性气藏形成条件与勘探潜力［J］. 石油与天然气地质，39（2）：300-308.

金之钧，龙胜祥，周雁，等，2006. 中国南方膏盐岩分布特征［J］. 石油与天然气地质，27（5）：571-593.

孔茜，王环玲，徐卫亚，2015. 循环加卸载作用下砂岩孔隙度与渗透率演化规律试验研究［J］. 岩土工程学报，37（10）：1893-1900.

乐宏，赵路子，杨雨，等，2020. 四川盆地寒武系沧浪铺组油气勘探重大发现及其启示［J］. 天然气工业，40（11）：11-19.

李国辉，杨光，李莉，等，2018. 四川盆地西北缘天井山古隆起的形成与演化［J］. 天然气勘探与开发，41（4）：1-7.

李剑，李志生，王晓波，等，2017. 多元天然气成因判识新指标及图版［J］. 石油勘探与开发，44（4）：

503-512.

李剑，王晓波，侯连华，等，2021.四川盆地页岩气地球化学特征及资源潜力［J］.天然气地球科学，32（8）：1093-1106.

李剑，魏国齐，谢增业，等，2013.中国致密砂岩大气田成藏机理与主控因素：以鄂尔多斯盆地和四川盆地为例［J］.石油学报，增刊（1）：14-28.

李谨，李志生，王东良，等，2013.塔里木盆地含氮天然气地球化学特征及氮气来源［J］.石油学报，34（S1）：102-111.

李谨，李志生，王东良，等，2014.天然气中 CO_2 氧同位素在线检测技术与应用［J］.石油学报，35（1）68-75.

李军，陶士振，汪泽成，等，2010.川东北地区侏罗系油气地质特征与成藏主控因素［J］.天然气地球科学，21（5）：732-741.

李美俊，王铁冠，2007.扬子区新元古代"雪球"时期古环境的分子地球化学证据［J］.地质学报，81（2）：220-229.

李其荣，王廷栋，李延钧，等，2005.泸州古隆起嘉陵江组油气成藏期的确定［J］，天然气工业，25（7）：8-10.

李世临，张文济，李延钧，等，2021.川东地区下侏罗统自流井组东岳庙段烃源岩评价［J］.天然气勘探与开发，44（2）：11-18.

李书兵，许国明，宋晓波，2016.川西龙门山前构造带彭州雷口坡组大学气田的形成条件［J］.中国石油勘探，21（3）：74-82.

李书兵，叶军，陈昭国，2005.川西坳陷碎屑岩大中型气田形成条件［J］.成都理工大学学报（自然科学版），32（1）：41-45.

李双建，周雁，孙冬胜，2013.评价盖层有效性的岩石力学实验研究［J］.石油实验地质，35（5）：574-578，586.

李素梅，孟祥兵，张宝收，等，2013.傅里叶变换离子回旋共振质谱的地球化学意义及其在油气勘探中的应用前景［J］.现代地质，27（1）：124-132.

李弢，赵路子，陆正元，等，2005.川南地区嘉陵江组天然气气源研究［J］.天然气工业，25（12）：9-11.

李婷婷，朱光有，赵坤，等，2021.华南地区南华系大塘坡组黑色岩系地质地球化学特征与有机质富集机制［J］.石油学报，42（9）：1142-1162.

李伟，易海永，胡望水，等，2014.四川盆地加里东古隆起构造演化与油气聚集的关系［J］.天然气工业，34（3）：8-15.

李伟，喻梓靓，王雪柯，等，2020.中国含油气盆地深层、超深层超压盖层成因及其与超大型气田的关系［J］.天然气工业，40（2）：11-21.

李文正，文龙，谷明峰，等，2020.川中地区加里东末期洗象池组岩溶储层发育模式及其油气勘探意义［J］.天然气工业，40（9）：30-38.

李晓清，汪泽成，张兴为，等，2001.四川盆地古隆起特征及对天然气的控制作用［J］.石油与天然气地质，22（4）：347-351.

李延钧，李其荣，杨坚，等，2006.泸州古隆起嘉陵江组油气运聚规律与成藏［J］.石油勘探与开发，32（5）：20-24.

李延钧，赵圣贤，李跃纲，等，2013.川西北地区九龙山气田天然气成因与来源探讨［J］.天然气地球科学，24（4）：755-767.

李友川，孙玉梅，兰蕾，2016.用乙烷碳同位素判别天然气成因类型存在问题探讨［J］.天然气地球科学，27（4）：654-664.

梁狄刚，郭彤楼，边立曾，等，2009.中国南方海相生烃成藏研究的若干进展（三）：南方四套区域性海相烃源岩的沉积相及发育的控制因素［J］.海相油气地质，14（2）：1-19.

廖凤鎣，吴小奇，黄士鹏，等，2013.川西北地区中坝气田雷口坡组天然气地球化学特征及气源探讨［J］.天然气地球科学，24（1）108-115.

林潼，王孝明，张璐，等，2019.盖层厚度对天然气封闭能力的实验分析［J］.天然气地球科学，30（3）：322-330.

林耀庭，2003.四川盆地三叠纪海相沉积石膏和卤水的硫同位素研究［J］.盐湖研究，11（2）：1-7.

林怡，钟波，陈聪，等，2020.川中地区古隆起寒武系洗象池组气藏成藏控制因素［J］.成都理工大学学报（自然科学版），47（2）：150-158.

刘春，张惠良，沈安江，等，2010.川西北地区泥盆系油砂岩地球化学特征及成因［J］.石油学报，31（2）：253-258.

刘全有，戴金星，李剑，等，2007.塔里木盆地天然气氢同位素地球化学与对热成熟度和沉积环境的指示意义［J］.中国科学：D辑 地球科学，37（12）：1599-1608.

刘树根，孙玮，宋金明，等，2019.四川盆地中三叠统雷口坡组天然气勘探的关键地质问题［J］.天然气地球科学，30（2）：151-167.

刘树根，孙玮，王国芝，等，2013.四川盆地叠合油气富集原因剖析［J］.成都理工大学学报（自然科学版），40（5）：481-497.

刘四兵，沈忠民，吕正祥，等，2012.川西坳陷中段上三叠统须家河组二段原油裂解成因天然气发现及成藏模式初探［J］.沉积学报，30（2）：385-391.

刘堂晏，肖立志，傅容珊，等，2004.球管孔隙模型的核磁共振（NMR）弛豫特征及应用［J］.地球物理学报，47（4）：663-671.

刘文汇，徐永昌，1993.天然气氦、氩同位素组成的意义［J］.科学通报，38（9）：818-821.

刘一峰，邱楠生，谢增业，等，2016.川中古隆起寒武系超压形成与保存［J］.天然气地球科学，27（8）：1439-1446.

龙胜祥，郭彤楼，刘彬，等，2008.通江—南江—巴中构造河坝飞仙关组三段、嘉陵江组二段气藏形成特征研究［J］.地质学报，82（3）：338-346.

卢鸿，史权，马庆林，等，2014.傅里叶变换离子回旋共振质谱对中国高硫原油的分子组成表征［J］.中国科学：D辑 地球科学，44（1）：122-131.

陆正元，栾海波，吕宗刚，等，2009.四川盆地南部嘉陵江组天然气远源成藏模式［J］.成都理工大学学报（自然科学版），36（6）：617-620.

路中侃，刘划一，魏小薇，等，1993.川东石炭系的勘探新领域［J］.天然气工业，13（4）：7-11.

罗冰，罗文军，王文之，等，2015.四川盆地乐山—龙女寺古隆起震旦系气藏形成机制［J］.天然气地球科学，26（3）：444-455.

罗健，程克明，付立新，等，2001.烷基二苯并噻吩：烃源岩热演化新指标［J］.石油学报，22（3）：27-31.

罗志立，韩建辉，罗超，等，2013.四川盆地工业性油气层的发现、成藏特征及远景［J］.新疆石油地质，34（5）：504-514.

马安来，2015.塔河油田不同类型海相原油裂解动力学分析［J］.天然气地球科学，26（6）：1120-1128.

马德波，汪泽成，段书府，等，2018.四川盆地高石梯—磨溪地区走滑断层构造特征与天然气成藏意义［J］.石油勘探与开发，45（5）：795-805.

马新华，谢军，2018.川南地区页岩气勘探开发进展及发展前景［J］.石油勘探与开发，45（1）：161-169.

马新华，杨雨，文龙，等，2019a.四川盆地海相碳酸盐岩大中型气田分布规律及勘探方向［J］.石油勘探与开发，46（1）：1-13.

马新华, 杨雨, 张健, 等, 2019b. 四川盆地二叠系火山碎屑岩气藏勘探重大发现及其启示 [J]. 天然气工业, 39 (2): 1-8.

孟凡巍, 周传明, 燕夔, 等, 2006. 通过 C_{27}/C_{29} 甾烷和有机碳同位素来判断早古生代和前寒武纪的烃源岩的生物来源 [J]. 微体古生物学报, 23 (1): 51-56.

孟昱璋, 2016. 四川盆地三叠系嘉陵江组—雷口坡组天然气成藏差异性研究 [D]. 成都: 成都理工大学.

密文天, 林丽, 周玉华, 等, 2009. 贵州瓮安陡山沱组磷块岩生物标志物特征及对沉积环境的指示 [J]. 沉积与特提斯地质, 29 (2): 55-59.

庞艳君, 张本健, 冯仁蔚, 等, 2010. 龙门山构造带北段泥盆系沉积环境演化 [J]. 世界地质, 29 (4): 561-568.

蒲莉萍, 张哨楠, 王泽发, 等, 2014. 四川中坝气田雷口坡组成藏条件及油气主控因素 [J]. 四川地质学报, 34 (1): 53-63.

秦胜飞, 黄纯虎, 张本健, 等, 2019. 四川盆地中部三叠系须家河组煤成气丁烷和戊烷的异正构比与成熟度关系 [J]. 石油勘探与开发, 46 (3): 474-481.

秦胜飞, 杨雨, 吕芳, 等, 2016. 四川盆地龙岗气田长兴组和飞仙关组气藏天然气来源 [J]. 天然气地球科学, 27 (1): 41-49.

戎嘉余, 黄冰, 2019. 华南奥陶纪末生物大灭绝的肇端标志: 腕足动物稀少贝组合 (Manosia Assemblage) 及其穿时分布 [J]. 地质学报, 93 (3): 509-527.

沈浩, 汪华, 文龙, 等, 2016. 四川盆地西北部上古生界天然气勘探前景 [J]. 天然气工业, 36 (8): 11-21.

沈平, 徐人芬, 党录瑞, 等, 2009. 中国海相油气田勘探实例之十一: 四川盆地五百梯石炭系气田的勘探与发现 [J]. 海相油气地质, 14 (2): 71-78.

沈平, 徐永昌, 刘文汇, 等, 1995. 天然气研究中的稀有气体地球化学应用模式 [J]. 沉积学报, 13 (2): 48-58.

施振生, 邱振, 董大忠, 等, 2018. 四川盆地亚溪 2 井龙马溪组含气页岩细粒沉积纹层特征 [J]. 石油勘探与开发, 45 (2): 339-348.

施振生, 谢武仁, 马石玉, 等, 2012. 四川盆地上三叠统须家河组四段—六段海侵沉积记录 [J]. 古地理学报, 14 (5): 583-595.

史权, 赵锁奇, 徐春明, 等, 2008. 傅里叶变换离子回旋共振质谱仪在石油组成分析中的应用 [J]. 质谱学报, 29 (6): 367-378.

宋晓波, 袁洪, 隆柯, 等, 2019. 川西地区雷口坡组潮坪白云岩气藏成藏地质特征及富集规律 [J]. 天然气工业, 39 (增刊 1): 54-59.

孙莎莎, 董大忠, 李育聪, 等, 2021. 四川盆地侏罗系自流井组大安寨段陆相页岩油气地质特征及成藏控制因素 [J]. 石油与天然气地质, 42 (1): 124-135.

孙腾蛟, 2014. 四川盆地中三叠雷口坡组烃源岩特征及气源分析 [D]. 成都: 成都理工大学.

孙衍鹏, 何登发, 2013. 四川盆地北部剑阁古隆起的厘定及其基本特征 [J]. 地质学报, 87 (5): 609-620.

陶树, 汤达祯, 周传祎, 等, 2009. 川东南—黔中及其周边地区下组合烃源岩元素地球化学特征及沉积环境意义 [J]. 中国地质, 36 (2): 397-403.

田辉, 肖贤明, 杨立国, 等, 2009. 原油高温裂解生气潜力与气体特征 [J]. 科学通报, 54 (6): 781-786.

万方, 尹福光, 许效松, 等, 2003. 华南加里东运动演化过程中烃源岩的成生 [J]. 矿物岩石, 23 (2): 82-86.

汪华, 刘树根, 秦川, 等, 2009. 四川盆地中西部雷口坡组油气地质条件及勘探方向探讨 [J]. 成都理工大学学报（自然科学版），36（6）：669-674.

汪泽成，江青春，黄士鹏，等，2018. 四川盆地中二叠统茅口组天然气大面积成藏的地质条件 [J]. 天然气工业，38（1）：30-38.

汪泽成，姜华，王铜山，等，2014a. 四川盆地桐湾期古地貌特征及成藏意义 [J]. 石油勘探与开发，41（3）：305-312.

汪泽成，姜华，王铜山，等，2014b. 上扬子地区新元古界含油气系统与油气勘探潜力 [J]. 天然气工业，34（4）：27-36.

汪泽成，刘静江，姜华，等，2019. 中—上扬子地区震旦纪陡山沱组沉积期岩相古地理及勘探意义 [J]. 石油勘探与开发，46（1）：39-51.

王传远，杜建国，段毅，等，2007. 芳香烃地球化学特征及地质意义 [J]. 新疆石油地质，28（1）：29-32.

王飞宇，陈敬轶，高岗，等，2010. 源于宏观藻类的镜状体反射率：前泥盆纪海相地层成熟度标尺 [J]. 石油勘探与开发，37（2）：250-256.

王兰生，陈盛吉，杨家静，等，2002. 川东石炭系天然气成藏的地球化学模式 [J]. 天然气工业，22（S1）：102-106.

王兰生，苟学敏，刘国瑜，等，1997. 四川盆地天然气的有机地球化学特征及其成因 [J]. 沉积学报，15（2）：49-53.

王兰生，张鉴，谢邦华，2003. 四川盆地东部飞仙关气藏 H_2S 的成因机制和分布及其与成藏的关系 [R]. 碳酸盐岩天然气成藏机理重点研究室.

王鼐，魏国齐，杨威，等，2016. 川西北构造样式特征及其油气地质意义 [J]. 中国石油勘探，21（6）：26-33.

王鹏，刘四兵，沈忠民，等，2017. 地球化学指标示踪天然气运移机理及有效性分析：以川西坳陷侏罗系天然气为例 [J]. 天然气地球科学，26（6）：1147-1155.

王帅成，王多义，陈敏，等，2010. 川西坳陷中段沙溪庙组天然气成藏条件分析 [J]. 海洋石油，30（3）：42-46，96.

王顺玉，明巧，贺祖义，等，2006. 四川盆地天然气 $C_4 \sim C_7$ 烃类指纹变化特征研究 [J]. 天然气工业，26（11）：11-13.

王铁冠，何发岐，李美俊，等，2005. 烷基二苯并噻吩类：示踪油藏充注途径的分子标志物 [J]. 科学通报，50（2）：176-183.

王铜山，耿安松，熊永强，等，2008. 塔里木盆地海相原油及其沥青质裂解生气动力学模拟研究 [J]. 石油学报，29（2）：167-172.

王万春，王晓锋，郑建京，等，2016. 鄂尔多斯盆地西南缘奥陶系泥页岩与碳酸盐岩生物标志物特征对比 [J]. 沉积学报，34（2）：404-414.

王万春，张晓宝，刘若冰，等，2014. 川东北元坝与河坝地区陆相储层天然气成因 [J]. 石油学报，35（1）：26-36.

王先彬，1989. 稀有气体同位素地球化学和宇宙化学 [M]. 北京：科学出版社.

王晓波，陈践发，李剑，等，2014. 高温高压致密气藏岩石扩散系数测定及影响因素 [J]. 中国石油大学学报（自然科学版），38（3）：25-31.

王晓波，李志生，李剑，等，2013. 稀有气体全组分含量及同位素分析技术 [J]. 石油学报，34（S1）：70-77.

王一刚，窦立荣，文应初，等，2002. 四川盆地东北部三叠系飞仙关组高含硫气藏 H_2S 成因研究 [J]. 地球化学，31（6）：517-524.

王英超，靳永斌，税蕾蕾，等，2013. 高纯气体乙烷及丙烷裂解的动力学研究 [J]. 断块油气田，20（3）：

311-315

王宇鹏, 2018. 四川安岳大气田泥岩盖层封闭天然气有效性定量评价 [D]. 大庆: 东北石油大学.

王云鹏, 赵长毅, 王兆云, 等, 2007. 海相不同母质来源天然气的鉴别 [J]. 中国科学: D辑 地球科学, 37 (S2): 125-140.

王振平, 付晓泰, 卢双舫, 等, 2011. 原油裂解成气模拟实验、产物特征及其意义 [J]. 天然气工业, 21 (3): 12-15.

魏国齐, 等, 2019a. 四川盆地构造特征与油气 [M]. 北京: 科学出版社.

魏国齐, 董才源, 谢增业, 等, 2019c. 川西北地区 ST3 井泥盆系油气地球化学特征及来源 [J]. 中国石油大学学报 (自然科学版), 43 (4): 31-39.

魏国齐, 杜金虎, 徐春春, 等, 2015b. 四川盆地高石梯—磨溪地区震旦系—寒武系大型气藏特征与聚集模式 [J]. 石油学报, 36 (1): 1-12.

魏国齐, 李剑, 杨威, 等, 2014a. 中国陆上天然气地质与勘探 [M]. 北京: 科学出版社.

魏国齐, 李剑, 张水昌, 等, 2012. 中国天然气基础地质理论问题研究新进展 [J]. 天然气工业, 32 (3): 6-14.

魏国齐, 沈平, 杨威, 等, 2013. 四川盆地震旦系大气田形成条件与勘探远景区 [J]. 石油勘探与开发, 40 (2): 129-138.

魏国齐, 王东良, 王晓波, 等, 2014b. 四川盆地高石梯—磨溪大气田稀有气体特征 [J]. 石油勘探与开发, 41 (5): 533-538.

魏国齐, 王志宏, 李剑, 等, 2017. 四川盆地震旦系、寒武系烃源岩特征、资源潜力与勘探方向 [J]. 天然气地球科学, 28 (1): 1-13.

魏国齐, 谢增业, 白贵林, 等, 2014c. 四川盆地震旦系—下古生界天然气地球化学特征及成因判识 [J]. 天然气工业, 34 (3): 44-49.

魏国齐, 谢增业, 宋家荣, 等, 2015a. 四川盆地川中古隆起震旦系—寒武系天然气特征及成因 [J]. 石油勘探与开发, 42 (6): 702-711.

魏国齐, 杨威, 刘满仓, 等, 2019b. 四川盆地大气田分布、主控因素与勘探方向 [J]. 天然气工业, 39 (6): 1-12.

魏国齐, 杨威, 张健, 等, 2018. 四川盆地中部前震旦系裂谷及对上覆地层成藏的控制 [J]. 石油勘探与开发, 45 (2): 179-189.

文龙, 汪华, 徐亮, 等, 2021. 四川盆地西部中二叠统栖霞组天然气成藏特征及主控因素 [J]. 中国石油勘探, 26 (6): 68-81.

吴飞, 范宜仁, 王帅, 等, 2015. $D—T_2$ 二维核磁共振脉冲序列改进设计及性能对比 [J]. 中国石油大学学报 (自然科学版), 39 (1): 50-59.

吴伟, 房忱琛, 董大忠, 等, 2015. 页岩气地球化学异常与气源识别 [J]. 石油学报, 36 (11): 1332-1340.

吴伟, 罗超, 张鉴, 等, 2016. 油型气乙烷碳同位素演化规律与成因 [J]. 石油学报, 37 (12): 1463-1471.

吴小奇, 陈迎宾, 翟常博, 等, 2020. 川西坳陷中三叠统雷口坡组天然气气源对比 [J]. 石油学报, 41 (8): 918-1018.

吴小奇, 陈迎宾, 赵国伟, 等, 2017. 四川盆地川西坳陷新场气田上三叠统须家河组五段烃源岩评价 [J]. 天然气地球科学, 28 (11): 1714-1722.

吴小奇, 刘光祥, 刘全有, 等, 2015. 四川盆地元坝—通南巴地区须家河组天然气地球化学特征和成因 [J]. 石油与天然气地质, 36 (6): 955-962, 974.

夏茂龙, 文龙, 陈文, 等, 2015. 高石梯—磨溪地区震旦系灯影组、寒武系龙王庙组烃源与成藏演化特征［J］.天然气工业，35（S1）：1-6.

夏茂龙，文龙，王一刚，等，2010.四川盆地上二叠统海槽相大隆组优质烃源岩［J］.石油勘探与开发，37（6）：654-662.

夏威，于炳松，孙梦迪，2015.渝东南YK 1井下寒武统牛蹄塘组底部黑色页岩沉积环境及有机质富集机制［J］.矿物岩石，35（2）：70-80.

肖富森，黄东，张本健，等，2019.四川盆地侏罗系沙溪庙组天然气地球化学特征及地质意义［J］.石油学报，40（5）：568-576，586.

肖贤明，吴治君，刘德汉，等，1995.早古生代海相烃源岩成熟度的有机岩石学评价方法［J］.沉积学报，13（2）：112-119.

谢刚平，2015.川西坳陷中三叠统雷口坡组四段气藏气源分析［J］.石油实验地质，37（4）：418-429.

谢继容，张健，李国辉，等，2008.四川盆地须家河组气藏成藏特点及勘探前景［J］.西南石油大学学报（自然科学版），30（6）：40-44.

谢武仁，姜华，马石玉，等，2022.四川盆地德阳—安岳裂陷晚震旦世—早寒武世沉积演化特征与有利勘探方向［J］.天然气地球科学，33（8）：1240-1250.

谢小琴，关平，韩定坤，等，2014.川东北陆相储层天然气地球化学特征及来源分析［J］.天然气地球科学，25（SI）：131-140.

谢增业，李剑，杨春龙，等，2021a.川中古隆起震旦系—寒武系天然气地球化学特征与太和气区的勘探潜力［J］.天然气工业，41（7）：1-14.

谢增业，李志生，国建英，等，2016b.烃源岩和储层中沥青形成演化实验模拟及意义［J］.天然气地球科学，27（8）：1489-1499.

谢增业，李志生，魏国齐，等，2016a.腐泥型干酪根热降解成气潜力及裂解气判识的实验研究［J］.天然气地球科学，27（6）：1057-1066.

谢增业，田世澄，李剑，等，2004.川东北飞仙关组鲕滩天然气地球化学特征与成因［J］.地球化学，33（6）：567-573.

谢增业，魏国齐，李剑，等，2005.川西北地区发育飞仙关组优质烃源岩［J］.天然气工业，25（9）：26-28.

谢增业，魏国齐，李剑，等，2021b.四川盆地川中隆起带震旦系—二叠系天然气地球化学特征及成藏模式［J］.中国石油勘探，26（6）：50-67.

谢增业，魏国齐，张健，等，2017.四川盆地东南缘南华系大塘坡组烃源岩特征及其油气勘探意义［J］.天然气工业，37（6）：1-11.

谢增业，杨春龙，董才源，等，2020a.四川盆地中泥盆统和中二叠统天然气地球化学特征及成因［J］.天然气地球科学，31（4）：447-461.

谢增业，杨春龙，李剑，等，2020b.致密砂岩气藏充注模拟实验及气藏特征：以川中地区上三叠统须家河组砂岩气藏为例［J］.天然气工业，40（11）：31-40.

谢增业，杨威，胡国艺，等，2007.四川盆地天然气轻烃组成特征及其应用［J］.天然气地球科学，18（5）：720-725.

谢增业，张本健，杨春龙，等，2018.川西北地区泥盆系天然气沥青地球化学特征及来源示踪［J］.石油学报，39（10）：1103-1118.

邢凤存，侯明才，林良彪，等，2015.四川盆地晚震旦世—早寒武世构造运动记录及动力学成因讨论［J］.地学前缘，22（1）：115-125.

熊连桥，姚根顺，倪超，等，2017a.川西北地区中泥盆统观雾山组储集层特征、控制因素与演化［J］.天然气地球科学，28（7）：1031-1042.

熊连桥，姚根顺，倪超，等，2017c.龙门山地区中泥盆统观雾山组岩相古地理恢复［J］.石油学报，38

（12）：1356-1370.

熊连桥，姚根顺，沈安江，等，2017b.川西北部泥盆系观雾山组沉积相新认识：以大木垭剖面与何家梁剖面为例［J］.海相油气地质，22（3）：1-11.

熊永强，张海祖，耿安松，2004.热演化过程中干酪根碳同位素组成的变化［J］.石油实验地质，26（5）：484-487.

徐春春，李俊良，姚宴波，等，2006.四川盆地磨溪气田嘉二气藏的勘探与发现［J］.海相油气地质，11（4）：54-61.

徐春春，沈平，杨跃明，等，2014.乐山—龙女寺古隆起震旦系—下寒武统龙王庙组天然气成藏条件与富集规律［J］.天然气工业，34（3）：1-7.

徐昉昊，2017.川中地区震旦系灯影组和寒武系龙王庙组流体系统与油气成藏［D］.成都：成都理工大学.

徐红卫，李贤庆，周宝刚，等，2017.延长探区延长组陆相页岩气地球化学特征和成因［J］.矿业科学学报，2（2）：99-108.

徐诗雨，林怡，曾乙洋，等，2022.川西北双鱼石地区下二叠统栖霞组气水分布特征及主控因素［J］.岩性油气藏，34（1）：63-72.

徐永昌，王先彬，吴仁铭，等，1979.天然气中稀有气体同位素［J］.地球化学，8（4）：271-282.

许国明，宋晓波，冯霞，等，2013.川西地区中三叠统雷口坡组天然气勘探潜力［J］.天然气工业，22（8），8-14.

杨光，李国辉，李楠，等，2016.四川盆地多层系油气成藏特征与富集规律［J］.天然气工业，36（11）：1-11.

杨光，石学文，黄东，等，2014.四川盆地龙岗气田雷四$_3$亚段风化壳气藏特征及其主控因素［J］.天然气工业，34（9），17-24.

杨威，魏国齐，谢武仁，等，2021.古隆起在四川盆地台内碳酸盐岩丘滩体规模成储中的作用［J］.天然气工业，41（4）：1-12.

杨孝群，李忠，2018.微生物碳酸盐岩沉积学研究进展：基于第33届国际沉积学会议的综述［J］.沉积学报，36（4）：639-650.

杨雨，姜鹏飞，张本健，等，2022b.龙门山山前复杂构造带双鱼石构造栖霞组超深层整装大气田的形成［J］.天然气工业，42（3）：1-11.

杨雨，文龙，宋泽章，等，2022a.川中古隆起北部蓬莱气区多层系天然气勘探突破与潜力［J］.石油学报，43（10）：1351-1368+1394.

杨玉茹，孟凡洋，白名岗，等，2020.世界最古老页岩气层储层特征与勘探前景分析［J］.中国地质，47（1）：14-28.

杨跃明，陈玉龙，刘燊阳，等，2021.四川盆地及其周缘页岩气勘探开发现状、潜力与展望［J］.天然气工业，41（1）：42-58.

杨跃明，黄东，2019a.四川盆地侏罗系湖相页岩油气地质特征及勘探开发新认识［J］.天然气工业，39（6）：22-33.

杨跃明，黄东，杨光，等，2019b.四川盆地侏罗系大安寨段湖相页岩油气形成地质条件及勘探方向［J］.天然气勘探与开发，42（2）：1-12.

杨跃明，文龙，罗冰，等，2016.四川盆地达州—开江古隆起沉积构造演化及油气成藏条件分析［J］.天然气工业，36（8）：1-10.

杨跃明，杨雨，文龙，等，2020.四川盆地中二叠统天然气勘探新进展与前景展望［J］.天然气工业，40（7）：10-22.

杨跃明，杨雨，杨光，等，2019c.安岳气田震旦系、寒武系气藏成藏条件及勘探开发关键技术［J］.石油学报，40（4）：493-508.

印峰，刘若冰，王威，等，2013.四川盆地元坝气田须家河组致密砂岩气地球化学特征及气源分析［J］.天然气地球科学，24（3）：621-627.

于聪，龚德瑜，黄士鹏，等，2014.四川盆地须家河组天然气碳、氢同位素特征及其指示意义［J］.天然气地球科学，25（1）：87-97.

袁晓宇，胡烨，刘光祥，等，2020.川西坳陷印支期古隆起成因初探［J］.海相油气地质，25（1）：63-69.

袁玉松，范明，刘伟新，等，2011.盖层封闭性研究中的几个问题［J］.石油实验地质，33（4）：336-347.

运华云，赵文杰，刘兵开，等，2002.利用T_2分布进行岩石孔隙结构研究［J］.测井技术，26（1）：18-21.

曾凡刚，程克明，1998.华北地区下古生界海相烃源岩饱和烃生物标志物地球化学特征［J］.地质地球化学，26（3）：25-32.

展铭望，2015.川中大气田盖层封闭性定量评价及控藏作用［D］.大庆：东北石油大学.

张博原，2018.四川盆地安岳气田储层沥青成因及演化［D］.北京：中国地质大学.

张大伟，李玉喜，张金川，等，2012.全国页岩气资源潜力调查评价［M］.北京：地质出版社.

张道亮，杨帅杰，王伟锋，等，2019.川东北—鄂西地区下震旦统陡山沱组烃源岩特征及形成环境［J］.石油实验地质，41（6）：821-830.

张健，沈平，杨威，等，2012.四川盆地前震旦纪沉积岩新认识与油气勘探的意义［J］.天然气工业，32（7）：1-5.

张健，杨威，易海永，等，2015.四川盆地前震旦系勘探高含氦天然气藏的可行性［J］.天然气工业，35（1）：1-8.

张健，周刚，张光荣，等，2018.四川盆地中二叠统天然气地质特征与勘探方向［J］.天然气工业，38（1）：10-20.

张璐，谢增业，王志宏，等，2015.四川盆地高石梯—磨溪地区震旦系—寒武系气藏盖层特征及封闭能力评价［J］.天然气地球科学，26（5）：798-804.

张敏，黄光辉，胡国艺，等，2008.原油裂解气和干酪根裂解气的地球化学研究（Ⅰ）：模拟实验和产物分析［J］.中国科学：D辑 地球科学，38（S2）：1-8.

张启明，江新胜，秦建华，等，2012.黔北—渝南地区中二叠世早期梁山组的岩相古地理特征和铝土矿成矿效应［J］.地质通报，31（4）：558-568.

张水昌，何坤，王晓梅，等，2021.深层多途径复合生气模式及潜在成藏贡献［J］.天然气地球科学，32（10）：1421-1435.

张文涛，2018.毛细管突破压力模拟实验及页岩封闭能力［J］.石油实验地质，40（4）：577-582.

张庄，2016.川西坳陷侏罗系天然气成藏富集规律研究［D］.成都：成都理工大学.

章乐彤，2019.重庆地区富有机质页岩地球化学特征及地质意义［D］.北京：中国地质大学.

赵路子，汪泽成，杨雨，等，2020.四川盆地蓬探1井灯影组灯二段油气勘探重大发现及意义［J］.中国石油勘探，25（3）：1-12.

赵文智，卞从胜，徐春春，等，2011b.四川盆地须家河组须一、三和五段天然气源内成藏潜力与有利区评价［J］.石油勘探与开发，38（4）：385-393.

赵文智，贾爱林，位云生，等，2020b.中国页岩气勘探开发进展及发展展望［J］.中国石油勘探，25（1）：31-44.

赵文智，汪泽成，姜华，等，2020a.从古老碳酸盐岩大油气田形成条件看四川盆地深层震旦系的勘探地位［J］.天然气工业，40（2）：1-10.

赵文智，王兆云，王红军，等，2011c.再论有机质"接力成气"的内涵与意义［J］.石油勘探与开发，

38（2）：129-135.

赵文智，王兆云，张水昌，等，2006.油裂解生气是海相气源灶高效成气的重要途径［J］.科学通报，51（5）：589-595.

赵文智，魏国齐，杨威，等，2017.四川盆地万源—达州克拉通内裂陷的发现及勘探意义［J］.石油勘探与开发，44（5）：1-11.

赵文智，谢增业，王晓梅，等，2021.四川盆地震旦系气源特征与原生含气系统有效性［J］.石油勘探与开发，48（6）：1089-1099.

赵文智，徐春春，王铜山，等，2011a.四川盆地龙岗和罗家寨—普光地区二、三叠系长兴—飞仙关组礁滩体天然气成藏对比研究与意义［J］.科学通报，56（28/29）：2404-2412.

赵永刚，陈景山，蒋裕强，等，2006.川中公山庙油田中侏罗统沙溪庙组一段储层特征及控制因素［J］.天然气勘探与开发，29（1）：10-16，23.

郑定业，庞雄奇，张可，等，2017.四川盆地上三叠系须家河组油气资源评价［J］.特种油气藏，24（4）：67-72.

郑海峰，宋换新，杨振瑞，等，2019.湖北神农架地区南华系大塘坡组元素地球化学特征［J］.地球科学与环境学报，41（3）：316-326.

郑平，施雨华，邹春艳，等，2014.高石梯—磨溪地区灯影组、龙王庙组天然气气源分析［J］.天然气工业，34（3）：50-54.

周德华，孙川翔，刘忠宝，等，2020.川东北地区大安寨段陆相页岩气藏地质特征［J］.中国石油勘探，25（5）：32-42.

周进高，辛勇光，谷明峰，等，2010.四川盆地中三叠统雷口坡组天然气勘探方向［J］，天然气工业，30（12），16-19.

周进高，姚根顺，杨光，等，2016.四川盆地栖霞组—茅口组岩相古地理与天然气有利勘探区带［J］.天然气工业，36（4）：8-15.

周其伟，2016.贵州松桃地区大塘坡组下段烃源岩地球化学特征研究［D］.北京：中国矿业大学.

周琦，杜远生，袁良军，等，2016.黔湘渝毗邻区南华纪武陵裂谷盆地结构及其对锰矿的控制作用［J］.地球科学，41（2）：177-188.

周尚文，薛华庆，郭伟，等，2015.基于低场核磁共振技术的储层可动油饱和度测试新方法［J］.波谱学杂志，32（3）：489-498.

周文，邓虎成，丘东洲，等，2007.川西北天井山构造泥盆系古油藏的发现及意义［J］.成都理工大学学报（自然科学版），34（4）：413-417.

朱光有，费安国，赵杰，等，2014.TSR 成因 H_2S 的硫同位素分馏特征与机制［J］.岩石学报，30（12）：3772-3786.

朱光有，张水昌，梁英波，等，2005.川东北地区飞仙关组高含 H_2S 天然气 TSR 成因的同位素证据［J］.中国科学：D 辑 地球科学，35（11）：1037-1046.

朱光有，张水昌，梁英波，等，2006.四川盆地天然气特征及气源［J］.地学前缘，13（2）：234-248.

朱华银，徐轩，安来志，等，2016.致密气藏孔隙水赋存状态与流动性实验［J］.石油学报，37（2）：230-236.

朱扬明，顾圣啸，李颖，等，2012.四川盆地龙潭组高热演化烃源岩有机质生源及沉积环境探讨［J］.地球化学，41（1）：35-44.

朱扬明，李颖，郝芳，等，2017.四川盆地海、陆相烃源岩有机质稳定碳同位素组成变化及其地球化学意义［J］.沉积学报，35（6）：1254-1264.

朱扬明，张春明，张敏，等，1997.沉积环境的氧化还原性对重排甾烷形成的作用［J］.沉积学报，15（4）：104-108.

邹才能，董大忠，王社教，等，2010. 中国页岩气形成机理、地质特征及资源潜力 [J]. 石油勘探与开发，37（6）：641-653.

邹才能，杜金虎，徐春春，等，2014. 四川盆地震旦系—寒武系特大型气田形成分布、资源潜力及勘探发现 [J]. 石油勘探与开发，41（3）：278-293.

邹才能，陶士振，朱如凯，等，2009. "连续型" 气藏及其大气区形成机制与分布：以四川盆地上三叠统须家河组煤系大气区为例 [J]. 石油勘探与开发，36（3）：307-319.

邹才能，杨智，孙莎莎，等，2020. "进源找油"：论四川盆地页岩油气 [J]. 中国科学：D 辑 地球科学，50（7）：903-920.

邹才能，赵群，董大忠，等，2017. 页岩气基本特征、主要挑战与未来前景 [J]. 天然气地球科学，28（12）：1781-1796.

邹春艳，郑平，严玉霞，等，2009. 四川盆地下三叠统飞仙关组烃源岩特征研究 [J]. 天然气勘探与开发，32（1）：8-12.

邹娟，金涛，李雪松，等，2018. 川东地区下侏罗统勘探潜力评价 [J]. 中国石油勘探，23（4）：30-38.

Alon Amrani, Ward Said-Ahamed, Zeev Aizenshtat, 2005. The $\delta^{34}S$ values of the early-cleaved sulfur upon low temperature pyrolysis of a synthetic polysulfide cross-linked polymer [J]. Organic Geochemistry, 36（6）：971-974.

Asif M, Alexander R, Fazeelat T, et al, 2009. Geosynthesis of dibenzothiophene and alkyl dibenzothiophenes in crude oils and sediments by carbon catalysis [J]. Organic Geochemistry, 40（8）：895-901.

Burnham A K, 1989. A simple kinetic model of petroleum formation and cracking [J]. Geochimica et Cosmochimica Acta, 43：1979-1988.

Burruss R C, Laughrey C D, 2010. Carbon and hydrogen isotopic reversals in deep basin gas：Evidence for limits to the stability of hydrocarbons [J]. Organic Geochemistry, 41：1285-1296.

Cai Chunfang, Worden R H, Bottrell S H, 2003. Thermochemical sulphate reduction and the generation of hydrogen sulphide and thiols（mercaptans）in Triassic carbonate reservoirs from the Sichuan Basin, China [J]. Chemical Geology, 202：39-57.

Cai Chunfang, Xie Zengye, Worden R H, et al, 2004. Methane-dominated thermochemical sulphate reduction in the Triassic Feixianguan Formation ease Sichuan Basin, China：Towards prediction of fatal H_2S concentrations [J]. Marine and Petroleum Geology, 21（10）：1265-1279.

Chao Yang, Ian Hutcheon, 2001. Fluid inclusion and stable isotopic studies of thermochemical sulphate reduction from Burnt Timber and Crossfield East gas fields in Alberta, Canada [J]. Bulletin of Canadian Petroleum Geology, 49（1）：149-164.

Connan J, Lacrampe-Couloume G, 1993. The origin of the Lacq Sup rieur heavy oil accumulation and the giant Lacq Int rieur gas field（Aquitaine Basin, SW France）[M] //Bordenave M L. Applied Petroleum Geochemistry. Paris：Tchnip, 465-488.

Dai Jinxing, Liao Fengrong, Ni Yunyan, 2013. Discussions on the gas source of the Triassic Xujiahe Formation tight sandstone gas reservoirs in Yuanba and Tongnanba, Sichuan Basin：An answer to Yinfeng et al [J]. Petroleum Exploration and Development, 40（2）：250-256.

Dai Jinxing, Ni Yunyan, Zou Caineng, 2012. Stable carbon and hydrogen isotopes of natural gases source from the Xujiahe Formation in the Sichuan Basin, China [J]. Organic geochemistry, 43（1）：103-111.

Dai Jinxing, Zou Caineng, Liao Shimeng, et al, 2014. Geochemistry of the extremely high thermal maturity Longmaxi shale gas, southern Sichuan Basin [J]. Organic Geochemistry, 74：3-12.

Gao Ling, Schimmelmann A, Tang Yongchun, et al, 2014. Isotope rollover in shale gas observed in laboratory pyrolysis experiments：Insight to the role of water in thermogenesis of mature gas [J]. Organic

Geochemistry, 68: 95-106.

He Bin, Xu Yigang, Ian Campbell, 2009. Pre-eruptivre uplift in the Emeishan？ [J]. Nature Geoscience, 2 (8): 530-531.

He Kun, Zhang Shuichang, Mi Jingkui, et al, 2019. Carbon and hydrogen isotope fractionation for methane from non-isothermal pyrolysis of oil in anhydrous and hydrothermal conditions [J]. Energy Exploration & Exploitation, 37 (5): 1558-1576.

Hughes W B, Holha A G, Dzou L I, 1995. The ratios of dibenzothiophene to phenanthrene and prislane to phytane as indicators of depositional environment and lithology of petroleum sources rocks [J]. Geochimica et Cosmochimica Acta, 59 (17): 3581-3598.

Jacob H, 1989.Classification, structure, genesis and practical importance of natural solid bitumen [J]. Journal of Coal Geology, 11 (1): 65-79.

Jin Zhijun, Yuan Yusong, Liu Quanyou, et al, 2013. Controls of Late Jurassic-Early Cretaceous tectonic event on source rocks and seals in marine sequences, South China [J]. Science China：Earth Sciences, 56: 228-239.

Jin Zhijun, Yuan Yusong, Sun Dongsheng, et al, 2014. Models for dynamic evaluation of mudstone/shale cap rocks and their applications in the lower Paleozoic sequences, Sichuan basin, SW China [J].Marine and Petroleum Geology, 49: 121-128.

Lewan M D, Roy S, 2011. Role of water in hydrocarbon generation from Type-I kerogen in Mahogany oil shale of the Green River Formation [J]. Organic Geochemistry, 42 (1): 31-41.

Li Jian, Xie Zengye, Dai Jinxing, et al, 2005. Geochemistry and origin of sour gas accumulations in the northeastern Sichuan Basin, SW China [J]. Organic Geochemistry, 36 (12): 1703-1716.

Li Maowen, Huang Yongsong, Obermajer M, et al, 2001. Hydrogen isotopic compositions of vidividual alkanes as a new approach to petroleum correlation：Case studies from the Western Cmada Sedimentary Basin [J]. Organic Geochemistry, 32 (12): 1387-1399.

Li Yong, Chen Shijia, Wang Yuexiang, et al, 2019. The origin and source of the Devonian natural gas in the northwestern Sichuan Basin, SW China [J]. Journal of Petroleum Science and Engineering, 181 (10): 106259.

Lupton J E, 1983.Terrestrial inert gases：Isotopic tracer studies and clues to primordial components in the mantle [J]. Annual Review Earth & Planetary Sciences, 11 (5): 371-414.

Machel H G, Krose H R, Sassen R, 1995. Products and distinguishing criteria of bacterial and thermochermical sulfate reduction [J]. Applied Geochemistry, 10 (4) 373-389.

Machel H. G, 2001. Bacterial and thermochemical sulfate reduction in diagenetic settings-oil and new insights [J]. Sedimentary Geology, 140, 143-175.

MastalerzZ M, Schimmelmann A, 2002. Isotopically exchangeable organic hydrogen in coal relates to thermal maturity and maceral composition [J]. Organic Geochemistry, 33: 921-931

Meng Fanwei, Yuan Xunlai, Zhou Chuanming, et al, 2003. Dinosterane from the Neoproterozoic Datangpo black shales and its biological implications [J]. Acta Micropalaeontologica Sinica, 20 (1): 97-102.

Milliken K, 2014.A compositional classification for grain assemblages in fine-grained sediments and sedimentary rocks [J]. Journal of Sedimentary Research, 84: 1185-1199.

Moldowan J M, Fago F J, Carlson R M K, et al, 1991. Rearranged hopanes in sediments and petroleum [J]. Geochimica et Cosmochimica Acta, 55 (11): 3333-3353.

Ni Yunyan, Liao Fengrong, Gao Jinliang, et al, 2019. Hydrogen isotopes of hydrocarbon gases from different organic facies of the Zhongba gas field, Sichuan Basin, China [J]. Journal of Petroleum Science and Engineering, 176（8）: 776-786.

Nygard R, Gutierrez M, Bratli R K, et al, 2006. Brittle–ductile transition, shear failure and leakage in shales and mudrocks［J］. Marine and Petroleum Geology, 23（2）: 201-212.

Poreda R J, Jenden P D, Kaplan I R, et al, 1986. Mantle helium in Sacramento basin natural gas wells［J］. Geochimica et Cosmochimica Acta, 50（12）: 2847-2853.

Prinzhofer A A, Huc A Y, 1995. Genetic and post–genetic molecular and isotopic fractionations in natural gases［J］. Chemical Geology, 126（3/4）: 281-290.

Santamaria D, Horsfield B, Primio R D, et al, 1998. Influence of maturity on distributions of benzo–and dibenzothiophenes in Tithonian source rocks and crude oils, Sonda de Campeche, Mexico［J］. Organic. Geochemistry, 28（7/8）: 423-439.

Santos J M, Santos F M L, Ebeilin M N, et al, 2017. Advanced Aspects of Crude Oils Correlating Data of Classical Biomarkers and Mass Spectrometry Petroleomics［J］. Energy &Fuels, 31（2）: 1208-1217.

Schimmelmann A, Boudou J P, Lewan M D, et al, 2001. Experimental controls on D/H and $^{13}C/^{12}C$ ratios of kerogen, bitumen and oil during hydrous pyrolysis［J］. Organic Geochemistry, 32（8）: 1009-1018.

Schoell M, 1980.The hydrogen and carbon isotopic compositions of methane from natural gases of various origins［J］. Geochimica et Cosmochimica Acta, 44（5）: 649-662.

Schoell M, 1983.Genetic characterization of natural gases［J］. AAPG Bulletin, 67（12）: 2225-2238.

Schoell M, 1984.Recent advances in petroleum isotope geochemistry［J］. Organic Geochemistry, 6: 645-663.

Schoell M, Daniel M J, Kent A B, et al, 2005. Mississippian Barnett shale, Fort Worth Basin, north–central Texas : Gas–shale play with multitrillion cubic foot potential［J］. AAPG Bulletin, 89（2）: 155-175.

Shi Quan, Zhao Suoqi, Xu Zhiming, et al, 2010. Distribution of Acids and Neutral Nitrogen Compounds in a Chinese Crude Oil and Its Fractions : Characterized by Negative–Ion Electrospray Ionization Fourier Transform Ion Cyclotron Resonance Mass Spectrometry［J］. Energy & Fuels, 24（7）: 4005-4011.

Tian Hui, Xiao Xianming, Wilkins R W T, et al, 2008. New insights into the volume and pressure changes during the thermal cracking of oil to gas in reservoirs : Implications for the in–situ accumulation of gas cracked from oils［J］. AAPG Bulletin, 92（2）: 181-200.

Tilley B, Mclellan S, Hiebert S, et al, 2011. Gas isotopic reversals in fractured gas reservoirs of the western Canadian Foothills : Mature shale gases in disguise［J］. AAPG Bulletin, 95（8）: 1399-1422.

Tissot B P, Welte D H, 1984. Petroleum formation and occurrence［M］. New York : Springer–Verlag.

Volokitin Y, Looyestijn W, 2001. A practical approach to obtain primary drainage capillary pressure curves from NMR core and log data［J］. Petrophysics, 42（4）: 334-343.

Wang Xiangzeng, Peng Xiaolong, Zhang Shoujiang, et al, 2018. Characteristics of oil distributions in forced and spontaneous imbibition of tight oil reservoir［J］. Fuel, 224（7）: 280-288.

Wang Xiaobo, Chen Jianfa, Li Zhisheng, et al, 2016. Rare gases geochemical characteristics and gas source correlation for Dabei Gas Field in Kuche Depression, Tarim Basin［J］. Energy Exploration & Exploitation, 34（1）: 113-128.

Wang Xiaobo, Wei Guoqi, Li Jian, et al, 2018. Geochemical characteristics and origins of noble gases of the Kela 2 Gas Field in the Tarim Basin, China［J］. Marine and Petroleum Geology, 89: 155-163.

Wang Xiaofeng, Liu Wenhui, Shi Baoguang, et al, 2015. Hydrogen isotope characteristics of thermogenic methane in Chinese sedimentary basins［J］. Organic Geochemistry, （83/84）: 178-189.

Warrick J A, DiGiacomo P M, Weisberg S B, et al, 2007. River plume patterns and dynamics within the southern California Bight [J] . Continental Shelf Research, 27 (19) : 2427–2448.

Xiao Di, Cao Jian, Luo Bing, et al, 2021. Neoproterozoic postglacial paleoenvironment and hydrocarbon potential : A review and new insights from the Doushantuo Formation Sichuan Basin, China [J] . Earth-Science Reviews, 212: 1–30.

Xie Zengye, Li Jian, Li Zhisheng, et al, 2017. Geochemical characteristics of the Upper Triassic Xujiahe Formation in Sichuan Basin, China and its significance for hydrocarbon accumulation [J] . Acta Geologica Sinica (English Edition), 91 (5) : 1836–1854.

Zhao Guochun, Cawood Peter A, 2012. Precambrian geology of China [J] . Precambrian Research, 222–223 (12): 13–54.

Zhou Hongda, Zhang Qingsheng, Dai Caili, et al, 2019. Experimental investigation of spontaneous imbibition process of nanofluid in ultralow permeable reservoir with nuclear magnetic resonance [J] . Chemical Engineering Science, 201 (6): 212–221.

Zhu Guangyou, Wang Zhengjun, Dai Jinxing, et al, 2014. Natural gas constituent and carbon isotopic composition in Petrolifrous basin, China [J] . Journal of Asian Earth Sciences, 80 (2): 1–17.

Zou Caineng, Qiu Zhen, Poulton S W, et al, 2018. Ocean euxinia and climate change "double whammy" drove the Late Ordovician mass extinction [J] . Geology, 46 (6): 535–538.

Zumberge J, Ferworn K, Brown S, 2012. Isotopic reversal ('rollover') in shale gases produced from the Mississippian Barnett and Fayetteville formations [J] . Marine and Petroleum Geology, 31 (1): 43–52.

Zumberge J, Ferworn K, Curtis J B, 2009. Gas character anomalies found in highly productive shale gas wells [J] . Geochimica et Cosmochimica Acta, 73 (13): A1539.